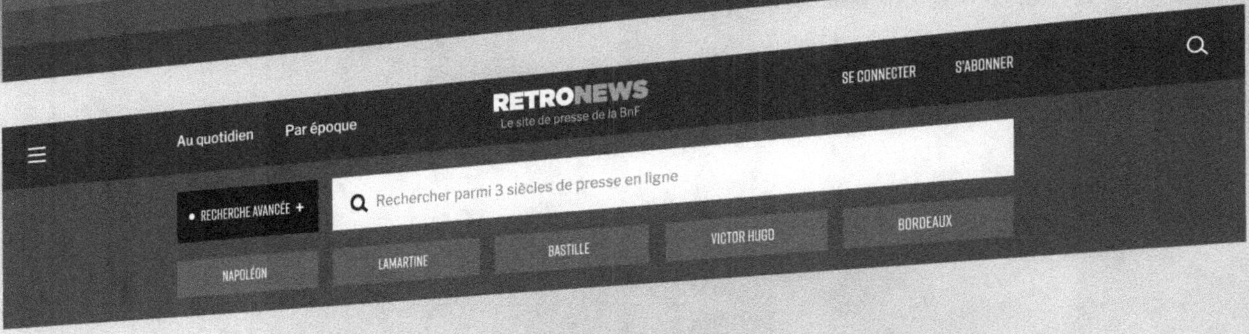

TABLES GÉNÉRALES

DU

RECUEIL DES BULLETINS

DE

L'ACADÉMIE ROYALE

DES SCIENCES, DES LETTRES ET DES BEAUX-ARTS

DE BELGIQUE.

TABLES GÉNÉRALES

DU

RECUEIL DES BULLETINS

DE

L'ACADÉMIE ROYALE

DES SCIENCES, DES LETTRES ET DES BEAUX-ARTS DE BELGIQUE.

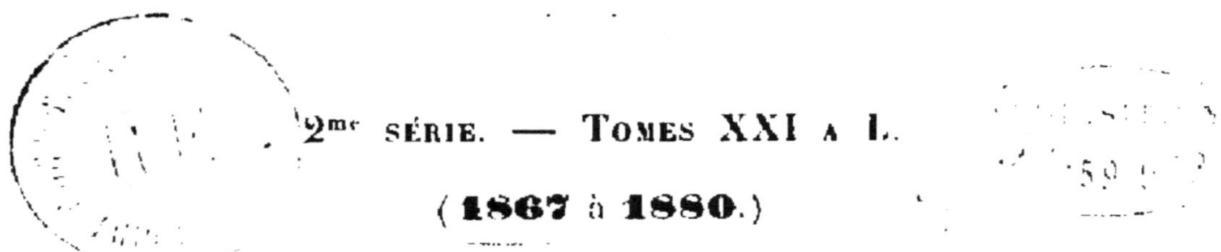

2me SÉRIE. — TOMES XXI A L.

(1867 à 1880.)

BRUXELLES,

F. HAYEZ, IMPRIMEUR DE L'ACADÉMIE ROYALE DE BELGIQUE,

rue de Louvain, 108.

1883

AVANT-PROPOS.

Les *Bulletins de l'Académie royale de Belgique*, dont la publication a été commencée en 1832, comprennent, jusques et y compris l'année 1880, quatre-vingt-quatorze volumes in-octavo, se répartissant en deux séries.

La première série (années 1832 à 1856) forme vingt-trois tomes publiés en quarante-quatre volumes, plus le volume d'annexes des années 1853 et 1854.

La seconde série comprend cinquante volumes (années 1857 à 1880).

Les Tables de la première série (1832-1856), ainsi que celles des tomes I à XX (1857-1866) de la seconde série, faites par M. Ad. Siret, membre de l'Académie, ont paru en 1858 et en 1867.

Les Tables actuelles, faites par M. Edmond Marchal, secrétaire adjoint de l'Académie, se rapportent aux tomes XXI à L (1867-1880) de la deuxième série.

Tout en conservant, dans le présent volume de Tables, le

cadre général des deux volumes précédents, on leur a apporté quelques modifications, notamment en ce qui concerne la répartition méthodique des matières, l'énumération des planches et le classement orthographique des noms d'auteurs, classement fait selon les règles adoptées par la Commission académique pour la publication de la Biographie nationale.

Le Secrétaire perpétuel de l'Académie,

J. LIAGRE.

ERRATA.

Page. 2, colonne 1, ligne 11, *au lieu de* 435, *lisez* 433.
— 2, — 2, — 22, — XLI, — XLII.
— 3, — 1, — 33, — 143, — 193.
— 10, — 2, — 43, — 78, — 70.
— 24, — 2, — 42, *ajoutez* 169.
— 53, — 1, — 43, *au lieu de* 316, *lisez* 306.
— 53, — 1, — 50, 51, 52, *au lieu de* XXX, *lisez* XXXI.
— 57, — 1, — 17. *au lieu de* 1874, *lisez* 1879.

TABLE.

	Pages.
AVANT-PROPOS	I
Errata	II
Table.	III
Table des matières	1
Table des planches	169
Table des auteurs	177

TABLES GÉNÉRALES

ET ANALYTIQUES

DU RECUEIL DES BULLETINS

DE

L'ACADÉMIE ROYALE DES SCIENCES, DES LETTRES
ET DES BEAUX-ARTS DE BELGIQUE

TABLE DES MATIÈRES.

DEUXIEME SÉRIE. Tomes XXI à L (1867 à 1880).

(Les chiffres romains indiquent le volume et les chiffres arabes la pagination.)

A.

ABIOGÉNÈSE. — Sur la question de l'abiogénèse, par M. le Dr F. Putzeys, XXXVII, 339; l'auteur retire ce travail, XXXVII, 482.

ACADÉMIE ROYALE DE BELGIQUE. — Voir *Discours*. — *Mouvement*.

ACADÉMIE BELGE DES BEAUX ARTS A ROME. — Projet du comte de Cobenzl d'ériger à Rome une Académie belge des beaux-arts, par M. Ch. Piot, XLVI, 555. — Voir *Concours (Grands) de peinture*, etc.

ACADÉMIE D'ARCHÉOLOGIE A ANVERS. — Envoi du programme du Congrès littéraire tenu en 1867, XXIII, 783; envoie son programme de concours pour 1873, XXXII, 296, pour 1874, XXXIV, 547, pour 1877, XLI, 866, pour 1878, XLIV, 240, pour 1880, XLIX, 26.

ACADÉMIE DES BEAUX-ARTS D'ANVERS. — Envoi du programme du grand concours d'architecture de 1866, XXI, 186; du grand concours de peinture de 1870, XXVIII, 584; du même concours de 1876, XLI, 171; du grand

concours de sculpture de 1877, XLIII, 40; demande relative à une loi protectrice des œuvres de l'intelligence, XLIV, 258.

ACADÉMIE DES BEAUX-ARTS DE BERLIN. — Envoi du programme de son exposition de 1872, XXXIII, 336.

ACADÉMIE DES BEAUX-ARTS DE SAINT-PÉTERSBOURG — Consulte l'Académie sur la création d'une classe d'élèves médailleurs, XXXVI, 485; rapport de MM. J. Geefs, Leclercq et Robert, XXXVI, 243.

ACADÉMIE DES INSCRIPTIONS ET BELLES-LETTRES DE PARIS. — Don d'ouvrages, XLVIII, 409.

ACADÉMIE DE LÉGISLATION ET DE JURISPRUDENCE DE MADRID. — Demande l'échange de publications, XXXVII, 459, don d'ouvrage, XXXIX, 401, XLI, 354.

ACADÉMIE DES LETTRES, SCIENCES, ARTS ET AGRICULTURE DE METZ. — Adresse son programme de concours pour 1876-1877, XLII, 397; pour 1877-1878, XLIV, 405; pour 1880-1881, L, 35.

ACADÉMIE DES SCIENCES D'AMSTERDAM. — Envoie le programme de son concours de poésie latine pour 1871, XXXI, 375; pour 1872, XXXIII, 429; pour 1873, XXXV, 360; pour 1877, XLI, 1074; pour 1879, XLVII, 571; pour 1880, XLIX, 407.

ACADÉMIE DES SCIENCES DE COPENHAGUE. — Envoie son programme de concours pour 1875, XXXIX, 779; pour 1878 et 1879, XLI, 3.

ACADÉMIE DE LÉGISLATION DE TOULOUSE. — Demande l'échange de publications, XLIX, 407.

ACADÉMIE DES SCIENCES DE CRACOVIE. — Demande l'échange de publications, XL, 50

ACADÉMIE DES SCIENCES DE HONGRIE A PESTH. — Hommage d'une médaille commémorative, XLI, 1074.

ACADÉMIE DES SCIENCES DE L'INSTITUT DE BOLOGNE. — Envoi du programme de concours pour le prix Aldini, XXXIV, 2, XLIII, 3, 459, L, 75; hommage d'une gravure (portrait de Galvani), XLIX, 2.

ACADÉMIE DES SCIENCES DE LISBONNE. — Demande de renseignements au sujet d'un manuscrit de la Bibliothèque royale de Bruxelles établissant la priorité des Portugais à la découverte de l'Australie, XXXIV, 54. — Voir *Australie*.

ACADÉMIE DES SCIENCES DE L'UNIVERSITÉ DE CORDOVA. — Demande l'échange de publications, XL, 446, XLI, 1154.

ACADÉMIE DES SCIENCES DE PARIS. — M. Schwann élu correspondant de la Section de médecine et de chirurgie, XLVIII, 93; félicitations à M. Stas au sujet de sa nomination de correspondant de la Section de chimie, XL, 12.

ACADÉMIE DES SCIENCES DE SAINT PÉTERSBOURG. — Communique un rapport imprimé sur la question de la diminution de l'eau des rivières et des fleuves, XLI, 663. — Voir *Académie des sciences de Vienne*.

ACADÉMIE DES SCIENCES DE TURIN. — Adresse le programme du prix Bressa, XLIII, 2.

ACADÉMIE DES SCIENCES, BELLES-LETTRES ET ARTS DE BESANÇON. — Adresse son programme de concours pour 1878, XLIV, 401.

ACADÉMIE DES SCIENCES DE VIENNE. — Lettre relative à un ouvrage de M. Wex sur l'abaissement du niveau des eaux, XXXIX, 444.

ACADÉMIE DES SCIENCES ET DES ARTS DE BOSTON (É.-U.). — Célébration de son centième anniversaire de fondation, XLIX, 82, 262.

ACADÉMIE DE STANISLAS A NANCY. — Adresse le programme de concours de la fondation Herpin (1881), XLVIII, 340.

ACADÉMIE MONT RÉAL A TOULOUSE. — Adresse le programme de son 3e concours de poésie (1879), XLVII, 443.

ACARIDES. — Note sur le développement des acarides, par M. le Dr Bessels, XXVII, 276.

ACÉTATES MÉTALLIQUES. — Action de l'iodure plombique sur les acétates métalliques, par M. Tommasini, XXXII, 39; rapports de MM. de

Koninck et Melsens, XXXIII, 104.

Acétonitriles. — Sur les acétonitriles chlorés, par M. Bisschopinck, XXXV, 352, 523; rapport de M. de Koninck, XXXV, 462.

Acétylène. — Première note sur l'action de l'hydrogène sur l'acétylène sous l'influence du noir de platine, par M. P. De Wilde, XXI, 31; lecture du rapport, XXI, 4; seconde note par le même, XXXVI, 451; XXXVII, 73; rapport de M. Stas, XXXVII, 13.

Note sur la préparation de l'acétylène, par M. P. De Wilde, XXXVI, 451, XXXVII, 71; rapport de M. Stas, XXXVII, 12.

Action de l'acide azotique sur l'éthylène et du peroxyde d'azote sur l'acétylène, par M. L. Chevron, XLIII, 4, 493; rapport de M. Stas, XLIII, 79.

Acide anisique. — Synthèse de l'acide anisique et de l'un de ses homologues, par M. A. Ladenburg, XXI, 75, 224; rapport de M. Stas, XXI, 199.

Synthèse de l'acide anisique, de l'acide méthyloxybenzoïque, d'un krésol nouveau et sur l'acide parasodobenzoïque, par M. W. Körner, XXIV, 3, 152; rapport de M. Kekulé, XXIV, 107.

Acide azotique. — Action de l'acide azotique sur l'éthylène et du peroxyde d'azote sur l'acétylène, par M. L. Chevron, XLIII, 4, 143; rapport de M. Stas, XLIII, 79.

Acide carbonique. — Voir *Calorique*.

Acide chloro-bromopropionique (sur l'), par M. L. Henry, XXXVII, 401.

Acide cinnamique. — Recherches sur quelques dérivés de l'acide cinnamique, 1re partie, par M. Gläser, XXII, 260, 502; rapport de M. Stas, XXII, 454; 2e partie, XXIII, 687, XXIV, 48; rapport de M. Kekulé, XXIV, 14.

Acide citrique. — Transformation de l'acide citrique en acide tricarballyque, par M. Ed. Dubois, XXXII, 3, 74; rapport de M. de Koninck, XXXII, 43.

Acide formobenzoïque. — Sur quelques transformations de l'acide formobenzoïque, par MM. Gläser et Radzizewsky, XXIV, 3, 158; rapport collectif de MM. Kekulé et Stas, XXIV, 109.

Acide homotartrique. — Notice préliminaire sur l'acide homotartrique, par M. Ronday, XXIV, 3, 194; rapport de M. Kekulé, XXIV, 112.

Acide humique naturel. — Recherches sur la composition de l'acide humique naturel, son intervention dans la nutrition des plantes et sa combinaison avec les matières minérales, par M. E. Simon, XXXVIII, 652, XXXIX, 125; rapport de MM. Melsens, de Koninck et Donny, XXXIX, 85, 91.

Acide hypochloreux. — Sur les produits d'additions de l'acide hypochloreux aux composés allyliques, par M. Henry, XXXVII, 357; rapports de MM. Stas et de Koninck, XXXVII, 341, 343.

Acide hyposulfureux. — Sur la constitution de l'acide hyposulfureux, par M. W. Spring, XXXVI, 196; lecture du rapport de MM. Stas et de Koninck, XXXVI, 142.

Nouvelles synthèses de l'acide hyposulfureux et de l'acide trithionique, par le même, XXXVI, 603, XXXVII, 45; rapport de M. Stas, XXXVII, 7.

Acide itaconique. — Note sur les dérivés par addition de l'acide itaconique et de ses isomères, par M. Swarts, XXI, 309, 538; rapport de M. Kekulé sur cette note, XXI, 527; sur l'acide itaconique isomère et ses dérivés, par M. Swarts, 2e partie, XXIII, 431, XXIV, 25; rapport de M. Kekulé, XXIV, 8; sur les dérivés par addition de l'acide itaconique et de ses isomères, par M. Swarts, XXXII, 335, XXXIII, 31; rapport de MM. de Koninck, Donny et Melsens, XXXIII, 8, 11, 13.

Acide itamalique. — Note sur quelques sels de l'acide itamalique, par M. Ronday, XXIV, 186; rapport de M. Stas, XXIV, 113.

Acide lactique. — Voir *Lactide*.

Acide méthyloxybenzoïque. — Voir *Acide anisique*.

Acide para-oxybenzoïque. — Sur quel-

ques dérivés de l'acide para-oxybenzoïque, par MM. Ladenburg et Fitz, XXI, 263, 325; rapport de M. Stas, XXI, 311.

ACIDE PARASODOBENZOÏQUE. — Voir *Acide anisique.*

ACIDE PENTATHIONIQUE. — Mémoire sur la non-existence de l'acide pentathionique, par M. W. Spring, XLV, 579; rapport de M. Stas, XLV, 578.

ACIDE PHÉNIQUE. — Sur l'acide phénique monochloré, par M. Ed. Dubois, XXIII, 53, 266; rapport de M. Kekulé, XXIII, 221.

ACIDE PHÉNYLACÉTIQUE. — Recherches sur quelques dérivés de l'acide phénylacétique (et toluique), 1re partie, par M. Radzizewsky, XXVI, 293; rapport de M. Stas, XXVI, 259; 2e partie, XXVII, 363, 698; rapport de M. Stas, XXVII, 620.

ACIDE PHLORÉTIQUE. — Recherches sur la constitution de l'acide phlorétique et sur l'acide sulfo-hydrocynamique, par M. Lucien de Koninck, XXX, 3, 105; rapport de M. Stas, XXX, 85.

ACIDE PHOSPHORIQUE. — Note sur la présence de l'acide phosphorique dans l'urine des vaches, par M. L. Chevron, L, 98; rapport de M. Melsens, L, 81.

ACIDE SULFO-HYDROCYNAMIQUE. — Voir *Acide phlorétique.*

ACIDE TRICARBALLYQUE. — Voir *Acide citrique.*

ACIDE TRITHIONIQUE. — Voir *Acide hyposulfureux.*

ACIDE URIQUE. — Rapports de MM. de Koninck, Stas et Melsens sur le mémoire du concours de 1876, concernant l'acide urique, XLII, 940, 950, 951; lauréat M. E. Grimaux, XLII, 951; M. Grimaux promet ses recherches sur la reproduction de l'alloxane qui réalisera, ajoute-t-il, la synthèse de tous les dérivés uriques, XLIII, 2; lettre de M. E. Grimaux au sujet de la continuation de ses recherches sur l'acide urique, XLVI, 318, 499.

ACIDES. — M. Robin demande que l'Académie veuille bien regarder, seulement comme propre à prendre date, sa note sur le mode d'action des acides, XXXV, 459.

ACIDES DU CHLORE. — Voir *Chlore.*

ACIDES ORGANIQUES. — Voir *Chlorures.*

ACIDES PYROCITRIQUES. — Note sur quelques propriétés des acides pyrocitriques, par M. Swarts, XXXV, 643, XXXVI, 64; rapport de M. Stas, XXXVI, 18.

ACIDES IODHYDRIQUE ET BROMHYDRIQUE. — Note sur une nouvelle méthode de préparation des acides iodhydrique et bromhydrique, par M. Bruylants, XLVII, 489, 767; rapport de M. Stas, XLVII, 745.

ACIDES POLYATOMIQUES. — Voir *Dérivés éthérés.*

ACIDES POLYTHIONIQUES. — Nouvelles recherches sur la constitution des acides polythioniques, par M. W. Spring, XXXVIII, 4, 108; rapport de M. Stas, XXXVIII, 22.

ACIDES TÉTRA- ET TRITHIONIQUES. — Recherches sur les acides tétra- et trithioniques, par MM. W. Spring et Lévy, XLI, 1153, XLII, 103; rapport de M. Stas, XLII, 11.

ACIER AIMANTÉ. — M. Gerbehaye est remis en possession de sa lettre concernant l'attraction que l'acier exerce sur le fer, XLV, 3.

ACIER (conductibilité de l'). — Voir *Magnétisme.*

ACINÉTINIENS. — Recherches sur les acinétiniens de la côte d'Ostende, 1re partie, par M. J. Fraipont, XLIV, 455, 770; rapport de MM. P.-J. Van Beneden et Félix Plateau, XLIV, 692, 693; 2e partie, Podophrya Benedeni acineta tuberosa, XLIV, 850, XLV, 247; rapport de M. P.-J. Van Beneden, XLV, 44; 3e partie, XLV, 71, 287; rapport du même, XLV, 166; 4e et dernière partie, XLV, 147, 475; rapport de MM. P.-J. Van Beneden et F. Plateau, XLV, 377, 379.

ADANSON (Michel). — Présentation d'un mémoire sur le dessein qu'on avait formé, en 1760, de faire l'acquisition du naturaliste Michel Adanson et de son cabinet pour l'Université de Lou-

vain, par M. Éd. Mailly, XLVIII, 3; analyse par l'auteur, XLVIII, 49; lecture des rapports de MM. P.-J. Van Beneden et Morren, XLVIII, 103.

ADUATUCA. — Lecture par M. Grandgagnage de la première partie de son travail intitulé : Réponse aux dernières objections françaises concernant *Aduatuca*, XXXVI, 638; *Aduatuca*, géographie ancienne, notice par le même, XXXVII, 117.

AÉROLITHE. — Envoi par un anonyme d'une cassette renfermant le fac-simile, en plâtre, de deux aérolithes, XXII, 269.

Sur les étoiles filantes et les aérolithes, par M. Haidinger, XXIII, 84.

Sur l'heure des chutes d'aérolithes, par M. Ad. Quetelet, XXIII, 225.

Fragment de l'aérolithe tombé à Sielce, le 31 janvier 1868, envoyé par M. le Ministre de l'Intérieur, XXV, 282; dépôt de cet aérolithe au Musée de l'État, à Bruxelles, XXV, 609; notice sur cet aérolithe, publiée par la Haute École de Varsovie, XXVI, 247.

Sur un fragment d'aérolithe, recueilli à Namur, pendant l'orage du 5 au 6 juillet 1868, par M. Bellynck, XXVI, 195, note complémentaire, XXVI, 288.

Communication par M. Ad. Quetelet d'une lettre de M. le chevalier de Hardinger sur les chutes d'aérolithes en 1868, XXVI, 265.

Météore observé à Bruxelles, dans la nuit du 7 au 8 octobre 1868, XXVI, 270.

Sur la pierre météorique tombée à Saint-Denis-Westrem, près de Gand, le 7 juin 1855, par M. S. Meunier, XXIX, 63.

Sur une météorite tombée à Tongres, le 24 juillet 1878, par M. Laminne, XLVI, 319. — Voir *Bolides*. — *Étoiles filantes*.

AÉROSTATS. — Sur un aérostat à voiles, par M. Codron, XL, 52; avis de M. Montigny, XL, 274.

Lettre de M. Léopold Dietz, de Liége, relative aux aérostats, XLII, 829; rapport verbal de M. Montigny, XLIII, 8.

Théorie du mouvement vertical de l'aérostat, par M. Ch. Plön, XLIV, 655; M. Plön est remis en possession de ce travail, XLV, 70.

Sur la manière de diriger les aérostats, par M. A. Van Weddingen, XLVII, 181; rapport de M. Montigny, XLVII, 228.

AFFINITÉS. — Sur les affinités des Lépidosirènes, des Ganoïdes et des Palaedaphus, communication verbale par M. P.-J. Van Beneden, XXXIV, 424.

AFRIQUE CENTRALE. — Voir *Association*.

AGENTS ANESTHÉSIQUES. — Note sur quelques nouveaux agents anesthésiques, par M. le Dr Félix Putzeys, XLII, 240, 574; rapport de M. Schwann, XLII, 480.

AGRICULTURE. — Note bibliographique de M. J. Nolet de Brauwere van Steeland sur l'ouvrage de M. Ch. Dumon : *Lof van den Landbouw en den Plantenkwekerij in Vlaanderen*, XLIX, 276. — Voir *Météorologie*.

AGRIONINES. — Synopsis des agrionines (suite de la 5me légion : Agrion), par M. de Selys Longchamps, XLI, 247, 496, 1233; XLII, 490, 952; note additionnelle au grand genre Agrion, XLII, 989, suite et fin de la 5e légion, XLIII, 97.

AIGUILLE MAGNÉTIQUE. — Voir *Magnétisme terrestre*. — *Soleil*.

AIR CHAUD. — Sur la théorie de l'emploi de l'air chaud dans les hauts-fourneaux, par M. H. Valerius, XXXIX, 370.

AIRES. — Voir *Volumes*.

ALBUMINOÏDES. — Sur la digestion des albuminoïdes chez les invertébrés, par M. V. Liénard, XLVI, 3, 213; rapport de M. Schwann, XLVI, 185.

ALCOOL AMYLIQUE. — Voir *Huile de frisel*.

ALCOOLS ET ACIDES POLYATOMIQUES. — Voir *Dérivés éthérés*.

ALENÇON (le duc d'). — Voir *Élisabeth*.

ALGÈBRE. — Présentation de notes d'algèbre et d'analyse, par M. E. Cata-

lan, XLI, 734; présentation de la suite, XLI, 920; rapport de M. Liagre, XLI, 932 et 1156; présentation de la suite et fin, XLII, 665.

Algues. — Rapport de MM. Morren, Crépin et Gilkinet sur le mémoire de concours de 1877, en réponse à la question concernant le cycle d'évolution d'un groupe de la classe des algues, et intitulé : *Prodrome d'une monographie des Laminariacées*, lauréat M. Rostafinski, XLIV, 675, 680, 681.

Aljustrel. — Voir *Table de bronze*.

Alliages fusibles. — Sur la dilatation, la chaleur spécifique des alliages fusibles et leurs rapports avec la loi de Newmann, par M. W. Spring, XXXVIII, 405, 548; rapport de MM. Gloesener, Montigny et Folie, XXXIX, 446, 456, 465.

Alligator. — Voir *Caïman*.

Alloxane. — Voir *Acide urique*.

Alluvions torrentielles. — Sur les alluvions torrentielles qui se déposent de nos jours sur les plateaux de l'Entre-Sambre-et-Meuse et du Condroz, par M. Éd. Dupont, XLVI, 643.

Altitudes barométriques. — Voir *Vents*.

Altitudes principales de la Belgique. — M. E. Adan présente un compte rendu succinct des opérations de nivellement et de la compensation commencée pour toutes les altitudes principales de la Belgique, XLII, 2. — Voir *Géodésie*.

Ambassadeur milanais. — Voir *Commines*.

Ambre. — Découverte d'ambre en Belgique, notice par M. Schuermans, XXXIV, 55, 200; rapport de MM. de Witte et Chalon, XXXIV, 177, 180.

Amphibiens. — Sur les trous vitellins que présentent les œufs fécondés des amphibiens, par M. Van Bambeke, XXIX, 663, XXX, 58; rapport de MM. Poelman et Schwann, XXX, 9, 13.

Amphioxus. — Recherches sur la structure de la corde dorsale de l'amphioxus, par M. C. Moreau, XXXVIII, 653, XXXIX, 312; rapport de M. Éd. Van Beneden, XXXIX, 251.

Amphipodes. — Voir *Blastoderme*.

Amphitryon. — Voir *Getta*.

Analyse chimique. — Sur le dosage des matières tannantes et méthode nouvelle d'analyse de ces substances, par M. A. Theunis, XLVI, 585.

Méthode d'analyse pour le dosage d'un mélange renfermant : 1° de l'azotate de potassium, 2° de l'azotate de sodium, 3° du chlore de potassium, 4° du chlorure de sodium, par le même, XLVI, 585; l'auteur est autorisé à retirer ces deux notices, XLVI, 855.

Analyse mathématique. — Sur l'intégration d'un système d'équations homogènes, par M. E. Catalan, XXI, 25.

Problème d'analyse déterminée, par le même XXII, 339.

Présentation par le même d'un mémoire sur les nombres de Bernoulli et d'Euler, et sur quelques intégrales définies, XXII, 368; rapport de M. Liagre, XXII, 432.

De l'intégrale définie qui représente la somme des $p+1$ premiers termes du développement de $(\alpha+\beta)$, par le même, XXII, 402.

Sur l'addition des fonctions elliptiques de première espèce, par le même, XXVII, 145.

Présentation par M. Graindorge d'une note sur la sommation de quelques séries, XXVIII, 319; renvoi de cette note à l'auteur, XXVIII, 399.

Présentation par M. Mansion d'une note sur les équations linéaires à coefficients constants, XXVIII, 319; renvoi de cette note à l'auteur, XXVIII, 399.

Rapport de M. Catalan, Steichen et Gilbert sur le mémoire de M. Mansion sur la méthode de Brisson pour l'intégration des équations linéaires, XXIX, 68, 71.

Communication par M. J. Horschgen de Dusseldorf d'un écrit en allemand sur les mathématiques, et décision à l'égard de l'examen de ce travail, XXVIII, 399.

Présentation par M. Gilbert d'un mémoire sur une propriété des déterminants fonctionnels et son application au développement des fonctions implicites, XXVIII, 319; rapport de M. Steichen, XXVIII, 528.

Lecture des rapports de MM. Catalan et Gilbert sur le travail de M. Mehay, concernant le calcul infinitésimal, XXIX, 75.

Remarques sur l'équation $X^m - 1 = 0$, par M. Catalan, XXIX, 182.

Sur l'équation de Riccati, par le même, XXXI, 68.

Présentation par M. Crets d'un travail intitulé : Uniformité de méthode dans le traitement de tous les nombres, XXXI, 119; lecture des rapports de MM. Liagre et Catalan, XXXI, 477.

Rapport de MM. Catalan, Liagre et Gilbert sur le mémoire du concours de 1872, concernant l'intégration des équations aux dérivées partielles des deux premiers ordres, XXXII, 370, 371, 372.

Présentation par M. Catalan d'une note concernant les produits indéfinis, XXXII, 154; rapports de MM. Liagre et Gilbert, XXXIII, 4, 5.

Note sur les équations différentielles réciproques, par M. Orloff, XXXII, 335, XXXIII, 113; rapports de MM. Gilbert et Catalan, XXXIII, 105, 106.

Sur l'emploi des imaginaires dans la recherche des différentielles d'ordre quelconque, par M. Gilbert, XXXIII, 108.

Présentation par M. Gilbert d'un mémoire concernant l'existence de la dérivée dans les fonctions continus, XXXIII, 171; rapports de MM. Catalan, XXXIII, 360; sur une objection proposée par M. Catalan dans son rapport, par M. Gilbert, XXXIII, 498; réponse de M. Catalan, XXXIII, 502; rectification par M. Gilbert, XXXV, 709.

Présentation par M. Mansion d'une note sur les solutions singulières des équations différentielles de premier ordre, XXXIII, 300, XXXIV, 3, 149; rapports de MM. Gilbert et Liagre, XXXIV, 142, 145.

Présentation par M. Botesu d'un mémoire sur la propriété de la série harmonique, XXXIII, 493; rapports de MM. Catalan et Gilbert, XXXIV, 5.

Note sur la formule qui donne en série convergente la somme des logarithmes hyperboliques des X — 1 premiers nombres entiers, par M. De Tilly, XXXIV, 4; XXXV, 30; rapports de MM. Gilbert et Catalan, XXXV, 5, 11.

Note sur une formule de M. Botesu, par M. Catalan, XXXIV, 26, 244, 424; rapport-verbal de M. Gilbert sur la 2e partie de cette note, XXXIV, 401.

Présentation par M. Gilbert d'un mémoire sur le développement de la fonction F (x), XXXV, 352; rapports de MM. Catalan, Liagre et de Tilly, XXXVI, 4, 12.

Rapports de MM. De Tilly, Folie et Catalan sur le mémoire du concours de 1873 concernant l'intégration des équations aux dérivées partielles des deux premiers ordres, lauréat M. Mansion, XXXVI, 644, 644, 653, 657, nouvelle rédaction de ce mémoire, XXXVIII, 292; rapports-verbaux des mêmes, XXXIX, 8.

Réclamation de priorité, par M. Genocchi au sujet d'une série de Binet, XXXVII, 351, rapport-verbal de M. E. Quetelet, XXXVII, 351.

Sur la généralisation de la formule de Binet, par M. De Tilly, XXXVIII, 67.

M. Simons présente une note concernant une nouvelle démonstration d'un théorème de Fermat, et une note concernant la solution de deux questions de permutations, XXXVIII, 293; rapports verbaux de MM. Catalan et Folie, XXXVIII, 409.

Sur une récréation arithmétique, 2e note par M. J. Plateau, XXXVIII, 469.

Démonstration de la propriété fondamentale des équations différentielles linéaires, par M. Mansion, XXXVIII, 405, 578; rapport de MM. Catalan et Folie, XXXVIII, 562, 565.

Rapports de MM. Catalan, De Tilly et

Steichen sur le mémoire de concours de 1874, sur la théorie des fonctions d'une variable imaginaire, XXXVIII, 714, 716, 718.

Présentation par M. Havrez d'une note sur les transcendantes, XXXIX, 780; lecture des rapports de MM. Catalan et Folie, XL, 5.

Présentation par MM. Namur et Mansion de tables de logarithmes à douze décimales, XL, 668; rapports de MM. Catalan, Folie et Liagre, XLI, 921, 928, 931.

Fragments sur le calcul numérique, par M. Houzeau, 1er fragment, XXXIX, 360, 487; lecture des rapports de MM. Folie, Catalan et Liagre, XXXIX, 446, 2e et 3e fragments, XL, 4, 271, 74, 455; rapports des mêmes, XL, 62, 67, 70; 4e fragment, XLI, 397, 951; rapports des mêmes, XLI, 932.

Notes d'algèbre et d'analyse présentées par M. Catalan, XLI, 734, 920; rapport de MM. Liagre, Folie et De Tilly, XLI, 932, 934, 1156; suite, XLII, 665; lecture des rapports de MM. Folie et De Tilly, XLII, 836.

Note sur l'équation $xy''+ky'-y=0$, par M. Le Paige, XLI, 734, 1011; rapport de MM. Catalan et De Tilly, XLI, 935, 939.

Relation nouvelle entre les nombres de Bernoulli, par M. Le Paige, XLI, 734, 1017; rapport de MM. Catalan et De Tilly, XLI, 935, 939.

Note sur la communication précédente, par M. Catalan, XLI, 1018.

M. Mansion présente une note sur les équations différentielles homogènes, XLII, 461.

Rapport de MM. Catalan, De Tilly et Steichen sur le mémoire de concours de 1876, concernant la théorie des fonctions d'une variable imaginaire, XLII, 923, 936, 939.

Quelques exemples curieux de discontinuité en analyse, par M. J. Plateau, XLIII, 4, 84, 255; lecture des rapports de MM. Catalan, De Tilly et Folie, XLIII, 64.

M. Catalan présente un travail sur les intégrales culériennes, XLIII, 232; lecture des rapports de MM. Liagre, Folie et De Tilly, XLIII, 330.

Remarques sur la théorie des fractions continues, par M. C. Le Paige, XLIII, 233, 337; rapport de MM. Catalan, De Tilly et Folie, XLIII, 325, 429.

M. Escary présente une note sur la fonction P $(\frac{n}{1})$ de Lamé, XLIII, 461; lecture des rapports de MM. Catalan, Folie et De Tilly, XLIV, 127.

Sur une équation différentielle de Jacobi, par M. Mansion, XLIII, 460; XLIV, 195, 212; rapport de MM. Catalan, Folie et De Tilly, XLIV, 120, 126, 127.

Théorème d'algèbre, par M. Catalan, XLIV, 194.

Sur l'élimination, première note préliminaire par M. Mansion, XLVI, 585, 899; rapport de M. Catalan, XLVI, 880; 2e note, XLVII, 227, 532; rapport de MM. Catalan, Folie et De Tilly, XLVII, 490; 3e et 4e notes, XLVII, 488, XLVIII, 463, 473; rapports de MM. Catalan, Folie et De Tilly, XLVIII, 445, 450, 452.

Théorie à postériori de l'élimination entre deux équations algébriques, par le même, XLVIII, 491; rapport de MM. Catalan, Folie et De Tilly, XLVIII, 449, 450, 452.

Sur certains combinants des formes algébriques binaires, par M. Le Paige, XLVIII, 530; rapport de MM. Folie et Catalan, XLVIII, 461.

Sur certaines covariants des formes algébriques binaires, par M. Le Paige, XLIX, 113; rapports de MM. Folie et Catalan, XLIX, 91, 92. — Voir *Arithmétique. — Calcul. — Géométrie. — Mathématiques. — Nombres.*

ANALYSE SPECTRALE. — Intensité relative des raies spectrales de l'hydrogène et de l'azote en rapport avec la constitution des nébuleuses, par M. Fiévez, XLIX, 107; rapport de MM. Houzeau, Donny et Stas, XLIX, 88, 90; lettre de M. Huggins au sujet de la note de M. Fiévez, XLIX, 266.

Sur le déplacement du spectre des étoiles, travail présenté par M. Spée,

XLVII, 227; rapports de MM. Houzeau et Montigny, XLVII, 318, 320.
Communication, par M. Houzeau, d'une note de M. Young, relative à la visibilité des raies de l'hydrogène et de l'azote, L, 8.
Sur la raie dite de l'Hélium, par M. Spée, XLIX, 379; rapport de MM. Houzeau, Donny et Montigny, XLIX, 311, 312.
Recherches sur le spectre du magnésium en rapport avec la constitution du Soleil, par M. Fiévez, L, 91; rapport de M. Houzeau, L, 78.
Sur les moyens propres à la reproduction photographique des spectres ultra-violets des gaz, par M. Van Monckhoven, XLIII, 4, 187; rapport de MM. Donny, Montigny et Van der Mensbrugghe, XLIII, 80, 82, 83. — Voir *Étoiles*. — *Scintillation*.

ANALYSEUR. — Sur un analyseur acoustique, par M. Valerius, XXII, 107, 221; rapport de M. J. Plateau sur ce travail, XXII, 203.

ANATOMIE. — Anatomie pittoresque, par M. Joseph Geefs, L, 247.
Photographie d'une statue anatomique soumise par M. Ch. Roth, XXIV, 490.
Prospectus de son atlas anatomique, par le même, XXVI, 422.

ANCHORELLA. — Voir *Crustacés*.

ANGLE. — Sur la trisection de l'angle, lettre de M. Henri Lemaire, L, 155; avis de M. Catalan, L, 260. — Voir *Polygones*.

ANGLETERRE. — Voir *Flandre*.

ANGUILLES. — Lecture des rapports de MM. Van Beneden, père et fils, et de de Selys Longchamps sur le mémoire de concours de 1873, relatif au mode de reproduction des anguilles, XXXVI, 696; sur la production des anguilles, note de M. de Selys Longchamps, XXXVI, 757.

ANHYDRIDE. — Sur l'anhydride sulfureux et le chlorure de sulfuryle, par M. Melsens, XXXIV, 148.
Sur la préparation du chlorure de sulfuryle et sur le point d'ébullition et la tension de vapeur de l'anhydride sulfureux à 100°, par le même, XXXIV, 244; lecture des rapports de MM. Stas, de Koninck et Donny, XXXIV, 448.
Communication, par M. Melsens, de quelques expériences nouvelles sur ces sujets, XXXV, 225.
Sur l'anhydride hypo-azotique, par M. L. Henry, XXXVIII, 442.

ANILINE. — Sur la transformation de l'aniline en azobénéide, par M. Ch. Glaser, XXI, 218; rapport de M. Stas, XXI, 197.

ANIMAUX. — Sur les moyens de prévoir la grandeur comparée des mâles et des femelles dans la série des animaux, par M. Ed. Robin, XXVIII, 528; lecture du rapport de M. Gluge, XXIX, 14.
Sur les effets de la foudre sur les animaux, par le même, XXIX, 14; lecture du rapport du même, XXIX, 14.
Nouvelles recherches sur les animaux fossiles du terrain carbonifère de la Belgique, par M. L. de Koninck, XXXI, 199; lecture des rapports de MM. d'Omalius, Nyst et P.-J. Van Beneden, XXXI, 477.
Sur la conservation des animaux inférieurs, par M. Éd. Van Beneden, XXXII, 179.
Un mot sur la vie sociale des animaux inférieurs, par le même, XXXVI, 779.
Sur les moyens nouveaux propres à favoriser l'apprivoisement des animaux sauvages, par M. Robin, XXXIV, 401; lecture du rapport de M. Gluge, XXXIV, 454. — Voir *Anomalies*.

ANJOU (Duc d'). — Voir *Symier*.

ANNALES ACADEMICI NEERLANDICI. — Annoncent qu'elles cessent de paraître, XLVI, 175.

ANNEAU ANTIQUE. — Voir *Antiquités*.

ANNIVERSAIRES. — Cinquantième anniversaire du rétablissement de l'Académie (1816-1866). Proposition de célébrer cet anniversaire, XXI, 36; dispositions prises par les trois Classes et nomination de la commission organisatrice, XXI, 66, 164, 237, 295, 297, 428; célébration de cet

anniversaire, XXI, 455; discours par M. Faider, président de l'Académie : Léopold Ier et la royauté belge, XXI, 457; exécution d'une fantaisie-symphonie pour grand orgue et orchestre, par M. Fétis, XXI, 474; sur les travaux d'ensemble de l'Académie et sur ses relations avec les sociétés savantes étrangères, pendant le premier demi-siècle qui vient de s'écouler, par M. Ad Quetelet, XXI, 475; les Vieux, poésie, par M. Ad. Mathieu, XXI, 491.

Centième anniversaire de fondation de l'Académie (1772-1872). La Classe des beaux-arts charge trois de ses membres de s'entendre avec les délégués des autres Classes sur les dispositions à prendre pour célébrer ce jubilé, XXX, 146; dispositions de la Classe des sciences, XXX, 367, XXXI, 35; communication par le gouvernement autrichien du fac-simile de l'ancienne médaille de concours à l'effigie de Marie-Thérèse, pour servir à la médaille du jubilé, XXXI, 30; lecture par M. Thonissen de son rapport sur les travaux de la Classe des lettres, XXXI, 77, XXXII, 105, 190, 319, 356; le Ministre annonce qu'il a demandé un crédit pour la célébration du jubilé, XXXI, 474; M. Roulez présente l'inscription qu'il a rédigée pour la médaille jubilaire, XXXII, 182; lecture par M. Éd. Fétis de son rapport sur les travaux de la Classe des beaux-arts, XXXIII, 83, 162, 337, 482; lecture par MM. De Tilly, Mailly, de Koninck, Duprez et P.-J. Van Beneden de leurs rapports sur les travaux de la Classe des sciences, XXXIII, 226; lecture par M. Quetelet de son travail : Le premier siècle de l'Académie, XXXIII, 260; communication par MM. Polain et Snellaert de leur rapport sur les travaux des commissions de littérature française et flamande, XXXIII, 260; préparatifs de la Classe des beaux-arts, XXXIII, 263; communication par M. le secrétaire perpétuel des lettres de félicitations qu'il a reçues de corps savants étrangers, XXXIII, 358; publication du premier volume du livre commémoratif, XXXIV, 2; du second volume, XXXIV, 400, 436; chronogramme adressé par M. G.-H. Crets, XXXIII, 512

Cinquantième anniversaire de l'indépendance de la Belgique Proposition par M. Portaels, de faire une exposition d'art rétrospectif depuis 1830, XLV, 830; M. Portaels renonce à sa proposition, la Commission des fêtes l'ayant comprise dans son programme, XLVI, 267; M. Fétis annonce la réalisation de la proposition de M. Portaels, XLVII, 912; la Commission des fêtes demande que chaque Classe soit représentée par quatre membres à la fête politique et religieuse, XLIX, 306, 406, 593, 614, 684; envoi du programme des fêtes du Cinquantenaire, L, 65; réclamation de l'Académie à l'égard des invitations aux fêtes publiques, L, 65.

Cinquantième anniversaire de doctorat de M. Argelander, célébré par l'Université de Bonn, XXXIII, 170.

Centième anniversaire de la fondation de l'Institut impérial des mines, à Saint-Pétersbourg, XXXVI, 298; ses remercîments, XXXVII, 269.

Vingt-cinquième anniversaire de la fondation de l'Institut géologique de Vienne, célébré le 5 janvier 1875, XXXIX, 2.

Cinquantième anniversaire de doctorat du président de la Société des naturalistes de Moscou, M. A. Fischer de Waldheim, XL, 2; remercîments de l'Université pour les félicitations académiques, XL, 446.

Centième anniversaire de la fondation de la Société des arts et des sciences de Batavia, XLV, 78; remercîments de cette Société, XLVII, 179.

MM. Fraikin, De Man et Slingeneyer, délégués au 400e anniversaire de la naissance de Michel-Ange; XL, 228; compte rendu de cette mission, XL, 244; souvenir du quatrième centenaire de Michel-Ange, par M. Alvin, XL, 250.

Deux centième anniversaire, à Delft,

de la découverte des infusoires par Leeuwenboek, XL, 268, 271.

Centième anniversaire de la fondation de la Société néerlandaise pour le progrès de l'industrie à Harlem, et création à ce sujet d'un Musée d'art appliqué à l'industrie, XLI, 718.

Vingt-cinquième anniversaire de la fondation de la Société I. et R. de zoologie et de botanique de Vienne, XLI, 730; don d'un ouvrage publié à ce sujet, XLII, 458.

Vingt-cinquième anniversaire de la Société des Sciences naturelles de Cherbourg, XLII, 458; ses remercîments pour la lettre académique de félicitation, XLIII, 62.

Quatre centième anniversaire de la fondation de l'Université d'Upsal, et délégué de l'Académie, M. P.-J. Van Beneden, XLIII, 458.

Détails, par M. Alvin, sur les gravures qui seront exposées à Anvers à l'occasion du troisième centenaire de Rubens, XLIV, 111; invitation par l'administration communale d'Anvers de s'associer à la célébration de cet anniversaire, et délégués de l'Académie, XLIV, 249; discours par M. Alvin et compte rendu des solennités de ce jubilé, XLIV, 259.

Adresse de félicitations au Roi et à la Reine à l'occasion de leur vingt-cinquième anniversaire de mariage, XLVI, 286, 315, 502.

Quatre centième anniversaire de la fondation de l'Université de Copenhague, XLVII, 743; l'Université de Copenhague, en remerciant l'Académie, offre le livre commémoratif et la médaille frappée à l'occasion de ce jubilé, XLVIII, 339.

Cinquantième anniversaire de la fondation de la Société des Sciences naturelles de Wiesbaden, XLVIII, 586.

Centième anniversaire de la fondation de l'Académie américaine des arts et des sciences à Boston, XLIX, 82; envoi d'une lettre de félicitations, XLIX, 262.

ANOMALIES. — Les anomalies chez l'homme et chez les animaux, par M. Bellynck, XXX, 439.

Les anomalies dans le règne végétal, par le même, XXXII, 390.

ANO-SPINAL. — Du centre ano-spinal, par M. Masius, XXIV, 312; rapport de MM. Gluge, Poelman et Schwann, XXIV, 279, 281, 282.

ANTHROPOMÉTRIE. — Sur l'homme et le développement de ses facultés, par M. Ad. Quetelet, XXVI, 496.

Sur le tome II de sa *Physique sociale*, par le même, XXVIII, 250.

Des lois concernant le développement de l'homme, par le même, XXIX, 669.

Loi de périodicité de l'espèce humaine, par le même, XXX, 358.

Sur l'anthropométrie et sur la mesure des différentes facultés de l'homme, par le même, XXXI, 38.

Sur la loi statistique des tailles humaines, et sur la régularité que suit cette loi dans son développement à chaque âge, par M. Ad. Quetelet, XXV, 142.

Taille de l'homme à Venise, pour l'âge de vingt ans, par le même d'après un travail de M. Bodio, XXVII, 196.

Développement de la taille humaine, par M. Ad. Quetelet, XXXI, 114.

Sur le développement des qualités physiques, morales et intellectuelles de l'homme, par le même, XXXII, 49.

Sur l'unité de l'espèce humaine, par le même, XXXIV, 456, 623.

De l'homme considéré dans le système social, par le même, XXXV, 198.

Sur le calcul des probabilités appliqué à la science de l'homme, par le même, XXXVI, 19. — Voir *Races humaines*.

ANTIHELMINTHE. — Rapport verbal de M. Stas sur une note de MM. Tovo sur un *Antielmintino*, XLII, 487.

ANTIQUITÉS. — Sur quelques antiquités romaines et autres des environs de Bruxelles, par M. Galesloot, XXVIII, 348, 506; rapport de MM. Wauters et Roulez, XXVIII, 459, 460.

Fouilles à Elewyt. Un anneau antique trouvé à Becquevort, note par M. Ga-

lesloot, XXIX, 500, 749; rapports de MM. Wauters et Juste, XXIX, 708, 709.
Fouilles et découvertes d'antiquités romaines à Assche. Détails inédits sur le trésor de Mespelaer, par M. Galesloot, XXXVIII, 671, XXXIX, 217; rapport de M. Wauters, XXXIX, 151.
Sur la découverte d'objets étrusques en Belgique, par M. Schuermans, XXXIII, 430, 528; rapports de MM. Roulez, Wagener et le baron de Witte, XXXIII, 513, 515, 518.
Antiquités de l'époque romaine découvertes à Assche, notice par M. Galesloot, XL, 350, 594; rapports de MM. Wauters et Piot, XL, 579, 585.
Fouilles sur l'emplacement d'une villa de l'époque romaine à Laeken, par M. L. Galesloot; fouilles à Assche, par M. Crick, XLIV, 610, 833, 841; rapports de MM. Wagener et Piot, XLIV, 819, 823.
Communication de M. de Linas sur trois pièces d'orfèvrerie ayant appartenu à l'ancien couvent des Dominicains de Liége, L, 322. — Voir *Tombeaux*. — *Tumulus*. — *Urnes*. — *Vases*.
APPAREIL AUDITIF. — Recherches physico-chimiques sur la fonction collective des deux organes de l'appareil auditif par M. Docq, XXIV, 278; rapport de MM. J. Plateau et Schwann, XXV, 79, 84.
Présentation par M. Nuel d'un mémoire sur l'histologie du limaçon, XLII, 665; rapport de MM. Van Bambeke, Schwann et Éd. Van Beneden, XLIII, 236, 246, 247; analyse du travail, XLIII, 295.
APPAREIL AUTOMATIQUE. — Notice sur un appareil automatique pour chauffer préalablement l'eau d'alimentation des générateurs de machines à vapeur sans condensation, par M. Delaey, XLVI, 177; lecture du rapport de MM. Valerius et Maus, XLVI, 328.
APPAREILS AVERTISSEURS D'INCENDIE. — Voir *Incendie*.
APPAREIL DIGESTIF. — Recherches sur la structure de l'appareil digestif des Mygales et des Néphiles, par M. V. Liénard, XLVI, 3, 698; rapport de M. F. Plateau, XLVI, 586.
APPAREILS ENREGISTREURS. — Notice sur quatre appareils enregistreurs, par M. A. Gérard, XLVI, 4; lecture du rapport de MM. Melsens, Montigny et Valerius, XLVI, 323.
Notice sur un appareil enregistreur universel de son invention, par M. Van Rysselberghe, XXXV, 643; XXXVI, 346; rapports de MM. Gloesener et Liagre, XXXVI, 117, 122.
Sur le météorographe enregistreur de M. Van Rysselberghe, par M. Gloesener, XXXVI, 489.
Avis favorable de MM. Liagre et Gloesener sur une requête de M. Van Rysselberghe au Ministre de l'Intérieur au sujet de son météorographe, XXXVII, 15; M. Van Rysselberghe remercie l'Académie au sujet du subside de 3,000 fr. qui lui a été accordé par le Gouvernement, XXXVII, 338.
Démonstration en séance de son appareil, par M. Van Rysselberghe, XXXIX, 487; réserves de M. Gloesener au sujet de la fin de la note de M. Van Rysselberghe, XL, 21; observations présentées par M. Liagre au sujet de ces réserves, XL, 317.
APPAREIL EXCRÉTEUR. — Recherches sur l'appareil excréteur des Trématodes et des Cestoïdes, note préliminaire, par M. J. Fraipont, XLIX, 397; lecture du rapport de MM. Ch. Van Bambeke et Éd. Van Beneden, XLIX, 312; deuxième communication par M. Fraipont, L, 106; rapport de M. P.-J. Van Beneden, L, 81; troisième communication par le même, L, 265; avis de MM. Van Beneden, père et fils, L, 260.
Communication préliminaire sur l'appareil excréteur des Turbellariés rhabdocœles et dendrocœles, par M. Francotte, L, 295.
APPAREIL VENIMEUX. — Recherches sur l'appareil venimeux des Myriapodes chilipodes; description des véritables glandes vénénifiques, par M. Mac Leod, XLV, 563, 781; rapport de

MM. F. Plateau et Éd. Van Beneden, XLV, 731, 733.

Apprivoisement. — Voir *Animaux*.

Arachnides. — Verzeichniss der von Prof. Éd. Van Beneden auf seiner im Auftrage der belgischen Regierung unternommenen wissenschaftlichen Reise nach Brasilien und La Plata (J. 1872-1873), gesammelten Arachniden, von Dr Ph. Bertkau, XLIX, 84; rapport de MM. F. Plateau et Candèze, XLIX, 263, 265.

Araignées. — Sur le procédé qu'emploient les araignées pour relier par un fil des points éloignés et sur l'explication probable des fils de la Vierge, par M. F. Terby, XXIII, 53, 274; rapport de M. P. J. Van Beneden, XXIII, 223.

Aranéides. — Sur la structure de l'appareil venimeux des aranéides, communication préliminaire, par M. J. Mac Leod, L, 110; avis de MM Van Bambeke et F. Plateau, L, 82.

Aranéides dipneumones. — Voir *Digestion*.

Arc-en-ciel. — Note sur des arcs-en-ciel surnuméraires, par M. Ch. Montigny, XLVIII, 343.

Architecture. — Rapport de MM. De Man et Éd. Fétis sur le mémoire du concours de la classe des beaux-arts de 1870, concernant l'influence italienne sur l'architecture dans les Pays-Bas, et apprécier Rubens comme architecte, XXX, 155, 160; décision de la Classe au sujet de la demande faite par l'auteur de ce mémoire, de pouvoir le modifier conformément aux observations des rapporteurs, XXXI, 22.

Envoi de la fin de son mémoire par l'auteur du travail sur l'influence italienne, etc., XXXI, 26.

Lettre de M. Donaldson sur trois de ses mémoires lus à l'Institut royal des architectes de Londres, XXXI, 49.

Lettre de M. Schadde proposant des modifications au programme pour le grand concours d'architecture, XXXI, 455; rapport de MM. Balat, Payen et De Man, XXXII, 26; rapport des membres précités et de M. Alvin sur les modifications proposées par M. Schadde, XXXII, 107.

Lecture du rapport de MM. De Man et Balat sur le mémoire de concours de 1871, concernant l'influence italienne, et décision relative à ce travail communiqué après la date pour la remise des pièces de concours, XXXII, 124.

Rapports de MM. De Man, Balat, Payen et Siret sur le mémoire du concours de 1873 sur le même sujet, lauréat M. A. Schoy, XXXVI, 251, 254, 255.

Don par M. C. Leins de photographies des vues de la villa qu'il a construite pour le roi de Wurtemberg à Berg (Stuttgart), XXXIV, 216.

Demande de M. Colfs, de Bruxelles, relative à sa découverte archéologique concernant l'origine de l'architecture gothique, XL, 619; résolution de la Classe, XL, 893.

1er rapport au Ministre par M. Raquez, sur ses voyages à l'étranger, L, 136; appréciation par MM. Pauli, De Man et Balat, L, 324; 2e rapport du même, L, 322 — Voir *Concours (Grands) d'architecture*.

Archives générales du département de la Côte-d'Or, à Dijon. — Demande les publications, XXXVII, 600.

Archives pour l'anthropologie et l'ethnographie, à Florence. — Demande l'échange avec les Bulletins, XXXI, 473.

Arc voltaïque. — M. Ed. Rau invite les membres de l'Académie à assister à une démonstration de la solution du problème de la division de l'arc voltaïque, XLIX, 83.

Ardoises coblenciennes de l'Ardenne. — Voir *Fossiles*.

Aréographie. — Areographische Fragmente, manuscrit et dessins originaux et inédits de l'astronome J.-H. Schroeter de Lilienthal, mémoire présenté par M. Terby, XXXV, 188; rapport de M. E. Quetelet, XXXV, 352.

Aréographie ou étude comparative des observations faites sur l'aspect phy-

sique de la planète Mars, depuis Fontana (1636) jusqu'à nos jours (1873), mémoire présenté par M. F. Terby, XXXVII, 802; rapport de MM. Ern. Quetelet et Mailly, XXXVIII, 7, 12.

ARGENT. — De la détermination du rapport proportionnel entre l'argent, les chlorures et les bromures, mémoire présenté par M. Stas, XLII, 240; lecture des rapports de MM. L. de Koninck et Donny, XLII, 461.

Notice sur l'action du chlore sur le peroxyde d'argent, par MM. W. Spring et Arisqueta, XLII, 240, 565; rapport de M. Stas, XLII, 479.

ARGILE. — Annonce de la découverte par M. le baron de Ryckholt d'un dépôt d'argile à Wonck, XXIX, 130; les oiseaux de l'argile rupelienne, par M. P.-J. Van Beneden, XXXII, 256.

Découverte d'un homard fossile dans l'argile de Rupelmonde, par le même, XXXIII, 316.

Un oiseau de l'argile rupelienne, par M. P.-J. Van Beneden, XXXV, 354.

ARGUÉSIENNES. — Théorèmes sur les arguésiennes, par M. Saltel, XLIII, 265.

ARGYRONÈTE AQUATIQUE. Sur l'argyronète aquatique, par M. F. Plateau, XIII, 3, 96; rapport de M. Poelman, XXIII, 71.

ARISTOTE. — Une apologie d'Aristote, note par M. A. Le Roy, XLV, 323.

ARITHMÉTIQUE. — Sur une récréation arithmétique, 2e note, par M. J. Plateau, XXXVIII, 469.

ARMÉE. — Du mouvement intellectuel dans l'armée, par M. le bon Guillaume, XXXIX, 683.

ARMÉES PERMANENTES. — Causes et effets de l'accroissement successif des armées permanentes, par M. Brialmont, XL, 976.

ARMES A FEU. — Voir *Corps*.

ARMOIRIES. — Voir *Gravure*.

ARMORIAL DE GELRE OU GUELDRE. — Envoi par M. Bouton de la Table provisoire de cet ouvrage, XLIX, 259.

AROMATIQUE. — Voir *Série aromatique*.

ARRÊTÉS ROYAUX ET MINISTÉRIELS. — Approbation de l'élection de M. Chapuis, XXI, 74;

Nomination de M. Faider comme président de l'Académie pour 1866, XXI, 23.

Nomination des jurys chargés de juger la 4e période du concours quinquennal d'histoire nationale (1860-1865) et de la 3e période des sciences morales et politiques, XXI, 165.

Prix d'histoire nationale décerné à M. Ad. Borgnet, XXI, 429, 504.

Prix de littérature flamande décerné à Mme veuve Courtmans, XXI, 504.

Prix des sciences morales et politiques décerné à M. Tielemans, XXII, 69, 247.

Approbation de l'élection de MM. J. Leclercq et Siret, XXI, 255.

Approbation de l'élection de MM. Th. Juste et Defacqz, XXI, 568.

Approbation de l'élection de M. Donny, XXIII, 2.

Décision qu'à partir de 1867 les concurrents pour les grands concours de composition musicale pourront choisir entre un poème flamand et un poème français, XXIII, 39.

Nomination du jury chargé de juger la 4e période du concours quinquennal des sciences naturelles (1862-1866), XXXIII, 50.

Prix de cette période décerné à M. P.-J. Van Beneden, XXIV, 498, 577, 578.

Nomination de M. le vte B. Du Bus, comme président de l'Académie pour 1867, XXIII, 50.

Collation à M. Naert, grand prix pour l'architecture en 1866, de la pension de voyage, XXIII, 192.

Approbation de l'élection de M. Guillaume, XXIII, 710.

Nomination de M. F.-J. Fétis comme président de l'Académie pour 1868, XXV, 2.

Nomination du jury chargé de juger la 4e période du concours quinquennal de littérature française (1863-1867), XXV, 42.

Prix de cette période décerné à M. Ch. Potvin, XXV, 584.

Prix de la 4e période du concours triennal de littérature dramatique flamande décerné à M. Vanden Kerckhove, XXV, 584.
Approbation de l'élection de M. Montigny, XXV, 70
Collation à M. E. Vanden Kerchove, grand prix pour la peinture en 1867, de la pension de voyage, XXV, 157.
Approbation de l'élection de MM. Nève et Wauters, XXV, 690.
Acceptation du legs de M. le baron de St-Genois, XXVI, 386.
Nomination du jury chargé de juger la 4e période du concours quinquennal des sciences mathématiques et physiques (1864-1868), XXVI, 430, 380, XXVII, 2.
Nomination de M. Borgnet comme président de l'Académie pour 1869, XXVI, 495.
Approbation de l'élection de M. Steichen, XXVII, 2.
Approbation de l'élection de M. Conscience, XXVII, 714.
Prix de la 4e période du concours quinquennal des sciences mathématiques et physiques décerné à M. J. Plateau, XXVIII, 526, 648, 663.
Nomination de M. Dewalque comme président de l'Académie pour 1870, XXVIII, 587.
Approbation de l'élection de MM Brialmont et Dupont, XXIX, 2.
Nomination du jury chargé de juger la 4e période du concours quinquennal de littérature flamande (1863-1867), XXIX, 33.
Prix décerné à M. Conscience, XXIX, 639.
Nomination du jury chargé de juger la 4e période du concours triennal de littérature dramatique en langue française (1867-1869), XXIX, 34, 498.
Approbation de l'élection de MM. Slingeneyer et Robert, XXIX, 641.
Nomination de M. Gallait comme président de l'Académie pour 1871, XXX, 418, XXXI, 47.
Nomination de M. Wesmael comme officier et MM. Dewalque, Nyst, Cocmans, Nève, de Burbure et Siret, comme chevaliers de l'ordre de Léopold, XXX, 455.
Collation à M. Mellery, lauréat du grand concours de peinture de 1870, de la pension de voyage, XXXI, 22.
Approbation des modifications proposées à l'article 18 des Statuts organiques de l'Académie, XXXI, 30, 48.
Approbation de l'élection de M. Soubre, XXXI, 48.
Ouverture du concours des cantates pour 1871, XXXI, 101.
Nomination du jury chargé de juger la 5e période du concours quinquennal d'histoire, XXX, 333, XXXI, 18.
Nomination du jury chargé de juger la 4e période du concours quinquennal des sciences morales et politiques (1871-1875), XXX, 333, XXXI, 18, 38, 181.
Nomination du jury chargé de juger le concours des cantates pour 1871, XXXI, 184, 456.
Prix de la 5e période du concours quinquennal d'histoire nationale décerné à M. Van Praet, XXXI, 375.
Prix de la 5e période du concours triennal de littérature dramatique en langue flamande décerné à M. Van de Sande, XXXI, 375, 453.
Allocation des frais de route, de séjour et un jeton de présence aux membres des jurys des concours des cantates, XXXI, 576.
Approbation de l'élection de M. Morren, XXXIII, 2.
Nomination des membres du jury chargé de juger la 5e période du concours quinquennal des sciences naturelles (1867-1871), XXXII, 234, XXXIII, 2, 91.
Nomination de M. d'Omalius comme président de l'Académie pour 1872, XXXIII, 91, 128, 158.
Approbation de l'élection de MM. Gevaert, Bosselet et Limnander, XXXIII, 158.
Ouverture du premier concours pour les prix Guinard, XXXIII, 298, 333.
Nomination du jury chargé de juger ce concours, XXXIII, 511.
Approbation de l'élection de MM. de

Laveleye et Nypels. XXXIII, 512.
Approbation des modifications 1° à l'article 18 du règlement de la Classe des lettres, 2° à l'article 13 du règlement de la Classe des beaux-arts, XXXIV, 175, 207.
Prix de la 5e période du concours quinquennal des sciences naturelles décerné à M. l'abbé Carnoy, XXXIV, 559, 651.
Nomination de M. Thonissen comme président de l'Académie pour 1873, XXXV, 2, 50, 79.
Nomination des jurys chargés de juger la 5e période du concours quinquennal de littérature française et la 5e période du concours triennal de littérature dramatique en langue française, XXXIV, 430, XXXV, 51.
Prix de la 5e période triennale de littérature française décerné à M. Potvin, XXXVI, 375.
Ouverture du concours des cantates pour 1873, XXXV, 329.
Prix quinquennal de littérature française décerné à M. Éd. Fétis, XXXIV, 448 ; XXXV, 542, 622.
Approbation de l'élection de MM. Le Roy et de Borchgrave, XXXV, 793.
Approbation de l'article 4 modifié du règlement général de l'Académie, XXXVI, 450, 570, 587.
Nomination de M. De Keyzer comme président de l'Académie pour 1874, XXXVI, 644; XXXVII, 116, 148.
Nomination du jury chargé de juger la 5e période du concours quinquennal des sciences mathématiques et physiques, XXXVI, 450; XXXVII, 2.
Prix décerné à M. Gloesener, XXXVIII, 650, 846.
Approbation de l'élection de M. Malaise, XXXVII, 2.
Approbation de l'élection de M. Samuel, XXXVII, 237.
Approbation de l'élection de M. Liagre comme secrétaire perpétuel, XXXVII, 678, 798, 843, 882.
Prix de la 6e période du concours triennal de littérature dramatique flamande décerné à M. Delcroix, XXXVII, 773.
Pension des lauréats des grands concours, portée à 4,000 francs, XXXVIII, 371.
Institution par le Roi d'un prix annuel de 25.000 francs, XXXIX, 2, 43, 46.
Approbation de l'élection de MM. Folie, Briart, F. Plateau et Pauli, XXXIX, 2, 238.
Autorisation d'accepter le legs Teirlinck, XXXIX, 400
Ouverture du concours des cantates pour 1875, XXXIX, 425.
Réorganisation des grands concours de peinture, sculpture, etc., XXXIX, 971.
Modification au règlement de la Classe des beaux arts, XL, 39.
Approbation de l'élection de M. Wagener, XL, 34.
Prix de la 5e période quinquennale de littérature flamande décerné à l'œuvre de feu M. Bergmann, XL, 35, XLI, 1133.
Nomination de M. Faider comme président de l'Académie pour 1876, XLI, 2, 136, 140, 171
Approbation de l'élection de MM. Crépin, Guffens, Stappaerts et Heremans, XLI, 2, 717, 1327.
Nomination des jurys chargés de juger la 6e période du concours quinquennal d'histoire nationale, de la 5e période du concours quinquennal des sciences morales et politiques et de la 6e période du concours triennal de littérature dramatique en langue française, XL, 348, 578, 594, XLI, 137, 353, 680.
Prix d'histoire nationale décerné à M. Juste, XLI, 1073, 1133.
Prix des sciences morales et politiques décerné à M. Laurent, XLI, 1073, 1133.
Modification à l'article 1er du règlement pour les prix triennaux de littérature dramatique en langue française et en langue flamande, XL, 577, 813, XLI, 137.
Costume officiel des académiciens, XLI, 222, 353, 386, 1080.
Approbation de l'élection de MM. Mailly et Willems, XLIII, 2, 746.
Nomination de M. Alvin comme prési-

dent de l'Académie pour 1877, XLIII, 62, 201, 221.
Nomination du jury chargé de juger la 6ᵉ période du concours quinquennal des sciences naturelles, XLII, 456, 665, 826, XLIII, 62.
Nomination de M. Wauters comme officier de l'ordre de Léopold, XLIII, 666.
Ouverture du double concours des cantates pour 1877, XLIII, 306, 308.
Nomination du jury chargé de juger ce concours, XLIII, 440.
Prix de la 6ᵉ période du concours triennal de littérature dramatique flamande décerné à M. Delcroix, XLIII, 611.
Prix de la 6ᵉ période du concours triennal de littérature dramatique française décerné à M. Delmotte, XLIII, 700.
Autorisation d'accepter la donation Bergmann, XLIII, 747.
Nomination du jury chargé de juger le grand concours de composition musicale de 1877, XLIII, 751.
Prix de la 6ᵉ période du concours quinquennal des sciences naturelles décerné à M. Éd. Van Beneden, XLVI, 118, 313, 884.
Ouverture du deuxième concours pour le prix Guinard, XLIV, 239, 314.
Collation à M. Dillens, lauréat du grand concours de sculpture de 1877, de sa pension de voyage, XLV, 135.
Nomination de M. Houzeau comme président de l'Académie pour 1878, XLV, 2.
Nomination du jury chargé de juger la 6ᵉ période du concours quinquennal de littérature française, XLIV, 610; XLV, 42.
Autorisation d'accepter la donation Potvin-Wiertz, XLV, 107.
Approbation de l'élection de MM. Fl. Willems et Schadde, XLV, 136.
Sujets des concours de 1882 et de 1883 pour les prix du Roi, XLV, 146.
Approbation de l'élection de MM. Poullet, Tielemans et Rolin-Jaequemyns, XLV, 817.
Modification à l'arrêté du 31 janvier 1876 portant règlement d'ordre des grands concours dits Prix de Rome, XLVI, 137.
Obligation aux lauréats des grands concours de gravure de joindre des dessins à leurs rapports semestriels, XLVI, 265.
Nomination du jury chargé de décerner le prix du Roi en 1878 et arrêté décernant ce prix à M. Wauters, XLVI, 286.
Suppression de l'article 6 du règlement pour les grands concours de composition musicale, XLVI, 287.
Nomination du jury chargé de juger la 6ᵉ période du concours quinquennal des sciences mathématiques et physiques, XLVI, 316, 585, XLVII, 2, 178.
Nomination du jury chargé de juger la 7ᵉ période du concours triennal de littérature dramatique en langue française, XLVI, 504, 774, XLVII, 107.
Prix de cette période décerné à M. Claes, XLVII, 723.
Nomination de M. Leclercq comme président de l'Académie pour 1879, XLVII, 178, 211, 216.
Approbation de l'élection de MM. De Tilly, Cornet, Radoux, Bormans et Piot, XLVII, 178, 727, 828.
Admission aux concours pour les prix quinquennaux d'ouvrages écrits en langue néerlandaise, XLVII, 306, 442.
Ouverture du double concours des cantates pour 1879, XLVII, 476.
Nomination du jury chargé de juger ce concours, XLVII, 727.
Modification au règlement du grand concours de composition musicale, XLVII, 728.
Nomination du jury chargé de juger le grand concours de composition musicale de 1879, XLVIII, 260.
Prix de la 6ᵉ période quinquennale des sciences mathématiques et physiques, décerné à M. Houzeau, XLVIII, 442, 586, 881.
Institution d'une commission chargée de la publication des œuvres des anciens musiciens belges, XLVIII, 427.
Nomination des membres de cette commission, XLIX, 57.
Nomination de M. Gallait comme pré-

sident de l'Académie pour 1880, XLIX, 2, 25, 56.
Approbation de l'élection de M. Van Bambeke, XLIX, 2.
Autorisation d'accepter la donation De Keyn, XLIX, 221.
Idem pour le legs Castiau, L, 122.
Idem pour la bibliothèque de M. Ducpetiaux, L. 122.
Prix de la 6e période quinquennale de littérature flamande décerné à M. Pol De Mont, L, 181, 449.

ARS D'AMOUR (Li). — Voir *Commission de publication des œuvres des grands écrivains du pays.*
Lecture, par M. Potvin, d'une notice, intitulée : Siècle littéraire des ducs de Bourgogne. Une énigme : Quel est l'auteur de Li ars d'amour, de vertu et de boneurté, publié par l'Académie d'abord sous le nom de Jehan le Bel, puis sous celui de Jean d'Arkel? XLIII, 220.
Une énigme littéraire. Quel est l'auteur de Li ars d'amour, de vertu et de boneurté? par M. Potvin, XLVII, 213, 455; rapport de MM. Kervyn, Bormans et Le Roy, XLVII, 444, 446, 453.

ARSENIC. — Note sur la recherche de l'arsenic, par MM. Donny et Szuch, XXV, 192.

ARSENOPYRITE OU MISPICKEL. — Sur une espèce minérale nouvelle pour la Belgique : l'arsenopyrite ou Mispickel par M. C. Malaise, XLVI, 881; sur l'arsenopyrite ou Mispickel et sur l'eau arsenicale de Court-Saint-Étienne, par M. C. Malaise, XLVII, 29; analyse de cette eau par M. L. Chevron, XLVII, 31; note de M. Malaise au sujet de la présence de la pyrite arsenicale à Court-Saint-Étienne, signalée par M. de Burtin, dans les anciens Mémoires de l'Académie, XLVII, 33.

ART. — Sur l'histoire générale des beaux-arts en Belgique, discours prononcé par M. De Busscher dans la séance publique de la Classe des beaux-arts de 1866, XXII, 238.
Lecture par M. Éd. Fétis de son travail sur l'art dans l'État et dans la société, XXV, 717, XXVI, 126, 206, 422, XXVII, 118, 237, 742, XXIX, 149, 325, 756, XXX, 269.
Sur les grandes manifestations de l'art belges à diverses époques, discours prononcé par M. De Keyser dans la séance publique de la Classe des beaux-arts de 1869, XXVIII, 245.
Coup d'œil sur les écoles de Van Eyck et de Rubens, discours prononcé par M. Fraikin dans la séance publique de la Classe des beaux-arts de 1870, XXX, 172.
Sur la création d'un palais des beaux-arts, discours prononcé par M. Gallait dans la séance publique de la Classe des beaux-arts de 1871, XXXII, 130.
Quelques mots touchant l'application du droit de conquête aux monuments de l'art, par M. Alvin, XXXIII, 263.
De la part de la nature dans les œuvres d'art, discours prononcé par M. Éd. Fétis dans la séance publique de la Classe des beaux-arts de 1872, XXXIV, 225.
Sur les résultats obtenus par la Belgique, notamment au point de vue des arts, dans les différentes expositions universelles, discours prononcé par M. Alvin, dans la séance publique de la Classe des beaux-arts de 1873, XXXVI, 277.
Sur l'essence de l'art, discours prononcé par M. De Keyser, dans la séance publique de la Classe des beaux-arts de 1874, XXXVIII, 393.
Sur la création d'un palais des beaux-arts, discours prononcé par M. Balat, dans la séance publique de la Classe des beaux-arts de 1875, XL, 246.
Souvenir du IVe centenaire de Michel-Ange, par M. Alvin, XL, 250.
Les objets d'art emportés de Belgique en Allemagne, en 1794, par M. Piot, XLII, 404, 642.
Sur l'enseignement des arts en Belgique, discours prononcé par M. Alvin, dans la séance publique de la Classe des beaux-arts de 1877, XLIV, 283.
Sur l'institution des prix dits de Rome, discours prononcé par M. Portaels, dans la séance publique de la Classe

des beaux-arts de 1878, XLVI, 304.

Proposition par M. Siret d'ouvrir un concours extraordinaire pour une histoire des arts en Belgique depuis 1830, XLVI, 549. — Voir *Commission pour l'histoire de l'art.* — *Esthétique.* — *Monuments de l'art.* — *Musique.*

Art d'aimer d'Ovide. — Voir *Poésies thyoises.*

Art musical dans l'Inde. — Voir *Musique.*

Arts. — Note bibliographique de MM. Siret et Pinchart sur le livre de M. le chev. A. Bertolotti : Artisti belgi ed olandesi a Roma nei secoli XVI e XVII, L, 136.

Artevelde. — Geslachtboom der Artevelden in de XIVe eeuw, en Hoe en waar overleed Philippe Van Artevelde ? door F. De Potter, XXXII, 184 ; lecture des rapports de MM. De Smet, Snellaert et Conscience sur ces mémoires, XXXII, 296 ; rectification par M. De Potter au second de ces mémoires, XXXIII, 228 ; lecture des rapports de MM. De Smet, Snellaert et Conscience, XXXIII, 334 ; Geslachtboom der Artevelden in de XIVe eeuw, met een woord over de nalatenschap van Philippe Van Artevelde, par M. De Potter, XXXIII, 430.

Aanteekeningen op de twee opstellen van den heer Frans De Potter : Geslachtboom der Artevelden, en Hoe en waar overleed Philip Van Artevelde, door Julius Vuylsteke, XXXIII, 430 ; rapport de MM. De Smet, Snellaert et Conscience, XXXIV, 63, 64, 66.

Note bibliographique de M. Le Roy sur le livre de M. Vander Kindere : Le siècle des Artevelde, XLVIII, 366.

Arthropodes. — Ouverture à la demande de M. Éd. Van Beneden de son billet cacheté accepté le 14 octobre 1871, sur la découverte de l'existence d'un double appareil de deux liquides sanguins chez des Arthropodes inférieurs, XLIX, 5.

Recherche sur le système nerveux des Arthropodes, constitution de l'anneau œsophagien, 1re partie, par M. V. Liénard, XLIX, 84, 176 ; rapport de M. F. Plateau, XLIX, 171.

Articulés aquatiques. — Recherches physico-chimiques sur les articulés aquatiques, 1re partie, par M. Félix Plateau, XXX, 180 ; rapport de MM. Gluge et Schwann, XXX, 283, 284 ; 2e partie, XXXIV, 140, 274 ; rapport de M. Schwann, XXXIV, 263.

Ascensions aérostatiques. — Voir *Aérostats.* — *Baromètre.*

Asellus aquaticus. — Voir *Crustacés.*

Assise laekenienne. — Voir *Caulinites.*

Assise paniselienne. — Sur les dépôts littoraux de l'assise paniselienne dans les environs de Bruxelles, par deux anonymes, XL, 447 ; rapport de MM. Dupont, Nyst et Briart, XL, 678, 680, 681.

Assises de Jérusalem. — Communication verbale de M. le baron Kervyn de Lettenhove, sur quelques travaux récents relatifs à ces Assises, XXXV, 75.

Assistance ouvrière (*Self help*). — Rapports de MM. Ducpetiaux, De Decker et Haus sur les trois mémoires du concours de 1866 en réponse à la question de l'assistance ouvrière (*Self help*), XXI, 440, 446, 448.

Rapports de MM. Ducpetiaux, De Decker et Paul Devaux sur les trois mémoires envoyés en réponse à la question du concours de 1867 sur le même sujet, XXIII, 526, 544, 548.

Association américaine pour l'avancement des sciences. — Annonce de sa 17e réunion à Chicago, XXVI, 2.

Association britannique pour l'avancement des sciences. — Annonce de sa 36e réunion à Nottingham, en août 1866, XXI, 308 ; de sa 37e réunion à Dundee en 1867, XXIII, 685 ; de sa 38e réunion à Norwich en 1868, XXV, 283, 609 ; de sa 40e réunion à Liverpool en 1870, XXIX, 446 ; de sa 41e réunion à Édimbourg en 1871, XXXI, 198 ; de sa 42e réunion à Brighton en 1872, XXXIII, 358, de sa 43e réunion à Bradfort en 1873, XXXV, 642 ; de sa 48e réunion à Dublin en 1877, XLIV, 654.

ASSOCIATION FRANÇAISE POUR L'AVANCEMENT DES SCIENCES. — Ouverture de sa 4e session à Nantes en 1875, XL, 2; de sa 5e session à Clermont-Ferrand en 1876, XLII, 4; de sa 7e réunion à Paris en 1878, XLVI, 175; de sa 8e réunion à Montpellier en 1879, XLVIII, 2; de sa 9e session à Reims, et délégués de l'Académie, L, 3.

ASSOCIATION GÉODÉSIQUE INTERNATIONALE. — Communication par M. le directeur du Dépôt de la Guerre du rapport à la session de Paris, en 1875, de la commission permanente de l'Association géodésique internationale sur les déterminations acquises en Belgique, XL, 268.

Rapports de MM. Liagre, E. Quetelet et Folie sur le rapport présenté, en 1876, au nom du Dépôt de la Guerre de Belgique à la commission permanente de l'Association géodésique internationale, sur la triangulation de la Belgique, XLI, 397, 401, 404.

Communication par M. le colonel Adan du rapport présenté, au nom du même Dépôt, à l'association géodésique internationale réunie à Stuttgart en 1877, sur l'activité scientifique de ce Dépôt, XLIV, 315.

ASSOCIATION INTERNATIONALE AFRICAINE. — M. le baron Greindl remercie pour la souscription de l'Académie, XLIV, 2; communication de MM. P.-J. Van Beneden et Liagre sur la première expédition pour l'Afrique centrale, XLIV, 237.

ASSOCIATION SCIENTIFIQUE DE FRANCE. — Ajournement de la session de 1866, XXII, 115; annonce de sa réunion à Metz en 1867, XXIII, 430, 687.

ASTRONOMIE. — Tableau de l'astronomie dans l'hémisphère austral et dans l'Inde, mémoire présenté par M. Mailly, XXXIII, 171; rapport de M. E. Quetelet, XXXIII, 301.

Sur le calcul de la densité moyenne de la terre, d'après les observations de M. Airy, par M. Folie, XXXIII, 171, 389; rapports de MM. Liagre et Gilbert, XXXIII, 369, 371.

Du commencement et de la fin du monde, d'après la théorie mécanique de la chaleur, par M. Folie, XXXVI, 797.

De l'influence de la forme des corps sur leur attraction, mémoire présenté par M. C. Lagrange, XLIII, 325, XLIV, 23; rapport de M. Folie, XLIII, 472; rapports de MM. Van der Mensbrugghe, Catalan et De Tilly, XLIV, 5, 10, 11.

Note sur un nouvel instrument astronomique, par M. Journaux-Duhamel, XXXIX, 445; rapports de MM. E. Quetelet, Liagre et Folie, XL, 60, 61.

M. Houzeau présente un mémoire intitulé : Uranométrie générale, XLI, 911, rapports de MM. Liagre, Quetelet et Montigny, XLII, 5, 11.

Note de M. Houzeau en présentant le premier fascicule d'une Bibliographie générale de l'astronomie publiée avec M. Lancaster, L, 332.

De l'origine et de l'établissement des monuments astronomiques, 1re partie, mémoire présenté par M. C. Lagrange, XLIV, 317; 2e partie, XLV, 728; rapports de MM. Van der Mensbrugghe, Folie et Houzeau, sur la 1re partie, XLV, 143, 153, 154; sur la 2e partie, XLVII, 4, 12, 14, 15.

De l'influence de la forme des masses dans le cas d'une loi quelconque d'attraction, etc., mémoire présenté par le même, XLVII, 743; rapports de MM. Van der Mensbrugghe, De Tilly et Folie, XLVIII, 453, 457.

Sur certains phénomènes énigmatiques de l'astronomie, discours par M. J.-C. Houzeau, XLVI, 951.

Note sur le système stellaire 40 o^2 Eridani, par M. L. Cruls, XLVII, 480 et 233; rapport de M. Houzeau, XLVII, 229.

Mouvement relatif de tous les astres du système solaire, chaque astre étant considéré individuellement, mémoire par C. Souillart, XLVII, 488; rapports de MM. Catalan, De Tilly et Van der Mensbrugghe, XLVIII, 96, 103.

Résumé de quelques observations astronomiques et météorologiques faites dans la zone surtempérée et entre

les tropiques, par M. J. C. Houzeau, XXXVIII, 405; lecture des rapports de MM. Liagre et Quetelet sur ce travail, XXXVIII, 558. — Voir *Analyse spectrale.*— *Casse-grain.*— *Comètes.* — *Étoiles.* — *Jupiter.* — *Lune.* — *Mars.* — *Mercure.* — *Polaire.* — *Saturne.* — *Scintillation.* — *Vénus.*

Athénée de Brescia. — Annonce une exposition de peinture, XLVI, 287, demande d'échange de publications, XLVIII, 2; envoi d'ouvrages, XLIX, 3.

Atmosphère. — Sur l'état de l'atmosphère à Bruxelles pendant l'année 1865, par M. Ern. Quetelet, XXI, 82.

Phénomènes atmosphériques remarquables observés à l'Observatoire royal de Bruxelles au commencement de 1866, par M. Ern. Quetelet, XXI, 283.

Sur la loi de diminution des pressions des couches de l'air lorsque l'état d'équilibre de l'atmosphère est troublé, particulièrement sous l'influence des bourrasques, par M. Ch. Montigny, XLI, 757. — Voir *Météorologie.*

Aulocète (genre). — Les ossements fossiles du genre Aulocète au Musée de Lintz, par M. P.-J. Van Beneden, XL, 536.

Aurores boréales. — Aurores boréales des 25 avril et 13 mai 1869, par M. Ad. Quetelet, XXVII, 628.

Aurore boréale du 6 octobre 1869, par le même, XXVIII, 403.

Aurore boréale du 3 janvier 1870, par le même, XXIX, 16.

Sur les aurores boréales des mois de janvier et de février 1870, par le même, XXIX, 176.

Sur l'aurore boréale observée en Piémont le 3 janvier 1870, par M. Denza, XXIX, 336.

Communication par MM. Terby, Desrumeaux, Ad. et Ern. Quetelet, de leurs observations à Louvain, à Kain et à Bruxelles, de l'aurore boréale du 24 septembre 1870, XXX, 179.

Aurore boréale des 24 et 25 octobre 1870, observée à l'Observatoire royal de Bruxelles, XXX, 288.

L'aurore boréale du 19 novembre 1870, par M. Ad. Quetelet, XXX, 378.

Sur les aurores boréales de septembre à décembre 1870, par M. E. Quetelet, XXXI, 7.

Sur l'aurore boréale du 12 février 1871, par M. Ad. Quetelet, XXXI, 56.

Sur l'aurore boréale du 10 novembre 1871, par le même, XXXII, 347.

Lettre de M. Tarry sur la coïncidence des étoiles filantes avec les aurores boréales, XXXII, 350.

Aurore boréale du 4 février 1872, par M. E. Quetelet, XXXIII, 177 : observations de M. Marchal, XXXIII, 179; de M. Estourgies, XXXIII, 181; de M. Malaise, à Gembloux, XXXIII, 185; de M. Folie, à Liége, XXXIII, 186; de M. Terby, à Louvain, XXXIII, 187; de M. Desrumeaux, à Kain (Tournai), XXXIII, 187; de M. Bernaerts, à Malines, XXXIII, 188; de M. Leclercq, à Liége, XXXIII, 192; de M. Vertriest, à Somergem, XXXIII, 195; de M. Cavalier, à Ostende, XXXIII, 196.

Effets de cette aurore sur les lignes télégraphiques belges, par M. Banneux, XXXIII, 183.

Note complémentaire sur l'aurore boréale du 4 février 1872, par M. Ad. Quetelet, XXXIII, 312.

Sur l'aurore boréale du 10 au 11 avril 1872, par le même, XXXIII, 375.

Décision à l'égard d'une note imprimée de M. Linder sur l'origine des aurores boréales, XXXIV, 4.

Sur les aurores polaires, par M. D. Leclercq, XXXIV, 140, 323; rapport de M. E. Quetelet, XXXIV, 267.

Sur l'aurore boréale du 7 au 8 juillet 1872, par M. Ad. Quetelet, XXXIV, 146.

Aurores boréales des mois d'août et de septembre 1872, par le même, XXXIV, 271.

Sur les aurores boréales du 7 et du 31 janvier 1873, par le même, XXXV, 98.

Sur l'aurore boréale du 4 février 1874, par M. Ern. Quetelet, XXXVII, 160.

Sur la même aurore et sur l'aurore boréale du 15 au 16 janvier 1874,

observées à Louvain, par M. Terby, XXXVII, 162, 164.
Note sur un phénomène auroral remarqué à Louvain le soir du 3 octobre 1874, et sur sa coïncidence avec des éclairs observés dans le Nord, par le même, XXXVIII, 419.
Note sur les perturbations magnétiques qui ont accompagné l'aurore boréale du 3 octobre 1874, par M. E. Quetelet, XXXVIII, 421. — Voir *Scintillation.*

AUSTRALIE. — Demande par l'Académie de Lisbonne au sujet d'un manuscrit de la Bibliothèque royale de Bruxelles établissant la priorité des Portugais sur la découverte de l'Australie, XXXIV, 54; note de M. Alvin sur la brochure de M. Ruelens intitulée : La découverte de l'Australie, XXXIV, 215.

AUTOGRAPHES. — Présentation par M. Kervyn d'un travail sur les collections d'autographes de M. de Stassart : Lettres inédites de Marie-Thérèse et de Joseph II, XLVII, 829; lecture du rapport de MM. Juste et Piot, XLVIII, 73.

AVESTA. — Note de M. P. Willems en présentant l'Avesta, livre sacré des sectateurs de Zoroastre, traduit du Zend, par M. C. de Harlez, XLV, 821.
Note du même en présentant le livre de M. de Harlez intitulé : Manuel de langue de l'Avesta, XLVI, 912.

AXES. — Voir *Corps.*

AZOBÉNÉÏDE. — Voir *Aniline.*

AZOTE. — Sur la constitution des composés oxygénés de l'azote, par M. W. Spring et Durand, XLV, 728, XLVI, 59; lecture du rapport de MM. Stas et Melsens, XLVI, 13. — Voir *Analyse spectrale.*

B.

BALEINES. — Sur le bassin et le fémur d'une baleine, extrait d'une lettre de M. W.-H. Flower à M. P.-J. Van Beneden, XXI, 131.
Sur une balénoptère trouvée morte en mer, au Texel, par M. P.-J. Van Beneden, XXI, 289.
Sur la découverte d'un os de baleine à Furnes, par le même, XXIII, 13.
Considérations verbales sur le classement des baleines, par le même, XXIV, 543.
Les baleines et leur distribution géographique, par le même, XXV, 9.
Les squelettes de cétacés et les musées qui les renferment, par le même, XXV, 88.
Quelques remarques sur les squelettes de cétacés conservés dans la collection d'anatomie comparée de l'Université de Gand, par M. Van Bambeke, XXV, 403, XXVI, 20; rapports de MM. P.-J. Van Beneden, Poelman et Lacordaire, XXVI, 5 et 6.
De la composition du bassin des cétacés, par M. P.-J. Van Beneden, XXV, 428.
La première côte des cétacés, à propos de la notice de M. le Dr J.-E. Gray, sur la distribution des baleines, par le même, XXVI, 7.
Sur le bonnet et quelques organes d'un fœtus de baleine du Groënland, par le même, XXVI, 186.
Les balénoptères du nord de l'Atlantique, par le même, XXVII, 281.
Sur une balénoptère échouée dans l'Escaut au mois de mai 1869, par le même, XXVII, 680.
Les cétacés, leur commensaux et leurs parasites, par le même, XXIV, 347.
Communication verbale sur ses divers travaux concernant les baleines, par le même, XXX, 95.
Observations sur l'ostéographie des cétacés, par le même, XXX, 380.
Sur une balénoptère capturée dans l'Escaut en 1869, mémoire présenté

par le même, XXX, 283; extrait du rapport de M. Du Bus, XXX, 375.
Analyse de ce mémoire, note par le même, XXX, 320.
Communication verbale sur la balénoptère qui a échoué en 1827 sur les côtes de Belgique, par le même, XXXII, 4.
Sur deux dessins de cétacés du Cap de Bonne-Espérance, par le même. XXXVI, 32.
Lettres de MM. Capellini et Ach. de Zigno au sujet de découvertes importantes en Italie d'ossements fossiles de cétacés, communication par le même, XLI, 917.
Les baleines fossiles d'Anvers, par le même, XXXIV, 6.
Les baleines de la Nouvelle-Zemble, par le même, XXXVII, 832.
Sur la capture dans l'Escaut au mois de novembre 1873, d'un *Hyperoodon rostratum,* note par M. Éd. Van Beneden. XXXVII, 35.
Notice sur la grande balénoptère du Nord (*Balænoptera Sibbaldii*), d'après les notes tirées du journal du docteur Otto Finsch, de Brême, par M. P.-J. Van Beneden, XXXIX, 853.
Le squelette de la baleine fossile de Milan, par le même, XL, 736.
Un mot sur la baleine du Japon, par le même, XLI, 28.
Les *Rachianectes glaucus* des côtes de Californie, par le même, XLIII, 92.
Un mot sur une baleine capturée dans la Méditerranée, par le même, XLIII, 741.
La description géographique des balénoptères, par le même, XLV, 167.
Sur la description géographique de quelques Cétodontes, par le même, XLV, 401.
Note sur le travail imprimé de M. F. Guasco, de Gênes, sur la baleine prise dans le golfe de Tarente, en février 1877, par le même, XLVI, 4.
Un mot sur la pêche de la baleine et les premières expéditions arctiques, par le même, XLVI, 966.
Sur un envoi d'ossements de cétacés fossiles de Croatie, par le même, XLVII, 183.
Un mot sur quelques cétacés échoués sur les côtes de la Méditerranée et de l'ouest de la France pendant le courant des années 1878 et 1879, par le même, XLIX, 96.
Communication du même au sujet de l'annonce du *Harper Werkly journal of civilisation*, New-York, relative à la capture d'une baleine le 7 janvier 1880, sur les côtes de Charleston, XLIX, 313.
Un hypéroodon capturé sur la grève d'Hillion Côtes-du Nord, France, en décembre 1880, note par le même, L, 9.
Les Mysticètes à courts fanons des sables des environs d'Anvers, par le même, L, 11. — Voir *Fossiles.*
BALISTIQUE. — Expériences balistiques exécutées dans le but de déterminer la durée des trajectoires du canon de 4 rayé, mémoire présenté par M. Le Boulengé, XXIII, 368; rapport de M. Liagre, XXIII, 688.
Sur un nouveau système de chronométrie électro balistique, par M. Navez, XXVII, 248.
Sur quelques formules de balistique appliquées, par M. de Tilly, XXXIV, 43. — Voir *Chronométrie.*
BALLADES. — Note bibliographique de M. Le Roy sur l'ouvrage de M. le marquis de Queux de St Hilaire : *Le livre des cent ballades*, XXXVIII, 666.
BANDES D'ORDONNANCE. — Histoire des bandes d'ordonnance des Pays-Bas, mémoire présenté par M. le baron Guillaume, XXXV, 401; lecture du rapport de MM. Gachard, Juste et Wauters, XXXV, 570.
BANQUETS. — Voir *Palais des Académies.*
BARDES. — Les bardes du désespoir, poésie, par M. Ch. Potvin. XLII. 911.
BAROMÈTRE. — Mesures d'altitudes barométriques prises à la tour de la cathédrale d'Anvers par des vents de direction et de vitesse différentes, par

M. Montigny, XXII, 260; XXIII, 125; XXXIV, 457; XXXV, 646; rapports de MM. Duprez et Ad. Quetelet, XXIII, 74.

Notice sur la différence des pressions que l'air exerce sur le baromètre selon qu'il est en repos ou en mouvement, et sur l'estimation des hauteurs dans les ascensions aérostatiques, d'après les mesures barométriques, par le même, XXXIX, 814. — Voir *Météorologie.*

BASSIN HOUILLER DE LIÉGE. — Voir *Chlorures. — Terrain houiller.*

BATRACIENS. — Recherches sur le développement et la terminaison des nerfs dans les larves des batraciens, par M. H. Leboucq, XLI, 4, 561; rapport de M. Éd. Van Beneden, XLI, 446.

Recherches sur l'embryologie des batraciens. I. œuf mûr, non fécondé; II. œuf fécondé, par M. Van Bambeke, XLI, 97.

BATONS DE COMMANDEMENT. — Sur deux fragments d'objets appelés « bâtons de commandement » découverts dans la caverne de Goyet (Namur), par M. Éd. Dupont, XXVII, 274.

BEAUMONT. — La loi de Beaumont en Belgique, étude sur le renouvellement annuel des justices locales, mémoire présenté par M. G. Kurth, L, 183; rapports de MM. Faider, Thonissen et Nypels, L, 277.

BEERS DE FLANDRE. — Les Beers de Flandre, par M. Ch. Piot, XLI, 897, 1337; XLII, 399.

BELGIQUE. — Note bibliographique de M. Wauters, sur le volume de la Belgique ancienne et moderne concernant Jodoigne, XXXIV, 545; note du même sur le volume concernant Tirlemont, XXXVII, 463.

BENTIVOGLIO. — Le cardinal Bentivoglio, sa nonciature à Bruxelles, par M. Gachard, XXXVII, 467, XXXVIII, 154.

BENZINE. — Voir *Propargyle.*

BERNISSART. — Sur la découverte de reptiles fossiles gigantesques dans le charbonnage de Bernissart, près de Péruwelz, par M. P.-J. Van Beneden, XLV, 578.

Sur la découverte d'ossements d'Iguanodon, de poissons et de végétaux dans la fosse Sainte-Barbe du charbonnage de Bernissart, par M. Éd. Van Beneden, XLVI, 387.

BERNOULLI. — Voir *Nombres.*

BERTE AUS GRANDS PIÉS. — Fragment d'un poème flamand inédit, imité de Li Roumans, de Berte aus grans piés; par M. Ch. Piot, XL, 155. — Voir *Commission de publication des œuvres des grands écrivains du pays.*

BERTON. — Communication de M. Mailly au sujet d'une partition autographe de Berton, l'auteur de Montano et Stéphanie, XLIX, 255.

BESTIAIRE D'AMOURS. — Voir *Poésies thyoises.*

BEUNIE (Jean-Baptiste De). — Voir *Caels.*

BEURRE. — Sur un moyen propre à distinguer le beurre artificiel du beurre naturel, par M. Donny, XLVIII, 461.

BIBLIOGRAPHIE BELGE. — M. le Ministre demande l'avis de la Classe des lettres sur le projet d'une bibliographie belge, par M. Van der Haeghen, XLII, 396; rapport de MM. le baron Kervyn, Wauters et Scheler, XLII, 629.

BIBLIOTHÈQUE DE LA VILLE DE NOVARE. — Don d'ouvrage, XLVII, 547; demande les publications académiques, XLVIII, 547.

BIBLIOTHÈQUE PUBLIQUE DE STUTTGART. — Demandes les publications académiques, XXXIII, 429.

BIBLIOTHÈQUES. — Note sur quelques manuscrits des bibliothèques d'Angleterre, par M. le baron Kervyn, 2e partie, XXI, 37.

Une bibliothèque belge de l'an MCV, par M. Thonissen, XXIII, 603.

Les bibliothèques de Gênes. Relation sur Philippe IV et la cour de Madrid, faite en 1622, par l'ambassadeur gênois Giulio dalla Torre, par M. Gachard, XXVIII, 719.

La Bibliothèque de Melbourne, par M. Alvin, XXXIII, 323.

BIÈRES. — Expérience sur l'améliora-

tion des bières par congélation, par M. Melsens, XXXV, 707; seconde note, par le même, XXXVI, 158.

BILDERDIJK. — Eene bijdrage tot zijn leven en werken, door Dr Wap, Leiden, E.-J. Brill, 1874, note par M. J. Nolet de Brauwere van Steeland, XL, 37.

BILLETS CACHETÉS. — Déposés par :

M. Andries, dans la séance du 9 janvier 1869, XXVII, 4;

M. Beneden (Éd. Van), dans la séance du 4 janvier 1868, XXV, 3; le même, dans la séance du 14 octobre 1871, XXXII, 154; ouverture de ce billet dans la séance du 3 janvier 1880, XLIX, 5;

M. Boset, dans la séance du 6 mai 1872, XXXIV, 338;

M. Brachet, dans la séance du 5 avril 1879, XLVII, 307; le même, dans la séance du 6 mai 1879, XLVII, 487; le même dans la séance du 7 août 1880, L, 75;

M. Bruylants, dans la séance du 8 novembre 1879, XLVIII, 443;

M. Buisset, dans la séance du 15 décembre 1876, XLII, 922;

M. Cantillon, dans la séance du 10 mai 1870, XXIX, 466;

M. Catalan, dans la séance du 7 avril 1877, XLIII, 324; restitution au même, dans la séance du 6 juillet 1872, de son billet cacheté, déposé dans la séance du 3 février 1872, XXXIV, 3;

M. Changy (De), ouverture, à la demande de M. Melsens, dans la séance du 9 novembre 1878, de son billet cacheté déposé dans la séance du 6 mai 1858, XLVI, 584;

M. Chapuis, dans la séance du 3 avril 1875, XXXIX, 359;

M. Cocheteux, dans la séance du 6 avril 1872, XXXIII, 299; restitution de ce billet le 10 novembre 1877, XLIV, 455;

M. De Heen, dans la séance du 5 août 1876, XLII, 238;

M. Dewalque (deux billets), dans la séance du 6 février 1869, XXVII, 128; par le même, dans la séance du 4 janvier 1873, XXXIV, 3; ouverture, dans la séance du 6 mai 1872, de son billet cacheté déposé dans la séance du 4 février 1869 (densité de la terre), XXXIII, 388; est remis en possession de son travail manuscrit sur le terrain tertiaire, 1re partie, dont la Classe avait accepté le dépôt dans les archives, le 10 octobre 1868, XLVI, 318;

M. Dubois dépose deux billets cachetés dans la séance du 6 juillet 1878, XLVI, 2;

M. Dupont, dans la séance du 3 juillet 1880, L, 3;

M. Ermenghem (Van). — Voir *Keersmaecker;*

M. Errera, dans la séance du 2 février 1878, XLV, 71; le même, dans la séance du 6 mai 1879, XLVII, 487;

M. Folie, dans la séance du 6 février 1869, XXVII, 614; dans la séance du 10 juillet 1869, XXVIII, 2; le même, dans la séance du 6 février 1875, XXXIX, 56; le même dans la séance du 13 octobre 1877, XLIV, 316;

M. Fonson, dans la séance du 7 août 1880, L, 75;

M. Gilbert, dans la séance du 10 juillet 1869, XXVII, 2;

M. Gloesener, dans la séance du 1er décembre 1866, XXII, 453;

M. Grandry, dans la séance du 12 octobre 1867, XXIV, 278;

M. Greindl (le bon G.), dans la séance du 15 décembre 1876, XLII, 922;

M. Houzé, dans la séance du 7 juillet 1877; XLIV, 2;

M. Houzeau, dans la séance du 9 novembre 1872, XXXIV, 401;

M. Jorissen, dans la séance du 3 juillet 1880, L, 3;

MM. Keersmaecker et Van Ermenghem, dans la séance du 7 août 1880, L, 75;

M. Lagrange, dans la séance du 2 février 1878, XLV, 71;

M. Lamarle, dans la séance du 2 avril 1870, XXIX, 335; le même, dans la séance du 4 février 1871, XXXI, 31; le même, dans la séance du 4 février 1871, XXXI, 475; le même, dans la séance du 5 août 1871, XXXI, 39;

ouverture, à la demande de M. De Tilly, dans la séance du 7 décembre 1878, de ces quatre billets ainsi que de celui déposé par M. Lamarle, dans la séance du 5 décembre 1857, XLVI, 855; dépôt de ces billets dans les archives, le 16 décembre 1878, XLVI, 943;

M. Le Boulengé, dans la séance du 9 janvier 1869, XXVII, 4; le même, dans la séance du 6 juillet 1872, XXXIV, 3;

M. Le Paige, dans la séance du 6 janvier 1877, XLIII, 4; le même, dans la séance du 15 mai 1877, XLIII, 460; le même, dans la séance du 13 octobre 1877, XLIV, 317; le même, dans la séance du 1er février 1879, XLVII, 179;

M. Malaise, dans la séance du 3 juin 1871, XXXI, 475; restitué à l'auteur le 5 mai 1874, XXXVII, 484; contenu de ce billet, XXXVII, 800; déposé par le même, dans la séance du 15 mai 1877, XLIII, 460;

Melsens, lecture dans la séance du 2 décembre 1871, du billet cacheté qu'il avait déposé le 26 novembre 1871, XXXII, 351;

M. Montigny, dans la séance du 3 mars 1866, XXI, 194;

M. Pérard est remis en possession, dans la séance du 13 mai 1873, de son billet cacheté déposé dans la séance du 4 juin 1864, XXXV, 458;

M. Putzeys, dans la séance du 1er juillet 1876, XLII, 2;

MM. Putzeys et Swaen, dans la séance du 15 décembre 1875, XL, 898; ouverture de ce billet dans la séance du 1er avril 1876; contenu de ce billet, XLI, 731; déposé dans la séance du 5 avril 1876, XLII, 238;

M. Rauïs, dans la séance du 5 avril 1879, XLVII, 307;

M. Renard, dans la séance du 2 août 1873, XXXVI, 114; le même, dans la séance du 28 mars 1874, XXXVII, 338; le même, dans la séance du 5 février 1876, XLI, 224; le même, dans la séance du 9 novembre 1878, XLVI, 584;

M. Ribaucour, dans la séance du 2 août 1879, XLVIII, 94;

M. Rysselberghe (Van), dans la séance du 8 novembre 1879, XLVII, 443;

M. Saltel, dans la séance du 2 décembre 1876, XLII, 827;

M. Swaen. — Voir *Putzeys;*

M. Spring (W.), dans la séance du 7 novembre 1874, XXXVIII, 555; déposé par le même, dans la séance du 4 mars 1876, XLI, 396; ouverture de ce billet dans la séance du 9 mai 1876, XLI, 912; dépôt d'un billet dans cette séance, XLI, 912;

M. Vander Schueren, dans la séance du 2 mars 1878, XLV, 147; restitué à l'auteur le 3 août 1878, XLVI, 176;

M. Van der Mensbrugghe, dans la séance du 1er août 1868, XXVI, 134; le même, dans la séance du 5 février 1870, XXIX, 62; le même, dans la séance du 14 octobre 1871, XXXII, 154; le même dans la séance du 9 mai 1876, XLI, 912; le même, dans la séance du 5 janvier 1878, XLV, 3;

M. Verstraeten (Émile), dans la séance du 1er juin 1872, XXXIII, 490.

Binet. — Voir *Série de Binet.*

Biographies. — Demande par la *Revue nouvelle de l'architecture et des travaux publics de Paris* que les membres de la section d'architecture de la Classe des beaux-arts lui procurent les données nécessaires pour pouvoir publier leurs biographies, XLIV, 259. — Voir *Commission de la biographie nationale.*

Biologie. — L'enseignement de la biologie dans les écoles, discours par M. Gluge, XXXVI, 761.

Bladelin (Le chevalier). — Le chevalier Bladelin, surnommé Leestemakere, et la ville de Middelbourg en Flandre, par M. De Smet, XXII, 424.

Blanchiment. — Contribution à la théorie du blanchiment, par M. P. De Wilde, XXXVI, 451; XXXVII, 62; rapport de M. Stas, XXXVII, 10.

Blastoderme. — Sur le mode de formation du blastoderme dans le groupe des Crustacés, par MM. Éd. Van Beneden et Bessels, XXV, 403,

434; rapports de MM. Gluge et Poelman, XXV, 427, 428.
Mémoire sur le mode de formation du blastoderme chez les amphipodes, etc., par les mêmes, XXV, 611; rapports de MM. Schwann, Gluge et Poelman, XXVI, 252, 256, 258.

Blatte américaine. — Voir *Digestion*.

Blé. — Sur la présence du blé dans une caverne à ossements de la province de Namur, par M. Dupont, XXXIV, 22.

Boccace. — Note sur un monument littéraire érigé à la mémoire de Boccace, par M. A. Le Roy, XLI, 140.
Note bibliographique de M. Le Roy sur la nouvelle édition critique, en italien, du Décaméron de Boccace, par M. J. Bozzo, XLVIII, 469.

Boëce (Severin). — Note bibliographique de M. Le Roy en présentant l'ouvrage de M. V. Giovanni sur Severino Boezio, filosofo e i suoi imitatori, L, 273.

Bois. — Recherches sur la conservation du bois au moyen du sulfate de cuivre, par M. Rottier, XXVII, 129, XXXVIII, 406, 595; rapport de M. Donny, XXXVIII, 560.

Boissons alcooliques. — Communication par M. Melsens de quelques expériences sur les boissons alcooliques glacées, portées à des températures très-basses, XXXV, 225; lecture d'une note sur ce sujet, XXXV, 468.
Sur les boissons alcooliques glacées portées à des températures très-basses; expériences sur les boissons alcooliques fortement refroidies, par le même, XXXV, 685.
Sur la congélation des liquides alcooliques, 2e note, par M. Melsens, XXXVI, 148.

Boletophagus. — Voir *Byrsax*.

Bolides. — Sur un bolide observé en Belgique, le 20 juin 1866, note de M. Ad. Quetelet, XXII, 7.
Bolide observé à Anvers, le 17 novembre 1866, par M. Montigny, XXII, 478.
Bolide observé le 11 juin 1867, à Bruxelles, par M. Marchal, note de M. A. Quetelet, XXIV, 18.
Détails par M. le chevalier Hardinger sur sa collection de météorites déposée au Musée de Vienne, et nombre de chutes en huit années, XXIV, 276.
Sur un météore aperçu à Bruxelles, dans la soirée du 26 septembre 1867, par M. Marchal, XXIV, 312.
Bolide observé à Bruxelles, le 13 mai 1869, par M. Ern. Quetelet, XXVII, 631.
Communication de MM. Dewalque et Denza sur ce bolide, XXVII, 631.
Sur les météores observés à Montcalieri, par M. Denza, XXVII, 632.
Sur le bolide du 1er octobre 1869, par M. Ad. Quetelet, XXVIII, 325.
Sur la pierre météorique tombée à Saint-Denis-Westrem, près de Gand, le 7 juin 1855, par M. S. Meunier, XXIX, 63, 210; rapport de M. Duprez, XXIX, 161.
M. Altenrath communique ses observations sur un bolide aperçu à Anvers, le 26 juillet 1870, XXX, 83.
Communication par M. Malaise d'une note sur un bolide aperçu près de Floreffe (Hainaut), le 11 septembre 1871, XXXII, 154.
Don par M. F. Von Kobell d'un fragment de la pierre météorique tombée à Mauerkirchen, le 20 novembre 1768, XXXIII, 491.
Bolide observé à Bruxelles, le 21 juiljuillet 1873, note par M. A. Quetelet, XXXVI, 145.
Sur le bolide du 26 septembre 1876, par M. Houzeau, XLII, 534. — Voir *Aérolithes*. — *Étoiles filantes*.

Bornite. — Voir *Minéraux*.

Botesu (formule de M.). — Voir *Série harmonique*.

Bourgogne (Maison de). — Voir *Flandre*.

Bourgogne (comté de). — Rapport de MM. Gachard et Thonissen sur le mémoire de concours de 1870, relatif à l'histoire des relations politiques et administratives qui ont existé entre la Belgique et le comté de

Bourgogne jusqu'à la conquête de ce dernier pays par la France, XXX, 433, 435. — Voir *Burgundions.*

BOURNONS. — Voir *Gérard.*

BOUSSOLES MARINES. — Sur un nouveau procédé pour soustraire les boussoles marines à l'influence du fer et de l'acier qui entrent dans la construction et le chargement des navires, par M. Gloesener, XXXV, 337, 320. — Voir *Magnétisme.*

BOUVIGNES. — Voir *Poilvache.*

BRABANT (ancien duché). — Voir *Droit pénal.*

BRABANT. — Voir *Flandre.*

BRÉSIL. — Voir *Voyage.*

BRIANCHON. — Sur l'extension des théorèmes de Pascal et de Brianchon aux courbes planes et aux surfaces du troisième ordre et de la dernière classe, par M. Folie, XXX, 374.

Sur les hexagones de Pascal et de Brianchon, par M. E. Catalan, XLVI, 946.

BROGNE (Abbaye de). — Une fausse bulle du pape Étienne VIII, rapport sur cinq titres de l'abbaye de Brogne, conservés dans les archives de l'Académie, par M. S. Bormans, XLVIII, 271.

BROMELIACÉES. — Voir *Canistrum.*

BROMURES. — Voir *Argent.*

BRULLY (Pierre). — Voir *Pays-Bas.*

BRYONICINE. — Notice sur la Bryonicine, par MM. Lucien de Koninck et Paul Marquart, XXIX, 64, 217; rapport de M. Stas, XXIX, 165; rectification à leur notice, XXXII, 236; rapport de M. Melsens, XXXIII, 5.

BUREAU DE STATISTIQUE DE PESTH. — Demande l'échange de publications, XXXIV, 333.

BURGUNDIONS. — Sur une nouvelle histoire des Burgundions et de la Burgundie, de M. Jahn, par M. Rivier, XXXIX, 958.

BUEVES DE COMMARCHIS. — Voir *Commission de publication des œuvres des grands écrivains du pays.*

BUSLEIDEN (Jérôme). — Le conseiller Jérôme Busleiden, écrivain latin et protecteur des lettres (1470-1517), par M. F. Nève, XXXVI, 377.

BUSTES. — M. J. Leclercq est chargé de faire le buste de M. de Ram, XXIV, 85, 196.

Lettres ministérielles relatives aux bustes de M. de Ram, Moke et David, et buste de Saint-Genois demandé par la Classe des lettres, XXV, 3.

Commissaires nommés pour l'examen du buste de M. de Ram, XXV, 60; lecture des rapports de MM. G. Geefs et Simonis sur ce buste, XXVI, 238; remise de ce buste par M. Van Eename, XXXIII, 128.

Buste de Saint-Genois par M. Van Eename, de Gand, XXV, 585, XXVII, 48; MM. G. Geefs et Chalon sont chargés d'examiner ce buste, XXV, 706, XXVI, 125; lecture de leur rapport, XXVI, 120, 126.

Notification de mesures prises par la Classe des beaux-arts pour les bustes, XXVII, 598, XXXI, 193.

Le Ministre de l'Intérieur promet les bustes de MM. de Nieuport et de Des Roches, XXVIII, 398, 457; promesse par M. de Nieuport de faire des recherches pour avoir un portrait de son grand-oncle, XXVIII, 527; M. le Ministre demande les raisons pour lesquelles le modèle du buste de M. de Nieuport, par M. Tinant, n'a pas été approuvé, XXXIII, 159.

M. le Ministre envoie le buste de M. Dewez fait par M. Jehotte, XXVIII, 571.

M. Paul Devigne est chargé de l'exécution du buste de M. Moke, XXVIII, 571; remise de ce buste à l'Académie, XXXI, 36.

M. Tinant est chargé du buste de M. de Nieuport, XXIX, 334, XXX, 74, 82; commissaires de la Classe des sciences et de la Classe des beaux-arts pour l'examen de ce buste, XXX, 82, 154.

M. le Ministre commande à M. G^me Geefs le buste de M. F.-J. Fétis, XXXV, 214.

Lecture du rapport de MM. Fraikin,

Franck, Leclercq et Robert sur le modèle du buste de M. de Nieuport par M. Ch. Geefs, XXXVII, 776; M. Ch. Geefs remet ce buste, XXXVIII, 534.
Bustes de M. Ad. Quetelet, par M. Fraikin, et de M. Dandelin, par M. Van Oemberg, XXXVIII, 2, 268, 281, 282, 290, 371, 713.
Buste de Mercator commandé par le Gouvernement, à M. Van Havermaet, XLII, 230, 307, XLVI, 854, 933.
MM. Fraikin, Franck et Leclercq, commissaires pour le buste de M. Roelandt, exécuté par M. George Geefs, XLVIII, 87; leur appréciation, XLVIII, 261.
M. J. Geefs désigné pour examiner le buste de Leys, par Jules Pécher, XLIX, 592; appréciation, XLIX, 689.
Réception des bustes de MM. Navez, par M. G^me^ Geefs, et Leys, par M. Jules Pécher, L, 146.
Réception du buste de M. Roelandt, par M. George Geefs, L, 246. — Voir *Manifestations*.
BYRSAX — Note sur le Byrsax (Boletophagus) gibbifer Wesmael, de Java, par M. A. P. de Borre, XXIX, 64, 379; rapport de M. Lacordaire, XXIX, 337.

C.

CABLE. — Emploi de l'armature externe du câble sous-marin pendant que l'armature interne ou fil conducteur isolé transmet la dépêche télégraphique, par M. Zantedeschi, XXVIII, 343.
CACHALOT. — Note sur un cachalot nain du crag d'Anvers (Physeterula Dubusii), par M. P.-J. Van Beneden, XLIV, 851.
Sur le gisement du cachalot nain (Physeterula Dubusii, Van Beneden), par M. Mourlon, XLV, 178.
CACHET D'OCULISTE. — Notice sur un cachet inédit d'oculiste romain, par M. Warlomont, XXIII, 368.
CAELS (Théodore-Pierre). — Notice sur Théodore-Pierre Caels et Jean-Baptiste De Beunie, par M. Éd. Mailly, L, 154; lecture des rapports de MM. Houzeau et Liagre, L, 259; analyse par M. Mailly, L, 177.
CAÏMAN. — Description d'une nouvelle espèce américaine du genre caïman (alligator), par M. A.-P. de Borre, XXVII, 363, XXVIII, 109; rapports de MM. P.-J. Van Beneden et Lacordaire, XXVII, 624, 625.
CAISSE CENTRALE DES ARTISTES — M. De Man, élu membre du comité-directeur en remplacement de M. De Busscher, XXI, 67.
Communications diverses, en 1866, par M. Éd. Fétis, secrétaire, XXI, 186.
Exposé administratif et financier pour 1866, XXIII, 196.
Résumé général des opérations de la Caisse depuis sa fondation en 1849, jusqu'en 1866, XXIII, 201.
Communication de diverses mesures projetées, XXIII, 349.
Exposé pour 1867, XXV, 159.
Situation financière au 31 décembre 1868, XXVII, 118.
Exposé pour 1868, XXVII, 236.
Exposé pour 1869, XXIX, 149.
Pension accordée à la veuve d'un participant, XXIX, 325.
Situation financière au 31 décembre 1870, XXXI, 103.
Exposé pour 1870, XXXII, 115.
Communication par M. Alvin de la situation de la Caisse, au 3 août 1871, XXXII, 115.
Pensions accordées, XXXII, 323.
Somme de 1,000 francs prélevée sur la vente des œuvres d'art de l'Exposition de Gand en 1871, XXXIII, 84.
Don de 100 francs par M. Siret, XXXIII, 160.

Exposé pour 1871, XXXIII, 160.
M. Gallait, nommé membre du comité-directeur, XXXIII, 161.
Proposition de M. Gallait d'ouvrir au profit de la Caisse une exposition d'œuvres d'artistes de la Classe des beaux-arts, XXXIII, 161; résultats, XXXIV, 436.
Somme de 2,000 francs prélevée sur la vente des œuvres d'art de l'exposition de Bruxelles de 1872, XXXV, 80.
Communications de M. Alvin relatives à divers dons faits à la Caisse, XXXIV, 127.
Exposé pour 1871, XXXIV, 209, 552.
Communication par M. Alvin de la situation financière, XXXIV, 209, 556.
Proposition de M. Stroobants de faire une exposition d'œuvres d'artistes de la caisse et proposition de M. Portaels de faire une exposition d'œuvres d'anciens maîtres, XXXIV, 437.
Don de 200 francs, par M. Siret, XXXIV, 552.
Communications diverses du comité-directeur, XXXV, 80, 182. 447, 625.
Situation de la Caisse en 1872, XXXV, 182.
Exposé pour 1872, XXXVI, 436.
M. Éverard annonce qu'il se propose de faire, au profit de la Caisse, une exposition de sa collection de tableaux, XXXVII, 148; résultats financiers de cette exposition, XXXVII, 325; XLI, 387, 719.
Conversion de l'avoir de la Caisse en fonds du Crédit communal, XXXV, 625, XXXVII, 237.
Exposé pour 1873, XXXVII, 239; XXXVIII, 711.
Proposition du comité-directeur ratifiée par la Classe, XXXVII, 776.
Somme de 1,000 francs, prélevée sur la vente des œuvres d'art de l'Exposition de Gand, en 1874, XXXIX, 50.
Exposé pour 1874, XXXIX, 238.
Rapport général sur les finances depuis la fondation de la Caisse (1849-1874), XXXIX, 349.
Exposition de tableaux de MM. Gallait, Portaels et Robert et de la collection Cardon, XXXIX, 431; résultats, XXXIX, 770, 973.
Pension accordée, XL, 241.
Exposé pour 1875 et mention de plusieurs dons, XLI, 387.
Secours accordé à Mme Hanisch, XLI, 720.
Produit de l'exposition des portraits du Roi et de la Reine, par M. Gallait, XLII, 920.
Exposé pour 1876, XLIII, 223.
Somme de 900 francs donnée par la Société pour l'encouragement des beaux-arts à Anvers, XLIII, 308.
Somme de 1,000 francs donnée par la Société des beaux-arts de Gand, XLV, 56.
Exposé pour 1877, XLV, 136.
Renouvellement quinquennal du comité-directeur, XLV, 136.
Pension accordée à Mme v^e^ De Vigne-Quyo, XLVI, 941.
Subside accordé, XLVII, 172.
Exposé pour 1878, XLVII, 217, 731.
Exposé pour 1879, XLIX, 134.
Pension à Mme Ve Van Hoesen, L, 330.
Caisse des veuves. — Note sur la Caisse des veuves des officiers de l'armée belge, par M. Liagre, XLIII, 253.
Calcaire. — Annonce par M. de Vaux de la découverte d'un calcaire grossier avec faune tertiaire en dessous des sables rapportés par Dumont au système landenien, XXI, 262.
Notice sur l'extension du calcaire grossier de Mons dans la vallée de la Haine, par MM. Cornet et Briart, XXII, 183, 523; rapport de M. Dewalque sur ce travail, XXII, 262.
Sur les dépôts qui recouvrent le calcaire carbonifère à Soignies, par MM. Cornet et Briart, XXVI, 430, XXVII, 11; rapports de MM. d'Omalius et Dewalque, XXVII, 7, 8.
Description des fossiles du calcaire grossier de Mons, 1re partie : Gastéropodes, par MM. Cornet et Briart, XXVII, 363; rapports de MM. Nyst et de Koninck, XXVII, 621, 623.
Description des fossiles du calcaire grossier de Mons. Gastéropodes, or-

dre I. Prosobranches, section B. Holostomes (1re partie), par les mêmes, XXXV, 94; rapports de MM. Nyst, de Koninck et d'Omalius, XXXV, 189, 491, 492.

Description des fossiles du calcaire grossier de Mons, 3e partie, par les mêmes, XLIII, 232; lecture des rapports de MM. de Koninck, Dewalque et Nyst, XLIII, 335.

Sur les qualités de nos calcaires anciens employés comme pierre de construction, par M. d'Omalius, XXXI, 33.

Observations sur la constitution du calcaire carbonifère de la Belgique, par M. Dupont, XXXI, 147.

Carte géologique des calcaires devoniens de l'Entre-Sambre-et-Meuse, par M. J. Gosselet, XXXIV, 447; lecture du rapport de MM. Éd Dupont et d'Omalius, XXXV, 20.

Carte géologique de la bande méridionale des calcaires devoniens de l'Entre-Sambre-et-Meuse, par M. J. Gosselet, XXXVII, 81.

Sur le calcaire carbonifère entre Tournai et les environs de Namur, par M. Éd. Dupont, XXXIX, 264.

Quelques réflexions sur le calcaire eifelien, par M. J. Gosselet, XLI, 920, 1310; rapport de M. Malaise, XLI, 1156.

Note sur l'existence d'un calcaire d'eau douce dans le terrain tertiaire du Hainaut, par MM. Cornet et Briart, XLIII, 9.

Calcaire devonien supérieur dans le N.-E. de l'arrondissement d'Avesnes, par M. J. Gosselet, XLIV, 398.

Recherches sur les phthanites du calcaire carbonifère de Belgique, par M. A. Renard, XLVI, 177, 471; rapports de MM. Dupont, Briart et Malaise, XLVI, 323, 327. — Voir *Échinides.*

CALCUL DES PROBABILITÉS. — Note sur quelques formules relatives aux combinaisons et sur un théorème du calcul des probabilités, par M. P. Mansion, XXV, 72; lecture des rapports de MM. Catalan et Gilbert, XXV, 186.

Loi générale de la probabilité des erreurs étendue à tous les genres d'observations immédiates, par M. E. Adan, XXII, 148; rapport de M. Liagre, XXII, 76.

Présentation par le même de deux mémoires sur l'erreur moyenne d'un ensemble d'observation, XXIV, 436, 499; l'auteur retire ces deux mémoires, XXV, 71.

Sur le calcul des probabilités appliqué à la science de l'homme, par M. Ad. Quetelet, XXXVI, 19.

Un nouveau principe de probabilités, par M. E. Catalan, XLIV, 463.

Note bibliographique de M. Folie au sujet de la publication du cours de calcul des probabilités de A. Meyer, XXXVIII, 556.

Note bibliographique du même sur la traduction allemande, par M. Czuber du calcul des probabilités de M. A. Meyer, XLVIII, 444. — Voir *Analyse mathématique.*

CALCUL INFINITÉSIMAL. — Sur le calcul infinitésimal, par M. Mehay, XXIX, 75; lecture du rapport de MM. Catalan et Gilbert, XXIX, 75.

CALCUL INTÉGRAL. — Voir *Équations.*

CALCUL INVERSE. — Voir *Équations.*

CALCUL NUMÉRIQUE. — Premier fragment sur le calcul numérique, par M. Houzeau, XXXIX, 360, 487; lecture des rapports de MM. Folie, Catalan et Liagre, XXXIX, 446; deuxième fragment, par le même, XL, 4, 74; rapports des mêmes, XL, 62, 67; troisième fragment, XL, 271, 453; lecture des rapports des mêmes, XL, 452; quatrième fragment, XLI, 397, 964; lecture des rapports des mêmes, XLI, 932.

CALLISTE. — Remarques sur la variabilité de certaines espèces du genre calliste, par M. Alph. Dubois, XXXVII, 802, XXXVIII, 124; rapports de MM. de Selys Longchamps et P.-J. Van Beneden, XXXVIII, 19, 22.

CALOPTÉRYGINES. — Secondes additions au synopsis des caloptérygines, par M. de Selys Longchamps, XXVII, 645; troisièmes additions, par le même,

XXXV, 469; appendice à ces troisièmes additions, par le même, XXXVI, 610; quatrièmes additions, par le même, XLVII, 349.

Calorique. — Sur les variations du calorique spécifique de l'acide carbonique aux hautes températures, par M. Valerius, XLVIII, 604.

Cambrien. — Note de M. Dewalque au sujet de la traduction de l'ouvrage de M. T. Sterry Hunt, Histoire des noms cambrien et silurien en géologie, XL, 51.

Camoëns. – Cantate flamande de M. J. Van Droogenbroeck, et traduction française par M. J. Guilliaume, exécutée à la séance publique de la Classe des beaux-arts de 1879, XLVIII, 324.

Campana (Piedro). — Voir *Kempeneer.*

Camphre. — Note sur les dérivés bromés du camphre, par M. Th. Swarts, XXI, 285; rapport de M. Kekulé, XXI, 277.

Recherches sur les camphres, par M. Éd. Dubois, 1re note, XXXIV, 4, 170; lecture du rapport de MM. de Koninck et Donny, XXXIV, 146; 2e note, par le même, XXXVII, 160, 281; rapport de M. Donny, XXXVII, 271.

Canal de Suez. — Voir *Égypte.*

Canistrum. — Note de M. Éd. Morren au sujet du genre canistrum qu'il a fondé dans la famille des Broméliacées dont il s'est occupé dans le tome XXIII de la Belgique horticole, XXXVII, 159.

Capillarité. — Rapport de M. J. Plateau sur deux nouveaux mémoires sur la capillarité, par M. Bède, XXIII, 4.

La théorie de la capillarité de Gauss et l'extension d'un liquide sur un autre, par M. G. Van der Mensbrugghe, XXXIX, 250, 375; rapport de M. J. Plateau, XXXIX, 366.

Capital. — Brochure autographiée signée Auguste Craco, envoyée en réponse à la question de concours de 1872, sur la Théorie économique des rapports du capital et du travail, XXXIII, 232.

Rapport de MM. Faider, Thonissen et de Laveleye sur quatre mémoires de concours de 1872 concernant la théorie économique du capital et du travail, XXXIII, 472, 474, 477.

Rapport de MM. Thonissen, de Laveleye et De Decker sur les sept mémoires envoyés en réponse au même sujet du concours de 1874, XXXVII, 647, 651, 653.

Caractère national. — Rapport de M. De Decker sur le mémoire de concours de 1875, relatif à la conservation du caractère national à travers toutes les dominations étrangères, XXXIX, 403, 665.

Rapports de MM. De Decker, Thonissen et Faider sur les deux mémoires sur le même sujet remis au concours pour 1877, lauréat M. Quoidbach, XLIII, 377, 614, 618, 627; lecture du rapport des mêmes sur la révision de ce mémoire, XLV, 108.

Caractères paléontologiques. — Voir *Terrain houiller.*

Caractéristiques. — Documents sur la théorie des deux caractéristiques de M. Chasles, par M. L. Saltel, XLIII, 461.

Lettre de M. Chasles relative à cette communication, XLIV, 655; observations de M. Folie, XLIV, 660; observations de M. Catalan, XLIV, 661; observations de M. Chasles, XLIV, 662; remercîments de M. Chasles, au sujet de l'impression de sa réclamation, XLIV, 849.

Carause. — Sur l'ordre chronologique de quelques événements du règne du Ménapien Carause en Bretagne, par M. Roulez, XXIII, 341.

Cardinies. — Voir *Terrain houiller.*

Carrés. — Remarques sur la théorie des moindres carrés, par M. Catalan, XLIV, 317; rapport de M. Folie, XLV, 156.

Carte de la Belgique. — Note de M. E. Adan en présentant les quatre premières feuilles de la carte de la Belgique au 1/20,000e, L, 295.

Envoi par M. le directeur du Dépôt de la guerre, de douze exemplaires

d'une notice résumant les travaux de la carte du pays, XLI, 394.

CARTE GÉOLOGIQUE DE LA BELGIQUE. — Compte rendu, par M. Dewalque, de ses travaux relatifs au texte de la carte de M. Dumont, et dépôt dans les archives de la première partie de ce travail, sur le terrain tertiaire, XXVI, 249.

A propos de la carte géologique détaillée de la Belgique, par M. Dewalque, XLI, 13.

Communication du même sur la nécessité de publier une nouvelle édition de la carte de Dumont, XXXIX, 949.

Rapports de MM. Dewalque, Dupont et Briart sur cette proposition, XL, 59, XL, 274, 291, 308; décision de la Classe, XL, 448.

Communication d'une lettre de M. le Ministre de l'Intérieur au sujet de l'état des pierres de la carte de Dumont, XL, 898.

Proposition de M. le capitaine Hennequin, relative au tirage de cette carte, XLI, 2.

Lecture des rapports de MM. Dewalque, Briart et Cornet sur cette dépêche ministérielle et sur la note de M. Hennequin, XLI, 225.

Arrêté ministériel du 18 mai 1876, nommant la Commission chargée d'étudier l'exécution d'une nouvelle carte géologique de la Belgique, XLI, 1150.

Insertion au Bulletin, à la demande de M. Dewalque, du paragraphe du procès-verbal de la séance du 2 décembre 1876, relatif à la composition du comité de direction de la carte, XLIII, 231.

Envoi par M. Dewalque de la brochure consacrée à l'exposé des principes que la Société géologique de Liége croit devoir suivre pour l'exécution de la carte géologique détaillée de la Belgique, XLIII, 318. — Voir *Commission pour l'exécution de la carte géologique de la Belgique.*

CARTES GÉOGRAPHIQUES. — Exposé d'un nouveau système de cartes géographiques, par M. P. Drèse, XXIV, 3; rapport de M. Catalan, XXIV, 283.

CASSE-GRAIN. — Note sur un cassegrain en verre argenté avec support en crow-glass dans le petit miroir convexe, par M. A. Brachet, XLVII, 307; rapport de M. Montigny, XLVII, 490.

CASTILLE. — Lettre de M. le chevalier C. de Hoefler, de Prague, en offrant son ouvrage intitulé : Der Aufstand der castillianischen Städte gegen Kaiser Karl V (1520-1522), XLI, 1328.

CASTOR. — Sur une tête de Castor trouvée à Donck (Limbourg), par M. A. Spring, XXI, 139.

CATHÉDRALE SAINT-LAMBERT DE LIÉGE. — Sur les sculpteurs qui ont participé à sa construction, par M. Ad. Borgnet, XXIII, 192.

CAULINITES. — Note sur un caulinites récemment découvert dans l'assise laekenienne, par M. F. Crépin, XXXVI, 170.

CAVERNES. — Sur les résultats des fouilles scientifiques exécutées pendant l'hiver de 1865-1866 dans les cavernes des bords de la Lesse, par M. Éd. Dupont, XXI, 263; rapports de MM. d'Omalius et P.-J. Van Beneden, XXI, 532, 534.

Sur trois cavernes des bords de la Lesse explorées pendant les mois de mars et d'avril 1866, par le même, XXI, 526, XXII, 55; rapport de M. d'Omalius, XXII, 6.

Étude sur les fouilles scientifiques exécutées pendant l'hiver de 1865-1866, dans les cavernes des bords de la Lesse, par le même, XXII, 31.

Études sur l'ethnographie de l'homme de l'âge du renne dans les cavernes de la vallée de la Lesse, par le même, XXII, 107; rapports de MM. d'Omalius, Van Beneden et Spring, XXII, 185, 187.

Étude de cinq cavernes explorées dans la vallée de la Lesse et le ravin de Falmignoul, pendant l'été de 1866, par le même, XXIII, 53, 244; rapport de M. d'Omalius, XXIII, 220.

Rapport général à M. le Ministre de

l'Intérieur sur les résultats matériels et scientifiques de l'exploration des cavernes des environs de Dinant, par le même, XXIII, 219; lecture des rapports de MM. d'Omalius et Dewalque, XXIII, 371.

Étude sur une caverne située sur la Meuse, dans la commune de Bouvignes, par le même, XXIII, 367, 465; rapports de MM. d'Omalius et P.-J. Van Beneden, XXIII, 433, 434.

Études sur les cavernes du bois de Foy, à Montaigle, par le même, XXIII, 887, XXV, 499; rapports de MM. d'Omalius et P.-J. Van Beneden, XXIV, 5, 6.

Découverte d'objets gravés et sculptés dans le trou Magrite, à Pont-à-Lesse, par le même, XXIV, 129.

Sur l'emploi probable de l'oligiste trouvé dans la couche de l'âge du renne dans la caverne de Chaleux, par le même, XXIV, 483.

Annonce, par le même, de la découverte d'une caverne à Goyet (Namur), sur la rivière le Samson, XXVII, 193.

Sur deux fragments d'objets appelés « bâtons de commandement » découverts dans cette caverne, par le même, XXVII, 274.

Sur une nouvelle exploration des cavernes d'Engis, par le même, XXXIII, 504.

Sur la présence du blé dans une caverne à ossements de la province de Namur, par le même, XXXIV, 22.

Communication du même au sujet de la découverte de quinze cavernes à Hastière-sur-Meuse, XLII, 489.

CELLULE CARTILAGINEUSE. — Nouvelles communications sur la cellule cartilagineuse, par M. W. Schleicher, XLVII, 489, 811; rapport de M. Ch. Van Bambeke, XLVII, 754.

CELLULE VÉGÉTALE. — Structure de la cellule végétale; sur quelques faits qui viennent à l'appui de la croissance cellulaire par intersusception, par M. J. Chalon, XLII, 240; ce travail est restitué à l'auteur, XLII, 458.

CELLULES NERVEUSES. — Voir *Cylindre de l'axe.*

CELLULES OLFACTIVES. — Voir *Cyclostomes.*

CELTIQUES (origines). — Lecture, par M. Steur, d'un travail sur les origines celtiques, XXVIII, 258.

CENTENAIRE DE L'ACADÉMIE (1772-1882). — Voir *Anniversaires.*

CERCLE. — Voir *Quadrature.*

CERCLE ARCHÉOLOGIQUE DU PAYS DE WAES, A SAINT-NICOLAS. — Hommage d'un exemplaire de la photographie de la statue de Mercator, XXXI, 475.

CERCLE ARTISTIQUE ET LITTÉRAIRE DE BRUXELLES. — Lettre relative à la propriété des œuvres d'art, XLII, 919.

CERCLE ARTISTIQUE, LITTÉRAIRE ET SCIENTIFIQUE D'ANVERS. — Annonce l'ouverture d'un congrès littéraire, XLIII, 441; M. Alvin, délégué de l'Académie, XLIII, 152; lettre relative à la propriété des œuvres d'art, XLII, 919.

CERCLE ARTISTIQUE DES EXPOSITIONS RHÉNANES. — Fait connaître l'époque de ses expositions mensuelles en 1872, XXXIII, 159; en 1875, XXXIX, 238.

CESTOÏDES. — Voir *Appareil excréteur.*

CÉTACÉS. — Voir *Amphipodes.* — *Baleines.* — *Blastoderme.*

CÉTODONTES. — Voir *Baleines.*

CHALEUR. — Réflexions sur la chaleur universelle, par M. Méhay, XXIX, 447; rapport verbal de M. Melsens, XXIX, 668.

Rapports de MM. Morren, Dewalque et Montigny sur le mémoire de concours de 1873, concernant les relations de la chaleur avec le développement des végétaux phanérogames, XXXVI, 658, 668, 690.

Les relations entre la chaleur et la végétation, spécialement au point de vue de l'intervention dynamique de la chaleur dans la physiologie des plantes, par M. Éd. Morren, XXXVI, 742.

Deuxième note sur l'application de la théorie mécanique de la chaleur à la physiologie des plantes, par le même, XXXVII, 424.

Paragraphe d'un billet cacheté de

M. Spring, daté du 27 juillet 1874, relatif à ses recherches sur la chaleur spécifique des corps, XXXVIII, 293.

Note sur le second principe de la théorie mécanique de la chaleur, par M. J. De Tilly, XL, 668; supplément ou suite à ce travail, XL, 899; l'auteur retire ce travail, XLI, 4.

Note bibliographique de M. Folie au sujet de la seconde édition de la théorie mécanique de la chaleur par M. Clausius, XLI, 396.

Challes. — Voir *Diabase.*

Chambre claire. — Mémoire descriptif de deux nouveaux dispositifs de la chambre claire (camera lucida), par M. Hofmann, XLV, 563; lecture des rapports de MM. Maus et Montigny, XLV, 745.

Chambre de commerce et d'industrie de Hongrie. — Don d'ouvrage, XXXIX, 44.

Champaigne (J.-B. de). — Notice biographique sur le peintre J.-B. de Champaigne, par M. L. Galesloot, XXV, 61, 164; rapport de M. Éd. Fétis, XXV, 158.

Champ d'oiseaux. — Voir *Mine de Landenne.*

Champignons. — Rapports de MM. Morren et Bellynck et Éd. Van Beneden sur le mémoire de concours de 1874, en réponse à la question sur le polymorphisme des champignons, lauréat M. Gilkinet, XXXVIII, 653, 719, 725, 735.

Réclamation par M. Éd. Van Beneden au sujet d'un passage du rapport de M. Bellynck, XXXIX, 98.

Chanson. — Lecture par M. Daussoigne-Méhul d'un essai historique sur la chanson depuis les temps les plus reculés jusqu'à nos jours, XXVII, 322. — Voir *Musique.*

Chansonnette (Claude). — Lecture par M. Rivier d'un travail sur Claude Chansonnette, jurisconsulte messin et ses lettres inédites, XLV, 110; lecture du rapport de MM. Nève, Wauters et Le Roy, XLV, 544.

Charbon chloré. — Voir *Gaz.*

Charbons décolorants. — Note sur les charbons décolorants, leur production artificielle et la revivification des noirs employés dans l'industrie, par M. Melsens, XXXVIII, 58.

Charles le Téméraire. — Rapports de MM. Juste, le baron Guillaume et le baron Kervyn, sur les mémoires de concours de 1873, sur une appréciation du règne de Charles le Téméraire et des projets que ce prince avait conçus dans l'intérêt de la maison de Bourgogne, lauréat M. Heurard, XXXV, 548, 552, 561. — Voir *Gravures.*

Charles-Quint. — Deux lettres de Charles-Quint à Rabelais, par M. Ad. Quetelet, XXII, 204; doutes de M. Gachard sur l'authenticité de ces lettres, XXII, 343; réponse de M. Quetelet, XXII, 478; réponse de M. Gachard, XXII, 544; la vérité à propos des lettres de Charles-Quint à Rabelais, par M. Van Rossum, XXIII, 417; rapports de MM. Wauters, Juste et Polain, XXIV, 83, 199, 202, 203.

Chartes et diplômes. — Note de M. Wauters au sujet de la publication du tome V de sa Table chronologique des chartes et diplômes imprimés concernant l'histoire de Belgique, XLIII, 375. — Voir *Commission royale d'histoire.*

Chasse. — Voir *Droit de chasse.*

Chastellain. — Rapports de MM. Kervyn de Lettenhove, Grandgagnage et de Saint-Genois sur le mémoire du concours de 1867, sur la question demandant l'appréciation du talent de Chastellain, de son influence, de ses idées politiques, et de ses tendances littéraires, XXIII, 485, 489, 493. — Voir *Commission pour la publication des œuvres des grands écrivains du pays.*

Chaudières. — Note sur les explosions des chaudières à vapeur, par M. Melsens, XXX, 123.

Chauves-souris. — Les Chauves-souris de Belgique et leurs parasites, par M. P.-J. Van Beneden, XXXIII, 171; note à l'appui de la présentation

de ce mémoire, par le même, XXXIII, 207; lecture des rapports de MM. de Selys Longchamps et Gluge, XXXIII, 300.

CHÉIROPTÈRES. — Recherches sur la structure de l'ovaire, l'ovulation, la fécondation et les premières phases du développement chez les Chéiroptères, communication préliminaire, par MM. Éd. Van Beneden et Ch. Julin, XLIX, 628.

Un parasite des Chéiroptères en Belgique (Nycteribia Frauenfeldii Kol.), par M. F. Plateau, XXXVI, 332.

CHÉLONIENS. — Notice sur des débris de Chéloniens faisant partie des collections du Musée d'histoire naturelle de Bruxelles, et provenant des terrains tertiaires de cette ville, par M. A. P. de Borre, XXVII, 248, 420; rapports de MM. Poelman et Lacordaire, XXVII, 365, 366.

CHEVRIER (François-Antoine), en Belgique; notice par M. Ch. Piot, L, 217.

CHICORÉE. — Sur les falsifications de la chicorée par la tourbe, par M. Swarts, XXXI, 111, 360; rapports de MM. Donny et de Koninck, XXXI, 200, 203.

CHLORAL. — Sur le chloral et les éthers éthyliques chlorés en général, par M. L. Henry, XXXVII, 489.

CHLORE. — Recherches sur les acides du chlore, par M. W. Spring, XXXIX, 441, 882; rapport de M. Stas, XXXIX, 781. — Voir *Argent*.

CHLORO-ACÉTATE DE MÉTHYLÈNE. — Voir *Dérivés éthérés*.

CHLORURE D'ÉTHYL-GLYCOLLYLE. — Voir *Dérivés éthérés*.

CHLORURE DE SULFURYLE. — Additions à l'histoire du chlorure de sulfuryle, par M. Ed. Dubois, XLI, 735, XLII, 126; rapport de M. Stas, XLII, 13. — Voir *Anhydride sulfureux*.

CHLORURE DE ZINC. — Sur l'emploi du chlorure de zinc comme réactif de certains alcaloïdes, glucosides etc., par M. A. Jorissen, XLVIII, 95, 359; avis de MM. de Koninck et Melsens, XLVIII, 342.

CHLORURES. — De la présence de chlorures alcalins dans les eaux et les roches du bassin houiller de Liége, par M. Malherbe, XXVIII, 102; rapports de MM. d'Omalius et Dewalque, XXVIII, 25, 26.

Observations sur la rencontre accidentelle du chlorure ammonique dans le bassin houiller de Liége, par le même, XXX, 4.

Des chlorures alcalins de la formation houillère, par le même, XXXVIII, 558, XXXIX, 16; rapports de MM. de Koninck et Dewalque, XXXIX, 9, 11.

Note sur deux nouveaux chlorures d'acides organiques, par M. W. Spring, XXXVIII, 293, 494; rapports de MM. Stas et de Koninck, XXXVIII, 407, 408. — Voir *Argent*. — *Terrain houiller*.

CHOISEUL. — Note bibliographique de M. Gachard sur le livre de M. Filon : *L'ambassade de Choiseul à Vienne en 1757 et 1758*, XXXIV, 432.

CHRISTIANISME. — Époque de l'introduction du christianisme dans les Gaules, et notamment dans le pays de Namur. Silence des oracles. De la dignité comtale, mémoire présenté par M. A. Capelle, L, 183; rapports de MM. Lamy, Poullet et Piot, L, 277, 279, 280.

CHRÔME. — Faits pour servir à l'histoire du chrôme, par M. L. Henry, XXI, 75, 230; rapport de M. Stas, XXI, 201.

CHRONOGRAMME offert par M. G.-H. Crets au sujet du jubilé séculaire de l'Académie, XXXIII, 512.

CHRONOGRAPHE. — Mémoire sur le calcul de la vitesse initiale d'un projectile quelconque lorsqu'on connaît la vitesse *moyenne* (au milieu des deux buts à viser), par l'emploi du chronographe électro-balistique, par M. A.-C. d'Andrada Mendoça, XXXVI, 3.

CHRONOMÉTRIE. — Sur un nouveau système de chronométrie électro-balistique, par M. Navez, XXVII, 248, 386; rapport de M. Brialmont, XXVII, 387; note complémentaire, XXVIII, 417. — Voir *Balistique*.

CIGOGNE. — Sur la Cigogne blanche et

ses parasites, par M. P.-J. Van Beneden, XXV, 294.

Cinématique. — Voir *Mécanique.*

Cinquantenaire de l'Académie depuis son rétablissement en 1816. — Voir *Anniversaires.*

Cinquantenaire de l'Indépendance de la Belgique. — Voir *Anniversaires.* — *Concours pour un poëme.*

Cire (sur la) de la paille, par M. L. Henry, XXVIII, 442.

Circulation. — Communication préliminaire sur les mouvements et l'innervation de l'organe central de la circulation chez les animaux articulés, par M. F. Plateau, XLVI, 203.

Clairaut. — Voir *Équations.*

Classes rurales. — Rapports de MM. de Laveleye, Wauters et Poullet sur les mémoires du concours de 1880 relatifs à la question sur l'histoire des classes rurales en Belgique, lauréats MM. V. Brants. F. De Potter et Broeckaert, XLIX, 460, 470, 468.

Clavecinistes. — Note de M. Gevaert en présentant l'ouvrage de M. le chevalier X. Van Elewyck sur les anciens clavecinistes flamands, XLV, 718. — Voir *Musique.*

Club scientifique a Vienne. — Les membres de l'Académie de passage à Vienne y seront amicalement reçus, XLIII, 230.

Cléomadès. — Présentation, par M. J.-H. Bormans, d'un travail intitulé : *Philologie.* Observations détachées sur le texte de Cléomadès, XXI, 429. XXII, 231; lecture des rapports de MM. Borgnet, le baron Kervyn et Chalon, XXII, 73. — Voir *Commission pour la publication des œuvres des grands écrivains du pays.*

Climat. — Notice sur le climat de la Belgique et l'adoucissement des hivers, par M. Wouwermans, XXII, 2.

Clusia. — Note de M. Éd. Morren à l'appui de la présentation du premier exemplaire de la Clusia de feu son père, XXXVII, 159.

Coccyzus. — Sur un Coccyzus tué en Belgique, note par M. Alph. Dubois, XXXIX, 4, 40; avis de MM. de Selys Longchamps et F. Plateau, XXXIX, 14.

Cœur. — Recherches sur l'innervation du cœur par le nerf vague, par M. Nuel, XXXVI, 116; rapports de MM. Schwann et Gluge, XXXVI, 300, 301.

Note sur les phénomènes électriques du cœur (effets électro moteurs), par le même, XXXVI, 116, 335; rapport de M. Schwann, XXXVI, 302.

Colomb (Christophe). — Le songe de C. Colomb, cantate couronnée de M. Cl. Michaëls, exécutée en séance publique de la Classe des beaux-arts, de 1871; XXXII, 141; traduction flamande par M. E. Hiel, XXXII, 147.

Colonies. — Rapports de MM le baron Kervyn, De Smet et Snellaert sur les deux mémoires de concours de 1866, concernant l'influence que l'établissement des colonies saxonnes sur le littoral a exercée sur les mœurs et les institutions de la Flandre, XXI, 430, 431.

Mémoire sur les colonies wallonnes en Silésie, par M. Grünhagen, XXII, 342; rapports de MM. le baron Kervyn, De Smet et Borgnet, XXII, 540, 542, 544.

Rapports de MM. Thonissen et le baron Kervyn sur le mémoire de concours de 1870, sur les colonies belges en Hongrie et en Transylvanie, lauréat M. de Borchgrave, XXIX, 501, 514.

Comité pour une œuvre d'art a offrir au bourgmestre de Bruxelles. — Demande la formation d'un jury de concours pour juger cette œuvre, XXIII, 652.

Combinaisons. — Voir *Calcul des probabilités.*

Combustion. — Sur la température de combustion des combustibles ordinaires brûlés à l'air libre, par M. H. Valerius, XXXVIII, 654.

Comètes. — Note sur la tendance qu'affectent les grands axes des orbites cométaires à se diriger dans un sens donné, par M. J.-C. Houzeau, XXXVI, 325.

La comète de Coggia observée à Bruxelles, note par M. E. Quetelet, XXXVIII, 349.

La comète de Coggia observée à Louvain, par M. Terby, XXXVIII, 351.

La comète de Coggia observée à Malines, par M. Bernaerts, XXXVIII, 352.

De la constitution physique des comètes, par M. J. Vivier, XXXVIII, 652; lecture du rapport de MM. E. Quetelet et Liagre, XXXIX, 14.

COMMENSALISME. — Sur le commensalisme dans le règne animal, par M. P.-J. Van Beneden, XXVIII, 621; note supplémentaire, par le même, XXIX, 179.

COMMINES (Philippe de). — Communication de M. le baron Kervyn sur les documents qu'il a recueillis sur Philippe de Commines, pour en faire l'objet d'une publication dans la collection des œuvres des grands écrivains du pays, XXI, 569.

Lettre d'un ambassadeur milanais relative à Philippe de Commines, par le même, XXXV, 72. — Voir *Commission pour la publication des œuvres des grands écrivains du pays.*

COMMISSION ADMINISTRATIVE. — M. Alvin remplace M. De Busscher comme délégué de la Classe des beaux-arts pour 1866-1867, XXI, 67.

Prix de la gravure des portraits de l'*Annuaire,* XXIII, 39.

Composition pour 1867-1868, XXIII, 432, 661, 714; 1868-1869, XXV, 404, 587, 707, 692; 1869-1870, XXVII, 364, 430, 598; 1871-1872, XXXI, 411, 460; 1872-1873, XXXIII, 360, 482; 1873-1874, XXXV, 468, 626; 1874-1875, XXXVII, 484, 602, 775; 1875-1876, XXXIX, 770, 445; 1876-1877, XLI, 356, 1079, 956, 1136; 1877-1878, XLIII, 461, 635, 707, XLIV, 818; 1878-1879, XLV, 566, 648, 719; 1879-1880, XLVII, 489, 574, 728; 1880-1881, XLIX, 310, 494, 594.

COMMISSION DES FINANCES DES TROIS CLASSES. — Pour 1867, XXIII, 4, 25, 41; 1868, XXIV, 545, 548; 1869, XXVI, 431, 496, XXVII, 117; 1870, XXVIII, 528, 572; 1871, XXX, 375, 397, 416; 1872, XXXII, 356, 361; 1873, XXXIV, 447, 530, 548; 1875, XXXVIII, 653, 671, 710; 1876, XLI, 225, 355, 386; 1877, XLII, 829, 911, 919; 1878, XLIV, 666, 818, 844; 1879, XLVI, 856, 913, 933; 1880, XLVIII, 587, 693; 1881, L, 294, 319, 323.

COMMISSION DES MONUMENTS. — M. Fraikin élu membre, XXXII, 123, 128.

COMMISSION IMPÉRIALE DE L'EXPOSITION UNIVERSELLE DE PARIS EN 1867. — Hommage d'un exemplaire du rapport du jury international, XXVII, 127.

COMMISSION POUR LA PUBLICATION DES ANCIENS MONUMENTS DE LA LITTÉRATURE FLAMANDE. — Ajournement du remplacement de M. David décédé, XXIV, 487, 545.

Augmentation du crédit, XXV, 517.

Lettre de M. le Ministre de l'Intérieur relative à la continuation des travaux de la Commission, XXVII, 194.

Renvoi à la Commission d'un manuscrit, par M. Soromenho, XXVII, 313.

Annonce de la publication des ouvrages suivants : *Parthenopeus van Bloys,* par M. Bormans, et *Spieghel der Wysheit,* par MM. Snellaert et Bormans, XXXII, 183.

Lettre de M. le Ministre de l'Intérieur relative à la publication du 2me volume des *Naturen Bloeme,* XXXV, 54, 175.

MM. Heremans et Willems nommés membres de la Commission en remplacement de MM. David et Snellaert, décédés, XXXV, 334.

Demande de renseignements par M. le Ministre de l'Intérieur sur l'état des travaux, XLVIII, 167.

M. Roersch élu membre en remplacement de M. J. Bormans, décédé, XLVIII, 548.

Rapport de M. De Pauw sur son voyage en Allemagne, XLIX, 128.

M. De Decker dépose le projet de règlement, L, 319.

COMMISSION POUR LA PUBLICATION D'UNE BIOGRAPHIE NATIONALE. — Publication de la 1re partie du tome I, XXI, 238.

Sixième rapport sur les travaux pendant l'année 1865-1866, XXI, 509.
Élection par les Classes des sciences, des lettres et des beaux-arts des délégués auprès de la Commission pendant la deuxième période (1866-1871), XXII, 3, 70, 97.
Présentation par M. de Saint-Genois du complément du tome I, XXIII, 23.
Audience royale pour la présentation de ce volume, XXIII, 418.
Renvoi à la Commission d'un travail de M. de Selliers, XXIV, 197.
M. Juste élu membre en remplacement de M. le baron de Saint-Genois décédé, XXIV, 487.
Septième rapport sur les travaux pendant l'année 1866-1867, XXIII, 663.
Huitième rapport annuel (1867-1868), XXV, 589.
Présentation de la 1re partie du tome II, XXV, 504.
Neuvième rapport annuel (1868-1869), XXVII, 600.
Dixième rapport annuel (1869-1870), XXIX, 646.
Présentation de la 1re partie du tome III, XXX, 334.
Onzième rapport annuel (1870-1871), XXXI, 462.
M. Morren élu membre en remplacement de M. Coemans, décédé, XXXI, 476.
Présentation de la 1re partie du tome IV, XXXIV, 585.
Demande de M. le Ministre de l'Intérieur au sujet de la traduction flamande de la Biographie, XXXV, 54.
Élection par les Classes des sciences, des lettres et des beaux-arts des délégués auprès de la Commission pendant la troisième période (1872-1877), XXXV, 55, 142, 177, 207.
Douzième rapport annuel (1872-1873), XXXVI, 628.
M. Le Roy élu membre en remplacement de M. le baron Kervyn démissionnaire, XXXVI, 84.
M. Liagre élu membre en remplacement de M. Ad. Quetelet, décédé, XXXVII, 338.
Treizième rapport annuel (1873-1874), XXXVII, 781.
Note de M. le baron Guillaume réfutant l'assertion des journaux relativement à la démission de M. Van Hasselt, XXXVIII, 671.
Quatorzième rapport annuel (1874-1875), XXXIX, 676.
Quinzième rapport annuel (1875-1876), XLI, 1081.
Présentation de la 2e partie du tome V, XLII, 512.
Seizième rapport annuel (1876-1877), XLIII, 637.
M. Heremans élu membre en remplacement de M. le baron Guillaume, décédé, XLIV, 818.
Dix-septième rapport annuel (1877-1878), XLV, 651.
Élection par les Classes des sciences, des lettres et des beaux-arts des délégués auprès de la Commission pendant la quatrième période (1878-1883), XLVI, 6, 128, 139.
Dix-huitième rapport annuel (1878-1879), XLVII, 644.
Dix-neuvième rapport annuel (1879-1880), XLIX, 496.

COMMISSION POUR LA PUBLICATION D'UNE CARTE GÉOLOGIQUE DE LA BELGIQUE. — Membres élus, XLI, 1150.
Hommage d'ouvrages, XLIX, 2, 4, 74, 153, 254, 294, 308. — Voir *Carte géologique*.

COMMISSION POUR LA PUBLICATION DES ŒUVRES DES ANCIENS MUSICIENS BELGES. — M. le Ministre de l'Intérieur annonce l'allocation d'un crédit pour cette publication et demande que l'Académie lui fasse des propositions, XLVII, 810.
Dépêche de M. le Ministre de l'Intérieur relative au mode de publication, XLVIII, 86.
Avant-projet de règlement, XLVIII, 261, 270.
Arrêté royal instituant la Commission, XLVIII, 427.
M. Fétis élu membre, XLVIII, 573.
Composition de la Commission, XLIX, 57.

COMMISSION POUR LA PUBLICATION D'UNE

HISTOIRE DE L'ART. — Communication des anciens membres sur la mission qui leur a été confiée, et nomination de M. De Man pour la partie de l'architecture, XXI, 256.
Communication de M. Ad. Quetelet sur l'importance d'une histoire de l'art en Belgique, XXI, 506.
État des travaux, XXII, 445.
Communication de M. Ad. Quetelet relative à son ouvrage sur les proportions du corps humain, XXVIII, 584.
Nouvelle communication du même sur la nécessité d'une histoire de l'art; résolution prise d'une demande de crédit à ce sujet au Ministre, et acceptation, par M. Éd. Fétis, de faire, pour la prochaine séance, l'historique des faits déjà posés, XXXIV, 128.
Communication de M. Quetelet sur la possibilité de faire une histoire de l'art en Belgique, XXXV, 448.
COMMISSION POUR LA PUBLICATION DES ŒUVRES DES GRANDS ÉCRIVAINS DU PAYS. — Remercîments de MM. les Ministres pour le tome Ier de Cléomadès, publié par M. Van Hasselt, XXI, 35.
Idem pour le tome Ier de Baudouin de Condé, XXI, 420.
Présentation, par M. le baron Kervyn, du tome VIII de Chastellain, XXI, 166.
Par le même, du tome II de Cléomadès, XXII, 115.
Remercîments de MM. les Ministres pour ce volume, XXII, 229.
Présentation, par M. Kervyn, du tome Ier de *Li ars d'amour*, publié par M. J. Petit, XXIII, 23.
Du tome III des *Dits et contes* de Baudouin de Condé, par M. Scheler, XXIII, 189.
Du tome II de Froissart, XXIII, 483.
Du tome III de Froissart, XXIV, 363.
M. Mathieu élu membre en remplacement de M. le baron de Saint-Genois, décédé, XXIV, 487.
Présentation, par M. le baron Kervyn, du tome II de Commines, XXV, 43.
Du tome IV de Froissart, XXV, 505.
Augmentation du crédit annuel, XXV, 317.
Découverte d'un manuscrit de Froissart, appartenant à M. Moretus d'Anvers, XXV, 317.
Présentation, par M. le baron Kervyn, des tomes V et VI des œuvres de Froissart, XXVI, 120, 387.
Des *Dits* de Watriquet de Couvin, XXVI, 320.
Du tome VII de Froissart, XXVII, 195.
Du tome VIII de Froissart, XXVIII, 250.
Des tomes Ier, IX et X des œuvres de Froissart, et du tome Ier des *Poésies*, éditées par M. Scheler, XXIX, 34, 499.
Du tome XI des œuvres de Froissart, XXX, 135.
MM. Scheler et Le Roy nommés membres, XXX, 136.
M. Chalon élu membre en remplacement de M. le baron de Gerlache, décédé, XXXI, 75.
Présentation des tomes XII et XIII des œuvres de Froissart, XXXII, 353.
Du tome XIV des œuvres, et du tome III des *Poésies* de Froissart, XXXIV, 53.
Des tomes XV et XVI de Froissart, XXXV, 333, 451.
Du tome XVI de Froissart, XXXVI, 230.
Du volume des *Enfances Ogier*, publié par M. Scheler, XXXVII, 460.
Du tome XVIII des œuvres de Froissart, par M. le baron Kervyn, XXXVII, 600.
Du tome XX de Froissart, XXXIX, 148.
Question de savoir si les écrivains latins peuvent être compris dans cette collection, XXXIX, 661.
Présentation des tomes XXI et XXII de Froissart, XL, 35, 350.
Du volume *Li Bastars de Buillon*, par M. Scheler, XLIII, 612.
Du tome XXIV de Froissart, XLII, 747.
M. Stecher élu membre en remplacement de M. Mathieu, décédé, XLII, 793.
Du tome XXV de Froissart, XLIV, 240.

Du volume de la nouvelle série des trouvères belges, par M. Scheler, XLVII, 572.

Rappel de M. le Ministre au sujet du règlement de la Commission et demande relative à la publication des auteurs latins, XLIX, 400.

Commission nommée pour examiner la question des auteurs latins, XLIX, 684.

COMMISSION POUR LE PROGRAMME DE CONCOURS DE LA CLASSE DES LETTRES. — Réorganisation, XXI, 36.

Membres élus pour rédiger le programme de 1878, XLI, 1330.

COMMISSION POUR TOUTES LES QUESTIONS RELATIVES AUX LAURÉATS DES GRANDS CONCOURS, DITS PRIX DE ROME. — Lettre de M. Dieltjens, lauréat du grand concours d'architecture de 1861, demandant une augmentation de la pension de voyage, et commission nommée pour l'examen de ce sujet, XXXIII, 48.

Rapport fait par M. Alvin à la demande de cette commission, suivi de la Notice historique sur l'institution des concours pour les grands prix dits de Rome, XXXIV, 358.

Lecture, par M. Alvin, du rapport à transmettre au Ministre de l'Intérieur sur les résolutions de la commission précitée, XXXIV, 436.

Communication par M. Portaels d'une lettre des pensionnaires du Gouvernement à Rome, demandant, en raison de leur condition matérielle précaire d'existence, la création d'un institut à l'instar de l'Académie de France ou du Kunstverein; remercîments votés à M. Hébert pour ses procédés à l'égard de ces pensionnaires, XXXV, 337.

Nomination de la commission chargée de discuter toutes les questions relatives aux Prix de Rome, XXXV, 440.

Motion de M. Portaels au sujet des pensionnaires du Gouvernement à Rome, XXXVI, 593.

Réorganisation de la commission chargée d'examiner cette motion et résolution de présenter à la Classe des beaux-arts un projet d'établissement à fonder à Rome pour les lauréats des grands concours, XXXVI, 640.

Discussion de ce projet et règlement arrêté à soumettre à M. le Ministre de l'Intérieur, XXXVII, 240, 327, 884, XXXVIII, 283.

Proposition de M. Slingeneyer au sujet des résultats à attendre, par le Gouvernement, des études des pensionnaires, XXXVIII, 284.

Arrêté royal du 28 avril 1874 portant à 4,000 francs la pension des lauréats, XXXIX, 371.

Arrêtés royaux du 22 mai 1875, réorganisant les grands concours, XXXIX, 971.

Rapport de M. Alvin sur les arrêtés royaux précités, XL, 214, 229.

Demande de M. Slingeneyer relative au projet d'un Établissement à Rome pour les pensionnaires du Gouvernement, XLII, 225.

Dépêche de M. le Ministre de l'Intérieur relative à ce projet, XLII, 638.

Motion de M. Portaels relative à la réforme du règlement des Grands concours, XL, 798.

Ajournement de la décision à prendre sur la lettre précitée de M. le Ministre de l'Intérieur et sur la motion de M. Portaels, XLII, 797.

M. Pauli élu membre en remplacement de M. Payen, décédé, XLIV, 440.

Modification à apporter aux conditions réglementaires des voyages des graveurs, XLVI, 138.

Lettre de l'Académie d'Anvers signalant que M. Cuypers ne s'est pas conformé au règlement en ce qui concerne son dernier rapport, XLVI, 266, 550.

Observations soulevées par M. Dieltjens dans son 14e rapport au sujet des études prescrites aux lauréats pendant leurs voyages, XLVI, 550.

La Classe décide qu'il y a lieu de reviser le réglement et prie M. Alvin de s'en charger, XLVI, 550.

Lettre de rappel à M. le Ministre de l'Intérieur au sujet des propositions relatives à l'institution d'un Établis-

sement belge à Rome, L, 67. — Voir *Académie belge des beaux-arts à Rome.* — *Concours (Grands)*, etc.

COMMISSION POUR LA LISTE DES OBJETS D'ART A REPRODUIRE PAR LES LAURÉATS DES GRANDS CONCOURS, DITS PRIX DE ROME. — Nomination de la commission, XL, 228.

Chargée de faire un rapport sur un projet de l'Académie d'Anvers concernant les copies à exiger des lauréats, XL, 406.

Rapports des délégués nommés pour la formation de cette liste, XLI, 899.

Dépôt du rapport de MM. J. Geefs et Fraikin sur les œuvres de sculpture à copier, XLII, 899, 1139.

Communication relative à la formation de la liste générale, XLI, 1139, 1341, XLII, 224.

Demande de la liste par le Ministre, XLVI, 266, 933.

Communications relatives à la rédaction de cette liste, XLVII, 302, 476.

COMMISSION POUR LE CINQUANTIÈME ANNIVERSAIRE DE L'ACADÉMIE. — Élection des membres organisateurs, XXI, 36, 66, 64.

Dispositions prises pour cette solennité, 237, 297.

Commissaires désignés par les trois Classes pour la séance publique, XXI, 298.

Acceptation par M. le Ministre de l'Intérieur et le bureau de l'Académie de Médecine de l'invitation au banquet du 7 mai 1866, XXI, 428. — Voir *Anniversaires.*

COMMISSION POUR LE COSTUME DES ACADÉMICIENS. — Membres élus par les trois Classes pour déterminer ce costume, XXXIX, 780, 953, 972.

Arrêté royal décrétant ce costume, XLI, 222, 333, 386, 1080.

COMMISSION POUR LE MONUMENT QUETELET. — Voir *Monument Quetelet.*

COMMISSION POUR LES ÉCHANGES DES ŒUVRES D'ART DES MUSÉES DE L'ÉTAT. — Nomination de la commission, XXXVI, 181.

Lecture de la réponse à faire à M. le Ministre de l'Intérieur au sujet de sa lettre relative aux échanges, XXXVI, 331.

COMMISSION POUR LES PARATONNERRES. — Nomination de la commission, XXXIV, 481, XXXV, 5

Renvoi à la Commission de lettres de M. Melsens et de M. le Ministre des Travaux publics, XXXVIII, 554.

Demande relative à l'établissement de paratonnerres sur l'Hôpital St-Pierre de Bruxelles, XL, 50, XLI, 2.

MM. Houzeau et Donny nommés membres en remplacement de MM. Gloesener et Dewalque, XLIII, 715.

Résolution prise au sujet du système Melsens, XLVII, 440.

COMMISSION POUR LES PORTRAITS DE L'ANNUAIRE. — Communication des décisions relatives à l'exécution de ces portraits, XXII, 232.

Augmentation du prix des portraits, XXI, 39.

Demande de M. le Ministre de l'Intérieur au sujet de l'emploi de la gravure à l'eau-forte pour ces portraits, L, 66.

COMMISSION POUR L'INSTALLATION DES ACADÉMIES DANS LEUR PALAIS. — Voir *Palais des Académies.*

COMMISSION POUR UN ÉDIFICE DESTINÉ AUX EXPOSITIONS. — Voir *Palais des beaux-arts.*

COMMISSION ROYALE D'HISTOIRE. — Présentation du tome V de la chronique de Jean des Preis, dit d'Outremeuse, publié par M. Ad. Borgnet, XXV, 43.

Du cartulaire de l'abbaye de Cambron, publié par M. De Smet, XXVII, 195.

Du tome II de la chronique précitée de Jean des Preis, publié par M. Borgnet, XXVII, 715.

Du tome III de la chronique de De Klerck, publié par M. J.-H. Bormans, XXVII, 716.

De la 2e partie du tome II du cartulaire de l'abbaye de Cambron précité, XXVIII, 348.

Du tome Ier de la chronique des ducs de Bourgogne, par M. le baron Kervyn, XXX, 334.

Demande d'échange de publications, XXXII, 21.

Présentation du tome III de la Table chronologique des chartes, publié par M. Wauters, XXXIV, 128.
Du tome III de la chronique de Jean des Preis, publié par M. Borgnet, XXXVII, 290.
Du tome II des voyages des souverains des Pays-Bas, par M. Gachard, XXXVII, 460.
Du tome III des monuments pour servir à l'histoire des provinces de Namur, de Hainaut et de Luxembourg, XXXVIII, 133.
Du volume sur les manuscrits des bibliothèques de Madrid et de l'Escurial, par le même, XXXIX, 334.
Du tome II du cartulaire de l'abbaye de St-Trond, publié par M. Piot, XXXIX, 334.
Du livre des fiefs du comté de Looz, publié par M. Galesloot, XL, 349.
Du tome Ier de la chronique concernant la Bibliothèque nationale de Paris, par M. Gachard, XL, 578.
Du tome V de la Table des chartes, par M. Wauters, XLIII, 375.
Du tome II de la chronique concernant la Bibliothèque nationale de Paris, par M. Gachard, XLIII, 747.
Du tome IV de la chronique de Jehan des Preis, publié par M. Bormans, XLIV, 611.
Du tome Ier de la Correspondance de Granvelle, par M. Poullet, XLV, 499.
Du volume des chroniques de Brabant et de Flandre, par M. Piot, XLVIII, 71.
Dépôt de livres reçus dans la Bibliothèque de l'Académie, XXXIV, 128, 512, XLI, 1075, XLIII, 374, XLIV, 241, XLV, 298, XLVI, 125, XLVII, 237, XLIX, 221, L, 272.

COMMUNES. — Les communes et la royauté, ouvrage de M. Ch. Desmaze, conseiller à la cour d'appel de Paris et associé de l'Académie, note par M. J.-J. Thonissen, XLIII, 36.

COMPAS AUTOMATIQUE. — Rapport verbal sur une note de M. Tovo concernant un automatico compasso, XLII, 487.

COMPOSÉS ALLYLIQUES. — Voir *Acide hypochloreux.*

COMPOSÉS CYANOGÉNÉS. — Remarque sur la volatilité des composés cyanogénés, par M. Louis Henry, XXXV, 531.

COMPOSÉS ÉTHÉRÉS PHÉNOLIQUES. — Voir *Dérivés éthérés.*

COMPOSÉS MINÉRAUX. — Résumé des règles pour faire prévoir la couleur des composés minéraux et celle d'un grand nombre de composés organiques, par M. Éd. Robin, XXVII, 363; lecture du rapport de MM. Stas et Melsens, XXVII, 627.
De l'action du magnésium sur les composés minéraux et organiques, par M. Tommasi, XXXI, 55.

COMPOSÉS ORGANIQUES. — Voir *Composés minéraux.*

COMPOSÉS OXYGÉNÉS. — Voir *Soufre.*

COMPOSÉS OXYGÉNÉS DE L'AZOTE. — Voir *Azote.*

COMPOSITEURS DE MUSIQUE. — Voir *Musique.*

COMPTEUR A SECONDES. — Voir *Moteurs de M. Valisse.*

COMPTEUR ÉLECTRIQUE. — Sur un compteur électrique par M. A. Brachet, XLIV, 4; rapport verbal de MM. Montigny et Duprez, XLIV, 318.

CONCOURS DE LA CLASSE DES BEAUX-ARTS. — 1866. Résultat négatif du concours, XXII, 102.
Remise à M. Baes des deux médailles d'argent, qui lui ont été décernées pour ses mémoires en réponse au concours de 1865, XXII, 546.
1867. Programme, XXII, 158.
Mémoires reçus pour le concours de 1867 et nomination de commissaires, XXIII, 716.
Lecture des rapports de MM. Alvin, De Keyser et Payen sur le mémoire en réponse à la deuxième question relative à l'enseignement des arts graphiques et plastiques, XXIV, 223.
Rapports de MM. Portaels et Éd. Fétis sur les mémoires en réponse à la question relative à Quentin Metsys, XXIV, 224, 228.
Proclamation des résultats de ce concours, XXIV, 267.

Médaille d'argent à M. Van Cleemputte, XXIV, 413.
Mémoire sur Quentin Metsys reçu après le terme fatal, XXIV, 414.
M. Van den Bussche se déclare l'auteur du second mémoire sur Quentin Metsys qui a obtenu une mention honorable, XXIV, 491.
1868. Programme, XXII, 181, 236, XXIV, 414.
Mémoires reçus pour le concours de 1868 et nomination de commissaires, XXV, 706.
Rapport collectif de MM. Portaels, Éd. Fétis et Siret sur les mémoires concernant Quentin Metsys, XXVI, 215.
Lettre d'un anonyme au sujet des rapports sur son mémoire concernant Quentin Metsys, XXVII, 116.
Rapport de MM. Balat, Chalon et J. Leclercq sur le mémoire concernant la gravure des médailles, XXVI, 233, 235, 236.
Médaille d'or à M. Pinchart XXVI, 237.
Proclamation des résultats de ce concours, XXVI, 244.
1869. Programme, XXIV, 416, XXVI, 351, 353, 422.
Résultats négatifs du concours pour 1869, XXVII, 742, XXVIII, 291.
1870. Programme, XXVIII, 385.
Mémoire reçu pour le concours de 1870 et nomination de commissaires, XXIX, 756.
Rapports de M. De Man, Balat et Éd. Fétis sur le mémoire en réponse aux 2e et 3e questions relatives à l'influence italienne sur l'architecture aux Pays-Bas et à Rubens, XXX, 155, 160.
L'auteur du mémoire sur l'influence italienne redemande son manuscrit, XXXI, 22.
Proclamation des résultats de ce concours, XXX, 176.
1871. Programme, XXVIII, 368, XXX, 266.
Mémoire reçu pour le concours de 1871 et nomination de commissaires, XXXI, 576.
L'auteur du mémoire sur l'influence italienne envoie la fin du chapitre VI, XXXII, 26.
Rapports de MM. De Man et Balat sur ce mémoire, XXXII, 124.
Résolutions prises à l'égard de ce mémoire, XXXII, 137.
Proposition de créer à partir de 1871 des concours d'art appliqué et commission nommée pour l'examen des sujets d'art appliqué pour 1873, XXXII, 194.
Résultat des délibérations de cette commission, XXXII, 321.
1872. Programme, XXX, 417, XXXII, 192, 361.
Résultat négatif du concours littéraire de 1872, XXXIII, 585.
Bas-relief et carton reçus pour le concours d'art appliqué de 1872, XXXIV, 208, 217, 221, 236.
Prix de 1000 francs décernés à M. Cuypers et à M. Mellery, XXXIV, 218, 221, 237.
Envoi par MM. Cuypers et Mellery d'une reproduction photographique de leur œuvre couronnée, XXXV, 331, 439.
Rapport de M. Fétis sur ce concours, XXXIV, 352.
1873. Programme, XXXII, 364, XXXIV, 386, 548.
Partitions reçues pour le sujet d'art appliqué de 1873, XXXV, 624, 932, XXXVI, 104.
Mémoire reçu pour le concours de 1873 et nomination de commissaires, XXXV, 932.
Rapports de MM. Gevaert et de Burbure sur les partitions, XXXVI, 589.
Rapports de MM. De Man, Balat, Payen et Siret sur le mémoire concernant l'influence italienne sur l'architecture aux Pays-Bas, XXXVI, 251, 254, 255.
Médaille d'or à M. Schoy, XXXVI, 284.
Rapport de la Commission nommée pour juger les sujets d'art appliqué concernant l'architecture, XXXVI, 272.
Prix de 1000 francs à M. Blomme et à M. De Lange, XXXVI, 273, 285, 433, 589, 640, 830.

Inscriptions pour les médailles Schoy et Blomme, XXXVI, 588.
M. Blomme promet une reproduction photographique de son œuvre, XXXVI, 588, 640.
M. Blomme envoie une reproduction photographique de son arc de triomphe dédié à la Paix, XXXVII, 148.
1874. Programme, XXXII, 364, XXXVI, 590, 592.
Lettres de concurrents pour le concours du quatuor, XXXVI, 640.
Mémoire reçu pour le concours de 1874, et gravures et médailles reçues pour le concours d'art appliqué de la même année, XXXVII, 153, 883.
Rapports de MM. Siret, J. Geefs et De Man sur le mémoire concernant l'histoire de la sculpture aux Pays-Bas pendant les XVIIe et XVIIIe siècles, XXXVIII, 371, 380, 386, 390.
Jugement du concours d'art appliqué, XXXVIII, 378, 379.
Prix de 600 francs décerné à M. Demannez et prix de 500 francs à M. Dillens, XXXVIII, 380, 389.
Proclamation des résultats de ce concours, XXXVIII, 398.
1875. Programme, XXXVIII, 535, 639.
Mémoire reçu pour ce concours et nomination de commissaires, XXXIX, 972.
Rapport de MM. Siret, J. Geefs et De Man sur le mémoire concernant la sculpture aux Pays-Bas, XL, 232, 238, 264.
Médaille d'or à M. Edm. Marchal, XL, 239, 264.
Rapport sur les concours d'art appliqué : Gravure et Sculpture, XL, 240.
Prix de 600 francs à M. Wiener et de 500 francs à M. Julien Dillens, XL, 239.
Proclamation des résultats de ce concours, XL, 239, 264.
Demande de renseignements concernant le mémoire de M. Pinchart sur la tapisserie de haute lisse, XL, 244.
Rapport verbal de M. Fétis, XL, 408.
1876. Programme, XXXVI, 592, XL, 406, 620.
Réception d'une partition pour le concours de musique, XLI, 718.
Jugement du concours de 1876, XLII, 413.
Prix de 1000 francs en partage, à MM. H. Vande Veld et Baes, et prix de 500 francs à M. De Doss, XLII, 413.
MM. Vande Veld et Baes envoient une reproduction photographique de leur pont monumental, XLIII, 222.
1877. Programme, XLI, 719, 899.
Mémoires reçus pour le concours de 1877 et nomination de commissaires, XLIII, 753.
Rapports de MM. Alvin, Siret et Slingeneyer sur le mémoire concernant les influences subies par Rubens et Van Dyck pendant leur séjour en Italie, lauréat M. E. Baes, XLIV, 263, 270, 271.
Rapport de MM. le chevalier de Burbure, Gevaert et Fétis sur le mémoire concernant l'histoire de la bibliographie et de la typographie musicale dans les Pays-Bas, lauréat M. Goovaerts, XLIV, 272, 275.
Médailles d'or à M. Baes et à M. Goovaerts, XLIV, 280, 297.
Appréciation par les sections de peinture et de sculpture des sujets d'art appliqué, XLIV, 280, 281.
Prix de 1000 francs à M. Bourotte et à M. G. Geefs, XLIV, 298.
Proclamation des résultats de ce concours, XLIV, 297.
1878. Programme, XLII, 640, 796, 919.
Mémoire reçu pour le concours de 1878 et nomination de commissaires, XLV, 828.
Sujet d'art appliqué reçus pour le concours de 1878, XLVI, 288, 301.
Rapport de MM. Siret, Franck et Alvin sur le mémoire concernant l'École de gravure sous Rubens, XLVI, 289, 292, 297, 298.
Appréciation du concours d'art appliquée : Gravure et peinture, XLVI, 301.
Prix de 600 francs à M. Arendzen pour sa gravure, XLVI, 312.
Proclamation des résultats, XLVI, 311.

Réclamation de M. Jacobs au sujet de la décision de la Classe en ce qui concerne le concours d'art appliqué pour la peinture, XLVI, 547.
1879. Programme, XLIV, 844.
Mémoire reçu pour le concours de 1879 et nomination de commissaires, XLVII, 912.
Rapport de MM. Portaels, Alvin et Pinchart sur ce mémoire concernant le régime de la profession de peintre avant l'époque de Rubens, XLVIII, 272, 273, 278.
Proclamation des résultats de ce concours, XLVIII, 320.
Prix de 500 francs à M. Raquez et à MM. Callaerts et Coppola, XLVIII, 299, 322, 429, 573.
Projets d'architecture et symphonies reçus pour le concours d'art appliqué de 1879, XLVIII, 88, 271.
Jugement, XLVIII, 271, 299.
Prix à MM. Raquez, Callaerts et Coppola, XLVIII, 298, 322, 429, 573.
1880. Programme, XLVI, 828, 935.
Résultat négatif du concours littéraire de 1880, XLIX, 689.
Résultats du concours d'art appliqué pour 1880, MM. De Rudder prix et De Keyser mention honorable pour la sculpture, et M. Wiener, prix pour la gravure sur médaille, L, 147, 151, 247.
1881. Programme, XLVIII, 574.
1882. Programme, L, 324.
CONCOURS DE LA CLASSE DES LETTRES. — 1866. Mémoires reçus pour le concours, et nomination de commissaires, XXI, 36, 166.
Rapports de MM. le baron Kervyn, De Smet et Snellaert sur le mémoire en réponse à la première question relative aux colonies saxonnes, XXI, 430, 432.
Rapports de MM. Gachard et Thonissen sur le mémoire en réponse à la deuxième question relative aux relations de la Belgique avec le comté de Bourgogne, XXI, 433, 435.
Rapports de MM. Thonissen, De Smet et Snellaert sur le mémoire en réponse à la quatrième question relative à Leibnitz, XXI, 437, 438, 439.
Rapports de MM. Ducpétiaux, De Decker et Haus sur les mémoires en réponse à la sixième question relative à l'assistance de l'ouvrier par lui-même (Self help), XXI, 440, 446, 448.
Proclamation des résultats de ce concours, XXI, 503.
1867. Programme, XXI, 450.
Mémoires reçus pour le concours de 1867 et nomination de commissaires, XXIII, 189, 300.
Rapports de MM. le baron Kervyn, Grandgagnage et le baron de Saint-Genois sur le mémoire en réponse à la question relative à Chastellain, XXIII, 485, 489, 493.
Rapports de MM. Thonissen, Defacqz et Haus sur le mémoire en réponse à la question relative à l'histoire du droit pénal brabançon, jusqu'à Charles-Quint, XXIII, 494, 503, 511.
Médaille d'or à M. Poullet, XXIII, 526.
Rapports de MM. Ducpétiaux, De Decker et P. Devaux sur les trois mémoires en réponse à la question relative à l'assistance de l'ouvrier par lui-même, XXIII, 529, 544, 548.
Proclamation des résultats de ce concours, XXIII, 649.
1868. Programme, XXI, 450, XXII, 70, XXIII, 712.
Mémoires reçus pour le concours de 1868 et nomination de commissaires, XXV, 141.
Rapports de MM. Mathieu, Chalon et Grandgagnage sur le mémoire en réponse à la question sur Jean Lemaire (de Belges), XXV, 503, 536.
Médaille d'or à M. Ch. Fétis, XXV, 536, 584.
Rapports de MM. Leclercq, Thonissen et P. Devaux sur le mémoire en réponse à la question sur les systèmes électoraux, XXV 537, 541, 543.
Proclamation des résultats de ce concours, XXV, 583.
1869. Programme, XXIV, 80.
Mémoires reçus pour le concours de 1869 et nomination de commissaires, XXVII, 163.
Rapports de MM. Thonissen, Defacqz et Haus sur le mémoire concernant

l'histoire du droit pénal dans le duché de Brabant depuis Charles-Quint, XXVII, 431, 441, 446.
Médaille d'or à M. Poullet, XXVII, 448, 592.
Rapports de MM. le baron Kervyn de Lettenhove, De Decker et de Laveleye sur les mémoires concernant la description statistique d'une commune des Flandres, XXVII, 448, 452, 456.
Médaille d'or à MM. De Potter et Broeckaert, XXVII, 458, 593.
Rapports de MM. Thonissen, Juste et Nève sur le mémoire concernant les tendances politiques et sociales des hérésies, XXVII, 458, 460.
Proclamation des résultats de ce concours, XXVII, 592.
1870. Programme, XXV, 692; XXVI, 121.
Lettres d'anonymes relatives aux questions pour 1870, XXVI, 120, 496.
Mémoires reçus pour le concours de 1870 et nomination de commissaires, XXIX, 132.
Rapports de MM. Thonissen, le baron Kervyn et Borgnet sur le mémoire concernant l'établissement de colonies belges en Hongrie, etc., XXIX, 501, 514.
Médaille d'or à M. de Borchgrave, XXIX, 514, 637.
Rapports de MM. Roulez, Nève et Haus sur les mémoires concernant Septime Sévère, XXIX, 514, 537, 542.
Proclamation des résultats de ce concours, XXIX, 637.
1871. Programme, XXVII, 716, XXVIII, 1?5.
Mémoires reçus pour le concours de 1871 et nomination de commissaires, XXXI, 37.
Rapports de MM. De Smet, Wauters et Bormans sur le mémoire concernant les Pagi de la Belgique, XXXI, 376, 387.
Médaille d'or à M. Piot, XXXI, 390, 451.
Inscription pour cette médaille, par M. Roulez, XXXI, 571.
Rapports de MM. Thonissen, Polain et Borgnet sur le mémoire concernant l'histoire du droit criminel de l'ancien pays de Liége, XXXI, 390, 408, 409.
Médaille d'or à M. Poullet, XXXI, 411, 451.
Inscription pour cette médaille, par M. Roulez, XXXI, 572.
Proclamation des résultats de ce concours, XXXI, 450.
1872. Programme, XXIX, 706, XXXI, 572.
Mémoires reçus pour le concours de 1872 et nomination de commissaires, XXXIII, 54, 129, 232.
Rapports de MM. Roulez, Wagener et Nève sur les mémoires concernant Septime Sévère, XXXIII, 431, 448, 449.
Rapports de MM. le baron Kervyn, De Smet et Wauters sur le mémoire concernant le règne de Marie-Thérèse aux Pays-Bas, XXXIII, 452, 457, 459.
Rapports de MM. Faider, Thonissen et de Laveleye sur les mémoires concernant les rapports du capital et du travail, XXXIII, 472, 474, 477.
1873. Programme de concours XXXI, 574, XXXII, 22, 79, XXXIII, 524, 526.
Mémoires reçus pour le concours de 1873 et nomination de commissaires, XXXIV, 529, XXXV, 101.
Rapports de MM. De Smet, le baron Kervyn et Steur sur le mémoire concernant l'état de la Flandre depuis 1305, jusqu'à l'avénement de la Maison de Bourgogne (1382), XXXV, 543, 547.
Rapports de MM. Juste, Guillaume et le baron Kervyn sur les mémoires concernant Charles le Téméraire, XXXV, 548, 552, 561.
Médaille d'argent à MM. Henrard et Varenbergh, XXXV, 562, 620, 794.
Proclamation des résultats de ce concours, XXXV, 619.
1874. Programme, XXXIV, 79, XXXVI, 85.
Mémoires reçus pour le concours de 1874 et nomination de commissaires, XXXVI, 207, XXXVII, 203.
Rapports de MM. Roulez, Wagener et

Nève sur les mémoires concernant Septime Sévère, XXXVII, 603, 615, 617.
Médaille d'or à M. de Ceuleneer, XXXVII, 619.
Rapports de MM. Thonissen, Le Roy et Nève sur le mémoire concernant la philosophie de saint Anselme de Cantorbéry, XXXVII, 620, 630, 646.
Médaille d'or à M. Van Weddingen, XXXVII, 647.
Rapports de MM. Thonissen, de Laveleye et De Decker sur les mémoires concernant la théorie du capital et du travail, XXXVII, 647, 651, 653.
Médaille d'or à M. Dauby, XXXVII, 656.
Proclamation des résultats de ce concours, XXXVII, 770.
Inscriptions pour les médailles de MM. de Ceuleneer, Van Weddingen et Dauby, XXXVII, 845.
Lettre de l'auteur du mémoire sur la philologie thyoise en réponse à une question du programme pour 1874, XXXVIII, 369.
1875. Programme, XXXVI, 86.
Mémoires reçus pour le concours de 1875 et nomination de commissaires, XXXIX, 149.
Rapports de MM. De Decker, Thonissen et de Borchgrave sur le mémoire concernant la conservation du caractère national belge à travers les dominations étrangères, XXXIX, 403, 664, 665.
Rapports de MM. Juste, Wauters, et de Borchgrave sur le mémoire concernant Jacqueline de Bavière, XXXIX, 404, 666.
Proclamation des résultats de ce concours, XXXIX, 765.
1876. Programme, XXXVII, 846, XXXVIII, 135.
Mémoires reçus pour le concours de 1876 et nomination de commissaires, XLI, 360, 683.
Rapports de MM. Wauters, De Decker et Heremans sur le mémoire concernant l'établissement des institutions de charité en Belgique, XLI, 867, 875, 877.
Rapport de MM. Nypels, Thonissen et Wauters sur le mémoire concernant l'histoire du droit de chasse, XLI, 877, 888, 889.
Médaille d'or à M. A. Faider, XLI, 1077.
Proclamation des résultats de ce concours, XLII, 1131.
Commission pour la rédaction du programme de 1878, XLI, 1330.
M. de Ceuleneer présente une nouvelle rédaction de son mémoire sur Septime Sévère, XLII, 628; lecture des rapports de MM. Roulez, Wagener et Nève, XLII, 911.
1877. Programme, XXXIX, 955, XL, 36.
Mémoires reçus pour le concours de 1877 et nomination de commissaires, XLIII, 203.
Rapports de MM. De Decker, Thonissen et Faider sur le mémoire concernant la conservation du caractère national belge à travers les dominations étrangères, XLIII, 377, 614, 618, 627.
Médaille d'or à M. Quoidbach, XLIII, 628, 700.
Rapports de MM. Wauters, Poullet et Heremans sur le mémoire concernant Jacqueline de Bavière, XLIII, 628, 630, 633.
Proclamation des résultats de ce concours, XLIII, 699.
1878. Programme, XLII, 192.
Mémoires reçus pour le concours de 1878 et nomination de commissaires, XLV, 109, 299.
Lecture des rapports de MM. Nypels, Faider et Rolin-Jaequemyns sur les mémoires concernant la mission de l'État, XLV, 543, 648.
Rapports de MM. Wauters, Piot et Poullet sur le mémoire concernant la réunion de la Gueldre aux Pays-Bas, XLV, 544, 648, 824, 825, 826.
Proclamation des résultats de ce concours, XLV, 716.
1879. Programme, XLIV, 105.
Mémoires reçus pour le concours de 1879 et nomination de commissaires, XLVII, 110, 213.
Rapports de MM. Le Roy, Piot et Wauters sur les mémoires concer-

nant la propagande des encyclopédistes français dans l'ancienne principauté de Liége, XLVII, 576, 596, 599.
Médaille d'or en partage à MM. Francotte et Kuntziger, XLVII, 629, 723.
Rapports de MM. Wauters, Poullet et le baron Kervyn sur les mémoires concernant Jacqueline de Bavière, XLVII, 630, 640, 642.
Médaille d'or à M. De Potter, XLVII, 642, 725.
Proclamation des résultats de ce concours, XLVII, 629, 642, 723.
1880. Programme, XLVI, 128, 262.
Mémoires reçus pour le concours de 1880 et nomination de commissaires, XLIX, 130.
Rapports de MM. De Decker, Wauters et Piot sur le mémoire concernant l'organisation des institutions charitables en Belgique, XLIX, 278, 413, 427, 438, 446, 449, 455.
Rapports de M. de Laveleye, Wauters et Poullet sur les mémoires concernant l'histoire des classes rurales en Belgique, XLIX, 278, 460, 470, 486.
Médaille d'or en partage à M. Brants et à MM. De Potter et Broeckaert, XLIX, 494, 590.
Proclamation des résultats de ce concours, XLIX, 590.
1881. Programme, XLVIII, 173.
Mémoire reçu pour le concours de 1881, L. 183.
1882. Programme, L. 47.
CONCOURS DE LA CLASSE DES SCIENCES. — 1866. Programme, XXI, 195.
Résultat du concours de 1866, XXII, 108.
Rapport de M. Lamarle sur le mémoire en réponse à la deuxième question sur les méthodes géométriques, XXII, 549.
Décision prise à l'égard de ce mémoire, XXII, 611.
1867. Programme, XXI, 309
Résultats négatifs du concours de 1867, XXIV, 402, 577.
1868. Programme, XXIII, 368.
Mémoire reçu pour le concours de 1868, et nomination de commissaires, XXVI, 135.
Rapports de MM. Gluge, Schwann et Poelman sur le mémoire relatif à la composition anatomique de l'œuf, XXVI, 507, 517, 528.
Médaille d'or à M. Éd. Van Beneden, XXVI, 528, 553.
Majoration du prix accordé en 1868 à M. Éd. Van Beneden, XXVIII, 398.
1869. Programme, XXV, 85.
Mémoire reçu pour le concours de 1869 et nomination de commissaires, XXVIII, 139.
Rapports de MM. d'Omalius, de Koninck et Dewalque sur le mémoire concernant le terrain silurien du Brabant, XXVIII, 588, 593, 599.
Médaille d'or à M. Malaise, XXVIII, 604, 663.
Proclamation des résultats de ce concours, XXVIII, 663.
Décision au sujet de l'impression du mémoire de M. Malaise couronné en 1869, XXXIII, 300.
1870. Programme, XXVII, 5, 129, 191, 248.
Mémoires reçus pour le concours de 1870 et nomination de commissaires, XXIX, 663. XXX, 84.
Rapports de MM. Gloesener, Ern. Quetelet et Montigny sur le mémoire relatif au magnétisme terrestre, XXX, 421, 431, 436.
Médaille d'or à M. Pérard, XXX, 437, 456.
Proclamation des résultats de ce concours, XXX, 456.
Inscription pour la médaille de M. Pérard, par M. Roulez, XXXI, 32.
Demande d'un anonyme de voir reculer le terme fatal pour le concours de 1870, XXX, 84.
1871. Programme, XXIX, 14, 64.
Mémoire reçu pour le concours de 1871 et nomination de commissaires, XXXI, 476; XXXII, 40.
Rapports de MM. Catalan, Liagre et Gilbert sur le mémoire concernant l'intégration des équations aux dérivées partielles des deux premiers ordres, XXXII, 370, 371, 372.
Proclamation des résultats de ce concours, XXXII, 409.

1872. Programme, XXXI, 4.
Mémoire reçu pour le concours de 1872 et nomination de commissaires, XXXIII, 493; XXXIV, 4, 140.
Rapports de MM. Melsens, Folie et Montigny sur le mémoire concernant la température de l'espace, XXXIV, 561, 586, 591.
Rapports de MM. Dewalque, de Koninck et d'Omalius sur le mémoire concernant les roches plutoniennes de la Belgique et de l'Ardenne française, XXXIV, 593, 596, 604.
Proclamation des résultats de ce concours, XXXV, 650.
1873. Programme, XXXIII, 13.
Mémoires reçus pour le concours de 1873 et nomination de commissaires, XXXV, 644.
Rapports de MM. De Tilly, Folie et Catalan sur le mémoire concernant l'intégration des équations au dérivées partielles des deux premiers ordres, XXXVI, 644, 653, 657.
Médaille d'or à M. Mansion, XXXVI, 657, 828.
Inscription pour la médaille de M. Mansion, XXXVII, 158.
Rapports verbaux de MM. Catalan, De Tilly et Folie sur la nouvelle rédaction du mémoire couronné de M Mansion, XXXIX, 8.
Rapports de MM. Morren, Dewalque et Montigny sur le mémoire concernant les relations de la chaleur avec le développement des végétaux phanérogames, XXXVI, 658, 668, 690.
Lecture des rapports de MM. Van Beneden père et fils, et de Selys Longchamps, sur le mémoire concernant le mode de reproduction des anguilles, XXXVI, 696.
Rapports de MM. Dewalque, d'Omalius et Briart sur le mémoire concernant la description du système houiller du bassin de Liége, XXXVI, 696, 720, 721.
Proclamation des résultats de ce concours, XXXVI, 827.
1874. Programme, XXIII, 15, 103, XXXV, 19.
Mémoires reçus pour le concours de 1874 et nomination de commissaires, XXXVIII, 4, 294, 558.
Rapports de MM. Morren, Bellynck et Éd. Van Beneden sur le mémoire concernant le polymorphisme des champignons, XXXVIII, 653, 719, 725, 735.
Médaille d'or à M. Gilkinet, XXXVIII, 747.
Réclamation de M. Éd Van Beneden au sujet de son rapport sur le mémoire couronné de M. Gilkinet, XXXIX, 98.
Rapports de MM. Catalan, De Tilly et Steichen sur le mémoire concernant la théorie des fonctions d'une variable imaginaire, XXXVIII, 714, 716, 718.
Lecture des rapports de MM. Melsens, Montigny, Folie et Stas sur le mémoire concernant la température de l'espace et la chaleur spécifique absolue des corps simples et des corps composés, XXXVIII, 718.
Rapports de MM. de Koninck, Dewalque et Malaise sur le mémoire concernant les roches plutoniennes de la Belgique, etc., XXXVIII, 748, 750, 775.
Médaille d'or à MM. de la Vallée Poussin et Renard, XXXVIII, 784.
Proclamation des résultats de ce concours, XXXVIII, 845.
M. M. Marie adresse plusieurs lettres relative à la question de 1874, concernant la théorie des fonctions d'une variable imaginaire, XXXIX, 247.
1875. Programme, XXXVII, 4.
Mémoire reçu pour le concours de 1875 et nomination de commissaires, XXXIX, 780, XL, 53.
Rapports de MM. Dewalque, Briart et Cornet sur les mémoires concernant la description du système du bassin houiller de Liége, XL, 900, 949, 971.
Médaille d'argent en partage à MM. Malherbe et de Macar, XL, 974, 1096.
Proclamation des résultats de ce concours, XL, 1096.
1875. Programme, XXXIX, 5.
Mémoire reçu en réponse au concours de 1876, et nomination de commissaires. XLII, 25.
Rapports de MM. Catalan, De Tilly et

Steicher sur le mémoire concernant la théorie des fonctions de variables imaginaires, XLII, 925, 936, 939.
Rapports de MM. de Koninck, Stas et Donny sur le mémoire concernant l'acide urique et ses dérivés, XLII, 940, 950, 951.
Médaille d'or à M. Grimaux, XLII, 951.
Proclamation des résultats de ce concours, XLII, 1086.
Communication de M. Grimaux relative à son mémoire couronné sur l'acide urique, XLIII, 2.
Note de M. De Tilly relative à la proposition de donner un prix spécial à M. M. Marie, XLIII, 200.
1877. Programme, XLI, 350.
Mémoires reçus pour 1877 et nomination de commissaires, XLIV, 4. 119.
Rapports de MM. Melsens, Stas et Donny sur le mémoire concernant les substances albuminoïdes, XLIV, 667, 674, 675.
Rapports de MM. Morren, Crépin et Gilkinet sur le mémoire intitulé : Prodrome d'une monographie des Laminariacées, XLIV, 675, 680. 681, 850.
Médaille d'or à M. Rostafinski, XLIV, 850.
Proclamation des résultats, XLIV, 883.
1878. Programme, XLIII, 233.
Mémoires reçus pour le concours de 1878 et nomination de commissaires, XLVI, 177, 178.
Rapports de MM. Folie, De Tilly et Catalan sur le mémoire concernant l'involution du second ordre, XLVI, 858, 860.
Rapports de MM. Crépin, Gilkinet et Morren sur les mémoires sur la flore des algues, champignons, etc., de la Belgique, XLVI, 862, 865, 874.
Proclamation des résultats, XLVI, 944, 986.
1879. Programme, XLV, 72.
Mémoire reçu pour le concours de 1879 et nomination de commissaires, XLVIII, 95.
Rapports de MM. Folie, Van der Mensbrugghe et De Tilly sur le mémoire relatif à la torsion, XLVIII, 594, 599, 600.
Mention honorable à M. Courtois, XLVIII, 600, 727, 880; XLIX, 83.
Proclamation des résultats de ce concours, XLVIII, 880.
1880 Programme, XLVII, 230.
Mémoires reçus pour le concours de 1880 et nomination de commissaires, L, 78.
Rapports de MM. Catalan, De Tilly et Folie sur le mémoire concernant les équations de quelques surfaces algébriques à courbure moyenne nulle, L, 333, 353, 355.
Médaille d'or à M. Ribaucour, L, 358. 448.
Rapports de MM. W. Spring, Stas et Melsens sur le mémoire concernant les relations entre les propriétés chimiques et les propriétés physiques des corps simples et des corps composés, L, 358, 369, 371.
Proclamation des résultats, L, 448.
1881. Programme, XLVII, 230, XLIX, 85.
CONCOURS (GRANDS) DE COMPOSITION MUSICALE. — 1865. Demande, par M. le Ministre, d'instructions de voyage pour M. Huberti, lauréat de 1865, XXI, 296.
Exécution, en 1866, de la cantate *De Wind*, paroles de M. Emm. Hiel, musique de M. J. Vanden Eeden, 2de prix de 1865, XXII, 248.
1867. Section permanente du jury pour le concours de 1867, XXIII, 421; résultats de ce concours, XXIV, 211; proclamation, XXIV, 269.
Lecture du projet de lettre à M. le Ministre pour la réorganisation des concours, XXV, 158.
Instructions de voyage pour MM. Waelput et Van Gheluwe, XXV, 388.
Communication par M. le Ministre de lettres de MM. Huberti et Waelput relatives aux instructions de voyage des lauréats, XXV, 586.
Renvoi à M. le Ministre de l'Intérieur du dernier rapport trimestriel de M. Huberti avec le rapport de M. F.-J. Fétis, XXVI, 214; M. le Ministre transmet un nouveau rapport de M. Huberti, XXVI, 422; renvoi de

ce rapport à M. le Ministre avec le rapport du même, XXVIII, 127.
1869. Section permanente du jury pour le concours de 1869, XXVII, 234; remplacement d'un membre du jury, XXVII, 741; résultats, XXVII, 259, 301.
Exécution, en 1869, de la *Dernière nuit de Faust*, paroles de M. G. Lagye, musique de M. J. Vanden Eeden, 1er prix de 1869, XXVIII, 287, 303, 310.
Instructions de voyage pour M. Vanden Eeden, XXIX, 38.
1871. Section permanente du jury pour le concours de 1871, XXX, 101; remplacement de deux membres décédés du jury, XXX, 456, XXXIII, 482; résultats, XXXII, 122, 138.
Exécution, en 1871, du *Songe de Colomb*, paroles de M. Cl. Michaëls, musique de Gme Demol, 1er prix de 1871, XXXII, 140; demande d'instructions de voyage pour M. Demol, XXXII, 360, XXXIII, 481, XXXIV, 206, 220; résolution de la section permanente à ce sujet, XXXIV, 435.
1873. Section permanente et jury pour le concours de 1873, XXXV, 330, 439, 440.
Résultats du concours de 1873, XXXVI, 242, 285.
Exécution de la cantate *Torquato Tasso's dood*, paroles de M. Van Droogenbroeck, musique de M. F. Servais, 1er prix de 1873, XXXVI, 287; demande d'instructions de voyage pour M. Servais, XXXVIII, 282, 370; 1er rapport de M. Servais, XXXIX, 238; appréciation par M. Samuel, XLI, 898, 1340; envoi par M. le Ministre de deux partitions de M. Servais, XLII, 196.
Lecture, par M. Gevaert, du rapport de la Section de musique sur les modifications à apporter au règlement des concours, XXXV, 181; nomination d'une commission chargée d'examiner ce rapport, XXXV, 182; résolutions de la Commission, XXXV, 331.
Envoi par M. le Ministre de l'arrêté ministériel du 18 mars 1873, adoptant ces résolutions, XXXV, 430.
Lettre de M. le Ministre au sujet des voyages de M. Demol, XXXV, 624.
M. le Ministre transmet deux partitions de M. J. Vanden Eeden, XXXVI, 104.
M. le Ministre transmet une symphonie intitulée : *La Guerre*, par M. Demol, XXXVI, 243.
M. le Ministre transmet un rapport de M. Demol sur ses voyages en Allemagne, ainsi qu'une partition du même intitulée : *Droeve Tijden*, XXXVI, 250.
1875. Section permanente du jury pour le concours de 1875, XXXIX, 346; ajournement du jugement du concours de 1875, XL, 215; jugement, XLII, 411, 439.
Exécution de la cantate *De Meermin*, paroles de M. Sabbe, musique de M. Isidore Devos, 1er prix de 1875, XLII, 440.
1877. Jury et section permanente pour le concours de 1877, XLIII, 307, 308, 447, 751; XLIV, 110; résultats, XLIV, 248, 298.
Exécution de la cantate *De Klokke Roeland*, paroles de M. J. Sabbe, musique de M. Tinel, 1er prix de 1877, XLIV, 300, traduction française, par M. Guilliaume, XLIV, 306.
Proposition de M. Gevaert relative au règlement des concours, XLIV, 308.
1er et 2de rapports semestriels de M. Tinel, XLVI, 138, 828; lecture du rapport de la section de musique sur ces pièces, XLVII, 172; 3e rapport, XLVII, 911; lecture du rapport, par M. Radoux, XLVIII, 88; 4e rapport, XLIX, 595.
Arrêté royal du 18 août 1878, soumettant tous les concours aux mêmes conditions réglementaires par la suppression de l'article 6 du règlement et confiant à la Classe des beaux-arts les attributions de la section permanente, XLVI, 287; M. le Ministre regrette de ne pouvoir modifier cet arrêté dans le sens demandé par la Classe; décision de celle-ci à ce

sujet, XLVI, 291; démarche faite à ce sujet auprès de M. le Ministre par MM. Alvin, Gevaert et Samuel, XLVI, 549.
Requête du Willems-Fonds tendant à faire modifier l'arrêté royal du 18 mars 1873, relatif au règlement, XLVI, 828; suite donnée à cette requête, XLVII, 472.
Arrêté ministériel du 30 mars 1879, modifiant l'arrêté royal du 3 mars 1873 en ce qui concerne l'examen littéraire des lauréats, XLVII, 727.
1879. Jury du concours de 1879, XLVIII, 87, 260; date de l'ouverture, XLVIII, 260; résultats, XLVIII, 260, 323.
Exécution de la cantate *Camoëns*, paroles de M. Van Droogenbroeck, musique de M. Dupuis, 2^d^ prix de 1879, XLVIII, 330, traduction française, par M. J. Guilliaume, XLVIII, 324.
CONCOURS POUR LES CANTATES. — 1867. Arrêté royal ouvrant le double concours, XXIII, 39; poëmes reçus, XXIII, 38, 195, 348, 420, 653; jury, XXIII, 421; résultats ; prix des poëmes flamands décerné à M. Versnayen : *Het Woud;* français, à M. C. Michaëls : *Jeanne d'Arc,* XXIV, 85, 268; rapport de M. Alvin sur le choix de la cantate française, XXIV, 85; rapport de M. Blommaert sur le choix de la cantate flamande, XXIV, 97; proclamation de ces résultats, XXIV, 268.
Observations de la Classe des beaux-arts au sujet de la traduction des poëmes, XXIII, 195.
1869. Arrêté royal ouvrant le double concours, XXVII, 115; poëmes reçus, XXVII, 116, 184, 235, 317, 597; jury, XXVII, 316; résultats : prix des poëmes flamands décerné à M. J. Adriaensen : *De Zuster van Liefde ;* français, à M. G. Lagye : *La Dernière nuit de Faust,* XXVIII, 287, 301.
1871. Jury chargé de juger le double concours, XXX, 101; poëmes reçus, XXIX, 438, XXX, 101, 187, 456; jury, XXX, 184, 456; resultats : prix des poëmes flamands décerné à M. F. Willems : *Zegetocht der dood op het Slagveld;* français, à M. C. Michaëls : *Le Songe de Christophe Colomb,* XXXII, 138; demande de M. le Ministre relative à la publicité du rapport sur les poëmes flamands de 1871, XXXII, 106.
Arrêté royal du 1er avril 1871, fixant les frais de route et de séjour, ainsi que le montant du jeton de présence des membres du jury, XXX, 576.
1873. Arrêté royal ouvrant le double concours, XXXV, 329; poëmes reçus, XXXV, 330, 440; jury, XXXV, 330; résultats : prix des poëmes flamands décerné à M. Van Droogenbroeck : *Torquato Tassos' dood;* français, à M. Abrassart : *L'Océan ;* XXXVI, 103, 243, 285.
1875. Arrêté royal ouvrant le double concours, XXXIX, 425; poëmes reçus, XXXIX, 425; résultats : prix des poëmes flamands décerné à M. J. Sabbe : *De Meermin;* français, à M. Abrassart : *La Dernière Bataille,* XLII, 411, 439, 440, 448.
Renvoi à la section permanante des modifications à apporter au programme de concours, XXXIX, 973; modifications proposées, XL, 40; demande d'explication par M. le Ministre sur ces modifications, XL, 891.
1877. Arrêté royal ouvrant le double concours, XLIII, 306; jury, XLIII, 308, 440; poëmes reçus, XLIII, 441; résultats : prix des poëmes flamands décerné à M. J. Sabbe : *De Klokke Roeland ;* français, à M. C. Michaëls : *Samson et Dalila,* XLIV, 109, 299.
1879. Arrêté royal ouvrant le double concours de 1879, XLVII, 476; jury, XLVII, 727; poëmes reçus, XLVII, 729 : résultats : prix des poëmes flamands décerné à M. J. Vandroogenbroeck : *Camoëns;* français, à M. E. Baes : *Judith,* XLVIII, 323.
CONCOURS (GRAND) D'ARCHITECTURE. — 1866. Résultats du concours : 1er prix, J.-J. Naert, 2^d^ prix, L. Bonnet, XXII, 234, 247.

Envoi par M. le Ministre de l'Intérieur d'une missive de M. Schadde proposant de modifier le programme pour l'examen d'admission à ce concours, XXXI, 455; rapport de la commission chargée de l'examen de ces propositions, XXXII, 26, 107.
1871. Résultats du grand concours : 1er prix M. Dieltjens, 2d prix M. Bonnet, mention honorable M. Boonen, XXXII, 127, 139.
Requête de M. Dieltjens, demandant que la pension de voyage des prix de Rome soit augmentée, XXXIV, 482; commission nommée pour l'examen de cette requête, XXXIV, 482.
Projet d'itinéraire de voyage pour M. Dieltjens, XXXV, 126, 207; rapports de MM. Balat, De Man et Payen sur ce projet, XXXV, 208.
1875. Résultats du grand concours : M. De Coster, 1er prix, 2d prix en partage à MM. Allard et Van Rysselberghe, XL, 213, 214, 266.
Envoi d'un projet de copie par M. Dieltjens, XL, 214, 243; commission chargée d'examiner ce projet, XL, 406; rapport, XL, 620; envoi par M. Dieltjens de son 13e rapport semestriel, XL, 226, XLI, 717; réception du 14e rapport semestriel de M. Dieltjens, XLIV, 843; appréciation par MM. Balat et De Man, XLV, 136.
Modifications à apporter au programme d'études des lauréats, XLV; 554, 829.
1879. Résultats du concours : 1er prix à M. Eugène Geefs, 2d prix en partage à M. E. Dieltjens et O. Van Rysselberghe, XLVII, 260, 323.
1er rapport semestriel de M. Eugène Geefs, L, 149.
CONCOURS (GRAND) DE GRAVURE. — 1874. Résultats du concours : 1er prix décerné à M. F. Lauwers, mention honorable à M. J. Dicks, XXXVIII, 389.
Réception du 2e rapport semestriel de M. Lauwers, XLIII, 221; appréciation par MM. Franck et Leclercq, XLIII, 307, 440; réception du 3e rapport semestriel de M. Lauwers, XLIV, 249; appréciation par MM. Franck et Leclercq, XLIV, 263; réception du 4e rapport semestriel de M. Lauwers, XLV, 135; appréciation par MM. Franck, Leclercq et Pinchart, XLV, 719; réception du 5e rapport de M. Lauwers, XLVI, 287, 549; appréciation, XLVI, 549, 827; réception du 6e rapport de M. Lauwers, XLVII, 216; appréciation, XLVII, 300, 475; réception du 7e rapport de M. Lauwers, XLVIII, 572; appréciation de ces 6e et 7e rapports, XLIX, 58, 689; 1er envoi-copie de M. Lauwers, XLIX, 133; appréciation, XLIX, 255; 2e envoi-copie de M. Lauwers, L, 149; appréciation, L, 323.
Demande par M. le Ministre de l'Intérieur d'un programme d'études pour les lauréats de ce concours, XLIV, 444; projet d'un programme d'études pour les lauréats de ce concours, XLIV, 444.
Modifications à apporter au programme d'études des lauréats, XLV, 359, 719, 829, XLVI, 138.
Arrêté ministériel imposant aux lauréats de joindre des dessins à leurs rapports, XLVI, 265.
CONCOURS (GRAND) DE PEINTURE. — Collation à M. Hennebicq, lauréat en 1865, de la bourse de voyage, XXII, 96.
1867. Résultats du concours : 1er prix à M. C.-E. Vanden Kerckhoven, mentions honorables à MM. L. Lebrun et X. Mellery, XXIV, 222, 269.
1870. Résultats du concours : 1er prix à M. Mellery, 2d prix à M. Ooms, XXX, 154, 176; collation à M. Mellery de la bourse de voyage, XXXI, 22.
1873. Résultats du concours : 2d prix à M. E. Siberdt, XXXVI, 286.
1878. Résultats du concours : 1er prix à M. De Jans, 2d prix à M. Van Biesbroeck, mention honorable à M. Lefebvre, XLVI, 286, 312; collation à M. De Jans de la pension de voyage, XLVII, 216; 1er rapport semestriel de M. De Jans, XLVIII, 573; appréciation, XLVIII, 722; 2e rapport de M. De Jans, XLIX, 593; apprécia-

tions des 2e et 3e rapports de M. De Jans, L, 67, 136, 247.
1880. Résultats du concours : 1er prix M. Cogghe, 2d prix M. E. Verbrugge, mention honorable à M. Van Landuyt, L, 146.
CONCOURS (GRAND) DE SCULPTURE. — 1869. Résultats du concours : 1er prix M. Marchant, 2d prix (ex æquo) à MM. P. Devigne et L. Dupuis, mention honorable à M. Ch. Palinck, XXVIII, 286.302; collation à M. Marchant de la pension de voyage, XXIX, 37.
1872. Résultats du concours : 1er prix à M. J. Cuypers, 2d prix en partage à MM. Vinçotte, L. Dupuis et De Kesel, XXXV, 237; envoi par M. le Ministre de l'Intérieur d'un projet d'itinéraire pour les voyages de M. Cuypers, XXXVI, 623; rapport de la Section de sculpture de la Classe des beaux-arts sur ce projet, XXXVI, 933; collation à M. Cuypers de la pension de voyage, XXXVI, 243; 6e rapport semestriel de M. Cuypers, XL, 226; 7e rapport semestriel du même, XLI, 386; appréciation de ces deux rapports, XLI, 1136, 1338; appréciation du 8e rapport du même, XLII, 40, 2-2; envoi du 9e rapport du même, XLIII, 440; appréciation du 9e rapport de M. J. Cuypers, XLIV, 259, 444; réception du 10e rapport semestriel du même, XLIV, 645; appréciation de ce 10e rapport semestriel de M. J. Cuypers, par MM. J. Geefs et Fraikin, XLV, 57; M. Cuypers ne s'est pas conformé au règlement en ce qui concerne son dernier rapport, XLVI, 266, 550, 828; réception du 11e rapport de M. Cuypers, XLVII, 216; appréciation, XLVIII, 88.
1877. Résultats du concours : 1er prix à M. J. Dillens, 2d prix M. Ch. De Kesel, mention honorable en partage à MM. F. Joris, G. Geefs et D. Duwaerts, XLIV, 258, 299; arrêté ministriel conférant à M. J. Dillens la pension de voyage, XLV, 135; 1er rapport de M. Dillens, XLVI, 287; appréciation par MM. J. Geefs et Fraikin, XLVI, 934; réception du 2e rapport de M. Dillens, XLVII, 216; appréciation, XLVII, 731, 911; 3e rapport de M. Dillens, XLVIII, 573; appréciation, XLIX, 133, 254; 4e rapport de M. Dillens, XLIX, 593; appréciations des 4e et 5e rapports de M. Dillens, L, 67, 135, 146, 283, 322.
CONCOURS (GRANDS) D'ARCHITECTURE, DE GRAVURE, DE PEINTURE ET DE SCULPTURE. — Observations critiques sur les résultats des derniers grands concours et proposition par un membre de la Classe des beaux-arts que l'Académie apprécie les études faites par les pensionnaires pendant leur séjour à l'étranger, XXIII, 349.
Requête de M. Dieltjens demandant que la pension de voyage des prix de Rome soit augmentée, XXXIV, 482; Commission nommée pour l'examen de cette requête, XXXIV, 482; rapport rédigé par M. Alvin au nom de la Commission chargée de l'examen des questions concernant ces concours, XXXV, 126, 358, 436; lettre des pensionnaires du Gouvernement à Rome au sujet de leur pension et demandant la création d'une académie en cette ville, XXXVI, 337; nomination d'une Commission chargée d'examiner cette lettre, XXXVI, 440; communication de M. Portaels, au sujet des conditions d'existence matérielle des pensionnaires à Rome, XXXVI, 593; décision de la Classe des beaux-arts à ce sujet, XXXVI, 641; discussion au sujet du projet d'un établissement à Rome, XXXVII, 240, 327, 881, 884; projet d'un établissement à fonder à Rome, pour les lauréats des grands concours, XXXVIII, 283; proposition de M. Slingeneyer relative aux études artistiques des pensionnaires du Gouvernement, XXXVIII, 284; arrêtés royaux du 28 avril 1874 fixant à 4.000 francs la pension des lauréats, XXXVIII, 371; réorganisation générale des grands concours, XXXIX, 974; rapport de M. Alvin sur les

arrêtés royaux réorganisant ces concours, XL, 214, 229; Commission chargée de dresser la liste des objets d'art à copier par les prix de Rome, XL, 228; M le Ministre de l'Intérieur communique un projet d'arrêté par lequel l'Académie des beaux arts d'Anvers propose de remplacer l'arrêté royal du 28 février 1863, concernant les copies, XL, 405; renvoi à la Section d'architecture de la Classe des beaux-arts des observations réglementaires de M. Dieltjens, XLV, 554, 829; arrêté ministériel modifiant l'arrêté du 31 janvier 1876 portant règlement d'ordre des grands concours, XLVI, 137; M. le Ministre consulte l'Académie à propos des réclamations qui lui ont été adressées par les pensionnaires à Rome, XLVI, 138; réponse à cette demande, XLVI, 267; la Commission pour les prix de Rome estime qu'il y a lieu de reviser le règlement et charge M. Alvin de faire un rapport, XLVI, 550.

CONCOURS POUR UN POÈME HISTORIQUE RETRAÇANT LES FAITS LES PLUS MÉMORABLES DE LA PÉRIODE DE 1830 A 1880. — Prix décerné à M. Potvin, pour son poëme intitulé : *La Patrie de 1880*, L, 150, 180, 449.

CONCOURS QUINQUENNAUX ET TRIENNAUX. — Voir *Prix*

CONCOURS BERGMANN, CASTIAU, DE KEYN, DE SAINT-GENOIS, DE STASSART, TEIRLINCK. — Voir *Prix*.

CONDROZ. — Voir *Fossiles*. — *Terrain devonien*.

CONDÉ (Baudouin et Jean de). — Voir *Commission pour la publication des œuvres des grands écrivains du pays*.

CONFÉDÉRATION SUISSE. — L'histoire de la Confédération suisse, par M. Louis Vulliemin, professeur honoraire à l'Académie de Lausanne, note par M. A. Rivier, XLIII, 217.

CONFÉRENCE INTERNATIONALE DES ARCHITECTES A PARIS. — Session tenue en 1867 par la Société centrale des architectes de France, XXII, 546.

CONFÉRENCE ANGLO-BATAVE. — Voir *Conseil d'État belge (le)*.

CONGÉLATION. — Voir *Bières*. — *Boissons alcooliques*.

CONGRÈS ARCHÉOLOGIQUE DE FRANCE. — Annonce de sa 47e session à Arras en 1880, XLIX, 269.

CONGRÈS ARTISTIQUE ET LITTÉRAIRE D'ANVERS. — Annonce de son ouverture pour l'époque du 3e centenaire de Rubens, XLIII, 441; M. Alvin délégué, XLIII, 752; remercîments du Congrès pour la délégation donnée à M. Alvin, XLIV, 110; autres délégués de l'Académie, XLIV, 249.

CONGRÈS DE BOTANIQUE ET D'HORTICULTURE A PARIS. — Durée de la session de 1878, XLIII, 459; adresse divers renseignements, XLIV, 316; date de l'ouverture de la session de 1880, XLIX, 146.

CONGRÈS DE GÉOGRAPHIE COMMERCIALE. Annonce de son ouverture, à Paris, en 1878, XLVI, 175.

CONGRÈS DE LITTÉRATURE NÉERLANDAISE. — Annonce de sa 9e réunion à Gand, en 1867, XXII, 70, XXIV, 197; de sa réunion à Louvain, en 1869, XXVIII, 125; de sa réunion à Kampen, en 1878, XLV, 818

CONGRÈS DES DÉLÉGUÉS DES SOCIÉTÉS SAVANTES. — Annonce de sa réunion à Paris, en 1869, XXVII, 247.

CONGRÈS DE WESTPHALIE. — Note bibliographique de M. Rivier, relative à l'ouvrage de M A. von Gonzenbach : Die schweizerische Abordnung an den Friedenskongress in Munster und Osnabrück, 1646 bis 1648, XLIX, 409.

CONGRÈS INTERNATIONAL D'ASTRONOMIE. — Annonce de sa réunion annuelle à Vienne, en 1869, XXVIII, 2; sur la réunion tenue à Vienne, en 1873, notice par M. E. Quetelet, XXXVI, 306.

CONGRÈS INTERNATIONAL D'ANTHROPOLOGIE. — Programme de la 6e session à Bruxelles en 1872, XXXIII, 358, 429.

CONGRÈS INTERNATIONAL DE GÉOLOGIE. — Appel aux géologues et but à atteindre à la réunion de Paris en 1878, XLIII, 2; adresse divers ren-

seignements, XLIV, 316. XLV, 70, 726; M. Malaise délégué, XLVI, 175; date de la 2e session, à Bologne en 1881, XLVIII, 2.

CONGRÈS INTERNATIONAL D'HYGIÈNE ET DE SAUVETAGE. — Adresse des exemplaires du règlement de sa réunion à Bruxelles, en 1876, XLI, 911; don d'ouvrages, XLII, 828.

CONGRÈS INTERNATIONAL DES BOTANISTES. — M. Morren, délégué à la session d'Amsterdam en 1878, XLIII, 318.

CONGRÈS INTERNATIONAL DES AMÉRICANISTES. — Ouverture de sa 1re session à Nancy, en 1875, XL, 2; 2e session à Bruxelles, en 1874. XLVII, 829; don d'ouvrages, XLVII, 829.

CONGRÈS INTERNATIONAL DES SCIENCES GÉOGRAPHIQUES. — Réunion à Anvers en 1870, XXIX, 158; ouverture de la session de Paris et de son Exposition en 1875. XXXVIII, 554, XXXIX, 55.

CONGRÈS INTERNATIONAL DES ORIENTALISTES. — 1re Session à Paris en 1873 et envoi d'un exemplaire de ses statuts, XXXV, 360; envoi du programme de sa 3e session à Saint-Pétersbourg en 1876, XLI, 354, 1074.

CONGRÈS INTERNATIONAL DE STATISTIQUE. — Annonce de sa 6e session, à Florence en 1867, XXIV, 2; compte rendu de cette réunion, par M. Ad. Quetelet, XXIV, 408; annonce de sa 7e session à la Haye, en 1869. XXVII, 312; note du même au sujet de cette session, XXVII, 376; sur le 8e congrès international de statistique tenu à Saint-Pétersbourg en 1872, par le même, XXXIV, 343; communication de M. Faider au sujet de sa lecture annoncée sur le 9e congrès, tenu à Budapest, en 1876, XLII, 793.

CONGRÈS LITTÉRAIRE DE 1880. — Fait savoir que le Roi lui a accordé son patronage, XLIX, 128; délégués de l'Académie, XLIX, 279.

CONGRÈS NATIONAL DE BELGIQUE, EN 1830. — La vie et l'œuvre du Congrès national de 1830, discours par M. Leclercq, XLVII, 652.

CONGRÈS POUR L'ALCOOLISME. — Son ouverture à Paris en 1878, sous le patronage de la Société française de tempérance, XLVI, 115.

CONGRÈS UNIVERSEL D'ASTRONOMIE. — Communication de la lettre écrite par M. Estourgies à M. Goshem, au sujet de la convocation d'un Congrès universel d'astronomie, XXXIX, 444.

CONGRÈS SCIENTIFIQUE DE FRANCE. — Ajournement de la réunion de 1866, XXII, 115; annonce que sa 41e réunion aura lieu à Périgueux, en 1875, XL, 269.

CONIQUES. — Sur la formule indiquant le nombre des coniques d'un système (μ, ν), satisfaisant à une cinquième condition, par M. Saltel, XLII, 461, 617; rapport de MM. Catalan et Folie, XLII, 486.

Théorèmes relatifs aux foyers des coniques, note présentée par M. J. Boset, XLIII, 461; rapports de MM. Folie, Catalan et De Tilly, XLIII, 715. 716. 720.

CORRESPONDANCE ANALYTIQUE. — Voir *Géométrie*.

CONSEIL D'ÉTAT BELGE. — Le Conseil d'État belge et la Conférence anglo-batave (1706-1715), par M. Gachard, XLI, 144; 2e partie, XLI, 262; 3e et dernière partie, XLI, 695.

CONSEIL DE L'ORDRE DES AVOCATS PRÈS LA COUR D'APPEL DE LUCQUES. — Ouvre une souscription pour offrir une médaille à M. Carrara, XLII, 628.

CONSERVATOIRE ROYAL DE MUSIQUE DE BRUXELLES. — Présentation par M. Mailly d'un travail manuscrit sur les origines du Conservatoire royal de musique de Bruxelles, et note au sujet de cette communication, XLVI, 551; lecture des rapports de MM. Gevaert, de Burbure, Samuel et Fétis, XLVI, 934.

CONSERVATOIRE ROYAL DE MUSIQUE DE LIÉGE. — Voir *Médailles*.

CONSTITUTION BELGE. — Montesquieu et la Constitution belge, par M. Faider, XXXIX, 732.

CONTRACTION MUSCULAIRE. — Note sur la transformation de la contraction

musculaire tonique en contraction rhythmique, par M. Gluge, XXXVII, 830.

Coopération. — Sur le volume intitulé : *La coopération en Belgique*, par M. Léon d'Andrimont, note par M. Le Roy, XLII, 915.

Corde dorsale. — Voir *Amphioxus*.

Coordonnées. — Études sur les coordonnées tétraédriques, note présentée par M. J. Neuberg, XXVIII, 438; rapport de M. Gilbert, XXVIII, 529.

Note sur la transformation des coordonnées et sur les signes des angles et des distances en géométrie analytique plane, par M. F. Folie, XLI, 86.

Note sur la transformation des coordonnées dans la géométrie analytique de l'espace, par M. C. Le Paige, XLII, 241, 384; rapport verbal de M. Folie, XLII, 253.

Cordoue. — Cordoue et la mosquée d'Abd-el-Rhaman Ier, notice par M Ch. Steur, XXV, 707.

Cordulines. — Synopsis des cordulines, par M. de Selys Longchamps, XXXI, 238, 519; additions, par le même, XXXVII, 16; secondes additions, par le même, XLV, 183.

Cordylophora. — Le Cordylophora lacustris dans les environs d'Ostende, par M. P.-J. Van Beneden, XXIII, 708.

Cornée. — Voir *Grenouilles*.

Corps. — Théorie nouvelle du mouvement d'un corps libre; 2e partie : mouvement d'un corps libre dans toute la suite du temps; 3e partie : mouvement d'un corps gêné, par M. Folie, XXII, 452, XXIII, 687; XXIV, 325; rapports de MM. Brasseur et Liagre, XXIV, 284, 286.

Note sur la question de savoir de quelle manière nous acquérons par la vue la connaissance des corps, par M. A. Verstraete, XXXII, 155; rapport verbal de M. Liagre, XXXII, 250; deuxième note sur le phénomène de la vue, par le même, XXXVI, 116; lecture des rapports de MM. Plateau et Montigny, XXXVI, 305.

Note sur les axes instantanés glissants et les axes centraux dans un corps solide en mouvement, par M. J. De Tilly, XXXV, 24.

Note sur la similitude mécanique dans le mouvement des corps solides en général, et en particulier dans le mouvement des projectiles lancés par les armes à feu rayées, par M. De Tilly, XXXVI, 460.

Sur la similitude mécanique en général, et sur le mouvement d'un corps solide de révolution, par M. De Tilly, XXXVII, 484, 815; rapport de M. Liagre, XXXVII, 810.

Corps gras. — Voir *Laxatifs*.

Corps simples et corps composés. — Rapports de MM. Spring, Stas et Melsens sur le mémoire de concours de 1880, sur l'état des connaissances des relations qui existent entre les propriétés physiques et les propriétés chimiques des corps simples et des corps composés, L, 358, 369, 371.

Corps solides. — Voir *Pression*.

Correspondance analytique. — Sur les nouveaux développements que comporte l'application de la méthode de correspondance analytique, par M. L. Saltel, XLV, 102; rapport de M. Catalan, XLV, 79; sur une particularité qui se présente fréquemment dans l'application de la méthode de correspondance analytique (suite), par M. Saltel, XLV, 563.

Costume des académiciens. — Adoption, en assemblée générale de 1875, d'un costume officiel pour les académiciens, XXXIX, 681; MM. Brialmont, Montigny, Maus, le baron Guillaume, Chalon, Thonissen, Gallait, Fraikin et Robert, nommés membres de la Commission, XXXIX, 780, 953; arrêté royal déterminant ce costume, XLI, 222, 353, 386, 1080.

Coticule. — Sur la structure et la composition minéralogique du coticule et sur ses rapports avec le phyllade oligistifère, mémoire présenté par M. A. Renard, XLII, 240; rapports de MM. de Koninck et Malaise, XLII, 462, 473.

COUCHES PLIOCÈNES SCALDISIENNES. — Voir *Dépôts*.

COUDÉES D'ÉGYPTE. — Voir *Système métrique*.

COULEUR. — Sur les couleurs accidentelles ou subjectives, première note, par M. J. Plateau, XXXIX, 100; deuxième note, XLII, 535; deuxième note (suite), XLII, 684. — Voir *Composés minéraux*.

COUP D'ÉTAT. — Le coup d'État du 18 juin 1789; notice par M. Th. Juste, XXXVII, 294, 847.

COURANT ÉLECTRIQUE. — Voir *Électricité*.

COURBES. — Études sur certains systèmes de courbes géométriques, mémoire présenté par M. Saltel, XXX, 419, XXXII, 3, XXXIII, 92; rapports de MM. Gilbert et Catalan, XXXII, 335, 344.

Théorème sur la courbe du quatrième ordre, par M. Saltel, XXXIV, 447.

Sur la courbe du quatrième ordre affectée de trois points doubles, par M. Saltel, XXXIV, 130.

Mémoire sur le principe de pluralité et sur l'étude de certains systèmes de courbes géométriques Introduction, 1re note; supplément au chapitre II, 2e et 3e notes, par M. Saltel, XXXIV, 244.

Rapport de M. Gilbert, sur quatre communications de M. Saltel, XXXV, 12.

Théorèmes concernant les courbes du quatrième ordre à trois points doubles, dont deux sont les points circulaires, et la surface d'élasticité, par M. Saltel, XXXV, 46.

Remarques sur la théorie des courbes et des surfaces, par M. Catalan, XXXVII, 484; rapports de MM Liagre, et de Tilly, XXXVII, 803, 804.

Extension des théorèmes analogues à celui de Pascal à des courbes tracées sur une surface quelconque, par M. F. Folie, XXXVII, 811.

Quelques nouveaux théorèmes sur les courbes gauches du quatrième ordre, par M. F. Folie, XXXVIII, 465.

Additions à certaines courbes gauches, par M. Saltel, XLIII, 63; lecture du rapport de M. Folie, XLIII, 248.

1° Applications de la méthode de correspondance analytique et de la loi de décomposition à certaines courbes gauches, notamment à la détermination des singularités du lieu des centres des sphères osculatrices d'une courbe gauche donnée; 2° sur la détermination du nombre des points communs à deux courbes, par M. Saltel, XLIII, 266.

Courbes et surfaces focales, note présentée par M. J. Boset, XLIV, 456.

Sur la classification arguésienne des courbes gauches algébriques ou extension à ces courbes du principe arguésien, par M. Saltel, XLV, 364, XLVI, 90; rapport de M. Folie, XLVI, 11.

Rectification par M. Saltel à la citation de Fontenelle, dans son travail sur la classification arguésienne des courbes gauches algébriques, XLVII, 210.

Sur les courbes du troisième ordre, mémoire par MM. Folie et Le Paige, XLIX, 3; lecture des rapports de MM. De Tilly et Catalan, XLIX, 310.

Présentation par M. Catalan d'un travail sur la quadrature des courbes paraboliques, L, 154; décision de la Classe, L, 154.

COUR DE MADRID. — Voir *Bibliothèques*.

COURONNE BORÉALE. — Voir *Étoiles*.

COUTUMES BELGIQUES. — Voir *Paix du sang*.

CO-VARIANTS. — Sur certains co-variants d'un système cubo-biquadratique, par M. Le Paige, XLVI, 765; rapport de M. Folie, XLVI, 596.

Sur la représentation géométrique des co-variants d'une forme biquadratique par M. Le Paige, L, 125; avis de M. Folie, L, 82.

CRAG D'ANVERS. — Voir *Mammifères*. — *Selache*. — *Ziphiides*.

CRAIE. — Sur la division de l'étage de la craie blanche du Hainaut en quatre assises, mémoire par MM. Cornet et Briart, XXVI, 379; rapports de

MM. d'Omalius et Dewalque, XXVI, 434, 437.

Sur l'existence de puits naturels dans la craie senonienne du Brabant, par M. Fr. Van Horen, XXIX, 663; XXX, 37; rapports de MM. d'Omalius et Dewalque, XXX, 4, 6, 7.

CRAIE DE MAESTRICHT. — Note sur l'existence dans l'Entre-Sambre-et-Meuse, d'un dépôt contemporain du tufeau de Maestricht, et sur l'âge des autres couches crétacées de cette partie du pays, par MM. Cornet et Briart, XXII, 329; rapports de MM. Dewalque et d'Omalius sur ce travail, XXII, 265, 268.

CRAIE SUPÉRIEURE. — Voir *Fossiles.*

CROISSANCE CELLULAIRE. – Voir *Cellule végétale.*

CROIX ROUGE. — Proposition de M. H. Dufresne de Paris, d'étendre l'action de l'œuvre de la Croix Rouge aux objets d'art, en temps de guerre, XLVIII, 430; rapport de M. Fétis, XLVIII, 577, 722.

M. Alvin rappelle qu'il a publié dans les *Bulletins* en 1872, une note intitulée : Quelques mots touchant l'application du droit de conquête aux monuments de l'art, concernant ce même sujet, XLVIII, 577.

CROYANCES RELIGIEUSES. — Sur la non-opposition des croyances religieuses avec les résultats donnés par les progrès des sciences naturelles, discours par M. d'Omalius, en 1865, XXII, 555.

CRUSTACÉS. — Sur les Crustacés d'eau douce en Belgique, mémoire présenté par M. F. Plateau, 1re partie, XXIV, 278; rapports de MM. P.-J. Van Beneden et de Selys Longchamps, XXIV, 437, 439; 2e et 3e parties, XXVII, 363; rapports de MM. P.-J. Van Beneden, de Selys Longchamps et Lacordaire, XXVIII, 3, 12, 14.

Sur le mode de formation du blastoderme dans le groupe des Crustacés, par MM. Éd. Van Beneden et Bessels, XXV, 403, 434; rapports de MM. Gluge et Poelman, XXV, 427, 428.

Recherches sur l'embryogénie des Crustacés, par M. Éd. Van Beneden, 1re partie : Observations sur le développement de l'Asellus aquaticus, XXVII, 363, XXVIII, 54; rapport de M Schwann, XXVIII, 15; 2e partie du même travail : Développement des Mysis, XXVIII, 2, 232; rapports de MM. Lacordaire et P.-J. Van Beneden, XXVIII, 140, 143; 3e partie: Développement de l'œuf et de l'embryon des sacculines, XXVIII, 527, XXIX, 99; rapport de M. Schwann, XXIX, 65; 4e partie : Développement des Anchorella, Lerneopoda et Hessia, XXIX, 4, 223; rapport de M. Schwann, XXIX, 160.

Matériaux pour la faune belge : Crustacés isopodes terrestres, mémoire par M. Félix Plateau, XXIX, 4, 112; rapports de MM. P.-J. Van Beneden et de Selys Longchamps, XXIX, 71, 72.

Note additionnelle à la liste des Crustacés isopodes terrestres, par M. F. Plateau, XXXIII, 426.

Sur une nouvelle espèce de Crustacé du terrain houiller de la Belgique, par M. L.-G. de Koninck, XLV, 409

Découverte d'une espèce de Décapode brachyure dans le terrain houiller des environs de Mons, par M. le docteur H. Woodward, XLV, 410. — Voir *Faune belge.*

CRYPTOGAMIE VÉGÉTALE. — Rapports de MM. Crépin, Gilkinet et Morren sur les deux mémoires du concours de 1878 portant pour titre : *Bryologia Belgica* et *Flore mycologique belge,* XLVI, 861, 865, 874.

CTÉNIDE. — Sur un Cténide originaire du Brésil, trouvé à Liége, note par M. Éd. Van Beneden, XLIX, 655.

CUBIQUES GAUCHES. — Quelques nouveaux théorèmes sur les cubiques gauches, par M. F Folie, XXXVIII, 65.

CUCURBITACEES. — Diagnoses de Cucurbitacées nouvelles et observations sur les espèces critiques, 1er fascicule, par M. A. Cogniaux, XXXIX, 445, XL, 52; rapports de MM. Mor-

ren, Bellynck et Crépin, XXXIX, 805, 808, 810, XL, 273, 274; 2e fascicule, XLII, 240; rapports de MM. Morren, Bellynck et Crépin, XLII, 482, 483.

Note sur les Cucurbitacées austro-américaines de M. Éd. André, par M. A. Cogniaux, XLIX, 84, 189; rapport de M. Crépin, XLIX, 175.

Cuivre. — Annonce, par M. Dewalque, de la découverte à Vielsalm d'un échantillon de cuivre natif, XXVII, 682.

Note sur la présence du cuivre dans le genièvre, les vinasses et les fumiers, par M. Petermann, XXXIX, 121; lecture des rapports de MM. de Koninck, Donny et Melsens, XXXIX, 84ter.

Cuprifères (minéraux). — Voir *Minéraux.*

Cyclostomes. — Recherches sur la structure de l'épiderme des Cyclostomes, et quelques mots sur les cellules olfactives de ces animaux, par M. A. Foettinger, XL, 271, XLI, 599; rapports de MM. Van Bambeke et Schwann, XLI, 6, 12.

Cylindre de l'axe. — Recherches sur la structure intime du cylindre de l'axe et des cellules nerveuses, par M. Grandry, XXV, 72, 304; rapport de M. Schwann, XXV, 284.

Cylindre liquide. — Sur la transformation spontanée d'un cylindre liquide en sphères isolées, par M. F. Plateau, XXIII, 687; XXIV, 21; rapport de M. Duprez, XXIV, 4.

D.

Dactycotile. — Le genre Dactycotile, son organisation et quelques remarques sur la formation de l'œuf des Trématodes, par M. Éd. Van Beneden, XXIV, 436, XXV, 22; rapport de M. Schwann, XXV, 4.

Daltonisme. — Recherches expérimentales sur le daltonisme, moyens de le produire et de le corriger, par MM. J. Delbœuf et W. Spring, XLIV, 455, XLV, 16; rapport de M. Schwann, XLV, 5.

Demande par M. le Ministre des Travaux publics d'être guidé sûrement au sujet de l'affection connue sous le nom de daltonisme, LXV, 2; rapports de MM. Schwann, Éd. Van Beneden, Delbœuf et Spring, XLV, 74, 362, 364.

Damhouder. — La Pratique criminelle de Damhouder et les ordonnances de Philippe II, par M. Haus, XXXI, 415, XXXII, 81, 297.

Dante. — Les traducteurs de Dante Alighieri aux Pays-Bas, par M. J. Nolet de Brauwere van Steeland, XLVII, 241.

Note bibliographique de M. Thonissen en présentant l'ouvrage de M. A.-H.-H. Dupont : *Dante aux Pays-Bas*, L, 273.

Dauphin. — Mémoire sur un dauphin nouveau de la baie de Rio de Janeiro, désigné sous le nom de Sotalia Brasiliensis, par M. Éd. Van Beneden, XXXV, 459; rapport de MM. le vicomte Du Bus et P.-J. Van Beneden, XXXVI, 299.

Sur un dauphin échoué à la Panne, le 20 décembre 1874, note par M. Van Bambeke, XXXIX, 14. Voir *Baleines.*

Décaméron. — Voir *Boccace.*

Décapode. — Voir *Fossiles.* — *Terrain houiller.*

Décès. — Voir *Nécrologie.*

Déclinaison magnétique. — Voir *Magnétisme.*

Deken (Guillaume de). — Voir *Flandre.*

Demarteau (Gilles). — Note bibliographique de M. Pinchart au sujet de la brochure de M. J.-C. Demarteau, de Liége : *Gilles Demarteau, graveur et pensionnaire du roi, à Paris (1711-1776), et Gilles-Antoine, son neveu (1750-1803)*, XLIX, 57.

DÉMOCRATIE. — Voir *Économie politique.*

DENTS DE LAIT. — Voir *Otaria pusilla.*

DÉPARTEMENT DES BREVETS DES ÉTATS-UNIS. — Envoi d'ouvrages, XXVII, 190.

DÉPÔT DE LA GUERRE. — Présente le rapport fait à la réunion de l'Association géodésique internationale à Paris en 1865 sur les travaux de la carte du pays, XL, 268; rapports de MM. Liagre, Quetelet et Folie, XLI, 397, 401, 404.

Lecture des rapports de MM. Dewalque, Briart et Cornet sur sa lettre relative à la publication d'une nouvelle édition de la carte géologique du pays, XLI, 225.

Dons d'ouvrages, XLI, 394, 911; XLII, 2, 457; XLIV, 314; XLV, 726; XLVI, 317; XLVIII, 2, 94; XLIX, 262, 307; L, 2, 153, 254, 294, 332. — Voir *Géodésie.*

DÉPÔT CAILLOUTEUX. — Opinion de M. Dewalque sur l'âge du dépôt caillouteux où M. Malaise a recueilli les haches mentionnées dans sa notice sur les silex ouvrés de Spiennes, XXI, 11.

DÉPÔTS. — Sur les dépôts qui, aux environs d'Anvers, séparent les sables noirs miocènes des couches pliocènes scaldisiennes, par M. Mourlon, XLII, 241, 760; rapports de MM. P.-J. Van Beneden et Dupont, XLII, 666, 669.

DÉPÔTS SUPERFICIELS. — Les phénomènes d'altération des dépôts superficiels par l'infiltration des eaux météoriques étudiées dans leurs rapports avec la géologie stratigraphique, mémoire par M. E. Van den Broeck, XLIX, 147; rapports de MM. de Koninck, Cornet et Dupont, XLIX, 615, 617, 618.

DÉRIVÉS BROMÉS. — Voir *Camphre.*

DÉRIVÉS ÉTHÉRÉS (RECHERCHES SUR LES) DES ALCOOLS ET DES ACIDES POLYATOMIQUES, par M. L. Henry.

Sur le chlorure d'éthyle glycollyle, XXVII, 691; rapports de MM. Stas et de Koninck, XXVII, 627.

Sur divers composés éthérés phénoliques; sur le nitrile anisique, XXVIII, 399, 552; rapport de M. Stas, XXVIII, 402.

Sur les dérivés éthérés du phénol phénylique, XXVIII, 562.

Sur la mono-cyanhydrine-méthylénique, etc., XXXV, 214.

Sur le chloro-acétate de méthylène, XXXV, 717.

Sur la lactide et la distillation sèche de l'acide lactique, XXXVII, 409.

Sur le chloral et les éthers éthyliques chlorés en général, XXXVII, 489.

DÉRIVÉS (SUR LES) GLYCÉRIQUES, par M. L. Henry.

Dérivés allyliques. — Sur les composés d'addition des dérivés allyliques avec l'acide hypochloreux, XXXVII, 361.

Sur les produits d'addition des composés allyliques avec l'acide hypobromeux, XXXVII, 521; rapport de M. Stas, XXXVII, 271.

Sur les acides chloro-bromo-propioniques, XXXVII, 401.

Dérivés diallyliques. — Sur le diallylényle ou dipropargyle, XXXVI, 42; lecture du rapport de M. Stas, XXXVI, 19.

Sur l'octo-bromure de dipropargyle et le tétra-bromure de diallyle bibromé, XXXVII, 36; rapports de MM. Stas, de Koninck et Donny, XXXVII, 6, 7.

Sur la dichlorhydrine diallylique, XXXVII, 274; rapports de MM. Stas et de Koninck, XXXVII, 271, 341, 343.

Dérivés propargyliques. — Sur l'alcool propargylique et ses éthers, XXXV, 729.

Sur le radical propargyle, le mono- le tri- et le penta-bromure propargylique, XXXVII, 402.

Décision de la Classe des sciences, sur les rapports de MM. Stas, de Koninck et Donny, d'appeler la bienveillance de M. le Ministre de l'Intérieur sur les recherches de M. Henry concernant les dérivés glycériques, etc., XXXV, 461.

DERMATEMYS. — Description d'un jeune

individu de la Dermatemys, espèce américaine de la famille des Élotides, par M. Alf. Preudhomme de Borre, XXVIII, 116.

Dermatoscope. — Note sur un projet de dermatoscope, par M. A. Brachet, XLVIII, 587; avis de M. Melsens, XLIX, 312.

Sur un nouveau dermatoscope, par le même, L, 4; avis de M. Montigny, L, 4, 158.

Déterminant remarquable. — Démonstration d'un théorème relatif à un déterminant remarquable, par M. P. Mansion, XLVI, 585, 892; rapport de M. Catalan, XLVI, 879.

Déterminants fonctionnels. — Sur une propriété des déterminants fonctionnels et son application au développement des fonctions implicites, par M. Gilbert, XXVIII, 319; rapport de M. Steichen, XXVIII, 528.

Déterministe (Un), de 1787, lecture par M. Thonissen, XXXVII, 696.

Diabase. — La diabase de Challes près de Stavelot, par M. A. Renard, XLVI, 4, 228; rapports de MM. Malaise et de Koninck, XLVI, 186, 188.

Diapason. — Le diapason et la notation musicale simplifiée, par M. Ch. Meerens, XXXI, 456; rapports de MM. Soubre et Bosselet, XXXII, 194, 199; renvoi de cette notice à la Classe des sciences, XXXIII, 171; rapports de MM. Liagre et De Tilly, XXXIII, 303, 307.

Dictyonema. — Communication de M. Malaise relative au Dictyonema sociale Salt, XXXVII, 598; billet cacheté de M. Malaise du 3 juin 1871 concernant ce sujet, XXXVII, 800.

Dicyémides. — Recherches sur les Dicyémides, survivants actuels d'un embranchement des Mésozoaires, par M. Éd. Van Beneden, XLI, 1160; suite, XLII, 35.

Différentielles. — Sur les équations différentielles réciproques, par M. Orloff, XXXII, 335, XXXIII, 113; rapport de M. Gilbert, XXXIII, 105.

Sur l'emploi des imaginaires dans la recherche des différentielles d'ordre quelconque, par M. Gilbert, XXXIII, 108.

Digestion. — Recherches sur les phénomènes de la digestion chez les Insectes, par M. F. Plateau, XXXVII, 270; rapport de M. Gluge, XXXVII, 485.

Note additionnelle à son mémoire publié par l'Académie, en 1874, sur la digestion chez les Insectes, par M. F. Plateau, XLIV, 710.

Recherches sur les phénomènes de la digestion et sur la structure de l'appareil digestif chez les Myriapodes de Belgique, mémoire par M. F. Plateau, XL, 271; lecture des rapports de MM. Éd. Van Beneden et Schwann, XLI, 5.

Sur les phénomènes de la digestion chez la Blatte américaine, par M. F. Plateau, XLI, 920, 1206; lecture des rapports de MM. Éd. Van Beneden et Schwann, XLI, 1155.

Note sur les phénomènes de la digestion et sur la structure de l'appareil digestif chez les Phalangides, par M. F. Plateau, XLII, 719.

Recherches sur la structure de l'appareil digestif et sur les phénomènes de la digestion chez les Aranéides dipneumones, par M. F. Plateau, XLIV, 129; 2e partie, XLIV, 323; 3e partie, XLIV, 477.

Digestion végétale. — Voir *Plantes*.

Dilatabilité. — De la dilatabilité des solutions salines et de quelques liquides organiques, mémoire par M. P. De Heen, XLVII, 488; rapports de MM. Spring et Van der Mensbrugghe, XLVIII, 4, 14, 16. — Voir *Métaux*.

Dilatation. — Communication verbale de M. Catalan sur une expérience de M. Tommasi, consistant à enlever un disque d'une rondelle de plomb au moyen de la dilatation produite par l'huile dans un tube chauffé au gaz, XXXII, 77.

Dinant. — Note bibliographique de M. Wauters sur la 2e livraison du tome Ier du Cartulaire de la commune de Dinant, par M. S. Bormans, XLIX, 271.

DIORITE. — Note sur la diorite quartzifère du champ de St-Véron (Lembecq), par MM. A. Renard et de la Vallée Poussin, XLVIII, 3, 128; rapport de M. Malaise, XLVIII, 104.

DIRECTEURS. — *Classe des beaux-arts :*
1867. M. Balat, XXI, 66;
1868. M. F.-J. Fétis, XXIII, 41;
1869. M. De Keyser, XXV, 62;
1870. M. Fraikin, XXVII, 117;
1871. M. Gallait, XXIX, 39;
1872. M. F.-J. Fétis, XXXI, 23; remplacé par M. Éd. Fétis, XXXI, 460;
1873. M. Alvin, XXXIII, 83.
1874. M. De Keyser, XXXV, 80;
1875. M. Balat, XXXVII, 152;
1876. M. Gevaert, XXXIX, 50;
1877. M. Alvin, XLI, 172;
1878. M. Portaels, XLIII, 41;
1879. M. le chev. de Burbure, XLV, 58;
1880. M. Gallait, XLVII, 171.
1881. M. Balat, XLIX, 58.
Classe des lettres : 1867. M. Roulez, XXI, 35;
1868. M. le baron Kervyn, XXIII, 25;
1869. M. Borgnet, XXV, 43;
1870. M. P. Devaux, XXVII, 20; remplacé par M. Defacqz, XXVII, 195;
1871. M. Haus, XXIX, 35;
1872. M. De Decker, XXXI, 18;
1873. M. Thonissen, XXXIII, 55;
1874. M. Chalon, XXXV, 51;
1875. M. Guillaume, XXXVII, 117;
1876. M. Faider, XXXIX, 45;
1877. M. Wauters, XLI, 140;
1878. M. de Laveleye, XLIII, 34;
1879. M. Leclercq, XLV, 52;
1880. M. Nypels, XLVII, 140;
1881. M. Conscience, XLIX, 28;
Classe des sciences : 1867. M. le vicomte Du Bus, XXI, 3;
1868. M. Spring, XXIII, 3;
1869. M. Nyst, XXV, 3;
1870. M. Dewalque, XXVII, 5;
1871. M. Stas, XXIX, 4;
1872. M. d'Omalius, XXXI, 3;
1873. M. Gluge, XXXIII, 3;
1874. M. Candèze, XXXV, 4;
1875. M. Brialmont, XXXVII, 3;
1876. M. Gloesener, XXXIX, 5;
1877. M. Maus, XLI, 5;
1878. M. Houzeau, XLIII, 5;
1879. M. de Selys Longchamps, XLV, 3;
1880. M. Stas, XLVII, 3;
1881. M. P.-J. Van Beneden, XLIX, 4.

DISCOURS FUNÈBRES. — Prononcés aux funérailles de :
M. David, par M. Faider, XXI, 292;
M. Ad. de Vaux, par M. Maus, XXI, 366;
M. le baron de Saint-Genois, par M. De Decker, XXIV, 403;
M. Baguet, par M. Thonissen, XXV, 42;
M. Brasseur, par M. Spring, XXV, 606;
M. Ducpétiaux, par M. le baron Kervyn, XXVI, 496;
M. Leys, par M. De Keyser, XXVII, 288;
M. Navez, par le même, XXVIII, 514;
M. de Bériot, par M. F.-J. Fétis, XXIX, 642;
M. F.-J. Fétis, par M. Gallait, XXXI, 185;
M. Hanssens, par M. le chevalier de Burbure, XXXI, 456;
M. Soubre, par M. Daussoigne-Méhul, XXXII, 192;
M. Spring, par MM. Dewalque et de Selys Longchamps, XXXIII, 92;
M. Laforet, par M. Thonissen, XXXIII, 229;
M. Snellaert, par M. Conscience, XXXIV, 57;
M. Wesmael, par M. Gluge, XXXIV, 398;
M. Partoes, par M. Alvin, XXXVII, 149;
M. A. Quetelet, par MM. De Keyser, Mailly, Putzeys, le baron Kervyn, Tallois et Liagre, XXXVII, 248, 251, 258, 261, 262, 264, 288, 325, 778.
M. d'Omalius, par M. Brialmont, XXXIV, 56;
M. Lamarle, par M. Liagre, XXXIX, 360;
M. Ad. Mathieu, par M. Wauters, XLII, 186;
M. De Smet, par le baron Kervyn, XLIII, 301;
M. Madou, par M. Alvin, XLIII, 435;
M. Payen, par le même, XLIII, 704;
M. le baron Guillaume, par M. Wauters, XLIV, 827;
M. Roulez, par M. Wagener, XLV, 534;
M. Du Mortier, par M. Crépin, XLVI, 178;
M. E. Quetelet, par M. Mailly, XLVI, 320.

Discours lus en séance publique. — 1866. *Classe des lettres :* Cinquantième anniversaire de la reconstitution de l'Académie. Léopold Ier et la Royauté belge, par M. Faider, XXI, 457 ; sur les travaux d'ensemble de l'Académie et sur ses relations avec les sociétés savantes étrangères pendant le demi-siècle qui vient de s'écouler, par M. Ad. Quetelet, XXI, 475 ; *Les Vieux*, poésie, par M. Ad. Mathieu, XXI, 491.

Classe des beaux-arts : Sur l'histoire générale des beaux-arts en Belgique, par M. Edm. De Busscher, XXII, 238.

Classe des sciences : Considérations au sujet de la concordance des croyances religieuses avec les résultats donnés par les progrès des sciences naturelles, par M. J. d'Omalius, XXII, 556 ; réflexions sur l'enseignement des sciences en Belgique, par M. Nerenburger, XXII, 563 ; sur la pêche fluviale en Belgique, par M. de Selys Longchamps, XXII, 579.

1867. *Classe des lettres :* A S. A. R. le comte de Flandre, Bruxelles, le 30 avril 1867, poésie, par M. Ad. Mathieu, XXIII, 600 ; une bibliothèque belge de l'an 1105, par M. Thonissen, XXIII, 603 ; la question ouvrière, par M. Ducpétiaux, XXIII, 623.

Classe des beaux-arts : Conseils aux lauréats des grands concours de composition musicale, par M. F.-J. Fétis, XXIV, 265.

Classe des sciences : Sur quelques Mammifères du crag d'Anvers, par M. le vicomte Du Bus, XXIV, 562 ; lecture par M. A. Quetelet de sa notice sur A. Timmermans, XXIV, 577.

1868. *Classe des lettres :* Sur le mouvement imprimé par l'Académie aux diverses branches des connaissances humaines, par M. le baron Kervyn de Lettenhove, XXV, 560 ; lecture par M. Thonissen d'une notice sur l'Inde, berceau du droit, XXV, 582.

Classe des beaux-arts : Conseils aux lauréats des grands concours de composition musicale, par M. F.-J. Fétis, XXVI, 240.

Classe des sciences : Sur la périodicité physiologique, par M. A. Spring, XXVI, 531 ; lecture par M. Liagre de sa notice sur J.-B. Brasseur, et par M. de Koninck de sa notice sur F.-J. Cantraine, XXVI, 552.

1869. *Classe des lettres :* Sur le caractère du mouvement communal en Belgique, par M. Ad. Borgnet, XXVII, 508 ; une page de l'histoire d'Angleterre : les dernières années d'Édouard III, par M. le baron Kervyn de Lettenhove, XXVII, 530 ; Don Juan d'Autriche, études historiques, 4e étude, par M. Gachard, XXVII, 537. — Pour les 1re, 2e et 3e études, voir *Juan (don) d'Autriche*.

Classe des beaux-arts : Sur les grandes manifestations de l'art belge à diverses époques, par M. De Keyser, XXVIII, 265.

Classe des sciences : Sur les animaux inférieurs fossiles de la province d'Anvers, par M. Nyst, XXVIII, 607 ; le commensalisme dans le règne animal, par M. P.-J. Van Beneden, XXVIII, 621.

1870. *Classe des lettres :* Aperçu de la féodalité, par M. E. Defacqz, XXIX, 577 ; *De Kerels van Vlaanderen*, par M. H. Conscience, XXIX, 607 ; *Gloire, Amour, Charité*, poésie, par M. Ad. Mathieu, XXIX, 632.

Classe des beaux-arts : Coup d'œil sur les écoles de Van Eyck et de Rubens, par M. Fraikin, XXX, 172.

Classe des sciences : Coup d'œil sur la marche des sciences minérales en Belgique, par M. G. Dewalque, XXX, 437 ; les anomalies chez l'homme et chez les animaux, par M. A. Bellynck, XXX, 439.

1871. *Classe des lettres :* La Pratique criminelle de Damhouder et les ordonnances de Philippe II, par M. Haus, XXXI, 415, suite, voir XXXII, 81, 297 ; un précurseur de Malthus, par M. Thonissen, XXXI, 435.

Classe des beaux-arts : Sur la création d'un palais des beaux-arts, par M. Gallait, XXXII, 130.

Classe des sciences : Sur les forces naturelles ou vitales, par M. d'Omalius, XXXII, 379.

1872. *Classe des lettres :* (Les discours ont été publiés dans le Livre commémoratif du centième anniversaire.)

Classe des beaux-arts : De la part de la Nature dans les œuvres d'art, par M. Éd. Fétis, XXXIV, 225.

Classe des sciences : Sur les races humaines, par M. d'Omalius, XXXIV, 607 ; l'unité de l'espèce humaine, par M. Ad. Quetelet, XXXIV, 623 ; introduction à l'étude de la nutrition des plantes, par M. Éd. Morren, XXXIV, 636.

1873. *Classe des lettres :* La littérature nationale de nos provinces sous le gouvernement de Marguerite d'Autriche (1507-1530), par M. Thonissen, XXXV, 572 ; le pouvoir des mots, par M. Le Roy, XXXV, 597.

Classe des beaux-arts : Sur les résultats obtenus par l'art belge à l'Exposition universelle de Vienne, par M. L. Alvin, XXXVI, 277.

Classe des sciences : L'enseignement de la biologie dans les écoles, par M. Gluge, XXXVI, 761 ; sur le transformisme, par M. d'Omalius, XXXVI, 769 ; un mot sur la vie sociale des animaux inférieurs, par M. P.-J. Van Beneden, XXXVI, 779 ; du commencement et de la fin du monde, d'après la théorie mécanique de la chaleur, par M. Folie, XXXVI, 797 ; lecture par M. Schwann de sa notice sur M. Spring, XXXVI, 796.

1874. *Classe des lettres :* La numismatique, par M. Chalon, XXXVII, 679 ; un déterministe de 1787, par M. Thonissen, XXXVII, 690 ; les gildes communales au XIe siècle, par M. Wauters, XXXVII, 704 ; les premières relations diplomatiques entre la Belgique et les États-Unis, d'après des papiers inédits, par E. de Borchgrave, XXXVII, 731.

Classe des beaux-arts : Excursion dans le domaine général de l'art, par M. De Keyser, XXXVIII, 393.

Classe des sciences : Les moyens d'attaque et de défense chez les Insectes, par M. Candèze, XXXVII, 787 ; notice sur M. Ad. Quetelet, par M. Mailly, XXXVIII, 816.

1875. *Classe des lettres :* Du mouvement intellectuel dans l'armée, par M. G. Guillaume, XXXIX, 683.

Montesquieu et la Constitution belge, par M. Faider, XXXIX, 732.

Sur le rôle et la mission des nations neutres ou secondaires dans le développement du droit international, par M. G. Rolin-Jacquemyns, XXXIX, 751.

Classe des beaux-arts : Sur la création d'un palais des beaux-arts, à Bruxelles, par M. Balat, XL, 246.

Souvenir du IVe centenaire de Michel-Ange, par M. L. Alvin, XL, 250.

Classe des sciences : Causes et effets de l'accroissement successif des armées permanentes, par M. Brialmont, XL, 976.

La théorie des plantes carnivores et irritables, par M. Morren, XL, 1040.

1876. *Classe des lettres :* Discours politiques du roi Léopold Ier, par M. Faider, XLI, 1088.

Les opinions politiques de Plutarque comparées avec celles de Tacite, par M. Wagener, XLI, 1109.

Classe des beaux-arts : De l'enseignement public de l'art musical à l'époque moderne, par M. Gevaert, XLII, 418.

Classe des sciences : Sur les travaux des membres de la Classe des sciences de l'Académie, par M. Maus, XLII, 993.

Les voyages des naturalistes belges, par M. F. Plateau, XLII, 1050.

1877. *Classes des lettres :* Les travaux historiques de jadis et ceux d'aujourd'hui, par M. Wauters, XLIII, 652.

Du respect de la propriété privée sur mer en temps de guerre, par M. de Laveleye, XLIII, 666.

Journée d'Avril, poésie, par M. Potvin, XLIII, 682.

Classe des beaux-arts : Sur l'enseignement des arts en Belgique, par M. Alvin, XLIV, 283.

Classe des sciences : Solennité d'inauguration du Palais des Académies; discours par M. le Ministre de l'Intérieur, XLIV, 860.

Discours par M. Alvin, président de l'Académie, XLIV, 862.

Discours par M. Soupart, président de l'Académie de médecine, XLIV, 865.

Discours, par M. Maus, sur l'utilité pratique des sciences mathématiques, physiques et naturelles, XLIV, 869.

1878. *Classe des lettres :* La démocratie et l'économie politique, par M. de Laveleye, XLV, 659.

Édouard III dans nos deux littératures, par M. Stecher, XLV, 681.

Classe des beaux-arts : Sur l'institution des prix dits de Rome, par M. Portaels, XLVI, 304.

Classe des sciences : Sur certains phénomènes énigmatiques de l'Astronomie, par M. Houzeau, XLVI, 951.

Lecture par M. Crépin de sa notice sur B.-Ch. Du Mortier, XLVI, 966.

Un mot sur la pêche de la baleine et les premières expéditions arctiques, par M. P.-J. Van Beneden, XLVI, 966.

1879. *Classe des lettres :* La vie et l'œuvre du Congrès national de 1830, par M. M.-N.-J. Leclercq, XLVII, 652.

Le mécanisme et la liberté, par M. Le Roy, XLVII, 698.

Classe des beaux-arts : Deux virtuoses français à Anvers, épisode des mœurs musicales au XVIe siècle, par M. le chev. L. de Burbure, XLVIII, 302.

Classe des sciences : La classification des Oiseaux depuis Linné, par M. de Selys Longchamps, XLVIII, 729.

Du développement du règne végétal dans les temps géologiques, par M. A. Gilkinet, XLVIII, 814.

Rapport du jury qui a jugé le concours quinquennal des sciences mathématiques et physiques (6e période, 1874-1878), XLVIII, 835.

1880. *Classe des lettres :* La loi pénale belge, par M. Nypels, XLIX, 523.

Mathieu de Morgues et la maison Plantin, par M. P. Henrard, XLIX, 542.

Classe des sciences : La science et l'imagination, par M. Stas, L, 375.

Voyages et métamorphoses d'une gouttelette d'eau, par M. Van der Mensbrugghe, L, 423.

Documenti diplomatici milanesi. — Note bibliographique de M. le baron Kervyn, sur le volume III, parte II, des Documenti diplomatici tratti dagli archivj Milanesi e coordinati per cura Luigi Osio, XLVIII, 549.

Dohrn (D[r]). — Communication verbale de M. P.-J. Van Beneden sur le projet de M. Dohrn de créer sur les bords de la Méditerranée, à Naples, une station pour poursuivre l'étude de la vie des animaux dans des aquariums, XXX, 185.

M. le Ministre de l'Intérieur demande l'avis de la Classe sur la part que le pays pourrait prendre aux travaux de la Station zoologique du Dr Dohrn, à Naples, XLVII, 306.

Lecture du rapport de la Commission, XLVII, 744; M. Foettinger désigné, XLIX, 82.

Communication à M. le Ministre du rapport sur le programme des recherches que M. Foettinger se propose de faire, XLIX, 148.

Le Ministre demande l'avis de la Classe sur le rapport de M. Foettinger renfermant le résultat de ses études, L, 294; lecture du rapport de MM. Éd. Van Beneden, F. Plateau et Morren, L, 333.

Dolomite. — Des caractères distinctifs de la dolomite et de la calcite dans les roches calcaires et dolomitiques du calcaire carbonifère de Belgique, par M. Renard, XLVII, 541; rapport de M. Malaise, XLVII, 492.

Donation de l'Angleterre et de l'Irlande à Maximilien d'Autriche. — Don par M. de Godefroy de Menilglaise, d'une copie de l'acte de donation par Waerbecq, le faux duc

d'York, de l'Angleterre et de l'Irlande à Maximilien d'Autriche, XLIII, 303; rapport de M. le baron Kervyn; XLIII, 376.

Donation par dernière volonté. — Note de M. Thonissen en présentant l'ouvrage (en suédois) de M. d'Olivecrona sur la donation par dernière volonté d'après les lois civiles de la Suède, L, 312.

Dons d'ouvrages, cartes, etc. — Académie de législation et de jurisprudence de Madrid (l'), XXXIX, 402;

Académie des inscriptions et belles-lettres de Paris (l'), XLVII, 109;

Académie des sciences de l'Institut de Bologne (l'), XLIX, 2;

Académie impériale des sciences de Saint-Pétersbourg (l'), XLII, 663;

Académie royale des sciences de Lisbonne (l'), XLVI, 772;

M. E. Adan, XLI, 911, 1151; XLII, 2, 457; XLIII, 714; XLIV, 314; XLV, 726; XLVI, 317; XLVIII, 2, 94; XLIX, 262, 307; L, 2, 153, 254, 294, 332;

M. Agost (Pseudonyme). — Voir *Keymeulen (Van)*.

M. Airy, XXXII, 156; XXXVIII, 403;

M. Albanese, XLI, 396;

M. Alberdingk-Thym, XXXV, 401; XXXVI, 376; XLII, 792;

M. Alvin, XXII, 97; XXVI, 206, XXX, 75; XXXIV, 214; XLIII, 752;

M. Amorim (De), L, 36, 38;

M. Andrimont (Léon d'), XLII, 910, 915;

M. Antoine, XLIV, 316;

M. Arneth (le chev. A. d'), XXI, 291; XXIII, 23; XXIV, 497; XXVI, 120;

M. Arnould, XLVII, 488;

M. Arntz, L, 35, 36;

M. Arrivabene (le comte), XXII, 414; XXIV, 487; XXX, 487; XXXVIII, 507;

Athénée de Brescia (l'), XLIX, 3;

M. Bailly, XLV, 46; XLVIII, 692;

M. Bambeke (Van), XLI, 733, 734; XLVII, 308; XLIX, 83, 307;

M. Bamps, XLVI, 829;

M. Banet-Rivet, XXXVIII, 534;

M. Banning, XLIII, 34;

M. et Mme Bardot, XLVI, 943;

M. Barghon Fort-Rion (le baron de), XL, 815;

M. Barlet, XXXVIII, 134;

M. Barral, L, 2;

M. Baye (de), XLI, 1075;

M. Baschet, XXX, 334;

M. Basevi, XXXIII, 159; XLI, 1339; XLIII, 704;

M. Bastin, XLII, 460; XLIV, 817; XLVI, 910;

M. Bastings, XLVII, 743;

M. Baudouin, XLIII, 204;

M. Becker, XLVIII, 3; XLIX, 147;

M. Beckh-Widmanstetter (de), XLVII, 442;

M. Bellynck, XXIV, 498, XXVIII, 2, XXX, 3; XXXVIII, 556; XXXIX, 55, 248, XLI, 733, 918;

M. Bemmel (Van), XLI, 866; XLIII, 34; XLIV, 816; XLIX, 498;

M. Beltjens, XLVI, 261;

M. Beneden (Éd. Van), XXXVII, 799; XLI, 3; XLII, 664; XLIII, 3; XLIX, 43;

M. Beneden (P.-J. Van), XXI, 3, XXII, 2, 548; XXV, 70, XXVII, 3; XXXI, 476, XXXV, 643; XXXVII, 159; XXXIX, 55; XL, 3, 270, 898; XLI, 1152; XLIII, 232, 319; XLIV, 3; XLIX, 23;

M. Benevidès, L, 124;

Mme Bergmann (veuve), XL, 815;

M. Berliner, XLIV, 315;

M. Bernimolin, XL, 579;

M. Bertolotti, L, 136;

M. Bessels, XLIV, 315;

M. Béthune de Villers, XLIX, 26;

M. Bierens de Haan, XLVI, 3; XLVIII, 443;

M. Bluntschli, XLVII, 842;

M. Body (A.), XLIX, 681;

M. Boland, XLVI, 910;

M. Bondroit, XLIX, 681;

M. Bonnewyn, XLVI, 3;

M. Bonvalot, L, 124;

M. Borchgrave (de), XXXVII, 844;

M. Borgnet (A.), XXI, 35; XXVII, 715; XXXVII, 290;

M. Bormans (J.), XXVII, 716;

M. Bormans (S.), XL, 579, XLI, 1076; XLII, 485; XLIV, 401, 611; XLVII, 108; XLVIII, 72, 363; XLIX, 270; L, 182;

M. Boutton, XLIX, 222, 269;
M. Bouvet, XLIV, 455;
M. Bozzo, XLVIII, 169,
M. Brassart, XLIII, 375; XLIV, 402; XLV, 818; XLVII, 572;
M. Brasseur, XXIV, 498;
M. Breynaert, L. 295;
M. Brialmont, XXIII, 367; XXVIII, 2; XXXIV, 243; XLVI, 317;
M. Briart, XXXII, 335; XXXVI, 298; XXXVIII, 291; XL, 898; XLIV, 655; XLVI, 2;
M. Broun, XXXIX, 546;
M. Brunn, XXXI, 471;
M. Burbure (le chev. L. de), XLVIII, 365;
M. Burdo, XLVIII, 692;
M. Buroni, XLVII, 830;
M. Bury, XLIX, 147;
M. Busscher (De), XXVII, 235, XXXV, 79, 932; XXXVII, 148;
M. Buys, L., 2;
M. Cacheux, XLVIII, 94;
M. Caffiaux, XXXV, 234; XLIV, 816; XLV, 549;
M. Caligny (le Mis de), XXV, 611;
M. Callifburcès, XL, 667;
M. Camarda, XLVI, 505;
M. Candèze, XXXVIII, 651;
M. Canelle, XLVIII, 339;
M. Canepa, XLV, 727;
M. Cantu, XLVIII, 547;
M. Capellini, XLIII, 459; XLIV, 3, 316;
M. Caraman-Chimay (le prince de), XXXVII, 290;
M. Carapanos, XLV, 647;
M. Carrara, XXIX, 705; XXXII, 355; XXXIV, 431; XXXV, 542; XXXIX, 662; XLI, 354; XLII, 627; XLIII, 375; XLIV, 611; XLVI, 126; XLVII, 442;
M. Castan, XXIII, 483; XXXVIII, 666; XLII, 399; XLIII, 304; XLVII, 298;
M. Catalan, XXI, 253; XXII, 548; XXIII, 218, 686; XXV, 179; XXIX, 447; XXX, 3; XXXI, 476; XXXV, 487; XXXVIII, 291; XXXIX, 778; XL, 270; XLII, 827; XLIII, 3; XLVIII, 94; L, 153;
M. Caumont (de), XXVII, 429; XXXII, 424;
M. Cavalier, XXVIII, 587;
M. Cavalieri, XLVII, 236;
M. Cellier, XLI, 684;
Cercle archéologique du pays de Waes (le), XXXI, 475;
M. Chalon, XXI, 238, 291; XXIII, 23, 416, 711; XXIV, 80; XXV, 43, 319; XXVI, 198; XXVII, 19, 312, 340, 716; XXVIII, 348; XXIX, 35, 499; XXX, 73; XXXI, 18, 375, 571; XXXIII, 429; XXXV, 360; XXXVII, 117; XXXIX, 491; XL, 406; XLII, 627; XLIV, 611; XLVI, 772;
Chambre de commerce de Hongrie (la), XXXIX, 44;
M. Chapuis, XXI, 263; XLI, 1152; XLV, 363;
M. Chasles, XXXII, 457; XL, 3;
M. Chavée, XLV, 519;
M. Chevreul, XLI, 222; XLIX, 262;
M. Clausius, XLI, 395;
M. Cocheteux, XLIV, 455;
M. Coello y Quesada, XXXIX, 662;
M. Coemans (E.), XXI, 526;
M. Cogniaux, XLII, 230; XLIV, 118; XLVI, 317;
M. Colladon, XXXIX, 778;
Comité central argentin pour l'Exposition de Philadelphie (le), XLIII, 319;
Comité pour le monument de Caumont (le), XLII, 397, 794;
Commission centrale de statistique du royaume (la), XXII, 374;
Commission de l'Exposition universelle de 1867 (la), XXVII, 127;
Commission géologique du Portugal (la), XLVI, 175;
Commission de la carte géologique de la Belgique (la), XLIX, 308; L, 2, 74, 153, 254, 294;
Congrès d'hygiène et de sauvetage de 1876 (le), XLII, 828;
Congrès des sciences géographiques à Anvers en 1872 (le), XXXV, 3;
Congrès international des américanistes (le second), XLVII, 829;
M. Cordeiro, XXXIX, 770;
M. Cornet, XXXVIII, 291; XL, 270, 898; XLI, 224; XLIV, 3, 655; XLV, 562; XLVI, 2;
M. Corr, XXII, 480;
M. Coster (De), XLIX, 682;

M. Courtin, XLII, 828;
M. Coussemaker (de), XXXIX, 346;
M. Crépin, XXXVII, 483; XL, 667; XLII, 469; XLIII, 459; XLIV, 655;
M. Croos (De), XLV, 408;
M. Curtius, XXXV, 51;
M. Daly, XXII, 181; XXXIV, 435; XXXV, 181;
M. Danet, XLII, 460;
M. Daubrée, L, 2;
M. Dauby, XXXIX, 334; XLVII, 572;
M. Daussoigne-Méhul, XXVII, 742;
M. Davidson, XXXVII, 799; XLIII, 3;
M. Decker (De), XXVIII, 251;
M. Defacqz, XXXVI, 635;
M. De la Barre-Duparcq, XLI, 355;
M. Delaborde, XL, 893; XLII, 796;
M. Delaunay, XXXII, 156;
M. Delbœuf, XLVIII, 443, 725; XLIX, 429, 147; L, 2;
M. Delepierre, XLI, 866;
M. Delisle, XL, 147; XLI, 1150, 1328; L, 272;
M. Demarteau, XLIX, 57;
M. Moulin (De), XLV, 299;
Département des brevets des États-Unis (le), XXVII, 190;
Dépôt de la Guerre à Bruxelles (le), XLI, 394, 911, 1151; XLII, 2, 457; XLIII, 714; XLIV, 314; XLV, 726; XLVI, 317; XLVIII, 2, 94; XLIX, 262, 307; L, 2, 153, 254, 294, 332;
M. Deschamps, XXXIX, 952; XLIV, 611; XLV, 300; XLVI, 505;
M. Desmaze, XXXIX, 149; XLI, 354; XLIII, 34;
M. Devaux (Ad.), XXI, 3;
M. Devaux (Paul), XXXI, 375; XXXVIII, 666;
M. Dewalque (F.), XLII, 3.
M. Dewalque (G.), XXVI, 248; XXVIII, 423; XXXVII, 799; XXXIX, 3; XL, 51; XLII, 3, 828; XLIII, 318; XLIX, 3;
M. Dewez-Chaudoir, XLI, 681;
M. Dietz, XXX, 419;
M. Donaldson, XXXI, 22, 49; XL, 227; XLI, 1339;
M. Doss (De), XLIII, 704; XLV, 359; XLVII, 171; XLVIII, 429;
M. Dove, XXXIX, 248; XL, 667;
M. Drival (Van), XXIX, 386;
M. Du Fief, XLVIII, 72;
M. Dumon, XLIX, 271;
M. Dumortier, XL, 270;
M. Dumoulin, XLIV, 455;
M. Dupont (le chanoine), XXXIX, 952;
M. Dupont (A.), L, 273;
M. Dupont (E.), XXXII, 3; XXXIV, 439; XXXIX, 247; XLI, 1152; XLIX, 146; L, 153;
M. Dupuis, L, 153;
M. Duprez, XXXII, 3;
M. Dutront, XLV, 534;
M. Eberstein (von), XLVIII, 547;
M. Egger, XXVIII, 458; XXXIII, 513; XXXV, 401; XXXIX, 149; XLI, 1076;
M. Eichhoff, XXXI, 37; XXXII, 355; XXXIII, 513;
M. Eichthal (d'), XL, 147;
M. Elewyck (le chev. van), XL, 227; XLV, 718;
M. Élie de Beaumont (V.), XLV, 562;
M. Ellero, XXXVIII, 368;
M. Ellery, XLIX, 2;
M. Engel, XLII, 460;
M. Ericsson, XLIV, 316;
M. Ernst, XLV, 47; XLIX, 429;
M. Evans, XLII, 627;
M. Faider, XXI, 291; XXVI, 387; XXXIII, 53; XXXIV, 176, 528; XL, 35; XLII, 397, 794; XLIII, 748; XLVI, 772; XLVII, 212, 571;
M. Falisse, XLIV, 118;
Mme Fallon (la baronne), XLI, 734;
M. Falsan, XLI, 1152.
M. Fayen, XXXVIII, 434;
M. Fétis (Éd.), XXXIV, 207; XXXVIII, 710; XLIII, 222;
M. Fétis (F.-J.), XXV, 586; XXVI, 505; XXVII, 235; XXVIII, 514;
M. Feys, XXXVII, 465; XXXIX, 400; XLI, 1328; XLV, 519;
M. Fierville, XLVIII, 692;
M. Fiévet, L, 282.
M. Filon, XXXIV, 432;
M. Firket, XLIX, 3;
M. Flach, XLVII, 237;
M. Flammarion, XLIX, 84;
M. Foettinger, XLI, 1152;
M. Folie, XXX, 3; XXXI, 499; XXXVIII, 556; XLVI, 317; XLVII, 179, 180; L, 75;

M. Franck (Ad.), XLVII, 212; XLIX, 270;
M. Franck (J.), XXVI, 421; XLIII, 752; L, 146.
M. Fredericq (L.), XLIV, 455; XLVII, 830, 831;
M. Frenay, XLV, 47;
M. Fries, XLI, 395;
M. Gachard, XXI, 35, XXII, 230, 341; XXXVI, 571; XXXVII, 460; XXXIX, 334; XL, 578; XLIII, 747; XLIV, 641; XLVII, 237; XLVIII, 71; L, 123;
M. Galimard, XXXIX, 425;
M. Gantrelle, XLI, 681; XLVI, 505; XLIX, 271;
M. Garcin de Tassy, XL, 579; XLI, 139;
M. Garrigou, XLII, 460;
M. Gatta, XL, 667;
M. Gaussoin, XXIII, 218;
M. Génard, XL, 893; XLIV, 249, 444; XLVII, 442;
Geographical Department of India office (le), XXXI, 474;
M. Gervais (H.), XLII, 3;
M. Gervais (P.), XXV, 586, XLII, 3;
M. Geslain, XLI, 1329;
M. Gevaert, XXXIX, 334; XLII, 920; XLIII, 752; XLVI, 288; L, 323;
M. Gilbert, XXVIII, 527; XXXIII, 170; XXXIV, 3;
M. Giovanni (di), XL, 36; XLIII, 375; XLIII, 241; XLV, 300, 519; XLVI, 26; XLVII, 237, 239; XLVIII, 168; XLIX, 222, 270; L, 273;
M. Gloesener, XXXVII, 339;
M. Gluge, XXI, 263; XXVII, 614; XXX, 283; XLII, 827;
M. Goblet d'Alviella (le comte), XLVIII, 72;
M. Godefroy de Ménilglaise (le marquis de), XLI, 139;
M. Goebel, XLVII, 772;
M. Gonzenbach (von), XLIX, 409;
M. Gosselet, XXVI, 249; XLIV, 315; XLVII, 227; XLVIII, 3, 725; L, 74;
M. Gould, XLIX, 84;
Gouvernement brésilien (le) pour M. Liais, XXXV, 642;
Gouvernement des Pays-Bas (le), XXI, 2; XXII, 548; XXV, 178; XXIX, 2, 446; XXX, 2; XL, 666; L, 123;
Gouvernement du Chili (le), XXII, 70;
Gouvernement français (le), XXI, 466; XXVI, 120; XXIX, 34;
M. Gouverneur de la province d'Anvers (le), XXV, 586;
M. Gouverneur de la province du Brabant (le), XXXVIII, 4, 557;
M. Gozzadini, XLVII, 442, 443;
M. Graindorge, XXXVII, 799; XXXVIII, 557; XLIV, 118;
M. Grandgagnage (J.), XLIII, 34;
M. Gréard, XXXIX, 44;
M. Grégoire, XLVII, 171, 298;
M. Grosso, XLIII, 613;
Mme Grote (Ve George), XXXIV, 176;
M. Gruyer, XXI, 34; XXII, 346;
M. Guasco, XLVI, 3;
M. Guéranger, XLVI, 125;
M. Guffens, XLVI, 548; L, 66;
M. Guillaume (le baron), XXI, 291; XXIX, 705; XXXVIII, 507; XL, 35; XLII, 910; XLIII, 34;
M. Gunning, XXXIX, 444;
M. Haisnes (De), XLIII, 613;
M. Hane-Steenhuyse (d'), XLI, 866; XLII, 399; XLVI, 109; XLVIII, 72;
M. Hardouin, XXXVIII, 134;
M. Harlez (de), XLV, 818; XLVI, 261, 910; L, 36, 41;
M. Hasselt (Van), XXIII, 39, 716; XXIV, 212, 223; XXV, 61, 387; XXVI, 125, 205; XXVII, 235, 316; XXVIII, 458; XXIX, 437; XXXI, 184; XXXIV, 126, 214; XXXV, 80;
M. Haus, XXII, 540; XXVII, 429;
M. Hautecoeur, XXXVII, 601; XXXVIII, 134; XXXIX, 148;
M. Helbig, XXXV, 230;
M. Hennequin, XL, 270; XLII, 239;
M. Henrard, XLIX, 271; L, 182;
M. Henry, XXVI, 248; XXIX, 652; XXX, 178; XXXI, 54; XXXII, 39; XXXIII, 2, 359; XXXIV, 2, 139, 243; XXXV, 3; XLIV, 455; XLVI, 582; XLVII, 2;
M. Heremans, XXXVIII, 133, 666; XXXIX, 401; XL, 579; XLVIII, 71, 72;
M. Herman, XLII, 828;
M. Hermann (J.), XXXVIII, 292;
M. Heron-Royer, L, 254;
M. Heuschling, XXIV, 545; XXXVIII, 507; XLIX, 26;
M. Heuvelmans, L, 272;

M. Hirn, XXXVI, 2; XL, 51, 270; XLI, 224; XLIII, 714; XLV, 363; XLIX, 84;
M. Hittorf, XXII, 481;
M. Hitzig, XLIX, 133;
M. Hock, XXXVIII, 666;
M. Hoefler (le chev. de), XLI, 1328;
M. Hollebeke (Van), XXXVIII, 613;
M. Honinck, XXXVI, 635;
M. Houdoy, XLIX, 593;
M. Houzeau, XXXIV, 242; XXXVI, 298; XLIX, 147; L, 332;
M. Huet, XXXIX, 248;
M. Hymans (H.), XLVIII, 573;
M. Hymans (L.), XLIX, 681;
M. Ibanez, XLII, 459;
Institut cartographique militaire, à Bruxelles (l'). — Voir *Adan (E.)*;
M. Jacobi, XXXIV, 243;
M. Jacques, XXXVIII, 134;
M. Jacquet Baulny, XLIX, 409;
M. Jahn, XXXIX, 952;
M. Jambois, XLVII, 830; XLVIII, 365; XLIX, 26, 409;
M. James, XXVI, 248;
M. Jed, XLVIII, 72;
M. Jéhotte, XLVI, 504;
M. Jimenez de la Espada, XLVIII, 692;
M. Jousset de Bellesme, XLVII, 308;
M. Juste, XXII, 115, 540; XXIII, 711; XXIV, 79; XXV, 319; XXVII, 19, 716; XXVIII, 125, 348, 458; XXIX, 386, 499, 705; XXX, 396; XXXI, 75, 481; XXXII, 355; XXXIV, 55; XXXV, 100; XXXVI, 206, 376, 635; XXXVII, 290; XL, 350; XLIII, 612; XLV, 46; XLVI, 503; XLIX, 270, 680; L, 35, 312;
M. Kekulé, XXII, 452;
M. Kervyn de Lettenhove (le baron), XXI, 166; XXIV, 197, 373; XXVII, 195; XXVIII, 250; XXIX, 34, 499; XXX, 135, 334; XXXII, 21, 355; XXXIII, 53; XXXIV, 333, 431; XXXV, 230, XXXVI, 84; XXXVIII, 133, 613; XXXIX, 148; XL, 35, 350; XLIII; 747; XLIV, 240, 611, 816;
M. Kervyn de Volkaersbeke (le baron), XXV, 141;
M. Keymeulen (Van), XLV, 519;
Keyn (la famille De), L, 150, 482;
M. Kickx (J.), XXII, 483;
M. Kickx fils (J.-J.), XXIII, 367;
M. Klimazewski, XLVIII, 586;
M. Kobell (de), XXXIII, 491;
M. Koehne (le baron de), XXIII, 23; XXIX, 35; XXXII, 26, 79; XXXIII, 81; XL, 406;
M. Koninck (L. de), XXXIX, 44;
M. Koninck (L.-G. de), XXV, 70; XXVI, 3; XXX, 419; XXXI, 475; XXXIII, 490; XXXIV, 400; XXXVI, 115; XXXIX, 350; XLI, 919; XLII, 460; XLIV, 454; XLVI, 582; XLVIII, 339;
M. Koninck (L.-L. de), XLVII, 179;
M. Lacordaire, XXI, 3; XXVI, 306; XXVIII, 399;
M. Lacour, XXXIX, 779;
M. Laforêt, XXVIII, 458; XXIX, 35; XXXI, 571; XXXIII, 53;
M. Lagrange, XLIV, 315;
M. Lamy, XLVI, 126;
M. Lancaster, L, 332;
M. Laporte, XXXVII, 799;
M. Larrey (le baron), XXIX, 158;
M. Lasaulx (de), XXXVIII, 292; XL, 52, 667; L, 75;
M. Laubespin (de), XLVII, 108;
M. Laurent, XLVI, 772; XLIX, 270; L, 123;
M. Laussedat, XXXIX, 401;
M. Lavaux, XLI, 396;
M. Laveleye (de), XXXVI, 635; XLVI, 910; XLVII, 830;
M. Le Blant, XXXIX, 662; XLI, 1075; XLIII, 612;
M. Leemans, XXXVI, 207; XLII; 627;
M. Lefevre, XLVII, 308, 743; L, 36;
M. Leins, XXXIV, 216; XXXIX, 769;
M. Lemonnier, XLV, 819;
M. Lenormant (Fr.), XXXIII, 53, 429; XXXIV, 55, 176; XXXVII, 202, 466; XXXIX, 662; XLI, 1328; XLII, 185; XLIII, 612; XLIV, 816; XLV, 299, 647; XLVII, 212, 572, 830; XLVIII, 692; XLIX, 222, 680;
M. Le Paige, XLII, 239, 828; XLV, 147; XLIX, 147;
M. Le Roy, XXVIII, 458; XXXIV, 55; XXXVI, 84; XLV, 299;
M. Leva (de), XL, 36;
M. Liagre, XLVII, 829; XLVIII, 2;
M. Liais. — Voir *Gouvernement brésilien;*

M. Lilla, L, 36, 39, 273;
M. Limnander (le baron A.), XXXVIII, 710;
M. Linas (De), L, 322;
M. Lunjberg, XXV, 226.
M. Lobo de Bulhoes, XLVIII, 71;
M. Loise, XXXV, 361; XLIV, 105; XLV, 518; L, 123;
M. Lokeren (Van), XXXIII, 228;
M. Longpérier (de), XXIX, 499;
M. Loo (Van), XLI, 396; XLII, 460;
M. Loomans, XXXIII, 170;
M. Loubat, XLVII, 829;
M. Luesemans (de), XLII, 397, 628; XLVI, 505; L, 124;
M. Lyman, XXXIII, 492;
M. Macar (de), XLI, 912;
M. Mac Leod, XLIV, 455;
Maharajah de Travancore (le), XXXIX, 246;
M. Mailly, XXV, 70; XXXIV, 243; XXXIX, 248; XLI, 224; XLIII, 232; XLVII, 476; XLIX, 3;
M. Malagola, XLIII, 612; XLV, 519;
M. Malaise, XXV, 610; XXVI, 249; XXXII, 335; XXXIII, 170; XXXVI, 2, 450; XXXVII, 269; XXXVIII, 3, 556; XXXIX, 247; XLIII, 232; XLVII, 742; XLIX, 308;
M. Malou, XLI, 2;
M. Mannheim, XXXVII, 799; XLIX, 3;
M. Mansion, XXXVIII, 292; XLIII, 460;
M. Marangoni, XLVI, 176;
M. Marchal (Edm.), XLIV, 258;
M. Marchal (Élie), XLVI, 317;
M. Marchand, XXXIX, 778;
M. Marie, XXXIX, 3, 247;
M. Mariette bey, XXXIV, 216;
M. Marion, XXXVIII, 3; XLI, 1152; XLIX, 147;
Mme Martin de Moussy (V[e]), XXIX, 663;
M. Mathieu, XXIII, 711; XXVII, 163; XXIX, 34, 386; XXX, 135, 187, 334;
M. Mativa, XLVII, 3;
M. Matteucci, XLII, 239;
M. Maury, XXXIII, 299;
M. Medici, XLIII, 764;
M. Meerens, XLIII, 222;
M. Melsens, XXXIII, 92; XXXIV, 139; XLIV, 655, 817, 844;
M. Ménabrea (le comte), XXXIX, 360;
M. Ménant, XLV, 249;
M. Merchie, XLI, 1152;
M. Meugy, XLII, 460; XLVI, 854;
M. Meunier, XXXVIII, 555;
M. Miller, XXXIII, 491;
M. Miller Hauenfels, L, 255;
M. Ministre de la Guerre (le), XXII, 69; XXIV, 535; XXV, 178; XXVIII, 125, 526; XXIX, 662; XXX, 2; XXXII, 2; XXXIV, 528; XXXVI, 297; XLI, 911;
M. Ministre de l'Instruction publique à Bruxelles (le), XLVIII, 547; XLIX, 680; L, 312;
XLVI, 854; L, 74, 153, 254, 332;
M. Ministre de l'Instruction publique de France (le), XLIV, 314;
M. Ministre de la Justice (le), XXV, 318; XXVI, 320; XXVII, 19; XXVIII, 347, 571; XXIX, 34, 498; XXXI, 181; XXXII, 21, 183; XXXIII, 529; XXXIV, 431; XXXV, 51, 794; XXXVI, 83, 376, 571; XXXVII, 289, 600; XXXVIII, 368, 665; XXXIX, 662; XL, 35, 349; XLII, 792; XLIII, 611; XLV, 518, 647; XLVI, 503, 772; XLVII, 108, 236; XLVIII, 168, 365; XLIX, 408; L, 272;
M. Ministre de l'Intérieur (le), XXI, 2, 34, 74, 238, 262, 296, 526; XXII, 106, 187, 260, 452, 539; XXIII, 50, 188, 293, 366, 417, 482, 652, 686, 715; XXIV, 102, 197, 372; XXV, 70, 139, 178, 225, 318; XXVI, 134, 247, 319, 387, 421; XXVII, 127, 163, 184, 194, 235, 246, 312, 316, 362, 596, 715, 741; XXVIII, 125, 138, 260, 287, 317, 347, 526, 583; XXIX, 2, 34, 38, 62, 131, 148, 324, 385, 437, 498, 662, 705; XXX, 72, 82, 134, 144, 178, 186, 396, 415, 419; XXXI, 2, 30, 110, 198, 375, 570; XXXII, 20, 78, 124, 153, 320, 354, 360, 367; XXXIII, 53, 81, 159, 227, 298, 333, 429, 490, 511, 584; XXXIV, 2, 55, 138, 176, 220, 241, 332, 399, 431, 434, 559; XXXV, 51, 90, 187, 229, 350, 359, 439, 542, 624, 642, 794; XXXVI, 2, 104, 115, 243, 375, 432, 450, 571, 588; XXXVII, 116, 158, 269, 289, 459, 482, 599, 798, 844; XXXVIII, 2, 282, 291, 368, 403, 507, 554, 613, 713; XXXIX, 3,

44, 55, 246, 333, 346, 400, 442, 662, 952; XL, 2, 50, 147, 268, 349, 578; XLI, 2, 138, 171, 222, 354, 394, 681, 866, 1073, 1135, 1326, 1339; XLII, 2, 185, 397, 457, 626, 663, 918; XLIII, 2, 201, 230, 302, 307, 318, 374, 439, 458, 611, 714, 747; XLIV, 2, 104, 118, 240, 258, 314, 400, 444, 454, 816; XLV, 70, 107, 146, 358. 362. 518, 553, 647, 726, 817; XLVI, 125, 174, 269, 287, 316, 503, 582, 771, 828. 854, 909; XLVII, 108, 212, 226, 236, 297, 442, 486, 571, 728, 742, 829; XLVIII, 2, 70, 168, 250, 338, 364, 442, 546, 691, 721; XLIX. 2, 25. 57, 82, 128, 146, 221, 269, 306, 407, 593, 614, 679, 688; L, 2, 34, 66, 74, 123, 136, 150, 152, 181, 246, 254, 311;

M. Ministre des Affaires étrangères (le), L, 153;

M. Ministre des Finances (le), XXXIV, 332;

M. Ministre des Travaux publics (le), XXV, 178; XLVII, 307;

M. Moeller, XLVII, 488;

M. Monnier, XLIII, 748;

M. Montet (De), XLIX, 26;

M. Montigny, XXI, 263; XXIII, 431; XXXII, 154; XXXVII, 339;

M. Morren, XXV, 610; XXVI, 379; XXVII, 3; XXVIII, 318; XXIX, 335; XXXI, 3; XXXII, 154; XXXIII, 92; XXXIV, 446, 559; XXXV, 91; XXXVII, 159, 339; XXXVIII, 651; XL, 51, 447; XLII, 3; XLIV, 454; XLV, 3; XLVII, 308; XLVIII, 586; XLIX, 147;

M. Mourlon, XXXIX, 778; XLIX, 614;

M. Moynier, L, 315.

M. Muller, XLVIII, 94. — Voir *Cacheux;*

M. Mueller (le baron von), XLI, 1150; XLVI, 317, XLIX, 2, 82,

Musée de Moscou (le), XXII, 548;

M. Namur, XLIII, 460;

M. Neeffs (Ém.), XLI, 898;

M. Nerenburger, XXIII, 431;

M. Nève (F.), XXI, 569; XXXVII, 202; XLI, 682; XLII, 627; XLIX, 408;

M. Nicholson, XLI, 1152;

M. Nivoit, XLVI, 854;

Mlle Nizet, XLVI, 505;

M. Nolet de Brauwere van Steeland, XXVI, 320; XXVII, 436; XXXI, 75; XXXII, 196; XXXVI, 376, 571; XXXVII, 602; XXXVIII, 613, 666; XL, 36; XLIII, 303; XLIV, 401; XLVII, 442; XLIX, 129, 270; L, 35, 182, 312;

M. Nothomb (le baron), XLI, 1075.

M. Nypels, XXVIII, 125; XXIX, 261, 499; XXX, 396; XXXIII, 333; XXXVI, 571; XL, 578; XLIII, 375; XLV, 518; XLVII, 108, 830; XLVIII, 365; XLIX, 680;

M. Nyst, XXXVI, 2;

Observatoire impérial de Vienne (l'), XXXIX, 3;

M. Olivecrona (d'). L, 35, 312;

M. Omalius (d'), XXVI, 135; XXVIII, 587; XXXV, 354;

M. Oppert, XXXIX, 334; XLIII, 303; XLV, 299; XLVII, 830;

M. Orsoni, XLIV, 249;

M. Osio, XLVIII, 147;

M. Ovary, XLIII, 375;

M. Owen, XXII. 107; XXXIII, 170; XXXIX. 248;

M. Pablos y Sancho, XLIX, 308;

M. Paillard, XXXVII, 461; XXXIX, 952; XLII, 398, 910;

M. Papanti, XLI, 139; XLII, 627; XLIII, 613; XLV, 47, 299;

M. Parlatore, XXXIII, 491;

M. Peigné-Delacourt, XLIV, 402;

M. Perrey, XXXVIII, 713;

M. Petermann, XXXVIII, 292; XXXIX, 778; XLI, 395; XLIII, 324; XLIV, 455; XLV, 727, XLVII, 3; XLVIII, 443, XLIX. 308;

M. Pety de Thosée, XXXIX, 149, 401; XL, 147;

M. Picard, XLIV, 828;

M. Pinchart, XXI, 66;

M. Pirala, XXXIII, 512;

M. Pirmez, L. 66;

M. Planchon, XLI, 918;

M. Planté, XLVII, 308;

M. Plateau (F.), XLI, 734; L, 254. 332;

M. Plateau (J.), XXXIV, 242; XXXVII, 2;

M. Polain, XXII, 70;

M. Poswick, XXXVIII, 507; XLV, 108;

M. Potter (De), XLII, 399; XLIII, 303;

M. Potvin, XLII, 399; XLIII, 34, 704; XLIV, 240, 402; XLV, 108, 300, 818; XLVI, 261, 910; XLVII, 830; XLVIII, 547; XLIX, 26, 222, 680; L, 182;
M. Poullet, XLI, 682; XLII, 792; XLV, 299; XLVIII, 168, 692; XLIX, 26;
M. Praet (Van), XXIII, 416; XXXVII, 460;
M. Preudhomme de Borre, XLVII, 743;
M. Pringsheim, XXXIX, 3;
M. Prins (De), XLIII, 304;
M. Quetelet (Ad.), XXI, 2; XXIII, 3, 431; XXIV, 498; XXV, 2; XXVII, 3, 116; XXVIII, 2, 138; XXIX, 38; XXXI, 2, 110, 475; XXXIII, 3, 80; XXXIV, 242; XXXV, 3; XXXVI, 2, 115; XXXVII, 117;
M. Quetelet (E.), XXI, 263; XXXVI, 450; XXXVII, 159; XXXVIII, 553; XXXIX, 3; XLI, 395;
M. Queux de Saint-Hilaire (le marquis de), XXXVIII, 666;
M. Raab, XL, 863;
M. Raemdonck (Van), XXVIII, 122; XLI, 2; XLII, 186; L, 124.
M. Ramsay, LXI, 4, 223;
M. Ravaisson, XXXIII, 585;
M. Reumont (de), XXV, 140; XXXII, 79, 296; XXXVII, 844; XLVII, 109; XLIX, 270;
M. Richardson, XLIV, 465;
M. Riedmatten (De), XLVII, 442;
M. Rivier, XXXVI, 571; XXXVII, 290; XXXVIII, 507; XXXIX, 334; XL, 579, 825; XLIV, 817; XLVI, 126, 910;
M. Robert, L, 313;
M. Robin, XXX, 2; XLVIII, 339;
M. Rolliaen, XLIII, 704;
M. Rolin-Jacquemyns, XXXVII, 460; XLIII, 303; XLV, 519;
M. Rongé (J.-B.), XXIV, 212, 223; XXVII, 235, 316;
M. Rouillet, XLI, 681; XLII, 627; L, 272;
M. Roulez, XXI, 166; XXII, 230; XXV, 691; XXXIV, 528; XXXVI, 206;
M. Ruelens, XXI, 66; XXXIV, 215;
M. Rysselberghe (Van), XL, 270;
M. Sabbe, XLIV, 444;
M. Sainte Claire Deville (Henri), XLVI, 476;
M. Salmson, XLIX, 26;
M. Saltel, XL, 52;
M. Sang, XLIV, 316;
M. Saporta (le comte de), XXXVIII, 3; XLI, 1152; XLV, 727; XLVII, 2;
M. Saripolos, XLIV, 402; XLVIII, 168;
M. Scacchi, XLIX, 83;
M. Schaub, XXI, 2;
M. Scheler (Alph.), XLVI, 910;
M. Scheler (Aug.), XXV, 691, XXVII, 312; XXIX, 131, 386; XXXI, 35, 75; XXXIII, 33; XXXIV, 528; XXXVII, 460; XXXVIII, 664; XL, 147; XLI, 866, 1076; XLIII, 612; XLIV, 401; XLVI, 910; XLVII, 572; XLIX, 26, 408;
M. Schlagintweit (von), XL, 667; XLIII, 3; XLIV, 148; XLVII, 179;
M. Schleicher, XLVII, 179,
M. Schnaase, XXXIII, 584;
M. Schodt (De), XLVII, 572;
M. Schoorman (E.), XXVI, 496;
M. Schoy, XLVII, 298;
M. Schuermans, XLVII, 298;
M. Schwann, XL, 3;
M. Secchi, XXXIX, 248;
Mme Sellon (la comtesse de), XLIV, 240;
M. Selys Longchamps (le baron de), XL, 667;
M. Servaes van Rooijen, XLIII, 202;
M. Siemnicki, XLIX, 128;
M. Sinkel, XXXVIII, 3;
M. Siret, XXXIII, 460; XLII, 792;
M. Smet (De), XXVII, 195; XXVIII, 348;
M. Snellaert, XXI, 291;
Société des arts et des sciences de Batavia (la), XLVII, 179;
Société de l'histoire de France (la), XXXII, 183;
M. Soromenho, XXVII, 313;
M. Souza Holstein (le marquis de), XXVII, 184;
M. Spring (A.), XXI, 263; XXIV, 2; XXVI, 379; XXIX, 335; XXXI, 3, 199; XXXIII, 2;
M. Spuches (de), prince de Galati, XLI, 1328; XLV, 818;
M. Staaff, XXXV, 361;
M. Stang, XXXVII, 437;
M. Stas, XLVI, 176; XLVIII, 442;
M. Steur, XXXIII, 429; XXXVI, 84, 206; XXXVIII, 368; XLI, 1075;

M. Steurs, XLII, 628; XLVIII, 72;
M. Storck, XLIII, 304;
Sourindro Mohun (le radjah Tagore), XLII, 920; XLIV, 110; XLV, 719;
M. Tallois, XXIII, 366;
M. Terby, XXXIX, 778;
M. Terquem, XLVII, 308;
M. Thiernesse, XLIX, 308;
M. Thierry (Amédée), XXIV, 79; XXXIV, 176;
M. Thiry, XXXVIII, 666;
M. Thomson, XLVII, 179;
M. Tiberghien, XLVII, 237; XLVIII, 72; L, 36, 312;
M. Tilly (De), XXXVII, 483; XXXIX, 360; XLII, 664; XLVII, 226;
M. Todaro, XLV, 147; L, 295;
M. Topinard, XLVIII, 445;
M. Toreno (le comte de), XLVII, 237;
M. Trabaud, XLVII, 217;
M. Treub, XLVIII, 339.
M. Ugarte y Pages, XLI, 354;
Université de Copenhague (l'), XLVIII, 339;
M. Valerius, XLVI, 582; XLVII, 308;
M. Van de Casteele, XXXVII, 465; XXXIX, 401; XLI, 1328; XLV, 519; XLVII, 298; XLIX, 281;
M. Van den Broeck (E.), XLII, 828; XLVI, 176;
M. Vandenpeereboom, XLIV, 611; XLVI, 910; XLVII, 442; XLIX, 680;
M. Van der Haeghen, XLII, 627;
M. Vanderkindere, XLVIII, 365;
M. Vandermaelen, XXV, 2;
M. Van der Mensbrugghe, XLI, 395; L, 154;
Mlle Van de Wiele, XLIX, 271;
M. Varenbergh, XXXV, 361; XXXVII, 290; XXXIX, 334; XLV, 553;
M. Verhaeghe-De Nayer, L, 313;
M. Véronèse, XLIX, 3;
Ville d'Anvers (la), XXXI, 48;
Ville de Bruges (la), XXXIII, 333; XXXVI, 83; XLII, 185, 792; XLIII, 202;
Ville de Novare (la), XLVIII, 547;
M. Vitzthum d'Eeckstaedt, XXXIV, 55;
M. Vreede, XXXIII, 429; XXXV, 794; XXXIX, 952; XL, 815; XLII, 627; XLIII, 614; XLVII, 442;
M. Vuillemin, XLIII, 202;
M. Wagener, XLII, 792; XLIV, 401; XLVII, 212;
M. Wap, XL, 36; XLI, 354;
M. Warlomont, XLIV, 119; XLIX, 130;
M. Wartmann, L, 294;
M. Wauters, XXIV, 545; XXVIII, 458; XXXIII, 128; XXXIV, 333, 528, 545; XXXVII, 463; XXXVIII, 613; XXXIX, 148, 401; XLII, 627; XLV, 518; XLVI, 261; XLVIII, 692; XLIX, 26;
M. Wauwermans, XLVI, 177;
M. Wesmael (A.), XXVII, 247;
M. Weyr (Émile), XLVII, 487;
M. Willems (P.), XXXVII, 465; XLV, 299;
M. Willems (le D^r), L, 254;
M. Witte (le baron de), XXI, 429; XXV, 319, 505; XXVII, 312, 429; XXIX, 499; XXX, 135; XXXI, 375; XXXIV, 333; XXXVI, 376, 635; XXXVII, 600; XXXIX, 662; XLI, 1075, 1327; XLIII, 612; XLIV, 816; XLVII, 212, 237, 839; XLVIII, 692; XLIX, 222, 689;
M. Wolowski, XXIV, 197; XXXIII, 513;
M. Wynen, XLVI, 504;
M. Ymbert, XLI, 681. — Voir *Manuscrits.*

Doon de Mayence. — Deux fragments manuscrits de la fin du XIIIe siècle, par M. S. Bormans, XXXVII, 203, 307; rapport de M. Scheler, XXXVII, 201.

Douai. — Histoire du château et de la châtellenie de Douai, note de M. Potvin sur cet ouvrage de M. Félix Brassart, XLIV, 404.

Douanes. — Origine des douanes en Belgique, par M. De Decker, XXXV, 231.

Droit. — Sur la science du droit dans la première partie du moyen âge, d'après des recherches récentes, par M. A. Rivier, XLI, 1337; XLII, 195. — Voir *Inde.*

Droit belgique (ancien). — De l'autorité des père et mère, tuteurs et curateurs, d'après les coutumes flamandes (XVIe et XVIIe siècles), étude

juridique, par M. P. De Groos, LXII, 793; lecture des rapports de MM. Rivier, Faider et Leclercq, XLIII, 35.

Étude juridique sur la procédure civile au XVIIIe siècle, d'après les styles des cours échevinales, par le même, XLIV, 402; lecture des rapports de MM. Rivier, Faider et Leclercq, XLIV, 818.

DROIT CIVIL. — Sur la nécessité de fonder une nouvelle science : la statistique du droit civil, par M. A. de Lubavsky, XLIV, 402.

Sur la statistique du droit civil, par le même, XLV, 518; rapport verbal de M. Thonissen, XLV, 649.

Note de M. Ch. Faider en présentant, au nom de M. Laurent, les tomes I à IV de son cours élémentaire de droit civil, XLVI, 772

Note bibliographique de M. E. Arntz en présentant la 2e édition de son cours de droit civil français contenant l'explication des lois qui ont modifié le Code civil en France et en Belgique, L, 36.

DROIT CONSTITUTIONNEL. — Note de M. de Laveleye sur le livre de M. Pierantoni, intitulé : *Trattato di diritto constituzionale*, XXXVI, 636.

DROIT CRIMINEL. — Note de M. Thonissen au sujet des volumes I et II de la partie générale du programme du cours de droit criminel professé à l'Université de Pise, par M. Carrara, XLIV, 611.

Sur les dernières publications de M. Carrara, associé de l'Académie, par M. Nypels, XLII, 631.

Études sur l'histoire du droit criminel de la France, par M. Thonissen, 1er article, XLIV, 406; 2e article : Peines infligées par les rois et les juges de l'époque mérovingienne, XLV, 110.

Le droit criminel de la Grèce légendaire, par M. Thonissen, XXX, 193.

Rapport de MM. Thonissen, Polain et Borgnet sur le mémoire de concours de 1871, sur l'histoire du droit criminel de l'ancienne principauté de Liége, lauréat M. Poullet, XXXI, 390, 408, 409. — Voir *Droit public*.

DROIT INTERNATIONAL. — Sur le rôle et la mission des nations neutres ou secondaires dans le développement du droit international, par M. Rolin-Jaequemyns, XXXIX, 75.

Note bibliographique de M. Haus sur le premier volume de l'ouvrage de M. Laurent sur le droit international privé, XLIX, 272; note du même sur le second volume, L, 124.

Note sur l'étude et l'enseignement du droit international privé en Belgique et en France, par M. E. Arntz, L, 126.

Sur l'idée de la codification dans le droit national et dans le droit international, son passé et son avenir, par M. G. Rolin Jaequemyns, XXXIX, 344.

DROIT NATIONAL. — Voir *Droit international*.

DROIT PÉNAL. — Rapports de MM. Thonissen, Defacqz et Haus sur le mémoire de concours de 1867 en réponse à la question sur l'histoire du droit pénal dans l'ancien duché de Brabant jusqu'à Charles V, lauréat M. Poullet, XXIII, 494, 503, 511; rapports des mêmes sur le mémoire présenté au concours de 1869 sur le même sujet depuis Charles V, lauréat M. Poullet, XXVII, 431, 441, 446

DROIT PUBLIC. — Rapports de MM. Borgnet, Gachard et Juste sur les deux mémoires soumis au concours pour le grand prix de Stassart : Faire l'histoire des rapports de droit public qui ont existé entre les provinces belges et l'empire d'Allemagne, etc., XXIII, 551, 573, 595; rapport des mêmes sur le mémoire en réponse au même sujet remis au concours en 1869, lauréat M. E. de Borchgrave, XXVII, 461, 469, 479.

Note de M. J. Thonissen sur la collection des œuvres de M. Saripolos, professeur de droit public et de droit criminel à l'Université d'Athènes, XLIV, 405.

DROIT DE CHASSE. — Rapports de

MM. Nypels, Thonissen et Wauters sur le mémoire en réponse à la question du concours de 1876, demandant de faire l'histoire du droit de chasse et de la législation sur la chasse en Belgique et dans le pays de Liége, lauréat M. A. Faider, XLI, 877, 888, 889.

DROIT DE CONQUÊTE. — Voir *Monuments de l'art.*

DROIT (PHILOSOPHIE DU). — Note bibliographique de M. Le Roy en présentant l'ouvrage de M. Y. Lilla, sur la philosophie du droit, L, 39.

DROIT (SCIENCE DU). — Voir *Drosay.*

DROSAY (Jean de). — Jean de Drosay, l'un des réformateurs de la science du droit au XVIe siècle, par M. A. Rivier, XL, 868.

DROSERA BINATA. — Note sur le Drosera binata, Labill, sa structure et ses procédés insecticides, par M. Éd. Morren, XL, 525.

DROSERA ROTUNDIFOLIA. — Note sur les procédés insecticides du Drosera rotundifolia, par M. Éd. Morren, XL, 6.

DUMONT (André). — M. d'Omalius délégué à l'inauguration de la statue d'André Dumont, XXII, 2; compte rendu par M. d'Omalius de l'inauguration de cette statue, XXII, 108.

Note sur les principaux manuscrits délaissés par feu André Dumont, par M. E. Dupont, XLI, 458: sur les manuscrits d'André Dumont et les commentaires de M. Éd. Dupont, par M. G. Dewalque, XLI, 1071; XLII, 97; décision de la Classe au sujet des propositions de MM. Dupont et Dewalque concernant la publication de ces manuscrits XLII, 241.

DYCK (Antoine Van). — Rapport de M. De Decker au nom des trois commissaires chargés d'examiner les notices sur Van Dyck soumises au concours de Stassart pour la 3e période (1863-1868), lauréats MM. De Potter et Broeckaert, XXXV, 562. — Voir *Rubens.*

E.

EAU. — Voyages et métamorphoses d'une gouttelette d'eau, par M. G. Van der Mensbrugghe, L, 423.

Appel aux observateurs par l'Académie impériale de Vienne au sujet de l'abaissement du niveau général des eaux formant l'objet d'un ouvrage de M. G. Wex, XXXIX, 444; communication d'un exemplaire du rapport de la commission nommée pour examiner cette question, XLII, 663.

Demande de M. le Dr F. Garrigou, de Toulouse, au sujet des sources thermales de la Belgique, XLII, 457.

Température de l'eau de mer à Ostende en novembre 1866, par M. A. Cavalier, XXII, 476.

ECHENEIS. — Voir *Poissons.*

ÉCHEVINS. — Condamnation d'échevins à Liége en 1386, par M. Ad. Borgnet, XXV, 573.

ÉCHINIDES. — Description des Échinides du calcaire grossier de Mons, mémoire par M. Cotteau, XLV, 363; rapports de MM. Cornet et Nyst, XLV, 572, 574; description des Échinides tertiaires de la Belgique, mémoire par le même, XLIX, 263; rapport de M. P.-J. Van Beneden, XLIX, 619.

ÉCHINODERMES. — Sur quelques échinodermes remarquables des terrains paléozoïques, par M. L.-G. de Koninck, XXVIII, 544.

ÉCLAIRAGE ÉLECTRIQUE. — Sur l'éclairage électrique, par M. J.-L. Hoorweg, XLVI, 855.

ÉCLAIRS. — Voir *Aurores boréales.* — *Orages.*

ÉCLIPSES. — Sur l'éclipse de soleil du 22 décembre 1870, et l'éclipse de lune du 6 janvier 1871, par M. Ad. Quetelet, XXXI, 8.

Communication de M. Ad. De Boe sur l'observation de l'éclipse de soleil précitée à Anvers, XXXI, 9.

Communication verbale de M. Ad. Quetelet, au sujet de l'observation de la même éclipse en Sicile par les savants anglais et américains, XXXI, 32.

Sur l'éclipse de soleil du 26 mai 1873, par M. E. Quetelet, XXXV, 645.

Sur l'éclipse de lune du 4 novembre 1873 observée à Bruxelles, par M. Ad. Quetelet, et à Louvain, par M. Terby, XXXVI, 468.

Calculs de l'éclipse de soleil du 10 octobre et de l'occultation de Vénus du 14 octobre 1874, par M. Estourgies, XXXVIII, 558; XXXIX, 120; avis de MM. E. Quetelet et Liagre, XXXIX, 84bis; observation de l'éclipse de soleil du 10 octobre 1874, faite à l'Observatoire royal de Bruxelles, par M. E. Quetelet, XXXVIII, 566.

L'éclipse de soleil du 29 septembre 1875, par le même, XL, 322.

ÉCONOMIE ANIMALE. — Note sur le passage de l'iodate de potassium par l'économie animale, par M. Melsens, XXX, 157; deuxième note par le même, XXXI, 138.

Recherches chimiques et physiologiques concernant l'action des silicates alcalins sur l'économie animale, par M. E. Husson, XXIV, 3, 133; rapport de MM. Schwann et Gluge, XXIV, 103, 106.

Note sur l'action mutuelle des éléments de sels solubles comparée aux phénomènes que ces corps produisent dans l'économie animale, par M. Melsens, XXII, 43.

ÉCONOMIE POLITIQUE. — M. Faider annonce qu'il a réuni les éléments nécessaires pour un travail sur l'économie politique qu'il se propose de présenter à l'Académie, XXXVI, 637.

La démocratie et l'économie politique, discours par M. Ém. de Laveleye, XLV, 659. — Voir *Démocratie*.

ÉCORCHÉ. — Voir *Anatomie*.

ÉCRITURE. — Sur l'origine rationnelle de la parole écrite et sur l'antiquité relative des premiers systèmes d'écritures par M. Émile Verstraete, XXXIV, 528; rapports de MM. Le Roy et F. Nève, XXXV, 52, 69.

ÉDEN. — Présentation par M. Fréd. Bayern d'un mémoire relatif à l'idée de placer l'Éden et le berceau de la création dans le Caucase européen, XLIX, 407; avis de MM. F. Nève et Wagener, XLIX, 685.

ÉDENTES. — M. Robin demande que la Classe veuille bien regarder seulement comme propre à prendre date sa note sur l'explication de la petite taille et de la lenteur des mouvements chez les Édentes, XXXV, 459.

ÉDOUARD III. — Les enseignements d'Édouard III, notice par M. le baron Kervyn, XXV, 694.

Les dernières années d'Édouard III, par le même, XXVII, 530.

Édouard III dans nos deux littératures, lecture par M. J. Stecher, XLV, 681.

ÉDUCATION. — Voir *Enseignement*.

EFFLUVE ÉLECTRIQUE. — Voir *Électricité*.

ÉGYPTE. — L'Égypte entrevue à travers l'inauguration du canal de Suez, par M. Alvin, XXIX, 39.

ÉLECTIONS. — Modifications à l'article 4 du règlement général, en ce qui concerne la parité des suffrages, XXXVI, 450.

Classe des beaux-arts : 1866. MM. Leclercq et Siret élus membres, et MM. F. Jouffroy, Fr. Drake et C. Schnaase élus associés, XXI, 67; leurs remerciments, XXI, 185, 186, XXII, 435; approbation royale de l'élection de MM. Leclercq et Siret, XXI, 235.

1868. MM. L. Cogniet, Bendemann, Labrouste et Gailhabaud élus associés, et M. Stappaerts élu correspondant, XXV, 62; leurs remerciments, XXV, 158.

1869. MM. Meissonnier, Barye et Van Westrheene élus associés, XXVII, 416; leurs remerciments, XXVII, 184.

1870. MM. Keller, F. Ricci et Mariette

bey élus associés, XXIX, 38; leurs remercîments, XXIX, 147; MM. Slingeneyer et Robert élus membres, XXIX, 438; leurs remercîments, XXIX, 641; approbation royale de leur élection, XXIX, 641.

1871. M. Soubre élu membre, et MM Hébert, Benzoni et Vespignani élus associés, XXXI, 23; leurs remercîments, XXXI, 48, 400, 455; approbation royale de l'élection de M. Soubre, XXXI, 48.

1872. MM. Gevaert, Bosselet et Limnander élus membres, MM. Gounod et Basevi élus associés, XXXIII, 82; leurs remercîments, XXXIII, 158, 262; approbation royale de l'élection de MM. Gevaert, Bosselet et Limnander, XXXIII, 158.

1873. MM. Lübke et Vosmaer élus associés, XXXV, 80; leurs remercîments, XXXV, 181.

1874. M. Samuel élu membre, MM. C. Becker, Frith, Monteverde, François, Stang, le vicomte H. Delaborde et von Ferstl élus associés, MM. Terry et Radoux élus correspondants, XXXVII, 132, 471; leurs remercîments, XXXVII, 237, 775; approbation royale de l'élection de M. Samuel, XXXVII, 237.

1875. M. Pauli élu membre, MM. Piloty et Bonnassieux élus associés, XXXIX, 50; leurs remercîments, XXXIX, 238, 346; approbation royale de l'élection de M. Pauli, XXXIX, 238.

1876. MM. Guffens et Stappaerts élus membres, MM. Eug. Guillaume et F. Hiller élus associés, XLI, 171; leurs remercîments, XLI, 386; approbation royale de l'élection de MM. Guffens et Stappaerts, XLI, 717,

1877. M. Victor Massé et le radjah Sourindro Mohun Tagore élus associés, et M. Pinchart élu correspondant, XLIII, 41, 441; leurs remercîments, XLIII, 222.

1878. MM. F. Willems et Schadde élus membres, M. Baudry élu associé et M. J. Demannez élu correspondant, XLV, 58; leurs remercîments, XLV, 134; approbation royale de l'élection de MM. Willems et Schadde, XLV, 135.

1879. M. le baron Limnander, sur sa demande, est rangé parmi les associés, XLVII, 471.

M. Radoux élu membre, XLVII, 477; ses remercîments, XLVII, 728; approbation royale de son élection, XLVII, 727.

1880. MM. Hitzig et de Contreras élus associés, et M. Benoit élu correspondant, XLIX, 58; leurs remercîments, XLIX, 133.

Classe des lettres : 1866. MM. Juste et Defacqz élus membres, MM. Arrivabene, Mommsen, von Dollinger élus associés, XXI, 450; leurs remercîments, XXI, 568; approbation royale de l'élection de MM. Juste et Defacqz, XXI, 568.

1867. M. Guillaume élu membre, MM. Conscience et de Laveleye élus correspondants et MM. Farr, Stephani, Am. Thierry et Laboulaye élus associés, XXIII, 484; leurs remercîments, XXIII, 710; approbation royale de l'élection de M. Guillaume, XXIII, 710.

1868. MM. F. Nève et Wauters élus membres et M. Scheler élu associé, XXV, 690; leurs remercîments, XXV, 691; approbation royale de l'élection de MM. Nève et Wauters, XXV, 690.

1869. M. Conscience élu membre, MM. Laforet et Nypels élus correspondants et MM. Egger, Vreede et von Sybel élus associés, XXVII, 594; leurs remercîments, XXVII, 714; approbation royale de l'élection de M. Conscience, XXVII, 714.

1870. MM. Le Roy et de Borchgrave élus correspondants et MM. Carrara et Stuart Mill élus associés, XXIX, 638; leurs remercîments, XXIX, 704.

1871. M. Laforet élu membre, MM. Van Holtzendorff, Brunn, Lenormant et Eichoff élus associés, et MM. Wagener et Heremans élus correspondants, XXXI, 452; leurs remercîments, XXXI, 570.

1872. MM. de Laveleye et Nypels élus membres, MM. d'Antas, Alberdingk

Thym et Curtius élus associés, et MM. Willems et Poullet élus correspondants, XXXIII, 430; leurs remerciments, XXXIII, 512; approbation royale de l'élection de MM. de Laveleye et Nypels, XXXIII, 512.
1873. MM. Le Roy et de Borchgrave élus membres, MM. Rivier et Ad. Franck élus associés, et MM. Loise et Tielmans élus correspondants, XXXV, 622; leurs remerciments, XXXV, 793; approbation royale de l'élection de MM. Le Roy et de Borchgrave, XXXV, 793.
1874. MM. Rolin-Jacquemyns et Bormans élus correspondants. MM. Desmaze, Jules Oppert et Jonckbloet élus associés, XXXVII, 774; leurs remerciments, XXXVII, 843.
1875. M. Wagener élu membre, MM Tennyson, Lepsius et Delisle élus associés, et MM. Piot et Potvin élus correspondants, XXXIX, 767; leurs remerciments, XXXIX, 952; approbation royale de l'élection de M. Wagener, XL, 34.
1876. M. Heremans élu membre, MM. Arntz et le marquis de Godefroy de Menilglaise élus associés, et M. Stécher élu correspondant, XLI, 1078, 1133; leurs remerciments, XLI, 1327; approbation royale de l'élection de M. Heremans, XLI, 1327.
1877. M. P. Willems élu membre, MM. Campbell, Bluntschli et Bancroft élus associés, et M. Éug. Van Bemmel élu correspondant, XLIII, 701; leurs remerciments, XLIII, 747; XLIV, 240; approbation royale de l'élection de M. Willems, XLIII, 746.
1878. MM. Poullet, Tielemans et Rolin-Jacquemyns élus membres, MM. Saripolos et de Giovanni élus associés, et M. Fr. Laurent élu correspondant, XLV, 717; leurs remerciments, XLV, 818; approbation royale de l'élection de MM. Poullet, Tielemans et Rolin-Jacquemyns, XLV, 817.
1879. MM. Bormans et Piot élus membres, et MM. Lamy et Henrard élus correspondants, XLVII, 726; leurs remerciments, XLVII, 828; approbation royale de l'élection de MM. Bormans et Piot, XLVII, 828.
1880. MM Colmeiro et d'Olivecrona élus associés, et M. L. Hymans élu correspondant, XLIX, 591; leurs remerciments, XLIX, 680
Classe des sciences : 1865. Remerciments de MM. Chapuis, Brialmont, Henry, Bellynck, Malaise, Catalan, Davidson et Bunsen, XXI, 2, 74; approbation royale de l'élection de M Chapuis, XXI, 74.
1866. M. Donny, élu membre, et M. Dupont élu correspondant, XXII, 552, 611; leurs remerciments, XXIII, 2; approbation royale de l'élection de M. Donny, XXIII, 2.
1867. M. Montigny élu membre, MM. Gilbert et Jacobi élus associés, et M. Mailly élu correspondant, XXIV, 560; leurs remerciments, XXV, 2, 178; approbation royale de l'élection de M. Montigny, XXV, 70.
1868. M. Steichen élu membre, MM. Regnault, von Bayer, Kirckhoff et Savi élus associés, XXVI, 553; leurs remerciments, XXVII, 2, 127; approbation royale de l'élection de M. Steichen, XXVII, 2.
1869 MM. Brialmont et Dupont élus membres, MM. Valerius et Folie élus correspondants, et MM. de Candolle, Heer et Donders élus associés, XXVIII, 587, 664; leurs remerciments, XXIX, 2; approbation royale de l'élection de MM. Brialmont et Dupont, XXIX, 2.
1870. MM. Darwin et Bellynck élus associés, et MM. Éd. Van Beneden et De Tilly élus correspondants, XXX, 456; leurs remerciments, XXXI, 2.
1871. M. Morren élu membre, MM. Fries et Parlatore élus associés, et M. F. Plateau élu correspondant, XXXII, 410; leurs remerciments, XXXIII, 2, 92; approbation royale de l'élection de M. Morren, XXXIII, 2, 91.
1872. M. Éd. Van Beneden élu membre, MM. Dove, Hirn, Hooker et Ramsay élus associés, et M. Crépin élu correspondant, XXXIV, 652; leurs remerciments, XXXV, 4; approbation

royale de l'élection de M. Éd. Van Beneden, XXXV, 4.
1873. M. Malaise élu membre, MM. de Colnet d'Huart, Helmholtz et H. Sainte Claire-Deville élus associés, et M. Cornet élu correspondant, XXXVI, 830; leurs remercîments, XXXVII, 2, 269; approbation royale de l'élection de M. Malaise, XXXVII, 2.
1874. MM. Folie, Briart et F. Plateau élus membres, MM. le comte Ménabréa, Mayer, Le Verrier, Struve, Secchi, Huxley, Pringsheim et Nilsson élus associés, et M. Van Bambeke élu correspondant, XXXVIII, 847; leurs remercîments, XXXIX, 2; approbation royale de l'élection de MM. Folie, Briart et Plateau, XXXIX, 2.
1875. M. Crépin élu membre, MM. von Dechen, Clausius, Chevreul et Buys Ballot élus associés, et MM. Van der Mensbrugghe et Gilkinet élus correspondants, XL, 1098; leurs remercîments, XLI, 3, 222; approbation royale de l'élection de M. Crépin, XLI, 2.
1876. M. Mailly élu membre, Dom Pedro II d'Alcantara, empereur du Brésil, et M. Jules Gosselet élus associés, M. Mourlon élu correspondant, XLII, 1087; leurs remercîments, XLIII, 2, 230; approbation royale de l'élection de M. Mailly, XLIII, 2.
1877. MM. Weber, Daubrée, A Kölliker et le comte de Saporta élus associés, MM W. Spring et Delbœuf élus correspondants, XLIV, 884; leurs remercîments, XLV, 2.
1878 MM De Tilly et Cornet élus membres, MM. Boussingault, H. Faye, W. Thomson et von Siebold élus associés, XLVI, 986; leurs remercîments, XLVII, 2; approbation royale de l'élection de MM. De Tilly et Cornet, XLVII, 178.
1879. M. Van Bambeke élu membre, MM. Pasteur, Schiaparelli et von Bischoff élus associés, et MM. E. Adan et L. Fredericq élus correspondants, XLVIII, 881; leurs remercîments, XLIX, 2; approbation royale de l'élection de M. Van Bambeke, XLIX, 2.
1880. M. Gilkinet élu membre et M. Masius élu correspondant, L, 449.

ÉLECTRE. — *Électre*, tragédie de Sophocle, avec prolégomènes et pièces accessoires, mémoire présenté par M. J. Schwickert, XXV, 691; rapport de M. Roulez, XXVI, 121.

ÉLECTRICITÉ. — Faut-il terminer les paratonnerres par des pointes ou par des boules? lettre de M. Peltier fils à M. Ad. Quetelet, XXI, 132.
Rapport de M. Gloesener sur une lampe électrique de M. Brachet, XXII, 110.
M. Le Boulengé présente un mémoire intitulé : *Études de balistique expérimentale*, XXIII, 368; rapports de MM. Liagre et Nerenburger, XXIII, 688, 694.
Sur un système d'horloge électrique, par M. Gérard, XXV, 403.
Discussion des observations d'électricité atmosphérique recueillies à Gand, et comparaison entre ces observations et celles faites en d'autres lieux, par M. Duprez, 1re partie, XXVI, 144; 2e partie, XXXI, 212.
Mémoire sur le coup de foudre de la gare d'Anvers du 10 juillet 1865, par M. Melsens, XXVI, 250; lecture du rapport de MM. Gloesener, E. Quetelet et Montigny, XXVII, 194; nouvelle rédaction de ce travail, XXXIX, 445; avis des mêmes commissaires, XXXIX, 780.
Note sur un nouveau système de chronométrie électro-balistique, par M. Navez, XXVII, 248, 386; rapports de MM. Brialmont, Liagre et Melsens, XXVII, 367, 375.
Note sur une nouvelle méthode d'enregistreurs automatiques, au moyen de l'électricité, de la déclinaison et de l'inclinaison magnétiques, et de leurs variations diurnes, par M. Gloesener, XXVIII, 209.
Note sur l'emploi de l'armature externe du câble sous-marin pendant que l'armature interne, ou fil conducteur isolé, transmet la dépêche télégraphique, par M. Zantedeschi, XXVIII, 343.
Note sur une modification de la ma-

chine électrique de Nairne, par M. Pérard, XXVIII, 399, 567; rapport de M. Gloesener, XXVIII, 540.

Rapport verbal de M. Duprez sur une note de MM. Wallée et Brachet relative à la lumière électrique, XXIX, 450.

Présentation, par M. Daussin, d'une note sur un appareil télégraphique nouveau, XXXI, 3.

Note sur la production d'éclairs identiques aux mêmes lieux de l'atmosphère pendant l'orage du 2 juillet 1871, par M. Montigny, XXXII, 54.

Sur une nouvelle boussole magnétique ou plutôt électro-magnétique, son importance dans les observations magnétiques, et surtout dans celles faites en mer, par M. Gloesener, XXXIII, 321.

Note sur un paratonnerre foudroyé à Wetteren, par MM. Gloesener et Maas, XXXIII, 502.

Rapport de la direction générale des télégraphes belges sur les effets de l'orage du 17 juillet 1872, à Malines, XXXIV, 147.

Note préliminaire sur l'action de l'effluve électrique sur quelques gaz et mélanges gazeux, par M. P. De Wilde, XXXVI, 451; XXXVII, 77; rapport de M. Stas, XXXVII, 14.

Sur un appareil enregistreur universel, par M. Van Rysselberghe, XXXV, 643; XXXVI, 346; rapports de MM. Gloesener et Liagre, XXXVI, 117, 422; rapports des mêmes sur une requête de M. Van Rysselberghe à M. le Ministre de l'Intérieur au sujet de son météorographe, XXXVII, 151; exposé pratique par M. Van Rysselberghe des résultats donnés par son appareil, XXXIX, 487; observations de M. Gloesener relatives à ce météorographe, XLI, 21; remarques de M. Liagre au sujet des observations, XL, 317.

M. Van der Mensbrugghe présente un mémoire intitulé : *L'électricité statique exerce-t-elle une influence sur la tension superficielle d'un liquide?* XXXVII, 802; rapports de MM. J. Plateau et Duprez, XXXVIII, 7.

M. Daussin présente un mémoire sur un moteur électro-magnétique à armature sans fin, XXXVIII, 293; lecture des rapports de MM. Gloesener, Duprez et Montigny, XXXIX, 84bis.

2e et 3e notes sur les paratonnerres, par M. Melsens, XXXVIII, 320, 423; 4e note, XXXIX, 831; 5e note, XLVI, 43; lettre de M. Du Moncel relative à cette 5e note, XLVI, 381; appendice par M. Melsens à cette 5e note, XLVI, 382.

M. le Ministre de l'Intérieur communique une lettre de M. Melsens et une lettre de M. le Ministre des Travaux publics relatives aux paratonnerres, XXXVIII, 554.

Relation de coups de foudre à Liége le 18 juin 1875 et à Grimonster en 1869, par M. Dewalque, XL, 13.

M. Gloesener promet une note sur le coup de foudre de Liége du 18 juin 1875, XL, 22.

Le conseil des hospices de Bruxelles demande de connaître le meilleur système de paratonnerres, pour l'hôpital Saint-Pierre, XL, 50, XLI, 2.

Sur le développement de l'électricité statique, par M. W. Spring, XLI, 734, 1024; rapports de MM. Montigny, Duprez et Folie, XLI, 939, 950.

M. Brachet présente une note sur un régulateur électrique inextinguible, XLII, 4; rapport de M. Montigny, XLII, 487.

De l'application du rhé-électromètre aux paratonnerres des télégraphes, par M. Melsens, XLIII, 481.

M. Brachet présente une note sur un compteur électrique, XLIV, 4; lecture du rapport de MM. Montigny et Duprez, XLIV, 318.

Sur un effet singulier du courant électrique, par M. H. Valérius, XLIV, 102.

Note de M. Melsens relative à son travail sur les paratonnerres de l'Hôtel de ville de Bruxelles, XLIV, 662.

Application de la bobine de Rühmkorff au téléphone pour reproduire la parole aux grandes distances, par

MM. Navez père et fils, XLV, 96; rapport verbal de MM. Melsens, Brialmont et Van der Mensbrugghe, XLV, 79.

Note sur un nouveau système de téléphonie, par les mêmes, XLV, 223.

Note sur la théorie du téléphone, par les mêmes, XLV, 416; rapports de MM. Melsens et Van der Mensbrugghe, XLV, 390; lettre de M. Du Moncel relative à cette note, XLV, 608; réponse de MM. Navez, XLV, 612.

M. Gérard présente une note sur quatre appareils enregistreurs, XLVI, 4; dépôt aux archives, XLVI, 323.

Seconde lettre de M. Du Moncel sur la théorie du téléphone, XLVI, 72; réponse de MM. Navez, LXVI, 76; rapport verbal de MM. Melsens, Van der Mensbrugghe et Brialmont sur ces deux communications, XLVI, 14.

Dépôt aux archives d'une troisième lettre de M. Du Moncel sur le même sujet, XLVI, 318.

Sur le téléphone appliqué dans le voisinage des lignes télégraphiques ordinaires, par M. Delarge, XLVI, 319; XLVII, 34; rapport de M. Maus, XLVII, 16; M. le Ministre des Travaux publics fait savoir qu'il fournira à M. Delarge les moyens de continuer ses expériences, XLVII, 178.

M. Melsens demande l'ouverture d'un billet cacheté de M. de Changy, accepté le 6 mai 1858, relatif à la lumière électrique, et promet une note sur ce sujet, XLVI, 584.

M. Hoorweg communique une note sur la lumière électrique, XLVI, 855.

Quelques faits se reliant aux recherches sur la divisibilité de la lumière électrique, et microphone porte-voix, notes présentées par M. Gérard, XLVI, 855.

M. De Locht présente un travail intitulé : *Le Pantéléphone*, XLVIII, 341; avis de MM. Melsens, Montigny et Spring, L, 3.

M. Gérard adresse une lettre relative à une plume électrique, à un microphone et à un téléphone, XLVIII, 443; lecture des rapports de MM. Melsens, Montigny et Spring, XLVIII, 600.

Invitation faite par M. Rau d'assister à ses expériences sur la division de l'arc voltaïque, XLIX, 83.

M. Berliner, de Boston, revendique la priorité du principe du microphone, XLIX, 83.

Note sur l'éclairage des mines au moyen des sulfures phosphorescents, par M. Montigny, XLIX, 320.

M. Gérard présente deux notices concernant un moteur et une lampe électriques, L, 255; rapports de MM. Montigny et Valérius, L, 298, 299.

M. Van Weddingen adresse une lettre relative au téléphone et au photophone, L, 295. — Voir *Aurores boréales*. — *Magnétisme*. — *Orages*. — *Paratonnerres*.

ELEGAST. — Voir *Karel*.

ÉLÉONORE D'AUTRICHE (OU DE PORTUGAL). — Voyage dans les Pays-Bas et maladie d'Éléonore d'Autriche (ou de Portugal), femme de François Ier, mémoire par M. Ch. Paillard, XLVI, 261; rapports de MM. Wauters, Poullet et Juste, XLVI, 506, 508, 509.

ÉLIMINATION. — Sur l'élimination, 1re note préliminaire, par M. Mansion, XLVI, 585, 899; rapport de M. Catalan, XLVI, 880; 2e note, par le même, XLVII, 227, 532; rapport de MM. Catalan et Folie, XLVII, 490; 3e note, par le même, XLVII, 488; XLVIII, 463; 4e note, par le même, XLVIII, 3, 473.

Théorie a posteriori de l'élimination entre deux équations algébriques, par le même, XLVIII, 94, 491; rapports de MM. Catalan et Folie sur les 3e et 4e notes et sur la théorie précitée, XLVIII, 445, 449, 450, 452.

ÉLISABETH, REINE D'ANGLETERRE. — Les lettres du duc d'Alençon à Élisabeth, par M. le baron Kervyn, XXVIII, 572.

Déclaration de la reine Élisabeth contre le prince d'Orange et ses adhérents (1575), par le même, XXXIV, 535.

Élisabeth et Henri IV, par le même, XXXV, 403.

Ellipse. — Géométrie élémentaire de l'ellipse, note présentée par M. N. Raufs, XLVIII, 95.

Ellipse osculateur. — Attractions locales, caractères des éléments de l'ellipse osculateur, mémoire par M. E. Adan, XLV, 147; rapport de M. Houzeau, XLVI, 6.

Ellipsoïde. — Sur la détermination de l'aire de l'ellipsoïde, par M. Catalan, XXX, 97.

Ellipsoïde unique. — Mémoire sur l'ellipsoïde unique, par M. E. Adan, XLV, 563; rapport de M. Houzeau, XLVI, 6.

Ellipsoïdale (déviation). — Comparaison entre les coordonnées réelles et les coordonnées théoriques d'un lieu de la terre. Déviation ellipsoïdale, mémoire par M. E. Adan, XLV, 363; rapport de M. Houzeau, XLVI, 6. — Voir *Coordonnées*.

Élotides. — Voir *Dermatemys*.

Embryogénie. — Voir *Crustacés*. *Poissons*.

Empreintes de cachets et médailles. — Rapport, à la demande de M. le Ministre de l'Intérieur, par M. Stas, sur un procédé de M. Boeckl, chimiste à Munich, pour prendre l'empreinte des cachets et des médailles, XLVII, 306, 744.

Encyclopédistes français. — Rapport de MM. Le Roy, Piot et Wauters, sur les deux mémoires de concours de 1879, relatifs à la propagande des encyclopédistes français dans la principauté de Liége dans la seconde moitié du XVIIIe siècle, lauréats MM. Brants et Kuntziger, XLVII, 575, 595, 599.

Énergie. — Lecture du rapport de M. Gluge sur la note de M. Robin concernant la cause du manque d'énergie chez l'habitant des pays chauds, XXVII, 11.

Enfances Ogier. — Voir *Commission pour la publication des œuvres des grands écrivains du pays*.

Enfants trouvés. — Voir *Statistique*.

Enseignement. — Note de M. A. Wauters en présentant le livre de M. P. Wynen : XII conférences sur l'histoire de l'enseignement et de l'éducation, XLVI, 504.

Enseignement des arts. — Voir *Art*.

Enseignement des sciences. — Réflexions sur l'enseignement des sciences en Belgique, par M. Nerenburger, XXII, 563.

Entomologie. — Observations de M. de Borre sur l'intérêt qu'offrent les dates pour les observations des phénomènes périodiques, XXXII, 235.

Entre-Sambre-et-Meuse. — Voir *Calcaire*.

Épicycloïde. — Note sur l'équation de l'épicycloïde, par M. Reinemund, XXXIX, 4; rapport de M. Catalan, XXXIX, 73.

Épidote. — Sur la composition chimique de l'épidote de Quenast, par M. A. Renard, L, 3, 170; rapport de M. de Koninck, L, 80.

Épigraphes. — Voir *Inscriptions*.

Équations. — Note sur l'intégration d'un système d'équations homogènes, par M. E. Catalan, XXI, 4, 25.

Note sur les équations linéaires à coefficient constant en calcul intégral et en calcul inverse des différences, par M. Mansion, XXVIII, 319; restitué à l'auteur, XXVIII, 399.

Sur la méthode de Brisson, pour l'intégration des équations linéaires, mémoire par M. Mansion, rapport de M. Catalan, XXIX, 68.

Remarques sur l'équation $X^m - 1 = 0$, par M. Catalan, XXIX, 182.

Sur l'équation de Riccati, par le même, XXXI, 68.

Sur les équations différentielles réciproques, par M. Orloff, XXXII, 335; XXXIII, 113; rapport de M. Gilbert, XXXIII, 105.

Rapports de MM. Catalan, Liagre et Gilbert sur le mémoire de concours de 1871, sur la théorie des équations aux dérivées partielles des deux premiers ordres, XXXII, 370, 371, 372.

Remarques sur les solutions singulières de l'équation $Ay'^2+By'+C=0$, par M. Mansion, XXXIII, 300; nouvelle rédaction de ce travail sous le titre

de : Note sur les solutions singulières des équations différentielles du premier ordre, XXXIV, 3, 149; rapport de M. Gilbert, XXXIV, 142.

Rapports de MM. De Tilly et Folie sur le mémoire de concours de 1873, relatif à la théorie de l'intégration des équations aux dérivées partielles des deux premiers ordres, lauréat M. Mansion, XXXVI, 644, 653; rapports des mêmes sur la révision faite par M. Mansion de son mémoire, XXXIX, 8.

Démonstration de la propriété fondamentale des équations différentielles linéaires, par M. Mansion, XXXVIII, 405, 578; rapports de MM. Catalan et Folie, XXXVIII, 562, 565.

Note sur l'équation $xy''+ky'-y=0$, par M. C. Le Paige, XLI, 734, 1011; rapport de M. Catalan, XLI, 935.

Note sur les équations différentielles homogènes et sur l'équation de Clairaut, par M. P. Mansion, XLII, 461; XLIII, 169; rapports de MM. Catalan, Folie et De Tilly, XLIII, 65, 69, 71; remarque sur le rapport de M. Folie, par M. Catalan, XLIII, 335; réponse à la note de M. Catalan sur mon rapport concernant le mémoire de M. Mansion, par M. Folie, XLIII, 506.

Note sur une équation différentielle de Jacobi, par M. P. Mansion, XLIII, 469; XLIV, 195; rapports de MM. Catalan, Folie et De Tilly, XLIV, 120, 126, 127. — Voir *Analyse mathématique*.

ERLACH DE CASTELEN (le général Jean Louis d'). — Note bibliographique de M. Rivier sur l'ouvrage de M. A. von Gonzenbach : Der general Hans-Ludwig von Erlach von Castelen, XLIX, 411.

ERREURS. — Sur l'erreur moyenne d'un ensemble d'observations, par M Adan, XXIV, 436.

Sur les erreurs à craindre sur les quantités calculées par la méthode des moindres carrés, par M. Adan, XXIV, 499.

M. Adan est remis, sur sa demande, en possession de ses deux mémoires, XXV, 71.

ESPACE. — Voir *Température*.

ESTHÉTIQUE. — Note bibliographique de M. Le Roy sur l'ouvrage de M. G.-H. De Coster intitulé : *Éléments de l'esthétique générale mise à la portée de tout le monde*, XLIX, 681.

ÉTALON PROTOTYPE. — Voir *Métrologie*.

ÉTATS-UNIS D'AMÉRIQUE. — Les États-Unis d'Amérique en 1783 : Le comte de Hogendorp et le Stadhouder Guillaume V, par M. Juste, XXVII, 165.

ÉTÉS. — Voir *Température*.

ÉTHERS ÉTHYLIQUES CHLORÉS. — Voir *Chloral*.

ÉTHYLÈNE — Action de l'acide azotique sur l'éthylène et du peroxyde d'azote sur l'acétylène, par M. L. Chevron, XLIII, 4, 193; rapport de M. Stas, XLIII, 79.

ÉTIENNE VIII, pape. — Voir *Brogne*.

ÉTOILES. — Note sur la nouvelle étoile changeante de la Couronne boréale, par M. E. Quetelet, XXI, 535.

Sur les petits mouvements des étoiles, mémoire par M. Houzeau, XXVIII, 318; lecture des rapports de MM. Liagre et Ern. Quetelet, XXVIII, 694.

Appel par M. Pickering, directeur de l'Observatoire du Harvard College, à Cambridge (E.-U.) aux astronomes qui s'occupent d'observations photométriques pour la série d'observations entreprises dans cet établissement sur les étoiles de différentes grandeurs voisines du pôle nord, XLVII, 486.

Sur le déplacement des spectres des étoiles, mémoire par M. l'abbé Spée, XLVII, 227 ; rapports de MM. Houzeau et Montigny, XLVII, 318, 320.

Recherches sur les couleurs des étoiles doubles, par M. L. Niesten, XLVI, 855; XLVII, 50; rapport de M. Houzeau, XLVII, 25. — Voir *Astronomie*. — *Scintillation*.

ÉTOILES FILANTES. — Étoiles filantes du 10 août et du mois de novembre 1865, observées aux États-Unis, lettre de M. Newton (de New Haven), à M. Ad. Quetelet, XXI, 12.

Étoiles filantes des 7, 10 et 11 avril 1866, observées à Bruxelles, note par M. Ad. Quetelet, XXII, 207.

Lettre de Mme C. Scarpellini à M Quetelet sur les étoiles filantes du 10 août 1866, observées au Capitole à Rome, XXII, 209.

Étoiles filantes de la même époque observées à Louvain, par M. Terby, XXII, 211.

Étoiles filantes de novembre 1866, par MM. Ad. et Ern. Quetelet, avec lettres de MM. Heis, de Munster, Denza, de Montcalieri, Mme Scarpellini, de Rome, MM. Terby de Louvain, Florimond Desrumeaux de Tournai, et Cavalier, d'Ostende, XXII, 455, 462, 463, 468, 470, 475, 476.

Des lois mathématiques concernant les étoiles filantes, par M. Ad. Quetelet, XXIII, 78.

Sur les étoiles filantes et les aérolithes, par M. Haidinger, XXIII, 84.

Sur les orbites des étoiles filantes, par M. R.-P. Greg, XXIII, 92.

Sur l'origine des étoiles filantes et des aérolithes, et sur l'heure des chutes observées, par M. Ad. Quetelet, XXIII, 443.

Catalogue des chutes, par M. Haidinger, XXIII, 447.

Observations des étoiles filantes faites au mois d'août 1867, à l'Observatoire royal de Bruxelles, par M. Ad. Quetelet, XXIV, 287.

Observations des étoiles filantes faites à Gand du 9 au 12 août 1867, par M. Duprez, XXIV, 289.

Observations des étoiles filantes faites à Louvain du 11 au 12 août 1867, par M. Terby, XXIV, 290.

Observations des étoiles filantes faites à Rome, du 9 au 10 août 1867, par Mme Scarpellini, XXIV, 245.

Observations des étoiles filantes faites du 9 au 12 août 1867 à Montcalieri (Turin), par M. Denza, XXIV, 297.

Étoiles filantes du milieu de novembre 1867, à Bruxelles, par M. Ad. Quetelet, XXIV, 509.

Étoiles filantes à Louvain en novembre 1867, par M. Terby, XXIV, 510.

Étoiles filantes à Montcalieri, en novembre 1867, par M. Denza, XXIV, 513.

Mémoire sur les étoiles filantes, par M. Bruck, XXV, 403; lecture des rapports de MM. Duprez et Ern. Quetelet, XXVI, 230.

Étoiles filantes du mois d'août 1868, observées à Bruxelles, par M. Ad. Quetelet, XXVI, 271; à Louvain, par M. Terby, XXVI, 272; à Rome, par Mme Scarpellini, XXVI, 274.

Note sur les étoiles filantes de novembre 1868, par M. Ad. Quetelet, XXVI, 439; à Rome, par Mme Scarpellini, XXVI, 439; à Montcalieri, par M. Denza, XXVI, 441; à New Haven (E.-U.), par M. Newton, XXVI, 444.

Étoiles filantes du mois d'août 1869, observées à Bruxelles, par M. Ad. Quetelet, XXVIII, 3 4; à Louvain, par M. Terby, XXVIII, 326.

Étoiles filantes de novembre 1869, par M. Ad. Quetelet, XXVIII, 543.

Sur l'apparition périodique des étoiles filantes du mois de novembre 1870, par le même, XXX, 379.

Étoiles filantes de la période de novembre 1871, par le même, XXXII, 344.

Étoiles filantes du mois d'août 1872, par le même, XXXIV, 270.

Sur l'apparition extraordinaire d'étoiles filantes du 27 novembre 1872, par le même, XXXIV, 455.

Sur l'apparition extraordinaire d'étoiles filantes du 27 novembre 1872, lettre de M. Newton, du Yale College (E.-U.), XXXV, 21.

Étoiles filantes du 27 novembre 1872, par M. Meldrum, de Port-Louis (Ile Maurice), XXXV, 98.

Sur les étoiles filantes du mois d'août 1873, par M. Ad. Quetelet, XXXVI, 305.

Étoiles filantes du mois de novembre 1873, par le même, XXXVI, 6 8.

Les Perséides en 1874, par M. E. Quetelet, XXXVIII, 410.

Observations des étoiles filantes de la période d'août 1874, faites à Louvain, par M. Terby, XXXVIII, 418.

Les Perséides en 1875, observa-

tions faites à l'Observatoire royal de Bruxelles, communiquées par M. E. Quetelet. XL, 319; observations semblables à Louvain, par M. Terby, XL, 322.

Sur les étoiles filantes du mois d'août 1876, par MM. Houzeau et Folie, XLII, 532, 533.

Étoiles filantes du mois d'août 1877, par M. Houzeau, XLIV, 363.

Sur les étoiles filantes du 27 novembre 1880, observées à l'Observatoire royal de Bruxelles, par M. Houzeau, L, 307. — Voir *Aurores boréales*.

ÉTRUSQUES (OBJETS). — Voir *Antiquités*.

ÉVOLUTION. — Sur l'évolution, ou nouvelle proposition fondamentale dans la théorie des coniques et des surfaces du second degré, et son extension aux courbes et aux surfaces supérieures, par M. F. Folie, XLIII, 500; rectification à sa note sur l'évolution, par le même, XLIV, 181; suite de cette note, par le même, XLIV, 182.

Remarque sur l'existence de l'évolution dans les courbes du troisième ordre et de la quatrième classe, par M. Émile Weyr, XLIX, 7.

EXPLOSIONS. — Voir *Chaudières*. — *Mines*.

EXPOSITION. — Exposition d'aquarelles et de dessins, à Hambourg, en 1879, par la Kunstverein, XLVII, 216.

EXPOSITION. — Exposition de peinture organisée en 1878 à Brescia par l'athénée de cette ville, XLVI, 287.

EXPOSITION D'ART RÉTROSPECTIF. — Voir *Anniversaires*.

EXPOSITION DE TABLEAUX. — M. Everard propose une exposition au profit de la Caisse des artistes, XXXVII, 148; résultats, XXXVII, 325. — Voir *Caisse centrale des artistes*.

MM. Vandekerckhove frères annoncent l'ouverture de leur exposition permanente à Bruxelles, XLIV, 844.

EXPOSITION DES BEAUX-ARTS A TURIN. — Envoi du programme de l'Exposition de 1880, XLIX, 593.

EXPOSITION INTERNATIONALE D'HORTICULTURE ET CONGRÈS DE BOTANIQUE, A AMSTERDAM, EN 1877. — Envoi de son programme, XLIII, 230.

EXPOSITION NATIONALE DE 1880. — M. Liagre délégué auprès du groupe de l'enseignement, XLVII, 742, 828, 911.

EXPOSITIONS UNIVERSELLES. — Voir *Art*.

F.

FAILLE SILURIENNE. — Voir *Mine de Laadenne*.

FAISCEAUX. — Principes de la théorie des faisceaux, par M. F. Folie, XLVI, 4, 193.

Note du même en présentant son ouvrage intitulé : *Éléments d'une théorie des faisceaux*, XLVII, 180.

FAUNE BELGE. — Matériaux pour la faune belge, par M. F. Plateau, 1re note : Crustacés isopodes terrestres, XXIX, 112; rapports de MM. P.-J. Van Beneden et de Selys Longchamps, XXIX, 71, 72; note additionnelle à la liste de ces Crustacés, XXXIII, 426; 2e note : Myriapodes, XXXIII, 299, 409; rapports de MM. P.-J. Van Beneden, de Selys Longchamps et Candèze, XXXIII, 372, 373.

Observations touchant la faune de la Belgique, par M. Alph. Dubois, XXXVI, 344. — Voir *Digestion*.

Recherches sur la faune littorale de la Belgique (Polypes), mémoire par M. P.-J. Van Beneden, XXI, 75; lecture des rapports de MM. le vicomte Du Bus et de Selys Longchamps, XXI, 206.

FAUNE TERTIAIRE. — Voir *Calcaire*.

FAUST. — *La dernière nuit de Faust*, scène lyrique avec chœurs, paroles de M. G. Lagye, traduction flamande de M. Hiel, musique de M. J. Van den

Eeden, exécutée à la séance publique de la Classe des beaux-arts de 1869, XXVIII, 303.

Fauvette (Lady). — Note bibliographique de M. Potvin sur le roman de Mlle Vande Wiele : *Lady Fauvette*, XLIX, 276.

Fécondation. — De la distinction originelle du testicule et de l'ovaire ; caractère sexuel des deux feuillets primordiaux de l'embryon ; hermaphrodisme morphologique de toute individualité animale ; essai d'une théorie de la fécondation, 1re partie, par M. Éd. Van Beneden, XXXVII, 530.

Fédération. — Lettre de MM. Dewalque et Colbeau proposant à l'Académie d'entrer dans la Fédération des sociétés scientifiques du pays, et réponse de l'Académie, XXXVIII, 403 ; la Fédération adresse une circulaire relative à sa session de 1876, XLI, 394.

Demande par la fédération des Secrétaires communaux de Belgique que l'Académie soit juge d'un concours pour la composition d'un traité sur les droits et les devoirs des secrétaires communaux, XXXIX, 400.

Féodalité. — Aperçu de la féodalité, discours par M. Defacqz, XXIX, 577.

Lecture, par M. Wauters, d'un travail intitulé : *Quelques mots sur la féodalité*, XLI, 361.

Fer laminé nerveux. — Voir *Magnetisme*.

Ferments. — Sur l'inertie d'un liquide à êtres organisés par le procédé de conservation de M. Pasteur, communication de M. Melsens, XXXII, 354. — Voir *Levûre de bière*.

Feuilles. — Recherches histo-chimiques sur la chute automnale des feuilles, note présentée par M. K. Ledeganck, XXVI, 379.

Figures d'équilibre. — Voir *Masse liquide*.

Fil élastique. — Réclamation de priorité par M. H. Valerius au sujet d'un mémoire de M. Mercadier sur le mouvement d'un fil élastique dont une extrémité est animée d'un mouvement vibratoire, XXXVI, 331.

Fils de la Vierge. — Voir *Araignées*.

Filtration. — Recherches expérimentales sur les lois de la filtration, par M. Paul Havrez, XXV, 180, 284.

Finances académiques. — Réception d'un mandat de 3,000 francs pour augmenter les prix des questions des concours, XXII, 106, 157.

Réception d'une ordonnance de payement de 23,750 francs pour le budget de 1869, XXVII, 127.

Id. d'un même mandat pour la même année, XXVIII, 124.

Lettre ministérielle relative à la comptabilité académique, XXVIII, 398.

Réception d'une ordonnance de payement de 23,750 fr. pour 1870, XXIX, 62.

Somme de 3,000 francs pour les prix des concours de 1870, XXXI, 100.

Id. de 1871, XXXIV, 91.

Renvoi à la Commission administrative d'une dépêche ministérielle relative au mode de comptabilité de l'Académie, XXXIV, 428, 481.

Réception de deux mandats de 10,000 francs pour 1873, XXXV, 90, 642.

Crédit extraordinaire de 15,000 francs pour les impressions, XXXIX, 442.
— Voir *Commission administrative*.

Flamme. — Voir *Helmont (Van)*.

Flandre. — Les relations de l'Angleterre et de la Flandre au XIVe siècle, par M. le baron Kervyn, XXVIII, 367.

De Kerels van Vlaanderen, discours par M. Conscience, XXIX, 607.

Épisodes des relations extérieures de la Flandre ; 1re partie : Guillaume de Deken, le bourgeois négociateur (1317-1328), par M. Varenbergh, XXXI, 37, 88 ; rapport de M. De Smet, XXXI, 76 ; 2e partie : rapports diplomatiques avec l'Angleterre sous Philippe le Hardi (1384-1404), XXXIII, 129, 243 ; rapports de MM. De Smet, le baron Kervyn et de Borchgrave, XXXIII, 241, 242.

La Zélande et la Flandre, leurs rapports politiques au moyen âge, par le même, XXXV, 51 ; lecture des

rapports de MM. De Smet, Borgnet et Steur, XXXV, 795.

Rapports de MM. De Smet, le baron Kervyn et Steur sur le mémoire de concours de 1873, concernant l'histoire politique de la Flandre depuis 1305, jusqu'à l'avènement de la Maison de Bourgogne (1382), XXXV, 543, 547.

Un diplôme de l'époque carlovingienne concernant le village de Huysse, en Flandre, et, à ce propos, quelques considérations sur la transplantation des Saxons en Flandre, au temps de Charlemagne, par M. A. Wauters, XXXVI, 91.

La légende des forestiers de Flandre, par le même, XXXVI, 208.

Les Beers de Flandre, par M. Piot, XLII, 399.

Note de M. De Laveleye au sujet des deux ouvrages de M. Paul Fredericq sur l'Université calviniste de Gand et sur le renouvellement, en 1578, du traité d'alliance conclu à l'époque de Jacques Van Artevelde, entre la Flandre et le Brabant, XLVII, 831.

FLINES. — Note bibliographique de M. Wauters sur le tome Ier du Cartulaire de l'abbaye de Flines, par M. l'abbé Hautcœur, XXXVII, 601.

FLORE DES PSAMMITES DU CONDROZ. — Voir *Terrain devonien.*

FLORE DU TERRAIN CRÉTACÉ DU HAINAUT. — Voir *Fossiles.*

FLORE DU TERRAIN HOUILLER DE BELGIQUE. — Voir *Terrain houiller.*

FLORE HEERSIENNE DE GELINDEN. Voir *Fossiles.*

FLORENCE. — Note de M. Rolin-Jaquemyns en présentant l'ouvrage de M. Léon Verhaeghe-De Naeyer : *Florence, étude politique*, L, 313.

FLORENNES. — Les seigneurs de Florennes, leurs sceaux et leurs monnaies, mémoire par M. R. Chalon, XXV, 226; lecture du rapport de MM. Borgnet, Polain et Wauters, XXV, 319.

FLORIS (Frans de Vriendt, dit). — Voir *Frutel.*

FLUIDITÉ. — Voir *Liquides.*

FLUORESCENCE DU VERRE. — Lettre de M. A. Brachet, accompagnée de dix lames en verre rendues fluorescentes par l'application du vernis de tableaux renfermant de la poudre de curcuma, XLIII, 233; rapport verbal de MM. Montigny et Duprez, XLIII, 479.

Sur des lames de verre rendues fluorescentes par le collodion quininé, par le même, XLV, 563; rapports de MM. Montigny et Valerius, XLV, 743, 744.

FLUORURES. — Décision de la Classe des sciences au sujet d'une note déjà publiée sur le dosage des fluorures solubles, par M. P. Guyot, XXX, 91.

FONCTION. — Recherches sur le développement de la fonction $\Gamma(\mu)$ et sur certaines intégrales qui en dépendent, mémoire par M. Gilbert, XXXV, 352; rapport de M. Catalan, XXXVI, 4.

Sur quelques développements de la fonction log $\Gamma(x)$, par M. Genocchi, XXXVI, 116, 546; rapport de M. De Tilly, XXXVI, 454.

Observations sur deux notes de M. Genocchi relatives au développement de la fonction log $\Gamma(x)$, par M. Gilbert, XXXVI, 541.

Lettre de M. Genocchi sur le développement de la fonction log $\Gamma(x)$, XXXVII, 160, 270; rapport de M. E. Quetelet, XXXVII, 351.

Sur la fonction $P(\frac{n}{q})$ de Lamé, note par M. Escary, XLIII, 461; lecture des rapports de MM. Folie, Catalan et De Tilly, XLIV, 427.

Sur les fonctions X_n de Legendre, mémoire par M. Catalan, XLVIII, 341; lecture des rapports de MM. De Tilly, Folie et Liagre. XLVIII. 600; supplément, L, 154; décision de la Classe, L, 154.

FONCTIONS CONTINUES. — Sur l'existence de la dérivée dans les fonctions continues, mémoire par M. Gilbert. XXXIII, 171; rapport de M. Catalan. XXXIII, 360; sur une objection proposée par M. Catalan, dans son rapport, par M. Gilbert. XXXIII, 498; réponse de M. Catalan. XXXIII, 502; rectification par M. Gilbert, XXXV, 709.

Fonctions elliptiques. — Sur l'addition des fonctions elliptiques de première espèce, par M. Catalan, XXVII, 145.

Fonctions implicites. — Sur une propriété des déterminants fonctionnels et son application au développement des fonctions implicites, mémoire par M. Gilbert, XXVIII, 319; rapport de M. Steichen, XXVIII, 528.

Fondations littéraires a l'étranger. — M. le Ministre de l'Intérieur transmet les renseignements qu'il a reçus sur les fondations littéraires de l'étranger, XLIX, 268.

Force motrice. — Lecture du rapport de M. Liagre sur une note de M. Perreul concernant la découverte d'une nouvelle force motrice, XXX, 180.

Force musculaire. — Voir *Insectes*.

Forces élastiques. — Voir *Gaz*.

Forces naturelles ou vitales. — Communication verbale de M. d'Omalius sur les théories physiologiques nouvelles, XXIX, 384.

Du travail fonctionnel chez l'homme, note par M. Poelman, XXIX, 469.

Sur les forces vitales, par M. d'Omalius, XXIX, 680.

Réponse à l'interpellation de M. d'Omalius relative à la force vitale, par M. Schwann, XXIX, 683.

Une remarque sur l'admission d'une force vitale en physiologie, par M. Gluge, XXX, 25.

Sur les forces vitales, nouvelle communication de M. d'Omalius, XXX, 92.

Note sur les forces naturelles, par le même, XXXI, 205.

Quatrième note sur les forces naturelles, par le même, XXXII, 44.

Discours sur les forces naturelles, par le même, XXXII, 379.

Forestiers de Flandre. — Voir *Flandre*.

Formation houillère. — Voir *Chlorures*.

Formations cambriennes. — Sur la corrélation des formations cambriennes de la Belgique et du pays de Galles, par M. Dewalque, XXXVII, 596.

Formes algébriques. — Sur quelques applications de la théorie des formes algébriques à la géométrie, mémoire par M. C. Le Paige, XLV, 71; rapport de M. Folie, XLV, 158; rapport de MM. Catalan et Folie sur l'addition à ce mémoire, XLVI, 14.

Sur certains combinants des formes algébriques binaires, par le même, XLVIII, 530; rapport de M. Folie, XLVIII, 460.

Note sur certains covariants des formes algébriques binaires, par le même, XLIX, 113; rapport de M. Folie, XLIX, 91.

Formule de Binet. — Réclamation de priorité par M. Genocchi au sujet d'une série de Binet, XXXVII, 160; rapport verbal de M. E. Quetelet, XXXVII, 351.

Sur la généralisation de la formule de Binet, par M. J. De Tilly, XXXVIII, 67.

Fossiles. — Sur une tête de castor trouvée à Donck (Limbourg), par M. Spring, XXI, 139.

Rapports de MM. Dewalque et Spring sur un mémoire de M. E. Coemans relatif à la flore fossile du terrain crétacé du Hainaut, XXI, 275, 276.

Sur des corps organisés trouvés dans le terrain ardennais de Dumont, par M. Malaise, XXI, 566; rapports de MM. de Koninck et Dewalque, XXI, 534.

Communication par M. P.-J. Van Beneden d'une lettre de M. Cornet sur les fouilles fossiles de Spiennes, XXII, 453.

Sur un nouveau genre de cétacé fossile *Placoziphius* trouvé à Edeghem, près d'Anvers, note par M. P.-J. Van Beneden, XXII, 107.

Sur la découverte d'un os de baleine à Furnes, note par le même, XXIII, 13.

Un insecte et un gastéropode pulmoné du terrain houiller, par le même et M. E. Coemans, XXIII, 384.

Sur quelques mammifères du crag d'Anvers, par M. le vicomte Du Bus, XXIV, 562.

Les squelettes de cétacés et les musées

qui les renferment, par M. P.-J. Van Beneden, XXV, 88.

Ossements fossiles de l'époque quaternaire découverts à Tirlemont, par M. P.-J. Van Beneden, XXV, 618.

Sur différents ziphiides nouveaux du crag d'Anvers, par M. le vicomte Du Bus, XXV, 621.

Sur quelques fossiles devoniens des environs de Sandomirz en Pologne, par M. L.-G. de Koninck, XXVI, 17.

Note sur une découverte paléontologique (Halitherium) faite à Boom, par M. le vicomte Du Bus, XXVI, 20.

Quelques remarques sur les squelettes de cétacés conservés à la collection d'anatomie comparée de l'Université de Gand, par M. Van Zambeke, XXVI, 20.

Description des fossiles du calcaire grossier de Mons, 1er mémoire, par MM. Cornet et Briart, 1re partie : Gastéropodes, XXVII, 363; rapports de MM. Nyst et de Koninck, XXVII, 621, 623; 2e partie : Gastéropodes, ordre I, Prosobranches, section *B*. Holostomes (1re partie), XXXV, 91; rapports de MM. Nyst, de Koninck et d'Omalius, XXXV, 189, 191, 192, 3e partie, XLIII, 232; rapport de MM. de Koninck, Dewalque et Nyst, XLIII, 335.

Note sur des débris de chéloniens faisant partie des collections du Musée d'histoire naturelle de Bruxelles et provenant des terrains tertiaires de cette ville, par M. A. P. de Borre, XXVIII, 248, 420; rapports de MM. Poelman et Lacordaire, XXVII, 365, 366.

Un Palaedaphus nouveau du terrain devonien, par M. P.-J. Van Beneden, XXVI, 378.

Sur quelques échinodermes remarquables des terrains paléozoïques, par M. L.-G. de Koninck, XXVIII, 544.

Sur les animaux inférieurs fossiles de la province d'Anvers, par M. Nyst, XXVIII, 607.

Sur un nouveau genre de poissons fossiles de la craie supérieure, par M. L.-G. de Koninck, XXIX, 75.

Rectification à sa notice sur un nouveau genre de poissons de la craie supérieure, par le même, XXX, 27.

Les reptiles fossiles en Belgique, par M. P.-J. Van Beneden, XXXI, 9.

Nouvelles recherches sur les animaux fossiles du terrain carbonifère de la Belgique, mémoire par M. L.-G. De Koninck, XXXI, 199; lecture des rapports de MM. d'Omalius, Nyst et P.-J. Van Beneden, XXXI, 477.

Nouvelles recherches sur les animaux fossiles du terrain carbonifère de la Belgique, note sur le mémoire précédent, par le même, XXXI, 316.

Recherches sur quelques poissons fossiles, par M. P.-J. Van Beneden, XXXI, 493.

Les phoques de la mer scaldisienne, par M. P.-J. Van Beneden, XXXII, 5.

Note sur les dents de poissons du dépôt de transport de la Meuse et de ses affluents, par M. Dewalque, XXXII, 50.

Sur quelques fossiles des ardoises coblenciennes de l'Ardenne, par le même, XXXII, 52.

Un sirénien nouveau du terrain rupelien, par M. P.-J Van Beneden, XXXII, 164.

Les oiseaux de l'argile rupelienne, par M. P.-J. Van Beneden, XXXII, 256.

Note sur les cardinies rencontrées dans le bassin houiller de Liége, par M. Malherbe, XXXII, 256, 375; rapport de M. Dewalque, XXXII, 368.

Notice sur la position stratigraphique des lits coquillers dans le terrain houiller du Hainaut, par MM. Briart et Cornet, XXXIII, 21; rapports de MM. Dewalque et d'Omalius, XXXIII, 6, 8.

Sur l'existence du gypaëte dans nos contrées, d'après des ossements découverts par Schmerling dans les cavernes des environs de Liége, par M. P.-J. Van Beneden, XXXIII, 16.

Sur la découverte d'un homard fossile dans l'argile de Rupelmonde, par M. P.-J. Van Beneden, XXXIII, 316.

Les baleines fossiles d'Anvers, par le même, XXXIV, 6.
Sur l'époque à laquelle Tetrao lagopus, L., a disparu de la Belgique, par M. G. Dewalque, XXXIV, 21.
Un spongiaire nouveau du système eifelien, par M. Dewalque, XXXIV, 23.
Sur un nouveau poisson du terrain laekenien, par M. P.-J. Van Beneden, XXXIV, 420.
Mammifères nouveaux du crag d'Anvers, par M. le vicomte Du Bus, XXXIV, 491.
Sur un nouveau poisson du terrain bruxellien, par M. P.-J. Van Beneden, XXXV, 207.
Note sur un oiseau de l'argile rupelienne, par le même, XXXV, 354.
Essai sur l'état de la végétation à l'époque des marnes heersiennes de Gelinden, mémoire par MM. le comte G. de Saporta et Marion, XXXV, 459; rapports de MM. Dewalque et d'Omalius, XXXV, 463, 468.
Révision de la flore heersienne de Gelinden, d'après une collection appartenant au comte de Looz, mémoire par les mêmes, XLIII, 460; rapports de MM. Malaise et Crepin, XLIII, 720, 730; remercîments de M. de Saporta au sujet de l'impression de ce mémoire, XLIV, 3.
Note sur un caulinites récemment découvert dans l'assise laekenienne, par M. F. Crépin, XXXVI, 170.
Billet cacheté de M. M. Malaise du 3 juin 1871 (sur l'âge de quelques couches du terrain ardennais des environs de Spa), relatif au Dictyonema, et communication du même sur des traces de corps organisés dans les phyllades de Revin, de Fumay et de Deville du terrain ardennais de Dumont, massif de Revin et dans le salmien et le revinien, massif de Stavelot, du même terrain ardennais, XXXVII, 800.
M. Dewalque annonce la détermination de diverses espèces du terrain cambrien de l'Ardenne, XXXVII, 801.
Description de quelques plantes fossiles de l'étage des psammites du Condroz (devonien supérieur), par M. Crépin, XXXVIII, 356; nouvelles observations, XXXIX, 779; rapports de MM. Dewalque, de Koninck et Dupont, XL, 53, 55, 56.
Sur la découverte du Dictyonema sociale, Salt, de la faune primordiale dans le massif de Rocroy, par M. Malaise, XXXVIII, 464.
Fragments paléontologiques pour servir à la flore du terrain houiller de Belgique, par le même, XXXVIII, 568.
Note sur le Pecopteris odontopteroides Mooris, par M. Crépin, XXXIX, 258.
Sur quelques plantes fossiles de l'étage des psammites du Condroz, par M. Gilkinet, XXXIX, 250, 384; rapports de MM. Dewalque et de Koninck, XXXIX, 363, 364.
Sur quelques plantes fossiles de l'étage du poudingue de Burnot, par M. A. Gilkinet, XL, 4, 139; rapports de MM. de Koninck, Dewalque et Bellynck, XL, 70, 71, 73.
Les Pachyacanthus du Musée de Vienne, notice par M. P.-J. Van Beneden, XL, 323.
Les ossements fossiles du genre Aulocète, au Musée de Lintz, par le même, XL, 336.
Le squelette de la baleine fossile du Musée de Milan, par M. P.-J. Van Beneden, XL, 736.
Les thalassothériens de Baltringen (Wurtemberg), par M. P.-J. Van Beneden, XLI, 471.
Les phoques fossiles du bassin d'Anvers, par le même, XLI, 783, 802.
Note de M. L.-G. de Koninck sur son ouvrage imprimé, intitulé : *Recherches sur les fossiles paléozoïques de la Nouvelle Galles du Sud* (*Australie*), XLI, 919.
Lettres de MM. Capellini et A. de Zigno au sujet des découvertes importantes d'ossements fossiles de Cétacés en Italie, communication par M. P.-J. Van Beneden, XLI, 957.
Un mot sur le Selache (Hannovera) aurata, du crag d'Anvers, par le même, XLII, 294.

Sur les ossements fossiles des environs d'Anvers, par M. P.-J. Van Beneden, XLIII, 319.
Sur le classement stratigraphique des phoques fossiles recueillis dans les terrains d'Anvers, par M. Mourlon, XLIII, 325, 603; rapports de MM. P.-J. Van Beneden et Dupont, XLIII, 473, 474.
Note sur un cachalot nain du crag d'Anvers (Physeterula Dubusii), par M. P.-J. Van Beneden. XLIV, 851.
Sur le gisement du cachalot nain (Physeterula Dubusii, Van Beneden), par M Mourlon, XLV, 178.
Description des Échinides du calcaire grossier de Mons, mémoire par M. Cotteau, XLV, 363; rapports de MM. Cornet et Nyst, XLV, 572, 574.
Sur la découverte de reptiles fossiles gigantesques dans le charbonnage de Bernissart, près de Péruwelz, par M. P.-J. Van Beneden, XLV, 578.
Sur la découverte d'ossements d'iguanodons, de poissons et de végétaux dans la fosse Ste-Barbe du charbonnage de Bernissart, par M. Dupont, XLVI, 387.
Sur une nouvelle espèce de Crustacés du terrain houiller de la Belgique, par M. L.-G. de Koninck, XLV, 409.
Découverte d'une espèce de Décapode brachyure dans le terrain houiller des environs de Mons, par M. le docteur H. Woodward, XLV, 410.
Découverte de Brachiopodes du genre Lingula dans le cambrien du massif de Stavelot, par M. Malaise. XLVI, 58.
Lettre de M. Brachet demandant des renseignements sur l'homme fossile en Belgique. XLVI, 319; dépôt aux archives. XLVI, 588.
Sur un envoi d'ossements de Cétacés fossiles de Croatie, note par M. P.-J. Van Beneden, XLVII, 183.
Lecture d'une note de M. Malaise, au sujet de la description de gîtes fossilifères devoniens et d'affleurements du terrain crétacé. XLIX, 309.
Sur les Échinides tertiaires de la Belgique, mémoire par M Cotteau, XLIX, 263; rapports de MM. P.-J. Van Beneden, Cornet et Briart, XLIX, 619, 620.
Les Mysticètes à courts fanons des sables des environs d'Anvers, par M. P.-J. Van Beneden, L, 11.
Sur deux plésiosaures du lias inférieur du crag d'Anvers, mémoire par le même, L, 295; note du même sur ce mémoire, L, 308. — Voir *Baleines*. — *Calcaire*. — *Cavernes*. — *Musée d'histoire naturelle de Belgique*. — *Terrain devonien*.
FOUDRE. — Mémoire sur le coup de foudre qui a frappé, le 10 juillet 1865, la toiture vitrée de la gare d'Anvers, mémoire par M. Melsens, XXVI, 250; lecture des rapports de MM. Gloesener, E. Quetelet et Montigny, XXVII, 191, renvoi de la nouvelle rédaction de ce travail aux mêmes commissaires, XXXIX, 445; lecture de leurs rapports, XXXIX, 780.
Sur les effets de la foudre sur les animaux, par M. Robin, XXIX, 14; rapport de M. Gluge, XXIX, 14.
Rapport de la direction générale des télégraphes belges sur le coup de foudre qui a frappé la tourelle de la station de Malines, le 27 juillet 1872. XXXIV, 147.
Relation de coups de foudre, par M. Dewalque, à propos du coup de foudre à Liége, le 18 juin 1875, et celui de Grimonster, en 1869, XL, 13.
Annonce par M. Gloesener d'une note sur certains effets du coup de foudre du 18 juin 1875, à Liége, XL, 22. — Voir *Électricité*. — *Paratonnerres*.
FOUILLES. — Voir *Cavernes*.
FRACTIONS. — Remarques sur la théorie des fractions continues périodiques, par M. C. Le Paige, XLIII, 233, 337; rapports de MM. Catalan, De Tilly et Folie, XLIII, 325, 329. —
FRANCE. — Voir *Droit criminel*.
FRANCKEN (Jean-Jérôme) — Voir *Frutet*.
FROID. — Voir *Température*.
FROISSART. — Un chapitre inédit de Froissart : *Entrée du duc et de la duchesse de Bourgogne à Gand, après la paix de Tournai*, par M. le baron Kervyn, XXV, 55.

Manuscrit de Froissart appartenant à M. Édouard Moretus d'Anvers, XXV, 317.

Lecture par M. le baron Kervyn d'une notice intitulée : Les interpolations des manuscrits de Froissart, XXX, 192.

Envoi par M. Burton d'exemplaires de la lettre qu'il a adressée à la Société de l'histoire de France, au sujet de l'édition des chroniques de Froissart, par M. Luce, XLIX, 222. — Voir *Commission pour la publication des œuvres des grands écrivains du pays*.

FROTTEMENT. — Études sur le frottement. Première partie : note relative au frottement de glissement sur les surfaces hélicoïdes réglées, mémoire par M. De Tilly, XXIX, 63; rapports de MM. Steichen et Folie, XXIX, 166, 168.

FRUTET. — Lecture par M. Fétis d'une notice sur la non-existence de ce peintre, XLIX, 75.

Copie de la lettre adressée par M. Michiels au journal français *L'Art*, réclamant la priorité de la découverte des noms de Jean-Jérôme Francken et Frans De Vriendt sur le tableau du couvent de la Merced, acquis par le Musée de Bruxelles, XLIX, 280, 594; réponse de M. Fétis, XLIX, 597.

FUSEL (HUILE DE). — Voir *Huile de Fusel*.

FUSIL RAYÉ. — Voir *Trajectoire*.

G.

GAMME CHROMATIQUE. — Voir *Musique*.

GANOÏDES. — Voir *Affinités*.

GAZ. — M. Melsens présente un tube fermé contenant du charbon chloré destiné à prouver la liquéfaction des gaz absorbés par le charbon, XXXV, 224.

Sur les forces élastiques des gaz liquéfiables, par M. Melsens, XXIX, 702.

Sur les moyens propres à la reproduction photographique des spectres ultra-violets des gaz, par M. Van Monckhoven, XLIII, 4, 187; rapports de MM. Donny, Montigny et Van der Mensbrugghe, XLIII, 80, 82, 83.

Note sur la liquéfaction des gaz, par M. Fr. Donny, XLV, 85.

Sur un appareil dioptrique amplificateur de la lumière du gaz, par M. A. Brachet, XLVIII, 3; avis de M. Melsens, XLVIII, 103.

Sur un nouveau système amplificateur du bec de gaz, deux notes par M. Brachet, XLVIII, 95; avis de M. Melsens, XLVIII, 342.

Sur un réflecteur destiné à augmenter l'intensité lumineuse du bec de gaz, par le même, XLVIII, 341; avis de M. Melsens, XLVIII, 342.

GELSEMINE. — De l'action physiologique de la gelsémine, mémoire par MM. Félix Putzeys et H. Romiée, XLIV, 455; rapports de MM. Schwann et Éd. Van Beneden, XLV, 7, 13.

GEODÉSIE. — Essai sur les limites à poser à la mesure de précision des observations immédiates, par M. E. Adan, XXII, 167, 408; rapport de M. Liagre, XXII, 451.

Compte rendu succinct, par le même, des opérations du nivellement et de la compensation commencée pour toutes les altitudes principales de la Belgique, XLII, 2.

Communication par le même, de ses rapports à la Commission permanente de l'Association géodésique internationale, lors de la session à Bruxelles, en 1876, sur les travaux de géodésie et de nivellement exécutés en Belgique, XLII, 457.

Présentation par le même de trois mémoires : 1° attractions locales, corrections des éléments de l'ellipsoïde osculateur, XLV, 147; 2° comparai-

son entre les coordonnées réelles et les coordonnées théoriques d'un lieu de la terre, déviation ellipsoïdale, XLV, 363; 3e mémoire sur l'ellipsoïde unique, XLV, 563; rapport de M. Houzeau sur ces trois mémoires, XLVI, 6.
Sur la compensation d'une chaîne de triangles géodésiques, par le même, L, 260.
Note bibliographique du même en offrant le premier volume des observations et calculs de la triangulation belge, L, 75.
Note bibliographique du même en présentant le 9e fascicule du deuxième volume du nivellement général du royaume, L, 256. — Voir *Association géodésique internationale.*

GEOLOGICAL SURVEY OF U. S. — Note de M. de Koninck sur les photographies qui lui ont été offertes par M. Haydn au sujet de la reconnaissance géologique faite en 1871 et 1872 au centre de l'Amérique du Nord, XXXVII, 596.

GÉOLOGIE. — Note sur quelques points relatifs à la géologie des environs de Tirlemont, par M. F. Van Horen, XXV, 72, 645; rapports de MM. Dewalque et d'Omalius, XXV, 611, 615.
Esquisse géologique sur le Maroc, par M. Mourlon, XXIX, 663; XXX, 42; rapport de M. d'Omalius, XXX, 14. — Voir *Alluvions. — Argile. — Assise. — Calcaire. — Cambrien. — Carte géologique. — Craie. — Dépôts. — Dumont. — Grès. — Limons. — Meule de Bracquegnies. — Roches. — Terrains.*

GÉOMÉTRIE. — Présentation par M. Alph. de Senessart d'un manuscrit sur une théorie nouvelle des parallèles, XXI, 3.
Application d'un problème de géométrie à une question d'analyse indéterminée, par M. E. Catalan, XXII, 29, 339; rapport de M. Schaar, XXI, 7.
Sur la division des angles et sur l'inscriptibilité des polygones, par M. Speelman, XXIV, 102; XXV, 665; rapports de MM. Catalan, Liagre et E. Quetelet, XXV, 85, 187, 618.
Rapport de M. Nerenburger sur un mémoire de M. Giron relatif aux intersections calculées, XXII, 194; rectification à son rapport, XXII, 552.
Rapport de M. Lamarle sur le mémoire de concours de 1866 en réponse à la question ayant pour but de demander en quoi consiste la supériorité relative des méthodes géométriques, sur la méthode analytique et réciproquement, XXII, 549.
Présentation par M. Gilbert d'un mémoire avec supplément, sur la théorie des lignes tracées sur une surface quelconque, XXV, 2, 72; rapport de M. Catalan, XXV, 180.
Sur quelques propriétés des trajectoires, par M. Gilbert, XXV, 288.
Présentation par M. Lenger d'une note sur la quadrature du cercle, XXV, 403.
Remarques et réclamations faites par M. Aoust concernant le mémoire de M. Gilbert sur la théorie générale des lignes tracées sur une surface quelconque, XXVI, 134, 471; réponse de M. Gilbert, XXVI, 480.
Note sur les surfaces orthogonales, par M. Catalan, XXVI, 180.
Présentation, par M. Catalan, d'un travail sur une transformation géométrique et sur la surface des ondes, XXVI, 379; rapports de MM. Gilbert, Steichen et Nerenburger, XXVII, 129, 142.
Rapport de M. Catalan sur la note de M. Manilius sur l'interprétation de la conception infinitésimale de Poisson, XXVII, 9.
Extrait d'une lettre de M. Folie à M. Catalan renfermant un théorème sur les coniques, XXVII, 385.
Présentation, par M. Folie, d'une note sur quelques théorèmes généraux de géométrie supérieure, XXVII, 615.
Présentation, par M. Gilbert, d'un travail sur les surfaces apsidiales, XXVII, 363; XXVIII, 31; rapport de M. Catalan, XXVIII, 21.
Note sur quelques théorèmes généraux de géométrie supérieure, par M. Folie, XXVII, 615; XXVIII, 187; lec-

ture des rapports de MM. Catalan, Liagre et Gilbert, XXVIII, 24.

Présentation par M. Neuberg d'un mémoire sur les coordonnées tétraédriques, XXVIII, 138; rapports de MM. Gilbert, Liagre et Catalan, XXVIII, 529, 539.

Présentation par M. Folie d'un mémoire intitulé : *Fondements d'une géométrie supérieure cartésienne*, XXVIII, 319; XXIX, 64; suppléments, XXXI, 3, 32, 54, 199; lecture des rapports de MM. Gilbert et Catalan, XXXII, 156, 251.

Présentation par M. l'abbé Carnoy d'une note sur le triangle inscrit et circonscrit à une section conique, XXIX, 159; lecture des rapports de MM Liagre et Folie, XXIX, 346.

Présentation par M. Lamarle d'une note, sous forme de billet cacheté, sur une nouvelle démonstration du Postulatum d Euclide, XXIX, 336.

Sur les surfaces à courbure moyenne constante, par M. De Tilly, XXIX, 447; XXX, 28; rapports de MM. Folie et Liagre, XXX, 15, 23.

Sur la détermination de l'aire de l'ellipsoïde, par M. Catalan, XXX, 97.

Présentation par M. Folie d'une note sur l'extension des théorèmes de Pascal et de Brianchon, XXX, 374.

Note sur la géométrie sans postulat, par M. C. Lamarle, XXXI, 567.

Dépôt d'une note concernant la géométrie sans postulat et la théorie des parallèles, par M. Lamarle, XXXII, 39.

Note bibliographique de M. Ad. Quetelet au sujet du travail : rapport de M. Chasles sur les progrès de la géométrie, XXXII, 157.

Présentation par M. Saltel d'un mémoire intitulé : *Études sur certains systèmes de courbes géométriques*, XXX, 419; XXXII, 3; rapports de MM. Gilbert et Catalan, XXXII, 335; XXXIII, 374.

Mémoires sur l'application de la transformation désarguésienne à la génération des courbes et des surfaces géométriques, et sur l'étude de certains systèmes de courbes géométriques, par M. Saltel, XXX, 419, XXXII, 3; rapports de MM. Gilbert et Catalan, XXXII, 335.

Extrait d'une lettre de M. Saltel à M. Catalan, XXXII, 352.

Théorème de géométrie, par M. Catalan, XXXIII, 107.

Sur une objection proposée par M. Catalan, par M. Gilbert, XXXIII, 498; réponse de M. Catalan, XXXIII, 502.

Présentation par M. Saltel d'un mémoire sur le principe de pluralité et sur l'étude de certains systèmes de courbes géométriques, XXXIV, 244; rapports de MM. Gilbert et Catalan, XXXV, 12, 19.

Présentation par M. Saltel d'un travail sur la courbe du quatrième ordre affectée de trois points doubles, XXXIV, 130, 447; rapports de MM Gilbert et Catalan, XXXV, 12, 19.

Sur quelques questions de géométrie, par M. L. Saltel, XXXIV, 51.

Théorèmes concernant les courbes du quatrième ordre et la surface d'élasticité, par M. Saltel, XXXV, 46; rapports de MM. Gilbert et Catalan, XXXV, 12, 19.

Présentation par M. Saltel d'une note sur la sphère osculatrice et sur les surfaces à points multiples, XXXV, 352, 539; rapports de MM. Catalan et Steichen, XXXV, 461.

Communication par M. le Ministre de l'Intérieur d'un travail de M. Goulet, sur la quadrature du cercle, XXXVI, 115.

Lettre du même, relative à ce sujet, XXXVIII, 403.

Lettre à M. Ad. Quetelet sur diverses questions mathématiques, par M. A. Genocchi, XXXVI, 3, 181; rapport de M. De Tilly, XXXVI, 124.

Observations sur deux notes de M. Genocchi relatives au développement de la fonction log $\Gamma(x)$, par M. Gilbert, XXXVI, 116, 541; rapport de M. De Tilly, XXXVI, 454.

Sur les transformations arguésiennes de M. Saltel, par M. Mansion, XXXVI, 299, 625; rapport de M. Catalan, XXXVI, 605.

Sur quelques théorèmes de géométrie supérieure, par M. F. Folie, XXXVI, 620.

Sur la détermination sans calcul, de l'ordre d'un lieu géométrique, par M. Saltel, XXXVII, 160, 802; XXXVIII, 406; rapports de MM. Folie et Catalan, XXXVII, 273; XXXVIII, 13, 17; rectification à son rapport, par M. Folie, XXXIX, 15.

Quelques réflexions sur le problème de Malfatti, par M. Simons, XXXVII, 339; XXXVIII, 88; lecture des rapports de M. Catalan et Folie, XXXVII, 803.

Présentation par M. Catalan d'un mémoire sur la théorie des courbes et des surfaces, XXXVII, 484; rapports de MM. Liagre et De Tilly, XXXVII, 803, 804; 1re suite : sur la polhodie, XXXVIII, 292; 2e suite : des surfaces parallèles à l'hyperboloïde, XXXIX, 331.

Extension des théorèmes analogues à celui de Pascal des courbes tracées sur une surface quelconque, par M. Folie, XXXVII, 811.

Quelques nouveaux théorèmes sur les cubiques gauches, par M. Folie, XXXVIII, 65.

Quelques nouveaux théorèmes sur les courbes gauches du quatrième ordre, par M. Folie, XXXVIII, 465.

Note sur le problème de Malfatti, par M. Catalan, XXXVIII, 480.

M. Reinemund présente un travail sur l'équation de l'épicycloïde, XXXIX, 4; rapports de MM. Catalan et De Tilly, XXXIX, 73, 75.

M. Saltel présente deux travaux concernant la géométrie supérieure, et les nouvelles lois qui régissent les surfaces à points singuliers, XXXIX, 250, 360; rapports verbaux de MM. Folie et Catalan, XXXIX, 486.

Sur la détermination des singularités de la courbe d'intersection de deux surfaces qui ont en commun μ points multiples, μ étant égal ou inférieur à 4, par M. Saltel, XL, 4, 22; lecture des rapports de MM. Folie et Catalan, XL, 5.

Détermination dans la surface réciproque d'une surface S donnée de points multiples, du degré de la courbe double et de celui de la courbe de rebranchement, par M. Saltel, XL, 4, 27; lecture des rapports de MM. Folie et Catalan, XL, 5

Théorèmes sur les polygones réguliers et sommation de quelques séries trigonométriques, par M. F. Reinemund, XL, 447, 801; rapport de M De Tilly, XL, 674 ; suite des théorèmes, XLIII, 232, 356; rapports de MM. De Tilly et Catalan, XLIII, 332.

Sur la transformation des coordonnées et sur les signes des angles en des distances en géométrique analytique, par M. Folie, XLI, 86.

Généralisation du théorème de Desargues, par M. Saltel, XLI, 594; lecture du rapport de MM. Folie et Catalan, XLI, 457.

Sur une loi générale régissant les lieux géométriques, par M. Saltel, XLI, 595; lecture du rapport de MM. Folie et Catalan, XLI, 457.

Note sur la transformation des coordonnées dans la géométrie analytique de l'espace, par M. Le Paige, XLII, 241, 384; rapport verbal de M. Folie. XLII, 253.

Application de la loi de décomposition, par M. Saltel, XLI, 734, XLII, 241, 586; rapports de MM. Folie et Catalan, XLII, 484, 486.

Sur une formule indiquant les nombres des coniques d'un système (μ, ν) satisfaisant à une cinquième condition, par M. Saltel, XLII, 461, 617; rapports de MM. Folie et Catalan, XLII, 484, 486.

Nouvelle méthode pour déterminer l'ordre d'un lieu géométrique défini par des équations algébriques, par M. Saltel, XLI, 734; XLII, 300; rapports de MM. Folie et Catalan, XLII, 253, 254.

Note bibliographique sur un de ses ouvrages de géométrie élémentaire, par M. Folie, XLIII, 63.

Applications de la méthode de correspondance analytique et de la loi de

décomposition à certaines courbes gauches, etc., et sur la détermination du nombre des points communs à deux courbes, par M. Saltel, XLIII, 24, 266; lecture des rapports de MM. Folie et Catalan, XLIII, 63, 248.

Équations différentielles homogènes et équation de Clairaut, par M. Mansion, XLIII, 169; rapports de MM. Catalan, Folie et De Tilly, XLIII, 65, 69, 71; remarque sur le rapport de M. Folie par M. Catalan, XLIII, 335, réponse de M. Folie, XLIII, 506.

Théorème sur les arguésiennes, par M. Saltel, XLIII, 248, 265.

M. Saltel présente une note sur la théorie des deux caractéristiques de M. Chasles, XLIII, 460.

Lettre de M. Chasles sur cette note, XLIV, 656; observations de MM. Folie, Catalan et Chasles relatives à cette lettre, XLIV, 660, 661, 662, 849.

M. Boset présente une note sur les foyers des coniques, XLIII, 461; rapports de MM. Folie, Catalan et De Tilly, XLIII, 715, 716, 720.

Sur l'évolution ou nouvelle proposition fondamentale dans la théorie des coniques et des surfaces du second degré, par M. Folie, XLIII, 500, rectification à sa note sur l'involution et suite à cette note, par le même, XLIV, 181, 182.

Sur quelques points de géométrie supérieure, par M. Le Paige, XLIV, 119, 231; rapports de MM. Folie et Catalan, XLIV, 127, 128.

Sur les sous-normales polaires et la courbure des surfaces, par M. E. Ghysens, XLIV, 4, 220, lecture des rapports de MM. Catalan, De Tilly et Folie, XLIV, 127.

M. Catalan présente un travail sur la théorie des moindres carrés, XLIV, 317; rapports de MM. Folie, Liagre et De Tilly, XLV, 156, 158.

Sur quelques propriétés de l'invariant quadratique simultané de deux formes binaires, par M. Le Paige, XLIV, 317, 366; rapports de MM. Folie et Catalan, XLIV, 319, 322.

M. Boset présente un travail sur les courbes et surfaces focales, XLIV, 456.

Sur la détermination des volumes et des aires, par M. E. Ghysens, XLIV, 317, 532; rapports de MM. Catalan et De Tilly, XLIV, 456, 457.

Extension de la notion du rapport anharmonique. Définition de ce rapport par le n^e ordre en général; son utilité dans l'étude des courbes et surfaces supérieures, par M. Folie, XLIV, 469; deuxième note par le même, XLV, 88.

Note sur l'extension des théories de l'involution et de l'homographie, par M. Le Paige, XLIV, 546; rapports de MM. Folie et Catalan, XLIV, 460, 462.

Sur quelques formules de géométrie et leur application aux courbes algébriques, par M. Ghysens, XLV, 3, 231; rapport de M. Catalan, XLV, 154.

Présentation par M. Le Paige d'un mémoire sur quelques applications de la théorie des formes algébriques à la géométrie, XLV, 71; addition XLVI, 14; rapport de M. Folie, XLV, 158.

Note sur les nouveaux développements que comporte l'application de la méthode de correspondance analytique, par M. Saltel, XLV, 102; rapport de M. Catalan, XLV, 79.

Sur quelques questions énoncées dans notre thèse de doctorat, par M. Saltel, XLV, 147.

Sur la classification arguésienne des courbes gauches algébriques, par M. Saltel, XLV, 364; XLVI, 90; rapport de M. Folie, XLVI, 11.

Deux théorèmes de géométrie de l'espace, par M. Sautreaux Félix, XLIV, 850; XLV, 426; rapport de M. Folie, XLV, 370; addition à ce rapport par M. Folie, XLVI, 14.

Sur une particularité qui se présente fréquemment dans l'application de la méthode de correspondance analytique (suite), présentation par M. Saltel, XLV, 563.

Principe de la théorie des faisceaux, par M. Folie, XLVI, 4, 193.

Sur les points multiples des involutions supérieures, par M. Le Paige, XLVI, 247; rapports de MM. Folie et Liagre, XLVI, 191.
Présentation par M. Cesaro d'un travail sur une classe de polyèdres, XLVI, 319; restitué à l'auteur, XLVI, 584.
Restitution de priorité en faveur de M. Catalan, XLVI, 379.
Sur une nouvelle singularité qu'offre la première des lignes multiples. Présentation par M. Saltel, XLVI, 943.
Sur certains co-variants d'un système cubo-biquadratique, par M. Le Paige, XLVI, 765; rapports de MM. Folie et Catalan, XLVI, 596, 598.
Démonstration d'un théorème relatif à un déterminant remarquable, par M. Mansion, XLVI, 585; rapport de M. Catalan, XLVI, 879.
Rapports de MM. Folie, De Tilly et Catalan sur le mémoire de concours de 1878 sur l'involution du second ordre, XLVI, 856, 869.
M. de Boldour Kostaky présente une note sur les séries polygonales et les nombres polygonaux, XLVI, 943.
Sur les hexagones de Pascal et de Brianchon, par M. Catalan, XLVI, 946.
Paradoxe mathématique et nouveau caractère de décomposition dû à la présence des lignes multiples, par M. Saltel, XLVII, 484; lecture des rapports de MM. Folie, De Tilly et Catalan, XLVII, 481.
Sur quelques théorèmes relatifs aux surfaces d'ordre supérieur, par MM. Folie et Le Paige, XLVIII, 41.
Géométrie élémentaire de l'ellipse, travail présenté par M. Rauïs, XLVIII, 95.
Détermination des singularités ordinaires d'un lieu défini par k équations algébriques contenant $k - 1$ paramètres arbitraires, par M. Saltel, XLVIII, 632; lecture des rapports de MM Catalan et de Tilly, XLVIII, 457.
Rapports de MM. Folie, Catalan et De Tilly sur un mémoire de M. Saltel concernant les singularités ordinaires d'un lieu défini par k équations contenant $k - 1$ paramètres arbitraires, XLIX, 149, 151, 155; réponse de M. Folie aux rapports de MM. Catalan et de Tilly, XLIX, 158; réplique de MM. Catalan et De Tilly, XLIX, 163, 169, 171.
M. Catalan présente un mémoire sur les fonctions X_n de Legendre, XLVIII, 341; lecture des rapports de MM. Folie, De Tilly et Liagre, XLVIII, 600.
MM. Folie et Le Paige présentent un mémoire sur les courbes du 3e ordre, XLIX, 3; lecture des rapports de MM. De Tilly et Catalan, XLIX, 310.
Remarques sur l'existence de l'évolution dans les courbes du 3e ordre et de la 4e classe, par M. E. Weyr, XLIX, 7.
Sur la représentation géométrique des covariants d'une forme biquadratique, par M. Le Paige, L, 115; avis de M. Folie, L, 82.
M. Catalan présente les deux notes suivantes : 1° *Sur la fonction* X_n et 2° *Sur la quadrature des courbes paraboliques*, impression dans les Mémoires in-4°, L, 154.
M. Lemaire adresse deux lettres sur la trisection de l'angle, L, 155; avis de M. Catalan, L, 260.
M. Catalan présente un mémoire sur des polynômes entiers et des intégrales définies, L, 255; lecture des rapports de MM. Folie et De Tilly, L, 333. — Voir *Analyse mathématique*. — *Calcul*. — *Mécanique*.
GÉRARD. — Mémoire sur : 1° Le discours préliminaire placé en tête du tome Ier des Mémoires de l'Académie impériale et royale des sciences et belles-lettres de Bruxelles; le premier secrétaire de l'Académie, Gérard; 2° Notice biographique sur R. Bournons, membre de la même Académie, par M. Mailly, XLII, 460; rapport de M. Houzeau, XLII, 675.
GETTA et AMPHITRYON. — Note de M. Le Roy sur le livre de M. le marquis de Queux de Saint-Hilaire : *Le traicté de Getta et d'Amphitryon*, XXXVIII, 667.
GILDES. — Les gildes communales au

XIe siècle, par M. Wauters, XXXVII, 704.

GILLOT (Jean-François). — Compositeur de musique au XVIIIe siècle, note par M. Piot, XLVIII, 288.

GITES FOSSILIFÈRES. — Voir *Fossiles.*

GITES MÉTALLIFÈRES. — Voir *Mine de Landenne.*

GLANDE DE HARDER. — Notice sur la structure de la glande de Harder du canard domestique, par M. J. Mac Léod, XLVII, 489, 797; rapport de M. F. Plateau, XLVII, 749.

GLOIRE, AMOUR, CHARITÉ. — Voir *Poésie.*

GLYCÉRIQUES. — Voir *Dérivés.*

GLYCOGÈNE. — Voir *Muscles.*

GOMPHINES. — Secondes additions au synopsis des Gomphines, par M. de Selys Longchamps, XXVIII, 168; troisièmes additions, par le même, XXXV, 732; appendice aux troisièmes additions et liste des Gomphines décrites dans le synopsis et les trois additions, par le même, XXXVI, 492; quatrièmes additions, par le même, XLVI, 408; suite et fin, XLVI, 658.

GOSSEC et PHILIDOR. — Voir *Musique.*

GOUVERNEURS DE PROVINCE. — Voir *Pays-Bas.*

GRAINES. — Recherches sur les graines originaires des hautes latitudes, par M. A. Petermann, XLII, 829; rapports de MM. Morren, Malaise et Melsens, XLIII, 72, 73.

GRAMPUS. — Note sur le Grampus griseus, par M. P.-J. Van Beneden, XLI, 802.

GRANVELLE (le cardinal). — Note bibliographique de M. Poullet au sujet du tome II de la Correspondance du cardinal Granvelle, XLIX, 27. — Voir *Commission royale d'histoire.*

GRAVURE. — Hommage par M. Corr-Van der Maeren d'un exemplaire des deux gravures non terminées par son frère : *La Descente et l'Élévation de la croix,* de Rubens, XXII, 180.

Iconographie princière des Pays-Bas, par M. Alvin, XXV, 389.

Nouveaux documents pour la tradition iconographique des neuf Preux, par M. Éd. Fétis, XXXII, 201.

Décision à l'égard de communications imprimées de M. Vial, de Paris, sur des procédés chimiques de gravure, XXXIV, 4.

Lecture d'un travail de M. Éd. Fétis, intitulé : Description, au point de vue des arts, des gravures incunables de la Bibliothèque royale de Bruxelles, XXXIV, 337.

Hommage par M. Donaldson de deux gravures publiées par le *Art-Union* de Londres, XL, 227.

Idem, par M. Raab, de Munich, de sept gravures, XL, 893.

La plus ancienne gravure en taille-douce exécutée aux Pays-Bas, lecture par M. Alvin, XLII, 798.

Note du même, au sujet des deux estampes des grandes armoiries du duc Charles le Téméraire, XLIII, 754.

Un mot sur les deux planches représentant les grandes armoiries de Bourgogne, par M. Pinchart, XLVI, 268.

Hommage par M. Franck d'un exemplaire, avant la lettre, de sa gravure du *Saint Martin,* de Van Dyck, et de la *Descente de croix,* de Rubens, commencée par Érin Corr, XLIII, 752.

Détails par M. Alvin sur les gravures qui seront exposées à Anvers, à l'occasion du 3e centenaire de Rubens, XLIV, 111.

Rapports de MM. Siret, Franck et Alvin sur le mémoire de concours de 1878, demandant de faire l'histoire de l'école de gravure sous Rubens; lauréat M. H. Hymans, XLVI, 289, 292, 297, 298.

M. Joseph Franck offre sa gravure *L'Ensevelissement du Christ,* d'après Quentin Metsys, L, 146.

M. le Ministre de l'Intérieur consulte l'Académie sur l'emploi de la gravure à l'eau-forte pour les portraits des Annuaires, L, 66.

GRÈCE. — Voir *Droit criminel.*

GRÉGARINE. — Sur une nouvelle espèce de Grégarine, désignée sous le nom de Gregarina gigantea, par M. Éd. Van Beneden, XXVIII, 319, 444;

rapports de MM. Gluge et Schwann, XXVIII, 400, 401.

Recherches sur l'évolution des Grégarines, par le même, XXXI, 325.

Note sur la structure des Grégarines, par le même, XXXIII, 210.

GRÉGOIRE DE SAINT-VINCENT. — Voir *Lettres*.

GRÊLE. — Sur la nature de la grêle et les principales circonstances qui accompagnent ce phénomène atmosphérique, par M. A. Lecointe, XXV, 283, 449; rapports de MM. Duprez et Ad. Quetelet, XXV, 404, 405; rectification de M. Quetelet à la note qu'il a insérée dans le travail précité, XXVII, 192.

GRENOUILLES. — Recherches sur les éléments cellulaires et des canaux plasmatiques dans la cornée des grenouilles, par M. A. Swaen, XLI, 1152; XLII, 144; rapport de M. Van Bambeke, XLII, 14.

Contribution à la physiologie du nerf vague de la grenouille, par MM. F. Putzeys et Swaen, XLV, 364, 755; rapports de MM. Schwann et Van Bambeke, XLV, 728, 731.

Influence des rayons lumineux sur la respiration des grenouilles, par M. G. Vandevelde, XLIX, 148; ce travail est restitué à l'auteur, XLIX, 309.

GRÈS. — Note sur le grès landenien, par M. J. Moreau, XXIX, 490; rapport de M. d'Omalius, XXIX, 448.

GRÉTRY. — Voir *Musique*.

GRÈVES OUVRIÈRES. — Note bibliographique de M. Thonissen sur le livre de M. J. Dauby : *Des grèves ouvrières*, XLVII, 573.

GRINGORE (Pierre). — Réclamation par M. Potvin en faveur de Pierre Gringore, poëte, au sujet de la notice de M. Stecher sur la sottie française et la sotternie flamande, XLIII, 430; réponse de M. Stecher, XLIII, 431.

GRISOU. — Sur les irruptions subites du grisou dans les travaux d'exploitation de la houille, par M. F.-L. Cornet, XLVII, 493.

Note sur les mines de houille dans lesquelles on constate la présence du grisou, par M. Melsens, XLVII, 502. — Voir *Mines*.

GUANIDINE. — Résultats auxquels MM. Putzeys et Swaen sont arrivés en étudiant les propriétés toxicologiques du sulfate de guanidine, XLI, 731.

De l'action physiologique du sulfate de guanidine, par les mêmes, XLI, 813; rapport de M. Schwann, XLI, 735.

GUÊPIER. — Le guêpier en Belgique, par M. de Selys Longchamps, XXXI, 565.

GUERRE DE TRENTE ANS. — Voir *Littérature allemande*.

GUERRES MÉDIQUES. — Lecture par M. Paul Devaux de son travail sur les guerres médiques, XXXVIII, 510; rapports de MM. Wagener et Roulez, XXXIX, 335, 342.

GUILLAUME V (le Stadhouder). — Voir *États-Unis d'Amérique*.

GUSTAVE III, ROI DE SUÈDE. — Note bibliographique de M. Piot sur l'oul'ouvrage de M. de Reumont : *König Gustav III von Schweden in Aachen in den Jahren 1780 und 1791*, XLIX, 273.

GYPAËTE. — Sur l'existence du gypaëte dans nos contrées, d'après des ossements découverts par Schmerling dans les cavernes des environs de Liége, par M. P.-J. Van Beneden, XXXIII, 16.

H.

HADEWIJCH (Zuster). — Note bibliographique de M. Heremans sur le tome Ier des œuvres de Zuster Hadewijch, qu'il publie avec M. Ledeganck XXXIX, 402.

HAINAUT. — Note de M. le baron Kervyn

sur le livre de M. Cafliaux concernant l'organisation économique, financière et industrielle du Hainaut français, XXXV, 230.

Halitherium. — Voir *Fossiles.*

Halo. — Note sur le halo avec parasélènes, du 23 mars 1875, par M. C. Hooreman, XXXIX, 369.

Harmonie. — Voir *Musique.*

Hasselt (André Van). — Lecture par M. Alvin d'un chapitre de la biographie d'André Van Hasselt, destinée à figurer en tête des œuvres de celui-ci, XLII, 404.

Hauts fourneaux. — Voir *Air chaud.*

Hebberets Godshuis. — Hebberechts Godshuis, gewoonlijk Schreiboom genaamd, door Frans De Potter, XXX, 73, 237; rapports de MM. Snellaert et Conscience, XXX, 187, 191.

Hédéracées. — Révision des hédéracées américaines, description de dix-huit espèces nouvelles et d'un genre inédit; note par M. Élie Marchal, XLVI, 856; XLVII, 70; rapport de M. Crépin, XLVII, 27; rectification synonymique à cette notice par le même, XLVII, 514; avis de M. Crépin, XLVII, 493.

Héliographie. — Sur l'héliographie et la sélénographie, par M. Ad. Quetelet, XXIII, 695; sur les taches solaires, par M. Chacornac, XXIII, 702. — Voir *Lune et Soleil.*

Helium. — Sur la raie dite de l'Helium, par M. l'abbé Spée, XLIX, 148, 379; rapport de M. Houzeau, XLIX, 311. — Voir *Analyse spectrale.*

Hellénisme a Bologne. — Note de M. Le Roy sur le travail de M. Carlo Malagola intitulé : *Sur l'Hellénisme à Bologne*, XLV, 526.

Helmont (Van). — Lecture, par M. Melsens, d'une notice historique sur Van Helmont, XXXI, 238.

Présentation d'une 2e note historique sur J.-B. Van Helmont par le même, XLI, 225; lecture du rapport de M. Stas, XLI, 451.

Notice historique sur Van Helmont, par M. Melsens, XXXVI, 115; nouvelle rédaction de ce travail sous le titre de : *Notice historique sur J.-B. Van Helmont*, à propos de la définition et de la théorie de la flamme, par le même, XXXVIII, 202; lecture des rapports de MM. Stas, de Koninck et Donny, XXXVIII, 407.

Henri III, duc de Brabant. — Notice par M. Wauters, XXXVIII, 672; XXXIX, 45, 153; suite à ma notice sur le duc Henri III, de Brabant : *Les doctrines des hérétiques du XIIIe siècle, le duc Henri IV, les premières années de Jean Ier*, par le même, XL, 351.

Henri IV, duc de Brabant. — Voir *Henri III.*

Henri IV, roi de France. — Voir *Elisabeth.*

Hérésies. — Rapports de MM. Thonissen, Juste et F. Nève, sur le mémoire du concours de 1869, sur les tendances politiques et sociales des hérésies, XXVII, 458, 460.

Hérétiques (doctrines des) du XIIIe siècle. — Voir *Henri III.*

Hessia. — Voir *Crustacés.*

Histoire de l'art. — Voir *Art.* — *Commission pour l'histoire de l'art.*

Histoire de la musique aux Pays-Bas. — Voir *Musique.*

Histoire générale de la Belgique. — Sur un exemplaire de l'Histoire générale de la Belgique, par Dewez, annoté de la main de l'auteur (don de M. Dewez-Chaudoir), note par M. A. Le Roy, XLI, 685.

Histoire naturelle. — Lecture des rapports de MM. Stas et Dewalque sur un projet d'une histoire naturelle générale de la Belgique, soumis par M. Dupont à M. le Ministre de l'Intérieur, XXXV, 189.

Hivers. — Voir *Température.*

Hoemoglobine. — Sur la découverte de l'hoemoglobine dans le système aquifère d'un Échinoderme (Ophiactis virens), par M. Alex. Fœttinger, XLIX, 402; lecture du rapport de MM. Th. Van Bambeke et Éd. Van Beneden, XLIX, 312.

Hogendorp (le comte de). — Voir *États-Unis d'Amérique.*

HOMARD. — Sur la découverte d'un homard fossile dans l'argile de Rupelmonde, par M. P.-J. Van Beneden, XXXIII, 316.
Note sur le sang du homard, communication préalable, par M. L. Fredericq, XLVII, 180, 409; rapports de MM. Schwann et F. Plateau, XLVII, 309, 310.
Physiologie des muscles et des nerfs du homard, par MM. L. Fredericq et G. Vandevelde, XLVII, 307, 771; rapport de M. Schwann, XLVII, 746.
HOMME FOSSILE. — Lettre de M. A. Brachet demandant des renseignements sur l'homme fossile en Belgique, XLVI, 319; avis de M. Éd. Dupont, XLVI, 588.
HOMMES ILLUSTRES DE BOLOGNE. — Note de M. A. Le Roy en présentant les deux volumes de l'ouvrage de M. Carlo Malagola : *Lettere inedite di uomini illustri Bolognesi*, XLV, 526.
HOMOGRAPHIE. — Voir *Involution*.
HORACE. — Notes de critique et d'exégèse sur Horace, satires 1-6, vv 7-22, par M. P. Willems, XXXV, 148; vv. 71-78, et 122-123, XXXV, 293.
HORLOGE ÉLECTRIQUE. — Note sur un système d'horloge électrique, par M. A. Gérard, XXV, 403.
HOSPICES DE BRUXELLES. — Demande relative au système de paratonnerres à établir sur l'hôpital Saint-Pierre, XL, 50; XLI, 2.
HOUILLE. — Observations sur l'origine fluvio-marine de la houille dans la province de Liége, par M. R. Malherbe, XXVII, 363.
Sur la limite inférieure de la température de combustion des houilles, par M. H. Valerius, XLII, 676. — Voir *Grisou*. — *Terrain houiller*.
HUGONET et HUMBERCOURT. — Le procès du chancelier Hugonet et du seigneur Humbercourt, étude historique par M. Ch. Paillard, XLIX, 681; rapports de MM. Wauters et Juste, L, 42, 44.
HUILE DE FUSEL. — Recherches de l'huile de fusel, alcool amylique etc., dans l'alcool commercial, les eaux de vie, etc., par M. A. Jorissen, L, 108; rapports de MM. de Koninck et Donny, L, 82.
HUMBERCOURT. — Voir *Hugonet*.
HUIT MOIS DE LA VIE D'UN PEUPLE. — Voir *Pays-Bas*.
HUYSSE, EN FLANDRE. — Voir *Flandre*.
HYDROCARBURES. — Sur la production des hydrocarbures acétyléniques, par M. L. Henry, XXXVII, 512.
Sur la production des hydrocarbures acétyléniques et la classification des hydrocarbures tétra-atomiques en général, par le même, XXXVIII, 448.
HYDROGÈNE. — Voir *Acetylène*. — *Analyse spectrale*.
HYDROGRAPHIE. — Don par M. Delaunay d'une carte hydrographique de la France, XXXII, 156.
HYDROPHILE. — Sur la contraction des muscles striés de l'hydrophile, par M. L. Fredericq, XLI, 225, 583; rapport de M. Éd. Van Beneden, XLI, 452.
HYPEROODON. — Voir *Baleines*.
HYPOSULFITES INORGANIQUES. — Voir *Phosphore*.

I.

ICHNEUMOLOGICA. — Ichneumologica documenta, par M. Constantin Wesmael, XXIV, 441; note additionnelle, par le même, XXIV, 537.
ICONOGRAPHIE. — Voir *Gravure*.
ILLISMUS. — Sur le cours de l'Illismus, par M. De Ceuleneer, XLVII, 829; XLVIII, 76; rapport de M. Wagener, XLVIII, 75.
IMAGES ACCIDENTELLES. — Une application des images accidentelles, par M. J. Plateau, XLIX, 316.

Images microscopiques. — Notice sur la différence des appréciations de la grandeur apparente des images microscopiques par divers observateurs, par M. Ch. Montigny, XLIX, 670

Imaginaires. — Sur l'emploi des imaginaires dans la recherche des différentielles d'ordre quelconque, par M. Gilbert, XXXIII, 108.

Immenraet (Michel-Ange). — Un nouveau peintre du XVIIe siècle, notice par M. Éd. Fetis, XLVI, 153.

Michel-Ange Immenraet et sa famille, par M. A. Goovaerts, XLVI, 291, 830; rapport de M. Fetis, XLVI, 829.

Incendie. — De quelques nouveaux appareils avertisseurs d'incendie, par M. Stanislas Ziembinski, XLVI, 4. — Voir *Palais royal de Bruxelles.*

Inclinaison magnétique. — Voir *Magnétisme.*

Incrustations des chaudières. — Décision de la Classe des sciences sur une demande par M. Van Arenbergh de nommer une commission pour examiner son procédé, XLVI, 318.

Incunables. — Voir *Gravure.*

Inde. — L'Inde, berceau du droit, lecture d'une note par M. Thonissen, XXV, 582.

Infanterie wallone. — Histoire de l'infanterie wallone sous la maison d'Espagne (1500-1800), par M. le baron Guillaume, XLI, 355; lecture des rapports de MM. Gachard, Wauters et le baron Kervyn sur ce mémoire, XLI, 684.

Influence italienne. — Voir *Architecture.*

Innervation respiratoire — Sur la théorie de l'innervation respiratoire, par M. Léon Fredericq, XLVII, 180, 413; rapports de MM. Van Bambeke et F. Plateau, XLVII, 311, 317.

Innovations industrielles, par M. C. E. Baraquin, XLIV, 317; lecture du rapport de MM. Duprez, Montigny et Melsens, XLV, 14.

Inquisition. — L'inquisition en Belgique. Quelques notes par M. A. Duverger, XLVII, 572, 863; rapports de MM. Gachard, le baron Kervyn et Wauters, XLVII, 832, 841.

Inscriptions. — Inscription pour la médaille de concours décernée en 1867, à M. Poullet, XXIII, 711.

Projet d'inscription pour la statue équestre de Baudouin de Constantinople, soumis à l'Académie, XXIV, 372; lecture des rapports de MM. Chalon, le baron Kervyn de Lettenhove et Mathieu sur ce projet, XXIV, 488; projet soumis au Ministre de l'Intérieur, XXIV, 546; objections du conseil provincial du Hainaut sur ce projet, XXV, 225.

Inscription pour la médaille de concours décernée en 1867, à M. Van Cleemputte, XXIV, 548.

Inscription pour la statue de David Teniers, à Anvers, XXV, 140.

Inscription pour la médaille de concours décernée en 1868, à M. Éd. Van Beneden, XXVII, 190.

Inscription pour la médaille de concours décernée en 1868, à M. Poullet, XXVII, 715.

Inscription pour la médaille de concours décernée en 1869, à M. C. Malaise, XXIX, 3.

Inscription pour la médaille de concours décernée en 1870, à M. Perard, XXXI, 31.

Inscriptions pour les médailles de concours décernées en 1871, à MM. Piot et Poullet, XXXI, 571, 572.

M. Roulez présente l'inscription pour la médaille du jubilé séculaire, XXXII, 182.

Sur une inscription latine relative à un attentat contre la vie de l'empereur Septime Sévère et de la famille impériale, par M. Roulez, XXX, 136.

Inscriptions trouvées en Belgique, par M. Schuermans, XXXIII, 513; lecture des rapports de MM. le baron de Witte, Wagener et F. Neve, XXXIV, 180, 334.

Inscriptions trouvées en Belgique, note par M. Schuermans, XXXIV, 333; rapports de MM. le baron de

Witte, Wagener, F. Nève et Wauters, XXXIV, 531, 532, 535.

Remercîments à M. Roulez pour son inscription de la médaille décernée en 1873, à M. Varenbergh, XXXVI, 84.

Inscriptions par le même pour les médailles décernées en 1873, à MM. Blomme et Schoy, XXXVI, 588.

Inscription par le même pour la médaille décernée en 1873, à M. Mansion, XXXVII, 158.

Inscriptions par le même pour les médailles décernées en 1874, à MM. De Ceuleneer, Van Weddingen et Dauby, XXXVII, 845.

Inscription par le même pour la médaille décernée en 1874, à M. Gilkinet, XXXIX, 55.

Inscriptions par le même pour les médailles décernées en 1875, à MM. de Macar et Malherbe, XLI, 3; rapports de MM. Dewalque, Briart et Cornet sur ces inscriptions, XLI, 226, 228, 229.

Inscription pour le Conservatoire royal XLIII, 33, 39.

Inscription par M. Roulez, pour la daille décernée en 1877, à M. Quoidbach XLIII, 748.

Sur une inscription d'un proconsul de la Narbonnaise, par M. De Ceuleneer, XLV, 299, 549; rapports de MM. Willems et Wagener, XLV, 545, 547.

M. Alvin demande une inscription rappelant les changements apportés à l'édifice de la Bibliothèque royale, L, 318.

Insectes. — Sur la force musculaire des insectes, par M. F. Plateau, XXII, 183, 283; rapport de M. Poelman XXII, 261.

Les moyens d'attaque et de défense chez les insectes, par M. Candèze, XXXVIII, 787. — Voir *Fossiles*.

Insecticides (procédés). — Voir *Drosera*.

Institut des beaux-arts a Caracas. — Annonce sa fondation, XLIV, 444.

Institut géologique de Vienne. — Annonce la célébration du 25e anniversaire de sa fondation, XXXIX, 2.

Institution des ingénieurs-mécaniciens a Londres. — Demande des renseignements relatifs à des recherches de mécanique pratique, XLVII, 307; avis de M. Maus, XLVII, 498; remercîments, XLVII, 743.

Institutions de charité en Belgique. — Rapports de MM. Wauters, De Decker et Heremans sur le mémoire de concours de 1876, demandant une étude historique sur les institutions de charité en Belgique depuis l'époque carlovingienne jusqu'à la publication du concile de Trente, XLI, 867, 875, 877.

Rapports de MM. De Decker, Wauters et Piot sur le mémoire de concours de 1880, relatif au même sujet, XLIX, 413, 427, 438; nouvelles remarques de M. Wauters, XLIX, 446; observations ultérieures de M. Piot, XLIX, 449; nouvelles observations de M. Wauters, XLIX, 455.

Institutions politiques de Valenciennes. — Sur le volume: *Des institutions politiques de Valenciennes*, offert à l'Académie par l'auteur, M. L. Cellier; note par M. Ch. Piot, XLI, 692.

Instrumentaal. — Overblijfsels van den instrumentaal in het nederlandsch, door M. J. Heremans, XXXVIII, 369, 691.

Intégrales. — De l'intégrale définie qui représente la somme de $p+1$ premiers termes du développement de $(\alpha+\beta)^m$, par M. Catalan, XXIII, 402.

Sur les nombres de Bernoulli et d'Euler, et sur quelques intégrales définies, mémoire par M. Catalan, XXIII, 368; rapport de M. Liagre, XXIII, 432.

Sur quelques formules relatives aux intégrales eulériennes, mémoire par M. E. Catalan, XLIII, 232; lecture des rapports de MM. Liagre, Folie et De Tilly, XLIII, 330.

Intensité magnétique. — Voir *Magnétisme*.

Intersections calculées. — Lecture du rapport de M. Nerenburger sur un mémoire de M. Giron sur les intersections calculées, XXII, 184.

194; rectifications à son rapport, XXII, 552.

Invariant quadratique. — Sur quelques propriétés de l'invariant quadratique simultané de deux formes binaires, par M. C. Le Paige, XLIV, 317, 365; rapport de M. Folie, XLIV, 319.

Invertébrés. — Voir *Albuminoïdes*.

Involution. — Note sur l'extension des théories de l'involution et de l'homographie, par M. Le Paige, XLIV, 546; rapport de M. Folie, XLIV, 460.

Rapport de MM. Folie et De Tilly sur le mémoire de concours de 1878, en réponse à la question relative à l'involution du second ordre, XLIV, 856, 860.

Sur les points multiples des involutions supérieures, par M. Le Paige, XLVI, 247; rapport de M. Folie, XLVI, 191.

Iodate de potassium. — Voir *Économie animale*.

Iode. — Note, en italien, sur l'iode pure bisublimé, rendue très-soluble dans l'eau potable, par MM. F. et E. Tovo, XLII, 241; rapport verbal de M. Stas, XLII, 487.

Iodure plombique. — Voir *Acétates métalliques*.

Irradiation. — Un mot sur l'irradiation, par M. J. Plateau, XLVIII, 37.

Isomérie (Recherches sur l') dans la série salicylique, par M. L. Henry :

1re partie. Dérivés chlorés de l'aldehyde salicylique, action du pentachlorure de phosphore, XXVI, 292; 2e partie. Action du pentabromure de phosphore sur divers composés salicyques, XXVI, 685; 3e partie. Sur le nitrile salicylique et ses dérivés, XXVIII, 3, 241; rapports de MM. Stas et De Koninck, XXVII, 250, 626; XXVIII, 148. — Voir *Nitriles*.

Isoscélisme. — Études sur l'isoscélisme : Sur la division des angles et l'inscriptibilité des polygones, par M. Spelman, XXIV, 102; XXV, 665; lecture des rapports de MM. Catalan, Liagre et Ad. Quetelet, XXV, 85, 187, 618.

J.

Jacobi. — Voir *Analyse mathématique*.

Jacqueline de Bavière. — Rapport de M. Juste sur le mémoire de concours de 1875 relatif à Jacqueline de Bavière, XXXIX, 404, 666.

Rapports de MM. Wauters, Poullet et Heremans sur le mémoire concernant le même sujet remis au concours de 1877, XLIII, 377, 628, 630, 633.

Jean Ier, duc de Brabant. — Voir *Henri III*.

Jean de Hainaut, sire de Beaumont. — Mémoire par M. De Smet, XXXIII, 54; rapport de MM. le baron Kervyn, Chalon et Wauters, XXXIII, 232.

Jean de Turnhout. — Le nom de famille de Jean de Turnhout, compositeur de musique, au XVIe siècle, par M. le chevalier de Burbure, XLVI, 938.

Jeanne la Folle. — Sur Jeanne la Folle et les documents concernant cette princesse qui ont été publiés récemment, par M. Gachard, XXVII, 206.

Quelques mots sur la question de Jeanne la Folle, par le même, XXVII, 485.

Même sujet à propos de la brochure de M. Vicente de la Fuente, par le même, XXVII, 716.

Sur Jeanne la Folle et la publication de M. Bergenroth, par le même, XXVIII, 358.

Jeanne la Folle et saint François de Borja, par le même, XXIX, 290.

Les derniers moments de Jeanne la Folle, par le même, XXIX, 389.

Jeanne la Folle et Charles-Quint, par le même, XXIX, 710; XXXIII, 56.

Jodoigne. — Voir *Belgique*.

Joseph II. — L'empereur Joseph II et

l'archiduchesse Christine d'Autriche, par M. Th. Juste, XXIX, 133.

JOURNÉE DU 25 AOÛT 1830. — Communication verbale de M Gachard sur un épisode inédit de cette journée, concernant la manière dont ont été sauvegardés les bâtiments du Musée de l'industrie à Bruxelles, XXX, 73.

JUAN D'AUTRICHE (Don). — Don Juan d'Autriche. Études historiques, par M. Gachard : 1re étude, XXVI, 321; 2e étude, XXVI, 389; 3e étude, XXVII, 21; 4e étude, XXVII, 537.

Notice sur les premières années de don Juan d'Autriche, fils de Charles Quint, par M. De Smet, XXXVIII, 369, 510; lecture des rapports de MM. Juste et Gachard, XXXVIII, 509.

JUGES DE FRISE. — Voir *Lettres.*

JUPITER. — Aspect de la planète Jupiter pendant l'opposition de 1872, par M. Terby, XXXIV, 140, 322; rapport de M. E. Quetelet, XXXIV, 269.

Observations de Jupiter et de Mars faites à Louvain pendant l'opposition de ces planètes en 1873, par M. Terby, XXXVI, 116, 531; rapport de M. Liagre, XXXVI, 452.

Un mot à propos d'une notice du comte de Rosse, sur les observations de Jupiter, faites en 1873, par M. Terby, XXXVIII, 293; M. Terby retire cette note, XXXVIII, 407.

Remarques sur l'aspect de la planète Jupiter pendant son opposition en 1874, et sur le passage des satellites II et III et de leurs ombres pendant la soirée du 25 mars, par M. Terby, XXXVIII, 406, 591; rapport de M E. Quetelet, XXXVIII, 559.

Sur l'aspect de l'ombre du II satellite de Jupiter, le 25 mars 1874, par M. Terby, XL, 271, 572; rapport de M. E. Quetelet, XL, 453.

Note sur la tache rouge qui a paru sur la planète Jupiter pendant les oppositions de 1878 et de 1879, par M. L. Niesten, XLVIII, 443, 604; rapport de M. Houzeau, XLVIII, 590. — Voir *Mars.*

JURIDICTION COMMUNALE. — Quelques mots à propos de la juridiction disciplinaire des corporations communales au XVe siècle à Louvain, par M. Edm. Poullet, XXIX, 261, 410; rapport de M. Thonissen, XXIX, 387.

JUSTICES LOCALES. — Voir *Beaumont.*

K.

KAOLINITE. — Voir *Minéraux.*

KAREL EN ELEGAST. — Deux fragments manuscrits (ensemble 128 vers, du XIVe siècle, conservés à la Bibliothèque de la ville de Namur, par M. J.-H. Bormans, XXXVI, 220.

KEMPENEER (DE). — Quelques mots sur le Bruxellois Pierre De Kempeneer connu sous le nom de Piedro Campana, par M. A. Wauters, XXIV, 549.

Les De Kempeneer, peintres bruxellois (1510-1575); notice par M. Galesloot, XXXV, 361, 921; lecture des rapports de MM. Wauters et De Decker, XXXV, 795.

KERELS. — De Kerels van Vlaanderen, par M. H. Conscience, XXIX, 607.

KERENS (Messire Henri), évêque de Ruremonde. — Document manuscrit offert par M. Cruts, à l'Académie, à l'occasion de son jubilé séculaire; rapport de M. Wauters sur cette pièce, XXXIV, 76.

KERK VAN SINT MICHIEL TE GENT, door F. De Potter, XLIX, 269; renvoi de ce travail à la Classe des beaux-arts, XLIX, 412; rapport de MM. De Busscher, Pauli et Siret, XLIX, 690, 692.

KINSCHOT. — Présentation, par M. le chevalier de Selliers, d'un travail manuscrit intitulé : *Esquisses biographiques sur la famille Kinschot,* XXIV, 197.

KRÉSOL NOUVEAU. — Voir *Acide anisique.*

L.

Laboratoire de chimie de l'École industrielle a Bruxelles. — Adoption par les Classes des sciences, des lettres et des beaux-arts de la motion de M. Alvin relative aux dangers d'incendie que peut causer ce laboratoire, XL, 666, 814 895; compte rendu de la démarche faite par M. Alvin auprès de M. le Ministre de l'Intérieur au sujet de ce laboratoire, XL, 895; communication, par M. Alvin, de la lettre adressée à M. le Ministre par le conseil d'administration de la Bibliothèque royale, XLI, 138, 170; communication de M. le baron Kervyn au sujet de la suite donnée à cette réclamation, XLI, 682.

Lactide. — Sur la lactide et la distillation sèche de l'acide lactique, par M. L. Henry, XXXVII, 409.

Laines. — Sur la mesure chromatique de l'effet des doses d'alun, de tartre et des sels d'étain sur la teinture des laines, par M. Paul Havrez, XXXI, 32, XXXII, 3; rapport collectif de MM. Donny, Melsens et Dewalque sur le mémoire de M. P. Havrez, sur l'absorption des sels métalliques par la laine mordancée, XXXIII, 173.

Lames liquides. — Voir *Liquides*.

Laminariacées. — Voir *Algues*.

Lampes électriques. Sur la lampe électrique, note par M. A. Brachet, XXII, 3; rapport de M. Gloesener, XXII, 110.

Sur une lampe électrique à arc voltaïque relatif donnant un cercle de lumière, par M. Gérard, L, 255; rapport de M. Montigny, L, 298.

Langues indo-européennes. — Note de M. Scheler en présentant le livre de M. H. Chavée, intitulé : *Idéologie lexiologique des langues indo-européennes*, XLV, 529.

Lannoy (Charles de), vice-roi de Naples, et Charles-Quint, notice par M. Th. Juste, XXIV, 374.

La Plata. — Voir *Voyages*.

Latitude. — Détermination de la latitude de la flèche de la cathédrale d'Anvers, par M. Ad. de Boë, XXIX, 336, 495; rapport de M. Ern. Quetelet, XXIX, 449.

Laxatifs. — Sur la cause des pouvoirs laxatifs et affaiblissants que peuvent exercer, dans nos pays, les corps gras pris à l'intérieur en quantité un peu forte, par M. Robin, XXXIV, 140; lecture du rapport de M. Gluge, XXXIV, 270.

Lectures. — Renvoi à une commission de la Classe des lettres de l'examen d'une proposition pour la mise en vigueur de l'article 18 du règlement relatif au tirage au sort des lectures, XXXII, 24.

Leestemakere. — Voir *Bladelin le chevalier*.

Légat propréteur. — Sur la carrière administrative et militaire d'un légat propréteur de la Germanie inférieure, par M. J. Roulez, XXXVII, 867.

Les légats propréteurs et les procurateurs des provinces de Belgique et de la Germanie inférieure, mémoire par le même, XXXIX, 403; lecture des rapports de MM. Wagener et Willems, XXXIX, 952.

Legs Adelson Castiau. — Arrêté royal du 25 juillet 1880 autorisant l'Académie à accepter ce legs, L, 122; remise de ce legs, L, 180, 276; commission nommée pour réglementer le concours, L, 276; règlement et ouverture du premier concours, L, 318. — Voir *Prix*.

Legs Ducpétiaux. — Arrêté royal du 12 juillet 1880, autorisant l'Académie à accepter le legs fait par Mme Ducpétiaux au nom de son mari, L, 122; remise de ce legs, L, 180.

Legs Gruyer. — Manuscrits et imprimés légués par M. Gruyer, XXII, 342, 346.

LEGS DE SAINT-GENOIS. — Arrêté royal acceptant ce legs, XXVI, 386. — Voir *Prix*.

LEGS TEIRLINCK. — Arrêté royal acceptant ce legs, XXXIX, 400; remise de ce legs, XXXVI, 661. — Voir *Prix*.

LEGS ET DONATION WIERTZ. — Donation par M. Potvin de documents ayant appartenu à feu Antoine Wiertz, XLV, 42; arrêté royal autorisant l'Académie à accepter cette donation, XLV, 407.

LEIBNITZ. — Rapports de MM. Thonissen, De Smet et Snellaert sur le mémoire de concours de 1866, relatif à l'influence exercée par Leibnitz sur la direction de la philosophie moderne, XXI, 437, 438, 439.

LEMAIRE DE BELGES (Jean). — Rapports de MM. Mathieu, Chalon et Grandgagnage, sur le mémoire de concours de 1866, en réponse à la question concernant Jean Lemaire (de Belges), XXV, 505, 536.

LÉOPOLD Ier ET LA ROYAUTÉ BELGE. — Discours prononcé par M. Faider lors de la célébration du cinquantenaire de l'Académie, XXI, 457.

Littérature royale. Discours politiques du roi Léopold Ier, par le même, XLI, 1088.

LÉPIDOSIRÈNES. — Voir *Affinités*.

LÈPRE. — Sur un document inédit relatif à l'histoire de la lèpre dans les Pays-Bas, par M. Emm. Neeffs, XXXVI, 429; rapport verbal de M. Poullet, XXXVI, 376.

LERNEOPODA. — Voir *Crustacés*.

LETTRES. — Sur deux lettres de Charles-Quint à Rabelais, par M. Ad. Quetelet, XXII, 204; observations de M. Gachard sur l'authenticité de ces lettres, XXII, 343; réponse de M. Quetelet, XXII, 478; réponse de M. Gachard, XXII, 544; la vérité à propos des lettres de Charles-Quint à Rabelais, par M. Van Rossum, XXIII, 417; rapports de MM. Wauters, Juste et Polain XXIV, 83, 199, 202, 203.

Présentation par M. le baron Kervyn d'un travail intitulé : *Lettres inédites de Marie-Thérèse*, XXIV, 80; rapport de MM. Juste et Gachard, XXIV, 234.

Les lettres du duc d'Alençon à Élisabeth, par M. le baron Kervyn, XXVIII, 572.

Une lettre de Symier au duc d'Anjou, par le même, XXXII, 142.

Une lettre inédite de Grégoire de St-Vincent, par M. Ad. Quetelet, XXXVI, 89.

Une lettre des juges de Frise au roi de France Philippe le Hardi, par M. le baron Kervyn, XXXVI, 101.

Deux lettres inédites de Jacques de Molay, par le même, XXXVIII, 226.

Quelques lettres de la correspondance de Grétry avec Vitzthumb, par M. Piot, XL, 408.

LEVURE DE BIÈRE. — Communication de M. Melsens sur ses expériences concernant la vitalité de la levûre de bière, XXI, 567; XXII, 413; XXIV, 17; XXV, 9; XXX, 28; XXXI, 57.

LIBERTÉ COMMERCIALE. — Voir *Société belge d'économie politique*.

LIBERTÉS COMMUNALES. — Lecture par M. S. Bormans d'un travail sur l'origine des libertés communales à Namur, XLII, 631.

Note de M. Wauters au sujet des deux volumes de son ouvrage sur les libertés communales en Belgique, XLV, 519.

LIBRE-ÉCHANGE. — Un essai du système de libre échange en Belgique au milieu du XVIIe siècle, par le même, XXXIV, 181.

LIÉGE (PRINCIPAUTÉ DE). — Voir *Droit criminel*. — *Encyclopédistes*.

LIEU DÉFINI. — Historique et méthode de la détermination de toutes les singularités ordinaires d'un lieu défini par k équations algébriques contenant $k-1$ paramètres arbitraires, par M. Saltel, XLVIII, 3, 632; MM. Folie, Catalan et De Tilly, XLVIII, 457, XLIX, 149, 151, 155; réponse de M. Folie aux rapports de MM. Catalan et De Tilly, XLIX, 158; réplique de M. Catalan à M. Folie, XLIX, 163; réplique de M. De Tilly à la réponse de M. Folie, XLIX, 169; réponse de M. Folie, XLIX, 171.

Lieu géométrique. — Considérations générale sur la détermination, sans calcul, de l'ordre d'un lieu géométrique, par M. Saltel, XXXVII, 160, 802 ; rapport de M. Folie, XXXVIII, 13; rectification par M. Folie à son rapport, XXXIX, 15.

Sur une loi générale régissant les lieux géométriques, par le même, XLI, 595, généralisation du théorème de Desargues par le même, XLI, 594; rapport verbal de MM. Folie et Catalan sur ces notes, XLI, 457.

Nouvelle méthode de détermination de l'ordre d'un lieu géométrique par le même, XLII, 300; rapport de M. Folie, XLII, 253.

Lignes multiples. — Sur une nouvelle singularité qu'offre la première des lignes multiples, par M. L. Saltel, XLVI, 943. — Voir *Paradoxe mathématique*.

Lignes planes. — Voir *Sous-normales polaires*.

Lignes télégraphiques. — Voir *Aurores boréales*. — *Câble*. — *Electricité*.

Limaçon des mammifères. — Recherches microscopiques sur le limaçon des mammifères, mémoire par M. le Dr Nuel, XLII, 665; rapports de MM. Van Bambeke et Éd. Van Beneden, XLIII, 236, 247; analyse, par M. Nuel, de son travail précité, XLIII, 295.

Limons. — Note sur la formation des limons par M. d'Omalius, XXXI, 484.

Linguet. — Linguet aux Pays-Bas autrichiens, par M. Ch. Piot, XLVI, 787.

Lingula. — Découverte de brachiopodes du genre Lingula dans le cambrien du massif de Stavelot, par M. Malaise, XLVI, 58.

Liquéfaction des gaz. — Voir *Gaz*.

Liquides. — Sur la tension des lames liquides, 1re partie, par M. G. Van der Mensbrugghe, XXII, 183, 308; rapports de MM J. Plateau et Lamarle, XXII, 270, 272 ; 2e partie, XXIII, 219, 448; rapports de MM. Plateau et Catalan, XXIII, 440, 441.

Sur la viscosité superficielle des lames de solution de saponine, par le même, XXIX, 459, 368; rapport de M. Plateau, XXXIX, 345.

Sur un principe de statique moléculaire avancé par M. Lüdtge, par le même, XXX, 480, 322; rapport du même, XXX, 286.

Sur la tension superficielle des liquides considérée au point de vue des mouvements observés à leur surface, par le même, 1er mémoire, XXVII, 615; rapport de M. J. Plateau, XXVIII, 17; 2e mémoire, XXXV, 188; rapport de M. J. Plateau, XXXV, 460.

Note préliminaire sur un fait remarquable qu'on observe au contact de certains liquides de tensions superficielles très-différentes, par le même, XXXIII, 92, 223; rapport de M. J. Plateau, XXXIII, 172.

Réponse aux objections de M. Marangoni contre le principe de la viscosité superficielle des liquides, par M. J. Plateau, XXXIV, 404.

L'électricité statique exerce-t-elle une influence sur la tension superficielle d'un liquide? mémoire par M. Van der Mensbrugghe, XXXVII, 802; rapports de MM. J. Plateau et Duprez, XXXVIII, 17, 19.

La théorie capillaire de Gauss et l'extension d'un liquide sur un autre, par le même, XXXIX, 250, 375; rapports de MM. J. Plateau et Duprez, XXXIX, 366.

Sur les propriétés de la surface de contact d'un solide et d'un liquide. Rectification d'un passage de ma note précédente, par le même, XL, 52, 341; rapport de M. J. Plateau, XL, 272.

Sur le problème de deux liquides superposés dans un tube capillaire, mémoire par le même, XL, 447; rapport de M. J. Plateau, XL, 669.

Sur l'énergie potentielle des surfaces liquides, par le même, XLI, 769; XLII, 21; XLVI, 635; XLVIII, 326; mémoire sur le même sujet, XLV, 363; rapport de M. J. Plateau, XLV, 574.

Mouvements des bulles d'air dans les niveaux et des bulles vaporeuses

dans les enclaves liquides des minéraux, par le même, XLIV, 356.
Sur quelques phénomènes curieux observés à la surface des liquides en mouvement, par le même, XLVIII, 346.
Note sur son ouvrage : Du rôle de la surface libre de l'eau dans l'économie de la nature, par le même, L, 154.
De la fluidité des liquides, par M. P. De Heen, XLV, 71, 798; rapports de MM. Valerius, Montigny et Donny, XLV, 734, 738.
Sur la viscosité superficielle des liquides, par M. J. Plateau, XLVIII, 106. — Voir *Eaux.* — *Masse liquide.* — *Minéraux.* — *Niveaux.*

LIQUIDES ALCOOLIQUES. — Voir *Boissons alcooliques.*

LITS COQUILLIERS. — Voir *Terrain houiller.*

LITTÉRATURE ALLEMANDE. — Lecture d'un travail sur la littérature allemande pendant la guerre de Trente ans, par M. Loise, XXXVII, 143, 867; XLI, 897; XLIV, 402.

LITTÉRATURE AMÉRICAINE. — Note de M. Edm. Poullet sur le livre de M. A. de Prins sur Longfellow, XLIII, 304.

LITTÉRATURE BELGE. — Un chapitre d'un littérateur belge, lecture d'une notice par M. Alvin, XXIII, 422.

LITTÉRATURE ESPAGNOLE. — Présentation, par M. Loise, de la 3e partie de son histoire de la poésie mise en rapport avec la civilisation : *Histoire de la littérature espagnole,* XXIII, 711; rapports de MM. De Decker et Polain, XXIV, 207, 208.

LITTÉRATURE NATIONALE. — Tableau de la littérature nationale sous le gouvernement de Marguerite d'Autriche, par M. Thonissen, XXXV, 573.

LITTÉRATURE PORTUGAISE. — Note bibliographique de M. Liagre en présentant les ouvrages de M. de Amorim, de Lisbonne, L, 38.

LITTORAL BELGE. — Sur les oscillations du littoral belge, par M. Van Rysselberghe, XLV, 147; rapports de MM. Mailly, Liagre et Houzeau, XLV, 380, 388, 390; additions aux rapports de MM. Mailly et Houzeau, XLV, 563, 565.

LOGARITHMES. — Note sur la formule qui sert à calculer la somme des logarithmes des X + 1 premiers nombres naturels, par M. De Tilly, XXXIV, 4; M. De Tilly représente ce travail sous le titre de : Note sur une formule qui donne, en série convergente, la somme des logarithmes hyperboliques des X + 1 premiers nombres entiers, XXXV, 30; rapports de MM. Gilbert et Catalan, XXXV, 5, 11.
Tables de logarithmes à douze décimales, jusqu'à 434 milliards, par MM. A. Namur et P. Mansion, XL, 668; rapports de MM. Catalan, Folie et Liagre, XLI, 921, 928, 931.
M. le Ministre de l'Intérieur renvoie à l'Académie une nouvelle demande de subside de M. Namur, pour continuer la publication de ses Tables de logarithmes, XLIX, 82; avis favorable de MM. Catalan, Folie et Liagre, XLIX, 148.

LOI DE DÉCOMPOSITION. — Applications de la loi de décomposition, par M. L. Saltel, XLI, 734; XLII, 241, 586; rapport de M. Catalan, XLII, 484.

LOIS DE LA GUERRE. — Note de M. Rivier en présentant le manuel des lois de la guerre sur mer, rédigé par M. G. Moynier, L, 315.

LOI PÉNALE. — La loi pénale belge, discours par M. Nypels, XLIX, 523.

LONGITUDE. — Détermination de la différence de longitude entre les Observatoires de Leyde et de Bruxelles (aux mois d'août et de septembre 1868), notice par M. Ad. Quetelet, XXVI, 262.

LUMIÈRE. — Sur la réfraction de la lumière depuis le zénith jusqu'au-dessous de l'horizon, lettre de M. Ém. Liais à M. Ad. Quetelet, XXII, 214.
Essai sur la théorie de la lumière, par M. A. de Vicq de Cumptich, L, 255. — Voir *Électricité.* — *Gaz.* — *Mars.*

LUMIÈRE ÉLECTRIQUE. — Voir *Électricité.*

LUNE. — Sur le cratère Alpetragius, par M. Chacornac, XXIII, 95.
Essai de cartes photographiques de la

lune, par M. A. Neyt, de Gand; communication de M. E. Quetelet, XXVIII, 28.

Occultation de Saturne par la lune, le 19 avril 1870, note de M. Ad. Quetelet, XXIX, 454.

Communication d'une note sur l'éclipse de lune, observée à Louvain, le 12 juillet 1870, par M. Terby, XXX, 83.

Du calcul rapide des phases lunaires à l'usage des personnes qui s'occupent d'études historiques, par M. Houzeau, XXXIII, 197.

Sur l'éclipse de lune du 22 mai 1872, par M. E. Quetelet, XXXIII, 497. — Voir *Éclipses*.

LUYTON (Charles). — Voir *Musique*.

LUZERNE. — Sur la résistance à la chaleur des graines de luzerne maculée, par M. Lejeune, XXIII, 431.

LYCHNIS GITHAGO (NIELLE). — Sur la présence des graines du Lychnis githago (Nielle) dans les farines alimentaires, mémoire par M. Petermann, XLVIII, 158; rapport verbal de MM. Melsens et Morren, XLVIII, 103.

M.

MACHINE ÉLECTRIQUE. — Sur une modification de la machine électrique de Nairne, par M. Pérard, XXVIII, 399, 567; rapport de M. Gloesener, XXVIII, 540.

MACROSTOMUM. — Étude zoologique et anatomique du genre Macrostomum et description de deux espèces nouvelles, par M. Éd. Van Beneden, XXX, 3, 116; rapports de MM. Poelman et P.-J. Van Beneden, XXX, 86.

MADAME DE LORRAINE. — Le logement de madame de Lorraine à Gand (1646), par M. E. de Borchgrave, XXXVI, 571.

MAGIE. — Un procès de magie sous le règne de Ramses III (XIIIe siècle avant Jésus-Christ), par M. Thonissen, XXIII, 25.

MAGISTRATS. — Sur l'origine des magistrats communaux et sur l'organisation de la Marke dans nos contrées au moyen âge, par M. L. Vanderkindere, XXXVII, 845, XXXVIII, 236; rapports de MM. de Laveleye, Faider et Wauters, XXXVIII, 139, 140.

MAGNESIUM. — De l'action du magnesium sur les composés minéraux et organiques, par M. Tommasi, XXXI, 55; rapport verbal de MM. Donny et Stas, XXXI, 205. — Voir *Analyse spectrale*. — *Composés minéraux*.

MAGNÉTISME TERRESTRE. — Tableau des principales perturbations magnétiques de 1865, par M. E. Quetelet, XXI, 115.

Perturbation magnétique du 3 août 1865, par le même, XXI, 123.

Perturbations de la déclinaison magnétique observées dans les lignes télégraphiques de Belgique et de France et dans les Observatoires de Bruxelles et de Paris, le 21 février 1866, par M. Ad. Quetelet, XXI, 246.

Perturbation magnétique à Christiania le 21 février 1866; lettre de M. Hansteen à M. Ad. Quetelet, XXI, 280.

Quelques nombres relatifs aux perturbations magnétiques observées à Bruxelles le 21 et le 23 février 1866, par M. Ad. Quetelet, XXI, 281.

Sur la corrélation entre les variations diurnes de l'aiguille magnétique et les changements de temps, par M. Chacornac, XXIII, 93.

Note sur une nouvelle méthode d'enregistrement automatique, au moyen de l'électricité, de la déclinaison et de l'inclinaison magnétiques et de leurs variations diurnes, par M. Gloesener, XXVIII, 209.

Détermination de la déclinaison et de l'inclinaison magnétiques à Bruxelles

en 1870, par M. Ad. Quetelet, XXIX, 450

Rapports de MM. Gloesener, Ern. Quetelet et Montigny sur le mémoire du concours de 1870, relatif à l'examen et à la discussion des procédés suivis pour déterminer la déclinaison, l'inclinaison et l'intensité magnétiques du globe terrestre, ainsi que les variations séculaires et diurnes, lauréat M. Pérard, XXX, 421, 431, 436.

Don par M. Airy de la reproduction photographique de la carte magnétique de Halley, gravée en 1700, XXXII, 156.

Une nouvelle boussole magnétique ou plutôt électro-magnétique, son importance dans les observations magnétiques et surtout dans celles faites sur mer, par M. Gloesener, XXXIII, 321.

Détermination de la déclinaison et de l'inclinaison magnétiques à Bruxelles en 1873, par M. E. Quetelet, XXXVI, 142.

Revendication de priorité par M. Folie, en faveur de M. Louis Pérard, au sujet de la conductibilité magnétique de l'acier, XXXVII, 498.

Note sur les perturbations magnétiques qui ont accompagné l'aurore boréale du 30 octobre 1874, par M. E. Quetelet, XXXVIII, 421.

Perturbation magnétique du 9 octobre 1874, note par M. C. Hooreman, XXXVIII, 422.

Sur la direction de l'aiguille aimantée à Bruxelles, en 1875, par M. E. Quetelet, XL, 20.

Sur le développement du magnétisme induit par la terre dans le fer laminé nerveux, par M. L. Pérard (fragment d'un travail sur la torsion), XLII, 665, 894; rapports de MM. Montigny, Folie et Melsens, XLII, 840, 842, 844.

Terrestrial magnetism, note présentée par M. B.-G. Jenkins, XLVII, 227.

Recherches sur les mouvements de l'aiguille aimantée, mémoire par M. Ern. Quetelet, XLV, 71; lecture des rapports de MM. Liagre, Houzeau et Duprez, XLV, 155.

Note sur son mémoire intitulé : *Recherches sur les mouvements de l'aiguille aimantée à Bruxelles*, par M. E. Quetelet, XLV, 89. — Voir *Électricité*. — *Soleil*.

Malfatti. — Quelques réflexions sur le problème de Malfatti, par M. Simons, XXXVII, 339, XXXVIII, 88; lecture des rapports de MM. Catalan et Folie, XXXVII, 803.

Note sur le problème de Malfatti, par M. Catalan, XXXVIII, 480.

Malthus. Un précurseur de Malthus, par M. Thonissen, XXXI, 438.

Un autre précurseur de Malthus, par le même, XXXII, 184.

Mammifères — Sur quelques mammifères du crag d'Anvers, par M. le vicomte Du Bus, XXIV, 562.

Mammifères nouveaux du crag d'Anvers, par le même, XXXIV, 491.

Mammouth. — Annonce, par M. Von Baer, de la découverte d'un mammouth revêtu de sa peau et de ses poils, dans la Sibérie arctique, XXI, 308.

Manifestations. — Manifestation au Jardin botanique de Bruxelles à l'occasion de l'inauguration du buste de B.-C. Du Mortier, XLV, 562.

Le comité organisateur annonce que la remise du buste de M. de Koninck aura lieu le 20 juin 1878 à l'Université de Liége, XLV, 727.

Remercîments du comité pour la souscription des membres de l'Académie au buste de M. Schwann, XLV, 146.

Manifestation de l'Académie au service funèbre, à Anvers, de G. Wappers, XXXIX, 346; discours de M. Alvin, XXXIX, 347; la ville d'Anvers invite l'Académie à l'inauguration du buste Wappers, XL, 226. — Voir *Bustes*.

Manuscrits. — Notes sur quelques manuscrits des bibliothèques d'Angleterre, par M. le baron Kervyn, 3e partie, XXI, 169.

Manuscrits de M. Pagani, donnés au nom de la famille, par M. Gilbert, XXVII, 128.

Don par M. Soromenho, d'un fragment en parchemin d'un poëme flamand du XIIIe siècle, semblable aux fragments du *Trojaensche oorlog*, XXVII, 313.

Relations politiques et commerciales des Belges avec l'Angleterre jusqu'à l'avénement de Charles-Quint, manuscrit du concours de 1851, offert par l'auteur, M. Ch. Rahlenbeek, XLVII, 443.

Les manuscrits syriaques du Musée Britannique, par M. T. Lamy, XLIX, 223.

Marangoni. — Voir *Liquides.*

Marat. — Marat jurisconsulte, par M. J. Thonissen, XXV, 323.

Marées. — Marées extraordinaires de janvier 1877, par M. Van Rysselberghe, XLIII, 325; lecture des rapports de MM. Mailly, Liagre et Houzeau, XLIII, 480.

Mariés. — Sur l'âge et l'état civil des mariés en Belgique pendant le dernier quart de siècle (1841 à 1865), par M. Ad. Quetelet, XXV, 227.

Marguerite d'Autriche. — Voir *Littérature nationale.*

Marie de Brabant. — Marie de Brabant, duchesse de Bavière (1256), par M. E. de Borchgrave, XXX, 397.

Marie Stuart, d'après les documents conservés au château d'Hatfield, par M. le baron Kervyn, XXXIV, 80.

Marie-Thérèse. — Présentation par M. le baron Kervyn d'un travail intitulé : *Lettres inédites de Marie-Thérèse*, XXIV, 89; rapports de MM. Juste et Gachard, XXIV, 264.

Rapports sur les mémoires de concours de 1872 concernant le règne de Marie-Thérèse aux Pays-Bas, par MM. le baron Kervyn, De Smet et Wauters, XXXIII, 452, 457, 459.

Marke. — Voir *Magistrats.*

Marnes heersiennes. — Voir *Fossiles.*

Maroc. — Voir *Géologie.*

Mars. — Notes et dessins relatifs aux taches de la planète Mars observées à Louvain de 1864 à 1867, par M. Terby, XXXI, 55, 176; rapport de M. Montigny, XXXI, 111.

Sur l'aspect des taches de la planète Mars en 1871, par le même, XXXII, 3, 57; rapports de MM. Liagre et Montigny, XXXII, 40, 41.

Sur une configuration singulière des taches de la planète Mars, par le même, XXXIV, 447; XXXV, 40; rapports de MM. Duprez et E. Quetelet, XXXV, 20, 21.

Configuration des taches de la planète Mars à la fin du XVIIIe siècle, d'après les dessins inédits de J.-H. Schroeter, par le même, XXXVI, 3, 173; rapport de M. Liagre, XXXVI, 116.

Observations de Jupiter et de Mars faites à Louvain, pendant l'opposition de ces planètes en 1873, par le même, XXXVI, 116, 531; rapport de M. Liagre, XXXVI, 452.

Sur les prochaines oppositions de Mars, pour la détermination de la parallaxe solaire, et l'accord remarquable de la parallaxe déjà obtenue par l'opposition de 1860, avec la nouvelle mesure de la vitesse de la lumière, par M. Corrat, lettre de M. Liais, XXXIX, 779.

Études sur la planète Mars, 8e notice, par M. Terby, XL, 271, 549; rapport de M. E. Quetelet, XL, 543.

De l'opportunité actuelle d'une nouvelle carte de Mars et d'une nouvelle nomenclature des taches de cette planète, à propos d'un récent ouvrage de M. Flammarion. Remarques préparatoires aux observations de 1877, par le même, XLIII, 159; rapport verbal de M. Houzeau, XLIII, 159.

Études sur la planète Mars, 16e notice: explications des dessins exécutés en 1666, par J.-D. Cassini, J. Campani, Salvator Serra et Hook, par le même, XLIII, 232, 358; rapport de M. E. Quetelet, XLIII, 331.

Réponse aux critiques imaginées par M. Terby contre la carte de Mars publiée dans *Les Terres du ciel*, par M. Flammarion, XLIII, 258; rapport verbal de M. Houzeau, XLIII, 236; un dernier mot en réponse à M. Flammarion, par M. Terby, XLIII, 325,

542; lecture des rapports de MM. Houzeau, Liagre et Mailly, XLIII, 480.

Études sur la planète Mars, 11e notice, par M. F. Terby, XLIV, 655; XLV, 33; rapport de M. Houzeau, XLV, 43.

Observations de la planète Mars faites pendant l'opposition de 1877, mémoire par M. le baron O. Van Ertborn, XLVII, 227; rapport de M. Houzeau, XLVII, 325.

Études sur la planète Mars, 12e notice: tableaux synoptiques des dénominations données aux taches de la planète, par M. Terby, XLVIII, 443, 619; rapport de M. Houzeau, XLVIII, 592.

Mémoire à l'appui des remarquables observations de M. Schiaparelli sur la planète Mars, par le même, XLVIII, 587; rapport de M. Houzeau, XLVIII, 725.

Aspect de la planète Mars pendant l'opposition de 1879 et observations de la tache rouge de Jupiter et des taches de la planète Vénus, en 1871 et 1873, par le même, XLIX, 84, 201; rapport de M. Houzeau, XLIX, 173.

MASSE LIQUIDE. — Lecture par MM. Lamarle, Duprez et A. Quetelet de leurs rapports sur la 7e série des recherches expérimentales de M. J. Plateau sur une masse liquide sans pesanteur, XXI, 4; 8e série, XXVI, 3; lecture des rapports de MM. Duprez, E. Quetelet et Gloesener, XXVI, 136; 9e, 10e et 11e séries, XXVI, 249; lecture des rapports de MM. Duprez, E. Quetelet et Montigny, XXVI, 380. — Voir *Liquides*.

MASSES (FORME DES). — De l'influence de la forme des masses dans le cas d'une loi quelconque d'attraction diminuant indéfiniment avec la distance comme préliminaire de la théorie de la cristallisation, par M. C. Lagrange, XLVII, 744; rapports de MM. Van der Mensbrugghe, De Tilly et Folie, XLVIII, 453, 457. — Voir *Astronomie*.

MASSIFS PULVÉRULENTS. — Mémoire intitulé: *Essai théorique sur l'équilibre d'élasticité des massifs pulvérulents et sur la poussée des terres sans cohésion*, par M. J. Boussinesq, XXXVII, 802; rapports de MM. De Tilly, Maus et Folie, XXXIX, 63, 71; supplément à ce mémoire, XLI, 735; rapports des mêmes, XLII, 242.

MASSIFS TERTIAIRES. — Note sur quelques massifs tertiaires de la province du Hainaut, par MM. Cornet et Briart, XLIII, 734.

MATHÉMATIQUES PURES ET APPLIQUÉES. — Note au sujet de la publication d'un répertoire de travaux scientifiques sur les mathématiques pures et appliquées, par MM. Leo Königsberger et Gustave Zeuner, de Dresde, XLI, 731.

MATIÈRE. — Sur l'inertie de la matière, note présentée par M. Charles Savez, XLI, 735; rapport de M. Steichen, XLI, 1153.

MATIÈRE CORNÉE. — Voir *Vertébrés*.

MATIÈRES MINÉRALES. — Voir *Acide humique*.

MATIÈRES TANNANTES. — Voir *Analyse chimique*.

MAUBERT DE GOUVEST (Jean-Henri), à Bruxelles, notice par M. Ch. Piot, XLVIII, 693.

MAURICE DE SAXE. — Note de M. Gachard sur le livre de M. le comte de Vitzthum sur Maurice, comte de Saxe. XXXIV, 55.

MAUSOLÉES. — Voir *Tombeaux*.

MAXILLAIRE. — Recherches sur le développement du maxillaire inférieur de l'homme, communication préliminaire, par M. Masquelin, XLIV, 456. 589; rapport de M. Éd. Van Beneden, XLIV, 459; recherches sur le développement du maxillaire inférieur de l'homme, par le même, XLV, 71, 430; rapports de MM. Éd. Van Beneden et Van Bambeke, XLV, 376.

MAXIMILIEN-EMMANUEL DE BAVIÈRE, COMTE DE NAMUR. — Notice par M. S. Bormans, XL, 166.

MÉCANIQUE. — Application de la cinématique à la démonstration des fondements de la géométrie, par M. De Tilly, XXV, 284; l'auteur représente ce travail sous le titre de: *Études*

de mécanique abstraite, XXVI, 135; rapports de MM. Liagre, Ern. Quetelet et Catalan, XXVII, 615, 618, 620.

Note sur la théorie de la roue de Poncelet, par M. Folie, XXVI, 379, 453; rapports de MM. Liagre et Catalan, XXVI, 431, 432.

Présentation par M. Manilius d'une note sur la conception infinitésimale de Poisson, XXVI, 430; rapport de M. Catalan, XXVII, 9.

Présentation par M. Steichen d'un mémoire sur quelques questions élémentaires de mécanique physique, XXVII, 128; lecture des rapports de MM. Gilbert, Catalan et Gloesener, XXVII, 615.

Note sur les roulettes et les podaires, par M. E. Catalan, XXVII, 144.

Présentation par M. De Tilly de la première partie de son mémoire : Études sur le frottement, XXIX, 63; rapports de MM. Steichen et Folie, XXIX, 166, 168.

Note sur le roulement des rouleaux et des roues sur un plan d'appui, par le même, XXXII, 155, 262; rapports de MM. Steichen et Folie, XXXII, 242, 244.

Note sur les axes instantanés glissants et les axes centraux, dans un corps solide en mouvement, par M. De Tilly, XXXV, 24.

Note sur la similitude mécanique dans le mouvement des projectiles lancés par les armes à feu rayées, par M. De Tilly, XXXVI, 160.

Sur la similitude mécanique en général et sur le mouvement d'un corps solide de révolution par M. De Tilly, XXXVII, 484, 815; rapports de MM. Liagre et Catalan, XXXVII, 810, 811.

Présentation par M. Boussinesq d'un mémoire sur l'équilibre d'élasticité des massifs pulvérulents, et sur la poussée des terres sans cohésion, XXXVII, 802; supplément, XLI, 735; rapports de MM. De Tilly, Maus et Folie, XLII, 242, 243. — Voir *Astronomie*. — *Géométrie*. — *Trajectoires*.

Mécanisme. — Le mécanisme et la liberté, par M. Alph. Le Roy, XLVII, 698.

Médaille Carrara. — Le conseil des avocats près la Cour d'appel de Lucques adresse une liste de souscription pour offrir une médaille à M. Carrara, associé, XLII, 628.

Médaille d'Omalius. — Rapport sur l'exécution de cette médaille, XLI, 1085; M. J. Leclercq est désigné pour graver cette médaille, XLI, 1085; remise de cette médaille à Mme veuve d'Omalius et discours de M. Faider, président de l'Académie, XLII, 662, 909.

Médaille Wollaston. — Décernée à M. L.-G. de Koninck par la Société géologique de Londres, pour ses travaux sur le terrain carbonifère, XXXIX, 54.

Médailles données. — Par l'Académie d'archéologie d'Anvers pour le Congrès littéraire, XXV, 61; par la Société de physique expérimentale à Rotterdam, XXVIII, 317; (fac-simile par le Gouvernement autrichien de la médaille des concours de l'ancienne Académie, XXXI, 30; par M. le Ministre de l'Intérieur, de la prestation de serment de Léopold II, XXXII, 2; par l'Université de Christiania, de son jubilé millénaire, célébré en 1872, XXXV, 642; par M. le Ministre de l'Intérieur, de l'inauguration de la statue de Léopold Ier à Anvers, de la visite de la Famille royale à Anvers, à l'occasion de la démolition de la citadelle Sud, et du mariage de la princesse Louise avec le duc Philippe de Saxe, XL, 802; par l'Académie des sciences de Hongrie, XLI, 1074; par M. le Ministre de l'Intérieur, de la représentation à Bayreuth des œuvres de Wagner, de l'inauguration de la statue Van de Weyer à Louvain, de la conference pour l'œuvre de l'Afrique centrale, et de l'inauguration du nouvel édifice du Conservatoire royal de Bruxelles, XLIII, 440; par le même, du cinquantième anniversaire de la fondation du Conservatoire royal de Liége, XLIV, 249; par l'Université

d'Upsal du quatre centième anniversaire de sa fondation, XLIV, 654; par M. Crépin, dédiée à M. B.-C. Du Mortier, XLV, 562; par la Société royale de Londres, de la médaille Davy décernée à MM. Bunsen et Kirchhoff, XLVI, 316, 547; par la Société des sciences et des arts de Batavia, de son centième anniversaire de fondation, XLVII, 479; par l'Université de Copenhague du quatre centième anniversaire de sa fondation, XLVIII, 338.

MÉDAILLEURS. — Lettre de l'Académie des beaux-arts de Saint-Pétersbourg demandant l'avis de l'Académie sur la création d'une classe d'élèves médailleurs, XXXVI, 243; rapport de MM. J. Geefs, Leclercq et Robert, XXXVI, 433.

MÉDAILLON représentant M. Sylvain Van de Weyer, don de M. L. Tinant, XXXVIII, 553.

MÉDICAMENTS. — Nouvelle confirmation de ma théorie générale sur la cause des pouvoirs exercés par les médicaments, par M. Ed. Robin, XXXV, 4; lecture du rapport de M. Gluge, XXXV, 493.

MÉDIQUES (GUERRES). — Lecture par M. Paul Devaux de son mémoire sur les guerres médiques; rapports de MM. Wagener et Roulez, XXXIX, 335, 342.

MEERMIN (DE). — Cantate couronnée du grand concours de composition musicale de 1876, par M. Jules Sabbe, texte flamand, suivi de la traduction en français par M. Jules Guilliaume, XLII, 440, 448.

MENSTRUATION. — Les rapports de la menstruation en Danemark et l'époque, en général, de la première menstruation chez les différents peuples, par M. Adolphe Hannover, XXVIII, 451.

MERCATOR. — Hommage par M. P.-J. Van Beneden, au nom de l'auteur, M. le Dr Van Raemdonck, de son livre sur Gérard Mercator, sa vie et ses œuvres, XXVIII, 122. — Voir *Prix Stassart.*

MERCURE. — Passage de Mercure sur le soleil observé à Bruxelles le 5 novembre 1868, note de M. Ad. Quetelet, XXVI, 384.

MERCURE. — Sur l'écoulement du mercure par des tubes capillaires et les phénomènes électriques qui l'accompagnent, mémoire par M. W. Spring, XLII, 4; rapports de MM. Folie, Montigny et Duprez, XLII, 243, 247, 250.

Recherches sur quelques nouveaux sels basiques du mercure et sur un cas d'isomérie du sulfure de mercure, par le même, XLVII, 515; rapport verbal de M. Stas, XLVII, 490.

MER SCALDISIENNE. — Voir *Phoques.*

MESOPLODON. — Note sur un Mesoplodon Sowerbiensis de la côte de Norwége, par M. P.-J. Van Beneden, XXII, 218.

MÉSOZOAIRES. — Voir *Dicyémides.*

MESURE DE LONGUEUR. — Voir *Métrologie.*

MESURE DE PRÉCISION. — Voir *Observations immédiates.*

MÉTAPHYSIQUE. — Note de M. Le Roy sur deux ouvrages de métaphysique de M. le chanoine Dupont : *Ontologie, thèses de métaphysique générale,* et *Théodicée, thèses de métaphysique chrétienne,* XXXIX, 969.

MÉTAUX. — Sur la relation qui existerait entre la température de fusion et le coefficient de dilatation des métaux, par M. P. De Heen, XL, 668; l'auteur est autorisé à retirer ce travail, XLI, 457; il représente de nouveau ce travail, XLI, 735; rapports de MM. Gloesener, Montigny et Folie, XLI, 952, 953, 956; impression de ce travail, XLI, 1019.

Du projet d'une relation qui existerait entre les poids atomiques, les densités et les chaleurs latentes de dilatation des métaux, par le même, XLII, 461.

MÉTÉORES. — Voir *Aérolithes.*

MÉTÉOROGRAPHE. — Voir *Appareils enregistreurs*

MÉTÉOROLOGIE. — Notes météorologiques sur la ville de Gand, en 1865, par M. Duprez, XX, 125.

La météorologie et l'agriculture, note

présentée par M. P.-A de la Nux, XXI, 263; lecture du rapport de MM. Spring et Duprez, XXI, 311.

Changements introduits, par M. Le Verrier, dans son Bulletin international, XXIV, 277.

Observations météorologiques horaires, faites à Modène pendant le solstice d'été de 1867, par M. Ragona, XXIV, 306.

Publications de « Nouvelles météorologiques » par l'Observatoire de Paris, note de M. Ad. Quetelet, XXV, 8.

Annonce par M. G. Schenzl, directeur de l'Observatoire de Buda-Pesth, de la création dans cette ville d'un Institut central de météorologie pour la Hongrie, XXX, 282.

Sur l'abaissement de température du mois de décembre 1871, par M. Ad. Quetelet, XXXII, 373.

Sur le Congrès international de météorologie tenu à Vienne du 1er au 16 septembre 1873, par M. Ern. Quetelet, XXXVI, 306.

Les observations météorologiques simultanées sur l'hémisphère terrestre boréal, par M. E. Quetelet, XXXVII, 352.

Quelques mots sur la relation entre les perturbations météorologiques et les variations magnétiques, par M. G. Van der Mensbrugghe, XLII, 735.

On the connexion between meteorological phenomena and the Time of the arrival of the Earth at Perihelium, by B.-G. Jenkins, XLIX, 148; avis de M. Houzeau, XLIX, 266.

Note de M. Houzeau en présentant le traité élémentaire de météorologie qu'il vient de publier avec M. Lancaster, L, 332. — Voir *Appareils enregistreurs*. — *Magnétisme*. — *Neige*. — *Phénomènes périodiques*. — *Pluie* — *Température*. — *Tempêtes*. — *Vents*.

MÉTHODE ANALYTIQUE. — Voir *Géométrie*.

MÉTHODE DE CHANTER. — Voir *Musique*.

MÉTHODES GÉOMÉTRIQUES. — Rapport de M. Lamarle sur le mémoire de concours de 1865, relatif à la supériorité relative des méthodes géométriques sur la méthode analytique et réciproquement, XXII, 54.

MÉTOZOAIRES. — Voir *Dicyémides*.

MÉTROLOGIE. — Sur l'étalon ou prototype universel des mesures de longueur, par M. C. Rodenbach, XXVIII, 571, XXIX, 559; rapports de MM. le baron de Witte, Ad. Quetelet et Nève, XXIX, 543, 546, 547.

Le système métrique actuel de l'Égypte comparé au système français, les nilomètres tant anciens que modernes et les antiques coudées de l'Égypte, mémoire, par M. Mahmoud, XXXIV, 401; rapports de MM Liagre et Ad. Quetelet, XXXV, 19.

L'étalon-prototype universel des mesures de longueur, par M. C. Rodenbach, XXXVII, 485; renvoi de ce mémoire à la Classe des sciences, XXXVII, 692; rapport de M. Liagre, XXXVIII, 5.

MEULE DE BRACQUEGNIES. — Rapports de MM. Dewalque, d'Omalius et de Koninck sur la description minéralogique, géologique et paléontologique de la meule de Bracquegnies, par MM. Briart et Cornet, XXI, 75, 79, 80.

Observations au sujet des travaux géologiques de MM. Cornet et Briart sur la meule de Bracquegnies, par MM. Horion et Gosselet, XXIX, 447, 689; rapports de MM. d'Omalius, de Koninck et Dewalque, XXIX, 664, 666, 667.

Note concernant les observations de MM. Horion et Briart au sujet des travaux géologiques de MM. Cornet et Briart sur la meule de Bracquegnies, par M. Briart, XXIX, 701.

MICHEL-ANGE. — La municipalité de Florence envite l'Académie au 4e centenaire de Michel-Ange, XL, 228; compte rendu des délégués, XL, 244.

Souvenir du IVe centenaire de Michel-Ange, par M. Alvin, XL, 250.

MICROPHONE. — Microphone porte-voix, avec membrane, dit microphone discret, par M. A. Gérard, XLVI, 855; rapport de M. Montigny, XLVII, 180.

Note sur un microphone, par le même, XLVIII, 443; avis de MM. Melsens, Montigny et Spring, XLVIII, 600.

Envoi par M. Émile Berliner de documents par lesquels il revendique la priorité du principe du microphone, XLIX, 83.

MICROSCOPE. — Note sur un microscope composé à éclairages achromatiques, par M. A. Brachet, XLVI, 319; avis de M. Valérius, XLVI, 588.

Note sur un microscope dioptrique, par le même, XLVII, 744; avis de M. Melsens, XLVIII, 17.

Sur un microscope dioptrique composé, par le même, L, 255; rapport de M. Valerius, L, 297.

MINE DE LANDENNE-SUR-MEUSE. — Étude sur les gîtes métallifères de la mine de Landenne, et sur la faille silurienne du Champ d'oiseaux, par M. Ad. Firket, XLV, 363, 618; rapport de M. Briart, XLV, 566.

MINÉRAUX. — Recherches sur les minéraux belges, par M. Lucien de Koninck: 1re notice : Sur une variété de pyrophyllite de Viel-Salm, XXVI, 379, 469; rapport de M. Stas, XXVI, 433; 2e notice : Sur la bornite de la même localité, XXXII, 155, 290; rapports de MM. Melsens et Donny, XXXII, 247, 250; 3e notice : Sur une roche grenatifère et quelques minéraux cuprifères de Salm-Château, XXXIII, 92, 324; rapport de M. Dewalque, XXXIII, 310; 4e et 5e notices : Sur la kaolinite (pholirite) de Quenast et du terrain houiller et sur la présence de l'apatite cristallisée dans l'étage salmien, XLIV, 317, 655, 733, 740; rapports de MM. Malaise, Mourlon, Melsens et Cornet, XLIV, 689, 691; notes de M. L.-G. de Koninck au sujet de la présentation de ces notices, XLIV, 22, 129; 6e notice (la davreuxite), et 7e notice (l'octaédrite) de Nil-St-Vincent, XLVI, 4, 240, 245; rapport de M. Malaise, XLVI, 189; 8e et 9e notices (la carpholite et la Rhodocrosite ou diallogite), XLVII, 564, 568; rapport de M. Malaise, XLVII, 491.

Annonce par M. L.-G. de Koninck de la découverte par son fils Lucien de la présence de la carpholite dans le terrain ardennais, XLV, 15.

Échantillon d'une roche grenatifère découverte par MM. L. de Koninck et P. Davreux dans le terrain ardennais de Vielsalm, XXXII, 353.

Sur les mouvements en apparence spontanés des bulles d'air dans les niveaux, et des bulles vaporeuses dans les enclaves liquides des minéraux, par M. G. Van der Mensbrugghe, XLIV, 356.

Sur la découverte de l'apatite cristallisée à Salm-Château, par M. F. Pisani, XLIV, 709.

Note sur la diorite quartzifère du champ du St-Véron (Lembecq), par MM. A. Renard et de la Vallée Poussin, XLVIII, 3, 128; rapport de M. Malaise, XLVIII, 104. — Voir *Arsénopyrite* ou *Mispickel*. — *Coticule*. — *Liquides*. — *Diabase*. — *Gîtes métallifères*. — *Roches*. — *Sciences minérales*.

MINES. — Avis de M. Dewalque sur deux notes imprimées de M. Fua, de Padoue, sur un nouveau procédé destiné à prévenir les explosions dans les mines, XXVII, 314.

Note sur l'éclairage des mines au moyen des sulfures phosphorescents, par M. Ch. Montigny, XLIX, 320. — Voir *Grisou*.

MISPICKEL. — Voir *Arsénopyrite*.

MOELLE ÉPINIÈRE. — Recherches expérimentales sur la régénération anatomique et fonctionnelle de la moelle épinière, mémoire, par MM. Masius et Vanlair, XXVIII, 2, conclusions communiquées par M. Schwann, XXVIII, 122; rapport de M. Schwann, XXVIII, 320.

MOEURS MUSICALES. — Voir *Musique*.

MOLAY (Jacques de). — Voir *Lettres*.

MONDE. — Du commencement et de la fin du monde d'après la théorie mécanique de la chaleur, par M. F. Folie, XXXVI, 797.

MONDE DIABLE. — Note de M. Ch. Faider en présentant la traduction française

par Paul Agost, du Monde Diable, d'Espronceda, XLV, 524.

Monnaies. — Voir *Numismatique*.

Monoculaire. — Sur un monoculaire achromatique, par M. Brachet, XXXV, 91; lecture du rapport de M. Montigny, XXXV, 354. — Voir *Objectif*.

Mono-cyanhydrine méthylénique. — Voir *Dérivés éthérés*.

Montesquieu. — Voir *Constitution belge*.

Monument Arcisse de Caumont. — Le comité adresse un rapport imprimé sur l'inauguration de ce monument, XLII, 397.

Monument De Ram. — Liste de souscription pour un monument à Louvain à la mémoire de P.-F.-X. De Ram, XXX, 290.

Monument Devos. — Liste de souscription pour un monument funéraire à ériger à Gand, à Isidore Devos, prix de Rome pour la musique en 1875, XLII, 795.

Monument d'Omalius. — Ouverture par la Société géologique de Belgique d'une souscription pour une statue à élever à Namur à J. d'Omalius, et nomination de M. P.-J. Van Beneden, comme délégué de l'Académie auprès du comité d'exécution, XL, 2.

Monument Du Mortier. — Liste de souscription pour une statue à élever à Tournai à B.-C. Du Mortier, XLVI, 316, 502.

Monument Élie de Beaumont. — La Société linnéenne de Normandie à Caen annonce qu'elle va élever une statue à Élie de Beaumont, XXXIX, 55, 358; envoi du rapport sur ce monument, XLII, 397.

Monument Hanssens. — Liste de souscription pour un monument à élever à Gand à Ch.-L. Hanssens, XXXII, 25.

Monument Quetelet. — Lettre de M. Montigny proposant d'élever à Bruxelles une statue à Adolphe Quetelet, et décision de l'Académie, XXXVII, 779; XXXVIII, 406, 509, 535; résultat de la souscription, XXXIX, 681; nomination du comité pour l'exécution de ce monument, XL, 666, 814, 895; devis, XL, 894; emplacement, XLI, 1086; l'exécution est confiée à M. Fraikin, XLIII, 648; réorganisation du comité d'exécution, XLIII, 648; inauguration, et discours par MM. Gallait, Liagre, Houzeau, Faider, XLIX, 506, 510, 514, 519; inscriptions; L, 319.

Monument Van de Weyer. — Lettre et liste de souscription pour une statue à élever à Louvain à S. Van de Weyer, XXXVIII, 292, 367, 374; délégués à l'inauguration, XLII, 410, 628.

Monument Volta. — M. de Koninck, délégué à l'inauguration de la statue de Volta à Pavie, XLV, 362.

Monument von Siebold. — Appel de la Société botanique de Vienne à la souscription pour le monument von Siebold à Wurtzbourg, XLIII, 318.

Monument Wiertz. — Circulaire de la ville de Dinant se proposant d'élever un monument à A. Wiertz, XXXIII, 159.

Monuments. — Décision des trois Classes au sujet de la prise en considération des listes de souscriptions pour les monuments, XXXII, 25. — Voir *Commission des Monuments*.

Monuments de l'art. — Quelques mots touchant l'application du droit de conquête aux monuments de l'art, par M. Alvin, XXXIII, 263.

Morgues (Mathieu de) et la maison Plantin, par M. P. Henrard, XLIX, 542. — Voir *Plantin*.

Morphine. — Réactions nouvelles permettant de caractériser de très-faibles quantités de morphine, par M. A. Jorissen, XLVIII, 340, 526; rapport de M. Donny, XLVIII, 458.

Mortalité. — Voir *Statistique*.

Moteur électrique. — Sur un moteur électrique, par M. Gérard, L, 255; rapport de M. Montigny, L, 298.

Moteur électro-magnétique. — Mémoire sur un moteur électro-magnétique à armature sans fin, par M. A. Daussin, XXXVIII, 293; rapport de M. Gloesener, XXXIX, 84bis.

Moteurs de M. Valisse. — Compteur

à secondes servant à contrôler la vitesse des moteurs de M. Valisse, par M. Gérard, XLVI, 319; XLVII, 47; rapport de M. Maus, XLVII, 21.

MOTION de M. Alvin au sujet de M. Van de Weyer en mémoire de la création de la Classe des beaux-arts, XXXVII, 882.

MOTION de M. Liagre au sujet du retour de M. Houzeau, XLI, 910.

MOTS. — Le pouvoir des mots, par M. Le Roy, XXXV, 597.

MOUVEMENT. — Influence de l'Académie sur le mouvement des sciences et des lettres depuis sa fondation, discours par M. le baron Kervyn, XXV, 560.

MOUVEMENT COMMUNAL. — Sur le caractère du mouvement communal en Belgique, discours par M. Ad. Borgnet, XXVII, 508. — Voir *Libertés*.

MOUVEMENT INTELLECTUEL. — Voir *Armée*.

MOUVEMENTS ASTRONOMIQUES. — Voir *Astronomie*.

MURRAYINE. — Sur une nouvelle glucoside : la murrayine, par M. Ch. Blas, XXVI, 3, 303; lecture des rapports de MM. Stas et Donny, XXVI, 262.

MUSCLES. — Note sur un procédé pour donner ou pour rendre leur couleur rouge aux muscles conservés dans l'alcool, par M. Félix Plateau, XXXVIII, 476.

Sur l'influence du courant sanguin et de l'afflux nerveux sur le contenu en glycogène des muscles, par M. Th. Chandelon, XLII, 665, 885; rapport de M. Schwann, XLII, 836.

MUSÉE ROYAL D'HISTOIRE NATURELLE DE BELGIQUE. — M. P.-J. Van Beneden offre la 1re partie de sa Description des ossements fossiles des environs d'Anvers, formant le tome Ier des *Annales*, XLIV, 3.

Note du même en offrant l'atlas de la 1re partie de ces *Annales*, XLIII, 319.

Note de M. Dupont en présentant le tome II des *Annales du Musée*, renfermant la 1re partie : Poissons du genre Nautile; de la Faune du calcaire carbonifère de la Belgique, par M. L.-G. de Koninck, XLVI, 582.

MUSÉE ROYAL DE PEINTURE DE BRUXELLES. — Lecture par M. Éd. Fétis d'une notice sur les dernières acquisitions, XLI, 1341.

MUSIQUE. — Détermination rationnelle des nombres de la gamme chromatique, par M. J. Delbœuf, XXI, 339; rapport de M. Gloesener, XXI, 313.

De l'indifférence des jeunes musiciens à l'égard des lois qui leur sont imposées par les grands concours de composition musicale, notice par M. Daussoigne-Méhul, XXI, 594.

De l'impropriété de certains mots employés par Catel dans son *Traité théorique de l'harmonie moderne*, par M. Daussoigne-Méhul, XXII, 436.

D'une réforme indispensable dans l'ordre des études imposées de nos jours aux jeunes compositeurs de musique, par M. Daussoigne-Méhul, XXIII, 350.

Essai philosophique sur l'origine, le caractère et les transformations de la musique théâtrale, par M. Daussoigne-Méhul, XXV, 261.

Communication verbale de M. F. Fétis sur la partie des instruments de musique de l'Exposition universelle de Paris en 1867, XXV, 587.

Conseils aux jeunes musiciens, lauréats des grands concours, discours de M. F.-J. Fétis, XXIV, 265; XXVI, 240.

Considérations verbales de M. F.-J. Fétis, sur le premier volume de son *Histoire de la musique*, XXVII, 185.

Lecture, par M. Daussoigne-Méhul, d'un essai historique sur la chanson depuis les temps les plus reculés jusqu'à nos jours, XXVII, 322.

Le diapason et la notation musicale simplifiée, par M. Ch. Meerens, XXXI, 456; rapports de MM. Soubre et Bosselet, XXXII, 194, 199; renvoi de cette notice à la Classe des sciences XXXIII, 171; rapports de MM. Liagre et de Tilly, XXXIII, 303, 307.

Considération sur la nomenclature des notes de musique, note présentée par

M. Brixhe, XXXVI, 244; rapport verbal de M. Gevaert, XXXVI, 433.

De l'enseignement public de l'art musical à l'époque moderne, discours par M. Gevaert, XLII, 418.

Quelques lettres de la correspondance de Grétry avec Vitzthumb, par M. Piot, XL, 408.

Particularités inédites concernant les œuvres musicales de Gossec et de Philidor, par M. Ch. Piot, XL, 624.

Les méthodes de chanter aux opéras de Paris et de Bruxelles pendant le XVIIIe siècle, par M. Ch. Piot, XLI, 173.

Hommage par M. Gevaert, au nom du Rajah Sourindro Mohun Tagore, d'une collection d'ouvrages se rapportant à l'art musical dans l'Inde, XLII, 920.

Les origines de l'opéra dans les Pays-Bas espagnols, par M. Ch. Piot, XLIII, 42.

Sur les ouvrages concernant la musique dans l'Inde, du Rajah Sourindro Mohun Tagore, président de l'École de musique du Bengale, à Calcutta, note par le même, XLIII, 224.

Don par M. Basevi d'une copie d'un ancien traité de musique sur parchemin, XLIII, 703.

Rapports de MM le chevalier de Burbure, Gevaert et Fétis, sur le mémoire de concours de 1877, relatif à l'histoire de la bibliographie de la typographie musicale dans les Pays-Bas, lauréat M. Goovaerts, XLIV, 272, 275.

Lecture par M. Melsens d'une note à l'appui de l'ouvrage de M. Hirn, intitulés : *La musique et l'acoustique, aperçu général sur leurs rapports et leur dissemblance*, XLV, 363.

Note de M. Gevaert en présentant l'ouvrage de M. X. van Elewyck, sur les anciens clavecinistes flamands, XLV, 728.

Présentation par M. Mailly d'un travail sur les origines du Conservatoire royal de musique de Bruxelles, et note au sujet de cette communication, XLVI, 551; lecture des rapports de MM. Gevaert, de Burbure, Samuel et Fétis, XLVI, 934.

Note sur Jean-François Gillot, compositeur de musique religieuse au XVIIIe siècle, par M. Ch. Piot, XLVIII, 288.

Deux virtuoses français à Anvers. — Épisodes des mœurs musicales au XVIe siècle, discours par M. le chevalier Léon de Burbure, XLVIII, 302.

Compositions musicales de l'empereur Charles VI, souverain de la Belgique, et de Marie-Antoinette de Bavière, par M. Ch. Piot, XLIX, 59.

Proposition par M. Mailly et appuyée par M. Gevaert, de mettre au concours une histoire de la musique de 1794 à 1830, XLIX, 257.

Charles Luython, organiste et compositeur de musique de la cour impériale, aux XVIe et XVIIe siècles, par M. le chevalier Léon de Burbure, XLIX, 281.

La musique attachée à la maison du comte de Salm, évêque de Tournai, par M. Ch. Piot, XLIX, 693. — Voir *Commission pour la publication des œuvres des anciens musiciens du pays*.

MYGALES. — Voir *Appareil digestif*.

MYRIAPODES. — Voir *Faune belge*.

MYRIAPODES CHILIPODES. — Voir *Appareil venimeux*.

MYSIS. — Voir *Crustacés*.

MYSTICETES. — Voir *Baleines*.

N.

NANDOU. — Sur la glande gastrique du nandou d'Amérique, communication préliminaire présentée par M. Ed. Remonchamps, L, 114; avis de MM. Van Bambeke et F. Plateau, L, 82.

NATIONS NEUTRES. — Voir *Droit international*.

NATURE. — Théorie nouvelle pour l'étude de la nature, présentée par M. Wattier, XL, 53; avis de MM. Montigny et Ern. Quetelet, XL, 274.

NAUCRATES. — Voir *Poissons*.

NAVIGATION AÉRIENNE. — Sur la manière de diriger les aérostats, et Nouvelle note sur la navigation aérienne, présentées par M. Van Weddingen, XLVII, 84, 489; avis de MM. Montigny et Liagre, XLVII, 755. — Voir *Aérostats*.

NAVIGATION MARITIME. — Recherches sur la navigation maritime à vapeur, note présentée par M. Fidèle Motte, XLVII, 227.

NÉBULEUSES. — Des transformations que subissent les nébuleuses, note présentée par M. P. De Heen, XXXVI, 451; rapport de M. Liagre, XXXVI, 606. — Voir *Étoiles*.

NÉCROLOGIE. — *Classe des sciences :* Mort de M. Ad. Devaux, XXI, 306;
M. Schaar, XXIII, 430;
M. Bache, XXIII, 430;
M. Faraday, XXIV, 276;
M. J. South, XXIV, 434;
M. D. Brewster, XXV, 178;
M. Brasseur, XXV, 606;
M. Matteucci, XXVI, 2;
M. von Martius, XXVII, 2;
M. Nerenburger, XXVII, 246;
M. Taylor, XXVII, 246;
M. Bertoloni, XXVII, 362;
M. Ph. Vander Maelen, XXVII, 614;
M. Moreau de Jonnès, XXX, 2;
M. Lacordaire, XXX, 82;
M. Coemans, XXXI, 30;
M. De la Fontaine, XXXI, 75;
M. le chev. von Haidinger, XXXI, 140;
M. P. Savi, XXXI, 198;
M. Herschel, XXXI, 474; XXXII, 2;
M. Babbage, XXXII, 234, 334;
M. Murchison, XXXII, 234, 334;
M. Spring, XXXIII, 90;
M. Granville, XXXIII, 298;
M. Barrat, XXXIV, 2;
M. Wesmael, XXXIV, 398;
M. Maury, XXXV, 186;
M. Hansteen, XXXV, 458; XXXVI, 2;
M. Liebig, XXXV, 458;
M. de la Rive, XXXVI, 602; XXXVII, 2;
M. Agassiz, XXXVII, 2;
M. A. Quetelet, XXXVII, 245, 268;
M. Jacobi, XXXVII, 338;
M. Hansen, XXXVII, 482;
M. le v[te] Du Bus, XXXVIII, 290;
M. Poelman, XXXVIII, 290;
M. Élie de Beaumont, XXXVIII, 402;
M. Vène, XXXVIII, 403;
M. d'Omalius, XXXIX, 54;
M. Argelander, XXXIX, 246;
M. Lyell, XXXIX, 246;
M. Lamarle, XXXIX, 358;
M. Van Rees, XL, 267;
M. Wheatstone, XL, 446;
M. Brongniart, XLI, 394;
M. Nilsson, XLI, 730;
M. Gloesener, XLII, 238;
M. von Baer, XLII, 922;
M. Bellynck, XLIII, 62;
M. Parlatore, XLIV, 313;
M. Le Verrier, XLIV, 314;
M. Regnault, XLV, 146;
M. Secchi, XLV, 146;
M. Fries, XLV, 146;
M. Du Mortier, XLVI, 474;
M. E. Quetelet, XLVI, 316;
M. Gervais, XLVII, 226;
M. Dove, XLVII, 486;
M. Chapuis, XLVIII, 337;
M. von Lamont, XLVIII, 338;
M. Nyst, XLIX, 306

Classe des Lettres : Mort de M. David, XXI, 291;
M. Gruyer, XXII, 342;
M. Victor Cousin, XXIII, 188;
M. Ed. Gerhard, XXIII, 745;
M. le baron de St-Genois, XXIV, 371;
M. Mittermaïer, XXIV, 371;
M. Baguet, XXV, 547;
M. Ducpétiaux, XXVI, 496;
M. le duc de Caraman, XXVI, 497;
M. H. Ellis, XXVII, 463;
M. de Moléon, XXVII, 344;
M. le comte L. de Laborde, XXVII, 344;
M. Séb. Lenormand, XXVII, 429;
M. le c[te] de Montalembert, XXIX, 385;
M. Rau, XXIX, 385;
M. Bogaers, XXX, 486;
M. le baron de Gerlache, XXXI, 74;
M. Mone, XXXI, 480;
M. Grote, XXXII, 20;
M. Ramon de la Sagra, XXXII, 78;
M. Blommaert, XXXII, 182;

M. Defacqz, XXXIII, 52;
M. Laforet, XXXIII, 127;
M. Polain, XXXIII, 332;
M. Serrure, XXXIII, 332;
M. Snellaert, XXXIV, 53;
M. Phillips, XXXIV, 527;
M. Ch. Dupin, XXXV, 100;
M. Améd. Thierry, XXXV, 359;
M. Stuart Mill, XXXV, 541;
M. le comte de Caumont, XXXV, 623;
M. Van de Weyer, XXXVII, 843;
M. Guizot, XXXVIII, 506;
M. Cooper, XXXVIII, 665;
M. Ad. Borgnet, XXXIX, 332;
M. de Bonnechose, XXXIX, 399;
M. Eichhoff, XXXIX, 951;
M. Groen van Prinsterer, XLI, 1326;
M. Ad. Mathieu, XLII, 184;
M. Pertz, XLII, 625;
M. De Smet, XLIII, 390;
M. Grandgagnage, XLIII, 300;
M. Thiers, XLIV, 400, 825;
M. le baron Guillaume, XLIV, 644, 815;
M. le marquis de Godefroy Menilglaise, XLV, 298;
M. Roulez, XLV, 517;
M. Bormans, XLV, 827, XLVI, 124;
M. P. Devaux, XLIX, 126;
M. Vreede, L, 34;
M. Van Bemmel, L, 179;
Classe des beaux-arts : Mort de M. Ingres, XXIII, 192;
M. von Cornelius, XXIII, 419;
M. Hittorff, XXIII, 419;
M. Jouvenel, XXIV, 222;
M. Verswyvel, XXV, 705;
M. Royer, XXVI, 124;
M. Rossini, XXVI, 504;
M. Calamatta, XXVII, 315;
M. Leys, XXVIII, 286;
M. Navez, XXVIII, 513;
M. Tenerani, XXIX, 37;
M. de Bériot, XXIX, 640;
M. Schnetz, XXX, 356;
M. Bock, XXXI, 21;
M. Mercadante, XXXI, 21;
M. F.-J. Fétis, XXXI, 183, 454;
M. Hanssens, XXXI, 454;
M. Auber, XXXI, 575;
M. Soubre, XXXII, 126;
M. Van Westrheene, XXXII, 191;
M. F. Forster, XXXIV, 434;
M. Bosselet, XXXV, 438;
M. L. Forster, XXXV, 439;
M. von Keller, XXXV, 931;
M. Benzoni, XXXVI, 103;
M. E. Landseer, XXXVI, 432
M. Partoes, XXXVII, 147; XXXVIII, 389;
M. Kaulbach, XXXVII, 470;
M. le baron Wappers, XXXVIII, 663, 709; XXXIX, 47;
M. Van Hasselt, XXXVIII, 708;
M. Daussoigne-Méhul, XXXIX, 424;
M. Barye, XL, 39;
M. de Coussemaker, XLI, 385;
M. Félicien David, XLII, 410;
M. Madou, XLIII, 433;
M. Payen, XLIII, 702;
M. Bovy, XLIV, 443;
M. F. Ricci, XLV, 57;
M. Martinet, XLV, 57;
M. Viollet-Le Duc, XLVIII, 298;
M. Schnaase, XLVIII, 722;
M. Cogniet, L, 321;
Personnes étrangères à l'Académie :
M. Forchhammer, XXI, 74;
M. Rigouts-Verbert, XXIV, 2;
S. A. R. Mgr le duc de Brabant, XXVI, 126, 162, 183;
M. Michel Chaye, XXXIII, 492;
M. J. Henry, XLVI, 2, 174.
NEIGE. — Sur la présence de la neige dans diverses localités du Luxembourg le 19 juin 1869, note par M. de Selys Longchamps, XXVIII, 29. — Voir *Météorologie*.
NÉMATODES. — Sur les vers nématodes, par M. P.-J. Van Beneden, XXI, 207.
Sur le développement des nématodes, par M. R. Leuckaert, XXI, 208.
NEPHILES. — Voir *Appareil digestif*.
NERF VAGUE. — Voir *Cœur*. — *Grenouille*.
NERFS. — Sur les centres des nerfs vaso-moteurs, par M. F. Putzeys, XXXVII, 270, 450; rapport de M. Schwann, XXXVII, 340.
Recherches sur le développement et la terminaison des nerfs chez les larves de Batraciens, par M. Lebouecq, XLI, 4.
NEUF PREUX. — Voir *Gravure*.
NICOLAS DE BRUXELLES. — Le compen-

dium Institutionum de Nicolas de Bruxelles, par M. A. Rivier, XXXVIII, 619.

NIELLE. — Voir *Lychnis Githago.*

NILOMÈTRES. — Voir *Métrologie.*

NITRILES. — Sur le nitrile anisique, par M. L. Henry, XXVIII, 399, 552; rapport de M. Stas, XXVIII, 402.

Recherches sur le nitrile salicylique et ses dérivés, par le même, XXVIII, 3, 211; rapport de MM. Stas et de Koninck, XXVIII, 448.

Recherches sur les nitriles, par le même, XXVIII, 3, 226; rapports des mêmes, XXVIII, 446, 147,

NITRONAPHTANITE. — Voir *Perchlorure de phosphore*

NIVEAUX. — Sur les mouvements en apparence spontanés des bulles d'air dans les niveaux, et des bulles vaporeuses dans les enclaves liquides des minéraux, par M. G. Van der Mensbrugghe, XLIV, 356.

NIVELLEMENT. — Voir *Géodésie.*

NOBLESSE LIMBOURGEOISE — Note bibliographique de M. Poullet sur le tome Ier de l'*Histoire généalogique et biographique de la noblesse limbourgeoise*, par M. Eugène Poswiek, XXXVIII, 507.

NOIR DE PLATINE. — Voir *Acétylène.*

NOIRS EMPLOYÉS DANS L'INDUSTRIE. — Voir *Charbons décolorants.*

NOMBRES. — Sur les nombres de Bernoulli et d'Euler, et sur quelques intégrales définies, mémoire par M. Catalan, XXIII, 368; rapport de M. Liagre, XXIII, 432.

Uniformité de méthode dans le traitement de tous les nombres, par M. Crets, XXXI, 199; lecture du rapport de MM. Liagre et Catalan, XXXI, 477.

Relation nouvelle entre les nombres de Bernoulli, par M. C. Le Paige, XLI, 734, 1017. — Voir *Calcul.*

NOMENCLATURE CHIMIQUE. — Rapport verbal de M. Stas sur le projet d'une nouvelle nomenclature chimique, par M. Filopanti, XXXI, 85.

NOTES DE MUSIQUE. — Voir *Musique.*

NOTATION MUSICALE. — Voir *Diapason.*

NOTICES NÉCROLOGIQUES POUR L'ANNUAIRE. — Sur M. David, par M. Snellaert, XXI, 294; XXII, 343, 346;

M. Braemt, par M. Ad. Quetelet, XXII, 547;

M. Warnkœnig, par M. le baron de Saint-Genois, XXII, 230; XXIV, 210;

M. Roelandt, par M. De Man, XXII, 547; XXXIII, 41;

M. Gerhard, par M. le baron de Witte, XXIV, 84; XXX, 357;

M. Timmermans, par M. A. Quetelet, XXIV, 577;

M. Demanet, par M. Ad. Siret, XXV, 61;

M. Baguet, par M. Roulez, XXV, 440; XXVII, 114;

M. Cantraine, par M. de Koninck, XXV, 179; XXVI, 552;

M. Brasseur, par M. Liagre, XXV, 606; XXVI, 552;

M. Nerenburger, par le même, XXVII, 246;

M. Busschmann, par M. Ad. Siret, XXVII, 128, 584;

M. Moke, par M. de Laveleye, XXVIII, 458;

M. Navez, par M. Alvin, XXVIII, 582; XXIX, 439, 584, 644; XXX, 357;

M. Ducpétiaux, par M. Juste, XXIX, 500; XXX, 73, 357;

M. Leys, par M. Éd. Fétis, XXX, 357; XXXI, 50;

M. de Bériot, par M. F.-J. Fétis, XXX, 357;

M. Von Martius, par M. Spring, XXX, 357;

M. Van Duyse, par M. Snellaert, XXX, 357;

M. J.-F.-W. Herschel, par M. Ad. Quetelet, XXXI, 478; XXXII, 155, 390;

M. Coemans, par M. Malaise, XXXII, 155;

M. le baron de Gerlache, par M. Thonissen, XXXII, 184; XXXVI, 207;

M. Blommaert, par M. Snellaert, XXXII, 355;

M. Bogaers, par le même, XXXII, 375;

M. F.-J. Fétis, par M. Alvin, XXXII, 192; XXXIV, 207; XXXV, 933;

M. Vander Maelen, par M. Houzeau, XXXIV, 400;

M. Leys, par M. Éd. Fétis, XXXII, 192;

M. Hanssens, par M. de Burbure, XXXII, 492;
M. Vieuxtemps, par M. Soubre, XXXII, 492;
M. Bock, par M. de Reumont, XXXII, 492, 320;
M. Spring, par M. Schwann, XXXVI, 796; XXXVII, 3, 116, 148;
M. Wesmael, par M. de Selys Longchamps, XXXVII, 3, 116, 148;
M. Maury, par M. Ad. Quetelet, XXXVII, 3, 116, 148;
M. Ad. Quetelet, par M. Mailly, XXXVIII, 816;
M. Van de Weyer, par M. Juste, XXXVIII, 132; XLII, 397;
M. Poelman, par M. F. Plateau, XXXVIII, 290;
M. Partoes, par M. Alvin, XXXVIII, 390;
M. d'Omalius, par M. Dupont, XXXIX, 54;
M. Borgnet, par M. Le Roy, XXXIX, 333; XL, 618;
M. Lamarle, par M. De Tilly, XXXIX, 358; XLVI, 584.
M. Bosselet, par M. de Burbure, XL, 893;
M. De Coussemaker, par le même, XLI, 385;
M. Daussoigne-Mehul, par M. Radoux, L, 66;
M. Mathieu, par M. Wauters, XLII, 187;
M. Van Rees, par M. Mailly, XLII, 210;
M. Gloesener, par M. Folie, XLII, 238;
M. De Burtin, par M. P.-J. Van Beneden, XLII, 663;
M. Van Meenen, par M. Le Roy, XLII, 917;
M. Pertz, par M. de Borchgrave, XLIII, 38;
M. Payen, par M. De Man, XLIII, 703;
M. Madou, par M. Stappaerts, XLIII, 703; XLVI, 933;
M. Grandgagnage, par M. Stecher, XLIV, 403;
M. le baron Guillaume, par M. Wauters, XLIV, 816;
M. Du Mortier, par M. Crépin, XLVI, 174, 966;
M. E. Quetelet, par M. Mailly, XLVI, 316; XLVIII, 340;
M. Roulez, par M. le baron de Witte, XLVI, 910;
M. Chapuis, par M. Candèze, XLVIII, 338;
M. P. Devaux, par M. Th. Juste, XLIX, 127;
M. Van Bemmel, par M. Potvin, L, 180.
— Voir *Discours funèbres*.

NOTION ANHARMONIQUE. — Extension de la notion anharmonique. Définition de ce rapport pour le n^e ordre en général. Son utilité dans l'étude des courbes et des surfaces supérieures, par M. Folie, XLIV, 469.
2e note sur l'extension de la notion du rapport anharmonique, par le même, XLV, 88

NOUVEAU-BOIS, A GAND. — Notice historique sur l'ancienne abbaye du Nouveau-Bois, à Gand, par M. De Smet, XXXIX, 500, 548.

NOUVELLES MÉTÉOROLOGIQUES. — Voir *Météorologie*.

NOUVEAUX-NÉS. — Voir *Statistique*.

NOVELLINE POPOLARI LIVORNESI. — Note de M. Le Roy sur ce recueil, publié par M. Giovanni Papanti, XLIII, 613.

NOYAU EMBRYONNAIRE. — Voir *Vésicule germinative*.

NUMISMATIQUE. — Dépôt aux archives d'une note de M. C. Van Dessel sur une collection de monnaies romaines trouvées à Elewyt, XXIX, 35.
Une monnaie frappée à Alost au nom de Guillaume Ier, comte de Hainaut, de Hollande et de Zélande, par M. R. Chalon, XXXV, 76.
La numismatique, discours par M. Chalon, XXXVII, 679.
Les seigneurs de Florennes, leurs sceaux et leurs monnaies, mémoire par M. Chalon, XXV, 225; lecture des rapports de MM. Borgnet, Polain et Wauters, XXV, 319.
Note de M. Wauters en présentant le volume de M. Alphonse Vandenpeereboom, intitulé : *Essai de numismatique yproise*, XLIV, 612.

NYCTERIBIA FRAUENFELDII KOL. — Voir *Chéiroptères*.

O.

OBJETS D'ART. — Les objets d'art emportés de Belgique en Allemagne pendant l'année 1794, notice par M. Ch. Piot, XLII, 404, 642. — Voir *Monuments de l'art.*

OBJECTIFS. — Sur le pouvoir pénétrant des objectifs à immersion, par M. A. Brachet, XLIV, 655; lecture du rapport de M. Van der Mensbrugghe, XLV, 15.

OBSERVATIONS — Essai sur les limites à poser à la mesure de précision des observations immédiates, par M. E. Adan, XXII, 407, 480; rapport de M. Liagre, XXII, 454.

Loi générale de la probabilité des erreurs, étendue à tous les genres d'observations immédiates, par M. E. Adan, XXIII, 3, 148; rapport de M. Liagre, XXIII, 76.

M. Adan présente deux notes : 1° sur l'erreur moyenne d'un ensemble d'observation, XXIV, 436; 2° erreurs à craindre sur les quantités calculées par la méthode des moindres carrés, XXIV, 499; M. Adan retire ces deux notes, XXV, 71.

OBSERVATIONS SIDÉRALES. — Voir *Réfracteur binoculaire.*

OBSERVATOIRE ROYAL DE BRUXELLES. — Sur le XVIIe volume des Annales de l'Observatoire royal de Bruxelles, par M. Ad. Quetelet, XXII, 277.

Publication des Annales météorologiques de l'Observatoire royal de Bruxelles, par le même, XXIII, 695.

Sur le XVIIIe volume des Annales de cet établissement, par le même, XXV, 187.

Sur le XIXe volume des Annales du même établissement, et sur le tome second de la nouvelle édition de la Physique sociale, par le même, XXVIII, 149.

Note de M. Ad. Quetelet sur la série d'ouvrages qu'il se propose de publier pour résumer l'ensemble des résultats que renferment les Annales, XXXI, 483.

OBSERVATOIRE DE MARINE A HAMBOURG. — M. Neumayer, hydrographe de l'amirauté allemande, annonce sa fondation, XXXIX, 246.

OBSERVATOIRE MÉTÉOROLOGIQUE A DORPAT. — Sa fondation, XXXIX, 359.

OCTROIS. — Note de M. de Laveleye sur le livre de M. Bonnal intitulé : *Traité des octrois*, XXXVI, 635. — Voir *Douanes.*

OEIL. — Sur une loi de la persistance des impressions dans l'œil, par M. J. Plateau, XLVI, 334. — Voir *Daltonisme.* — *Images accidentelles.* — *Lumière.* — *Optique.* — *Vision.* — *Vue.*

OEUF. — Rapports de MM. Gluge et Schwann sur le mémoire de concours de 1868 sur la composition anatomique de l'œuf, lauréat M. Éd. Van Beneden, XXVI, 507, 517.

La maturation de l'œuf, la fécondation et les premières phases du phénomène embryonnaire des mammifères, d'après des recherches faites chez le lapin, par M. Éd. Van Beneden, XL, 686.

OISEAUX. — Les oiseaux de l'argile rupelienne, par M. P.-J. Van Beneden, XXXII, 256.

Note sur un oiseau de l'argile rupelienne, par M. P.-J. Van Beneden, XXXV, 354.

Description de quelques oiseaux nouveaux, par M. Alph. Dubois, XL, 447, 797; rapport de M. de Selys Longchamps, XL, 684.

Oiseau mécanique du Dr P. Nouille, XXXVI, 116; lecture du rapport de M. Montigny, XXXVI, 305.

Description d'oiseaux nouveaux et remarques sur la faune de Belgique, par M. A. Dubois, XLVII, 744, 823, 827; avis de M. de Selys Longchamps, XLVII, 755.

La classification des oiseaux depuis Linné, discours par M. Edm. de Selys Longchamps, XLVIII, 729. — Voir *Cigogne*. — *Coccyzus*.

Oligiste. — Sur l'emploi probable de l'oligiste trouvé dans la couche de l'âge du renne dans la caverne de Chaleux, par M. Éd. Dupont, XXIV, 483.

Ontologie. — Voir *Métaphysique*.

Opale. — Opale hydrophane et silicate hydratée transparente obtenues par l'action de l'acide oxalique sur les silicates alcalins à la température ordinaire, note présentée par M. Émile Monier, XLVI, 585; rapport de M. Stas, XLVI, 944.

Opéra. — Les origines de l'opéra dans les Pays-Bas espagnols, par M. Ch. Piot, XLIII, 42.

Orages. — Communication par M. Florimond Desrumeaux de ses observations à Louvain sur les orages depuis le 24 mars 1866, XXII, 106.

Orages à Louvain de la fin de juin jusqu'au commencement de septembre 1866, par M. Florimond, XXII, 213.

Sur la construction d'un atlas des orages dans nos régions, par M. Ad. Quetelet, XXII, 281.

Orages à Louvain le 14 septembre 1866, par M. Terby, XXII, 476.

Orages observés à Bruxelles et à Louvain du 7 février jusqu'à la fin de mai 1867, par MM. Ad. Quetelet et Terby, XXIII, 695.

Orage remarquable à Gand dans la nuit du 2 au 3 juin 1867, communication de M. A.-L. Neyt à M. Ad. Quetelet, XXIV, 19.

Orages des mois de juin et juillet 1867, communication de MM. Ad. Quetelet et Terby, XXIV, 114, 116.

Orages des mois d'août et septembre 1867, annotés à l'Observatoire royal de Bruxelles, XXIV, 300.

Orages observés à Louvain depuis le 19 juillet jusqu'au 13 septembre 1867, par M. Terby, XXIV, 301.

Orages observés à Gembloux du 1er avril au 31 juillet 1867, par M. Malaise, XXIV, 304.

Sur un orage observé à Gand le 4 septembre 1867, par M. A.-L. Neyt, XXIV, 305.

Orages à Louvain au mois d'octobre 1867, par M. Terby, XXIV, 513.

Orages à Malines en 1866 et 1867, par M. Bernaerts, XXIV, 515.

Lettre de M. Le Verrier au sujet des orages observés en 1867 et en 1868 pour une carte des orages en Europe, XXV, 403.

Orages à Gembloux et à Louvain en 1868, par MM. Malaise et Terby, XXVI, 134, 249.

Orages observés dans diverses localités de la Belgique en 1868, par M. A. Quetelet, XXVI, 275; à Bruxelles, XXVI, 276; à Louvain par M. Terby, XXVI, 279; à Gembloux, par M. Malaise, XXVI, 281; à Malines, par M. G. Bernaerts, XXVI, 285.

Orages à Bruxelles du 21 août 1868 jusqu'au 1er avril 1869, par M. Ad. Quetelet, XXVII, 251.

Orages à Liége pendant le premier trimestre de 1869, par M. Dewalque, XXVII, 252.

Orages à Anvers en 1868, par M. C. Coomans, XXVII, 253.

Orages à Ostende en 1868, par M. Cavalier, XXVII, 256.

Orages à Liége et dans la province en 1868, par M. D. Leclercq, XXVII, 257; rapport de M. Duprez, XXVII, 249.

Orages observés en Belgique en 1868-1869, communication de M. Ad. Quetelet, XXVII, 635; à Bruxelles du 1er avril au 1er juin 1869, XXVII, 636; à Gembloux du 1er septembre 1868 au 1er juin 1869, par M. Malaise, XXVII, 637; à Louvain du 1er janvier au 1er juin 1869, par M. Terby, XXVII, 638; à Ostende, du 1er janvier au 1er juin 1869, par M. Cavalier, XXVII, 640; à Anvers du 1er janvier au 1er juin 1869, par M. Coomans, XXVII, 640; à Malines, du 1er septembre 1868 au 1er juin 1869, par M. Bernaerts, XXVII, 641; à Liége, du 1er avril au 1er juin 1869, par M. Dewalque, XXVII, 643; à Ger-

pinnes du 1er janvier au 1er juin 1869, par M. Van Geel. XXVII, 644.

M. Terby transmet sa liste des orages observés à Louvain depuis le 28 mai jusqu'au 7 août 1869, XXVIII, 138.

Orages observés à Bruxelles du 1er juin au 1er octobre 1869, par M. Ad. Quetelet, XXVIII, 331; à Louvain du 1er juin au 1er octobre 1869, par M. Terby, XXVIII, 332; à Malines du 1er juin au 1er octobre 1869, par M. Bernaerts, XXVIII, 335; à Ostende pendant les mois d'août et de septembre 1869, par M. Cavalier, XXVIII, 337; à Anvers, du 1er juin au 1er octobre 1869, par M. Coomans, XXVIII, 338; à Gerpinnes, du 1er juin au 1er octobre 1869, par M. Van Geel, XXVIII, 340.

Orages en Belgique pendant l'année 1869, par M. Ad. Quetelet, XXVIII, 404.

Orages à Bouillon du 1er janvier au 1er août 1869, par M. Brauch, XXVIII, 405.

Orages à Gembloux du 1er juin au 25 octobre 1869, par M. Malaise, XXVIII, 406.

Orages à Liége du 1er juin au 1er septembre 1869, par M. Dewalque, XXVIII, 406.

Orages à Liége et dans la province en 1869, par M. D. Leclercq, XXVIII, 407.

Orages à Louvain et à Malines, par MM. Terby et Bernaerts du 1er janvier au 1er juillet 1870, XXX, 3.

Orages à Louvain en juillet et août 1870, par M. Terby, XXX, 83.

Orages observés en Belgique pendant l'année 1870 : Bruxelles, Observatoire royal, du 1er octobre 1869 au 1er novembre 1870, par M. A. Quetelet, XXX, 290; à Louvain par M. Terby, du 1er octobre 1869 au 1er novembre 1870, XXX, 292; à Malines, par M. Bernaerts, du 1er octobre 1869 au 1er octobre 1870, XXX, 297; à Arendonck, par M. Coomans, du 1er janvier au 25 octobre 1870, XXX, 300; à Somergem, par M. Vertriest, du 1er janvier au 1er octobre 1870, XXX, 302; à Ostende, par M. Cavalier, du 1er janvier au 1er novembre 1870, XXX, 306; à Gerpinnes, par M. Van Geel, du 1er janvier au 1er septembre 1870, XXX, 308; à Chimay, par M. Brauch, du 1er janvier au 1er août 1870, XXX, 311; à Gembloux, par M. Malaise, du 1er janvier au 1er novembre 1870, XXX, 311; à Liége, par M. D. Leclercq, du 1er septembre 1869 au 3 septembre 1870, XXX, 312; à Liége, par M. Dewalque, du 1er janvier au 1er novembre 1870, XXX, 314; à Anvers, par M. Coomans, du 1er janvier au 1er novembre 1870, XXX, 318.

Tableau du résumé des orages de 1870 en Belgique, XXX, 316, 317.

Notice sur la production successive d'éclairs identiques aux mêmes lieux de l'atmosphère pendant l'orage du 2 juillet 1871, par M. Montigny, XXXII, 54.

Orages qui ont sévi à Aartselaer le 23, le 26 et le 29 juillet 1873, par M. O. Van Ertborn, XXXVI, 145.

Orages du 10 juillet 1874, par M. Ch. Hooreman, XXXVIII, 354.

Orages du 15 septembre 1874 au 15 septembre 1875, qui ont éclaté à Liége et sur la province, par M. D. Leclercq, XL, 271.

ORANGE (LE PRINCE D'). — Voir *Élisabeth*.

ORCHIDÉES. — Note bibliographique de M. Morren sur le livre de M. le Dr Treub : *Sur l'embryologie de quelques Orchidées*, XLVIII, 341.

ORDONNANCES DE PHILIPPE II. — Voir *Damhouder*.

ORDRE DE LÉOPOLD. — M. Wesmael, promu officier, MM. Dewalque, Nyst, Coemans, Nève, de Burbure et Siret, nommés chevaliers en 1870, XXX, 455; M. De Busscher promu officier, MM. Montigny, Morren, Poullet et Loise, nommés chevaliers en 1875, XXXIX, 768; M. Wauters promu officier en 1877, XLIII, 666; M. Melsens promu officier en 1880, XLIX, 613; M. Stas promu commandeur en 1880, L, 253.

Ordre d'un lieu géométrique. — Voir *Lieu géométrique.*

Orques. — Les orques observés dans les mers d'Europe, mémoire par M. P.-J. Van Beneden, XLVII, 180; lecture des rapports de MM. Van Bambeke et Candèze, XLVII, 228.

Ossements fossiles. — Note de M. P. J. Van Beneden sur des ossements fossiles découverts à Tirlemont, à l'appui de la note de M. Van Horen sur quelques points de la géologie de cette ville, XXV, 618. — Voir *Fossiles.*

Ossification. — Études sur l'ossification. I. Évolution du cartilage embryonnaire chez les mammifères, par M. H. Leboucq, XLIV, 318, 561; rapport de M. Éd. Van Beneden, XLIV, 457.

Otaria pusilla. — Sur les dents de lait de l'Otaria pusilla, par M. P.-J. Van Beneden, XXXI, 61.

Oudenbourg. — Note bibliographique de M. de Borchgrave en présentant les deux premières livraisons de l'Histoire d'Oudenbourg, par MM. Feys et Van de Casteele, XXXVII, 465.

Note bibliographique de M. A. Le Roy en présentant les deux derniers volumes de l'Histoire d'Oudenbourg, par MM. Feys et Van de Casteele, XLV, 525.

Ouvrages présentés (Publications de sociétés savantes, etc.). — En 1866 : XXI, 68, 186, 257, 298, 518, 599; XXII, 102, 171, 253, 446, 612; en 1867 : XXIII, 42, 211, 357, 423, 678, 729; XXIV, 98, 215, 420, 492, 593; en 1868 : XXV, 63, 171, 272, 393, 597, 717; XXVI, 127, 207, 365, 423, 554; en 1869 : XXVII, 119, 185, 237, 355, 607, 743; XXVIII, 129, 276, 388, 517, 665; en 1870 : XXIX, 56, 150, 326, 440, 653, 757; XXX, 76, 146, 269, 368, 497; en 1871 : XXXI, 24, 51, 104, 194, 462, 582; XXXII, 27, 116, 222, 328, 410; en 1872 : XXXIII, 84, 162, 291, 351, 483, 585; XXXIV, 128, 210, 387, 438, 653; en 1873 : XXXV, 81, 183, 341, 449, 636, 933; XXXVI, 107, 245, 439, 594, 830; en 1874 : XXXVII, 153, 240, 328, 473, 788, 885; XXXVIII, 284, 372, 530, 643, 848; en 1875 : XXXIX, 51, 239, 349, 432, 771, 974; XL, 40, 216, 436, 655, 1098; en 1876, XLI, 216, 388, 720, 903, 1139, 1342; XLII, 226, 404, 651, 813, 1088; en 1877 : XLIII, 54, 227, 309, 447, 707, 775; XLIV, 111, 256, 445, 645, 893 : en 1878 : XLV, 59, 137, 360, 554, 720, 831; XLVI, 167, 277, 574, 847, 987; en 1879 : XLVII, 173, 248, 302, 477, 731, 913; XLVIII, 89, 232, 430, 578, 882; en 1880 : XLIX, 76, 134, 257, 297, 604, 704; L, 67, 138, 248, 283, 450

Ovaire. — Voir *Fécondation.*

Ovations. — Ovation à M. Van de Weyer, dans la séance de la Classe des lettres du 8 avril 1872, XXXIII, 331.

P.

Pachyacanthus (Les) du Musée de Vienne, par M. P.-J. Van Beneden, XL, 323.

Pacification de Gand. — Note de MM. Le Roy et Stecher au sujet de la réimpression d'une brochure de 1579 intitulée : *Vray entendement de la Pacification de Gand*, XLII, 635.

Pagi. — Note à l'appui de la question des Pagi, présentée pour le concours de la Classe des lettres de 1871, par M. Wauters, XXVIII, 254.

Rapports de MM. Wauters, De Smet et J. Bormans, sur le mémoire de concours de 1871 sur les Pagi de la Belgique, lauréat M. Piot, XXXI, 376, 384, 396.

Paille. — De la cire de la paille, par M. L. Henry, XXVIII, 442.

Paix du sang. — De la paix du sang

ou paix à partie dans les anciennes coutumes belgiques, par M. Defacqz, XXII, 73.

PALAEDAPHUS. — Un Palaedaphus nouveau du terrain devonien, par M. P.-J. Van Beneden, XXVII, 378. — Voir *Affinités*.

PALAIS DES ACADÉMIES. — Communication des pièces officielles mettant l'ancien Palais ducal à la disposition des Académies pour y établir définitivement leurs locaux, XLI, 1086; dispositions pour l'inauguration et répartition des locaux, XLIII, 648; réponse du Roi au toast du banquet du 15 mai 1877, XLIII, 703; proposition de M. Éd. Fétis, relative à l'ornementation des salles académiques, XLIII, 707; MM. Maus, Wauters et Alvin délégués avec le délégué de l'Académie de médecine, pour l'inauguration, XLIII, 649, 745, 748, 753; dispositions pour l'installation de l'Académie dans son nouveau local, XLIII, 648; solennité d'inauguration: discours par M. le Ministre de l'Intérieur, XLIV, 860; par M. Alvin, président de l'Académie, XLIV, 862; par M. Soupart, président de l'Académie royale de médecine, XLIV, 865; par M. Maus, directeur de la Classe des sciences, XLIV, 869; banquet d'installation, toast au Roi, par M. Alvin et réponse de Sa Majesté, toasts des Ministres de l'Intérieur et des Travaux publics et de M. Soupart, président de l'Académie royale de médecine, XLIV, 886, 887, 888, 890, 891; remerciments du Roi pour le toast du banquet du 15 décembre 1877, XLV, 2, 41, 56.

PALAIS DES BEAUX-ARTS A BRUXELLES. — Opinion de divers membres de la Classe des beaux-arts sur la nécessité d'un palais pour les expositions triennales à Bruxelles, XXXI, 577.

Sur la création d'un Palais des beaux-arts à Bruxelles, discours prononcé par M. Gallait, dans la séance publique de la Classe des beaux-arts de 1871, XXXII, 130.

Considérations du même sur la réalisation de cette proposition, XXXIII, 326, 365.

Nomination d'une commission chargée d'élaborer un projet pour cet édifice, XXXII, 366.

Paroles prononcées au Palais le 1er janvier 1872, par M. Gallait et réponse du Roi, relatives au palais projeté, XXXIII, 81.

Communication verbale de M. Gallait sur les travaux de la commission relativement à l'emplacement pour ce palais, XXXIII, 290.

Rapport de la Commission sur les résultats de ses travaux et dépôt des plans de l'édifice, XXXIII, 337.

Lettre de M. le Ministre des Travaux publics annonçant que le Gouvernement a décidé la construction, sous la direction de M. Balat, du Palais des beaux-arts sur les terrains de l'ancien hôtel du Ministère de la Justice, rue de la Régence, XXXIV, 435.

Communication par M. le Ministre des Travaux publics des plans de cet édifice, et adjonction de M. Gevaert à la Commission, XXXVI, 624.

Le Palais des beaux arts de Bruxelles, discours prononcé par M. Balat à la séance publique de la Classe des beaux-arts de 1875, XL, 246.

PALAIS ROYAL DE BRUXELLES. — Incendie du Palais royal de Bruxelles (3 février 1731), note par M. Gachard, XXXV, 469; communication verbale de M. Wagener au sujet de la destruction dans cet incendie, de tableaux de Rubens, XXXV, 148.

PANACHURE. — Contagion de la panachure (variegatio), par M. Éd. Morren, XXVIII, 434.

PAN-GERMANISME. — Du pan-germanisme et de ses influences sur la littérature flamande, par M. Nolet de Brauwere van Steeland, XXV, 246.

PANISELIENNE (ASSISE). — Les dépôts littoraux de l'assise paniselienne dans les environs de Bruxelles, mémoire avec billet cacheté renfermant les noms des auteurs, XL, 447; rapports de MM. Dupont, Nyst et Briart, XL, 678, 680, 684.

Pantéléphone (le), travail présenté par M. De Locht, XLVIII, 341; avis de MM. Melsens, Montigny et Spring, L, 3. — Voir *Électricité* — *Téléphone*.

Panthéon national. — Communication de M. Gallait au sujet du projet d'un Panthéon national, L, 327.

Papyrus. — Note sur les papyrus égyptiens du Musée de Boulaq publiés par M. Mariette-bey, XXXIV, 216.

Paraboles. — Note bibliographique de M. Alvin sur le livre des Paraboles de M. A. Van Hasselt, XXXIV, 214.

Paradoxe mathématique. — Sur un paradoxe mathématique, et sur un caractère de décomposition dû à la présence des lignes multiples, par M. L. Saltel, XLVI, 943, XLVII, 184; lecture des rapports de MM. Folie, De Tilly et Catalan, XLVII, 184.

Parallaxe solaire. — Voir *Mars*.

Paratonnerres. — Faut-il terminer les paratonnerres par des pointes ou par des boules? Lettre de M. Peltier fils à M. Ad. Quetelet, XXI, 132.

Mémoire sur le coup de foudre de la gare d'Anvers, du 10 juillet 1865, par M. Melsens, XXVI, 250; lecture du rapport de MM. Gloesener, E. Quetelet et Montigny, XXVII, 191; nouvelle rédaction de ce travail, XXXIX, 445; avis des mêmes commissaires, XXXIX, 780.

Note sur un paratonnerre foudroyé à Wetteren, le 23 mai 1872, par M. Gloesener, XXXIII, 502.

Deuxième note sur les paratonnerres, par M. Melsens, XXXVIII, 320; troisième note sur les paratonnerres, par le même, XXXVIII, 423; quatrième note, par le même, XXXIX, 831; cinquième note, par le même : observations sur le coût des paratonnerres; sur quelques points des instructions françaises et sur la nécessité de nouvelles instructions, XLVI, 43.

Lettre de M. Th. Du Moncel relative à la 5e note de M. Melsens sur les paratonnerres, XLVI, 381.

Appendice à sa 5e note sur les paratonnerres, par M. Melsens, XLVI, 382.

De l'application du rhé-électromètre aux paratonnerres des télégraphes, par M. Melsens, XLIII, 481.

Note de M. Melsens sur son ouvrage concernant les paratonnerres qu'il a établis en 1865, sur l'hôtel de ville de Bruxelles, XLIV, 662. — Voir *Commission pour les paratonnerres*. — *Électricité*.

Parménide, Platon et Rosmini. — Note par M. V. di Giovanni sur l'ouvrage intitulé : *Dell' Essere et del Conoscere, Studi su Parmenide, Platone e Rosmini*, et quelques autres ouvrages de M. Baroni, XLVII, 855.

Parole écrite. — Voir *Écriture*.

Particularisme linguistique. — Notice sur le particularisme linguistique flamand de la Flandre occidentale par M. J. Nolet de Brauwere van Steeland, XXXVII, 206.

Quelques remarques à propos de la communication de M. J. Nolet de Brauwere van Steeland, sur le particularisme linguistique de la Flandre occidentale, par M. P. Willems, XXXVII, 467.

Réponse aux « Quelques remarques » de M. P. Willems concernant ma notice sur le particularisme linguistique de la Flandre occidentale, par M. J. Nolet de Brauwere van Steeland, XXXVII, 667.

Partis. — Note sur le problème des partis, par M. Mansion, XXV, 403; rapport de MM. Catalan et Gilbert, XXV, 619.

Pascal. — Voir *Brimchon*.

Pas du perron fée (le). — Note, par M. Potvin, sur cet ouvrage de M. Félix Brassart, XLIV, 403.

Paul Ier, empereur de Russie. — Voyage de Paul Ier en Belgique, en 1782, par M. Gachard, XXXIII, 131.

Pays-Bas. — Lecture par MM. Borgnet, Gachard et Juste de leurs rapports sur le mémoire de M. Félix Vander Taelen intitulé : *Les Pays-Bas anciens*, XXI, 294.

Réfutation par M. Th. Juste d'une calomnie à l'égard de M. de Stassart et

relevée dans son livre sur la fondation du royaume des Pays-Bas (1807-1817), XXVIII, 572.

Les gouverneurs de province dans les anciens Pays-Bas catholiques, par M. Edm. Poullet, XXXV, 362, 810.

Note de M. Wauters au sujet du volume de M. Paillard intitulé : *Considérations sur les causes générales des troubles des Pays-Bas au XVIe siècle,* XXXVII, 461.

Notes du même: 1° sur le deuxième volume de l'Histoire des troubles religieux de Valenciennes, 1560-1567, de M. Paillard, XXXIX, 967; 2° sur le tome III du même ouvrage de M. Paillard, XLII, 398; 3° sur le tome IV du même ouvrage de M. Paillard, XLII, 916.

La diplomatie concernant les affaires maritimes des Pays-Bas, vers le milieu du XVIe siècle, jusqu'à la trêve de Vaucelles, par M. Ch. Piot, XL, 817.

Huit mois de la vie d'un peuple : Les Pays-Bas du 1er janvier au 1er septembre 1566, d'après les mémoires et les correspondances du temps, mémoire par M. Paillard, XLII, 910; rapports de MM. Wauters, Gachard et Juste, XLIII, 205, 207, 215.

Rapports de MM. Wauters, Piot et Poullet sur le mémoire de concours de 1878, relatif à l'histoire de la réunion aux Pays-Bas des provinces de Gueldre, d'Utrecht, de Frise et de Groningue, XLV, 824, 825, 826.

Une page de l'histoire religieuse des Pays-Bas (1544-1545) : *Pierre Brully, successeur de Calvin comme pasteur de l'église française de Strasbourg*, par M. Ch. Paillard, XLIV, 402; lecture des rapports de MM. Gachard, Juste et Wauters, XLIV, 818.

PÊCHE FLUVIALE. — Sur la pêche fluviale en Belgique, par M. de Selys Longchamps, XXII, 579.

PECOPTERIS ODONTOPTEROIDES MORRIS. — Notice sur le Pecopteris odontopteroides Morris, par M. Crépin, XXXIX, 258.

PEINE DE MORT. — Études sur l'histoire du droit criminel : Une controverse du XIIIe siècle sur la légitimité de la peine de mort, par M. Thonissen, XXI, 239.

La peine de mort dans le Talmud, notice par le même, XXII, 349.

Note de M. de Laveleye en offrant au nom de la comtesse Valentine de Sellon son écrit intitulé : *La peine de mort au XXe siècle*, XLIV, 240.

PEINTRE. — Rapports de MM. Portaels, Alvin et Pinchart sur le mémoire de concours de la Classe des beaux-arts de 1879 sur le régime de la profession de peintre jusqu'à Rubens, XLVIII, 272, 273, 278.

PEINTURE. — Discours de M. Fraikin en séance de la Classe des beaux arts de 1870 sur les écoles de peinture de Van Eyck et de Rubens, XXX, 172.

Note de M. le baron Kervyn sur l'Histoire de la peinture au pays de Liége, par M. Helbig, XXXV, 230. — Voir *Art.* — *Concours (Grand) de peinture.* — *Discours.*

PÉLOBATE BRUN. — Recherches sur le développement du Pélobate brun, mémoire par M. C. Van Bambeke, XXIII, 367; rapports de MM Poelman, P.-J. Van Beneden et Gluge, XXIII, 436, 438, 439.

PERIL (Robert). — Robert Peril, graveur du XVIe siècle, sa vie et ses ouvrages, par M. le chevalier de Burbure, XXVII, 322.

PÉRIODE POSTDILUVIALE. — Sur la période postdiluviale et sur le renne dans le Mecklembourg, extrait d'une lettre de M. G. Lisch à M. A. Spring, XXI, 136.

PÉRIODICITÉ. — Sur la périodicité physiologique, discours par M. Spring, XXVI, 531. — Voir *Anthropométrie.* — *Phénomènes périodiques.*

PERMUTATIONS. — Solution de deux questions de permutations, par M. P.-A. Simons, XXXVIII, 293; lecture des rapports de MM. Catalan et Folie, XXXVIII, 409.

PEROXYDE D'ARGENT. — Voir *Argent.*

PEROXYDE D'AZOTE. — Voir *Acétylene.*

PERSE. — Note bibliographique de

M. P. Willems en présentant l'ouvrage de M. de Harlez, intitulé : *Manuel du Pehlevi des livres religieux et historiques de la Perse*, et d'autres brochures du même auteur, L, 41.

Perséides (Les). — Voir *Étoiles filantes*.

Perturbations magnétiques. — Voir *Magnétisme*.

Perturbations météorologiques. — Voir *Météorologie*.

Peste (La). — The Plague, note présentée par M. B.-G. Jenkins, XLVII, 227.

Phalangides. — Voir *Digestion*.

Phases lunaires. — Voir *Lune*.

Phénol. — Sur les dérivés sulfurés du phénol, par M. Kekulé, XXIII, 232; Sur les sulfacides du phénol, par le même, 1re note, XXIII, 238; 2e note, XXIV, 118. — Voir *Dérivés éthérés*.

Phénomènes périodiques. — Sur les phénomènes périodiques en général, notice par M. Ad. Quetelet, XXVI, 136.

Remercîments votés à M. Michel pour sa série d'observations faites à Ostende, XXXVI, 114.

Observations météorologiques et observations des phénomènes périodiques sur les règnes végétal et animal faites pendant l'année 1865; XXI, 3, 75, 194; 1866 : XXI, 262, 309, 526; XXII, 106, 260, 452, 549; XXIII, 2, 50, 249, 366, 430; 1867 : XXIV, 2, 435, 498; XXV, 71, 283; 1868 : XXV, 402, 610; XXVI, 3, 249, 379, 430; XXVII, 4, 127, 190; 1869 : XXVII, 362, 614; XXVIII, 318, 398; XXIX, 3, 63, 158, 336, 446, 662; 1870 : 3, 84, XXX, 180, 282, 374, 419; XXXI, 2, 32, 54, 111; 1870 et 1871 : XXXI, 198, 475; XXXII, 3, 235, 334; 1871 : XXXII, 2, 171; 1872 : XXXIII, 299, 359, 490; XXXIV, 3, 139, 242, 460, 446; XXXV, 3, 90; 1873 : XXXV, 188, 351, 459, 642; XXXVI, 3, 114, 298, 450, 602; XXXVII, 3, 158, 270; 1874 : XXXVII, 339, 483, 799; XXXVIII, 2, 291, 405, 554, 650; XXXIX, 4, 56, 250, 359, 443, 778; 1875 : XL, 2, 51, 270, 446, 898; XLI, 4, 224, 395, 731; 1876 : XLI, 912.

Philidor. — Voir *Musique*.

Philippe de Clèves. — Le dernier héros du moyen âge en Belgique : Philippe de Clèves, par M. le général Guillaume, XXIX, 261.

Philippe le Bon — Communication par M. Desplanque d'un travail intitulé : *Projet d'assassinat de Philippe le Bon par les Anglais*, XXI, 569; rapports de MM. le baron Kervyn, Gachard et Juste, XXII, 115, 117, 118.

Philippe le Hardi. — Voir *Flandre*. — *Lettres*.

Philippe II. — Voir *Damhouder*.

Philippe IV — Voir *Bibliothèques*.

Philologie — Sur différents ouvrages de philologie offerts à l'Académie par M. J. Gantrelle, note de M. A. Le Roy, XLI, 687.

Philologie et littérature siciliennes — Note bibliographique de M. Le Roy sur le livre de M. di Giovanni intitulé : *Filologia e letteratura siciliana*, XLVIII, 170.

Note par M. Edm. Poullet en présentant les ouvrages de philologie de M. Th. Lamy, XLVI, 126.

Philosophie. — Note de M. Alph. Le Roy en présentant l'ouvrage de M. di Giovanni : *Il P. Giuseppe Romano e l'ontologismo in Sicilia, sulla metà del secolo XIX*, XLVII, 237.

Sur les ouvrages philosophiques de M. Vincenzo di Giovanni, de Palerme, note par M. A. Le Roy, XL, 148; sur les *Prelezioni di filosofia* du même, par M. Le Roy, XLIII, 378.

Note de M. A. Le Roy en présentant le tome II de la nouvelle édition des *Principii di filosofia prima*, de M. V. di Giovanni, XLV, 526.

Pholérite. — Voir *Minéraux*.

Phoques. — Les phoques de la mer scaldisienne par M. P.-J. Van Beneden, XXXII, 5.

Les phoques fossiles du bassin d'Anvers, par le même, XLI, 783.

Sur le classement stratigraphique des phoques fossiles recueillis dans les terrains d'Anvers, par M. Mourlon,

XLIII, 325, 603; rapports de MM. P.-J. Van Beneden et Dupont, XLIII, 473, 474.

PHOSPHATE. — Découverte d'un gisement de phosphate de chaux en dessous de la ville de Louvain, par M. G. Lambert, XXIX, 4, 254; rapport de M. de Koninck, XXIX, 163.

Notice sur les gisements de phosphate de chaux dans le terrain crétacé de la province de Hainaut, par MM. Cornet et Briart, XXXVII, 838.

Note sur l'importance du gisement de phosphate de chaux des environs de Ciply (province de Hainaut), par M. Melsens, XXXVIII, 23.

Rectification par le même, au sujet du travail précité de M. Lambert, XXXVIII, 442.

Note sur les gisements de phosphates en Belgique et particulièrement sur celui de Ciply, par M. A. Petermann, XXXVIII, 632; XXXIX, 25; rapports de MM. Melsens et Donny, XXXIX, 12, 13.

Seconde note sur les gisements de phosphates en Belgique, et particulièrement sur celui de Ciply, par M. A. Petermann, XLV, 3; rapports de MM. Morren et Stas, XLV, 75, 77.

PHOSPHORE. — De l'action du perchlorure de phosphore sur la nitronapthtaline, par MM. L. de Koninck et P. Marquart, XXXIII, 3, 222; rapport de M. Melsens, XXXIII, 104.

Note sur l'action du pentachlorure de phosphore sur les hyposulfites inorganiques, par M. W. Spring, XXXVIII, 293, 503; rapport de M. Stas, XXXVIII, 408.

PHOTOMÈTRE. — Description d'un photomètre stellaire par M. Ad. de Boe, XLIV, 850; lecture du rapport de M. Houzeau, XLV, 25.

PHOTOPHONE. — Lettre sur le téléphone et le photophone, par M. A. Van Weddingen, L, 295. — Voir *Électricité* — *Pantéléphone*.

PHTHANITES. — Voir *Calcaire*.

PHYLLADE OLIGISTIFÈRE. — Voir *Coticule*.

PHYLLOXERA. — Envoi par la commission nommée à la suite des délibérations de la Société centrale d'horticulture de Nancy, de la circulaire renfermant la note à M. le Ministre de l'Agriculture et du Commerce de France, XLIX, 614.

PHYSIOLOGIE. — Nouvelle communication sur des sujets physiologiques, par M. Robin, XXXVI, 299.

PHYSIQUE SOCIALE. — Voir *Anthropométrie*.

PIÈCES ANATOMIQUES SÈCHES. — Communication préalable sur quelques procédés nouveaux de préparation de pièces anatomiques sèches, par M. L. Fredericq, XLI, 1153, 1319; rapport verbal de M. F. Plateau, XLI, 1156.

PIÈCES D'ORFÈVRERIE. — Voir *Archéologie*.

PIERRE DE CONSTRUCTION. — Voir *Calcaire*.

PIERRE LE GRAND. — Le voyage de Pierre le Grand dans les Pays-Bas autrichiens en 1717, par M. Gachard, XLVI, 510.

PINGUICULA. — Observations sur les procédés insecticides des Pinguicula, par M. Éd. Morren, XXXIX, 870. — Voir *Drosera*. — *Plantes*.

PLACENTA. — Premières phases du développement du placenta chez le lapin, par MM. Masquelier et Swaen, XLVIII, 3, 45; rapport de M. Éd. Van Beneden, XLVIII, 17.

PLACOZIPHIUS. — Sur un nouveau genre de cétacé fossile (Placoziphius) trouvé à Edeghem, près d'Anvers, mémoire par M. P.-J. Van Beneden, XXII, 107; lecture du rapport de M. Poelman, XXII, 184.

PLANÈTES. — Décision à l'égard de la présentation d'une note imprimée de M. Flammarion sur la loi du mouvement de rotation des planètes, XXIX, 430.

PLANTES. — Un aperçu sur les variétés dans les plantes, par M. Le Brun, XXIV, 278.

Introduction à l'étude de la nutrition des plantes, par M. Éd. Morren, XXXIV, 636.

Sur le rôle des ferments dans la nutrition des plantes, par M. Éd. Morren, XLII, 489, 676, 1040.
Sur quelques plantes fossiles de l'étage des psammites du Condroz, par M. Gilkinet, XXXIX, 250, 384; rapports de MM. Dewalque et de Koninck, XXXIX, 363, 364.
La théorie des plantes carnivores et irritables, par M. Éd. Morren, XL, 1040. — Voir *Acide humique.* — *Drosera.* — *Fossiles.* — *Plantes.* — *Terrain houiller.*

Plantin (Christophe). — Rapport de MM. Le Roy, Scheler et Guillaume sur les notices envoyées au concours de Stassart: Biographie de Plantin, XXXIX, 335.
Rapports de MM. Scheler, Wagener et Thonissen sur les notices en réponse au même sujet prorogé jusqu'en 1876, XLI, 891, 895, 896.

Plantin (Maison). — Voir *Morgues* (*Mathieu de*).

Platine (Noir de). — Voir *Hydrogène.*

Plaute. — Sur une lettre critique de M. Stefano Grosso sur le supplément d'Urceus Codrus à l'Aulularia (Pentolinaria) de Plaute, note par M. Le Roy, XLIII, 613.

Plésiosaures. — Sur deux Plésiosaures du lias inférieur du crag d'Anvers, mémoire par M. P.-J. Van Beneden, L, 293.
Note de M. P.-J. Van Beneden sur ce mémoire, L, 408.

Pluie. — Sur la quantité de pluie tombée à Anvers en 1866, par M. De Bee, XXIII, 50.

Plume électrique. — Note sur une plume électrique, présentée par M. Gérard, XLVIII, 443; lecture des rapports de MM. Melsens, Montigny et Spring, XLVIII, 600.

Plutarque. — Les opinions politiques de Plutarque comparées avec celles de Tacite, par M. Wagener, XLI, 1109.

Podaires. — Voir *Roulettes.*

Poésie. — *Les Vieux*, par M. Ad. Mathieu, XXI, 64, 491.
De Wind, cantate couronnée, paroles de M. Em. Hiel, musique de M. J. Van den Eeden, exécutée à la séance publique de la Classe des beaux-arts de 1866, XXII, 248.
A S. A. R. le comte de Flandre, Bruxelles, 30 avril 1867, par M. Ad. Mathieu, XXIII, 598, 600.
Het Woud, cantate couronnée, paroles de M. Ch. Versnaeyen, musique de M. Waelput, exécutée à la séance publique de la Classe des beaux-arts de 1867, XXIV, 270.
Même cantate, musique de M. Van Gheluwe, exécutée à la séance publique de la Classe des beaux-arts de 1868, XXVI, 245.
Les Vieilles, par M. Ad. Mathieu, XXVI, 410.
La dernière nuit de Faust, cantate couronnée, paroles de M. G. Lagye, avec traduction flamande de M. Hiel, musique de M. J. Van den Eeden, exécutée à la séance publique de la Classe des beaux-arts de 1869, XXVIII, 303, 310.
Même cantate, musique de M. Em. Mathieu, exécutée à la séance publique de la Classe des beaux-arts de 1870, XXX, 177.
Gloire, amour, charité, par M. Ad. Mathieu, XXIX, 336, 632.
Le songe de Colomb, cantate couronnée, paroles de M. Cl. Michaëls, avec traduction flamande de M. Em. Hiel, musique de M. G. Demol, exécutée à la séance publique de la Classe des beaux-arts de 1871, XXXII, 141, 147.
Même cantate, musique de M. Em. Mathieu, exécutée à la séance publique de la Classe des beaux-arts de 1872, XXXIV, 238.
Torquato Tasso's Dood, cantate couronnée, paroles de M. Van Droogenbroeck, avec traduction française de M. J. Guilliaume, exécutée à la séance publique de la Classe des beaux-arts de 1873, XXXVI, 287, 292.
Même cantate, musique de M. Fl. Van Duyse, exécutée à la séance publique de la Classe des beaux-arts de 1874, XXXVIII, 401.
Note bibliographique par M. Le Roy

sur les poésies de M. Giuseppe de Spuches, prince de Galati, XLI, 1331.
De Meermin, cantate couronnée, paroles de J. Sabbe, avec traduction française de M. J. Guilliaume, musique de M. Isidore Devos, exécutée à la séance publique de la Classe des beaux-arts de 1876, XLII, 440, 448.
Les Bardes du désespoir, par M. Ch. Potvin, XLII, 911.
Journée d'avril, poésie par M. Potvin, XLIII, 682.
De Klokke Roeland, cantate couronnée, paroles de M. J. Sabbe, avec traduction française de M. J. Guilliaume, musique de M. Tinel, exécutée à la séance publique de la Classe des beaux-arts de 1877, XLIV, 300, 306.
Même cantate, musique de M. Julien Simar, exécutée à la séance publique de la Classe des beaux-arts de 1878, XLVI, 314.
Le dix-huitième siècle, par M. Ch. Potvin, XLVI, 129.
Nuit en mer, par le même, XLVI, 775.
Camoëns, cantate couronnée, paroles de M. J. Van Droogenbroeck, avec traduction française de M. J. Guilliaume, musique de M. Sylvain Dupuis, exécutée à la séance publique de la Classe des beaux-arts de 1879, XLVIII, 324, 330.
Le Beau, poésie par M. Ch. Potvin, XLVIII, 561.
POÉSIES THYOISES. — Notice sur deux fragments manuscrits de poésies thyoises de la fin du XIIIe siècle (le Bestiaire d'amours et l'Art d'aimer d'Ovide), par M. J.-H. Bormans, XXVII, 488.
POILVACHE. — Notice et pièce concernant Poilvache et Bouvignes, par M. Varenbergh, XXV, 691; lecture du rapport de M. Borgnet, XXVI, 121.
POISSON. — Sur l'interprétation de la conception infinitésimale de Poisson, par M. Manilius, XXVI, 430; rapport de M. Catalan, XXVII, 9; demande, par le même, d'un rapport sur une note imprimée sur le même sujet, XXVII, 127.
POISSONS. — Mémoire sur les poissons qui habitent régulièrement ou visitent accidentellement les côtes de la Belgique et sur leurs parasites ou commensaux, par M. P.-J. Van Beneden, XXIX, 63; lecture des rapports de MM. Lacordaire, de Selys Longchamps et Poelman, XXIX, 159.
Sur un nouveau genre de poissons fossiles de la craie supérieure, par M. L.-G. de Koninck, XXIX, 75; rectification à cette notice, par le même, XXX, 27.
Les Echeneis et les Naucrates dans leurs rapports avec les poissons qu'ils hantent, par M. P.-J. Van Beneden, XXX, 181.
Recherches sur quelques poissons fossiles de Belgique, par le même, XXXI, 493.
Sur les dents de poissons du dépôt de transport de la Meuse et de ses affluents, par M. Dewalque, XXXII, 50.
Sur un nouveau poisson du terrain laekenien, par M. P.-J. Van Beneden, XXXIV, 420.
Sur un nouveau poisson du terrain bruxellien, par le même, XXXV, 207.
Recherches sur l'embryogénie des poissons osseux : I. Modification de l'œuf après la ponte, non fécondé; II. Premières phases du développement, par M. Van Bambeke, XXXVIII, 558; rapports de MM. Éd. Van Beneden et Schwann, XXXIX, 75, 84. — Voir *Fossiles*.
POLAIRE. — Sur les compagnons de la Polaire, par M. J.-C. Houzeau, XLII, 758. — Voir *Étoiles*.
POLHODIE. — Impression d'une note de M. Catalan sur la Polhodie à la suite de son mémoire sur la fonction Xn, XXXVIII, 292.
POLITIQUE ROMAINE. — Essai sur la politique romaine en Orient, sous le règne d'Auguste, par M. F. Nève, XXIII, 483.
POLLINISATION. — Du rôle des insectes dans la pollinisation des fleurs hétérostyles (Primula elatior), par M. J. Mac Leod, XLIX, 614; L, 27; rapport de M. Morren, L, 4.

Polyèdres. — Mémoire sur une classe de polyèdres, par M. Ern. Césaro, XLVI, 319; ce travail lui est restitué, XLVI, 584.

Polygones. — Sur la division des angles et sur l'inscriptibilité des polygones, par M. Speelman, XXV, 8, 665; rapport de M. Catalan, XXV, 618.

Théorèmes sur les polygones réguliers et sommation de quelques séries trigonométriques, par M Reinemund, XL, 447, 801; rapport de M. De Tilly, XL, 671.

Suite des théorèmes sur les polygones réguliers, par M. Reinemund, XLIII, 232, 3 6; rapport de M. De Tilly, XLIII, 332.

Polynômes. — Sur une suite de polynômes entiers et sur quelques intégrales définies, par M Catalan, L, 255; lecture du rapport de M. Folie, L, 333.

Polymorphisme. — Voir *Champignons.*

Polypes. — Voir *Faune belge.*

Pompa triumphalis. — La note à payer pour le livre intitulé : *Pompa triumphalis introïtus Ferdinandi austriaci Hispaniarum, etc.*, publié, en 1642, par la ville d'Anvers, par M. Ad. Siret, XXII, 160.

Pompéi. — Sur les ruines de Pompéi : Une Cour d'assises et un verdict du jury avant Jésus-Christ; lecture par M. Steur, XXVI, 123.

Poncelet. — Sur la théorie de la roue de Poncelet, par M F. Folie, XXVI, 379, 463; rapports de MM. Liagre et Catalan, XXVI, 431, 432.

Populus. — Études sur les caractères des espèces du genre Populus, par M. A Wesmael, XXIV, 436; rapports de MM. Coemans et Morren, XXIV, 504, 506.

Porte de Kipdorp a Anvers. — Motion relative à la démolition de cette porte, XXII, 233.

Portraits. — Portrait de M. Navez, par M. Demannez, XXIX, 755.

Copie du portrait de Léopold II, par M. Gallait, pour la salle des séances mensuelles, XLVI, 854. — Voir *Commission pour les portraits de l'Annuaire.*

Portugais. — Voir *Australie.*

Portus Iccius. — Voir *Wissant.*

Postulatum d'Euclide. — Note sur une nouvelle démonstration du postulatum d'Euclide, par M. Lamarle, XXIX, 336. — Voir *Questions mathématiques.*

Poterie romaine. — Présentation, par M. Van Bastelaer, d une note sur les couvertes, lustres, vernis, enduits, engobes, etc., de nature organique, employés par les Romains sur leur poterie, XLI, 1076; avis des commissaires de la Classe des lettres sur cette notice et renvoi de celle-ci à la Classe des sciences, XLII, 192, 241; rapports de MM. le baron de Witte et Roulez, XLIV, 241, 244; ce travail est restitué à l'auteur, XLII, 458; décision de la Classe à l'égard de ce travail, XLIV, 247.

Poudingue de Burnot. — Voir *Fossiles.*

Poudre. — Mémoire sur les essais faits à l'établissement de M. Krupp, à Essen, au mois de novembre 1867, pour déterminer la pression des gaz de la poudre dans l'âme des bouches à feu, par M. Mayevski, XXVI, 250; rapports de MM. Liagre et Brialmont, XXVI, 381, 382.

Poulpe. — Sur l'organisation et la physiologie du Poulpe, par M. L. Fredericq XLVI, 319, 710; rapports de MM. Éd. et P.-J Van Beneden, XLVI, 588, 596.

Pouvoir dispersif. — Note sur le pouvoir dispersif de l'air, par M. Montigny, XXIV, 436, 523; rapport de M. J. Plateau, XXIV, 508.

Pouvoir réfringent. — Corrélation entre le pouvoir réfringent et le pouvoir calorifique de diverses substances, mémoire par M. Ch. Montigny, XXII, 107; rapports de MM. Kekulé et J. Plateau, XXIII, 53, 68.

Pratique criminelle. — Voir *Damhouder.*

Présidents de l'Académie. — 1866, M Ch. Faider, XXI, 33;

1867. M. le vicomte Du Bus, XXIII, 22, 30;
1868. M. F.-J. Fétis, XXV, 2;
1869. M. Borgnet, XXVI, 495;
1870. M. Dewalque, XXVIII, 587;
1871. M. Gallait, XXX, 418; XXXI, 17;
1872. M. d'Omalius, XXXIII, 91, 128, 158;
1873. M. Thonissen, XXXV, 2, 50, 79;
1874. M. De Keyser, XXXVI, 644; XXXVII, 116, 148;
1875. M. Brialmont, XXXVIII, 650, 664, 709;
1876. M. Faider, XLI, 2, 136, 171;
1877. M. Alvin, XLIII, 62, 201, 221;
1878. M. Houzeau, XLIV, 2, 41, 57;
1879. M. Leclercq, XLVII, 178, 211, 216;
1880. M. Gallait, XLIX, 2, 25, 56.

PRESSION. — Note préliminaire sur la propriété que possèdent les fragments de corps solides de se souder par l'action de la pression, par M. W. Spring, XLV, 746.

Recherches sur la propriété que possèdent les corps solides de se souder par l'action de la pression, par M. W. Spring, XLIX, 323.

PRESSION DES GAZ. — Voir *Poudre*.

PRINCE D'ORANGE. — La souveraineté héréditaire du prince d'Orange dans les provinces de Hollande, de Zélande et d'Utrecht (1589), par M. le baron Kervyn, XXXII, 356.

Déclaration de la reine Élisabeth contre le prince d'Orange et ses adhérents (1575), par M. le baron Kervyn, XXXIV, 535.

PRINCIPE DE PLURALITÉ. — Voir *Géométrie*.

PRINCIPES CONSTITUTIONNELS. — Rapport de MM. Borgnet, Leclercq et Faider sur le mémoire présenté au 2d concours d'histoire de Stassart, demandant d'exposer quels étaient à l'époque de l'invasion française, en 1794, les principes constitutionnels communs à nos diverses provinces, XXXV, 569.

Rapports de MM. Nypels, Thonissen et Faider sur le mémoire sur le même sujet remis au concours, lauréat, M. Poullet, XXXVII, 655, 664, 666. — Voir *Prix de Stassart*.

PRIX ALDINI. — Programme pour 1880, XLVI, 317.

PRIX BERGMANN (ANTOON). — Lettre de Mme Vve Bergmann annonçant l'intention de fonder un prix perpétuel de littérature flamande portant le nom de son mari, XLI, 137, 356; rapport de MM. Faider, De Decker et le baron Kervyn sur cette fondation, XLI, 358; ouverture du 1er concours, XLIII, 373; acte de donation, XLIII, 747.

PRIX BRESSA. — Programme du prix pour la période de 1875-1878, XLIII, 3.

PRIX CASTIAU (ADELSON). — Legs d'une somme de 10,000 francs pour fonder un prix relatif aux classes pauvres, XLIX, 406; délivrance de ce legs, L, 189, 276; commissaires chargés de faire le règlement de concours, L, 276; rapport, L, 318; programme de la 1re période (1881-1883), L, 318.

PRIX DE CANDOLLE. — Envoi par la Société de physique de Genève du programme ouvert pour la meilleure monographie d'un genre ou d'une famille de plantes, XLIV, 654.

PRIX DE SAINT-GENOIS. — Fondation, par M. de Saint-Genois, d'un prix perpétuel de littérature flamande, XXIV, 372; résolution prise par la commission administrative au sujet de cette fondation, XXIV, 488; arrêté royal acceptant ce legs, XXVI, 386; programme du 1er concours, XL, 816; résultat négatif de la 1re période expirant le 1er février 1877, XLIII, 204; période prorogée jusqu'au 1er février 1880, XLIII, 750; jusqu'au 1er février 1881, XLIX, 686.

PRIX DE STASSART POUR UNE NOTICE SUR UN BELGE CÉLÈBRE. — Programme pour la 2e période (biographie de J.-B. Van Helmont), XXI, 453; ajournement de la nomination d'un commissaire de la Classe des beaux-arts pour le choix du sujet de la 3e période, XXVI, 3; M. Alvin nommé commissaire, XXVI, 125.

Programme des 2e et 3e périodes (biographies de Mercator et de Van Dyck), terme fatal, 1er décembre 1870, XXVI, 388; prorogation, XXX, 397, 416, 420; prorogation de ces deux concours jusqu'au 1er décembre 1872, XXXI, 49; notices reçues sur Van Dyck et nomination de commissaires, XXXIV, 529, 548; rapport collectif de MM. De Decker, Siret et le chevalier de Burbure sur ces notices, XXXV, 562; prix à MM. De Potter et Broeckaert, XXXV, 568, 621.

Programme de la 4e période (biographie de Plantin), XXXVI, 89; notices reçues sur Plantin, XXXIX, 150; rapports de MM. Le Roy, Scheler et le baron Guillaume sur les notices reçues, XXXIX, 335, 666, 674; résultat de ce concours, XXXIX, 766; prorogation de ce concours jusqu'au 1er février 1876, XXXIX, 957; notices reçues pour la biographie de Plantin, XLI, 361; rapports de MM. Scheler, Wagener et Thonissen, XLI, 891, 895, 896; résultat de ce concours, XLI, 1077, 1132.

Programme de la 5e période (biographie de Simon Stévin), XLI, 1330; XLII, 4, 195.

PRIX DE STASSART POUR UN SUJET D'HISTOIRE NATIONALE. — 1er concours sexennal : question sur les rapports de droit public entre les provinces belges et l'Empire d'Allemagne, terme fatal, 1er février 1867, XXI, 423; mémoires reçus et nomination de commissaires, XXIII, 27; rapports de MM. Borgnet, Gachard et Juste, XXIII, 551, 573, 598; proclamation des résultats de ce concours, XXIII, 650; prorogation jusqu'au 1er février 1869 de la question précitée, XXIV, 498; mémoire reçu en réponse à cette question et nomination de commissaires, XXVII, 49; rapports de MM. Borgnet, Gachard et Juste, XXVII, 461, 469, 479; proclamation du résultat : prix à M. de Borchgrave, XXVII, 593.

2e période. Ajournement du choix du sujet XXVII, 716; sujet pour cette période sur les principes constitutionnels communs aux provinces belges, XXVIII, 125, 253; époque du terme fatal de ce concours, XXVIII, 348; XXIX, 708; prorogation de ce délai au 1er février 1873, XXXII, 79; XXXIII, 527; mémoire reçu en réponse à ce sujet et nomination de commissaires, XXXV, 102; rapport collectif de MM. Borgnet, Leclercq et Faider sur le mémoire concernant l'exposé des principes constitutionnels communs à nos diverses provinces en 1794, XXXV, 569; proclamation des résultats de ce concours, XXXV, 620; prorogation jusqu'au 1er février 1874 du concours pour la question sur les principes constitutionnels, XXXVI, 88; mémoire reçu en réponse à cette question, XXXVII, 265; rapports de MM. Nypels, Thonissen et Faider, XXXVII, 656, 664, 666; prix décerné à M. Poullet, XXXVII, 666, 672.

3e période. Sujet sur Mercator et Ortelius mis au concours, XXXVIII, 138; prorogation jusqu'au 1er février 1877, XLIII, 747; prorogation jusqu'au 1er février 1881, XLIX, 685.

PRIX DU ROI EN FAVEUR DES ŒUVRES DE L'INTELLIGENCE. Annonce de leur institution, XXXIX, 2, 43, 46; discours au Roi le 1er janvier 1875, dans lequel M. Gallait a remercié S. M. au nom de l'Académie pour cette fondation, XXXIX, 47; lecture de l'adresse académique au Roi, XXXIX, 54, 148, 237.

Envoi d'un exemplaire de l'arrêté royal du 16 février 1878 qui détermine les sujets des concours de 1882 et de 1883, XLV, 146; arrêté royal du 20 mars 1878 nommant le jury chargé de juger le concours de 1874-1877 relatif à l'histoire nationale, XLVI, 286; arrêté royal du 8 août 1878 décernant le prix à M. Wauters pour son ouvrage sur les libertés communales, XLVI, 286; proclamation du résultat de ce concours, XLVI, 313, 503.

Envoi d'exemplaires du rapport du

jury qui a jugé le concours d'architecture, XLVIII, 721.

Envoi de l'arrêté royal du 21 avril 1880 déterminant le concours de 1884 relatif à l'agriculture, XLIX, 306.

Envoi d'exemplaires du rapport sur le concours concernant les relations commerciales de la Belgique, L, 311.

PRIX DE KEYN. — Donation, par M. Joseph De Keyn, d'une somme de 100,000 francs pour fonder des concours perpétuels relatifs à l'enseignement primaire et à l'enseignement moyen, XLIX, 128; arrêté royal du 11 février 1880 acceptant cette donation, XLIX, 219; commission nommée pour le règlement des concours, XLIX, 221; adoption de ce règlement en assemblée générale, XLIX, 502

Ouvrages reçus pour le premier concours, L, 182, 276, 317.

Envoi par la famille des discours prononcés aux funérailles de M. J. De Keyn, L, 151.

PRIX FONDÉS PAR LE MARQUIS D'OURCHES — Programme de la fondation de deux prix pour le meilleur moyen de constatation de la mort réelle, XXVI, 378.

PRIX GUINARD. — Arrêté royal ouvrant le premier concours pour le prix fondé par le Dr Guinard, XXXIV, 298, 333; jury chargé de juger ce concours, XXXIV, 511; envoi par M. le Ministre de l'Intérieur des pièces reçues pour ce concours, XXXV, 54

Arrêté royal ouvrant le 2e concours, XLIV, 239, 314; jury chargé de juger ce concours, XLIV, 314, 403; envoi par M. le Ministre de l'Intérieur des mémoires et des communications reçus pour ce concours, XLIV, 401; félicitations de la Classe des sciences à M. Melsens, lauréat de ce concours, XLV, 361.

PRIX MONTHYON. — L'Académie des sciences de Paris décerne à M. Melsens l'un des prix Monthyon pour ses recherches sur l'iodure de potassium, XLIII, 458.

PRIX PEREIRE. — Somme de cent mille francs affectée par M. Isaac Pereire à des prix fondés pour l'extinction du paupérisme, le développement général de l'instruction publique, l'organisation du crédit, et la réforme des impôts, XLIX, 129.

PRIX QUINQUENNAL D'HISTOIRE NATIONALE. — Membres du jury chargé de juger la 4e période de 1861-1865, XXI, 165; M. Ad. Borgnet, lauréat de cette période, XXI, 429; proclamation de ces résultats, XXI, 504.

Formation de la liste double pour le choix du jury chargé de juger la 5e période, XXX, 333; membres du jury chargé de juger cette période, XXXI, 18; prix décerné à M. Van Praet, XXXI, 375, 452; lecture, par par M. Le Roy, d'extraits de son rapport sur ce concours, XXXI, 450.

Formation de la liste double pour le choix du jury chargé de juger la 6e période, XL, 348, 578, 594; jury chargé de juger cette période, XLI, 137; prix décerné à M. Juste, XLI, 1073, 1133.

Constitution du jury chargé de juger la 7e période, L, 271, 319.

PRIX QUINQUENNAL DE LITTÉRATURE FLAMANDE. — Mme Ve Courtmans, lauréat de la 3e période (1860-1864), XXI, 428; proclamation de ce résultat, XXI, 504.

Constitution du jury chargé de juger la 4e période (1865-1869), XXIX, 33; prix décerné à M. Conscience, XXIX, 639.

Constitution du jury chargé de juger la 5e période, XXXVIII, 612; prix décerné à l'œuvre de feu M. Bergmann, XL, 35; XLI, 1133.

Constitution du jury chargé de juger la 6e période, XLVIII, 363, 548; prix décerné à Pol De Mont, L, 181, 449.

PRIX QUINQUENNAL DE LITTÉRATURE FRANÇAISE. — Constitution du jury chargé de juger la 5e période (1868-1872), XXXV, 430; prix décerné à M. Éd. Fétis, XXXVI, 448, 542, 622; lecture du rapport de M. Van Bemmel sur ce concours, XXXVI, 618.

Formation de la liste pour le choix du jury chargé de juger la 6e période,

XLIV, 610; jury pour cette période, XLV, 42; proclamation du résultat négatif de cette période, XLV, 717.

PRIX QUINQUENNAL DES SCIENCES MATHÉMATIQUES ET PHYSIQUES. — Membres du jury chargé de juger la 4e période (1864-1868), XXVI, 380, 430; M. Maus remplacé par M. Melsens dans ce jury, XXVII, 2; prix décerné à M. J. Plateau, XXVIII, 526, 663; rapport sur ce concours par M. Catalan, XXVIII, 648.

Formation de la liste double pour le choix du jury chargé de juger la 5e période de ce concours, XXXVI, 450; membres du jury chargé de juger cette période, XXXVII, 2; prix décerné à M. Gloesener, XXXVIII, 650, 846; lecture par M. Valerius du rapport du jury, XXXVIII, 844.

Formation de la liste pour le choix du jury chargé de juger la 6e période, XLVI, 316, 585; jury chargé de juger cette période, XLVII, 2, 178; prix décerné à M. Houzeau, XLVIII, 442, 586, 881; rapport du jury, XLVIII, 835.

PRIX QUINQUENNAL DES SCIENCES MORALES ET POLITIQUES. — Membres du jury chargé de juger la 3e période (1861-1865), XXI, 165; ajournement de la proclamation des résultats de ce concours, XXI, 429; prix décerné à M. Tielemans, XXII, 69; proclamation de ce prix, XXII, 247.

Formation de la liste double pour le choix du jury chargé de juger la 4e période, XXX, 333; membres du jury chargé de juger cette période, XXXI, 18; élection de sept nouveaux candidats pour compléter ce jury, XXXI, 38; arrêtés royaux remplaçant divers membres de ce jury, XXXI, 181; M. le Ministre de l'Intérieur fait savoir que le jury n'a pas encore terminé ses opérations à la date de la séance publique de la Classe des beaux-arts, XXXII, 183; résultat négatif de ce concours, XXXIV, 227.

Formation de la liste double des candidats pour le choix du jury chargé de juger la 5e période, XL, 348, 578, 594; jury chargé de juger cette période, XLI, 137, 353, 680; prix décerné à M. Laurent, XLI, 1073, 1133.

Constitution du jury chargé de juger la 6e période, L, 271, 319.

PRIX QUINQUENNAL DES SCIENCES NATURELLES. — Ouvrages pour le concours de la quatrième période (1862-1866) transmis à M. le Ministre de l'Intérieur, XXIII, 2; jury chargé de juger cette période, XXIII, 50; résultats de la 4e période : prix à M. P.-J. Van Beneden, XXIV, 498; proclamation de ces résultats, XXIV, 577; rapport de M. Lacordaire sur cette période, XXIV, 578.

Formation de la liste double de candidats pour la constitution du jury chargé de juger la 5e période, XXXII, 234; prix décerné à M. J.-B. Carnoy, XXXV, 651.

Jury de la 6e période, XLIII, 62; prix décerné à M. Éd. Van Beneden, XLIV, 118, 313, 884.

PRIX QUINQUENNAUX. — Arrêté royal admettant à tous les concours pour les prix quinquennaux les ouvrages en langue néerlandaise, XLVII, 306, 442.

PRIX TEIRLINCK. — Arrêté royal autorisant l'Académie à accepter le legs fait par M. A. Teirlinck, pour la fondation d'un prix perpétuel, XXXIX, 400; nomination d'une commission chargée d'interpréter les intentions du donateur, XXXIX, 400; rapport, XXXIX, 954; encaissement de ce prix, XXXIX, 661; sujet pour la première période, XLIV, 108.

PRIX TRIENNAL DE LITTÉRATURE DRAMATIQUE FLAMANDE. — Résultats de la 4e période, prix décerné à M. Van den Kerkhove, XXV, 584; formation de la liste double pour le choix du jury chargé de juger la 5e période, XXIX, 395; prix de cette période décerné à M. Van de Sande, XXXI, 375, 453; formation de la liste double pour le choix du jury chargé de juger la 6e période, XXXVI, 570; prix de cette période décerné à M. D. Delcroix, XXXVII, 773; modifications au règlement, XL, 577, 813; XLI, 137;

jury de la 7e période; XLII, 791; prix décerné à M. D. Delcroix, XLIII, 611, 700.

PRIX TRIENNAL DE LITTÉRATURE DRAMATIQUE FRANÇAISE. — Formation de la liste double pour le choix du jury de la 3e période, XXII, 231; résultat négatif de cette période, XXIII, 598, 651; constitution du jury chargé de juger la 4e période, XXIX, 34; résultat négatif de cette période, XXIX, 498; formation de la liste double pour le choix du jury chargé de juger la 5e période, XXXIV, 430; résultat de cette période, XXXVI, 375; prix décerné à M. Potvin, XXXVI, 375; modification au programme, XL, 577, 813, XLI, 137; formation de la liste double pour le choix du jury chargé de juger la 6e période, XL, 578, 594, XLI, 137; jury chargé de juger cette période, XLI, 137, prix décerné à M. Delmotte, XLIII, 700; jury pour la 7e période, XLVII, 407, XLVII, 407; prix décerné à M. Claes, XLVII, 723.

PROBABILITÉ DES ERREURS. — Loi générale de la probabilité des erreurs étendue à tous les genres d'observations immédiates, par M. E. Adan, XXII, 452, XXIII, 3, 148; rapport de M. Liagre, XXIII, 76.

PROCÉDURE CIVILE. — Voir *Droit belgique (ancien)*.

PROCONSUL DE LA NARBONAISE. — Voir *Inscriptions*.

PRODOMUS SYSTEMATIS NATURALIS REGNI VEGETABILIS. Annonce par M. Morren de la publication complète de cet ouvrage par M. Alph. De Candolle, XXXVI, 452.

PRODUITS INDÉFINIS. — Recherches sur quelques produits indéfinis, par M. Catalan, XXXII, 154; rapport de M. Liagre, XXXIII, 4.

PROGRÈS DES SCIENCES NATURELLES. — Voir *Croyances religieuses*.

PROGRÈS DE LA GÉOMÉTRIE. — Voir *Géométrie*.

PROGRÈS DES SCIENCES. — Discours sur les progrès des sciences et sur leurs applications aux arts, à l'industrie, à la navigation, etc, travail présenté par M. V.-J Van der Elst, XXV, 72; lecture des rapports de MM. Nerenburger, Liagre et Stas, XXV, 186.

PROJECTILES. — Note sur le passage des projectiles à travers les milieux résistants, par M. Melsens, XXVI, 250; communication verbale à l'appui de ce travail, par le même, XXVI, 452; communication verbale du même sur les résultats du tir de projectiles de la plupart des métaux, XXVIII, 30. — Voir *Corps*. — *Trajectoires*. — *Vitesse initiale*.

PROPARGYLE. — Sur les composés propargyliques, par M. Henry, XXXV, 729.

Sur le radical propargyle, par M. Henry, XXXVII, 402.

Sur un nouvel hydrocarbure acétylénique isomère de la benzine, le propargyle C_6H_6 ou C_3H — C_3H_3, par M. L. Henry, XXXVI, 42; lecture du rapport de M. Stas, XXXVI, 19.

PROPRIÉTÉ ARTISTIQUE ET LITTÉRAIRE. — Motion de M. Robert à ce sujet, XLII, 223.

Ajournement des dispositions nécessaires à solliciter du Gouvernement pour obtenir la garantie aux artistes de la propriété de leurs œuvres, XLII, 404.

Lecture d'une note de M. Gallait sur l'état de la législation concernant cette question, XLII, 642.

Résolution de la Classe au sujet de la demande au Ministre de l'Intérieur de la mise en vigueur de l'article 29 du rapport de M. Hymans à la Chambre des Représentants sur ce sujet, XLII, 797.

Les Cercles artistiques et littéraires de Bruxelles et d'Anvers écrivent qu'ils appuieront la réclamation de l'Académie, XLII, 919.

Demande par l'Académie royale des beaux-arts d'Anvers que l'Académie se fasse représenter à la délégation chargée de présenter à M. le Ministre de l'Intérieur une pétition à soumettre à la Chambre pour obtenir une loi protectrice des œuvres de l'intelligence, XLIV, 259.

Propriété privée. — Du respect de la propriété privée sur mer en temps de guerre, par M. de Laveleye, XLIII, 666.

Protopterus. — Communication verbale de M. P.-J. Van Beneden sur le Protopterus annecteus de Gambie, XXX, 394.

Psammites. — Voir *Terrain devonien.*

Psilotum. — Sur l'organe reproducteur du Psilotum triquetum S. W., par M. J.-J. Kickx, XXVIII, 527; XXIX, 17; rapports de MM. Spring et Coemans, XXIX, 5, 9.

Puits artésiens. — Voir *Température.*

Puits naturels. — Sur les puits naturels du terrain houiller, par MM. Cornet et Briart, XXIX, 159, 477; rapports de MM. d'Omalius et Dewalque, XXIX, 340, 343.

Sur l'existence de puits naturels dans la craie senonienne du Brabant, par M. Van Horen, XXIX, 663, XXX, 37; rapports de MM. d'Omalius et Dewalque, XXX, 4, 6, 7.

Pyrénomycètes. — Recherches morphologiques sur les pyrénomycètes. I. Sordariées, par M. A. Gilkinet, XXXVII, 270, 426; rapports de MM. Morren et Éd. Van Beneden, XXXVII, 344, 346.

Pyrite arsénicale. — Voir *Arsénopyrite* ou *Mispickel.*

Pyrophyllite. — Sur une variété de Pyrophyllite, par M. Lucien de Koninck, XXVI, 379, 469; rapport de M. Stas, XXVI, 433.

Q.

Quadrature du cercle. — Note sur la quadrature du cercle, présentée par M. L. Lengler, XXV, 403.

Communication d'un travail sur le même sujet, par M. P.-J. Goubet, et application de la décision prise par tous les corps savants à l'égard de communications semblables, XXXVI, 115.

Même décision à l'égard d'une nouvelle lettre de M. Goubet, XXXVIII, 403.

Quatre-Métiers. — Voir *Zélande.*

Quentin Metsys. — Réfutation par l'auteur du mémoire portant la devise : *Nul ne saurait s'illustrer, etc.*, de l'opinion des commissaires qui ont examiné les mémoires sur Quentin Metsys reçus pour le concours de 1868, XXVII, 116. — Voir *Triptyque.*

Question ouvrière. — La question ouvrière, par M. Ducpétiaux, XXIII, 623.

Questions mathématiques. — Lettre à M. Ad. Quetelet par M. A. Genocchi sur diverses questions mathématiques, XXXVI, 3, 181; rapport de M. De Tilly, XXXVI, 124.

R.

Rabelais. — Voir *Charles-Quint.*

Races humaines. — Discours de M. d'Omalius sur les races humaines, XXXIV, 607. — Voir *Anthropométrie.*

Rachianectes. — Voir *Baleines.*

Radeau. — Projet de radeau de sauvetage, présenté par M. Cantillon, XXIX, 336.

Radicaux. — Recherches sur les sulfocyanures des radicaux organiques, par M. Henry, XXV, 639; rapport collectif de MM. de Koninck et Stas, XXV, 620.

Sur les sulfocyanures des radicaux alcooliques, par le même, XXVII, 4. 150; rapport de M. Stas, XXVII, 142.

Sur quelques combinaisons isopropyliques sulfurées, addition au travail précédent, par le même, XXVII. 158.

RAIES DE L'HYDROGÈNE ET DE L'AZOTE. — Voir *Analyse spectrale*.

RAIES SPECTRALES. — Recherche sur l'intensité relative des raies spectrales de l'hydrogène et de l'azote en rapport avec la constitution des nébuleuses par M. Ch. Fiévez, XLIX, 3, 107; rapports de M. Houzeau, Donny et Stas, XLIX, 88, 90; communication par M. Houzeau d'une lettre de M. Huggins au sujet de ce travail, XLIX, 266. — Voir *Analyse spectrale*.

RÉCEPTION. — Proposition de M. Éd. Fétis, que chaque nouvel élu dans la Classe des beaux arts donne un morceau de réception, XLIII, 707.

RECHERCHES MÉCANIQUES. — L'Institution des ingénieurs mécaniciens de Londres demande l'avis de la Classe des sciences au sujet de sa note sur les recherches mécaniques qu'il se propose d'entreprendre, XLVII, 307; rapport de M. Maus, XLVII, 489.

REDERIJKERKAMER (DE) Maria ter eere, te Gent, door Frans de Potter, XXXIII, 228, 332; rapport de M. Snellaert, XXXIII, 519.

RÉFRACTEUR. — Note sur un nouveau réfracteur binoculaire destiné aux observations sidérales, présenté par M. Brachet, XXXIII, 360; lecture du rapport de M. Duprez, XXXIII, 375.

Note sur un nouveau réfracteur binoculaire à prismes rectangulaires en crownglass, et basé sur les retouches locales de M. L. Foucault, présenté par M. Brachet, XXXIV, 244; rapport de M. Montigny, XXXIV, 404.

RÉFRACTION. — Voir *Lumière*.

RÉGIME MUNICIPAL. — Sur le régime municipal dans les cités wallones épiscopales et impériales de l'Empire germanique depuis le Xe siècle, mémoire par M. Klipffel, XXII, 230, 342; rapports de MM. Wauters, Haus et Thonissen, XXIII, 300, 319, 339.

RÉGIMENTS. — Quatre régiments wallons au service du roi des Deux-Siciles, par M. le baron G. Guillaume, XXVIII, 461.

RÈGLEMENTS. — Discussion de l'avant-projet de modification du règlement de la Classe des lettres, XXXII, 319; admission de nouveaux articles en remplacement des articles 18 à 23 de ce règlement, XXXII, 359; envoi de l'arrêté royal approuvant cette modification, XXXIV, 175.

Envoi de l'arrêté royal approuvant les modifications à l'article 13 du règlement de la Classe des beaux-arts, XXXIV, 207.

Modifications à l'article 4 du règlement général en ce qui concerne la parité des suffrages lors des élections, XXXVI, 450, 570, 587.

Envoi par M. le Ministre de l'Intérieur de l'arrêté royal du 3 juin 1875, qui modifie les articles 12 et 13 du règlement de la Classe des beaux arts, XL, 39.

RÉPARTITION (NOUVELLE) des associés et correspondants de la Classe des beaux-arts, proposée par M. De Busscher, XLIII, 40; adoption, XLIII, 222.

RÈGNE VÉGÉTAL. — Du développement du règne végétal dans les temps géologiques, par M. Gilkinet, XLVIII, 814.

RÉGNIER AU LONG COL. — Étude sur Régnier au long col et la Lotharingie à son époque (850 environ à 915), mémoire par M. Firmin Brabant, XLVIII, 366; rapports de MM. Piot, Poullet et Bormans, XLVIII, 549, 558.

RÉGULATEUR. — Sur un régulateur électrique inextinguible, note présentée par M. A. Brachet, XLII, 4.

Régulateur elliptique isochrone, dont on peut faire varier à volonté la vitesse du régime, par M. G. Van Rysselberghe, XLVIII, 340; XLIX, 9; rapports de MM. Folie et Houzeau, XLVIII, 587, 589.

Description d'un régulateur parabolique rigoureusement isochrone, et dont on peut faire varier à volonté la vitesse de régime, par M. F. Van

Rysselberghe, XLVI, 319, 883; rapport de M. Folie, XLVI, 878.

RELATIONS. — Rapports de MM. Gachard et Thonissen sur le mémoire de concours de 1866, relatif à l'histoire des relations politiques et administratives qui ont existé entre la Belgique et le comté de Bourgogne, jusqu'à la conquête de ce dernier pays par la France, XXI, 433, 435.

Les relations de l'Angleterre et de la Flandre au XIVe siècle, par M. le baron Kervyn, XXVIII, 367.

Les premières relations diplomatiques entre la Belgique et les États-Unis, d'après des papiers inédits, par M. E. de Borchgrave, XXXVII, 731.

M. Ch. Rahlenbeek offre un manuscrit qu'il a rédigé en 1851 en réponse à la question de concours sur les relations politiques et commerciales des Belges avec l'Angleterre jusqu'à Charles-Quint, XLVII, 443.

REPTILES. — Les reptiles fossiles en Belgique, par M. P.-J. Van Beneden, XXXI, 9.

Sur des ossements fossiles de reptiles trouvés dans le Luxembourg par MM. Van Volxem et Cauchy, communication verbale du même, XXXI, 16. — Voir *Bernissart*.

RÉPUBLIQUE ROMAINE. — La compétence du Sénat de la République romaine en matière d'affaires étrangères, par M. P. Willems, XLIV, 613.

La rédaction et la garde des sénatus-consultes pendant la République romaine, par le même, XLVI, 913.

RÉSINES. — Recherches sur les résines par M. G. Bruylants, XLI, 227, 539; rapport de M. Stas, XLI, 430.

Recherches sur les résines. I. Le galipot et l'acide pimarique (suite), par le même, XLII, 4, 370; rapport de M. Stas, XLII, 250.

RESPIRATION. — Communication par M. Schwann au sujet de l'exécution, d'après ses indications, d'un instrument pour la respiration artificielle des animaux qui servent à ses leçons de physiologie, XXXII, 4.

RÉVISION DES STATUTS ET RÈGLEMENTS. — Lecture de la proposition de M. Mailly, faite en séance générale du 7 mai 1878, XLV, 657.

REVUE NOUVELLE DE L'ARCHITECTURE ET DES TRAVAUX PUBLICS DE PARIS. — Demande que les membres de la section d'architecture de la Classe des beaux-arts lui envoient les données nécessaires pour publier leur biographie, XLIV, 259.

RETHEL. — Louis, comte de Rethel et de Nevers, fils aîné de Robert de Béthune, accusé de parricide, notice par M. J. De Smet, XXII, 145.

RHÉ-ÉLECTROMÈTRE. — Voir *Paratonnerres*.

RHIZOMES. — Sur les rhizomes verticaux du Phragmites communis trinius, par M. Malaise, XXIV, 484.

RICCATI. — Voir *Équations*.

RICHARD II. — Richard II est-il mort à Pomfret? notice par M. le baron Kervyn, XXXIV, 335.

ROCHES. — Roches usées avec cannelures de la vallée de la Grande Geete, par M. Malaise, XXVII, 682.

Sur une roche grenatifère de Salm-Château, par MM. Lucien de Koninck et Marquart, XXXIII, 92, 324; rapport de M. Dewalque, XXXIII, 310.

Rapports de MM. Dewalque, de Koninck et d'Omalius sur le mémoire de concours de 1872, sur les roches plutoniennes de la Belgique et de l'Ardenne française, XXXIV, 563, 596, 604.

Sur quelques roches porphyriques de Belgique, par M. Malaise, XXXVIII, 70.

Envoi par les auteurs du mémoire sur les roches plutoniennes, présenté le 31 juillet 1874, d'un premier supplément, et décision de la Classe à ce sujet, XXXVIII, 558; rapports de MM. de Koninck, Dewalque et Malaise, sur ce mémoire, XXXVIII, 747, 759, 775; lauréats MM. de la Vallée Poussin et Renard, XXXVIII, 784, 846; seconde partie et fin de ce mémoire, XL, 447; rapports de MM. Dewalque, de Koninck et Malaise, XLI, 407, 430, 431.

Sur un fragment de roche tourmalinifère du poudingue de Bousalle, par MM. Ch. de la Vallée Poussin et Renard, XLIII, 232, 359; rapport de M. Dupont, XLIII, 333.

Romanus. — Du sens réel du mot Romanus dans le texte de la loi salique, par M. Thonissen, XLIX, 28.

Rommerswale. — Disparition de la ville de Rommerswale en Zélande, notice par M. De Smet, XXXV, 796. — Voir *Zélande*.

Roses. — Prodrome d'une monographie générale des roses, par M. Crépin, XXXIII, 493; rapports de MM. Dumortier et Morren, XXXIV, 244, 245.

Roulement. — Note sur le roulement des rouleaux et des roues sur un plan d'appui, par M. De Tilly, XXXII, 155, 262; rapports de MM. Steichen et Folie, XXXII, 242, 244.

Roulettes. — Note sur les roulettes et les podaires, par M. Catalan, XXVII, 144.

Royauté. — Voir *Communes*.

Rubens. — Motion de M. Gallait au sujet des dangers qui menacent les tableaux de Rubens dans la cathédrale d'Anvers, XXXVII, 326; discussion soulevée par cette motion et résolution de la Classe des beaux arts, XXXVII, 471.

Communication verbale de M. Wagener sur la destruction de tableaux de Rubens dans l'incendie du Palais de Bruxelles, le 3 février 1731, XXXV, 148.

L'OEuvre de P.-P. Rubens à Malines, notice par M. Ém. Neeffs, XLI, 1136, XLII, 200; rapport de M. F. Stappaerts, XLII, 197.

Lecture par M. Gachard de deux chapitres de son Histoire politique et diplomatique de Rubens, XLIII, 37, 304.

Explications par MM. Alvin et De Keyser sur le tableau de Rubens légué par testament au Musée d'Anvers, XLIV, 111.

Détails par M. Alvin sur les gravures qui seront exposées à Anvers, à l'occasion du troisième centenaire de Rubens, XLIV, 111; invitation par l'administration communale d'Anvers de s'associer à la célébration de cet anniversaire, et délégués de l'Académie, XLIV, 249; discours par M. Alvin et compte rendu des solennités de ce jubilé, XLIV, 259.

Rapports de MM. Alvin, Siret et Slingeneyer sur le mémoire de concours de 1877, relatif à l'influence subie par Rubens et Van Dyck pendant leur séjour en Italie, lauréat M. Baes, XLIV, 263, 270, 271. — Voir *Architecture*. — *Gravure*.

S.

Sables noirs miocènes. — Voir *Dépôts*.

Sacculines. — Voir *Crustacés*.

Saint Anselme de Cantorbéry. — Rapports de MM. Thonissen et Le Roy sur le mémoire de concours de 1874, relatif à la philosophie de saint Anselme de Cantorbéry, lauréat M. Van Weddingen, XXXVII, 620, 630.

Saint Martin de Tours. — Envoi par M. Leroy de la Marche de son questionnaire demandant les faits historiques ou traditionnels se rattachant à saint Martin de Tours, XLVII, 109.

Salicylique (Série). — Recherches sur l'isomérie dans la série salicylique; 1re partie: Dérivés chlorés de l'aldéhyde salicylique, par M. Henry, XXVII, 292, rapport de M. Stas, XXVII, 259; 2e partie, XXVII, 685; rapports de MM. Stas et De Koninck, XXVII, 626; 3e partie : Sur le nitrile salicylique et ses dérivés, XXVIII, 3, 211; rapport de MM. Stas et De Ko-

ninck, XXVIII, 148. — Voir *Dérivés.*

Salines. — De la température d'ébullition des solutions salines, par M. P. De Heen, XLVII, 488, rapports de MM. Spring, Van der Mensbrugghe et Donny, XLVII, 4, 14, 16.

Sang. — Recherches sur la coagulation du sang, 1re partie, par M. L. Fredericq, XLIII, 714; XLIV, 56; rapports de MM Melsens et Schwann, XLIV, 12, 16. — Voir *Homard.*

Saponine — Voir *Liquides*

Saturne — Occultation de Saturne par la Lune, le 19 avril 1870, note par M. Ad. Quetelet, XXXIX, 454.

Résultats d'observations de la planète Saturne faites de 1868 à 1874 à Fontenay (Calvados), par M. Ch Lehardelay, XLI, 734, 1315; rapport verbal de MM. E. Quetelet et Liagre, XLI, 1153.

Apparence anormale sur le disque de Saturne, par M. Houzeau, XLIII, 8.

Saxons en Flandre. — Voir *Flandre.*

Scepperus (Corneille Duplicius). — Notes biographiques concernant Corneille Duplicius Scepperus, par M Génard, XL, 350, 602; rapports de MM. Gachard, le baron Kervyn et Wauters, XL, 588, 592, 593.

Schroeter (J.-H). — Voir *Mars.*

Science. — La science et l'imagination, discours par M Stas, L, 375.

Discours prononcé par M. Maus comme directeur de la Classe des sciences dans la séance solennelle d'installation des Académies dans leur Palais, en 1877, XLIV, 869.

Sciences mathématiques et physiques. — Présentation, par M. Ad. Quetelet, d'un nouvel ouvrage qu'il vient de faire paraître sur les Sciences mathématiques et physiques chez les Belges au commencement du XVIIIe siècle, XXI, 279.

Sciences médicales et naturelles. — Rapport verbal de M. Gluge sur une note de M. Robin relative à ses travaux de réforme dans les sciences médicales et naturelles, XXXVI, 454.

Sciences minérales. — Coup d'œil sur la marche des sciences minérales en Belgique, discours par M. Dewalque, XXX, 457. — Voir *Minéraux.*

Scintillation. — Notice sur la scintillation des étoiles, par M. Montigny, XXV, 631.

Sur la séparation des trajectoires décrites dans l'atmosphère par des rayons de même origine sidérale, mais de réfrangibilité différente, et sur les effets de cette séparation à l'égard de la scintillation, par le même, XXIX, 80.

Sur la scintillation et sur son intensité pendant l'aurore boréale observée à Bruxelles le 5 avril 1870, par le même, XXIX, 455.

La fréquence des variations de couleurs des étoiles dans la scintillation est généralement en rapport avec la constitution de leur lumière, d'après l'analyse spectrale, par le même, XXXVII, 165.

Nouvelles recherches sur la fréquence de la scintillation des étoiles dans ses rapports avec la constitution de leur lumière, d'après l'analyse spectrale, par le même, XXXVIII, 300.

Recherches sur les variations d'intensité de la scintillation des étoiles selon l'état de l'atmosphère, particulièrement aux approches et sous l'influence de la pluie, par le même, XLII, 255.

Recherches sur les variations de la scintillation des étoiles selon l'état de l'atmosphère, 2e partie, par le même, XLVI, 598.

Notice sur les variations d'intensité de la scintillation et sur les changements de couleurs qui caractérisent ce phénomène, par le même, XLIV, 694.

Recherches sur les changements de couleurs qui caractérisent la scintillation des étoiles de teinte rouge et orangée, ou du troisième type, par le même, XLV, 391.

De l'influence des aurores boréales sur la scintillation des étoiles, particulièrement pendant les soirées du 5 avril 1870 et du 1er juin 1878, par le même, XLVI, 17.

Disposition expérimentale appliquée

à l'étude des étoiles colorées, par le même, XLVI, 328.

Sur la prédominance de la couleur bleue dans les observations de scintillation, aux approches et sous l'influence de la pluie, par le même, XLVII, 755.

Sur la scintillation de l'étoile principale de γ d'Andromède dans ses rapports avec la couleur de cette étoile, par le même, XLVIII, 22.

SCOPÉLESCOPE. — Note sur un scopélescope fondé sur l'emploi du prisme de Nicol, présentée par M. Brachet, XLIX, 263; avis de M. Melsens, XLIX, 312.

SCULPTURES. — Annonce, par M. le chevalier de Burbure, de la découverte, par suite de la démolition d'une des anciennes portes d'Anvers, de quatre culs-de-lampe sculptés en 1318, XXI, 568. — Voir *Cathédrale Saint-Lambert de Liège.* — *Tabernacle.*

SÉANCE GÉNÉRALE DES TROIS CLASSES. — Les trois Classes s'accordent à ne pas tenir leur réunion annuelle en 1872, à cause du Jubilé, XXXIII, 163.

SÉANCES. — Proposition de tenir une séance de la Classe des beaux arts au commencement du mois de septembre pour les préparatifs de la séance publique annuelle, XXX, 146.

SÉANCES PUBLIQUES. — Envoi, par M. le Ministre de l'Intérieur, de l'arrêté royal du 10 janvier 1871, modifiant l'article 18 des statuts organiques en ce qui concerne les séances publiques, XXXI, 30, 48; ajournement de l'application de cet arrêté, XXXII, 24.

Motifs qui ont déterminé la Classe des beaux-arts à ne composer que d'éléments littéraires sa séance publique de septembre 1875, XL, 215.

Motifs pour lesquels la Classe des beaux-arts n'a pas tenu de séance publique en 1880, L, 151.

SÉBILE (LA REINE). — Fragments uniques d'un roman du XIIIe siècle sur la reine Sébile, par M. Aug. Scheler, XXXIX, 44, 404; lecture des rapports de MM. J. Bormans et le baron Kervyn, XXXIX, 403.

SÉCHERESSE. — Sur la sécheresse des mois de février, mars et avril 1875, par M. Albert Lancaster, XXXIX, 826.

SECRÉTAIRE ADJOINT. — Vote de remerciment à M. Marchal, secrétaire adjoint, pour les soins qu'il a apportés dans la gestion des affaires du secrétariat pendant l'intérim, XXXVII, 842.

SECRÉTAIRE PERPÉTUEL. — Élection de M. Liagre comme secrétaire perpétuel de l'Académie, XXXVII, 787; approbation royale de son élection, XXXVII, 798, 843, 882; compliments de bienvenue de la Classe des lettres, XXXVII, 842.

SECRÉTAIRES COMMUNAUX (FÉDÉRATION DES). — Demande l'ouverture d'un concours pour un traité sur les droits et les devoirs des secrétaires communaux, XXXIX, 400.

SECTION CONIQUE. — Sur le triangle inscrit et circonscrit à une section conique, note présentée par M. J. Carnoy, XXIX, 159; lecture du rapport de MM. Liagre et Folie, XXIX, 346.

SECTION PERMANENTE. — Voir *Concours (Grands) de composition musicale.*

SELACHE. — Un mot sur le Selache (Hannovera) aurata, du crag d'Anvers, par M. P.-J. Van Beneden, XLII, 294.

SÉLECTION NATURELLE. — Sur la loi de la sélection naturelle appliquée à la mortalité des enfants nouveau-nés, note présentée par M. Ch. Guinsbourg, XXXIV, 243; rapport de M. Gluge, XXXIV, 402.

SÉLÉNIUM. — Faits nouveaux concernant le sélénium, note présentée par M. Guyot, XXX, 283; rapport verbal de M. Melsens, XXX, 377.

SÉLÉNOGRAPHIE. — Sur l'héliographie et la sélénographie, par M. Ad. Quetelet, XXIII, 695.

SELF HELP. — Voir *Assistance ouvrière.*

SELS MÉTALLIQUES. — Rapport collectif de MM. Donny, Melsens et Dewalque sur le mémoire de M. P. Havrez sur l'absorption des sels mé-

talliques par la laine mordancée, XXXIII, 173.

SELS SOLUBLES. — Voir *Économie animale*.

SÉMIRAMIS. — La légende de Sémiramis, mémoire par M. Fr. Lenormant, XXXIII, 54; rapports de MM. Roulez, Thonissen et Nève, XXXIII, 233, 239, 240.

SEMPERVIRUM AQUALIENSE. — Citation par M. Éd. Morren de cette plante rare de la flore belge dont il s'est occupé dans le tome XXIII de la *Belgique horticole*, XXXVII, 159.

SENSATIONS. — Étude physico physique. Recherches théoriques et expérimentales sur la mesure des sensations de lumière et de fatigue, mémoire par M. Delbœuf. XXXIII. 359; rapports de MM. J. Plateau et Schwann. XXXIV, 250, 262.

Sur la mesure des sensations physiques et sur la loi qui lie l'intensité de ces sensations à l'intensité de la cause existante, par M J Plateau, XXXIII, 376.

Un mot, par M. J. Plateau, au sujet du mémoire précité de M. Delbœuf, XXXIV, 141.

SENSIBILITÉ. — Théorie générale de la sensibilité, mémoire par M. J. Delbœuf, XXXIX, 445; rapports de MM. Éd. Van Beneden, Schwann et Folie. XXXIX, 786, 802, 803.

SEPTIME SÉVÈRE. — Rapports de MM. Roulez, Nève et Haus sur les trois mémoires de concours de 1870, sur la vie et le règne de Septime Sévère, XXIX. 514. 537, 542.

Rapports de MM. Roulez, Wagener et Nève. sur les mémoires de concours de 1872, sur le même sujet, XXXIII, 431, 448, 449.

Rapports des mêmes sur les trois mémoires reçus en réponse au même sujet remis au concours de 1874. lauréat M. de Ceuleneer, XXXVII, 603, 615, 617; lecture des rapports de MM. Roulez, Wagener et Nève sur la révision. par M. de Ceuleneer, de son mémoire couronné, XLII, 911; avis de MM. Wagener et Nève sur les corrections apportées par M. de Ceuleneer à son mémoire couronné, XLVII, 832.

Sur une inscription latine relative à un attentat contre la vie de l'empereur Septime Sévère et de la famille impériale, par M. Roulez, XXX, 136.

SÉRIE AROMATIQUE. — Faits pour servir à la détermination du lieu chimique dans la série aromatique, par M Körner, XXIV. 166; rapport de M. Kékulé. XXIV, 111.

SÉRIE DE BINET. — Réclamation de priorité par M. Genocchi au sujet d'une série de Binet dont s'est occupé M Gilbert dans une note du *Bulletin* de novembre 1873, XXXVII, 160; rapport de M E. Quetelet, XXXVII, 351.

SÉRIE HARMONIQUE. — Mémoire sur la propriété de la série harmonique, présenté par M. Botesu, XXXIII, 493; rapport de M Catalan, XXXIV, 5.

Note sur une formule de M. Botesu, par M. Catalan, XXXIV, 26, 244, 424; rapport verbal de M. Gilbert, XXXIV, 401.

SÉRIES POLYGONALES. — Étude sur les séries polygonales et les nombres polygonaux, note présentée par M. Alex. de Boldour-Kostaky, XLVI. 943; rapport verbal de M. Catalan, XLVII, 15.

SÉRIES TRIGONOMÉTRIQUES. — Voir *Polygones*.

SIGER DE BRABANT. — Notice par M. Ch. Potvin, XLV, 330.

SILEX. — Sur les silex ouvrés de Spiennes, par M. Malaise, XXI, 154; rapports de MM. de Koninck et P.-J. Van Beneden, XXI, 4, 6.

Opinion de M. Dewalque sur l'âge du dépôt caillouteux où M. Malaise a recueilli des haches mentionnées dans sa notice, XXI, 11.

Sur des silex taillés, par M. N. Cloquet, XXII, 108, 111.

Extrait d'une lettre de M. Cornet sur ses recherches dans les environs de Spiennes, XXII, 453.

Sur l'âge des silex ouvrés de Spiennes, par MM Cornet et Briart, XXV, 2, 126; rapports de MM. d'Omalius, de

Koninck et Malaise, XXV, 73, 75, 76. Sur la succession des temps quaternaires, d'après les modifications observées dans la taille des silex, par M. Éd. Dupont, XXV, 38. — Voir *Cavernes.*

SILICATES ALCALINS. — Voir *Économie animale.*

SILURIEN. — Voir *Cambrien.*

SIMILITUDE MÉCANIQUE. — Voir *Corps.*

SINUS. — Demande de souscription, par M. Édouard Sang, de la Société royale d'Édimbourg, à ses Tables de sinus à 25 décimales, et réponse de l'Académie, XLIV, 316.

SIRÉNIEN. — Un Sirénien nouveau du terrain rupelien, par M. P.-J. Van Beneden, XXXII, 164.

SMITHSONIAN INSTITUTION A WASHINGTON. — Annonce la mort de son secrétaire M. J. Henry et son remplacement par M. Spencer Baird, XLVI, 2, 174.

SOCIÉTÉ BELGE D'ÉCONOMIE POLITIQUE. — M. Ém. de Laveleye désigné pour faire partie du jury chargé de juger le concours ouvert à l'occasion du 50e anniversaire de l'indépendance nationale, sur les effets de la liberté commerciale en Belgique, XLV, 42.

SOCIÉTÉ BELGE DE GÉOGRAPHIE DE BRUXELLES. — Annonce sa fondation, XLII, 826.

SOCIÉTÉ DE MÉDECINE PUBLIQUE DE BRUXELLES. — Annonce sa constitution, XLIV, 315, 849; envoie des exemplaires des documents adressés aux praticiens et aux spécialistes belges pour l'assemblée générale de 1880, XLIX, 146.

SOCIÉTÉ DES ARCHITECTES DU DÉPARTEMENT DU NORD, A LILLE. — Lecture du rapport de MM. Balat, De Man et Payen sur le programme de son premier concours d'architecture sur œuvres exécutées, XXX, 145.

SOCIÉTÉ DES ARTS ET DES SCIENCES DE BATAVIA. — Annonce son 100e anniversaire de fondation, XLV, 70; offre la médaille et le livre commémoratifs de cet anniversaire, XLVII, 179.

SOCIÉTÉ DES NATURALISTES DE MOSCOU. — Annonce la célébration du 50e anniversaire de doctorat de son président, XL, 2; remercie pour les félicitations de l'Académie, XL, 446.

SOCIÉTÉ DES SCIENCES NATURELLES DE CHERBOURG. — Annonce la célébration de son 25e anniversaire de fondation, XLII, 458; remercie pour les félicitations de l'Académie, XLIII, 62.

SOCIÉTÉ DES SCIENCES NATURELLES DE WIESBADE. — Annonce le 50e anniversaire de sa fondation, XLVIII, 586.

SOCIÉTÉ DES VOYAGES AUTOUR DU MONDE. — Envoie deux exemplaires de la brochure qu'elle a publiée sur cette entreprise, XLII, 2.

SOCIÉTÉ FRANÇAISE DE TEMPÉRANCE DE PARIS. — Annonce un congrès pour l'alcoolisme à Paris, en août 1878, XLVI, 175.

SOCIÉTÉ GÉOGRAPHIQUE DE LISBONNE. — Annonce sa fondation, XLI, 912.

SOCIÉTÉ NÉERLANDAISE POUR LE PROGRÈS DE L'INDUSTRIE A HARLEM. — Annonce le 100e anniversaire de sa fondation et la création d'un Musée d'art appliqué à l'industrie, XLI, 718.

SOCIÉTÉ ROYALE DE MICROSCOPIE DE LONDRES. — Confère au président annuel de l'Académie le titre d'Ex-officio fellow, XLVIII, 71.

SOCIÉTÉ ZOOLOGICO-BOTANIQUE DE VIENNE. — Annonce la célébration de son 25e anniversaire de fondation, XLI, 730; don d'un ouvrage publié à ce sujet, XLII, 458; liste de souscription pour le monument von Sieboldt, XLIII, 318.

SOLEIL. — Note sur la rotation du Soleil, par M. F. Dauge, XXI, 142; rapport de M. Schaar, XXI, 80.

Note sur des phénomènes de coloration des bords du disque solaire près de l'horizon, par M. Montigny, XXVIII, 425.

Note sur la nature du Soleil, par M. G. Bernaerts, XXIX, 4, 198; rapport de M. Ad. Quetelet, XXIX, 73.

Note sur une méthode propre à déterminer la distance de la Terre au

Soleil, présentée par M. Griffé, XXX, 375; lecture du rapport de MM. Liagre et Ern. Quetelet, XXXI, 4.

D'un moyen de mesurer directement la distance des centres du Soleil et de Vénus pendant les passages de cette planète, par M. Houzeau, XXXII, 458; note additionnelle, XXXIII, 493.

Sur la détermination de la parallaxe du Soleil, note présentée par M. Wouwermans, XXXVII, 802.

Sur les prochaines oppositions de Mars pour la détermination de la parallaxe solaire et l'accord remarquable de la parallaxe déjà obtenue par l'opposition de 1860, avec la nouvelle mesure de la vitesse de la lumière, par M. Cornu, lettre de M. Liais, XXXIX, 779.

Communication de M. Liais sur la parallaxe solaire, au sujet des oppositions de Mars en 1875 et en 1877, XL, 6.

Lettre sur la structure des taches solaires, par M. l'abbé Spée, XLI, 224, 345; lecture des rapports de MM. Folie et Liagre, XLI, 246.

Étude comparative des observations sur l'aiguille aimantée et sur les taches solaires, pendant l'année 1875, à l'Observatoire du Collége Romain, par M. l'abbée Spée, XLIII, 63, 274; rapports de MM. Houzeau, E. Quetelet et Folie, XLIII, 248, 251, 252. — Voir *Éclipses*.

Solutions salines. — Voir *Dilatabilité*.

Sommation. — Sur la sommation de quelques séries et sur quelques intégrales définies nouvelles, note présentée par M. J. Graindorge, XXVI, 379; XXVIII, 319; restitué à l'auteur, XXVIII, 399.

Son. — Note sur la variation de hauteur du son qui se produit lorsque le corps sonore se meut, par M. A. Stévart, XXVI, 250.

De l'influence des liquides sur le son des timbres sonores qui les contiennent ou qui sont plongés dans ces liquides, par M. Ch. Montigny, L, 158.

Note sur l'application du diapason à l'étude de la propagation du son et des mouvements vibratoires dans les liquides, par le même, L, 300.

Sophocle. — Voir *Électre*.

Sotalia brasiliensis. — Voir *Dauphin*.

Sottie française. — La sottie française et la sotternie flamande, par M. J. Stecher, XLIII, 388.

Soufre. — Quelques faits pour servir à l'étude de la constitution des composés oxygénés du soufre, par M. W. Spring, XXXV, 643; XXXVI, 72; rapport de M. Stas, XXXVI, 17.

Sous-normales polaires. — Sur les sous-normales polaires et les rayons de courbure des lignes planes, par M. E. Ghysens, XLIII, 4, 544; rapports de MM. Catalan et Folie, XLIII, 461, 466.

Sur les sous-normales polaires et la courbure des surfaces, par M. E. Ghysens, XLIV, 4, 220; lecture des rapports de MM. Folie, Catalan et De Tilly, XLIV, 127.

Spectre du magnesium. — Voir *Analyse spectrale*.

Spectres ultra-violets. — Voir *Gaz*.

Sphère osculatrice. — Sur la sphère osculatrice et sur les sufaces à points multiples, par M. Saltel, XXXV, 352, 539; rapport de M. Catalan, XXXV, 461.

Sphères terrestre et céleste de Mercator. — Don d'un exemplaire de la nouvelle édition de cet ouvrage publié en 1541 et 1551, XLI, 2.

Sphincters. — Recherches expérimentales sur l'innervation des sphincters de l'anus et de la vessie, par M. Masius, XXV, 284, 491; rapports de MM. Gloge et Schwann, XXV, 408, 409.

Spizaetus. — Description d'un Spizaetus nouveau, par M. Alph. Dubois, XXXVIII, 4, 129.

Spongiaire. — Un Spongiaire nouveau du système eifelien, par M. Dewalque, XXXIV, 23.

Squalodons. — Présentation d'un mémoire intitulé : *Recherches sur les Squalodons* (supplément), par M. P.-J.

Van Beneden, XXIII, 219; lecture du rapport de MM Poelman, de Koninck et de Selys Longchamps, XXIII, 370. — Voir *Selache*.

STATION ZOOLOGIQUE DE NAPLES. — Voir *Dohrn (le Dr)*.

STATIQUE. — Sur un principe de statique moléculaire avancé par M. Lüdge, par M. Van der Mensbrugghe, XXX, 180, 322; rapport de M. J. Plateau, XXX, 286.

STATISTIQUE. — Notice sur la mortalité des enfants, par M. Ducpétiaux, XXII, 119.

Progrès des travaux statistiques, par M. Ad. Quetelet, XXV, 545.

Rapports de MM. le baron Kervyn, De Decker et de Laveleye sur les mémoires de concours de 1869 sur une description statistique d'une commune du centre des Flandres, lauréats MM. De Potter et Broeckaert, XXVII, 448, 452, 456.

Statistique internationale de l'Europe, plan adopté par les délégués officiels des différents États, dans la 7e session du Congrès international tenu à La Haye en 1869, par M. Ad. Quetelet, XXVIII, 349.

Communication verbale de M. Ad. Quetelet au sujet de son nouveau travail sur les tables de mortalité, XXXIV, 5.

La loi de sélection naturelle appliquée à la mortalité des nouveau-nés et des enfants trouvés en particulier, note présentée par M. Ch. Guinsbourg, XXXIV, 243; rapports de MM. Gluge et Ad. Quetelet, XXXIV, 402, 404.

Sur le 8e Congrès international de statistique tenu à Saint-Pétersbourg pendant le mois d'août 1872, par M. Ad. Quetelet, XXXIV, 343.

La statistique internationale, son origine et ses progrès, note présentée par M. X. Heuschling, XXXVIII, 509; avis verbal de MM. Faider et De Decker, XXXVIII, 614.

Distinction accordée par l'Académie des sciences morales et politiques de Paris à M. Antony Rouillet, pour son travail sur la densité de la population en Europe, XLI, 355.

STATUES. — Voir *Monuments*.

STÉRÉOGRAPHE. — Note sur le stéréographe de poche et sur son emploi pour lever des plans, bâtiments, etc., au moyen de la photographie, par M. J.-F. Plücker, XXX, 4; rapports de MM. Liagre et Candèze, XXX, 88, 91; note sur le stéréographe de poche par M. Plücker, XXX, 283, 388; rapport de M. Liagre, XXX, 377.

SUBSTANCES. — Rapports de MM. Melsens, Stas et Donny sur le mémoire de concours de 1877, sur la composition et les rapports mutuels des substances albuminoïdes, XLIV, 667, 674, 675.

Sur une transformation des substances saturées en corps non saturés, par M. Th. Swarts, XXV, 72, 193; rapport de M. Stas, XXV, 184.

Sur une chute de substances jaunâtres à Gênes le 14 février 1870, par M. Boccardo, XXIX, 158, 376; lecture du rapport de MM. d'Omalius, Dewalque et de Koninck, XXIX, 346.

SUCRE. — Contributions à l'histoire du sucre (saccharose), par M. Motteu, XLIV, 318, 386; rapport de M. Stas, XLIV, 318.

SULFACIDES. — Voir *Phénol*.

SULFATE DE CUIVRE. — Voir *Bois*.

SULFATE DE GUANIDINE. — Voir *Guanidine*.

SULFATE DIÉTHYLIQUE. — Sur un nouveau mode de formation du sulfate diéthylique, par M. Éd. Dubois, XXXII, 3, 70; rapport de M de Koninck, XXXII, 42.

SULFOCYANURES. RECHERCHES SUR LES des radicaux alcooliques, par M. L. Henry. I. Action des hydracides halogénés, XXV, 639; rapports de MM. de Koninck et Stas, XXV, 620; II. Sur le trisulfocyanure glycérique; sur le sulfocyanure benzylique; sur divers composés isopropyliques sulfurés; action de l'iodure de cyanogène sur le sulfure de mercure, XXVII, 4, 150; rapports des mêmes, XXVII, 142, 143.

SUPERPHOSPHATES. — Note sur l'analyse des superphosphates, par M. Che-

vron, XLVII, 96; rapport de M. Stas, XLVII, 28. — Voir *Phosphates*

Surface. — Détermination dans la surface réciproque d'une surface S douée de points multiples, du degré de la courbe double et de celui de la courbe de rebroussement, par M. L. Saltel, XL, 4, 22.

Sur la détermination des singularités de la courbe d'intersection de deux surfaces qui ont en commun μ points multiples, μ étant égale ou inférieure à 4, par M. L. Saltel, XL, 4, 27; lecture des rapports de MM. Folie et Catalan, XL, 5.

Détermination par la méthode de correspondance analytique de l'ordre de la surface enveloppe d'une surface de degré e dont les coefficients de son équation sont des fonctions de n paramètres variables, liés entre eux seulement par $n-2$ conditions, par M. L. Saltel, XLII, 829; XLIII, 24; lecture des rapports de MM. Folie et Catalan, XLIII, 7.

Surface des ondes. — Voir *Transformation géométrique.*

Surface quelconque. — Recherches nouvelles sur la théorie des lignes tracées sur une surface quelconque, par M. Gilbert, XXV, 2, 72; rapport de M. Catalan, XXV, 189.

Extension des théorèmes analogues à celui de Pascal à des courbes tracées sur une surface quelconque, par M. F. Folie, XXXVII, 811.

Remarques et réclamations de M. d'Aoust sur le mémoire de M. Gilbert, sur la théorie générale des lignes tracées sur une surface quelconque, XXVI, 135, 471; réponse aux observations de M. d'Aoust, par M. Gilbert, XXVI, 480.

Surfaces à courbure algébrique. — Note sur les surfaces à courbure moyenne constante, par M. De Tilly, XXIX, 447; XXX, 28; rapports de MM. Folie et Liagre, XXX, 15, 23.

Rapports de MM. Catalan, Folie et De Tilly, sur le mémoire de concours de 1880 relatif aux équations de quelques surfaces algébriques à courbure moyenne nulle, lauréat M. Ribaucour, L, 333, 353, 355.

Surfaces apsidiales. — Sur quelques propriétés des surfaces apsidiales ou conjuguées, par M. Gilbert, XXVII, 363, XXVIII, 31; rapport de M. Catalan, XXVIII, 21.

Surfaces à points multiples. — Voir *Sphère osculatrice.*

Surfaces à points singuliers. — Voir *Géométrie.*

Surfaces d'ordre supérieur. — Sur quelques théorèmes relatifs aux surfaces d'ordre supérieur, par MM. Folie et Le Paige, XLVIII, 41.

Surfaces focales. — Voir *Courbes.*

Surfaces hélicoïdes réglées. — Voir *Frottement.*

Surfaces liquides. — Application de la thermodynamique à l'étude des variations d'énergie potentielle des surfaces liquides; conséquences diverses, par M. G. Van der Mensbrugghe, XLI, 769; deuxième communication, XLII, 21.

Étude sur l'énergie potentielle des surfaces liquides, mémoire par le même, XLV, 363; rapport de M. J. Plateau, XLV, 574.

Sur une nouvelle application de l'énergie potentielle des surfaces liquides, par le même, XLVI, 635; nouvelles applications de l'énergie potentielle des surfaces liquides, par le même, XLVIII, 326.

Sur quelques phénomènes curieux observés à la surface des liquides en mouvement, par le même, XLVIII, 346.

Sur l'application du second principe de thermodynamique aux variations d'énergie potentielle des surfaces liquides, par le même, XLIX, 620.

Note de M. Van der Mensbrugghe en présentant son ouvrage intitulé : *Du rôle de la surface libre de l'eau dans l'économie de la nature*, L, 154. — Voir *Liquides.*

Surfaces orthogonales. — Note sur les surfaces orthogonales, par M. Catalan, XXVI, 180.

Surfaces (des) parallèles à l'hy-

PERBOLOÏDE. — Dernier chapitre du mémoire de M. Catalan sur la théorie des courbes et des surfaces, XXXIX, 331. — Voir *Courbes*.

SURFACE PARTICULIÈRE A COURBURE. — Discussion et réalisation expérimentale d'une surface particulière à courbure moyenne nulle, par M. G. Van der Mensbrugghe, XXI, 263, 552; rapports de MM. Lamarle et Catalan, XXI, 530, 531.

SURFACES (THÉORIE DES). — Voir *Courbes*.

SYMIER. — Une lettre de Symier au duc d'Anjou, par M. le baron Kervyn, XXXIII, 142.

SYSTÈME DENTAIRE. — Morphologie du système dentaire des races humaines, par M. E. Lambert, XLIII, 64, 559; rapports de MM. P.-J. Van Beneden et Dupont, XLIII, 467, 469.

Morphologie du système dentaire des singes, par M. E. Lambert, XLIV, 317; lecture des rapports de MM. Van Beneden père et fils, et F. Plateau, XLIV, 456; avis de M. Plateau de voir réduire ce mémoire aux proportions d'une courte notice, XLIV, 456.

Note sur la morphologie du système dentaire des singes comparée à celle de l'homme des différentes races, par M. E. Lambert, XLVI, 177; lecture des rapports de MM. Van Beneden père et fils, et F. Plateau, XLVI, 588.

SYSTÈME EIFELIEN. — Un Spongiaire nouveau du système eifelien, par M. Dewalque, XXXIV, 23.

SYSTÈME LANDENIEN. — Notes sur le système landenien, par M. J. Moreau, XXIX, 158.

SYSTÈME MÉTRIQUE. — Le système métrique actuel de l'Égypte comparé au système français, les nilomètres tant anciens que modernes et les antiques coudées de l'Égypte, mémoire par Mahmoud-bey, XXXIV, 401; rapport de MM. Liagre et Ad. Quetelet, XXXV, 49. — Voir *Métrologie*.

SYSTÈME PROHIBITIONNISTE. — Des efforts tentés au XVIIe siècle pour entraîner la Belgique dans le système prohibitionniste, par M. Alph. Wauters, XLVIII, 76, 375.

SYSTÈMES ÉLECTORAUX. — Rapports de MM. Leclercq, Thonissen et Paul Devaux sur le mémoire de concours de 1873, concernant les systèmes électoraux des peuples anciens et modernes, XXV, 537, 541, 543.

T.

TABERNACLE. — Le tabernacle de l'église de Léau, œuvre de Corneille De Vriendt, dit Floris, par M. A. Wauters, XXVI, 354.

TABLE DE BRONZE D'ALJUSTREL. — Note de M. Thonissen en présentant le travail de M. Flach sur la Table de bronze d'Aljustrel, XLVII, 238.

TABLEAUX. — Les tableaux enlevés à la Belgique en 1785, notice par M. Ch. Piot, XLIII, 757.

Les tableaux des colléges des Jésuites supprimes en Belgique, par M. Ch. Piot, XLVI, 139. — Voir *Peinture*. — *Rubens*.

TABLES DE LOGARITHMES. — Voir *Logarithmes*.

TABLES DE MORTALITÉ. — Voir *Statistique*.

TABLES DES BULLETINS. — Rédaction par M. Siret des Tables des Bulletins pour les tomes I à XX de la 2e série, XXI, 256, 297.

TABLES ROMAINES. — Note sur la découverte de tables romaines à Ossuna, par M. Rivier, XXXVII, 144.

TACHES SOLAIRES. — Voir *Soleil*.

TACITE. — Note bibliographique de M. Wagener sur l'édition des histoires de Tacite que M. Gantrelle

vient de publier à Paris, XLIX, 275. — Voir *Plutarque*.

TAILLE DE L'HOMME. — Voir *Anthropométrie*

TAMOULS. — Les écoles et l'alphabet des Tamouls, note présentée par M. Ph. Van der Haeghen, XXXVIII, 509; rapport de M. Nève, XXXVIII, 614.

TAPISSERIE DE HAUTE LISSE. - Demande de renseignements par M. Banner relatifs au mémoire couronné de M. Pinchart sur ce sujet, XL, 244; avis de M. Fétis, XL, 408.

Lecture, par M. A. Pinchart, d'un chapitre de son *Histoire de la tapisserie de haute lisse à Arras*, XLIV, 250.

TASSO (TORQUATO). — Cantate couronnée exécutée à la séance publique de la Classe des beaux-arts de 1874, paroles de M. Van Droogenbroeck, musique de M. F. Van Duyse, XXXVIII, 401.

TAURIDE. — Sur les antiquités gréco-scythiques de la Tauride, par M. Steur, XXVIII, 260.

TEINTURES. — Voir *Laines*.

TÉLÉGRAPHE. — Sur un appareil télégraphique nouveau, par M. Daussin, XXXI, 3.

Présentation, par la Société royale de Copenhague, d'un exemplaire de la note de MM. Holten et Paul la Cour sur un système télégraphique permettant la production d'un grand nombre de signaux simples par un fil conducteur unique, XXXIX, 779. — Voir *Paratonnerres*.

TÉLÉOSTÉENS. — Contribution à l'histoire du développement embryonnaire des Téléostéens, par M. Éd. Van Beneden, XLIV, 462, 742.

TÉLÉPHONE. — Application de la bobine de Rühmkorff au téléphone pour reproduire la parole aux grandes distances, par MM. Navez père et fils, XLV, 96; lecture du rapport de MM. Melsens, Brialmont et Van der Mensbrugghe, XLV, 79.

Note sur un nouveau système de téléphonie, par les mêmes, XLV, 223.

Note sur la théorie du téléphone, par les mêmes, XLV, 416; lecture du rapport de MM. Melsens et Van der Mensbrugghe, XLV, 390.

Lettre relative à la note de MM. Navez père et fils, sur la théorie du téléphone, par M. le comte Du Moncel, XLV, 608; réponse de MM. Navez père et fils, XLV, 612; lecture du rapport de MM. Melsens, Brialmont et Van der Mensbrugghe sur ces deux communications, XLV, 577.

Seconde lettre de M. Th Du Moncel, XLVI, 72; réponse de MM. Navez, père et fils, XLVI, 76; lecture du rapport des mêmes commissaires, XLVI, 14.

Note sur le téléphone appliqué dans le voisinage des lignes télégraphiques ordinaires, par M. F. Delarge, XLVI, 319; XLVII, 34; rapport de M. Maus, XLVII, 16; M. le Ministre des Travaux publics fait savoir qu'il fournira à M. Delarge les moyens de continuer ses expériences téléphoniques, XLVII, 178.

Téléphone et plume électrique, note présentée par M. Gérard, XLVIII, 443; avis de MM. Melsens, Montigny et Spring, XLVIII, 600.

Lettre sur le téléphone, présentée par M. A. Van Weddingen, L, 295.

TEMPÉRATURE. — Note sur la température de janvier 1866 à Gand, par M. Duprez, XXI, 130.

Mémoire sur la température de l'air à Bruxelles, d'après trente années d'observations (1833-1862), par M. Ern. Quetelet, XXI, 2; lecture du rapport de M. Duprez, XXII, 109.

Présentation, par M. E. Quetelet, d'un supplément à son mémoire sur la température de l'air à Bruxelles, XXXIX, 56; lecture des rapports de MM. Duprez, Montigny et Mailly, XXXIX, 257.

Quelques nombres caractéristiques relatifs à la température de Bruxelles, extraits de son mémoire, par M. E. Quetelet, XXXIX, 92.

Observations des températures faites chaque jour de la période décennale, 1854 à 1863, à l'Observatoire royal de

Bruxelles, au moyen de thermomètres colorés et à différentes hauteurs, par M. Ad. Quetelet, XXIII, 374.

Sur l'ensemble des travaux entrepris par M. Zantedeschi depuis plus de quarante ans, sur les températures terrestres dans les environs de Vienne et de Padoue, par le même, XXV, 189.

Sur l'abaissement de température du mois de décembre 1871, par M. Ad. Quetelet, XXXII, 373.

Note sur la température de l'espace, par M. Melsens, XXXIII, 359.

Rapports de MM. Melsens, Folie et Montigny, sur le mémoire de concours de 1872, en réponse à la question sur la température de l'espace, XXXIV, 561, 586, 591.

Température des puits artésiens, par M. Ad. Quetelet, d'après une lettre de M. O. van Ertborn, XXXIV, 272.

Lecture des rapports de MM. Melsens, Montigny, Folie et Stas sur le mémoire de concours de 1874, en réponse aux questions sur la température de l'espace et sur la chaleur spécifique des corps simples et des corps composés, XXXVIII, 718.

Sur la température de combustion des combustibles ordinaires, brûlés à l'air libre, par M. H. Valerius, XXXVIII, 654.

Note sur la température de l'hiver de 1874-1875, par M. E. Quetelet, XXXIX, 368.

Sur la période de froid du mois de décembre 1875, par M. E. Quetelet, XL, 758.

Température de l'eau de mer à Ostende en novembre 1866, par M. Cavalier, XXII, 476.

Quelques remarques à propos de l'hiver de 1876-1877. Périodicité des hivers doux et des étés chauds, par M. A. Lancaster, XLIII, 325, 509; rapports de MM. E. Quetelet, Houzeau et Montigny, XLIII, 475, 478, 479. — Voir *Chaleur*. — *Climat*. — *Météorologie*.

Tempêtes. — De la prédiction, du mouvement des tempêtes et des phénomènes qui les accompagnent, par M. Tarry, XXXIV, 243; lecture du rapport de MM. Quetelet, Duprez et Montigny, XXXIV, 454.

La tempête du 12 mars 1876, par M. Ernest Quetelet, XLI, 739; note supplémentaire par M. Neumayer à cette notice, communication par M. E. Quetelet, XLI, 1158.

Temple des Augustins. — Motion relative à sa conservation, XXIX, 439.

Temps quaternaires. — Voir *Silex*.

Tensions superficielles. — Voir *Liquides*.

Terrain ahrien. — Sur le terrain nommé système ahrien par André Dumont, lettre de M. Gosselet, XXVI, 289; rapports de MM. d'Omalius et Dewalque, XXVI, 260, 261.

Terrain ardennais. — Sur des corps organisés trouvés dans le terrain ardennais de Dumont, par M. Malaise, XXI, 566; rapports de MM. L.-G. de Koninck et Dewalque, XXI, 534.

Découverte d'une roche grenatifère dans ce terrain, près de Vielsalm, par MM. Lucien de Koninck et Davreux, XXXII, 353. — Voir *Minéraux*.

Terrain bruxellien. — Sur un nouveau poisson du terrain bruxellien, par M. P.-J. Van Beneden, XXXV, 207.

Terrain carbonifère. Annonce par M. Dewalque d'un travail sur le terrain carbonifère, XXVIII, 123; lecture de ce travail, XXVIII, 249.

Nouvelles recherches sur les animaux fossiles du terrain carbonifère de la Belgique, mémoire par M. L.-G. de Koninck, XXXI, 199; lecture des rapports de MM. d'Omalius, Nyst et P.-J. Van Beneden, XXXI, 477.

Terrain crétacé. — Étude sur le terrain crétacé du Hainaut, 1re partie. Description minéralogique et stratigraphique de l'étage inférieur (système aachenien de Dumont), mémoire par MM. Briart et Cornet XXI, 494; rapports de MM. Dewalque et d'Omalius, XXI, 265, 274.

Lettre de M. Cornet à M. Dewalque sur la non-équivalence du poudingue avec la craie grise de Maestricht, XXII, 551.

Sur deux lambeaux du terrain crétacé dans la province de Namur, par M. Edm. Gonthier, XXIII, 219, 403; rapports de MM. d'Omalius et Dewalque, XXIII, 371, 372.

Notice sur les gisements de phosphate de chaux dans le terrain crétacé de la province du Hainaut, par MM. Cornet et Briart, XXXVII, 838.

TERRAIN DEVONIEN. — Note sur le terrain devonien, par M. d'Omalius, XXXVII, 191.

Communication de M. Dupont sur le même sujet, XXXVII, 196.

Description de quelques plantes fossiles de l'étage des psammites du Condroz (devonien supérieur), par M. F. Crépin, XXXVIII, 356.

Sur l'étage devonien des psammites du Condroz, en Condroz, par M. Mourlon, XXXIX, 250, 602; rapports de MM. Dewalque, de Koninck et Dupont, XXXIX, 469, 476, 477.

Sur quelques plantes fossiles de l'étage des psammites du Condroz, par M A. Gilkinet, XXXIX, 250, 384; rapports de MM. Dewalque et de Koninck, XXXIX, 363, 364.

Nouvelles observations sur la flore des psammites du Condroz, par M. Crépin, XXXIX, 779; rapports de MM. Dewalque, de Koninck et Dupont, XL, 53, 55, 56.

Sur l'étage devonien des psammites du Condroz dans le bassin de Theux, dans le bassin septentrional et dans le Boulonnais, par M. Mourlon, XL, 271, 761; rapports de MM. Dewalque, L.-G. de Koninck et Dupont, XL, 673, 675, 676.

Sur les dépôts devoniens rapportés par Dumont à l'étage quartzo schisteux inférieur de son système eifelien, avec quelques observations sur les affleurements quartzo-schisteux de Woluwe et de Montignies-sur-Roc, par M. M. Mourlon, XL, 668; XLI, 323; rapports de MM. Briart, Cornet et Malaise, XLI, 230, 232, 240.

Sur l'étage devonien des psammites du Condroz dans la vallée de la Meuse, entre Lustin et Hermeton-sur-Meuse, par M. Mourlon, XLII, 461, 845; rapports de MM. de Koninck, Éd. Dupont et Malaise, XLII, 829, 831, 835.

Calcaire devonien supérieur dans le N.-E. de l'arrondissement d'Avesnes, par M. J. Gosselet, XLIV, 398.

TERRAIN EIFELIEN. — Voir *Système eifelien*.

TERRAIN HOUILLER. — Un Insecte et un Gastéropode pulmoné du terrain houiller, par MM. P.-J. Van Beneden et Coemans, XXIII, 384.

Sur les puits naturels du terrain houiller, par MM. Cornet et Briart, XXIX, 150, 477; rapports de MM. d'Omalius et Dewalque, XXIX, 340, 343.

Observation sur la rencontre accidentelle du chlorure ammonique dans le bassin houiller de Liége, par M. Malherbe, XXX, 3.

Caractère paléontologique de certaines couches du bassin houiller de Liége, par le même, XXXII, 236; rapports de M. Dewalque et d'Omalius, XXXII, 368, 370; publié sous le titre de *Note sur les cardinies rencontrées dans le bassin houiller de Liége*, par le même, XXXII, 375.

Notice sur la position stratigraphique des lits coquilliers dans le terrain houiller du Hainaut, par MM. Briart et Cornet, XXXIII, 21; rapport de M. Dewalque, XXXIII, 6.

Fragments paléontologiques pour servir à la flore du terrain houiller de Belgique, par M. Crépin, XXXVIII, 568.

Sur une nouvelle espèce de crustacé du terrain houiller de la Belgique, par M. L.-G. de Koninck, XLV, 409.

Découverte d'une espèce de Décapode brachyure, dans le terrain houiller des environs de Mons, par M. le Dr H. Woodward, XLV, 410.

Rapport de MM. Dewalque, d'Omalius et Briart sur le mémoire de concours de 1873, concernant la description du système houiller du bassin de Liége, XXXVI, 696, 720, 721.

Rapports de MM. Dewalque, Briart et

Cornet sur les mémoires sur le même sujet, présentés au concours de 1875, XL, 899, 949, 971; MM. Malherbe et de Macar, lauréats, XL, 974.

Communication de la lettre du comité de l'Union des charbonnages demandant la publication de ces mémoires, XLI, 222; lecture du rapport de MM. Dewalque, Briart et Cornet sur cette proposition, XLI, 458. — Voir *Chlorures.* — *Minéraux.*

TERRAIN LAEKENIEN. — Sur un nouveau poisson du terrain laekenien, par M. P.-J. Van Beneden, XXXIV, 420.

TERRAIN LANDENIEN. — Voir *Système landenien.*

TERRAIN PALÉOZOÏQUE. — Voir *Échinodermes.*

TERRAIN QUATERNAIRE. — Étude sur le terrain quaternaire des vallées de la Meuse et de la Lesse dans la province de Namur, par M. Éd. Dupont, XXI, 75, 366; rapports de MM. d'Omalius et P.-J. Van Beneden, XXI, 203, 205.

TERRAIN RUPELIEN. — Un Sirénien nouveau du terrain rupelien, par M. P.-J. Van Beneden, XXXII, 164.

TERRAIN SILURIEN. — Observations sur le terrain silurien de l'Ardenne, par MM. J. Gosselet et Malaise, XXV, 180, XXVI, 61; rapports de MM. d'Omalius et Dewalque, XXV, 411, 413.

Rapports de MM. d'Omalius, de Koninck et Dewalque sur le mémoire de concours de 1869, sur le terrain silurien du Brabant, lauréat M. Malaise, XXVIII, 588, 593, 599; avis des mêmes commissaires sur la nouvelle rédaction de ce mémoire et observation de M. Dewalque sur le tableau des espèces de fossiles, XXXIII, 301.

TERRAIN TERTIAIRE. — Voir *Calcaire.* — *Chéloniens.*

TERRAINS ANCIENS. — Communication verbale de M. Dewalque sur la nature des terrains anciens, XXXIV, 424.

TERRAINS D'ANVERS. — Voir *Fossiles.* — *Phoques.*

TERRE. — Sur le calcul de la densité moyenne de la terre d'après les observations de M. Airy, par M. Folie, XXXIII, 171, 389; rapports de MM. Liagre et Gilbert, XXXIII, 369, 371.

Billet cacheté de M. Dewalque daté du 4 février 1869, sur le calcul de la densité de la terre par un système d'observations dans les houillères, XXXIII, 388.

TESTICULE. — Voir *Fécondation.*

TETRAO LAGOPUS. — Sur l'époque à laquelle Tetrao lagopus, L. a disparu de la Belgique, note par M. G. Dewalque, XXXIV, 21; M. Schuermans adresse une note rectificative sur ce sujet à la Classe des lettres, XXXIV, 431; lecture du rapport de MM. le baron de Witte, Wagener et Wauters et renvoi de cette note à la Classe des sciences, XXXIV, 530; lecture des rapports de MM. Dupont, P.-J. Van Beneden et de Selys Longchamps, XXXV, 94; annonce par M. de Sélys Longchamps que M. Schuermans s'est empressé de satisfaire aux observations de ces rapports, XXXV, 189; rapports précités, XXXV, 193, 194, 195; rectification par M. Schuermans à la note de M. Dewalque sur l'époque à laquelle Tetrao lagopus a disparu de la Belgique, XXXV, 225. — Voir *Tumuli.*

THALASSOTHÉRIENS. — Les Thalassothériens de Baltringen (Wurtemberg), par M. P.-J. Van Beneden, XLI, 471.

THÉATRE. — Lecture des rapports de MM. De Decker et Polain sur un travail de M. Loise sur le théâtre en Espagne, formant le complément de son mémoire sur la littérature espagnole, XXIV, 373. — Voir *Littérature espagnole.* — *Musique.*

THÉODICÉE. — Une théodicée au IVe siècle. Tite de Bostra, par M. Laforêt, XXX, 334. — Voir *Métaphysique.*

THÉORÈME DE DESARGUES. — Voir *Lieu géométrique.*

THÉORÈME DE FERMAT. — Démonstration d'un théorème de Fermat, note présentée par M. P.-A. Simons, XXXVIII, 293; lecture des rapports

de MM. Catalan et Folie, XXXVIII, 409.

Théorèmes. — Théorèmes sur les courbes gauches, par M. L. Saltel, XLII, 829; XLIII, 29; lecture des rapports de MM. Folie et Catalan, XLIII, 7.

Démonstration de deux théorèmes, analogues en géométrie de l'espace à celui de Pascal en géométrie plane; essai de réponse à une question posée en 1825, par l'Académie de Bruxelles, par M. Sautreaux-Félix, XLIV, 850; XLV, 15, 426; rapport de M. Folie, XLV, 370; addition à son rapport par M. Folie, XLVI, 14.

Théorèmes de Pascal et de Brianchon. — Restitution de priorité en faveur de M. Catalan, par M. Folie, à propos de sa note intitulée : *Synthèse des théorèmes de Pascal et de Brianchon*, XLVI, 379.

Théorie capillaire de Gauss. — Voir *Capillarité*.

Théorie des courbes et des surfaces. — Voir *Géométrie*.

Théorie des lignes tracées sur une surface quelconque. — Voir *Géométrie*.

Théorie des parallèles. — Voir *Géométrie*.

Théorie mécanique de la chaleur. — Voir *Chaleur*. — *Monde*.

Théories physiologiques. — Voir *Forces naturelles ou vitales*.

Thermodynamique. — Note sur le second principe de la thermodynamique, par M. Th. Belpaire, XXXIV, 243, 509; rapports de MM. Folie et Gloesener, XXXIV, 448, 452.

Application de la thermodynamique à l'étude des variations d'énergie potentielle des surfaces liquides; conséquences diverses, notice par M. G. Van der Mensbrugghe, XLI, 769.

Thierri Bouts. — Le testament du peintre Thierri Bouts, appelé aussi Thierri de Harlem et Thierri Stuerbout, par M. Wauters, XXIII, 717.

Thomas d'Aquin. — Note bibliographique de M. Le Roy en présentant l'ouvrage de M. V. Lilla : *Sur S. Tommaso d'Aquino, filosofo in relazione con Aristotele e Platone, studi critici*, L, 273.

Thucydide. — Essai politique et moral sur Thucydide, par M. N. Saripolos, XLVIII, 175.

Tiges ligneuses. — Deuxième mémoire sur l'anatomie comparée des tiges ligneuses dans l'embranchement des Dicotylédones, présenté par M. J. Chalon, XXIV, 278; rapports de MM. Coemans et Spring, XXIV, 499, 503.

Tirlemont. — Voir *Géologie*.

Tite de Bostra. — Voir *Théodicée*.

Toenia mediocanellata. — Relation d'un cas de tuberculose cestodique, suivie de quelques observations sur les œufs du Toenia mediocanellata, par M. Éd. Van Beneden, XLIX, 659.

Tombe. — Découverte d'une tombe de l'époque romaine à Lovenjoul, près Louvain. — Un mot sur les vestiges d'une villa de cette époque à Laeken, par M. L. Galesloot, XLVII, 443, 898; rapport de M. le baron de Witte, XLVII, 854.

Note supplémentaire concernant la tombe de l'époque romaine découverte à Lovenjoul en février 1878, par M. L. Galesloot, XLIX, 270, 686; avis de M. Wagener, XLIX, 685.

Tombeaux. — Les tombeaux des ducs de Bourgogne, par M. Th. Juste, XXV, 44.

Déplacement du mausolée et du cercueil de l'archiduc François d'Autriche, en 1775, par M. L. Galesloot, XXV, 226, 357; rapport de M. Chalon, XXV, 320.

Découverte d'un tombeau pélasgique en Attique, note par M. De Ceuleneer, XLVII, 820; XLVIII, 82; rapport de M. Wagener, XLVIII, 73.

Tonus musculaire. — Avis de MM. Schwann, Spring et Gluge sur l'impression du mémoire couronné en 1862, de M. Cohnstein, de Berlin, sur le Tonus musculaire, XXIII, 77.

Torsion. — Rapports de MM. Folie et Van der Mensbrugghe sur le mémoire de concours de 1879 sur la torsion, XLVIII, 594, 599.

Tourbe. — Voir *Chicorée*.

TRADUCTIONS. — Première note de M. Ch. Potvin sur les traductions d'œuvres littéraires belges, XLV, 300.
Des traductions de livres belges, deuxième note, par M. Ch. Potvin, L, 124, 184; lecture des rapports de MM. Wauters, Poullet et Scheler, L, 184.
TRAJAN. — Note sur la question de savoir si Trajan, lors de son avènement à l'Empire, était gouverneur de la Germanie inférieure ou de la Germanie supérieure, par M. Roulez, XXVI, 198.
TRAJECTOIRES. — Sur quelques propriétés des trajectoires, par M. Ph. Gilbert, XXV, 288.
Sur la similitude des trajectoires des projectiles oblongs, lettre de M. Fr. Siacci, XXXVI, 602; lecture du rapport de M. De Tilly, XXXVII, 169.
Sur le calcul de la vitesse initiale d'un projectile quelconque lorsqu'on connaît la vitesse en un point voisin de la bouche à feu, par M. A.-C. d'Andrada Mendoça, XXXVI, 3; rapport de M. De Tilly, XXXVI, 140.
Théorie de la trajectoire, suivie de formules applicables au tir du fusil rayé, note présentée par M. A. Delmotte, XLVIII, 341; rapport de M. Brialmont, XLVIII, 459.
TRANSCENDANTES. — Note sur les transcendantes, etc., et sur celles qui s'en déduisent, présentée par M. Paul Havrez, XXXIX, 789; lecture des rapports de MM. Catalan et Folie, XL, 5.
TRANSFORMATION GÉOMÉTRIQUE. — Sur une transformation géométrique et sur la surface des ondes, par M. Catalan, XXVI, 379; rapport de M. Gilbert, XXVII, 120.
TRANSFORMATIONS ARGUÉSIENNES. — Note sur les transformations arguésiennes de M. Saltel, par M. Mansion, XXXVI, 299, 625; rapport de M. Catalan, XXXVI, 605.
TRANSFORMATIONS DÉSARGUÉSIENNES. — Mémoire sur l'application de la transformation désarguésienne à la génération des courbes et des surfaces géométriques, et sur l'étude de certains systèmes de courbes géométriques, par M. Saltel, XXX, 419, XXXII, 3; rapport de MM. Gilbert et Catalan, XXXII, 335.
TRANSFORMISME. — Sur le transformisme, lecture par M. d'Omalius, XXXVI, 769. — Voir *Forces naturelles ou vitales*.
TRANSPOSITION. — Décision à l'égard de la demande de M. Banet-Rivet d'examiner sa brochure : *D'un prétendu inventeur de la transposition des nombres*, XXXVIII, 534.
TRAVAIL. — Voir *Capital*.
TRAVAIL FONCTIONNEL. — Voir *Forces naturelles ou vitales*.
TRAVAUX DE L'ACADÉMIE. — Discours de M. Maus sur les travaux des membres de la Classe des sciences de l'Académie, lu à la séance publique de décembre 1876, XLII, 993.
Sur les travaux d'ensemble de l'Académie et sur ses relations avec les Sociétés savantes étrangères, pendant le demi-siècle qui vient de s'écouler, par M. Ad. Quetelet, XXI, 475.
Le premier siècle de l'Académie, travail présenté par le même, sur les travaux de l'Académie depuis sa fondation, pour le Livre commémoratif du jubilé séculaire, XXXIII, 226, 250.
TRAVAUX HISTORIQUES. — Les travaux historiques de jadis et ceux d'aujourd'hui, discours par M. A. Wauters, XLIII, 652.
TRÉMATODES. — Voir *Dactycotyle*.
TREMBLEMENTS DE TERRE. — Sur le tremblement de terre ressenti à Theux, à Spa, à Liége, à Stavelot et à Vielsalm, le 3 janvier 1867, par MM. Fayn, Lezaak, de Koninck, Dewalque, A. Spring et de Selys Longchamps, XXIII, 51, 232.
Secousse à Liége le 2 octobre 1869, par M. de Koninck, XXVIII, 346.
Sur le tremblement de terre ressenti le 22 octobre 1873 dans la Prusse rhénane et en Belgique, par M. Albert Lancaster, XXXVI, 439.
Rapports de MM. Duprez et Ad. Quetelet sur les résumés des tremblements de terre ressentis en 1864,

avec suppléments pour les années antérieures, par M. A. Perrey, XXI, 264, 265; même travail pour 1865. XXIII, 249; rapports des mêmes, XXIII, 373; même travail pour 1866 et 1867. XXV, 611; rapports des mêmes, XXVI, 251; même travail pour 1868. XXIX, 63; rapports des mêmes. XXIX, 338, 339; même travail pour 1869, XXXII, 155; rapports de MM. Mailly et Ad Quetelet. XXXII, 236, 241; même travail pour 1870, XXXIV. 243; rapports des mêmes, XXXV, 95. 97; suite pour 1870, XXXVI, 299; rapports de MM. Duprez. Ern Quetelet et Mailly, XXXVI, 603. 604; même travail pour 1871. XXXVII. 802; rapports des mêmes. XXXVIII, 297. 298; même travail pour 1872. XL., 52; rapports de MM. Malaise, Montigny et Duprez, XL, 448. 449, 452.

TRÉSOR DE MESPELAER. — Voir *Archéologie.*

TRÊVES DU COMTE. — Ce que l'on appelait en Brabant les trêves du comte (Treugae comitis), et, à ce propos, de la paix instituée par l'évêque de Liége, Henri Ier, par M. Wauters. XXXI, 77.

TRIANGULATION. — Voir *Geodesie.*

TRIGONOMETRIQUES SERIES. — Voir *Géométrie.*

TRIPTYQUE DE QUENTIN METZYS. — Lecture par M. Éd. Fétis d'une notice sur le Triptyque de Quentin Metzys : *La descendance apostolique de sainte Anne*, conservé dans l'église primaire de Saint Pierre à Louvain. XXI, 298. — Voir *Quentin Metzys.*

TROJAENSCHE OORLOG. — Don, par M. A. Soromenho, d'un fragment sur parchemin d'un poëme flamand du XIIIe siècle, semblable aux fragments intitulés : *Trojaensche oorlog*, publiés par M. Blommaert dans ses *Oud Vlaemsche gedichten*, XXVII, 313.

TROUBLES DES PAYS-BAS. — Voir *Pays-Bas.*

TROU MAGRITE. — Voir *Cavernes.*

TROUS VITELLINS. — Voir *Amphibiens.*

TUBES CAPILLAIRES. — Sur l'écoulement du mercure par les tubes capillaires et les phénomènes électriques qui l'accompagnent, par M. W Spring, XLII, 4, 333; rapports de MM. Folie, Montigny et Duprez, XLII, 243, 247, 250.

TUFEAU. — Voir *Craie.*

TUMULI. — Note rectificative présentée à la Classe des lettres, par M. Schuermans, sur la question de savoir vers quelle époque les tumuli existant dans notre pays ont été érigés, XXXIV, 431; lecture des rapports de MM. le baron de Witte, Wagener et Wauters, XXXIV. 530; renvoi de cette note à la Classe des sciences, XXXIV, 447; lecture des rapports de MM Dupont. P.-J. Van Beneden et de Selys Longchamps, XXXV, 94; rectification apportée par M Schuermans à cette note, XXXV, 189, 225; rapports des trois membres précités. XXXV, 193, 194, 195; réponse à un article de M Schuermans inséré dans le *Bulletin des Commissions royales d'art et d'archéologie*, par M. Roulez. XXXVI, 227; lettres de MM. P. Willems et Wagener à M. Roulez sur ce sujet, lues dans la séance du 4 novembre 1872, XXXVI, 233, 235. — Voir *Tetrao.*

Le tumulus de Saventhem, par M. L. Galesloot, XL, 600.

TUNICIERS. — Recherches sur une annexe du tube digestif des Tuniciers, par M. Th. Chandelon. XXXIX, 250. 911; rapports de MM. Van Beneden, père et fils, XXXIX, 781. 782.

TURBELLARIÉS. — Voir *Appareil excréteur.*

TYPOGRAPHIE MUSICALE. — Voir *Musique.*

U.

UNION DES CHARBONNAGES, ETC., DE LA PROVINCE DE LIÉGE. — Demande la publication aux frais de l'État des mémoires couronnés de MM. de Macar et Malherbe, sur la description du bassin houiller de Liége, XLI, 222. — Voir *Terrain houiller*.

UNION LITTÉRAIRE A BRUXELLES. — Envoi d'une circulaire pour provoquer un Congrès littéraire à l'occasion du cinquantenaire belge, XLVIII, 693; le Comité fait savoir que le Roi a accepté le patronage de ce Congrès, XLIX, 128; MM. Conscience, Heremans, de Laveleye et Wauters, délégués de l'Académie, XLIX, 279.

UNIVERSITÉ CALVINISTE DE GAND. — Voir *Flandre*.

UNIVERSITÉ CAROLINE DE LUND. — Annonce la célébration de son 200e anniversaire de fondation, XXV, 282.

UNIVERSITÉ DE COPENHAGUE. — Annonce la célébration de son 4e centenaire de fondation, XLVII, 743.

UNIVERSITÉ DE LOUVAIN. — Voir *Zach (De)*.

UNIVERSITÉ DE PADOUE. — Statue à Volta, XLV, 362, 726.

UNIVERSITÉ D'UPSAL. — Annonce la célébration de son 400e anniversaire de fondation, XLIII, 458; compte rendu de cet anniversaire, par M P.-J. Van Beneden, XLIV, 399; hommage de la médaille frappée au sujet de cet anniversaire, XLIV, 654.

URANOMÉTRIE. — M. Liagre, en annonçant le retour en Europe de M. Houzeau, présente, au nom de celui-ci, un travail intitulé : *Uranométrie générale*, avec une étude sur la distribution des étoiles visibles à l'œil nu, XLI, 910; rapport de M. Liagre, XLII, 5.

URNE. — Une urne antique du président Roose, chef et président du Conseil privé du Brabant, par M. L. Galesloot, XL, 599.

Observations de M. Roulez au sujet de l'urne du Musée du Louvre : *Genio Ternacesiv*, à propos d'un article de M. Anatole de Barthélemy, publié dans la *Gazette archéologique de Paris*, XLIV, 824. — Voir *Vases*.

URODÈLES. — Formation des feuillets embryonnaires et de la notocorde chez les Urodèles, par M. Ch. Van Bambeke, communication préliminaire, L, 83.

V.

VACCIN. — Expériences relatives au vaccin, par M. Melsens, et communication d'une lettre du docteur Jacobs sur le même sujet, XXX, 28.

Note sur la conservation du virus-vaccin, par M Melsens, XXXVIII, 53.

VALENCIENNES. — Voir *Pays-Bas*.

VAN DE KERKHOVE (Frédéric), de Bruges. — Motion de M. Siret au sujet de ses tableaux, XXXVIII, 391; notice sur Frédéric Van de Kerkhove, paysagiste, mort le 12 août 1874, à l'âge de 10 ans et 11 mois, par M. Ad. Siret, XXXVIII, 536; motion d'ordre, par M. Balat, au sujet de la relation du procès-verbal de la séance du 25 septembre 1875, concernant une exposition sous le patronage de l'Académie, des œuvres de F. Van de Kerkhove, XXXIX, 348; M. Siret fait

hommage du livre qu'il vient de publier sous le titre de *L'Enfant de Bruges*, XLII, 796.

Van der Straten (Étienne), professeur à Dôle et conseiller de Brabant, notice par M. Rivier, XXXIX, 208.

Vapeur. — Une expérience relative à la question de la vapeur vésiculaire, par M. J. Plateau, XXXII, 251.

Varan. — Description d'une nouvelle espèce africaine du genre Varan (*Varanus*), par M. A. Preudhomme de Borre, XXIX, 4, 122; rapport de M. Lacordaire, XXIX, 74.

Variable imaginaire. — Rapports de MM. Catalan et De Tilly sur le mémoire de concours de 1874, relatif à la question sur la théorie des fonctions d'une variable imaginaire, XXXVIII, 714, 716; M. Maximilien Marie fait savoir qu'il est l'auteur de ce mémoire, XXXIX, 247.

Rapports de MM. Catalan et De Tilly sur le mémoire de concours de 1876 sur la même question, XLII, 923, 936; résolution de la Classe au sujet des conclusions de ces rapports proposant un prix spécial pour M. Marie, XLII, 940.

Variations magnétiques. — Voir *Perturbations météorologiques*.

Vases. — Sur deux vases archaïques trouvés à Girgenti, note par M. Ad. de Ceuleneer, XLVII, 243, 904; rapport de M. Wagener, XLVII, 851. — Voir *Urne*.

Végétation. — Voir *Chaleur*.

Végétaux fossiles. — Description des végétaux fossiles rencontrés par MM. Briart et Cornet dans leurs investigations du terrain crétacé du Hainaut, par M. Eug. Coemans, XXI, 194; rapports de MM. Dewalque et Spring, XXI, 275, 276. — Voir *Fossiles*.

Végétaux phanérogames. — Voir *Chaleur*.

Venise. — Mémoire sur l'histoire de Venise depuis le XIIIe siècle de notre ère jusqu'à nos jours, présenté par M. Behrnauer, XXV, 227.

Vents. — Mesures d'altitudes barométriques prises à la tour de la cathédrale d'Anvers par des vents de direction et de vitesses différentes, par M. Montigny, XXII, 269; XXIII, 125; XXXIV, 457; XXXV, 646; rapport de MM. Duprez et Ad. Quetelet, XXIII, 74.

La direction du vent est le plus souvent oblique à l'horizon, notice par le même, XXXVI, 475. — Voir *Baromètre*.

Vénus. — D'un moyen de mesurer directement la distance des centres du Soleil et de Vénus pendant les passages de cette planète, par M. Houzeau, XXXII, 158; note additionnelle par le même, XXXIII, 493.

Occultation de Vénus, du 14 octobre 1874, par M. Estourgies, XXXVIII, 558; XXXIX, 120; avis de MM. E. Quetelet et Liagre, XXXIX, 84*bis*.

Observation de l'occultation de Vénus par la Lune, le 14 octobre 1874, faite à l'Observatoire royal de Bruxelles, note par M. E. Quetelet, XXXVIII, 557.

Observations de la planète Vénus en 1876, par M. le baron O. van Ertborn, XLII, 828; XLIII, 20; rapport de M. Houzeau, XLIII, 5.

Taches de la planète Vénus en 1879, par M. Terby, XLIX, 84, 201; rapport de M. Houzeau, XLIX, 173.

Verbes sanscrits. — Note sur la 8e classe des verbes sanscrits, par M. J. Van den Gheyn, XLIX, 681; L, 49; rapports de MM. Nève et Wagener, L, 45, 46.

Vernis fluorescent. — Préparation au collodion d'un vernis fluorescent à base de sulfate de quinine, applicable sur verre, note présentée par M. A. Brachet, XLIV, 317; lecture des rapports de MM. Melsens et Montigny, XLIV, 456. — Voir *Fluorescence*.

Verrerie liégeoise. — Note bibliographique de M. Pinchart en présentant la brochure de M. Van de Casteele, intitulée : *Lettre à M. S. sur l'ancienne verrerie liégeoise*, XLVIII, 298.

Verre. — Voir *Fluorescence*.

VERTÉBRÉS. — Observations sur la matière cornée des Vertébrés, note présentée par M. Ed. Robin, XXVI, 380.

VÉSUVE. — Sur la découverte par le professeur Scacchi de Naples, d'un corps simple nouveau dans la lave du Vésuve, par M. Stas, XLIX, 93.

VÉSICULE GERMINATIVE. — Contributions à l'histoire de la vésicule germinative et du premier noyau embryonnaire, par M. Éd. Van Beneden, XLI, 38.

VIANDE. — Communication de M. Melsens sur son procédé de conservation de la viande, XXXI, 238.

VIBRATIONS. — Étude nouvelle sur les expériences de M. Melde relatives aux vibrations des cordes, présentée par M. H. Postula, XLVII, 181.

VIEILLESSE. — Sur les moyens de rendre la vieillesse plus saine, note présenté par M. Éd. Robin, XXXIII, 171; lecture du rapport de M. Gluge, XXXIII, 312.

VIEILLES (LES). — Poésie, par M. Ad. Mathieu, XXVI, 410.

VIEUX (LES). — Poésie, lue par M. Ad. Mathieu à la séance du cinquantenaire de l'Académie, XXI, 64, 491.

VILLA ROMAINE A LAEKEN. — Voir *Archéologie*.

VILLE D'ANVERS. — Invite l'Académie à l'inauguration du buste Wappers, XL, 226.

VILLE DE DINANT. — Envoi d'une circulaire annonçant le projet d'élever dans cette ville un monument à la mémoire de Wiertz, XXXIII, 159.

VIRADETHIS. — La déesse Viradethis, notice par M. Schuermans, XXXIV, 334; rapports de MM le baron de Witte et Wagener, XXXIV, 530, 532.

VISION. — Présentation par M. F. Plateau d'un mémoire sur la vision des Poissons et des Amphibies, XXI, 309; rapport de M. Poelman, XXII, 3.

Description d'un procédé pour mesurer l'avantage de la vision binoculaire sur la vision au moyen d'un seul œil quant à l'éclat ou à la clarté des objets, par M. Valerius, XXXIV, 34. — Voir *Vue*.

Présentation par M J. Plateau d'un mémoire intitulé : ***Bibliographie analytique des principaux phénomènes subjectifs de la vision depuis les temps les plus anciens jusqu'à la fin du XVIIIe siècle, suivie d'une bibliographie simple pour la partie écoulée du siècle actuel***, par M. J. Plateau, 1re section, XLII, 828; lecture du rapport de MM. Quetelet et Duprez, XLIII, 8; 2e section : Images accidentelles qui succèdent à la contemplation des objets colorés, XLIII, 63; lecture du rapport de MM. E. Quetelet et Duprez, XLIII, 236; 3e section : Images qui succèdent à la contemplation d'objets d'un grand éclat; 4e section : Irradiation, XLIII, 324; 5e section : Phénomènes ordinaires et contraste; 6e et dernière section : ombres colorées; mémoire suivi d'un premier supplément par M. J. Plateau, XLIII, 460; lecture des rapports de MM. Quetelet et Duprez sur les 3e et 4e sections, XLIII, 480; idem sur les 5e et 6e sections, XLIII, 715.

2e supplément (1878 et 1879) présenté par M. J. Plateau à sa Bibliographie des principaux phénomènes subjectifs de la vision, L, 255.

M. Valerius fait savoir qu'il s'est occupé d'un procédé pour déterminer la distance de la vision distincte, XLVI 323.

VINS. — Expériences sur la congélation des vins ordinaires et des vins mousseux; sur l'amélioration des vins par la congélation; et moyens proposés pour exploiter les vins congelés de façon à n'en retirer que de l'eau pure, par M. Melsens, XXXV, 469, 689, 695, 701; 2e note, XXXVI, 148.

VITZTHUMB. — Voir *Grétry*.

VOISINAGES. — Les voisinages, notice par M. E. Varenbergh, XXV, 226, 364; rapports de MM. De Smet et Snellaert, XXV, 321, 322.

VOIX. — Note sur les modifications de la voix sous l'influence des climats

excessivement chauds, présentée par M. Éd. Robin, XXVIII, 319.

Volumes. — Sur la détermination des volumes et des aires, par M. E. Ghysens, XLIV, 317, 532; rapport de M. Catalan, XLIV, 456.

Voyage. — Rapport sommaire sur les résultats d'un voyage au Brésil et à la Plata, par M. Éd. Van Beneden, XXXV, 775.

Voyage (un) au XIIIe siècle, note par M. E. Varenbergh, XXXIII, 228, 430; XXXIV, 111; lecture du rapport de MM. Stecher et de Borchgrave, XXXIII, 334; XXXIV, 67, 72.

Voyages. — Les voyages des naturalistes belges, lecture par M. Félix Plateau, XLII, 1050.

Vriendt (Frans de), alias Floris. — Voir *Frutet*.

Vue. — Note sur la manière dont nous acquérons par la vue la connaissance des corps, par M. Albert Verstraete, XXXIII, 155; lecture du rapport de M. Liagre, XXXII, 250; 2e note sur le phénomène de la vue, par le même, XXXVI, 116; lecture des rapports de MM. J. Plateau et Montigny, XXXVI, 305. — Voir *Œil*. — *Vision*.

W.

Watriquet de Couvin. — Voir *Commission pour la publication des œuvres des grands écrivains du pays*.

Wavrin. — Note bibliographique de M. Ch. Potvin sur l'ouvrage de M. Félix Brassart, de Douai : *Une vieille généalogie de la maison de Wavrin*, XLIII, 383.

Wierix. — *Les trois frères Wierix*, notice par M. Alvin, XXI, 571.

Wiertz (Antoine). — La ville de Dinant envoie une circulaire pour un monument à élever à Wiertz, XXXIII, 159.

Donation par M. Ch. Potvin de documents ayant appartenu à feu Antoine Wiertz, XLV, 42; arrêté royal autorisant l'Académie à accepter cette donation, XLV, 107.

Willems-Fonds à Gand. — Adresse le programme de concours pour une histoire de la Pacification de Gand, XL, 359.

Requête demandant des modifications au règlement pour les grands concours de composition musicale, XLVI, 828; avis de la classe, XLVII, 172.

Wind (De), poëme de M. E. Hiel, musique de M. J. Van den Eeden, couronné au grand concours de composition musicale de 1866, et exécuté en séance publique de la Classe des beaux-arts en 1866, XXII, 248.

Wissant. — Wissant, l'ancien Portus Iccius (Pas-de-Calais), par M. Wauters, XLVI, 931; XLVII, 111.

X.

Xanthoura. — Remarques morphologiques sur les espèces du sous-genre Xanthoura, par M. Alph. Dubois, XXXVIII, 406, 488; rapport verbal de M. de Selys Longchamps, XXXVIII, 407.

Y.

Ypriana. — Note bibliographique de M. Chalon, en présentant le tome Ier de l'*Ypriana*, par M. Alph. Vandenpeereboom, XLVI, 911.

Z.

Zach (De). — Du projet qu'on avait formé en 1786 de créer une chaire à l'Université de Louvain pour l'astronome De Zach, et d'y ériger un observatoire, mémoire présenté par M. Éd. Mailly, XLII, 240; rapports de MM. Houzeau et Ern. Quetelet, XLII, 475, 477.

Zélande. — Mémoire historique et statistique sur les Quatre-Métiers et les îles occidentales de la Zélande, par M. De Smet, XXXI, 482; lecture des rapports de MM. Snellaert, De Decker et Gachard, XXXII, 30. — Voir *Flandre*.

Ziphiides. — Sur différents Ziphiides nouveaux du crag d'Anvers, par M. le vicomte Du Bus, XXV, 621.

FIN DE LA TABLE DES MATIÈRES.

TABLE DES PLANCHES ET DES FIGURES.

Tome XXI (1866).

QUETELET (Ernest), Courbes météorologiques et physiques de Bruxelles pour l'année 1865, 1 planche et 3 figures, 128.

DAUGE, Sur la rotation du Soleil, 1 planche, 153.

MALAISE, Sur les silex ouvrés de Spiennes, 2 planches de figures et 1 de coupe sur la rive gauche de la Trouille, 164.

LEUCKAERT (R.), Développement des Nematodes, 1 planche, 248.

DUPONT (Éd.), Le terrain quaternaire des vallées de la Meuse et de la Lesse dans la province de Namur, 3 planches de coupes, 425.

VAN DER MENSBRUGGHE (G.), Surface particulière à courbure moyenne nulle, 3 figures, 1564.

Tome XXII (1866).

QUETELET (A.), Bolide du 20 juin 1866, 1 figure, 9.

DUPONT (Éd.), Fouilles scientifiques exécutées pendant l'hiver de 1865-1866, dans les cavernes des bords de la Lesse, 1re et 2e planches, mâchoire et coupe géologique du trou de l'Hyène à Walsin, 54; 3e planche, coupe de l'abri dit trou des Allemands et trou des Nutons de Gendron, 68.

BENEDEN (P.-J. VAN), Maxillaire inférieur du Mesoplodon Sowerbiensis du Musée de Christiania, 1 figure, 219.

VAN DER MENSBRUGGHE (G.), Tension des lames liquides, 6 figures, 308.

CORNET et BRIART, Vue de la faille Maestrichtienne de Pry (sur l'existence dans l'Entre-Sambre-et-Meuse, d'un dépôt contemporain du système du Tufeau de Maestricht, etc.), 1 planche, 339.

QUETELET (Ad.), Lettre de Charles-Quint à Rabelais, 1 planche, 478.

CORNET et BRIART, Extension du calcaire grossier de Mons dans la vallée de la Haine, coupes, 1 planche, 538.

GACHARD, Deux lettres olographes de Charles-Quint à la reine Marie de Hongrie, 2 planches, 544.

Tome XXIII (1867).

GREG (R.-P.), Orbites des étoiles filantes, 1 figure, 93.

CHACORNAC, Corrélation entre les variations diurnes de l'aiguille magnétique et les changements de temps, 1 figure, 95.

PLATEAU (F.), Argyronète aquatique, 1 planche, 125.

DUPONT (Éd.), Cinq cavernes explorées dans la vallée de la Lesse et le ravin de Falmignoul pendant l'été de 1866, 1 planche, 264.

TERBY (F.), Procédé employé par les araignées pour relier des points éloignés par un fil, 1 planche, 298.

BENEDEN (P.-J. VAN) et COEMANS (Eug.), Un Insecte et un Gastéropode pulmoné du terrain houiller, 1 planche, 401.

GONTHIER (Edm.), Deux lambeaux du terrain crétacé dans la province de Namur, 2 planches, plan et coupes, 414.

Van der Mensbrugghe (G.), Tension des lames liquides, 4 figures, 448.

Dupont (Éd.), Une caverne située dans la commune de Bouvignes (plan et coupes du trou Madame), 1 planche, 481.

Chacornac. — Configuration des marées le 9 mai 1867, 1 figure, 703.

Tome XXIV (1867).

Dupont (Éd.), objets gravés et sculptés du trou Magrite, à Pont à Lesse, 1 planche, 132.

Wesmael (C.), Ichneumologica documenta, 1 planche, 482.

Tome XXV (1868).

Beneden (P.-J. Van), Les baleines et leur distribution géographique, 1 carte, 21.

Beneden (Éd. Van), Le genre Dactycotyle, etc., Dactycotyle Pollachii, 1 planche, 36.

Cornet et **Briart**, L'âge des silex ouvrés de Spiennes, coupes, 1 planche, 437.

Quetelet (Ad.). — Loi statistique des tailles humanien, 1 figure, 155.

Dupont (Éd.), Sur les cavernes du bois de Foy, à Montaigle, 4 planches, 224.

Beneden (P.-J. Van), La cigogne blanche et ses parasites, 2 planches, 302.

Gilbert (Ph.). — Sur quelques propriétés des trajectoires, 1 figure, 288.

Grandry, Structure intime du cylindre de l'axe et des cellules nerveuses, 1 planche, 316.

Beneden (P.-J. Van), De la composition du bassin des Cétacés, 1 planche, 433.

Lecomte (A.), Sur la nature de la grêle, etc., 1 planche, 490.

Horen (Van), Sur quelques points relatifs à la géologie des environs de Tirlemont, 1 planche, 664.

Speelman, Division des angles et inscriptibilité des polygones, 1 planche, 689.

Tome XXVI (1868).

Beneden (P.-J. Van), La première côte des Cétacés, 2 planches, 16.

Bambeke (C. Van). — Sur les squelettes des cétacés, 5 figures, 20.

Gosselet et **Malaise**, Terrain silurien de l'Ardenne, coupes, 2 planches, 114.

Beneden (P.-J. Van). — La baleine du Groenland, 3 figures, 186.

Newton (H.-A.), Courbes des étoiles filantes de 1868 à New-Haven (É.-U.), 1 planche et 1 figure, 451.

Tome XXVII (1869).

Cornet et **Briart**, Calcaire carbonifère de Soignies, coupe, 1 planche, 17.

Dupont (Éd.), Fragments de bâtons de commandement trouvés dans la caverne de Goyet (Namur), 1 planche, 274.

Beneden (P.-J. Van), Les balénoptères du nord de l'Atlantique, carte représentant les lieux où la présence des balénoptères a été constatée en Europe, 291.

Burbure (Le chevalier L. de), Robert Péril, Graveur du XVIe siècle, 354.

Beneden (P.-J. Van), Un Palaedaphus nouveau du terrain devonien, 1 planche, 385.

Navez, Nouveau système de chronométrie électro-balistique, 1 planche et 4 figures, 420.

De Borre (A.), Débris de Chéloniens des terrains tertiaires de Bruxelles, 1 planche, 427.

Bormans (J.-H.), Folio verso d'un fragment de poësie thyoise de la fin du XIIIe siècle (*Le Bestiaire d'amours* et l'*Art d'amer d'Ovide*), 1 planche, 488.

Tome XXVIII (1869).

Gilbert (P.), Propriétés des surfaces apsidiales ou conjuguées, 2 figures, 31.

Beneden (Éd. Van), Embryogénie des

crustacés : I, Asellus aquaticus, 2 planches, 54; II, Mysis, 1 planche, 232.

De Borre (A.), Alligator Lacordairei, 1 planche, 116.

Morren (Éd.), Contagion de la panachure de l'Abutilon Thompsonii, 1 planche, 434.

Beneden (Éd. Van), Gregarina gigantea Éd. V., 1 planche, 447.

De Koninck (L.-G.), Sur quelques échinodermes remarquables des terrains paléozoïques, 1 planche, 574.

Tome XXIX (1870).

Kickx (J.-J.), Organe reproducteur du Psilotum triquetrum, S. W, 1 planche, 31.

De Koninck (L.-G.), Nouveau genre de poissons fossiles de la craie supérieure, 3 figures, 75.

Montigny (Ch.), Séparation des trajectoires décrites dans l'atmosphère par des rayons de même origine sidérale, 1 planche, 98.

Beneden (Éd. Van), Embryogénie des Crustacés, III. Développement de l'œuf et de l'embryon des Sacculines (Sacculina Carcini, Thomps.), 110. — Même travail, IV. Développement des genres Anchorella, Lernæopoda, Brachiella et Hessia, 2 planches, 232.

Cornet et **Briart**, Puits naturels du terrain houiller (Bascoup, Sars-Longchamps, et Grand-Hornu), 2 planches, 490.

Tome XXX (1870).

Horen (F. Van), Existence de puits naturels dans la craie senonienne du Brabant, 1 planche, 41.

Bambeke (Ch. Van), Les trous vitellins que présentent les œufs fécondés des Amphibiens, 1 planche, 70.

Beneden (Éd. Van), Étude zoologique et anatomique du genre Macrostomum et description de deux espèces nouvelles (Macrostomum Viride, Éd. V. Ben.), 1 planche, 133.

Tome XXXI (1871).

Beneden (P.-J. Van), Dents de lait de l'Otaria Pusilla, 3 figures, 61.

Terby (F.), Aspect des taches de la planète Mars observées à Louvain, de 1866 à 1867, 1 planche, 178.

Dupont (Éd.), Constitution du calcaire carbonifère de la Belgique, 3 figures, 147.

Beneden (Éd. Van), Recherches sur l'évolution des Grégarines (Gregarina gigantea), 1 planche, 359.

Swarts, Falsifications de la chicorée par la tourbe, 1 planche, 373.

Beneden (P.-J. Van), Sur quelques poissons fossiles de Belgique, 4 planches, 518.

Tome XXXII (1871).

Beneden (P.-J. Van), Les phoques de la mer scaldisienne, 3 planches, 18.

Terby (F.), Aspect de la planète Mars en 1871, 1 planche, 66.

Houzeau. — D'un moyen de mesurer directement la distance des centres du Soleil et de Vénus, pendant les passages de cette planète, 5 figures, 158.

Beneden (P.-J. Van), Un Sirénien nouveau du terrain rupélien (Crassitherium robustum), 1 planche et 4 figures, 178.

Fétis (Éd.), Nouveaux documents pour la tradition iconographique des Neuf Preux, 1 planche, 201.

Beneden (P.-J. Van), Les oiseaux de l'argile rupélienne, 1 planche, 261.

Tilly (De). — Sur le roulement des rouleaux et des roues sur un plan d'appui, 3 figures, 262.

Tome XXXIII (1872).

Swarts (Th.). — Dérivés par addition de l'acide itaconique et de ses isomères, 1 figure, 31.

Beneden (Éd. Van), Structure des Grégarines, 1 planche, 222.

Beneden (P.-J. Van). Découverte d'un homard fossile dans l'argile de Ru-

pelmonde (Homarus percyi), 1 planche, 320.
Projet d'un édifice destiné aux expositions des beaux-arts et aux cérémonies publiques à Bruxelles, 2 planches, 350.
FOLIE (F.), Sur le calcul de la densité moyenne de la terre, 1 figure, 389.
PLATEAU (F.), Matériaux pour la faune belge, 2e note. Myriapodes (Cryptops et Himantarium Gervaisii), 2 planches, 427.
GLOESENER (M.), Paratonnerre foudroyé de l'église de Wetteren, 1 planche, 502.
DUPONT (Éd.), Sur une nouvelle exploration des cavernes d'Engis, plan, coupes et silex, 4 planches, 510.

Tome XXXIV (1872).

DEWALQUE (G.), Un Spongiaire nouveau du système eifelien (Astrocospongium meniscoïdes, Dw.), 1 planche, 26.
KERVYN (Le baron), Fac-simile de deux lettres de Marie Stuart, d'après les documents conservés au château d'Hatfield, 2 planches, 111.
PLATEAU (F.). — Recherches physico-chimiques sur les articulés aquatiques, 1 figure, 394.
TERBY (F.). — Aspect de la planète Jupiter pendant l'opposition de 1872, 1 planche, 322.
BENEDEN (P.-J. VAN), Un nouveau poisson du terrain laekenien (Dentex laekeniensis), 1 planche, 423.
MONTIGNY (Ch.), Mesures d'altitudes barométriques prises à la tour de la cathédrale d'Anvers, sous l'influence des vents de vitesses et de direction différentes (élévation de la tour avec les courbes), 1 planche, 457.
BELPAIRE (Th.), Note sur le second principe de la thermodynamique, Théorème de Carnot, 1 figure, 515.

Tome XXXV (1873).

TERBY (F.), Configuration singulière des taches de la planète Mars le 18 octobre 1862, 1 planche, 40.
CHALON (R.), Une monnaie frappée à Alost, au nom de Guillaume Ier, comte de Hainaut, etc., 1 figure, 76.
BENEDEN (P.-J. VAN), Sur un nouveau poisson du terrain bruxellien (Homorhynchus Bruxelliensis) 211.

Tome XXXVI (1873).

BENEDEN (P.-J. VAN), Sur deux dessins de cétacés du Cap de Bonne-Espérance (Orca capensis et Lagenorynchus de Castelnau), 2 planches, 40.
ERTBORN (O. VAN), Direction générale des orages à Aartselaer les 23, 26 et 29 juillet 1873, 1 figure, 147.
TERBY (F.), Configuration des taches de la planète Mars à la fin du XVIIIe siècle, d'après les dessins inédits de J.-H. Schroeter, 1 planche, 181.
PLATEAU (F.), Un parasite des Chéiroptères de Belgique (Nycteribia Frauenfeldii, Kol.), 1 planche, 335.
RYSSELBERGHE (F. VAN), Sur un système météorographique universel, dessin du météorographe, 2 planches de courbes et 5 figures, 374.
TERBY (F.), Observations de Jupiter et de Mars, faites à Louvain, pendant l'opposition de ces planètes en 1873, 2 planches, 540.
FOLIE (F.), Quelques théorèmes de géométrie supérieure, 1 figure, 624

Tome XXXVII (1874).

GOSSELET (J.), Carte géologique de la bande méridionale des calcaires devoniens de l'Entre-Sambre-et-Meuse, plan et coupes, 2 planches et 9 figures, 114.
GILKINET (A.), Recherches morphologiques sur les Pyrénomycètes. I. Sordariées, 2 planches, 448.
BENEDEN (Éd. VAN), De la distinction originelle du testicule et de l'ovaire, Hydractinia Echinata (Gonosomes femelles et mâles), 2 planches, 593.
BENEDEN (P.-J. VAN), Les baleines de la Nouvelle-Zélande (caisse tympanique de Balaena antipodum), 1 planche, 837.

Tome XXXVIII (1874).

DUBOIS (A.), Description d'un Spizaëtus, nouveau, Spizaëtus Devillei, 2 planches, 130.

SIMONS, Quelques réflexions sur le problème de Malfatti, 7 figures, 88.

MONTIGNY (Ch.), Nouvelles recherches sur la fréquence de la scintillation des étoiles dans ses rapports avec la constitution de leur lumière, d'après l'analyse spectrale, spectres du Soleil et des étoiles, 1 planche, 307.

CRÉPIN (F.), Description de quelques plantes fossiles de l'étage des psammites du Condroz (devonien supérieur), 3 planches, 368.

QUETELET (E.), Les Perséides en 1874, 1 carte, 422.

MELSENS, Troisième note sur les paratonnerres, 1 planche, 440.

CATALAN (E.), Problème de Malfatti, 1 planche, 486.

CRÉPIN (F.), Fragments paléontologiques pour servir à la flore du terrain houiller de Belgique, 2 planches, 577.

TERBY (F.), Remarques sur l'aspect de la planète Jupiter pendant son opposition en 1874, et sur le passage des satellites II et III et de leurs ombres pendant la soirée du 25 mars, 1 planche, 595.

Tome XXXIX (1875).

CRÉPIN (F.), Sur le Pecopteris odontopteroides, Morris, 1 planche, 263.

DUPONT (Éd.), Sur le calcaire carbonifère entre Tournai et les environs de Namur, coupes, 2 planches, 311.

MOREAU (C.), Structure de la corde dorsale de l'Amphioxus, 1 planche, 329.

GILKINET (A.), Sur quelques plantes fossiles de l'étage des psammites du Condroz, Sphenopteris condrusorum, Palaeopteris Roemeriana, Goepp., Psilophyton princeps Daws et Tricomanites Goepp, etc., 3 planches, 398.

SPRING (W.), Sur la dilatation, la chaleur spécifique des alliages fossiles et leurs rapports avec la loi de la capacité des atomes des corps simples et composés par la chaleur, 662.

MOURLON (M.), sur l'étage devonien des psammites du Condroz, en Condroz, coupes, 2 planches, 659.

MELSENS, Quatrième note sur les paratonnerres, 1 planche, 853.

BENEDEN (P.-J. VAN), Notice sur la grande baleine du Nord (Balaenoptera sibbaldii, etc., 1 planche, 853.

MORREN (Éd.), Observations sur les procédés insecticides des Pinguicula (Pinguicula longifolia, Dc.), 1 planche, 881.

CHANDELON (Th.), Sur une annexe du tube digestif des Tuniciers, 2 planches, 949.

Tome XL (1875).

MORREN (Éd.), Sur les procédés insecticides du Drosera rotundifolia, etc., 13.

GILKINET (A.), Sur quelques plantes fossiles de l'étage du poudingue de Burnot (devonien inférieur), 3 planches : Filicites pinnatus, Coemans, Rameaux du Lepidodendron Burnotense et Lepidodendron Burnotense : tronc ou branche principale, 1 planche, 145.

HOUZEAU. — Fragments sur le calcul numérique, 2 figures, 455.

MORREN (Éd.), Sur le Drosera binata, Labill, sa structure et ses procédés insecticides, 4 planches, 555.

TERBY (F.), Études sur la planète Mars (8e notice), 1 planche, 565.

BENEDEN (P.-J. VAN), Le squelette de la baleine fossile du Musée de Milan (tête de Plesiocetus Cortesii), 1 planche, 758.

MOURLON (M.), Sur l'étage devonien des psammites du Condroz dans le bassin de Theux, dans le bassin septentrional (entre Aix-la-Chapelle et Ath) et dans le Boulonnais, 1 planche, 796.

Tome XLI (1876).

BENEDEN (P.-J. VAN), Un mot sur la baleine du Japon (caisse tymphanique et coronula), 1 planche, 37.

Beneden (Éd. Van), Contributions à l'histoire de la vésicule germinative et du premier noyau embryonnaire (Asteracanthion rubens), 1 planche, 83.

Bambeke (Ch. Van), Recherches sur l'embryologie des Batraciens. I. Œuf mûr non fécondé; II. Œuf fécondé. 2 planches et 2 figures, 135.

Mourlon (M.), Sur les dépôts devoniens rapportés par Dumont à l'étage quartzo-schisteux inférieur de son système eifelien, avec quelques observations sur les affleurements quartzo schisteux de Wiheries et de Montigny-sur-Roc, 345.

Beneden (P.-J. Van), Les Thalassothériens de Baltringen (Wurtemberg), (Squalodon servatum, Oreopsis acutidens). 1 planche, 495.

Lebouco (H.), Sur le développement et la terminaison des nerfs chez les larves de Batraciens, 1 planche, 582.

Frederico (L.), Sur la contraction des muscles striés de l'Hydrophile, 1 planche, 594.

Foettinger (A.), Sur la structure de l'épiderme des Cyclostomes, et quelques mots sur les cellules olfactives de ces animaux, 3 planches, 676.

Quetelet (E.), La tempête du 12 mars 1876 (courbe barométrique et anémométrique à Bruxelles), 1 planche, 757.

Beneden (P.-J. Van), Les phoques fossiles du bassin d'Anvers (Grampus griseus), 1 planche, 812.

Spring (W.), Sur le développement de l'électricité statique, 1 figure, 1053.

Tome XLII (1876).

Beneden (Éd. Van), Recherches sur les Dicyémides, survivants actuels d'un embranchement des Mésozoaires (suite), 3 planches, 82.

Swaen (A.), Des éléments cellulaires et des canaux plasmatiques dans la cornée de la Grenouille, 2 planches, 183.

Beneden (P.-J. Van), Un mot sur le Selache (Hannovera) aurata du crag d'Anvers, 1 planche, 209.

Plateau (F.), Sur les phénomènes de la digestion et sur la structure de l'appareil digestif chez les Phalangides, 1 planche, 753.

Mourlon (M.), Sur les dépôts qui, aux environs d'Anvers, séparent les sables noirs miocènes des couches pliocènes scaldisiennes, 1 planche, 760.

Alvin (L.), La plus ancienne gravure en taille-douce exécutée aux Pays-Bas, 2 planches, 812.

Mourlon (M.), Sur l'étage devonien des psammites du Condroz dans la vallée de la Meuse, entre Lustin et Hermeton-sur-Meuse, 1 planche, 843.

Pérard (L.), Sur le développement du magnétisme induit par la terre dans le fer laminé nerveux, 1 planche, 894.

Tome XLIII (1877).

Ertborn (O. Van), Observations de la planète Vénus en 1876, 6 figures, 20.

Plateau (J.), Quelques exemples curieux de discontinuité en analyse, 5 figures, 84. — Addition, 2 figures, 255.

Beneden (P.-J. Van), Le Rachianectes glaucus des côtes de Californie (tête), une planche, 96.

Monckhoven (Van), Sur les moyens propres à la reproduction photographique des spectres ultra-violets des gaz. 2 figures, 187.

Liagre (J.), Note sur la Caisse des veuves des officiers de l'armée belge, 1 planche, 256.

Spée (l'abbé), Étude comparative des observations faites sur l'aiguille aimantée, et sur les taches solaires, pendant l'année 1875, à l'Observatoire du Collége romain, 1 planche, 295

De la Vallée Poussin (Ch.) et Renard (A.), Sur un fragment de roche tourmalinifère du poudingue de Bousalle, 1 figure, 372.

Melsens, De l'application du rhéélectromètre aux paratonnerres des télégraphes, 2 planches, 481.

Ghysens (E.). — Sur les sons normales

polaires, etc., 1 figure, 544. — Suite, XLIV, 1 figure, 224.

LAMBERT (Ern.), Morphologie du système dentaire des races humaines, 12 figures, 559.

Tome XLIV (1877).

LEGRANGE (C.). — De l'influence des corps sur leur attraction, 3 figures, 23.

PLATEAU (F.), Recherches sur la structure de l'appareil digestif et sur les phénomènes de la digestion chez les Aranéides dipneumones, 3 planches, 178, 353, 351.

LEBOUCQ (H.), Études sur l'ossification. 1. Évolution du cartilage embryonnaire chez les Mammifères, 1 planche, 587.

DE KONINCK (Lucien), Recherches sur les minéraux belges, 4e notice sur la Kaolinite (Pholérite) de Quenast et du terrain houiller, 1 figure, 739.

BENEDEN (Éd. VAN), Contribution à l'histoire du développement embryonnaire des Téléostéens, 1 planche, 742.

FRAIPONT (J.), Recherches sur les Acinétiniens de la côte d'Ostende, 2 planches, 811.

BENEDEN (P.-J. VAN). — Sur un cachalot nain du crag d'Anvers (Physeterula Dubusii), 1 planche, 856.

Tome XLV (1878).

DELBOEUF (J.), et SPRING (W.). — Recherches expérimentales sur le daltonisme, 2 figures, 16.

TERBY (F.), Études sur la planète Mars (11e notice), 1 planche, 40.

DONNY, Appareil pour la liquéfaction des gaz, 1 figure, 87.

NAVEZ (MM.). — Nouveau système de téléphonie, 1 planche, 230.

FRAIPONT (J.), Recherches sur les acinétiniens de la côte d'Ostende, 2e partie, 4 planches, 295.

NAVEZ (MM.), nouveau système de téléphonie, 1 planche, 230.

DE KONINCK (L.-G.), Sur une nouvelle espèce de Crustacé du terrain houiller de la Belgique (Brachypyge Carbonis, H. Woodward), 1 planche, 415.

MASQUELIN (H.), Recherches sur le développement du maxillaire inférieur de l'homme, 2 planches, 473.

DE CEULENEER (Ad.), Sur une inscription d'un proconsul de la Narbonnaise, 1 planche, 552.

FIRKET (Ad.), Étude sur les gîtes métallifères de la mine de Landenne et sur la faille silurienne du Champ d'oiseaux, coupes, 1 planche, 645.

MAC LEOD (J.), Recherches sur l'appareil venimeux des Myriapodes chilipodes, 1 planche, 797.

Tome XLVI (1878).

RENARD (A.), La diabase de Challes 1 planche, 239.

Le même, Recherches lithologiques sur les phthanites du calcaire carbonifère de Belgique, 399.

PLATEAU (J.). — Sur une loi de la persistance des impressions dans l'œil, 8 figures, 334.

MONTIGNY (J.). — Sur la scintillation selon l'état de l'atmosphère, 1 figure, 610.

DUPONT (Éd.), Sur les alluvions torrentielles qui se déposent de nos jours sur les plateaux de l'Entre-Sambre-et-Meuse et du Condroz, 1 carte, 643.

LIENARD (V.), Recherches sur la structure de l'appareil digestif des Mygales et des Nephiles, 1 planche, 709.

RYSSELBERGHE (F. VAN), Régulateur parabolique rigoureusement isochrone, 1 planche, 883.

Tome XLVII (1879).

DELARGE (F.), Sur le téléphone, 6 figures, 34.

WAUTERS (A.), Wissant, l'ancien Portus Iccius (Environs de Boulogne et le pays entre Wissant et Guines), 2 cartes, 111.

FREDERICQ (L.), Sur la théorie de l'innervation respiratoire, Graphique de la respiration chez un lapin empoi-

sonné par le chloral pendant les sept minutes qui ont précédé la mort, 1 planche et 10 figures, 439.

RENARD (A.), Des caractères distinctifs de la dolomite et de la calcite dans les roches calcaires et dolomitiques du calcaire carbonifère de Belgique (calcite et dolomite), 1 planche, 563.

MAC LEOD (J.), Sur la structure de la glande de Harder du canard domestique, 1 planche, 810.

DE CEULENEER (A.), Vases archaïques trouvés à Girgenti, 2 planches, 851.

GALESLOOT (L.), Mobilier funéraire d'une tombe de l'époque romaine, découverte à Lovenjoul, 1 planche, 898.

Tome XLVIII (1879).

DE LA VALLÉE POUSSIN et RENARD, Diorite quartzifère du champ de Saint-Véron, 2 figures, 128.

PETERMANN (A.), Graine de Lychnis Githago (Nielle des blés). Péricarpe et Amidon, 1 planche, 466.

NIESTEN (L.), Sur la tache rouge de Jupiter, 1 planche, 618.

Tome XLIX (1880).

RYSSELBERGHE (F. VAN), Régulateur elliptique isochrone, 2 planches et 2 figures, 9.

LIÉNARD (V.), Recherches sur le système nerveux des Arthropodes; constitution de l'anneau œsophagien, 1 planche, 188.

TERBY (F.), Aspect de la planète Mars pendant l'opposition de 1879 et observations de la tache rouge de Jupiter et des taches de Vénus, 5 planches, 217.

BURBURE (Le chevalier L. de), Charles Luython, organiste et compositeur de musique de la cour impériale, aux XVIe et XVIIe siècles (chant ou mélodie en mode phrygien, qui a servi de sujet au chœur à cinq voix, composé, en 1604, sur la 9e strophe du Rosetum marianum), 1 planche, 297.

Tome L (1880).

FIÉVEZ (Ch.), Recherches sur le spectre du magnésium en rapport avec la constitution du Soleil, 1 planche, 91.

FIN DE LA TABLE DES PLANCHES ET DES FIGURES.

TABLE DES AUTEURS.

A.

ABRASSART (Jules). — Lauréat du concours des cantates françaises en 1873, pour son poëme intitulé : *L'Océan*, XXXVI, 104, 243, 285.

Lauréat du même concours, en 1875, pour son poëme intitulé : *La Dernière bataille*, XLII, 411, 439, 440.

ACADÉMIE AMÉRICAINE DES ARTS ET DES SCIENCES A BOSTON. — Annonce la célébration de son 100e anniversaire de fondation, XLIX, 82; la Classe des sciences décide l'envoi d'une lettre de félicitations, XLIX, 262.

ACADÉMIE D'ARCHÉOLOGIE DE BELGIQUE A ANVERS. — Envoi du programme du congrès artistique et littéraire d'Anvers en 1867, XXIII, 483; envoie son programme de concours pour 1873, XXXII, 296; pour 1874, XXXIV, 347; pour 1877, XLI, 836; pour 1878, XLIV, 240; pour 1880, XLIX, 26.

ACADÉMIE DES BEAUX-ARTS DE SAINT-PÉTERSBOURG. — Consulte l'académie sur la création d'une Classe d'élèves médailleurs, XXXVI, 433; rapport de MM. J. Geefs, J. Leclercq et Robert, XXXVI, 243.

ACADÉMIE DE LÉGISLATION ET DE JURISPRUDENCE DE MADRID. — Don d'ouvrages, XXXIX, 402; XLI, 354.

ACADÉMIE DES INSCRIPTIONS ET BELLES-LETTRES DE PARIS. — Don d'ouvrages, XLVII, 409.

ACADÉMIE DES LETTRES, SCIENCES, ARTS ET AGRICULTURE DE METZ. — Envoie son programme de concours pour 1876-1877, XLIII, 397; pour 1877-1878, XLIV, 105; pour 1880-1881, L, 35.

ACADÉMIE DES SCIENCES D'AMSTERDAM. — Envoie le programme de son concours de poésie latine pour 1871, XXXI, 375; pour 1872, XXXIII, 429; pour 1873, XXXV, 360; pour 1867, XLI, 1074; pour 1879, XLVII, 571; pour 1880, L, 407.

ACADÉMIE DES SCIENCES DE COPENHAGUE. — Envoie son programme de concours pour 1875, XXXIX, 779; pour 1878 et 1879, XLI, 3.

ACADÉMIE DES SCIENCES DE L'INSTITUT DE BOLOGNE. — Envoi du programme pour le prix Aldini, XXXIV, 2; XLIII, 3, 459; L, 75.

Don d'un portrait de Galvani, XLIX, 2.

ACADÉMIE DES SCIENCES DE PARIS. — M. Schwann élu correspondant de la section de médecine et de chirurgie, XLVIII, 93; M. Stas élu correspondant de la section de chimie, XL, 12.

ACADÉMIE DES SCIENCES DE L'UNIVERSITÉ DE CORDOVA. — Don d'ouvrages, XLI, 1151.

ACADÉMIE DES SCIENCES DE TURIN. — Envoie le programme du prix Bressa, XLIII, 2.

ACADÉMIE DE STANISLAS A NANCY. — Envoie le programme de concours de la fondation Herpin, XLVIII, 340.

ACADÉMIE IMPÉRIALE DES SCIENCES DE SAINT-PÉTERSBOURG. — Communique un rapport imprimé sur la question de la diminution de l'eau des rivières et des fleuves, XLII, 663.

ACADÉMIE IMPÉRIALE DES SCIENCES DE VIENNE. — Lettre relative à un ouvrage de M. Wex sur l'abaissement du niveau des eaux, XXXIX, 444.

ACADÉMIE MONT RÉAL A TOULOUSE. —

Envoie le programme de son 3e concours de poésie, XLVII, 443.

ACADÉMIE ROYALE DES BEAUX-ARTS D'ANVERS. — Envoi du programme du grand concours d'architecture de 1866, XXI, 186; de peinture de 1870, XXVIII, 584; de peinture de 1876, XLI, 171; de sculpture de 1877, XLIII, 40; demande que la Classe des beaux-arts se fasse représenter à une délégation au Ministre de l'Intérieur, pour qu'il sollicite des Chambres une loi protectrice des œuvres de l'intelligence, XLIV, 258.

ACADÉMIE ROYALE DES BEAUX-ARTS DE BERLIN. — Envoi du programme de son exposition de 1872, XXXIII, 336.

ACADÉMIE ROYALE DES SCIENCES DE HONGRIE A PESTH. — Don d'une médaille, XLI, 1074.

ACADÉMIE ROYALE DES SCIENCES DE LISBONNE. — Demande de renseignements au sujet d'un manuscrit de la Bibliothèque royale de Bruxelles, concernant la priorité de la découverte de l'Australie par les Portugais, XXXIV, 54.

Don d'ouvrages, XLVI, 772.

ACAR. — Envoi de ses observations des phénomènes périodiques à Anvers, en 1867, XXV, 71; en 1868, XXVII, 362; en 1869, XXIX, 447; en 1870, XXXI, 109; en 1871, XXXIII, 171; en 1872, XXXV, 91.

ADAN (Émile). — Essai sur les limites à poser a la mesure de précision des observations immédiates, XXII, 407, 480; rapport de M. Liagre, XXII, 454.

Loi générale de la probabilité des erreurs étendue à tous les genres d'observations immédiates, XXII, 452; XXIII, 3, 148; rapport de M. Liagre, XXIII, 76.

Présente une note sur l'erreur moyenne d'un ensemble d'observations, XXIV, 436.

Présente une note sur les erreurs à craindre sur les quantités calculées par la méthode des moindres carrés, XXIV, 499.

Demande la restitution des deux notes précitées, XXV, 71.

Membre de la Commission pour la nouvelle carte géologique de la Belgique, XLI, 1150.

Présente un compte rendu succinct des opérations de nivellement et de la compensation commencée pour toutes les altitudes principales de la Belgique, XLII, 2; copie des rapports faits à la session de Bruxelles de l'association internationale géodésique, sur les travaux de géodésie et de nivellement exécutés en Belgique, XLII, 457.

Présente les travaux suivants :

1° Attractions locales, corrections des éléments de l'ellipsoïde osculateur, XLV, 147;

2° Comparaison entre les coordonnées réelles et les coordonnées théoriques d'un lieu de la terre. Déviation ellipsoïdale, XLV, 363;

3° Mémoire sur l'ellipsoïde unique, XLV, 563.

Rapports de MM. Houzeau, Liagre et Folie, XLVI, 6.

Élu correspondant de la Classe des sciences, XLVIII, 881; remercîments, XLIX, 2.

Sur le premier volume des observations et calculs de la triangulation du royaume, L, 75; sur le deuxième cahier du nivellement général du royaume, L, 256; sur les quatre premières feuilles de la carte de la Belgique au $\frac{1}{20000}$, L, 295.

Sur la compensation d'une chaîne de triangles géodésiques, L, 260.

Don d'ouvrages, XLI, 911, 1151; XLIII, 714; XLIV, 314; XLV, 726; XLVI, 317; XLVIII, 2, 94; XLIX, 262, 307; L, 2, 153, 254, 294, 332.

ADRIAENSEN (J.) — Lauréat du concours des cantates flamandes en 1869, pour son poëme intitulé : *De Zuster van liefde*, XXVIII, 287, 301.

AGASSIZ (Louis). — Sa mort, XXXVII, 2.

AGOST (Paul), pseudonyme. — Voir *Keymeulen* (*Louis Van*).

AIRY (G.-B.). — Don d'ouvrages, XXXII, 156; XXXVIII, 403.

ALBANESE (F.-M.). — Don d'ouvrage, XLI, 396.

Alberdingk Thijm (J.). — Élu associé de la Classe des lettres, XXXIII, 43; remercîments, XXXIII, 512.
Don d'ouvrages, XXXV, 101; XXXVI, 376; XLII, 792.

Allan Broun (J.). — Don d'ouvrage, XXXIX, 246.

Allard. — Don d'ouvrage, XLIII, 319.

Allard (Ern.). — Second prix du grand concours d'architecture de 1875, XL, 214, 266.

Altenrath. — Liste des orages observés à Anvers en 1869, XXIX, 3.
Sur un bolide observé à Anvers le 26 juillet 1870, XXX, 83.

Altmeyer. — Membre du jury chargé de juger la quatrième période du concours quinquennal d'histoire nationale (1861-1865), XXI, 66.

Alvin (L.). — Les trois frères Wierix, notice, XXI, 571.
Commissaire pour un mémoire de concours de 1867, sur les méthodes de dessin, XXIII, 716.
Rapport sur les résultats du concours des cantates pour 1867, XXIV, 85.
Iconographie princière des Pays Bas, XXV, 389.
Commissaire pour le sujet à mettre au concours pour la troisième période des prix de Stassart : notice sur un Belge célèbre, XXVI, 25.
Membre du jury pour le concours des cantates de 1869, XXVII, 316; de 1877, XLIII, 440.
Promesse d'une notice biographique sur M. Navez, XXVIII, 584.
L'Égypte entrevue à travers l'inauguration du canal de Suez, XXIX, 39.
Lecture de l'introduction et de deux chapitres d'un travail biographique sur F.-J. Navez, XXIX, 439, 644.
Remarques sur la question de l'emplacement d'un Palais des beaux-arts à Bruxelles, XXXI, 578, 582.
Commissaire pour l'examen de la missive de M. Schadde concernant les grands concours d'architecture, XXXII, 26; rapport, XXXII, 107.
Membre de la Commission pour les concours d'art appliqué, XXXII, 194; résultat des délibérations de cette Commission, XXXII, 323.
La Bibliothèque de Melbourne (Australie), XXXII, 35.
Membre de la Commission chargée de préparer le plan d'un édifice pour les expositions triennales des beaux-arts, XXXII, 366.
Directeur de la Classe des beaux-arts pour 1873, XXXIII, 83; idem pour 1876, XLI, 172.
Quelques mots touchant l'application du droit de conquête aux monuments d'art, XXXIII, 263.
Membre de la Commission pour l'examen des questions concernant les voyages des lauréats des concours, à Rome, XXXIII, 482; rapport, XXXIV, 126, 358, 436.
Compte rendu de l'exposition des tableaux de M. Gallait au profit de la caisse centrale des artistes, XXXIV, 436.
Lecture d'une notice sur F.-J. Fétis, XXXIV, 207; XXXV, 933.
Membre de la Commission chargée de l'examen des propositions de la section de musique de la Classe des beaux arts, relatives aux changements à apporter au règlement des grands concours de composition musicale, XXXV, 182.
Président de la Commission chargée de la question de l'examen des échanges des œuvres d'art du Musée de l'État, XXXV, 181.
Membre de la Commission chargée de l'examen des questions relatives au séjour des lauréats des grands concours à Rome, XXXV, 740.
Rapport sur les projets d'architecture soumis au concours d'art appliqué de la Classe des beaux-arts, en 1873, XXXVI, 272.
Discours prononcé comme directeur de la même Classe en 1873, XXXVI, 277.
Discours aux funérailles de M. Partoes, XXXVII, 147, 149.
Promesse d'une notice sur M. Partoes, XXXVIII, 389.
S'associe à la motion Gallait relative aux tableaux de Rubens, de la cathé-

drale d'Anvers, XXXVII, 327, 329.
Résultats de l'exposition des tableaux de M. Everard au profit de la Caisse centrale des artistes, XXXVII, 325.
Annonce la mort de M. Van de Weyer, XXXVII, 882
Propose d'exposer publiquement à Bruxelles, les œuvres de Frédéric Vande Kerkhove, de Bruges, XXXVIII. 391.
Annonce que M De Busscher lui a remis, chaque fois au nom de la Commission des expositions des beaux-arts de Gand de 1871, 1874 et 1877, une somme de 1,000 francs pour la Caisse centrale des artistes, XXXIII, 84; XXXIX, 50; XLV, 56.
Paroles prononcées au nom de l'Académie en 1875, lors de la manifestation de la ville d'Anvers, à l'occasion de l'inauguration du buste de Gustaaf Wappers, XXXIX, 347.
Résultats de l'exposition des tableaux de MM. Gallait, Portaels, Robert et Cardon, au profit de la Caisse centrale des artistes, XXXIX, 431, 770, 973.
Rapport sur les arrêtés royaux du 22 mai 1875, réorganisant les grands concours pour les prix de Rome, XL, 214, 229.
Adjoint à la section de gravure pour le jugement du concours d'art appliquée de 1875, XL, 216.
Membre de la Commission pour les œuvres d'art à reproduire par les lauréats des grands concours, XL, 228.
Communications relatives à la liste des œuvres d'art à reproduire par les lauréats des grands concours, XLI, 1139; XLII, 224, 920.
Souvenir du quatrième centenaire de Michel Ange, XL, 244, 250.
Motion relative aux dangers d'incendie qu'offre pour la Bibliothèque royale le laboratoire de chimie de l'École industrielle du Musée de l'industrie, XL, 666, 814, 895.
Transmet copie d'une lettre au Ministre de l'Intérieur sur ce sujet, XLI, 138, 170.
Lecture d'un chapitre de la biographie de Van Hasselt, XLII, 404.
Proposition relative à l'inauguration du monument à S. Van de Weyer, XLII, 410; délégué à cette solennité, XLII, 629.
La plus ancienne gravure en taille-douce exécutée aux Pays-Bas, XLII, 798.
Sur deux estampes représentant les grandes armoiries de Charles le Téméraire, XLIII, 754.
Résultats financiers de l'exposition des portraits du Roi et de la Reine, par M. Gallait au profit de la Caisse centrale des artistes, XLII, 920.
Président de l'Académie pour 1877, XLIII, 62, 201, 221.
Motion au sujet de la souscription pour l'œuvre de civilisation de l'Afrique centrale, XLIII, 647.
Membre de la Commission pour l'installation de l'Académie dans son nouveau palais, XLIII, 648, 753.
Discours aux funérailles de M Madou, XLIII, 435.
Discours aux funérailles de M. Payen, XLIII, 704.
Délégué au Congrès artistique et littéraire d'Anvers, en 1877, XLIII, 752; XLIV, 110, 249.
Commissaire pour le mémoire de concours de 1877 sur l'influence subie par Rubens et Van Dyck pendant leur séjour en Italie, XLIII, 753; rapport, XLIV. 263.
Explications sur un tableau de Rubens et sur les gravures de ce maître que l'on se propose d'exposer à Anvers, lors de la célébration de son 3e centenaire, XLIV, 111.
Discours prononcé comme directeur de la Classe des beaux-arts en 1877, XLIV, 281, 283.
Discours prononcé, au nom de l'Académie, à l'inauguration du buste de Rubens, à Anvers. XLIV, 259.
Discours prononcé à la séance solennelle d'installation des Académies dans son Palais, XLIV, 862; toast au Roi lors du banquet d'installation, XLIV, 886; remerciments du Roi exprimés par M Jules Devaux, XLV, 2, 41, 56.
Réélu membre du comité directeur de

la Caisse centrale des artistes pour 1878-1882, XLV, 136.
Commissaire pour le mémoire de concours de 1878, sur l'école de gravure sous Rubens, XLV, 828; rapport, XLVI, 289, 298.
Chargé de faire un examen préalable des modifications que le règlement des grands concours de peinture, etc., devrait subir, XLVI, 550.
Commissaire pour une requête de l'administration générale du Willems-fonds relative au règlement pour les grands concours de composition musicale, XLVI, 828.
Membre du jury chargé de juger la 6e période du concours triennal de littérature dramatique en langue française, XLI, 137; pour la 7e période, XLVII, 107.
Commissaire pour le mémoire de concours de 1879, sur le régime de la profession de peintre, XLVII, 912; rapport, XLVIII, 261, 273.
Commissaire pour les 1er, 2e et 3e rapports semestriels de M. De Jans, XLVIII, 573; appréciations, XLVIII, 722; L, 67, 247.
Rappelle que la Classe s'est déjà occupée en 1872 de la proposition de M. Dufresne relative à l'extension de l'action de la Croix rouge sur les œuvres d'art, XLVIII, 577, 722.
Commissaire pour l'anatomie pittoresque de M. Joseph Geefs, L, 247.
Lettre demandant une seconde inscription commémorative pour le local de la Bibliothèque royale, L, 317.
Membre de la Commission organisatrice du cinquantième anniversaire de l'Académie en 1866, XXI, 66.
Membre de la Commission administrative pour 1866-1867, XXI, 67; pour 1867-1868, XXIII, 661; pour 1868-1869, XXV, 587; pour 1869-1870, XXVII, 598; pour 1870-1871, XXXI, 460; pour 1872-1873, XXXIII, 482.
Membre de la Commission spéciale des finances de la Classe des beaux-arts pour 1867, XXIII, 41; pour 1868, XXIV, 548; pour 1869, XXVII, 117; pour 1871, XXX, 416.
Résumé général sur les opérations de la Caisse centrale des artistes depuis sa fondation, en 1849, jusqu'en 1866, XXIII, 201; même travail jusqu'en 1875, XXXIX, 349.
Situation financière de la Caisse en 1868, XXVII, 118, 237; en 1869, XXIX, 149; en 1870, XXXI, 103; en 1871, XXXII, 115; XXXIII, 160; XXXIV, 127, 209, 436, 556; en 1872 et en 1873, XXXV, 182, 625; XXXVII, 237, 325; en 1874, XXXIX, 238; en 1876, XLIII, 223; en 1877, XLV, 136; en 1878, XLVII, 217, 731; en 1879, XLIX, 134.
Dons d'ouvrages, XXII, 97; XXVI, 203; XXX, 75; XXXIV, 254; XLIII, 752.
AMORIM (Gomes DE). — Don d'ouvrages, L, 38.
Note bibliographique de M. Liagre sur ces ouvrages, L, 38.
ANDRADA MENDOÇA (A. C. D'). — Présente un mémoire sur le calcul de la vitesse initiale d'un projectile, XXXVI, 3; rapport de M. de Tilly, XXXVI, 140.
ANDRIES. — Billet cacheté déposé le 9 janvier 1869, XXVII, 4.
ANDRIMONT (Léon D'). — Don d'ouvrage, XLII, 910.
Note de M. Le Roy sur cet ouvrage, intitulé : *La coopération en Belgique*, XLII, 915.
ANONYME. — Don d'une cassette venant d'Angleterre et renfermant deux facsimile d'aérolithes, XXII, 260.
Demande de conserver au concours de la Classe des lettres pour 1870 la question sur Septime Sévère, XXVI, 120.
Demande de renseignements concernant le concours des lettres pour 1870, XXVI, 496.
Observations au sujet des rapports sur son mémoire de concours de 1868, concernant Quentin Metsys, XXVII, 116.
Demande de voir reculer le terme fatal du concours de la Classe des sciences pour 1870, XXX, 84.
Redemande le manuscrit de son mémoire de concours sur l'influence italienne sur l'architecture aux Pays-Bas, XXXI, 22.

L'auteur du mémoire de concours sur l'influence italienne sur l'architecture aux Pays-Bas envoie la fin du chapitre VI. XXXII, 26; décision de la Classe des beaux-arts, XXXIII, 137.

ANONYMES. — Présentent un travail sur les dépôts littoraux de l'argile panisélienne dans les environs de Bruxelles, XL, 447; rapports de MM. Dupont, Nyst et Briart, XL, 678, 680, 681.

ANTAS (le chevalier M. D'). — Élu associé de la Classe des lettres, XXXIII, 430; remerciments, XXXIII, 512.

Annonce son départ, XXXVIII, 670.

ANTOINE (Ch.). — Don d'ouvrage, XLIV, 316.

ANVERS (Ville d'). — Don d'ouvrages, XXXI, 18.

AOUST (l'abbé). — Remarques et réclamations relatives au mémoire de M. Gilbert sur la théorie générale des lignes tracées sur une surface quelconque, XXVI, 134, 471. — Voir *Gilbert*.

ARENBERGH (VAN). — Demande la nomination d'une commission pour examiner son procédé relatif aux incrustations des chaudières, XLVI, 318.

ARENDZEN (Pierre). — Lauréat pour la gravure du concours d'art appliqué de la Classe des beaux-arts en 1878, XLVI, 352, 312; remerciments, XLVI, 548.

ARGELANDER (F.). — Célébration de son 50e anniversaire de doctorat, XXXIII, 170.

Sa mort, XXXIX, 246.

ARISQUETA (P.). — De l'action du chlore sur le peroxyde d'argent, XLII, 240, 565; rapports de MM. Stas et Donny, XLII, 479, 480. — Voir *Spring* (*W.*).

ARNETH (Le chevalier A. D'). — Dons d'ouvrages, XXI, 291; XXIII, 23; XXIV, 197; XXVI, 129.

ARNOULD. — Don d'ouvrage, XLVII, 488.

ARNTZ (E.). — Membre du jury chargé de juger la 3e période du concours quinquennal des sciences morales et politiques (1861-1865), XXI, 466

Élu associé de la Classe des lettres, XLI, 1078, 1134; remerciments, XLI, 1327.

Sur l'étude du droit international privé en Belgique et en France, L, 126.

Dons d'ouvrages et note bibliographique sur ces ouvrages, L, 35, 36, 123.

ARRIVABENE (Le comte J.). — Élu associé de la Classe des lettres, XXI, 450; remerciments, XXI, 569; XXII, 114

Dons d'ouvrages, XXII, 114; XXIV, 487; XXX, 487; XXXII, 79; XXXVIII, 507.

ASSOCIATION AMÉRICAINE POUR L'AVANCEMENT DES SCIENCES. — Annonce de sa réunion à Chicago en 1868, XXVI, 2.

ASSOCIATION BRITANNIQUE POUR L'AVANCEMENT DES SCIENCES. — Annonce de sa réunion à Nottingham en 1866, XXI, 308; à Dundee en 1867, XXIII, 685; à Norwich en 1868, XXV, 283, 609; à Exeter en 1869, XXVII, 362; à Liverpool en 1870, XXIX, 446; à Édimbourg en 1871, XXXI, 198; à Brighton en 1872, XXXIII, 358; à Bradford en 1873, XXXV, 642; à Dublin en 1878, XLIV, 654.

ASSOCIATION FRANÇAISE POUR L'AVANCEMENT DES SCIENCES. — Annonce de sa 4e réunion à Nantes en 1875, XL, 2; 5e session à Chalons-sur-Saône en 1876, XLII, 4; 7e session à Paris en 1878, XLVI, 175; 8e session à Montpellier en 1879, XLVIII, 2; 9e session à Alger en 1880, L, 3.

ASSOCIATION INTERNATIONALE POUR LA CIVILISATION DE L'AFRIQUE CENTRALE. — L'Académie, en assemblée générale de 1877, adopte la proposition faite par son président annuel, M. Alvin, de souscrire à cette œuvre, XLIII, 647; remerciments de M. le baron Greindl, secrétaire, pour les sommes reçues, XLIV, 2; communication de M. P.-J. Van Beneden et Liagre sur la composition et le départ de la première expédition, XLIV, 237.

ASSOCIATION SCIENTIFIQUE DE FRANCE.

— Annonce de sa réunion à Metz en 1867, XXIII, 430, 687.

Athénée de Brescia. — Annonce une exposition de peinture en 1878, XLVI, 287.

Don d'ouvrages, XLIX, 3.

Auber (D.). — Sa mort, XXXI, 575.

Axelkey. — Demande l'échange du Bulletin avec sa revue : *Nordiskt Medicinskt*, XXXVII, 2.

B.

Babbage (Ch.). — Sa mort, XXXII, 234.

Bache (A.-D.). — Sa mort, XXIII, 430.

Baer (Ch.-E. von). — Découverte d'un mammouth en Sibérie, XXI, 308.
Sa mort, XLII, 922.

Baes (Edgar). — Accuse réception des médailles d'argent qui lui ont été décernées au concours de la Classe des beaux-arts de 1865, XXII, 546.
Médaille d'or à son mémoire couronné en 1877 sur les influences subies par Rubens et Van Dyck, pendant leur séjour en Italie, XLIV, 297; rapports de MM. Alvin, Siret et Slingeneyer, XLIV, 263, 270, 271.
Lauréat du concours des cantates en 1879, pour son poëme intitulé : *Judith*, XLVIII, 261, 323.

Baes (Jean). — Prix en partage à son projet d'architecture du concours d'art appliqué de la Classe des beaux-arts de 1876, XLII, 415, 439; remerciments, XLII, 630; photographie de ce pont monumental, XLIII, 222.

Baeyer (J.-J.). — Élu associé de la Classe des sciences, XXVI, 554; remerciments, XXVII, 2, 127.

Baguet (F.). — Commissaire pour un mémoire de M. Félix Neve sur la politique romaine en Orient, XXIII, 483.
Sa mort, XXIV, 547.

Bailly (Jules). — Don d'ouvrages, XLV, 46; XLVIII, 692.

Balat (Alph.). — Directeur de la Classe des beaux-arts pour 1867, XXI, 66; idem pour 1875, XXXVII, 152; idem paur 1881, XLIX, 58, 132.
Membre de la Commission de la biographie nationale pour la période de 1866-1872, XXII, 97; idem de 1872-1878, XXXIV, 207; idem de 1878-1884, XLVI, 139.
Commissaire pour un mémoire de concours de 1868 relatif à l'histoire de la gravure des médailles en Belgique, XXV, 706; rapport, XXVI, 233.
Commissaire pour le programme de concours de la Société des architectes de Lille, XXIX, 756; lecture de son rapport, XXX, 145.
Commissaire pour le mémoire de concours de 1870, sur l'influence italienne sur l'architecture aux Pays-Bas, XXIX, 756.
Commissaire pour une lettre de M. Schadde, concernant les grands concours d'architecture, XXXI, 455; rapport verbal, XXXII, 26.
Commissaire pour le mémoire de concours de 1871, sur l'influence italienne sur l'architecture aux Pays-Bas, XXXI, 576.
Remarques sur la question de l'emplacement d'un Palais des beaux-arts à Bruxelles, XXXI, 577 à 582.
Membre de la Commission chargée de préparer le plan d'un édifice pour les expositions triennales des beaux-arts, XXXII, 366.
Membre de la Commission pour l'examen des questions concernant les voyages des lauréats des grands concours, dits prix de Rome, XXXIII, 482.
Chargé de l'examen d'un projet d'itinéraire pour les voyages d'études de M. Dieltjens, lauréat du grand concours d'architecture de 1871, XXXIV, 126; rapport, XXXIV, 208.
Remercié pour avoir soutenu les intérêts de la Caisse centrale des artistes auprès de l'Exposition des beaux-arts de Bruxelles en 1872, XXXV, 80.

Membre de la Commission chargée de l'examen de la question des échanges des œuvres d'art du Musée de l'État, XXXV, 181.
Commissaire pour le mémoire de concours de 1873 sur l'influence italienne sur l'architecture aux Pays-Bas, XXXV, 932; rapport, XXXVI, 254.
Rapport sur les projets d'architecture soumis au concours d'art appliqué de la Classe des beaux-arts, en 1873, XXXVI, 272.
Motion relative à la proposition d'exposer à Bruxelles les œuvres de Frédéric Vande Kerkhove, XXXIX, 348.
Membre de la Commission pour les œuvres d'art à reproduire par les lauréats des grands concours, XL, 228.
Sur la création d'un palais des beaux-arts à Bruxelles, discours prononcé à la séance publique de la Classe des beaux-arts de 1875, XL, 246.
Membre de la Commission chargée d'examiner le projet-copie du lauréat Dieltjens, XL, 406; rapport, XL, 620.
Membre du comité pour le monument Quetelet, XL, 666, 814, 895.
Commissaire pour le 13e rapport semestriel de M. Dieltjens, XLI, 718.
Appréciations des 12e et 13e rapports semestriels de M. Dieltjens, XLII, 402; réclamation au sujet de cette appréciation, XLII, 639.
Commissaire pour l'examen du 14e rapport de M. Dieltjens, XLIV, 843; appréciation, XLV, 136.
Commissaire pour le 1er rapport semestriel de M. De Coster, XLII, 401, 639.
Commissaire pour une proposition de M. Dufresne relative à l'extension de l'action de l'œuvre de la Croix rouge sur les œuvres d'art, XLVIII, 430, 577; rapport, XLVIII, 722.
Délégué à la fête politique et religieuse du cinquantenaire belge, XLIX, 594.
Commissaire pour les 1er et 2d rapports de M Raquez, L, 136, 322; lecture de son appréciation du premier, L, 324.

Bambeke (C. Van). — Présente un mémoire sur le développement du Pelobate brun, XXIII, 367; rapports de MM. Poelman, P.-J. Van Beneden et Gluge, XXIII, 436, 438, 439.
Quelques remarques sur les squelettes de cétacés conservés à la collection d'anatomie comparée de l'Université de Gand, XXV, 403; XXVI, 20; rapports de MM. P.-J. Van Beneden, Poelman et Lacordaire, XXVI, 4, 6.
Sur les trous vitellins que présentent les œufs fécondés des amphibiens, XXIX, 663; XXX, 58; rapports de MM. Poelman et Schwann, XXX, 9, 13.
Présente un mémoire sur l'embryogénie des poissons osseux, XXXVIII, 558; rapports de MM. Éd. Van Beneden, Schwann et Gluge, XXXIX, 75, 84.
Élu correspondant de la Classe des sciences, XXXVIII, 847, remerciments, XXXIX, 2.
Élu membre, XLVIII, 881; remerciments, XLIX, 2; arrêté royal approuvant son élection, XLIX, 2.
Sur un dauphin échoué à la Panne, le 20 décembre 1874, XXXIX, 14.
Commissaire pour un travail de M. Fœttinger sur l'épiderme des cyclostomes, XL, 271; rapport, XLI, 6.
Commissaire pour un travail de M. Leboucq sur les nerfs des larves des batraciens, XLI, 4; rapport, XLI, 449.
Recherches sur l'embryogénie des batraciens, I. OEuf mûr non fécondé. — II. OEuf fécondé, XLI, 97.
Commissaire pour un travail de M. Swaen sur la cornée des grenouilles, XLI, 1153; rapport, XLII, 14.
Commissaire pour un travail de M. Nuel sur l'histologie du limaçon des mammifères, XLII, 665; rapport, XLIII, 236.
Commissaire pour les 1re et 2e parties d'un travail de M. Fraipont sur les acinétiniens de la côte d'Ostende, XLIV, 455, 850.
Commissaire pour la 3e partie des recherches sur les acinétiniens de la

côte d'Ostende, par M. Fraipont, XLV, 71.
Commissaire pour la 4e et dernière partie de ce travail, XLV, 147.
Commissaire pour un travail de M. Masquelin sur le développement du maxillaire inférieur de l'homme, XLIV, 456; rapport, XLIV, 459.
Commissaire pour les recherches sur le développement du maxillaire inférieur de l'homme, par M. Masquelin, XLV, 71; rapport, XLV, 376.
Commissaire pour la contribution à la physiologie du nerf vague de la grenouille, par MM. Putzeys et Swaen, XLV, 364; rapport, XLV, 731.
Commissaire pour un travail de M. P.-J. Van Beneden sur les orques observés dans les mers d'Europe, XLVII, 180; lecture de son rapport, XLVII, 228.
Commissaire pour un travail de M. L. Fredericq sur l'innervation respiratoire, XLVII, 180; rapport, XLVII, 311.
Commissaire pour un travail de M. Schleicher sur la cellule cartilagineuse vivante, XLVII, 489; rapport, XLVII, 751.
Formation des feuillets embryonnaires et de la notocorde chez les Urodèles, L, 83.
Rapport sur une note de M. Mac Leod concernant l'appareil venimeux des aranéides, L, 82.
Rapport sur une note de M. Remouchamps concernant la glande gastrique du Nandou d'Amérique, L, 82.
Commissaire pour une note de M. Francotte sur les turbellariés rhabdocœles et dendrocœles, L, 295.
Don d'ouvrages, XLI, 733, 734; XLVII, 308; XLIX, 83, 307.
BAMPS (A.). — Don d'ouvrages, XLVII, 829
BANCROFT (George). — Élu associé de la Classe des lettres, XLIII, 701; remercîments, XLIV, 240.
BANER. — Demande de renseignements sur le mémoire de M. Pinchart concernant la tapisserie de haute lisse aux Pays-Bas, XL, 244; rapport verbal de M. Fétis, XL, 408.
BANET-RIVET. — Don d'ouvrage, XXXVIII, 534.
BANNEUX. — Effets de l'aurore boréale du 4 février 1872 sur les lignes télégraphiques belges, XXXIII, 183.
BANNING. — Don d'ouvrage, XLIII, 34.
BARAQUIN (E.). — Présente un travail intitulé : *Innovations industrielles*, XLIV, 317; rentre en possession de ce travail, XLV, 14.
BARBOT (M. et Mme). — Don d'ouvrage, XLVI, 943.
BARGHON-FORT-RION (le baron). — Don d'ouvrage, XL, 815.
BARLET (Éd.). — Don d'ouvrage, XXXVIII, 135.
BARRAL. — Don d'ouvrage, L, 2.
†BARRAT (John). — Sa mort, XXXIV, 2.
BARYE (Ant.-Louis). — Élu associé de la Classe des beaux-arts, XXVII, 117. Sa mort, XL, 39.
BASCHET. — Don d'ouvrage, XXX, 334.
BASEVI (A.). — Élu associé de la Classe des beaux-arts, XXXIII, 83; remercîments, XXXIII, 159.
Don d'une copie d'un ancien manuscrit de musique, XLIII, 704; don d'ouvrages, XXXIII, 159; XLI, 1339; XLIII, 704.
BASTELAER (A. VAN). — Présente un travail sur les vernis, etc., des poteries romaines, XLI, 1076; rapports de MM. le baron de Witte et Roulez, XLII, 192; XLIV, 244, 244; renvoi de ce mémoire à M. Stas, XLII, 241; restitué à M. Van Bastelaer, XLII, 458.
BASTIN. — Don d'ouvrages, XLII, 460; XLIV, 817; XLVI, 940.
BASTINGS. — Don d'ouvrage, XLVII, 743.
BAUDOUIN (Alph.). — Don d'ouvrage, XLIII, 304.
BAUDRY (Paul). — Élu associé de la Classe des beaux-arts, XLV, 58; remercîments, XLV, 134, 359.
BAYE (DE). — Don d'ouvrage, XLI, 1075.
BAYERN. — Présente un mémoire d'archéologie sur le Caucase, XLIX, 407; avis de MM. Nève et Wagener, XLIX, 685.
BECKER (Charles). — Élu associé de la Classe des beaux-arts, XXXVII, 152; remercîments, XXXVII, 237.

Becker (Léon). — Don d'ouvrages, XLVIII, 3; XLIX, 147.

Beckh-Widmanstetter (de). — Don d'ouvrage, XLVII, 442.

Bède (E.). — Rapport de M. J. Plateau sur ses deux mémoires relatifs à la capillarité, XXIII, 4.

Behrnauer (W.-F.-A.). — Présente un mémoire sur l'histoire de Venise, depuis le XIIIe siècle de notre ère jusqu'à nos jours, XXV, 227.

Bellynck. — Remerciments pour son élection de correspondant de la Classe des sciences, XXI, 2.

Élu associé, XXX, 457; remerciments, XXXI, 2.

Envoi de ses observations des phénomènes périodiques observés à Namur en 1865 et en 1866, XXI, 72, 262, 309; en 1866 et en 1867, XXIII, 2, 430; en 1867, XXIV, 498; XXV, 610; en 1868, XXVI, 430; en 1869, XXVII, 614; XXIX, 3; en 1870, XXIX, 447; XXX, 374; en 1871, XXXI, 499; en 1870 et 1871, XXXII, 39, 334; en 1871 et en 1872, XXXIV, 3, 139, en 1872, XXXV, 90; en 1873, XXXVI, 298, 602; en 1873 et 1874, XXXVIII, 3, 405, 483; XXXIX, 259; en 1875, XLI, 395.

Sur un fragment d'aérolithe recueilli à Namur pendant l'orage du 5 au 6 juillet 1868, XXVI, 495, 288.

Sur les anomalies chez l'homme et chez les animaux, XXX, 439.

Sur les anomalies dans le règne végétal, XXXII, 390.

Commissaire pour le mémoire de concours de 1874 sur le polymorphisme des champignons, XXXVIII, 295; rapport, XXXVIII, 653, 725.

Commissaire pour les Diagnoses de cucurbitacées nouvelles, par M. Cogniaux, XXXIX, 445; rapport, XXXIX, 808; commissaire pour une seconde rédaction de ce mémoire, XL, 52; rapport, XL, 273.

Commissaire pour le 2e fascicule de M. Cogniaux : Diagnoses de cucurbitacées nouvelles, XLII, 240; rapport, XLII, 483.

Commissaire pour un travail de M. Gilkinet sur les plantes fossiles de l'étage du poudingue de Burnot, XL, 4; rapport, XL, 73.

Don d'ouvrages, XXIV, 498; XXVIII, 2; XXX, 3; XXXVIII, 556; XXXIX, 55, 248; XLI, 733, 918.

Sa mort, XLIII, 62.

Belpaire (Th.). — Sur le second principe de la thermodynamique, XXXIV, 243, 509; rapports de MM. Folie et Gloesener, XXXIV, 448, 452.

Beltjens (G.). — Don d'ouvrage, XLVI, 261.

Bemmel (Éd. Van). — Membre du jury chargé de juger la 4e période du concours quinquennal de littérature française (1863-1867), XXV, 43.

Lecture du rapport du jury chargé de juger la 5e période du concours quinquennal de littérature française (1868-1872), XXXV, 618.

Élu correspondant de la Classe des lettres, XLIII, 701; remerciments, XLIII, 747.

Don d'ouvrages, XLI, 866; XLIII, 34; XLIV, 816; XLIX, 408.

Sa mort, L, 179.

Discours à ses funérailles par M. Stécher, L, 179.

Promesse de sa notice par M. Potvin, L, 180.

Bendemann (Éd.). — Élu associé de la Classe des beaux-arts, XXV, 62; remerciments, XXV, 158.

Beneden (Éd. Van). — Billet cacheté déposé le 4 janvier 1868, XXV, 3.

Le genre Dactycotyle, son organisation, et quelques remarques sur la formation de l'œuf des trématodes, XXIV, 436; XXV, 4, 22; rapports de MM. Schwann et Spring, XXV, 4, 8.

Sur le mode de formation du blastoderme dans quelques groupes de crustacés (avec Émile Bessels), XXV, 403, 434; rapports de MM. Gluge et Poelman, XXV, 427, 428.

Présente un mémoire sur le blastoderme des amphipodes, XXV, 614; rapports de MM. Schwann, Gluge et Poelman, XXVI, 252, 256, 257.

Médaille d'or décernée par la Classe des sciences en 1868, à son mémoire sur la composition anatomique de l'œuf,

XXVI, 528, 553; rapports de MM. Gluge et Schwann, XXVI, 507, 517.

Augmentation de la somme accordée comme prix de concours en 1868, XXVIII, 398.

Inscription pour sa médaille de concours, XXVII, 190.

Sur une nouvelle espèce de Grégarine, désignée sous le nom de *Gregarina gigantea*, XXVIII, 319, 444; rapports de MM. Gluge et Schwann, XXVIII, 400, 401.

Recherches sur l'embryogénie des crustacés, I; observations sur le développement de l'Asellus aquaticus, XXVII, 363; XXVIII, 54; rapports de MM. Schwann, Gluge et Poelman, XXVIII, 15, 17.

Recherches sur l'embryogénie des crustacés, II, développement des Mysis, XXVIII, 2, 232; rapports de MM Lacordaire et P.-J. Van Beneden, XXVIII, 140, 143.

Recherches sur l'embryogénie des Crustacés, III : Développement de l'œuf et de l'embryon des Sacculines, XXVIII, 527; XXIX, 99; rapports des mêmes, XXIX, 65, 67.

Recherches sur l'embryogénie des Crustacés, IV : Développement des genres Anchorella, Lerneopoda, Brachiella et Hessia, XXIX, 4, 223; rapports de MM. Schwann, Gluge et Poelman, XXIX, 160, 161.

Étude zoologique et anatomique du genre Macrostomum et description de deux espèces nouvelles, XXX, 3, 116; rapports de MM. Poelman et P.-J. Van Beneden, XXX, 86.

Élu correspondant de la Classe des sciences, XXX, 457; remerciments, XXXI, 2.

Élu membre, XXXIV, 652; remercîments, XXXV, 187.

Recherches sur l'évolution des Grégarines, XXXI, 325.

Billet cacheté déposé le 14 octobre 1871, XXXII, 454.

Sur la conservation des animaux inférieurs, XXXII, 179.

Sur la structure des Grégarines, XXXIII, 210.

Présente un mémoire sur un dauphin nouveau de la baie de Rio de Janeiro, XXXV, 459; lecture des rapports de MM. Du Bus et P.-J. Van Beneden, XXXVI, 299.

Commissaire pour le mémoire de concours de 1873 sur le mode de reproduction des anguilles, XXXV, 645; lecture de son rapport, XXXVI, 696.

Rapport sommaire sur les résultats d'un voyage au Brésil et à La Plata, XXXV, 775.

Sur la capture, dans l'Escaut, au mois de novembre 1873, d'un Hyperoodon rostratum, XXXVII, 35.

Commissaire pour un travail de M. Gilkinet sur les Pyrénomycètes, XXXVII, 270; rapport, XXXVII, 346.

De la distinction originelle du testicule et de l'ovaire; caractère sexuel des deux feuillets primordiaux de l'embryon; hermaphrodisme morphologique de toute individualité animale; essai d'une théorie de la fécondation, XXXVII, 530.

Commissaire pour le mémoire de concours de 1874 sur le polymorphisme des champignons, XXXVIII, 296; rapport, XXXVIII, 653, 735.

Commissaire pour un mémoire de M. Van Bambeke sur l'embryogénie des poissons osseux, XXXVIII, 557; rapport, XXXIX, 75.

Commissaire pour une note de M. C. Moreau sur la structure de la corde dorsale de l'amphioxus, XXXVIII, 653; rapport, XXXIX, 251.

Réclamation au sujet de son rapport sur le mémoire couronné de M. Gilkinet, sur le polymorphisme des champignons, XXXIX, 98.

Commissaire pour un travail de M. Chandelon sur le tube digestif des tuniciers, XXXIX, 250; rapport, XXXIX, 785.

Commissaire pour un mémoire de M. Delbœuf sur la théorie générale de la sensibilité, XXXIX, 445; rapport, XXXIX, 786.

Commissaire pour un travail de M. F. Plateau sur l'appareil digestif chez

les Myriapodes de Belgique, XL, 271; lecture de son rapport, XLI, 5.

De la maturation de l'œuf, de la fécondation et des premiers phénomènes embryonnaires chez les mammifères d'après les observations faites chez le lapin, XL, 686.

Commissaire pour un travail de M. Lebouck sur les nerfs des larves de batraciens, XLI, 4; rapport, XLI, 446.

Contributions à l'histoire de la vésicule germinative et du premier noyau embryonnaire, XLI, 38.

Commissaire pour une note de M. L. Fredericq sur les muscles striés de l'Hydrophile, XLI, 225; rapport, XLI, 452.

Rapport sur le travail de MM. Putzeys et Swaen sur le sulfate de guanidine, XLI, 739.

Commissaire pour une note de M. F. Plateau sur la digestion chez la Blatte américaine, XLI, 920; lecture de son rapport, XLI, 1156

Commissaire pour un travail de M. Swaen sur la cornée des grenouilles, XLI, 1153; rapport, XLII, 21.

Recherches sur les Dicyémides, survivants actuels d'un embranchement des Mésozoaires, etc., 1re partie, XLI, 1160; les Dicyémides, survivants actuels d'un embranchement des Mésozoaires (suite), XLII, 35.

Commissaire pour une note de M. Putzeys sur de nouveaux agents anesthésiques, XLII, 240; rapport, XLII, 481.

Commissaire pour un travail de M. Nuel sur l'histologie du limaçon des mammifères, XLII, 665; rapport, XLIII, 247.

Commissaire pour un travail de M. Chandelon sur l'influence du courant sanguin sur le contenu en glycogène des muscles, XLII, 665; rapport, XLII, 840.

Lauréat de la 6e période du concours quinquennal des sciences naturelles (1872-1876), XLIV, 118, 313, 884.

Commissaire pour un travail de M. Lambert sur la morphologie du système dentaire des singes, XLIV, 317; lecture de son rapport, XLIV, 456.

Commissaire pour un travail de M. Lebouck sur le cartilage embryonnaire chez les mammifères, XLIV, 318; rapport, XLIV, 457.

Commissaire pour un travail de MM. Putzeys et Romiée sur l'action physiologique de la gelsémine, XLIV, 455; rapport, XLV, 13.

Commissaire pour un travail de M. Masquelin sur le maxillaire inférieur de l'homme, XLIV, 456; rapport, XLIV, 459.

Contribution à l'histoire du développement embryonnaire des téléostéens, XLIV, 462, 742.

Commissaire pour les recherches sur le développement du maxillaire inférieur de l'homme par M. Masquelin, XLV, 71; rapport, XLV, 371.

Rapport sur le travail de M. Mac Leod : Recherches sur l'appareil venimeux des myriapodes chilipodes, description des véritables glandes vénénifiques, XLV, 733.

Commissaire pour un travail de M. Liénard sur la structure de l'appareil digestif des mygales et des néphiles, XLVI, 3.

Commissaire pour un travail de M. Ernest Lambert sur la morphologie du système dentaire des singes, XLVI, 177.

Commissaire pour un travail de M. Léon Fredericq sur le Poulpe, XLVI, 319; rapport, XLVI, 588.

Commissaire pour un travail de M. Mac Leod sur la structure de la glande de Harder du canard domestique, XLVII, 489; rapport, XLVII, 751.

Commissaire pour un travail de MM. Masquelin et Swaen sur le développement du placenta chez le lapin, XLVIII, 3; rapport, XLVIII, 47.

Existence d'un double appareil et de deux liquides sanguins chez les arthropodes inférieurs, XLIX, 5.

Commissaire pour un travail de M. Liénard sur le système nerveux des arthropodes, XLIX, 84; rapport, XLIX, 173.

Recherches sur la structure de l'ovaire, l'ovulation et les premières phases du développement chez les chéiroptères (avec M. Julin), XLIX, 628.
Relation d'un cas de tuberculose cestodique aiguë et sur les œufs du tænia mediocanellata, XLIX, 659.
Sur un cténide originaire du Brésil trouvé à Liége, XLIX, 655.
Rapport sur une note de M. Fraipont concernant l'appareil excréteur des trématodes et des cestodes, L, 260.
Commissaire pour le rapport de M. Fœttinger sur le résultat de ses études à la station zoologique de Naples, L, 294; lecture de son rapport, L, 333.
Don d'ouvrages, XXXVII, 799; XLI, 3; XLII, 664; XLIII, 3; XLIX, 83. — Voir *Bertkau*.
BENEDEN (P.-J. VAN). — Rapport sur un travail de M. Malaise relatif aux silex ouvrés de Spiennes, XXI, 6.
Présente un mémoire sur les polypes du littoral belge, XXI, 75; lecture des rapports de MM. le vicomte Du Bus et le baron de Selys Longchamps, XXI, 206.
Commissaire pour un travail de M. Éd. Dupont sur le terrain quaternaire des vallées de la Meuse et de la Lesse, XXI, 75; rapport, XXI, 205.
Sur les vers nématodes, XXI, 207.
Commissaire pour un travail de M. Éd. Dupont sur les fouilles des cavernes des bords de la Lesse, XXI, 263; rapport, XXI, 534.
Sur une balénoptère trouvée morte en mer au Texel, XXI, 289.
Commissaire pour un travail de M. Éd. Dupont sur trois cavernes de la province de Namur, XXI, 526.
Élu membre de la Commission de la Biographie nationale pour la période de 1866-1872, XXII, 3; réélu pour la période de 1872-1878, XXXIV, 142; réélu pour la période de 1878-1884, XLVI, 6.
Présente un mémoire sur un nouveau genre de cétacé fossile (Placoziphius) trouvé à Edeghem, près d'Anvers, XXII, 107; lecture du rapport de M. Poelman, XXII, 184.
Commissaire pour un travail de M. Dupont relatif à l'ethnographie de l'homme de l'âge du renne dans les cavernes de la vallée de la Lesse, XXII, 107; rapport, XXII, 187.
Commissaire pour une communication de M. Cloquet à M. Malaise sur les silex ouvrés, XXII, 108.
Sur un Mesoplodon Sowerbiensis de la côte de Norwége, XXII, 218.
Communication d'une lettre de M. Cornet relative aux recherches fossiles faites dans les environs de Spiennes, XXII, 433.
Membre de la Commission spéciale des finances de la Classe des sciences pour 1867, XXIII, 4; 1868, 4; 1869, XXVI, 531; 1870, XXVIII, 528; 1871, XXX, 375; 1873, XXXIV, 447; 1875, XXXVIII, 653; 1876, XLI, 225; 1877, XLII, 829; 1878, XLIV, 666; 1879, XLVI, 856; 1880, XLVIII, 587; 1881, L, 297.
Sur la découverte d'un os de baleine à Furnes, XXIII, 13.
Commissaire pour un travail de M. Éd. Dupont intitulé : Étude de cinq cavernes explorées dans la vallée de la Lesse et le ravin de Falmignoul, XXIII, 53.
Commissaire pour une notice de M. Terby sur les fils d'araignée, XXIII, 53; rapport, XXIII, 223.
Commissaire pour un travail de M. Éd. Dupont sur l'exploration des cavernes des environs de Dinant, XXIII, 219.
Présente un complément à son mémoire sur les squalodons, XXIII, 219; lecture des rapports de MM. Poelman, de Koninck et de Selys Longchamps, XXIII, 370.
Commissaire pour un travail de M. Van Bambeke sur le Pélobate brun, XXIII, 367; rapport, XXIII, 438.
Commissaire pour un travail de M. Dupont sur l'exploration d'une caverne située à Bouvignes, XXIII, 368; rapport, XXIII, 434.
Commissaire pour un travail du

même sur les cavernes du bois de Foy à Montaigle, XXIII, 687; rapport, XXIV, 6.
Le Cordylophora lacustris dans les environs d'Ostende. XXIII, 708.
Un insecte et un gastéropode pulmoné du terrain houiller (voir Cocmans), XXIII, 384.
Commissaire pour la 1re partie d'un mémoire de M. F. Plateau sur les crustacés d'eau douce de Belgique, XXIV, 278; rapport, XXIV, 437.
Commissaire pour les 2e et 3e parties de ce travail, XXVII, 363; rapport, XXVIII, 3.
Lauréat de la quatrième période du concours quinquennal des sciences naturelles. 1862-1866, XXIV, 498; rapport du jury, XXIV, 578.
Considérations verbales sur les baleines. XXIV, 543.
Les baleines et leur distribution géographique, XXV, 9.
Les squelettes de cétacés et les musées qui les renferment, XXV, 88.
Sur la cigogne blanche et ses parasites, XXV. 294.
Commissaire pour un mémoire de M. Van Bambeke sur des squelettes de cétacés, XXV, 403; rapport, XXVI, 4.
De la composition du bassin des cétacés. XXV, 428.
Communication au sujet de la notice de M. Van Horen relative à la géologie des environs de Tirlemont, XXV, 618.
La première côte des cétacés, à propos de la notice du Dr Gray sur la distribution des baleines, XXVI, 7.
Sur le bonnet et quelques organes d'un fœtus de baleine du Groënland, XXVI, 186.
Observations au sujet d'une lettre de M. Bessels sur le développement des acarides, XXVII, 280.
Sur les balénoptères du nord de l'Atlantique, XXVII, 281.
Commissaire pour une notice de M. Preudhomme de Borre sur une nouvelle espèce de caïman, XXVII, 363; rapport, XXVII, 624.
Un Palaedaphus nouveau du terrain devonien, XXVII, 378.
Sur une balénoptère échouée dans l'Escaut au mois de mai 1869, XXVII, 680.
Commissaire pour le travail de M. Éd. Van Beneden sur le développement des Mysis, XXVIII, 2; rapport, XXVIII, 143.
Présente, au nom de M. Van Raemdonck, son livre sur Mercator. XXVIII, 122.
Sur le commensalisme dans le règne animal. XXVIII, 621 ; note complémentaire, XXIX, 179.
Commissaire pour un mémoire de M. F. Plateau sur les crustacés isopodes terrestres de Belgique, XXIX, 4; rapport, XXIX, 71.
Commissaire pour une notice de M. Preudhomme de Borre sur une nouvelle espèce du genre Varan, XXIX. 4.
Présentation d'un mémoire sur les poissons des côtes de Belgique et leurs parasites. XXIX, 63; lecture des rapports de MM. Lacordaire, de Selys Longchamps et Poelman, XXIX, 150.
Sur les cétacés, leurs commensaux et leurs parasites, XXIX, 347.
Commissaire pour une notice de M. Éd. Van Beneden sur le genre Macrostomum, XXX, 3; rapport, XXX, 86.
Communication verbale sur ses travaux concernant les baleines, XXX, 95.
Les Écheneis et les Naucrates dans leurs rapports avec les poissons qu'ils hantent, XXX, 181.
Communication verbale sur un projet de M. Dohrn concernant l'étude de la vie des animaux dans les aquariums, à Naples, XXX, 185.
Présente un mémoire, intitulé : *Une balénoptère capturée dans l'Escaut en 1869,* XXX, 283; rapports de MM. Du Bus et de Selys Longchamps, XXX, 375, 376.
Sur une Balaenoptera musculus capturée dans l'Escaut, XXX, 320.

Observations sur l'ostéographie des cétacés, XXX, 380.
Communication verbale sur le Protopterus annectens de Gambie, XXX, 394.
Les reptiles fossiles en Belgique, XXXI, 9.
Sur les dents de lait de l'Otaria pusilla, XXXI, 61.
Commissaire pour un mémoire de M. L.-G. de Koninck sur les animaux fossiles du terrain carbonifère de la Belgique, XXXI, 199; lecture de son rapport, XXXI, 477.
Recherches sur quelques poissons fossiles de Belgique, XXXI, 493.
Communication verbale sur des ossements découverts à Anvers, XXXI, 518.
Communication verbale sur une balénoptère, XXXII, 4.
Les phoques de la mer Scaldisienne, XXXII, 5.
Un Sirénien nouveau du terrain rupelien, XXXII, 164.
Les oiseaux de l'argile rupelienne, XXXII, 256.
Sur l'existence du gypaëte dans nos contrées, d'après les ossements découverts par Schmerling dans les cavernes des environs de Liége, XXXIII, 16.
Présente un mémoire sur les chauves-souris de Belgique et leurs parasites, XXXIII, 171; lecture des rapports de MM. de Selys Longchamps et Gluge, XXXIII, 380.
Notice sur le même sujet, XXXIII, 207.
Présente son rapport sur les travaux de zoologie de l'Académie pour le Livre commémoratif du jubilé séculaire, XXXIII, 226.
Commissaire pour une note de M. F. Plateau sur les myriapodes de Belgique, XXXIII, 300; rapport, XXXIII, 372.
Sur la découverte d'un homard fossile dans l'argile de Rupelmonde, XXXIII, 316.
Les baleines fossiles d'Anvers, XXXIV, 6.
Sur un nouveau poisson du terrain laekenien, XXXIV, 420.
Communication verbale sur les affinités des Lépidosirènes, des Ganoïdes et des Palaedaphus, XXXIV, 424.
Commissaire pour la note rectificative de M. Schuermans sur l'époque de l'érection des tumuli en Belgique, XXXIV, 559; rapport, XXXV, 94, 194.
Sur un nouveau poisson du terrain bruxellien, XXXV, 207.
Sur un oiseau de l'argile rupelienne, XXXV, 354.
Commissaire pour un mémoire de M. Ed. Van Beneden sur un dauphin nouveau de la baie de Rio de Janeiro, XXXV, 459; lecture de son rapport, XXXVI, 299.
Commissaire pour le mémoire de concours de 1873 sur le mode de reproduction des anguilles, XXXV, 645; lecture de son rapport, XXXVI, 696.
Sur deux dessins de cétacés du cap de Bonne-Espérance, XXXVI, 32.
Un mot sur la vie sociale des animaux inférieurs, XXXVI, 779.
Commissaire pour un travail de M. Alph. Dubois sur la variabilité de certaines espèces du genre Calliste, XXXVII, 862; rapport, XXXVIII, 22.
Les baleines de la Nouvelle-Zélande, XXXVII, 832.
Commissaire pour un travail de M. Chandelon sur le tube digestif des tuniciers, XXXIX, 250; rapport, XXXIX, 784.
Élu membre de la Société royale de Londres, XXXIX, 442.
Notice sur la grande Balénoptère du Nord (Balaenoptera Sibbaldii), XXXIX, 853.
Membre du comité pour le monument d'Omalius, XL, 2.
Compte rendu des fêtes du 200e anniversaire, à Delft, de la découverte des infusoires par Leeuwenhoeck, XL, 271.
Les pachyacanthus du Musée de Vienne, XL, 323.
Les ossements fossiles du genre Aulocète au Musée de Linz, XL, 536.

Le squelette de la baleine fossile du Musée de Milan, XL, 736.
Un mot sur la baleine du Japon, XLI, 28.
Les Thalassothériens de Baltringen (Wurtemberg), XLI, 471.
Les phoques fossiles du bassin d'Anvers, XLI, 783.
Note sur le Grampus griseus, XLI, 802.
Communication de deux lettres de MM. Capellini et de Zigno, sur des découvertes d'ossements fossiles en Italie, XLI, 957.
Commissaire pour un travail de M. Mourlon sur les dépôts des sables verts des environs d'Anvers, XLII, 241; rapport, XLII, 666.
Le Selache (Hannovera) aurata du crag d'Anvers, XLII, 294.
Présente une notice sur M. de Burtin, XLII, 829.
Annonce la mort de M. Von Baer, XLII, 922.
Commissaire pour un travail de M. Lambert sur le système dentaire des races humaines, XLIII, 64; rapport, XLIII, 467.
Le Rhachianectes glaucus des côtes de Californie, XLIII, 92.
Sur les ossements fossiles des environs d'Anvers, XLIII, 319.
Commissaire pour un travail de M. Mourlon sur le classement stratigraphique les phoques fossiles recueillis dans les terrains d'Anvers, XLIII, 325; rapport, XLIII, 473.
Délégué au 400e anniversaire de fondation de l'Université d'Upsal, XLIII, 458; compte rendu de la célébration de cet anniversaire, XLIV, 393.
Interpellation au sujet de la répartition des salles dans le Palais des Académies, XLIII, 649.
Un mot sur une baleine capturée dans la mer Méditerranée, XLIII, 741.
Sur le départ de la première expédition scientifique pour l'Afrique centrale, XLIV, 237.
Commissaire pour un travail de M. Lambert sur la morphologie du système dentaire des singes, XLIV, 317; lecture de son rapport, XLIV, 436.
Sur un cachalot nain du crag d'Anvers, XLIV, 851.
Commissaire pour les 1re et 2e parties d'un travail de M. Fraipont sur les acinétiniens de la côte d'Ostende, XLIV, 455, 850; rapport, XLIV, 692.
Commissaire pour la 3e partie des recherches sur les acinétiniens de la côte d'Ostende par M. Julien Fraipont, XLV, 71; commissaire pour la 4e et dernière partie de ce travail, XLV, 147; rapports sur les 2e, 3e et 4e parties, XLV, 44, 166, 377.
La distribution géographique des balénoptères, XLV, 167.
Sur la distribution géographique de quelques cétodontes, XLV, 401.
Sur la découverte de reptiles fossiles gigantesques dans le charbonnage de Bernissart, près de Péruwelz, XLV, 578.
Note bibliographique sur des ouvrages de M. Gasco, XLVI, 4.
Commissaire pour un travail de M. Ern. Lambert sur la morphologie du système dentaire des singes, XLVI, 177.
Commissaire pour un travail de M. Léon Fredericq sur le Poulpe, XLVI, 319.
Un mot sur la pêche de la baleine et les premières expéditions arctiques, XLVI, 967.
Présente un mémoire sur les orques observés dans les mers d'Europe, XLVII, 180; lecture des rapports de MM. Van Bambeke et Candèze, XLVII, 228.
Commissaire pour un travail de M. Fredericq sur le sang du Homard, XLVII, 180.
Commissaire pour la part à prendre par la Belgique aux travaux de la Station zoologique de Naples, XLVII, 306; lecture de son rapport, avec ceux de MM. Morren et F. Plateau, XLVII, 744.
Commissaire pour un travail de MM. Fredericq et Vandevelde sur les

muscles et le sang du Homard, XLVII, 307; rapport, XLVII, 748.

Sur un envoi d'ossements de cétacés fossiles de Croatie, XLVII, 183.

Commissaire pour un mémoire de M. Mailly sur le naturaliste Michel Adanson, XLVIII, 3; lecture de son rapport, XLVIII, 163.

Élu directeur pour 1881, XLIX, 4.

Commissaire pour les recherches physiologiques que M. Foettinger se propose de faire à la Station zoologique de Naples, XLIX, 82; lecture de son rapport, XLIX, 148.

Commissaire pour un travail de M. Cotteau sur les Échinides tertiaires de la Belgique, XLIX, 263; rapport, XLIX, 619.

Un mot sur quelques cétacés échoués sur les côtes de la Méditerranée et de l'ouest de la France pendant les années 1878 et 1879, XLIX, 96.

La baleine échouée, le 7 janvier 1880, sur les côtes de Charleston, XLIX, 313.

Un Hyperoodon capturé sur la grève d'Hillion, en décembre 1880, L, 9.

Les Mysticètes à courts fanons des sables des environs d'Anvers, L, 11.

Rapport sur les notes de M. Fraipont concernant l'appareil excréteur des Trématodes et des Cestodes, L, 81, 260.

Commissaire pour une note de M. Francotte sur les Turbellariés rhabdocœles et dendrocœles, L, 295.

Présente un mémoire sur deux plésiosaures du lias inférieur du Luxembourg, L, 295; analyse de ce mémoire, L, 308.

Dons d'ouvrages, XXI, 3; XXII, 2, 548; XXV, 70; XXVII, 3; XXXI, 476; XXXV, 643; XXXVII, 159; XXXIX, 55; XL, 3, 270, 898; XLI, 1152; XLIII, 232, 319; XLIV, 163; XLIX, 23.

BENEVIDES. — Don d'ouvrage, L, 124.

BENOÎT (Pierre). — Membre du jury chargé de juger le grand concours de composition musicale de 1877, XLIII, 751; idem de 1879, XLVIII, 260.

Élu correspondant de la Classe des beaux-arts, XLIX, 58; remercîments, XLIX, 133.

BENZONI (Le chev. J.-M.). — Élu associé de la Classe des beaux-arts, XXXI, 23; remercîments, XXXI, 455.

Sa mort, XXXVI, 103.

BÉRIOT (Ch.-A. DE). — Sa mort, XXIX, 640; discours prononcé à ses funérailles, par M. F.-J. Fétis, XXIX, 642.

BERGMANN (Ant.). — Lauréat de la 5e période du concours quinquennal de littérature flamande, XL, 35; XLI, 1153.

BERGMANN (Mme Ve Antoon). — Fondation d'un prix décennal de littérature flamande, XLI, 137, 356; rapports de MM. Faider, De Decker et le baron Kervyn sur cette fondation, XLI, 358.

Don d'ouvrage, XL, 815.

BERLINER (J.). — Don d'ouvrage, XLIV, 315.

Revendication de la priorité du principe du microphone, XLIX, 83.

BERNAERTS (G.). — Orages observés à Malines en 1866 et en 1867, XXIV, 515; en 1868, XXVI, 283; du 1er septembre 1868 jusqu'au 1er juin 1869, XXVII, 641; du 1er juin au 1er octobre 1869, XXVIII, 318, 335; du 1er octobre 1869 au 1er octobre 1870, XXX, 3, 180, 297; en 1872, XXXIV, 400.

Note sur la nature du Soleil, XXIX, 4, 198; rapport de M. Ad. Quetelet, XXIX, 73.

La comète de Coggia observée à Malines, XXXVIII, 352.

BERNARDIN. — Envoi de ses observations des phénomènes périodiques observés à Melle en 1865 et en 1866, XXI, 74, 262, 309; XXII, 260; en 1866 et en 1867, XXIII, 2, 367, 430; en 1867, XXIV, 435; XXV, 71, 283; en 1868, XXV, 402; XXVII, 4; en 1869, XXVII, 362; XXVIII, 398; XXIX, 3; en 1870, XXIX, 336, 447; XXX, 283; XXXI, 2; en 1871, XXXI, 111, 499; XXXII, 235; XXXIII, 2; en 1872, XXXIII, 299, 359; XXXIV, 400; XXXV, 91, 351, 459; en 1873 et 1874, XXXVII, 3, 483; en 1874, XXXVIII,

554; XXXIX, 53, 359, 442; en 1875, XL, 446; XLI, 224, 731.
Bernhauer. — Présente un mémoire sur l'histoire de Venise, XXV, 227.
Bernimolin (Eug.). — Don d'ouvrage, XL, 579.
Bertkau. — Présente un mémoire sur les arachnides recueillis au Brésil et à La Plata, par M. Éd. Van Beneden, XLIX, 84; rapports de MM. Plateau, Candèze et de Selys Longchamps, XLIX, 263, 265.
Bertoloni (Ant.). — Sa mort, XXVII, 362.
Bertolotti. — Don d'ouvrage, L, 136; note bibliographique de MM. Siret et Pinchart sur son volume : *Artisti belgi ed olandesi a Roma*, L, 136.
Bessels (Émile). — Sur le mode de formation du blastoderme dans quelques groupes de Crustacés, XXV, 403, 434; rapports de MM. Gluge et Poelman, XXV, 427, 428.
Présente un mémoire sur le blastoderme des Amphipodes, etc. (avec Éd. Van Beneden), XXV, 611; rapports de MM. Schwann, Gluge et Poelman, XXVI, 252, 256, 257.
Sur le développement des Acarides, XXVII, 275.
Don d'ouvrage, XLIV, 315.
Béthune de Villers. — Don d'ouvrage, XLIX, 26.
Biefve (Éd. de). — Participe à la manifestation à la mémoire de M. Wappers, à Anvers, XXXIX, 347.
Bierens de Haan. — Don d'ouvrages, XLVI, 3; XLVIII, 443.
Biesbroeck (Jules van). — Second prix du grand concours de peinture de 1878, XLVI, 286, 312.
Bischoff (von). — Élu associé de la Classe des sciences, XLVIII, 884; remercîments, XLIX, 2.
Bisschopinck (L.). — Présente une note sur les acétonitriles chlorés, XXXV, 352, 523; rapports de MM. de Koninck et Melsens, XXXV, 462, 463.
Blaes (Éd.). — Mention honorable au grand concours de composition musicale de 1871, XXXII, 122, 139.
Blas. — Sur une nouvelle glucoside : la Murrayine, XXVI, 3, 303; rapport verbal de M. Stas, XXVI, 262.
Blommaert. — Rapport sur le choix d'une cantate flamande pour le concours de composition musicale de 1867, XXIV, 97.
Sa mort, XXXII, 182.
Blomme (H.). — Lauréat du concours d'art appliqué de la Classe des beaux-arts en 1873, pour son projet d'architecture, XXXVI, 273, 285; inscription pour sa médaille, XXXVI, 588; reproduction photographique de son projet, XXXVI, 640; XXXVII, 148.
Bluntschli. — Élu associé de la Classe des lettres, XLIII, 701; remercîments, XLIII, 767.
Don d'ouvrage, XLVII, 442.
Bock (C.-P.). — Sa mort, XXXI, 21.
Boccardo (G.). — Sur une chute de substance jaunâtre à Gênes, le 14 février 1870, XXIX, 158, 376; rapports verbaux de MM. d'Omalius, Dewalque et de Koninck, XXIX, 346.
Body (A.). — Don d'ouvrage, XLIX, 684.
Boe (Ad. de). — Membre du jury chargé de juger la 3e période du concours quinquennal des sciences morales et politiques de 1861-1865, XXI, 166.
Quantité d'eau tombée à Anvers en 1866, XXIII, 50.
Orages à Anvers en 1868, XXVII, 247.
Sur la détermination de la latitude de la flèche de la cathédrale d'Anvers, XXIX, 336, 495; rapport de M. E. Quetelet, XXIX, 449.
Observations météorologiques faites à Anvers en 1867, XXV, 71; en 1868, XXVI, 3; en 1869, XXIX, 158; en 1870, XXXI, 32; en 1871, XXXIII, 474; en 1872, XXXV, 351.
Présente une description d'un photomètre stellaire, XLIV, 850; lecture du rapport de M. Houzeau, XLV, 45.
Bogaers (A.). — Sa mort, XXX, 186.
Boland (H.). — Don d'ouvrage, XLVI, 910.
Boldour-Kostaky (Alex.). — Présente une étude sur les séries polygonales et les nombres polygonaux, XLVI,

943; rapport de M. Catalan, XLVII, 14.

Boncompagni (Le prince B.). — Don d'ouvrage, XXXVIII, 292.

Bondroit. — Don d'ouvrage, XLIX, 681.

Bonnassieux (Jean). — Élu associé de la Classe des beaux-arts, XXXIX, 50; remercîments, XXXIX, 238.

Bonnechose (Émile de). — Sa mort, XXXIX, 399.

Bonnet (Louis). — Second prix du grand concours d'architecture de 1866, XXII, 247; second prix du même concours en 1871, XXXII, 127, 139.

Bonnewyn (H.). — Don d'ouvrage, XLVI, 3.

Bonvalot. — Don d'ouvrage, L, 124.

Boonen (Louis). — Mention honorable au grand concours d'architecture de 1871, XXXII, 127, 140.

Borchgrave (Émile de). — Lauréat du concours de Stassart, en 1869 (sujet d'histoire nationale), pour son mémoire sur les rapports de droit public, etc., XXVII, 585, 594; rapports de MM. Borgnet, Gachard et Juste, XXVII, 461, 469, 479.

Médaille d'or décernée par la Classe des lettres en 1869 à son mémoire sur les colonies belges en Hongrie et en Transylvanie aux XIIe et XIIIe siècles, XXIX, 514, 637; rapports de MM. Thonissen et le baron Kervyn, XXIX, 501, 514.

Élu correspondant de la Classe des lettres, XXIX, 638; remercîments, XXIX, 704.

Élu membre, XXXV, 622; remercîments, XXXV, 793; approbation royale de son élection, XXXV, 793.

Marie de Brabant, duchesse de Bavière (1256), notice, première partie, XXX, 397.

Commissaire pour une notice de M. Varenbergh sur Guillaume De Deken, XXXI, 37.

Commissaire pour une note du même sur les relations extérieures de la Flandre au moyen âge, XXXIII, 129; rapport, XXXIII, 242.

Commissaire pour une notice du même sur un voyage au XIIIe siècle, XXXIII, 228, 430; rapport, XXXIII, 334; XXXIV, 72, 73.

Le logement de madame de Lorraine à Gand (1646), XXXVI, 571.

Note sur un ouvrage de MM. Feys et Vande Casteele, XXXVII, 465.

Les premières relations diplomatiques entre la Belgique et les États-Unis, d'après des papiers inédits, XXXVII, 731.

Commissaire pour le mémoire de concours de 1875 sur la conservation du caractère national belge, XXXIX, 150; rapport, XXXIX, 503, 665.

Commissaire pour le mémoire de concours de 1875 sur Jacqueline de Bavière, XXXIX, 150; rapport, XXXIX, 504, 666.

Rapport sur un travail de M. Galesloot relatif à des antiquités romaines découvertes à Assche, XXXIX, 152.

Membre du jury chargé de juger la 6e période du concours quinquennal d'histoire nationale, XLI, 137.

Promesse d'une notice sur M. Pertz, XLIII, 38.

Don d'ouvrage, XXXVII, 844.

Borgnet (Ad.). — Lecture de son rapport sur le mémoire de M. Félix Van der Taelen relatif aux Pays-Bas anciens, XXI, 294.

Lauréat de la 5e période du concours quinquennal d'histoire nationale (1860-1865), XXI, 429.

Commissaire pour un travail de M. Bormans sur Cléomadès, XXI, 429; lecture de son rapport, XXII, 73; commissaire pour le complément de ces observations, XXII, 231.

Commissaire pour un travail de M. Grünhagen sur les colonies wallones de la Silésie, XXII, 342; rapport, XXII, 544.

Commissaire pour deux mémoires en réponse à la question d'histoire nationale du concours de Stassart, sur les rapports de droit public entre les provinces belges et l'Empire d'Allemagne depuis le Xe siècle, XXIII, 24; rapport, XXIII, 551.

Lettre sur les artistes cités par Jean d'Outremeuse, qui ont participé à la construction de l'ancienne cathédrale Saint-Lambert de Liége, XXIII, 193.
Élu directeur pour 1869, XXV, 43.
Commissaire pour un mémoire de M. Chalon sur les seigneurs de Florennes, XXV, 226; lecture de son rapport, XXV, 319.
Condamnation d'échevins à Liége en 1386. XXV, 573.
Commissaire pour une notice de M. Varenbergh sur Poilvache et Bouvignes. XXV, 691; rapport verbal, XXVI, 121.
Président de l'Académie pour 1869, XXVI, 495.
Commissaire pour le mémoire de concours pour le grand prix de Stassart sur le droit public, XXVII, 20; rapport, XXVII, 461.
Commissaire pour le mémoire de concours en réponse à la question du grand prix de Stassart sur les principes constitutionnels communs à nos diverses provinces à l'époque de l'invasion française en 1794, XXXV, 102; rapport, XXXV, 569.
Discours sur le caractère du mouvement communal en Belgique, XXVII, 508.
Commissaire pour le mémoire de concours de 1870 sur les colonies belges en Hongrie et en Transylvanie aux XIIe et XIIIe siècles, XXIX, 132.
Commissaire pour le mémoire de concours de 1871 sur l'histoire du droit criminel de l'ancien pays de Liége, XXXI, 38; rapport, XXXI, 400.
Commissaire pour un mémoire de M. Varenbergh sur les rapports politiques de la Zélande et de la Flandre au moyen âge, XXXV, 51; rapport verbal, XXXV, 795.
Dons d'ouvrages, XXI, 35; XXV, 43; XXVII, 715; XXXVII, 290.
Sa mort, XXXIX, 332.

Borgnet (George). — Remercie pour les sentiments de condoléance exprimés par l'Académie lors de la mort de son père, XXXIX, 399.

Bormans (J.-H.). — Présente un travail philologique intitulé : *Observations détachées sur le texte de Cléomadès*, XXI, 429; lecture des rapports de MM. Borgnet, le baron Kervyn et Chalon, XXII, 73; présente un complément à ce travail, XXII, 231.
Sur deux fragments manuscrits de poésies thyoises de la fin du XIIIe siècle : le *Bestiaire d'amours* et l'*Art d'aimer d'Ovide*, XXVII, 488.
Commissaire pour le mémoire de concours de 1871 sur les pagi de la Belgique au moyen âge, XXXI, 37; rapport, XXXI, 384.
Annonce la publication dans la collection des anciens monuments de la littérature flamande des *Ouddietsche fragmenten van den Parthenopeus Van Bloys*, et du *Spieghel der wijsheit*, XXXII, 183.
Karel en Elegast, deux fragments manuscrits du XIVe siècle, conservés à la Bibliothèque de la ville de Namur, XXXVI, 220.
Commissaire pour un travail de M. Scheler intitulé : *Fragments uniques d'un roman du XIIIe siècle sur la reine Sébile*, XXXIX, 44; lecture de son rapport, XXXIX, 403.
Don d'ouvrage, XXVII, 716.
Sa mort, XLV, 827; XLVI, 124.

Bormans (Stanislas). — *Doon de Mayence*, deux fragments manuscrits de la fin du XIIIe siècle, XXXIII, 203, 307; rapports de MM. Scheler et le baron Kervyn, XXXVII, 291, 293.
Élu correspondant de la Classe des lettres, XXXVII, 774; remercîments, XXXVII, 843.
Élu membre, XLVII, 726; remercîments, XLVII, 828; approbation royale de son élection, XLVII, 828.
Maximilien-Emmanuel de Bavière, comte de Namur, XL, 466.
Lecture d'un travail sur l'origine des libertés communales à Namur, XLII, 631.
Commissaire pour un travail de M. Potvin sur le véritable auteur de

Li ars d'amour, XLVII, 213; rapport, XLVII, 446.
Sur cinq titres de l'abbaye de Brogne faisant partie de la collection d'autographes du baron de Stassart, XLVII, 271.
Commissaire pour un travail de M. Brabant sur Régnier au long Col, XLVIII, 366; rapport, XLVIII, 558.
Note de M. Wauters sur son Cartulaire de la commune de Dinant, XLIX, 271.
Dons d'ouvrages, XL, 579; XLI, 1076; XLII, 185; XLIV, 501, 611; XLVII, 408; XLVIII, 72, 263; XLIX, 270; L, 182.

Boset (A.). — Billet cacheté déposé le 6 mai 1872, XXXIII, 358.
Présente un travail sur les foyers des coniques, XLIII, 461; rapports de MM. Folie, Catalan et De Tilly, XLIII, 715, 716, 720.
Présente un travail sur les courbes et surfaces focales, XLIV, 456.

Bosselet (Ch.). — Commissaire pour un travail de M. Meerens sur le diapason et la notation musicale simplifiées, XXXI, 456; rapport, XXXII, 199.
Élu membre de la Classe des beaux arts, XXXIII, 82; remerciements, XXXIII, 159; approbation royale de son élection, XXXIII, 158.
Membre de la section permanente du jury du grand concours de composition musicale pour 1872, XXXIII, 482; idem, pour 1873, XXXV, 330.
Membre de la Commission chargée de l'examen des modifications à apporter au règlement des grands concours de composition musicale, XXXV, 182.
Sa mort, XXXV, 438.

Botesu (N.-St.). — Présente un mémoire sur la propriété de la série harmonique, XXXIII, 493; rapports de MM. Catalan et Gilbert, XXXIV, 5.

Bourotte (Aug.). — Lauréat du concours d'art appliqué de la Classe des beaux-arts en 1877 pour son sujet de peinture, XLIV, 298.

Bourson (Ph.). — Membre du jury chargé de juger la 4e période du concours triennal de littérature dramatique française, XXIX, 34; idem pour la 5e période, XLI, 137.

Boussinesq (J.). — Présente un mémoire sur l'équilibre d'élasticité des massifs pulvérulents et sur la poussée des terres sans cohésion, XXXVII, 802; rapports de MM. De Tilly, Maus et Folie, XXXIX, 63, 71; présente un supplément à ce travail, XLI, 735; rapports des mêmes, XLII, 242, 243.

Boussingault. — Élu associé de la Classe des sciences, XLVI, 943; remerciments, XLVII, 2.

Bouton (V.). — Envoie un exemplaire de la lettre adressée aux membres de l'Académie des inscriptions et belles-lettres de Paris, au sujet du Froissart, publié par M. Luce, XLIX, 222, 269.

Bouvet (A.). — Don d'ouvrage, XLIV, 435.

Bovy (Antoine). — Sa mort, XLIV, 443.

Bozzo. — Don d'ouvrage, XLVIII, 169; note bibliographique de M. Le Roy sur son Décaméron, XLVIII, 558.

Brabant. — Présente un travail sur Régnier au long Col et la Lotharingie à son époque (850 environ à 915), XLVIII, 366; rapports de MM. Piot, Poullet et Bormans, XLVIII, 549, 558.

Brachet (Achille). — Présente une notice sur une lampe électrique, XXII, 3; rapport de M. Gloesener, XXII, 110.
Présente un travail sur un nouveau réfracteur binoculaire destiné aux observations sidérales, XXXIII, 300; rapport verbal de M. Duprez, XXXIII, 375.
Présente une note sur un nouveau réfracteur binoculaire, XXXIV, 244; rapport verbal de M. Montigny, XXXIV, 404.
Présente une note sur un monoculaire achromatique, XXXV, 91; dépôt aux archives, XXXV, 354.
Présente une note sur un régulateur électrique inextinguible, XLII, 4; rapport de M. Montigny, XLII, 487.
Lettre sur des lames de verre rendues fluorescentes, XLIII, 233, 330; rapports de MM. Montigny et Duprez, XLIII, 479.

Présente une note sur un compteur électrique, XLIV. 4; lecture du rapport de MM. Montigny et Duprez, XLIV, 318.
Présente une note sur un vernis fluorescent applicable sur verre, XLIV, 317; lecture des rapports de MM. Melsens et Montigny, XLIV, 456.
Présente une note sur le pouvoir pénétrant des objectifs à immersion, XLIV, 655; rapport verbal de M. Van der Mensbrugghe, XLV, 15.
Présente une note sur des lames de verre rendues fluorescentes par le collodion quininé, XLV, 563; rapports de MM. Montigny et Valérius, XLV, 743, 744.
Présente une note sur un microscope composé à éclairage achromatique, XLVI, 319; rapport verbal de M. Valerius, XLVI, 588.
Demande de renseignements sur l'homme fossile en Belgique, XLVI, 319; rapport verbal de M. Dupont, XLVI, 588.
Billets cachetés, déposés le 5 avril et le 6 mai 1879; XLVII, 397, 487.
Idem, le 7 août 1880, L, 75.
Présente une note sur un casse-grain en verre argenté, XLVII, 397; lecture du rapport de M. Montigny, XLVII, 490.
Présente une note sur un microscope dioptrique, XLVII, 744.
Présente diverses notes sur la lumière du gaz, XLVIII, 3, 95, 340; avis de M. Melsens, XLVIII, 47, 103, 342.
Présente une note sur un projet de dermatoscope, XLVIII, 587.
Présente une note sur un scopélescope, XLIX, 263; avis de M. Melsens sur ces deux notes, XLIX, 312; L. 4, 158.
Présente une note sur un microscope dioptrique composé, L, 255; rapport de M. Valerius, L, 297.
BRANTS. — Médaille d'or, en partage, à son mémoire couronné en 1880 sur l'histoire des classes rurales en Belgique, XLIX, 494, 590; rapports de MM. de Laveleye, Wauters et Poullet, XLIX, 469, 470, 486.
BRASSART (Félix). — Dons d'ouvrages, XLIII, 375, 383; XLIV, 402; XLV, 818; XLVII, 572.
Note bibliographique de M. Potvin sur son volume sur la maison de Wavrin, XLIII, 383.
Note bibliographique du même sur son Pas du perron Fée et l'histoire du château, etc, de Douai, XLIV, 403.
BRASSEUR (J.-B.). — Commissaire pour une théorie nouvelle des parallèles de M. de Senessart, XXI, 3.
Commissaire pour une théorie nouvelle du mouvement d'un corps libre, par M. F. Folie, XXII, 452, XXIII, 687.
Commissaire pour un travail de M. Catalan sur les nombres de Bernoulli et d'Euler, XXIII, 368.
Commissaire pour un travail de M. Folie relatif au mouvement d'un corps solide, XXIV, 3; rapport sur ces travaux, XXIV, 284.
Commissaire pour un mémoire de M. Gilbert sur la théorie des lignes tracées sur une surface quelconque, XXV, 2, 72
Don d'ouvrage, XXIV, 498.
Sa mort, XXV, 606.
BRAUCH. — Orages à Bouillon du 1er janvier au 1er août 1869, XXVII, 399, 405.
Orages à Chimay du 1er janvier au 1er août 1870, XXX, 189, 311; en 1872, XXXIV, 400
BREWSTER (David). — Sa mort, XXV, 178.
BREYNAERT. — Don d'ouvrage, L, 295.
BRIALMONT (A.). — Remercîments pour son élection de correspondant de la Classe des sciences, XXI, 2.
Élu membre, XXVIII, 664; approbation royale de son élection, XXIX, 2; remercîments, XXIX, 2.
Commissaire pour une note de M. Melsens sur le passage des projectiles à travers les milieux résistants, XXVI, 250.
Commissaire pour un travail de M. Mayewski sur les pressions du gaz de la poudre dans l'âme des bouches à feu, XXVI, 250; rapport, XXVI, 382.
Commissaire pour un travail de M. Navez sur un nouveau système

phates en Belgique, XXXVIII, 652; rapport, XXXIX, 13.
Commissaire pour la proposition de publier une nouvelle édition de la carte géologique de la Belgique de Dumont, XXXIX, 950.
Rapport sur la publication d'une nouvelle carte géologique de la Belgique, XL, 59, 308; décision prise sur les conclusions de ce rapport, XL, 448.
Commissaire pour la lettre de M. le Ministre de la Guerre sur cette publication, XL, 898.
Commissaire pour une note de M. Hennequin sur un nouveau tirage de la carte géologique de la Belgique de Dumont, XLI, 2; lecture de son rapport, XLI, 225.
Commissaire pour les mémoires de concours de 1875 sur la description du bassin houiller de la province de Liége, XXXIX, 780; XL, 53; rapport, XL, 949.
Commissaire pour un travail anonyme sur les dépôts littoraux de l'assise paniselienne dans les environs de Bruxelles, XL, 447; rapport, XL, 681.
Commissaire pour un travail de M. Mourlon sur les dépôts devoniens, XL, 668; rapport, XLI, 230.
Commissaire pour les projets d'inscription des médailles de MM. de Macar et Malherbe, XLI, 3, 226; rapport, XLI, 228.
Commissaire pour l'évaluation des frais de publication de leurs mémoires de concours, XLI, 222; lecture de son rapport, XLI, 458.
Commissaire pour un travail de M. de la Vallée Poussin et Renard sur un fragment de roche tourmalinifère du poudingue de Bruxelles, XLIII, 232; rapport, XLIII, 335.
Sur l'existence d'un calcaire d'eau douce dans le terrain tertiaire du Hainaut, XLIII, 9.
Sur quelques massifs tertiaires du Hainaut, XLIII, 731.
Commissaire pour un travail de M. Firket sur les gîtes métallifères de la mine de Landenne, etc., XLV, 363; rapport, XLV, 566.
Commissaire pour la 6e notice de M. Lucien de Koninck sur les minéraux belges (la Davreuxite), XLVI, 4.
Commissaire pour un travail de M. Renard sur les phthanites du calcaire carbonifère de la Belgique, XLVI, 177; rapport, XLVI, 327.
Rapport sur un travail du même sur la diabase de Challes près de Stavelot, XLVI, 186.
Commissaire pour un travail de MM de la Vallée Poussin et Renard sur la diorite quartzifère du champ de Saint-Véron, XLVIII, 3; rapport, XLVIII, 105.
Commissaire pour un mémoire de M. Cotteau sur les Échinides tertiaires de la Belgique, XLIX, 263; rapport, XLIX, 620.
Délégué de l'Académie à la 9e session de l'Association française pour l'avancement des sciences, L, 3.
Commissaire pour un mémoire de M. P.-J. Van Beneden sur deux Plésiosaures du lias inférieur du Luxembourg, L, 295.
Don d'ouvrages, XXXII, 335; XXXV, 351; XXXVI, 298; XXXVIII, 291; XL, 898; XLIV, 655, XLVI, 2. — Voir *Cornet*.
BRIXHE (L.). — Présente un travail sur la nomenclature des notes de musique, XXXVI, 244; rapport verbal de M. Gevaert, XXXVI, 433.
BROECKAERT (Jean). — Médaille d'or décernée par la Classe des lettres, en 1869, à son mémoire sur une description statistique d'une commune des Flandres, XXVII, 438, 593; rapports de MM. le baron Kervyn, De Decker et de Laveleye, XXVII, 448, 452, 456.
Lauréat du concours de Stassart pour sa notice sur Van Dyck, XXXV, 568, 621; rapport de M. De Decker, XXXV, 562.
Médaille d'or, en partage, en 1880, à son mémoire sur l'histoire des classes rurales en Belgique, XLIX, 494, 590; rapports de MM. de Laveleye, Wauters et Poullet, XLIX, 460, 470, 486. — Voir *De Potter*.
BRONGNIART (Ad.). — Sa mort, XLI, 394.

Broun (J. Allan). — Don d'ouvrage, XXXIX, 246.

Brück (R.). — Présente un mémoire sur les étoiles filantes, XXV, 403; lecture des rapports de MM. Duprez et Ern. Quetelet, XXVI, 259.

Bruges (ville de). — Don d'ouvrages, XXXIII, 333; XLII, 185, 792; XLIII, 202.

Bruns (H.). — Élu associé de la Classe des lettres, XXXI, 452; remerciments, XXXI, 571.

Don d'ouvrage, XXXI, 571.

Bruxelles (Hospices de). — Consulte l'Académie sur le système de paratonnerres à établir sur l'hôpital Saint-Pierre, XL, 50; XLI, 2.

Bruylants (G.). — Recherches sur les résines, XLI, 224, 539; XLII, 4, 370; rapports de MM. Stas, Donny et Melsens, XLI, 450, 451; XLII, 250, 252.

Nouvelle préparation des acides iodhydrique et bromhydrique, XLVII, 767; rapports de MM. Stas et Melsens, XLVII, 745.

Billet cacheté déposé le 8 novembre 1879, XLVIII, 443.

Buisset. — Billet cacheté déposé le 15 décembre 1876, XLII, 922.

Bunsen (R.-W.). — Remerciments pour son élection d'associé de la Classe des sciences, XXI, 74.

Burbure (le chevalier L. de). — Annonce la découverte, à Anvers, de sculptures, datant de 1318, XXI, 598.

Robert Péril, graveur du XVIe siècle, sa vie et ses œuvres, XXVII, 322.

Chevalier de l'Ordre de Léopold, XXX, 455.

Interprète des sentiments de l'Académie aux funérailles de M. Hanssens, XXXI, 455; discours prononcé à ces funérailles, XXXI, 456; promet la notice biographique de M. Hanssens, XXXII, 192.

Commissaire pour un travail de M. Meerens sur le diapason et la notation musicale simplifiées, XXXI, 456.

Commissaire pour les mémoires du concours de Stassart : Notice sur Van Dyck, XXXIV, 548; rapport sur ces mémoires, XXXV, 562.

Membre de la Commission chargée de l'examen des modifications à apporter au règlement des grands concours de composition musicale, XXXV, 182.

Commissaire pour les partitions soumises au concours d'art appliqué de la Classe des beaux-arts, en 1876, XXXVI, 107; rapport, XXXVI, 589.

Remarques au sujet de la motion de M. Gallait sur le tableau de Rubens de la cathédrale d'Anvers, XXXVII, 471.

Son opinion sur les modifications à apporter au programme du concours des cantates, XL, 40.

Présente une notice sur M. Bosselet, XL, 893.

Promesse d'une notice sur M. de Coussemaker, XLI, 385.

Commissaire pour le mémoire de concours de 1877 sur l'histoire de la bibliographie et de la typographie musicales aux Pays-Bas, XLIII, 753; rapport, XLIV, 272.

Élu directeur pour 1879, XLV, 58.

Commissaire pour un travail de M. Goovaerts sur Michel-Ange Immenraet et sa famille, XLVI, 291.

Commissaire pour un mémoire de M. Mailly sur les origines du Conservatoire royal de musique de Bruxelles, XLVI, 551.

Le nom de famille de Jean de Turnhout, compositeur de musique du XVIe siècle, XLVI, 938.

Deux virtuoses français à Anvers. Épisode des mœurs musicales au XVIe siècle, discours, XLVIII, 302.

Charles Luython, organiste et compositeur de musique de la cour impériale aux XVIe et XVIIe siècles, XLIX, 281.

Délégué à la fête politique et religieuse du cinquantenaire belge, XLIX, 594.

Élu membre de la Commission de la Biographie nationale pour la période de 1866-1872, XXII, 97; pour la période de 1872-1878, XXXIV, 207; pour la période de 1878-1884, XLVI, 139.

Membre du jury pour le concours des cantates de 1869, XXVII, 306; de 1871, XXXI, 184; de 1873, XXXV, 330; de 1875, XXXIX, 425; de 1877, XLIII, 440; de 1879, XLVII, 727.
Membre de la section permanente du jury des grands concours de composition musicale pour 1872, XXXIII, 482; pour 1873, XXXV, 330; pour 1875, XXXIX, 346; pour 1877, XLIII, 752.
Membre du jury pour le grand concours de composition musicale de 1879, XLVIII, 87, 260.
Don d'ouvrage, XLVIII, 265.
BURDO. — Don d'ouvrage, XLVIII, 692.
BURG (DE). — Don d'ouvrage, XLIX, 147.
BURGGRAEVE (le Dr). — Liste de souscription pour son ouvrage : *Monument à Jenner*, XXXVIII, 650, 665, 710.
BURONI. — Don d'ouvrages, XLVII, 830.
Note bibliographique de M. di Giovanni sur ses ouvrages, XLVII, 855.
BUSSCHER (Edm. DE). — Sur l'histoire générale des beaux-arts en Belgique, discours prononcé à la séance publique de la Classe des beaux-arts de 1866, XXII, 238.
Officier de l'Ordre de Léopold, XXXIX, 768.
Propose une nouvelle répartition des associés et des correspondants de la Classe des beaux-arts, XLIII, 40; adoption de cette proposition, XLIII, 222.
Commissaire pour une requête de l'administration générale du Willems-Fonds relative au règlement pour les grands concours de composition musicale, XLVI, 828.
Commissaire pour un travail de M. De Potter sur l'église Saint-Michel de Gand, XLIX, 594; rapport, XLIX, 690.
Membre de la Commission de la Biographie nationale pour la période de 1866-1872, XXII, 97; 1872-1878, XXXIV, 207; 1878-1884, XLVI, 139.
Sixième rapport sur les travaux de la Commission de la Biographie nationale pendant l'année 1865-1866, XXI, 509; septième, 1866-1867, XXIII, 663; huitième, 1867-1868, XXV, 589; neuvième, 1868-1869, XXVII, 600; dixième, 1869-1870, XXIX, 646; onzième, 1870-1871, XXXI, 462; douzième, 1872-1873, XXXV, 628; treizième, 1873-1874, XXXVII, 781; quatorzième, 1874-1875, XXXIX, 676; quinzième, 1875-1876, XLI, 1080; seizième, 1876-1877, XLIII, 637; dix-septième, 1877-1878, XLV, 651; dix-huitième, 1878-1879, XLVII, 644; dix-neuvième, 1879-1880, XLIX, 496.
Membre de la Commission administrative de l'Académie pour 1873-1874, XXXV, 626; 1874-1875, XXXVII, 775; 1875-1876, XXXIX, 770; 1876-1877, XLI, 1136; 1877-1878, XLIII, 707; 1878-1879, XLV, 719; 1879-1880, XLVII, 728; 1880-1881, XLIX, 594.
Dons d'ouvrages, XXVII, 235; XXXV, 79, 932; XXXVII, 148.
BUYS. — Don d'ouvrage, L, 2.
BUYS-BALLOT. — Élu associé de la Classe des sciences, XL, 1097; remerciments, XLI, 3.

C.

CACHEUX. — Don d'ouvrage, XLVIII, 94.
CAFFIAUX. — Don d'ouvrages, XXXV, 239; XLIV, 816; XLV, 519.
Note bibliographique de M. le baron Kervyn sur son livre sur la charte de la Halle Basse de Valenciennes, XLIV, 827.
CALAMATTA (Louis). — Sa mort, XXVII, 315.
CALIGNY (le marquis A. de). — Don d'ouvrage, XXV, 611.

CALLAERTS (J.). — Mention honorable à sa partition du concours d'art appliqué de la Classe des beaux-arts pour 1879, XLVIII, 429.

CALLIBURCES (P.). — Don d'ouvrage, XL, 667.

CAMARDA (N.). — Don d'ouvrage, XLVI, 505.

CAMPBELL (G.). — Élu associé de la Classe des lettres, XLIII, 791; remerciments, XLIII, 747.

CAMPORI (G.). — Don d'ouvrage, XLIII, 40.

CANDEZE (Ern.). — Commissaire pour un travail de M. Félix Plateau sur l'argyronète aquatique, XXIII, 3; rapport, XXIII, 73.

Commissaire pour un travail du même sur les crustacés d'eau douce de la Belgique, XXIV, 278; rapport, XXIV, 440.

Commissaire pour un mémoire du même sur les crustacés isopodes terrestres de Belgique, XXIX, 4.

Commissaire pour les notes de M. Plucker sur un stéréographe de poche, XXX, 4, 283; rapports, XXX, 91, 377.

Promet la notice biographique de M. Lacordaire, XXXII, 155.

Commissaire pour une note de M. F. Plateau sur les myriapodes de Belgique, XXXIII, 330; rapport, XXXIII, 373.

Élu directeur de la Classe des sciences pour 1874, XXXV, 4.

Les moyens d'attaque et de défense chez les insectes, discours, XXXVIII, 787.

Commissaire pour un mémoire de M. P.-J. Van Beneden sur les orques observés dans les mers d'Europe, XLVII, 180; lecture de son rapport, XLVII, 228.

Promesse d'une notice sur M. Chapuis, XLVIII, 338.

Commissaire pour un mémoire de M. Bertkau sur les arachnides recueillis au Brésil et à La Plata, par M. Éd. Van Beneden, XLIX, 84; rapport, XLIX, 265.

Commissaire pour un travail de M. Mac Leod sur le rôle des insectes dans la pollinisation des fleurs hétérostyles, XLIX, 614; rapport, L, 4.

Don d'ouvrage, XXXVIII, 651.

CANDOLLE (Alph. de). — Élu associé de la Classe des sciences, XXVIII, 664; remerciments, XXIX, 2.

CANELLE. — Don d'ouvrage, XLVIII, 339.

CANEPA. — Don d'ouvrage, XLV, 727.

CANTILLON (V.). — Présente une note sur un projet de radeau de sauvetage, XXIX, 336; rapport, XXIX, 446.

CANTU (César). — Don d'ouvrage, XLVIII, 547.

Note bibliographique de M. le baron Kervyn sur le tome III des Archives de Milan, par Osio, XLVIII, 549. — Voir *Osio*.

CAPELLE. — Présente une note sur l'introduction du christianisme dans les Gaules et notamment dans le pays de Namur, L, 183; rapports de MM. Lamy, Poullet et Piot, L, 277, 279, 280.

CAPELLINI. — Don d'ouvrages, XLIII, 459; XLIV, 3, 317.

Lettre relative à une découverte d'ossements fossiles en Italie, XLI, 957.

CARAMAN (le duc de). — Sa mort, XXVI, 197.

CARAMAN-CHIMAY (le prince Eugène de). — Don d'ouvrage, XXXVII, 200.

CARAPANOS. — Don d'ouvrage, XLV, 617.

CARDON. — Expose sa collection de tableaux au profit de la Caisse centrale des artistes, XXXIX, 731; résultat de cette exposition, XXXIX, 770, 973.

CARNOY (J.). — Présente une note sur le triangle inscrit et circonscrit à une section conique, XXIX, 159; lecture des rapports de MM. Liagre et Folie, XXIX, 346.

CARNOY (J.-B.). — Lauréat de la 5e période du concours quinquennal des sciences naturelles (1867-1871), XXXIV, 559, 651.

CARRARA. — Élu associé de la Classe des lettres, XXIX, 638; remerciments, XXIX, 764.

Souscription pour une médaille à lui offrir, XLII, 628.

Dons d'ouvrages, XXIX, 705; XXXII, 355; XXXIV, 431; XXXV, 542; XXXIX, 662; XLI, 354; XLII, 627; XLIII, 375; XLIV, 611; XLVI, 426; XLVII, 442.

Note de M. Nypels sur ses dernières publications, XLII, 631.

Note bibliographique de M. Thonissen sur ses ouvrages de droit, XLIV, 614.

CASTAN — Dons d'ouvrages, XXIII, 483; XXXVIII, 666; XLII, 399; XLIII, 304; XLVII, 298.

CASTIAU (Adelson). — Legs de 10,000 fr. pour la fondation d'un prix en faveur de la classe ouvrière, XLIX, 406.

CATALAN (E.). — Remerciments pour son élection d'associé de la Classe des sciences, XXI, 2.

Sur l'intégration d'un système d'équations homogènes, XXI, 25.

Commissaire pour un travail de M. Van der Mensbrugghe, intitulé : *Discussion et réalisation expérimentale d'une surface particulière à courbure moyenne nulle,* XXI, 263; rapport, XXI, 531.

Application d'un problème de géométrie à une question d'analyse indéterminée, XXII, 29; rapport de M. Schaar, XXII, 7.

Commissaire pour un travail de M. Adan sur les limites de précision des observations immédiates, XXII, 407.

Problème d'analyse déterminée, XXII, 339.

Commissaire pour un travail de M. Adan relatif à une loi générale de la probabilité des erreurs, XXII, 452.

Commissaire pour un travail de M. Van der Mensbrugghe sur la tension des lames liquides, XXIII, 219; rapport, XXIII, 441.

Présente un travail sur les nombres de Bernoulli et d'Euler, XXIII, 368; rapport de M. Liagre, XXIII, 432.

De l'intégrale définie qui représente la somme des $p+1$ premiers termes du développement de $(\alpha+\beta)^m$, XXIII, 402.

Commissaire pour un travail de M. Dreze sur un nouveau système de cartes géographiques, XXIV, 3; rapport, XXIV, 283.

Commissaire pour un travail de M. Speelman sur l'isoscélisme, XXIV, 102; rapport, XXV, 618.

Commissaire pour deux notes de M. E. Adan sur l'erreur moyenne d'un ensemble d'observations, XXIV, 436, 499.

Commissaire pour un mémoire de M. Gilbert sur la théorie des lignes tracées sur une surface quelconque, XXV, 2, 72; rapport, XXV, 180.

Commissaire pour une note de M. Mansion sur le calcul des probabilités, XXV, 72; lecture de son rapport, XXV, 186.

Commissaire pour un mémoire de M. De Tilly sur la cinématique, XXV, 284.

Commissaire pour une note de M. Mansion sur le problème des partis, XXV, 403; rapport, XXV, 619.

Commissaire pour une note de M. Lengler sur la quadrature du cercle, XXV, 403.

Commissaire pour une note de M. l'abbé Aoust relative à sa réclamation concernant le mémoire de M. Gilbert, XXVI, 134.

Commissaire pour les études de mécanique abstraite de M. De Tilly, XXVI, 135.

Sur les surfaces orthogonales, XXVI, 180.

Présente un travail sur une transformation géométrique et sur la surface des ondes, XXVI, 379; rapports de MM. Gilbert, Steichen et Nerenburger, XXVII, 129, 142.

Commissaire pour un mémoire de M. Folie sur la théorie de la roue Poncelet, XXVI, 379; rapport, XXVI, 432.

Membre du jury chargé de juger la 4e période du concours quinquennal des sciences mathématiques et physiques pour la période de 1864 à 1868, XXVI, 430; rapport sur les résultats de ce concours, XXVIII, 648.

Membre du jury pour la 5e période, XXXVII, 2.

Membre du jury pour la 6e période, XLVII, 2.
Commissaire pour une note de M. Manilius sur la conception infinitésimale de Poisson, XXVI, 430; rapport, XXVII, 9.
Commissaire pour un travail de M. Steichen sur quelques questions élémentaires de mécanique physique, XXVII, 128; lecture de son rapport, XXVII, 615.
Sur les roulettes et les podaires, XXVII, 144.
Sur l'addition des fonctions elliptiques de première espèce, XXVII, 145.
Commissaire pour un travail de M. Gilbert sur quelques propriétés des surfaces apsidiales ou conjuguées, XXVII, 363; rapport, XXVIII, 21.
Communique un théorème de M. Folie sur les coniques, XXVII, 385.
Commissaire pour une note de M. Folie sur quelques théorèmes généraux de géométrie supérieure, XXVII, 615; lecture de son rapport, XXVIII, 24.
Commissaire pour un mémoire de M. Neuberg sur les coordonnées tétraédriques, XXVIII, 138.
Commissaire pour un mémoire de M. Gilbert sur les déterminants fonctionnels, XXVIII, 319.
Commissaire pour une note de M. Graindorge sur la sommation de quelques séries, XXVIII, 319.
Commissaire pour une note de M. Mansion sur les équations linéaires à coefficients constants, etc., XXVIII, 319; rapport, XXIX, 68.
Commissaire pour un mémoire de M. Folie, intitulé : *Fondements d'une géométrie supérieure cartésienne,* XXVIII, 519; XXIX, 64; XXXI, 3, 32, 54, 199; lecture de son rapport, XXXII, 156, 251.
Rapport sur le mémoire de M. Mansion concernant la méthode de Brisson pour l'intégration des équations linéaires, XXIX, 68.
Rapport verbal sur une note de M. Méhay relative au calcul infinitésimal, XXIX, 75.
Remarques sur l'équation $x^m - 1 = 0$, XXIX, 182.
Sur la détermination de l'aire de l'ellipsoïde, XXX, 97.
Commissaire pour une note de M. Folie sur les théorèmes de Pascal et de Brianchon, XXX, 374.
Commissaire pour un mémoire de M. Saltel sur certains systèmes de courbes géométriques, XXX, 419; XXXII, 4; XXXIII, 93.
Sur l'équation de Riccati, XXXI, 68.
Commissaire pour un mémoire de M. Crets sur l'uniformité de méthode dans le traitement de tous les nombres, XXXI, 199; rapport verbal, XXXI, 477.
Commissaire pour le mémoire de concours de 1871 sur l'intégration des équations aux dérivées partielles des deux premiers ordres, XXXII, 40; rapport, XXXII, 370.
Communication verbale sur une expérience de physique de M. Tommasi, XXXII, 77.
Présente un mémoire intitulé : *Recherches sur quelques produits indéfinis,* XXXII, 154; rapports de MM. Liagre et Gilbert, XXXIII, 4, 5.
Commissaire pour un travail de M. Orloff sur les équations différentielles réciproques, XXXII, 335.
Théorème de géométrie, XXXIII, 107.
Commissaire pour un mémoire de M. Gilbert sur l'existence de la dérivée dans les fonctions continues, XXXIII, 171; rapport, XXXIII, 369.
Commissaire pour un mémoire de M. Mansion sur les solutions singulières de l'équation $Ay'^2 + By' + C = 0$, XXXIII, 300.
Commissaire pour un travail de M. Botesu sur la propriété de la série harmonique, XXXIII, 493; rapport, XXXIV, 5.
Réponse à la note de M. Gilbert, intitulée : *Sur une objection proposée par M. Catalan,* XXXIII, 502.
Retire son billet cacheté déposé le 3 février 1872, XXXIV, 3.
Commissaire pour un travail de M. De

Tilly sur les logarithmes, XXXIV, 4; rapport, XXXV, 11.
Note sur une formule de M. Botesu, XXXIV, 26, 244, 424.
Rapport verbal de M. Gilbert sur la 2e partie de ce travail, XXXIV, 401.
Commissaire pour un mémoire de M. Saltel sur le principe de pluralité et sur l'étude de certains systèmes de courbes géométriques, XXXIV, 244.
Commissaire pour une note du même sur la courbe du quatrième ordre, XXXIV, 447.
Commissaire pour un mémoire de M. Gilbert sur le développement de la fonction Γ(μ), XXXV, 352, rapport, XXXVI, 4.
Commissaire pour une note de M. Saltel sur la sphère osculatrice, XXXV, 352; rapport, XXXV, 461.
Commissaire pour le mémoire de concours de 1873 sur l'intégration des équations aux dérivées partielles des deux premiers ordres, lauréat M. Mansion, XXXV, 644.
Commissaire pour la nouvelle rédaction du mémoire de concours de M. Mansion sur l'intégration des équations; XXXVIII, 292, rapport verbal, XXXIX, 8.
Commissaire pour une note de M. Mansion sur les transformations arguésiennes de M. Saltel, XXXVI, 299; rapport, XXXVI, 605.
Commissaire pour une note de M. Saltel sur la détermination sans calcul, de l'ordre d'un lieu géométrique, XXXVII, 160, 802; XXXVIII, 406.
Commissaire pour une note de M. Simons, intitulée : *Quelques réflexions sur le problème de Malfatti*, XXXVII, 339; lecture de son rapport, XXXVII, 803.
Présente un mémoire sur la théorie des courbes et des surfaces, XXXVII, 484; rapports de MM. Liagre et De Tilly, XXXVII, 803, 804.
Commissaire pour une note de M. De Tilly sur la similitude mécanique, XXXVII, 484.
Présente une note sur la polhodie, comme complément à son mémoire sur la fonction Xn, XXXVIII, 292.
Lecture d'une note sur les surfaces parallèles à l'hyperboloïde, deuxième complément à son mémoire sur la fonction Xn, XXXIX, 331.
Commissaire pour les notes de M. Simons sur un théorème de Fermat et la solution de deux questions de permutation, XXXVIII, 293; rapport verbal, XXXVIII, 409.
Commissaire pour le mémoire de concours de 1874 sur la théorie des fonctions d'une variable imaginaire, XXXVIII, 295; rapport, XXXVIII, 714.
Commissaire pour une note de M. Mansion sur les équations différentielles linéaires, XXXVIII, 405; rapport, XXXVIII, 562.
Sur le problème de Malfatti, XXXVIII, 480.
Commissaire pour une note de M. Reinemund sur l'équation de l'épicycloïde, XXXIX, 4; rapport, XXXIX, 73.
Commissaire pour deux mémoires de M. Saltel sur la géométrie supérieure et les surfaces à points singuliers, XXXIX, 250, 360; lecture de son rapport, XXXIX, 486.
Commissaire pour un mémoire de M. Houzeau intitulé : *Fragments sur le calcul numérique*, XXXIX, 360; XL, 4, 271; XLI, 397; rapports, XXXIX, 446; XL, 67, 452; XLI, 932.
Commissaire pour un travail de M. P. Havrez sur les transcendants, XXXIX, 780; lecture de son rapport, XL, 5.
Commissaire pour deux notes de M. Saltel sur les surfaces à points multiples, XL, 4; rapport verbal, XL, 5.
Commissaire pour un travail de M. Reinemund sur les polygones réguliers et les séries trigonométriques, XL, 447; rapport, XL, 673.
Commissaire pour un travail de M. De Tilly sur la théorie mécanique de la chaleur, XL, 668, 899.
Commissaire pour la table de logarithmes de MM. Namur et Mansion, XL, 668; rapport, XLI, 924.

Commissaire pour une nouvelle demande de subside de M. Namur, à M. le Ministre de l'Intérieur pour continuer ses tables, XLIX, 82; lecture de son rapport, XLIX, 148.

Rapport verbal sur deux notes de M. Saltel concernant les lieux géométriques et le théorème de Desargues, XLI, 457.

Présente des notes d'algèbre et d'analyse, XLI, 734, 920; rapports de MM. Liagre, Folie et De Tilly, 932, 934, 1156; suite à ces notes, XLII, 665; lecture des rapports de MM. Folie et De Tilly, XLII, 836.

Commissaire pour une note de M. Le Paige sur l'équation $xy' + ky' - y = 0$, XLI, 734; rapport, XLI, 965.

Commissaire pour une note de M. Saltel sur la loi de décomposition, XLI, 734; XLII, 241; rapport, XLII, 484.

Note relative aux nombres de Bernoulli, XLI, 1018.

Rapport sur une note de M. Saltel sur la détermination de l'ordre d'un lieu géométrique, XLII, 254.

Commissaire pour une note du même sur la théorie des caractéristiques, XLII, 461; rapport, XLII, 486.

Commissaire pour une note du même sur les surfaces et les courbes gauches, XLII, 828; rapport, XLIII, 8, 63, 248.

Commissaire pour le mémoire de concours de 1876, sur la théorie des fonctions d'une variable imaginaire, XLII, 254; rapport, XLII, 923.

Commissaire pour une note de M. Mansion sur les équations différentielles homogènes; XLII, 461, rapport, XLIII, 65.

Remarques sur le rapport de M. Folie concernant le travail précité de M. Mansion, XLIII, 335, 506.

Commissaire pour une demande de subside par M. Namur, pour continuer ses tables de logarithmes, XLII, 826.

Commissaire pour une note de M. J. Plateau sur des exemples curieux de discontinuité en analyse, XLIII, 4; lecture de son rapport, XLIII, 64.

Commissaire pour une note de M. Ghysens sur les sous-normales polaires, XLIII, 4; rapport, XLIII, 461.

Commissaire pour une note de M. Reinemund sur les polygones réguliers, XLIII, 232; rapport, XLIII, 332

Commissaire pour une note de M. Le Paige sur la théorie des fractions continues périodiques, XLIII, 233; rapport, XLIII, 325.

Commissaire pour un mémoire de M. Lagrange sur l'influence de la forme des corps sur leur attraction, XLIII, 325; rapport, XLIV, 10.

Commissaire pour une note de M. Mansion sur une équation différentielle de Jacobi, XLIII, 465; XLIV, 120.

Commissaire pour une note de M. Boset sur les foyers des coniques, XLIII, 461; rapport, XLIII, 716.

Présente un travail sur les intégrales eulériennes, XLIII, 332; lecture des rapports de MM. Liagre, Folie et De Tilly, XLIII, 330.

Billet cacheté déposé le 7 avril 1877, 324.

Rapport sur le travail de M. Le Paige sur l'extension des théories de l'involution et de l'homographie, XLIV, 462.

Lecture de son rapport sur la note de M. Escary concernant la fonction $P(\frac{\mu}{\nu})$ de Lamé, XLIV, 127.

Commissaire pour un travail de M. Ghysens sur les sous normales polaires, XLIV, 4; lecture de son rapport, XLIV, 127.

Commissaire pour un travail du même sur la détermination des volumes et des aires, XLIV, 317; rapport, XLIV, 456.

Commissaire pour un travail de M. Le Paige concernant la géométrie supérieure, XLIV, 119; rapport, XLIV, 128.

Commissaire pour un travail du même sur l'invariant quadratique simultané de deux formes binaires, XLIV, 317; rapport, XLIV, 322.

Commissaire pour une note de M. Boset sur les courbes et les surfaces focales, XLIV, 456.

Commissaire pour une note de M. Sautreaux-Félix sur deux théorèmes de géométrie de l'espace, XLIV, 850.
Théorème d'algèbre, XLIV, 494.
Nouveau principe de probabilités, XLIV, 463.
Présente un mémoire sur la théorie des moindres carrés, XLIV, 317; rapports de MM. Folie, Liagre et De Tilly, XLV, 156, 158.
Observations sur la lettre de M. Chasles concernant une communication de M. Saltel sur la théorie des deux caractéristiques, XLIV, 661; réponse de M. Chasles, XLI, 662, 849.
Commissaire pour un travail de M. Le Paige sur quelques applications de la théorie des formes algébriques à la géométrie, XLV, 71; rapports, XLV, 454; XLVI, 14.
Commissaire pour un mémoire de M. Saltel sur quelques questions énoncées dans sa thèse de doctorat, XLV, 147.
Commissaire pour un travail du même sur la classification arguésienne des courbes gauches algébriques, etc., XLV, 364.
Commissaire pour un travail du même sur une particularité qui se présente fréquemment dans l'application de la méthode de correspondance analytique (suite), XLV, 563; rapport, XLV, 79.
Commissaire pour un travail de M. Folie sur la théorie des faisceaux, XLVI, 4.
Commissaire pour le mémoire de concours de 1878 sur la question de l'involution du second ordre, XLVI, 177.
Commissaire pour un travail de M. Mansion sur un théorème relatif à un déterminant remarquable, XLVI, 585; rapport, XLVI, 879.
Commissaire pour un travail du même sur l'élimination, XLVI, 585; XLVII, 227, 488; XLVIII, 3; rapports, XLVI, 880; XLVII, 490.
Commissaire pour un travail de M. Mansion sur la théorie *à posteriori* de l'élimination entre deux équations algébriques, XLVIII, 94; rapports, XLVIII, 445, 449.
Commissaire pour un travail de M. Saltel sur une nouvelle singularité qu'offre la première des lignes multiples, XLVI, 943.
Commissaire pour un travail de M. de Boldour-Kostaky. sur les séries polygonales, XLVI, 943.
Restitution de priorité en faveur de M. Folie, XLVI, 379.
Sur les hexagones de Pascal et de Brianchon, XLVI, 946.
Commissaire pour un mémoire de M. Souillart sur les mouvements relatifs de tous les astres du système solaire, XLVII, 488; rapport, XLVIII, 96.
Commissaire pour un mémoire de M. Lagrange sur l'influence de la forme des masses, etc., XLVII, 743.
Commissaire pour un travail de M. Saltel sur les paramètres, XLVIII, 3; rapport, XLVIII, 458; XLIX, 151, 158, 163.
Rapport sur une note de M. Le Paige concernant certains combinants des formes algébriques binaires, XLVIII, 461.
Rapport sur une note du même sur certains covariants des mêmes formes, XLIX, 91.
Présente un second mémoire sur les fonctions X_n de Legendre; XLVIII, 344; lecture des rapports de MM. De Tilly, Folie et Liagre, XLVIII, 600.
Commissaire pour un mémoire de MM. Folie et Le Paige sur les courbes du 3e ordre, XLIX, 3; lecture de son rapport, XLIX, 310.
Commissaire pour le mémoire de concours de 1880 sur les équations de quelques surfaces algébriques à courbure moyenne nulle, L, 78; rapport, L, 333.
Commissaire pour les lettres de M. Lemaire sur la trisection de l'angle, L, 155; rapport, L, 260,
Présente deux notes sur : *a*, la fonction X_n de Legendre; *b*, la quadrature des courbes paraboliques, L, 154.
Présente un mémoire sur une suite de

polynômes entiers et sur quelques intégrales définies, L, 255; lecture des rapports de MM. Folie et De Tilly, L, 333.
Dons d'ouvrages, XXI, 263; XXII, 107, 548; XXIII, 218, 686; XXV, 179; XXVII, 715; XXIX, 447; XXX, 3; XXXI, 476; XXXV, 187; XXXVIII, 291; XXXIX, 778; XL, 270; XLII, 827; XLIII, 3; XLVIII, 94; L, 153.
Caumont (le comte A. de). — Don d'ouvrages, XXVII, 429; XXXII, 124.
Sa mort, XXXV, 623.
Cavalier. — Envoi de ses observations météorologiques à Ostende en 1865 et en 1866, XXI, 526; de 1864 à 1866, XXIII, 2, 219; en 1867, XXIII, 367, 430, 687; XXIV, 2; XXV, 2, 71; en 1868 et en 1869, XXVI, 3; XXVII, 4, 191, 363; XXVIII, 527; en 1869 et en 1870, XXIX, 3, 63; XXX, 3; en 1870 et en 1871, XXXI, 32, 54, 199; en 1871, XXXII, 30, 368; XXXIII, 2; en 1872, XXXIII, 299, 359; en 1871 et en 1872, XXXIV, 3, 139, 242, 400, 446; en 1872 et en 1873, XXXV, 3, 90, 188, 351, 459; de mai à novembre 1873, XXXVI, 3, 114, 298, 450, 602; en 1873-1874, XXXVII, 3, 158, 270, 483, 799; de juin à novembre 1874, XXXVIII, 2, 291, 554, 650; en 1874 et en 1875, XXXIX, 4, 56, 250, 443, 778; XL, 2, 51, 270, 446, 898; en 1875 et en 1876, XLI, 4, 395, 730, 912.
Lettre à M. Ad. Quetelet sur les étoiles filantes périodiques de novembre 1866, observées à Ostende, XXII, 476.
Température centigrade de l'air et de l'eau de mer à Ostende, XXIII, 59.
Orages à Ostende en 1868, XXVII, 256; du 1er janvier au 1er juin 1869, XXVII, 640; du 1er juin au 1er octobre 1869, XXVIII, 318, 337; du 1er janvier au 30 novembre 1870, XXX, 180, 306.
Envoi de la table de la haute marée à Ostende en 1870, XXVIII, 387.
Cavalieri. — Don d'ouvrage, XLVII, 236.
Cellier (L.). — Don d'ouvrage, XLI, 681.
Note bibliographique de M. Piot sur son volume des institutions politiques de Valenciennes, XLI, 692.
Cercle archéologique du Pays de Waes, a Saint-Nicolas. — Don d'ouvrage, XXXI, 475.
Cercle artistique des expositions rhénanes. — Époque de ses expositions mensuelles pour 1872, XXXIII, 159; id. pour 1875, XXXIX, 238.
Cercle artistique, littéraire et scientifique d'Anvers — Annonce l'ouverture d'un congrès littéraire en 1877, XLIII, 441; M. Alvin délégué de l'Académie, XLIII, 752; remercîments de la commission organisatrice du congrès, XLIV, 110; autres délégués de l'Académie, XLIV, 249.
Cercles artistiques et littéraires d'Anvers et de Bruxelles.— Lettres relatives à la propriété des œuvres de l'intelligence, XLII, 919.
Cesaro Ern. . — Présente un mémoire sur une classe de polyèdres, XLVI, 319; rentre en possession de ce travail, XLVI, 584.
Ceuleneer Adolphe De . — Médaille d'or décernée par la Classe des lettres, en 1874, pour son mémoire sur Septime Sévère, XXXVII, 619, 771; rapports de MM. Roulez, Wagener et Neve, XXXVII, 603, 615, 617; remercîments pour sa médaille, XXXVIII, 133; nouvelle rédaction de ce mémoire, XLII, 628; XLVII, 110; rapports des mêmes, XLII, 911; XLVII, 832.
Note sur une inscription d'un proconsul de la Narbonnaise, XLV, 299, 549; rapports de MM. Willems et Wagener, XLV, 544, 547.
Sur deux vases archaïques d'Agrigente, XLVII, 213, 904; rapport de M. Wagener, XLVII, 851.
Un tombeau pélasgique découvert en Attique, XLVII, 829; XLVIII, 82; rapport de M. Wagener, XLVIII, 73.
Le cours de l'Illissus, XLVII, 829; XLVIII, 76; rapport de M Wagener, XLVIII, 75.
Chacornac. — Sur l'héliographie et la sélénographie, lettre à M. Ad. Quetelet, XXIII, 702.

CHALON (Jean). — Présente un mémoire sur les tiges ligneuses, XXIV, 278; rapports de MM. Coemans et Spring, XXIV, 499, 503.
Présente un travail sur la cellule végétale, XLII, 240; rentre en possession de ce manuscrit, XLII, 458.
CHALON (R.). — Commissaire pour un travail critique de M. Bormans sur Cléomadès, XXI, 429; commissaire pour le complément de ces observations, XXII, 231.
Commissaire pour le projet d'inscription de la statue de Baudouin de Constantinople, XXIV, 373; XXV, 226; lecture de son rapport, XXIV, 488.
Commissaire pour le mémoire de concours de 1868 sur Jean Lemaire (de Belges), XXV, 141; rapport, XXV, 536.
Présente un mémoire sur les seigneurs de Florennes, XXV, 226; lecture des rapports de MM. Borgnet, Polain et Wauters, XXV, 319.
Commissaire pour une notice de M. Galesloot sur le mausolée et le cercueil de l'archiduc François d'Autriche, XXV, 226; rapport, XXV, 320.
Commissaire pour le mémoire de concours de 1868, de la Classe des beaux-arts, sur l'histoire de la gravure des médailles en Belgique, XXV, 706; rapport, XXVI, 235.
Lecture de son rapport sur le buste de Saint-Genois, XXVI, 120.
Membre de la Commission pour la publication d'une collection des œuvres des grands écrivains du pays, XXXI, 75.
Membre de la Commission des finances de la Classe des lettres pour 1872, XXXII, 356; pour 1873, XXXIV, 530; pour 1875, XXXVIII, 671; pour 1876, XLI, 353, pour 1877, XLII, 911; pour 1878, XLIV, 818; pour 1879, XLVI, 913; pour 1880, XLVIII, 693; pour 1881, L, 319.
Commissaire pour un mémoire de M. De Smet sur Jean de Hainaut, sire de Beaumont, XXXIII, 54; lecture de son rapport, XXXIII, 232.
Commissaire pour une note de M. Schuermans sur la découverte d'ambre en Belgique, XXXIV, 55; rapport, XXXIV, 180.
Élu directeur de la Classe des lettres pour 1874, XXXV, 51.
Sur une monnaie frappée à Alost, au nom de Guillaume Ier, comte de Hainaut, de Hollande et de Zélande, XXXV, 76.
Discours sur la numismatique, XXXVII, 679.
Membre de la Commission pour le costume officiel des académiciens, XXXIX, 953.
Adjoint à la section de gravure de la Classe des beaux-arts pour le jugement du concours d'art appliqué de 1875, XL, 216.
Membre de la Commission pour le choix d'une question pour le concours de Stassart sur une notice sur un Belge célèbre, XLI, 1330; XLII, 4, 195.
Délégué pour la remise d'une médaille à Mme veuve d'Omalius, XLII, 662, 909.
Membre du comité pour le monument Quetelet, XLIII, 634, 648.
Inscription pour le monument Quetelet, L, 319.
Note bibliographique sur un ouvrage de M. Alph. Vandenpeereboom sur la numismatique yproise, XLVI, 911.
Délégué à la fête politique et religieuse du cinquantenaire belge, XLIX, 684.
Commissaire pour une lettre de M. de Linas relative à trois pièces d'orfévrerie du XIIIe siècle, L, 322.
Dons d'ouvrages, XXI, 238, 291; XXIII, 23, 416, 744; XXIV, 80; XXV, 43, 319; XXVI, 198; XXVII, 19, 312, 340, 716; XXVIII, 348; XXIX, 35, 499; XXX, 73, 135; XXXI, 18, 375, 571; XXXIII, 429; XXXV, 360; XXXVII, 117; XXXIX, 401; XL, 466; XLII, 627; XLIV, 611; XLVI, 772.
CHAMBRE DE COMMERCE ET D'INDUSTRIE DE HONGRIE. — Don d'ouvrage, XXXIX, 44.
CHANDELON (Théodore). — Sur le tube digestif des tuniciers, XXXIX, 250, 911; rapports de MM. Van Beneden

père et fils, et Gluge, XXXIX, 784, 785, 786.

De l'influence du courant sanguin sur le contenu en glycogène des muscles, XLII, 865, 885; rapports de MM. Schwann et Éd. Van Beneden, XLII, 836, 840.

CHANGY (DE). — Ouverture, à la demande de M. Melsens, de son billet cacheté déposé en 1858, se rapportant à la divisibilité de la lumière électrique, XLVI, 584.

CHAPUIS (F.). — Remerciments pour son élection de membre, XXI. 2; approbation royale de son élection, XXI, 74.

Billet cacheté déposé le 3 avril 1875, XXXIX, 359.

Don d'ouvrages, XXI, 263; XLI, 1152; XLV, 363.

Sa mort, XLVIII, 337.

Promesse d'une notice sur sa vie et ses travaux par M. Candèze, XLVIII, 338.

CHASLES (MICHEL). — Lettre relative à une communication de M. Saltel sur la théorie des deux caractéristiques, XLIV, 656; observations de MM. Folie et Catalan, XLIV, 660, 661; réponse de M. Chasles, XLIV, 662, 849.

Dons d'ouvrages, XXXII, 157; XL, 3.

Note de M. Ad. Quetelet en présentant l'ouvrage de M. Chasles sur les progrès de la géométrie, XXXII, 157.

CHAVÉE (Honoré). — Don d'ouvrage, XLV, 519.

Note bibliographique de M. Scheler sur son Idéologie indo-européenne, XLV, 529.

CHEVREUL. — Élu associé de la Classe des sciences, XL, 1097; remerciments, XLI, 222.

Dons d'ouvrages, XLI, 222; XLIX, 262.

CHEVRON (L.). — Présente un travail concernant l'action de l'acide azotique sur l'éthylène et du peroxyde d'azote sur l'acétylène, XLIII, 4, 193; rapports de MM. Stas, Donny et Melsens, XLIII, 79, 80.

Analyse des superphosphates, XLVII, 96; rapports de MM. Stas et Melsens, XLVII, 28, 29.

Sur la présence de l'acide phosphorique dans l'urine des vaches, L, 98; rapport de MM. Melsens et Stas, L, 81.

CHRIST. — Envoie ses observations météorologiques faites à Chimai en 1871, XXXIII, 2; en 1872, XXXV, 90; en 1873, XXXVII, 3.

CLAES (Louis). — Lauréat du septième concours triennal de littérature dramatique en langue française, XLVII, 723.

CLAUSIUS (R.). — Élu associé de la Classe des sciences, XL, 1097; remerciments, XLI, 3.

Don d'ouvrage, XLI, 395.

Note bibliographique de M. Folie sur la seconde édition de sa Théorie mécanique de la chaleur, XLI, 396.

CLEEMPUTTE (E. VAN). — Médaille d'argent décernée par la Classe des beaux-arts pour son mémoire de concours de 1867 sur Quentin Metzys, XXIV, 256, 413; rapports de MM. Portaels, Fétis et Siret sur les mémoires en réponse à cette question, XXIV, 223, 228, 256.

Inscription, par M. Roulez, pour cette médaille, XXIV, 548.

CLOQUET (Florian). — Transmet le legs fait à l'Académie par M. Gruyer, XXII, 346.

CLOQUET (N.). — Sur les silex taillés, XXII, 108, 111.

CLUB SCIENTIFIQUE DE VIENNE. — Sa fondation et son but, XLIII, 230.

COCHETEUX (Ch.). — Don d'ouvrage, XLIV, 455.

Billet cacheté déposé le 6 avril 1872, XXXIII, 299; retire ce billet cacheté, XLIV, 455.

CODRON (L.-H.-S.). — Présente une note sur les aérostats à voiles, XL, 52; rapport verbal de M. Montigny, XL, 274.

COELLO Y QUESADA. — Don d'ouvrage, XXXIX, 662.

COEMANS (E.). — Présente une description des végétaux fossiles du terrain crétacé du Hainaut, XXI, 194; rapports de MM. Dewalque et Spring, XXI, 275, 276.

Membre de la Commission de la Bio-

graphie nationale pour la période de 1866 à 1872, XXII, 3.

Membre du jury chargé de juger la 4e période du concours quinquennal des sciences naturelles, XXIII, 50.

Commissaire pour un travail de M. Lejeune sur la chaleur des graines de luzerne, XXIII, 431.

Sur un insecte et un gastéropode pulmoné du terrain houiller, XXIII, 384.

Commissaire pour un travail de M. J. Chalon sur les tiges ligneuses, XXIV, 278; rapport, XXIV, 499.

Commissaire pour une note de M Le Brun sur les variétés dans les plantes, XXIV, 278.

Commissaire pour un travail de M. Alfred Wesmael sur les caractères du genre Populus, XXIV, 436; rapport, XXIV, 504.

Commissaire pour un mémoire de M. Ledeganck sur la chute automnale des feuilles, XXVI, 380.

Commissaire pour une note de M. Kickx sur l'organe reproducteur du Psilotum triquetrum, XXVIII, 527; rapport, XXIX, 9.

Chevalier de l'ordre de Léopold, XXX, 455.

Don d'ouvrage, XXI, 526.

Sa mort, XXXI, 30.

COGGHE. — Lauréat du grand concours de peinture de 1880, L. 146.

COGNIAUX (Alfred). — Présente un travail intitulé : *Diagnoses de cucurbitacées nouvelles*, XXXIX, 445; XL, 52; XLII, 240; rapports de MM. Morren, Bellynck et Crépin, XXXIX, 805, 808, 810; XL, 273, 274; XLII, 482, 483.

Présente un travail sur les cucurbitacées austro-américaines de M. Ed. André, XLIX, 189; rapports de MM. Crépin et Morren, XLIX, 175, 176.

Don d'ouvrages, XLII, 239; XLIV, 118; XLVI, 317.

COGNIET (Léon). — Élu associé de la Classe des beaux-arts, XXV, 62; remercîments, XXV, 158.

Sa mort, L, 321.

COLBEAU (Jules). — Demande que l'Académie adhère au principe d'une fédération des sociétés scientifiques de la Belgique, XXXVIII, 403.

COLFS (J.-P.). — Demande à pouvoir exposer les planches de son travail intitulé : *Le Génie de l'architecture*, XL, 619, 893.

COLLADON (D.). — Don d'ouvrage, XXXIX, 778.

COLMEIRO. — Élu associé de la Classe des lettres, XLIX, 591; remercîments, XLIX, 680.

COLNET D'HUART (DE). — Élu associé de la Classe des sciences, XXXVI, 829; remercîments, XXXVII, 2.

COMITÉ CENTRAL ARGENTIN POUR L'EXPOSITION DE PHILADELPHIE. — Don d'ouvrage, XLIII, 319.

COMITÉ POUR LE MONUMENT DE CAUMONT. — Don d'ouvrage, XLII, 397.

COMITÉ POUR UN OBJET D'ART A OFFRIR AU BOURGMESTRE DE BRUXELLES. — Demande la formation d'un jury de concours, XXIII, 652.

COMMISSION DE L'EXPOSITION UNIVERSELLE DE PARIS EN 1867. — Don d'ouvrage, XXVII, 127.

COMMISSION GÉOLOGIQUE DU PORTUGAL. — Don d'ouvrage, XLVI, 175.

COMMISSION POUR LA CARTE GÉOLOGIQUE DE LA BELGIQUE. — Don d'ouvrages, XLIX, 308; L, 2, 74, 153, 254, 294.

COMMISSION POUR UN MONUMENT A ÉLEVER A CH.-L. HANSSENS. — Envoi des listes de souscription, XXXII, 25.

COMMISSION POUR UN MONUMENT A ÉLEVER A S. VAN DE WEYER. — Envoi des listes de souscription, XXXVIII, 292, 367, 371.

CONGRÈS ARCHÉOLOGIQUE DE FRANCE. — Annonce de sa 47e réunion à Arras en 1880, XLIX, 269.

CONGRÈS ARTISTIQUE ET LITTÉRAIRE D'ANVERS. — Annonce de son ouverture pour l'époque du 3e centenaire de Rubens, XLIII, 441; M. Alvin délégué, XLIII, 752; remercîments du Comité pour cette délégation, XLIV, 110; autres délégués de l'Académie, XLIV, 249.

CONGRÈS DE BOTANIQUE ET D'HORTICULTURE. — Sa réunion à Paris en 1878,

XLIII, 459; XLIV, 346; à Bruxelles en 1880, XLIX, 146.

Congrès de géographie commerciale. — Annonce de son ouverture à Paris en 1878, XLVI, 175.

Congrès de littérature néerlandaise. — Annonce de sa 9e réunion à Gand en 1867, XXII, 70; envoi du programme de la 9e session, XXIV, 197; de sa réunion à Louvain en 1869, XXVIII, 125; à Kampen en 1878, XLV, 818.

Congrès des délégués des sociétés savantes. — Annonce de sa réunion à Paris en 1867, XXVII, 247.

Congrès international d'anthropologie. — Envoi du programme de la 6e session à Bruxelles en 1872, XXXIII, 358, 429.

Congrès international d'astronomie. — Annonce de sa réunion annuelle à Vienne en 1869, XXVIII, 2.

Congrès international de géologie. — Sa réunion à Paris en 1878, XLIII, 2; XLIV, 346; XLV, 70, 276; M. Malaise délégué, XLVI, 175; à Bologne en 1881, XLVIII, 2.

Congrès international d'hygiène et de sauvetage. — Adresse des exemplaires de son règlement, XLI, 911; don d'ouvrages, XLII, 828.

Congrès international des Américanistes. — Ouverture de la 1re session à Nancy en 1875, XL, 2; de la 2e session à Bruxelles en 1879, XLVII, 829; don d'ouvrage, XLVII, 829.

Congrès international des botanistes. — M. Morren délégué à la session d'Amsterdam en 1878, XLIII, 318.

Congrès international des orientalistes a Paris. — Ouverture de la 1re session à Paris en 1873 et envoi d'un exemplaire de ses statuts, XXXV, 360; envoi du programme de sa 3e session à Saint-Pétersbourg en 1876, XLI, 354, 1074.

Congrès international des sciences géographiques. — Envoi du programme des questions pour la session d'Anvers en 1870, XXIX, 458; session de Paris en 1875, XXXVIII, 554; XXXIX, 55.

Congrès international de statistique. — Annonce de sa 6e session à Florence, XXIV, 2; compte rendu de cette session, par M. Ad. Quetelet, XXIV, 408; annonce de sa 7e réunion à La Haye en 1869, XXVII, 312; note du même au sujet de cette session, XXVII, 376; sur le 8e congrès tenu à Saint-Pétersbourg, par le même, XXXIX, 343; communication de M. Faider sur le 9e congrès tenu à Budapest en 1876, XLII, 793.

Congrès littéraire de Bruxelles en 1880. — Patronage du Roi, XLIX, 128; délégués de l'Académie, XLIX, 279.

Congrès pour l'alcoolisme. — Son ouverture à Paris en 1878, XLVI, 115.

Congrès scientifique de France. — Ajournement de la session de 1866, XXII, 115; annonce de la 41e session à Périgueux en 1875, L, 269.

Conscience (H.). — Élu correspondant de la Classe des lettres, XXIII, 484; remercîments, XXIII, 710.

Élu membre, XXVII, 594; approbation royale de son élection, XXVII, 714; remercîments, XXVII, 714.

De Kerels van Vlaanderen, XXIX, 607.

Lauréat de la 4e période du concours quinquennal de littérature flamande, XXIX, 639.

Commissaire pour une notice de M. De Potter intitulée : *Hebberechts-Godshuis*, etc., XXX, 73; rapport, XXX, 191.

Commissaire pour une notice de M. De Potter sur la généalogie des d'Artevelde et le lieu de décès de Philippe d'Artevelde, XXXII, 184; lecture de son rapport, XXXII, 296.

Commissaire pour la rectification présentée par le même à son travail : *Hoe en waar overleed Philip van Artevelde?* XXXIII, 228; lecture de son rapport, XXXIII, 334.

Commissaire pour un travail du même sur la généalogie des d'Artevelde au XIVe siècle, XXXIII, 430; XXXIV, 66.

Commissaire pour une notice de M. Vuylsteke intitulée : *Aanteekeningen op de twee opstellen van den*

heer Frans De Potter, geslachtboom der Artevelde en Hoe en waar overleed Philip van Artevelde? XXXIII, 430.
Membre de la Commission des finances de la Classe des lettres pour 1872, XXXII, 356; pour 1873, XXXIV, 530; pour 1875, XXXVIII, 671; pour 1876, XLI, 355; pour 1877, XLII, 911; pour 1878, XLIV, 818; pour 1879, XLVI, 913; pour 1880, XLVIII, 693; pour 1881, L, 319.
Commissaire pour une notice de M. De Potter intitulée : *De Rederijkerskamer « Maria ter eere » te Gent,* XXXIII, 228.
Discours aux funérailles de M. Snellaert, XXXIV, 57.
Rapport sur la fondation du prix Teirlinck, XXXIX, 400, 954.
Membre du jury pour le concours des cantates de 1877, XLIII, 440; idem de 1879, XLVII, 727.
Élu directeur pour 1881, XLIX, 28.
Délégué au Congrès littéraire de 1880, XLIX, 279.
CONSEIL DE L'ORDRE DES AVOCATS PRÈS LA COUR D'APPEL DE LUCQUES. — Ouvre une souscription pour offrir une médaille à M. Carrara, XLII, 628.
CONSEIL MÉDICAL DE LA VILLE DE LONDRES. — Demande de renseignements pour la délivrance des diplômes de médecins, XXVI, 430.
CONTRERAS (Raphaël DE). — Élu associé de la Classe des beaux-arts, XLIX, 58; remerciments, L, 135.
COOMANS (Ch.). — Orages observés à Anvers en 1868, XXVII, 127, 253; depuis le 1er janvier jusqu'au 1er juin 1869, XXVII, 640; du 1er juin au 1er octobre 1869, XXVIII, 338; du 1er janvier au 1er novembre 1870, XXX, 318.
Orages à Arendonck du 1er janvier au 25 octobre 1870, XXX, 282, 300; en 1872, XXXIV, 400.
COOPER (Charles-Purton). — Sa mort, XXXVIII, 665.
COPPOLA. — Prix à sa partition qui a pris part au concours d'art appliqué de la Classe des beaux-arts pour 1879, XLVIII, 573.
CORDEIRO (L.). — Don d'ouvrage, XXXIX, 770.
CORNELIUS (von). — Sa mort, XXIII, 419.
CORNET (F.-L.). — Rapports de MM. Dewalque, d'Omalius et de Koninck sur son travail sur la Meule de Bracquegnies, XXI, 75, 79, 80.
Présente un premier mémoire sur les fossiles du calcaire grossier du Hainaut, XXI, 194; rapports de MM. Dewalque et d'Omalius, XXI, 265, 274.
Notice sur l'extension du calcaire grossier de Mons dans la vallée de la Haine, XXII, 183, 523; rapport de M. Dewalque, XXII, 262.
Note sur l'existence dans l'Entre-Sambre-et-Meuse d'un dépôt contemporain du système du tufeau de Maestricht et sur l'âge des autres couches crétacées de cette partie du pays, XXII, 329; rapports de MM. Dewalque et d'Omalius, XXII, 265, 268.
Extrait d'une lettre à M. P.-J. Van Beneden sur les recherches fossiles dans les environs de Spiennes, XXII, 453.
Sur l'âge des silex ouvrés de Spiennes, XXV, 2, 126; rapports de MM. d'Omalius, de Koninck et Malaise, XXV, 73, 75, 76.
Communication d'une lettre adressée à M. Dewalque sur le terrain crétacé du Hainaut, XXII, 551.
Présente un mémoire sur la division de l'étage de la craie blanche du Hainaut en quatre assises, XXVI, 379; rapports de MM. d'Omalius, Dewalque et Nyst, XXVI, 434, 437, 439.
Sur les dépôts qui recouvrent le calcaire carbonifère à Soignies, XXVI, 430; XXVII, 11; rapports de MM. d'Omalius, Dewalque et Nyst, XXVII, 7, 8, 9.
Présente un mémoire sur les fossiles du calcaire grossier de Mons, XXVII, 363, rapports de MM. Nyst, de Koninck et d'Omalius, XXVII, 621, 623.
Présente la seconde partie de ce mémoire, XXXV, 91; rapports de MM. Nyst, de Koninck et d'Omalius, XXXV, 189, 191, 192.
Présente la troisième partie de ce mé-

moire, XLIII, 232; lecture des rapports de MM de Koninck, Dewalque et Nyst, XLIII, 335.
Sur les puits naturels du terrain houiller, XXIX, 159; rapports de MM d'Omalius et Dewalque, XXIX, 340, 343
Sur la position stratigraphique des lits coquilliers dans le terrain houiller du Hainaut, XXXIII, 21; rapports de MM Dewalque et d'Omalius, XXXIII, 6, 8.
Élu correspondant de la Classe des sciences, XXXVI, 830; remercîments, XXXVII, 2.
Élu membre, XLVI, 943; remercîments, XLVII, 2; approbation royale de son élection, XLVII, 178.
Sur les gisements de phosphate de chaux dans le terrain crétacé de la province de Hainaut, XXXVII, 838.
Commissaire pour les mémoires de concours de 1875 sur la description du bassin houiller de la province de Liége, XXXIX, 780; XL, 53; rapport, XL, 971.
Commissaire pour un travail de M. Mourlon sur les terrains devoniens, XL, 668; rapport, XLI, 232.
Commissaire pour une lettre de M. le Ministre de la Guerre relative à la publication d'une nouvelle carte géologique de la Belgique, XL, 898.
Commissaire pour une note de M. Hennequin sur un nouveau tirage de la Carte géologique de la Belgique de Dumont, XLI, 2; lecture de son rapport, XLI, 225.
Commissaire pour les inscriptions des médailles de concours de MM. de Macar et Malherbe, XLI, 3, 226; rapport, XLI, 229.
Commissaire pour l'évaluation des frais de publication de leurs mémoires, XLI, 222; lecture de son rapport, XLI, 458.
Membre du jury chargé de juger la 6e période du concours quinquennal des sciences naturelles, XLIII, 62.
Sur l'existence d'un calcaire d'eau douce dans le terrain tertiaire du Hainaut, XLIII, 9.
Sur quelques massifs tertiaires du Hainaut, XLIII, 731.
Commissaire pour une notice de M. Lucien de Koninck sur l'apatite cristallisée, XLIV, 655; rapport, XLIV, 691.
Commissaire pour un travail de M. Cotteau sur les échinides du calcaire grossier de Mons, XLV, 363; rapport, XLV, 572.
Commissaire pour une note de M. Firket intitulée : *Étude sur les gîtes métallifères de la mine de Landenne*, XLV, 363.
Rapport sur deux notices de M. Lucien de Koninck concernant les minéraux belges la carpholite et la rhodocrosite, XLVII, 491.
Sur les irruptions subites du grisou dans les travaux d'exploitation de la houille, XLVII, 493.
Commissaire pour un mémoire de M. Van den Broeck sur l'altération des dépôts superficiels par l'infiltration des eaux météoriques, XLIX, 147; rapport, XLIX, 617.
Commissaire pour un mémoire de M. Cotteau sur les échinides tertiaires de la Belgique, XLIX, 263; rapport, XLIX, 620.
Commissaire pour un mémoire de M. P.-J. Van Beneden sur deux plésiosaures du lias inférieur du Luxembourg, L, 295.
Don d'ouvrages, XXXVIII, 291; XL, 270, 898; XLI, 224; XLIV, 3, 655; XLV, 562; XLVI, 2. — Voir *Briart*.
CORR (ERIN). — Hommage, par M Corr-Vander Maeren, son frère, de ses deux dernières gravures : *l'Élévation de la croix* et *La descente de croix*, d'après Rubens, XXII, 180.
CORR-VANDER MAEREN. — Hommage de deux gravures de feu Erin Corr, son frère, *l'Élévation de la croix* et *La descente de croix*, d'après Rubens, XXII, 180.
COSTER (J.-B. DE). — Lauréat du grand concours d'architecture de 1875, XL, 213, 266; envoi de son premier rapport semestriel, XLII, 401; résolution prise à l'égard de ce rapport, XLII, 639.

COSTER (G.-H. DE). — Don d'ouvrage, XLIX, 681.
Note bibliographique de M. Le Roy sur ses Éléments d'esthétique, XLIX, 681.
COTTEAU (G.). — Présente une description des échinides du calcaire grossier de Mons, XLV, 363; rapports de MM. Cornet et Nyst, XLV, 572, 574.
Présente un mémoire sur les Échinides tertiaires de la Belgique, XLIX, 263; rapports de MM. P.-J. Van Beneden, Cornet et Briart, XLIX, 619, 620.
COURTIN (A.-J.). — Don d'ouvrage, XLII, 828.
COURTOIS. — Mention honorable à son mémoire de concours de 1879 sur la torsion, XLIX, 83.
COUSIN (V.). — Sa mort, XXIII, 188.
COUSSEMAKER (Edm. DE). — Don d'ouvrage, XXXIX, 346.
Sa mort, XLI, 385.
CRACO (Aug.). — Envoi d'une brochure en réponse à la question de concours de 1872 sur les rapports du capital et du travail, XXXIII, 232.
CRÉPIN (F.). — Présente un mémoire intitulé : *Prodrome d'une monographie générale des roses*, XXXIII, 493; rapports de MM. Du Mortier et Morren, XXXIV, 244, 245.
Élu correspondant de la Classe des sciences, XXXIV, 652; remercîments, XXXV, 2
Élu membre, XL, 1097; approbation royale de son élection, XLI, 2; remercîments, XLI, 3.
Sur un Caulinites récemment découvert dans l'assise laekenienne, XXXVI, 170.
Description de quelques plantes fossiles de l'étage des psammites du Condroz (devonien supérieur), XXXVIII, 356.
Fragments paléontologiques pour servir à la flore du terrain houiller de Belgique, XXXVIII, 568.
Note sur le Pecopteris odontopteroïdes Morris, XXXIX, 258.
Commissaire pour un travail de M. Cogniaux intitulé : *Diagnoses de cucurbitacées nouvelles*, XXXIX, 445; rapport, XXXIX, 810; commissaire pour la seconde rédaction de ce mémoire, XL, 52; XLII, 240; rapport, XL, 274; XLII, 483
Présente de nouvelles observations sur la flore des psammites du Condroz, XXXIX, 779; rapports de MM. Dewalque, de Koninck et Dupont, XL, 53, 55, 56.
Commissaire pour un travail de M. J. Chalon sur la cellule végétale, XLII, 240, 458.
Membre du jury chargé de juger la 6e période du concours quinquennal des sciences naturelles, XLIII, 62.
Commissaire pour un mémoire de MM. de Saporta et Marion sur la flore heersienne de Gelinden, XLIII, 460; rapport, XLIII, 730.
Commissaire pour le mémoire de concours de 1877 intitulé : *Podrome d'une monographie des laminariacées*, XLIV, 120; rapport, XLIV, 680.
Commissaire pour les mémoires de concours de 1878 sur la cryptogamie végétale de la Belgique, XLVI, 178; rapport, XLVI, 862.
Commissaire pour un travail de M. Élie Marchal sur la révision des hédéracées américaines, XLVI, 856; rapport, XLVII, 27, 493.
Discours prononcé aux funérailles de M. Du Mortier, XLVI, 178.
Lecture de sa notice sur M. Du Mortier, XLVI, 966.
Hommage de la médaille Du Mortier, XLV, 562.
Commissaire pour une note de M. Cogniaux sur les cucurbitacées austro-américaines de M. Éd. André, XLIX, 84; rapport, XLIX, 175.
Don d'ouvrages, XXXVII, 483; XL, 667; XLII, 460; XLIII, 459; XLIV, 655.
CRETS (G.-H.). — Envoi d'un chronogramme composé à l'occasion du jubilé séculaire de l'Académie, XXXIII, 512.
CRETS (Math.). — Présente un mémoire sur l'uniformité de méthode dans le traitement de tous les nombres XXXI,

199; rapports verbaux de MM Liagre et Catalan, XXXI, 477.

Crick (Prosper). — Notice sur le résultat de ses fouilles archéologiques à Assche, XLIV, 610, 844; rapports de MM. Wagener, Piot et Wauters, XLIV, 819, 823, 824.

Cross (P. De). — Présente un mémoire sur la puissance des père et mère, tuteurs et curateurs aux XVIe et XVIIe siècles, etc., XLII, 793; lecture des rapports de MM. Rivier, Faider et Leclercq, XLIII, 35.
Présente un travail sur la procédure civile au XVIIe siècle, XLIV, 402; lecture des rapports des mêmes, XLIV, 818.
Don d'ouvrages, XLV, 108.

Cruls. — Note sur le système stellaire 40 o^2 Eridani, XLVII, 233; rapport de M. Houzeau, XLVII, 229.

Cruts (G.) — Hommage d'un document manuscrit à l'occasion du jubilé séculaire de l'Académie, XXXIII, 512; rapport de M. Wauters, XXXIV, 76.

Curtius (Ern.). — Élu associé de la Classe des lettres, XXXIII, 430; remercîments, XXXIII, 512.
Don d'ouvrage, XXXV, 51.

Cuypers (J.). — Lauréat de la Classe des beaux-arts en 1872 pour son bas-relief représentant les travaux de l'agriculture, XXXIV, 218, 237; envoie une photographie de ce bas-relief, XXXV, 331.
Lauréat du grand concours de sculpture de 1872, XXXIV, 238.
Projet d'itinéraire pour ses voyages d'étude, XXXV, 623; avis de la Classe des beaux-arts, XXXV, 933.
Envoi de ses rapports semestriels, XL, 226; XLI, 386; XLII, 412; XLIII, 440; XLIV, 635; XLVII, 216; XLVIII, 88; rapports de MM. J. Geefs et Fraikin, XLI, 1136, 1338; XLIII, 40, 222; XLIV, 259, 444, XLV, 57.
Observations relatives à ses obligations comme lauréat en ce qui concerne son dernier rapport, XLVI, 206, 550, 827; appréciation de ce rapport par MM. Geefs et Fraikin, XLVIII, 88.

D.

Daly (César). — Don d'ouvrages, XXII, 181; XXXIV, 435; XXXV, 181.

Danet. — Don d'ouvrage, XLII, 460.

Darwin (Ch.). — Élu associé de la Classe des sciences, XXX, 456; remercîments, XXXI, 2.

Daubrée (J.). — Élu associé de la Classe des sciences, XLIV, 885; ses remercîments, XLV, 2.
Don d'ouvrage, L, 2.

Dauby (J). — Médaille d'or décernée par la Classe des lettres en 1874 pour son mémoire sur le capital et le travail, XXXVII, 656, 772.
Don d'ouvrages, XXXIX, 334; XLVII, 572.
Note bibliographique de M. Thonissen sur son livre : *Des grèves ouvrières*, XLVII, 573.

Dauge (F.). — Sur la rotation du soleil, XXI, 142; rapport de M. Schaar, XXI, 80.

Daussin (A.). — Présente une note sur un appareil télégraphique nouveau, XXXI, 2.
Présente une note sur un moteur électro-magnétique à armature sans fin, XXXVIII, 293; lecture des rapports de MM. Gloesener, Duprez et Montigny, XXXIX, 84*bis*.

Daussoigne-Méhul. — De l'indifférence des jeunes musiciens à l'égard des lois qui leur sont imposées par les grands concours de composition musicale, XXI, 594.
De l'importance des voyages imposés aux pensionnaires par le règlement du prix du grand concours de composition musicale, XXII, 97.
De l'impropriété de certains mots

employés par Catel, dans son Traité théorique de l'harmonie moderne, XXII, 436.
D'une réforme indispensable dans l'ordre des études imposées de nos jours aux jeunes compositeurs de musique, XXIII, 350.
Remarques critiques sur l'organisation actuelle des grands concours de composition musicale, XXIV, 215.
Quelques observations sur l'emploi de deux langues dans les grands concours de composition musicale, XXIV, 257.
Essai philosophique sur l'origine, le caractère et les transformations de la musique théâtrale, XXV, 261.
Lecture d'un essai historique sur la chanson, XXVII, 322.
Discours aux funérailles de M. Soubre, XXXII, 127, 192.
Don d'ouvrage, XXXVII, 742.
Sa mort, XXXIX, 424.
David (Félicien). — Sa mort, XLII, 410.
David (J.-J.). — Sa mort; discours à ses funérailles, par M. Faider, XXI, 291.
Promesse par M. Thonissen d'une liste des travaux de M. David pour faire suite à sa notice, XXIII, 22.
Davidson (Th.). — Remercîments pour son élection d'associé, XXI, 2.
Don d'ouvrages, XXXVII, 799; XLIII, 3.
Davreux (P.). — 3e note sur les minéraux belges (avec M. Lucien de Koninck), XXXIII, 92, 324; rapports de MM. Dewalque et Donny, XXXIII, 310, 312.
De Braekeleer (J.). — Remarques au sujet de la motion de M. Gallait relative aux tableaux de Rubens, de la cathédrale d'Anvers, XXXVII, 472.
Dechen (H. von). — Élu associé de la Classe des sciences, XL, 1097; remercîments, XLI, 3.
De Decker (P.). — Commissaire pour les deux mémoires du concours de 1866 sur l'assistance ouvrière, XXI, 168; rapport, XXI, 446.
Membre du Comité de présentation aux places vacantes de la Classe des lettres pour 1866, XXI, 168.
Membre de la Commission spéciale des finances de la Classe des lettres pour 1867, XXIII, 25; 1868, XXIV, 545; 1869, XXVI, 496; 1870, XXVIII, 572; 1871, XXX, 397; 1872, XXXII, 356; 1873, XXXIV, 530; 1875, XXXVIII, 671; 1876, XLI, 355; 1877, XLII, 911; 1879, XLVI, 913; 1880, XLVIII, 693; 1881, L, 319.
Commissaire pour les trois mémoires du concours de 1867 sur l'assistance ouvrière, XXIII, 191; rapport, XXXIII, 544.
Commissaire pour un mémoire de M. Loise sur l'histoire de la poésie: Poésie espagnole, XXIII, 711; rapport, XXIV, 207, 373.
Discours prononcé aux funérailles de M. le baron de Saint-Genois, XXIV, 371, 403.
Remise du legs fait à l'Académie par M. de Saint-Genois, XXIV, 372.
Commissaire pour les mémoires de concours de 1869 sur une description statistique d'une commune des Flandres, XXVII, 464; rapport, XXVII, 452.
Commissaire pour une notice de M. De Potter intitulée: *Hebberechts-Godshuis*, etc., XXX, 73; rapport, XXX, 192.
Directeur de la Classe des lettres pour 1872, XXXI, 18.
Commissaire pour un mémoire de M. De Smet sur les Quatre-Métiers et les îles occidentales de la Zélande, XXXI, 182; lecture de son rapport, XXXII, 80.
Membre du jury pour le premier concours du prix Guinard, XXXIII, 511.
Commissaire pour les mémoires de concours de Stassart: notice sur Van Dyck, XXXIV, 529; rapport, XXXV, 562.
Sur l'origine des douanes en Belgique, XXXV, 231.
Commissaire pour une note de M. Galesloot sur les De Kempeneer, peintres bruxellois, XXXV, 361; rapport, XXXV, 795.
Commissaire pour les mémoires de

concours de 1873 sur le capital et le travail, XXXVII, 289; rapport, XXXVII, 466, 653.
Membre de la Commission pour le programme de concours de 1876, XXXVII, 846.
Commissaire pour une notice de M. Heuschling sur la statistique internationale, XXXVIII, 509; rapport verbal, XXXVIII, 614.
Commissaire pour le mémoire de concours de 1875 sur la conservation du caractère national belge, etc., XXXIX, 150; rapport, XXXIX, 403, 664.
Commissaire pour les mémoires de concours de 1877 sur la conservation du caractère national belge, XLIII, 203; rapport, XLIII, 377, 614; XLV, 108.
Membre du jury chargé de juger la 5e période du concours quinquennal des sciences morales et politiques, XLI, 137.
Commissaire pour une lettre de Mme veuve Bergmann relative à la fondation d'un prix décennal de littérature flamande, XLI, 137, 356; rapport, XLI, 358.
Commissaire pour le mémoire de concours de 1876 sur l'histoire des institutions de charité en Belgique, XLI, 360; rapport, XLI, 875.
Membre de la Commission pour le choix d'une question pour le concours de Stassart : notice sur un Belge célèbre, XLI, 1339.
Membre du jury pour le concours de cantates de 1877, XLIII, 440.
Commissaire pour le mémoire de concours de 1880 sur l'organisation des institutions charitables en Belgique, XLIX, 130; rapport, XLIX, 413.
Délégué à la fête politique et religieuse de cinquantenaire belge, XLIX, 684.
Présente le règlement de la Commission de publication des anciens monuments de la littérature flamande, L, 319.
Don d'ouvrage, XXVIII, 251.

De Doss (Adolphe). — Prix de musique du concours d'art appliqué de la Classe des beaux-arts de 1876, XLII, 414, 438; remercîments, XLII, 638.
Dons d'ouvrages, XLIII, 704; XLV, 359; XLVII, 171; XLVIII, 429.

Defacqz (Eug.). — Élu membre de la Classe des lettres, XXI, 450; remercîments, XXI, 569; approbation royale de son élection, XXI, 568.
De la Paix du sang, ou Paix à partie dans les anciennes coutumes belgiques, XXII, 73.
Commissaire pour le mémoire de concours de 1867 sur l'histoire du droit pénal dans le duché de Brabant jusqu'à Charles-Quint, XXIII, 190; rapport, XXIII, 503.
Commissaire pour le mémoire de concours de 1869 sur l'histoire du droit pénal dans le duché de Brabant depuis Charles-Quint, XXVII, 164; rapport, XXVII, 441.
Directeur pour 1870, XXVII, 195.
Aperçu de la féodalité, discours, XXIX, 577.
Sa mort, XXXIII, 52.

De Heen (P.). — Présente un mémoire sur les nébuleuses, XXXVI, 451; rapports de MM. Liagre, Ern. Quetelet et Mailly, XXXVI, 606, 608.
Présente un travail sur la fusion et la dilatation des métaux, XL, 668.
Au sujet d'une relation qui existerait entre la température de fusion des métaux et leur coefficient de dilatation, XLI, 457, 735, 1019; rapports de MM. Gloesener, Montigny et Folie, XLI, 952, 953, 956.
Billet cacheté déposé le 5 août 1876, XLII, 239.
Présente une note sur la dilatation des métaux, XLII, 461.
Présente une note sur la température d'ébullition des solutions salines, XLIII, 63.
Sur la fluidité des liquides, XLV, 71, 798; rapports de MM. Valerius, Montigny et Donny, XLV, 734, 738, 743.
Présente un travail sur la dilatabilité des solutions salines et de quelques liquides organiques, XLVII, 488; rapports de MM. Spring, Van der Mensbrugghe et Donny, XLVIII, 4, 14, 16.

DEITZ (Léop.). — Lettre relative à la manière de diriger les aérostats, XLII, 829; rapport verbal de M. Montigny, XLIII, 8.

DE JANS (Édouard). — Mention honorable au grand concours de peinture de 1876, XLII, 411, 440.

Lauréat du grand concours de peinture de 1878, XLVI, 286, 312.

Collation de sa pension de voyage, XLVII, 216.

Premier rapport semestriel, XLVIII, 573; appréciation par MM. Slingeneyer, Robert, Guffens et Alvin, XLVIII, 722; second rapport, XLIX, 593; appréciation par les mêmes des second et troisième rapports, L, 67, 136, 247.

DE KEMMETER. — Membre du jury chargé de juger le 3e concours quinquennal des sciences morales et politiques de 1860-1865, XXI, 166.

DE KESEL (Ch.). — Second prix du grand concours de sculpture de 1872, XXXIV, 238; second prix du même concours en 1877, XLIV, 258, 299.

DE KEYN (Joseph). — Don de 100,000 fr. pour la fondation de prix en faveur de l'enseignement primaire et moyen, XLIX, 128; arrêté royal acceptant ce don, XLIX, 219; règlement des concours, XLIX, 503; ouverture de ces concours, XLIX, 685.

Sa mort, L, 150, 182.

DE KEYN (Famille). — Don d'ouvrage, L, 150, 182.

DE KEYSER (J.). — Mention honorable au concours d'art appliqué (sculpture) de la Classe des beaux-arts en 1880, L, 151.

DE KEYSER (N.). — Commissaire pour un mémoire de concours de 1867 sur les méthodes d'enseignement du dessin, XXIII, 716.

Directeur pour 1869, XXV, 63.

Discours prononcé aux funérailles de M. Leys, XXVIII, 288.

Discours prononcé à la séance publique de la Classe des beaux-arts de 1869, XXVIII, 295

Discours prononcé aux funérailles de M. Navez, XXVIII, 514.

Membre de la Commission chargée de l'examen des questions concernant les voyages des lauréats des concours de Rome, XXXIII, 482.

Membre de la Commission chargée de l'examen des questions relatives au séjour à Rome des lauréats des grands concours, XXXV, 440.

Directeur de la Classe des beaux-arts pour 1874, XXXV, 80.

Président de l'Académie pour 1874, XXXVI, 644; XXXVII, 116, 148.

Discours aux funérailles et tribut de regret à la mémoire de M. Ad. Quetelet, XXXVII, 248, 778.

Remarques au sujet de la motion de M. Gallait sur les tableaux de Rubens, de la cathédrale d'Anvers, XXXVII, 326, 472.

Discours prononcé à la séance publique de la Classe des beaux-arts de 1874, XXXVIII, 390, 393.

Discours au Roi le 1er janvier 1875, XXXIX, 47.

Membre de la Commission pour les œuvres d'art à reproduire par les lauréats des grands concours, XL, 228.

Explication sur un tableau de Rubens légué au Musée d'Anvers, XLIV, 111.

DE KONINCK (L.). — Don d'ouvrage, XXXIX, 44.

DE KONINCK (L.-G.). — Rapport sur un travail de M. Malaise sur les silex ouvrés de Spiennes, XXI, 4.

Rapport sur un travail de MM. Cornet et Briart sur la Meule de Bracquegnies, XXI, 80.

Rapport sur un travail de M. Malaise sur les corps organisés trouvés dans le terrain ardennais de Dumont, XXI, 534.

Membre de la Commission de la Biographie nationale pour la période de 1866-1872, XXII, 3; idem de 1872 à 1878, XXXIV, 142; idem de 1878 à 1884, XLVI, 6.

Commissaire pour un travail de M. P.-J. Van Beneden sur les Squalodons, XXIII, 219; lecture de son rapport, XXIII, 370.

Commissaire pour une notice de

MM. Cornet et Briart sur l'âge des silex ouvrés de Spiennes, XXV, 2; rapport, XXV, 75.

Présente une notice sur M. Cantraine, XXV, 179; lecture de cette notice, XXVI, 552.

Rapport sur une notice de M. Henry concernant les radicaux organiques, XXV, 620.

Sur quelques fossiles devoniens des environs de Sandomirz, en Pologne, XXVI, 17.

Commissaire pour un travail de M. Ledeganck sur la chute automnale des feuilles, XXVI, 380.

Membre du jury chargé de juger la 4e période du concours quinquennal des sciences mathématiques et physiques (1864-1868), XXVI, 430; idem pour la 5e période (1869-1873), XLVII, 2.

Commissaire pour une notice de M. Henry sur les sulfocyanures des radicaux alcooliques, XXVII, 4; rapport, XXVII, 143.

Commissaire pour une notice de M. Rottier sur la conservation du bois, XXVII, 129.

Commissaire pour la 1re partie d'un travail de MM. Cornet et Briart sur les fossiles du calcaire grossier de Mons, XXVII, 363; rapport, XXVII, 623; idem pour la 2e partie, XXXV, 91; rapport, XXXV, 91; idem pour la 3e partie, XLIII, 232; lecture de son rapport, XLIII, 355.

Commissaire pour une notice de M. Radzizewsky sur l'acide phénylacétique, XXVII, 363.

Commissaire pour un mémoire de M. Malherbe sur l'origine de la houille dans la province de Liége, XXVII, 363.

Rapport sur une notice de M. Henry relative à l'isomérie (2e partie), XXVII, 626.

Rapport sur une notice du même sur les dérivés éthérés des acides et des alcools polyatomiques, XXVII, 627.

Commissaire pour une notice de M. Henry sur le nitrile salicylique et ses dérivés, XXVIII, 3; rapport, XXVIII, 148.

Commissaire pour une notice de M. Henry sur les nitriles, XXVIII, 3; rapport, XXVIII, 147.

Commissaire pour le mémoire de concours de 1869 sur les groupes des terrains gedinnien et coblentzien du Brabant, XXVIII, 439; rapport, XXVIII, 593.

Secousse de tremblement de terre à Liége, le 2 octobre 1869, XXVIII, 346.

Commissaire pour une notice de M. Henry sur les dérivés éthérés des acides et des alcools polyatomiques, XXVIII, 399.

Sur quelques échinodermes remarquables des terrains paléozoïques, XXVIII, 544.

Commissaire pour une note de M. Lambert sur la découverte d'un gisement de phosphate de chaux au-dessous de Louvain, XXIX, 4; rapport, XXIX, 163.

Sur un nouveau genre de poissons fossiles de la craie supérieure, XXIX, 75.

Rectification à sa notice sur un nouveau genre de poissons de la craie supérieure, XXX, 27.

Commissaire pour une note de M. Boccardo sur une chute de substance jaunâtre à Gênes en 1870, XXIX, 158; rapport verbal, XXIX, 346.

Commissaire pour une note de MM. Horion et Gosselet sur les travaux de MM. Cornet et Briart concernant la Meule de Bracquegnies, XXIX, 447; rapport, XXIX, 666.

Commissaire pour un travail de M. Malherbe sur la rencontre accidentelle du chlorure ammonique dans le bassin houiller de Liége, XXX, 4.

Commissaire pour une note de M. Swarts sur la falsification de la chicorée par la tourbe, XXXI, 111; rapport, XXXI, 203.

Présente un mémoire sur les animaux fossiles du terrain carbonifère de la Belgique, XXXI, 199; lecture des rapports de MM. d'Omalius, Nyst et P.-J. Van Beneden, XXXI, 477.

Nouvelles recherches sur les animaux fossiles du terrain carbonifère de la Belgique, XXXI, 316.
Commissaire pour une note de M. Dubois sur la formation du sulfate diéthylique et la transformation de l'acide citrique en acide tricarballylique, XXXII, 3; rapport, XXXII, 42, 43.
Commissaire pour une notice de M. Swarts sur les dérivés par addition de l'acide itaconique et de ses isomères, XXXII, 335; rapport, XXXIII, 8.
Communication verbale au sujet d'une roche grenatifère découverte dans les environs de Vielsalm, XXXII, 553.
Communique son rapport sur les travaux de chimie de l'Académie pour le Livre commémoratif du jubilé séculaire, XXXIII, 226.
Rapport verbal sur la nouvelle rédaction du mémoire couronné de M. Malaise sur le terrain silurien du centre de la Belgique, XXXIII, 300.
Commissaire pour une note de M. Dubois sur les camphres, XXXIV, 4; rapport verbal, XXXIV, 146.
Commissaire pour le mémoire de concours de 1872 sur les roches plutoniennes de la Belgique et de l'Ardenne française, XXXIV, 141; rapport, XXXIV, 506.
Commissaire pour les notes de M. Melsens sur le chlorure de sulfuryle et l'anhydride sulfureux, XXXIV, 244; lecture de son rapport, XXXIV, 448.
Commissaire pour un mémoire de M. Henry sur les dérivés glycériques, allyliques et propargyliques, XXXV, 352; lecture de son rapport, XXXV, 461.
Commissaire pour une note de M. Bischopinck sur les acétonitriles chlorés, XXXV, 352; rapport, XXXV, 462.
Commissaire pour un travail de M. Melsens sur Van Helmont, XXXVI, 115; idem pour la nouvelle rédaction de ce travail, XXXVIII, 295; lecture de son rapport, XXXVIII, 407; idem pour un second travail historique de M. Melsens sur Van Helmont, XLI, 225; lecture de son rapport, XLI, 451.
Rapport verbal sur une note de M. W. Spring sur l'acide hyposulfureux, XXXVI, 142.
Commissaire pour différentes notes de chimie de M. De Wilde, XXXVI, 451.
Commissaire pour des notes de M L. Henry sur les dérivés dyalliliques, XXXVI, 693; XXXVII, 460, 270
Communication au sujet de la carte géologique des États-Unis, XXXVII, 596.
Commissaire pour trois notes de M. W Spring sur des sujets de chimie, XXXVIII, 4, 293.
Commissaire pour le mémoire de concours de 1874 sur les roches plutoniennes de la Belgique et de l'Ardenne française, XXXVIII, 296; rapport, XXXVIII, 748.
Commissaire pour la seconde partie de ce mémoire, XL, 447; rapport, XLI, 430.
Commissaire pour une note de M. Malherbe sur les chlorures alcalins de la formation houillère, XXXVIII, 558; rapport, XXXIX, 9.
Commissaire pour une note de M. E. Simon sur l'acide humique naturel, XXXVIII, 652; rapport, XXXIX, 91.
La Société royale de Londres lui décerne la médaille Wollaston, XXXIX, 54.
Rapport verbal sur une note de M. Petermann sur la présence du cuivre dans le genièvre, les vinasses et les fumiers, XXIX, 84ter.
Commissaire pour un travail de M. Mourlon sur l'étage devonien des psammites du Condroz, en Condroz, XXXIX, 250; rapport, XXXIX, 476.
Commissaire pour une note de M. Gilkinet sur les plantes fossiles de l'étage des psammites du Condroz, XXXIX, 250; rapport, XXXIX, 364.
Commissaire pour un travail de M. W. Spring sur les acides du chlore, XXXIX, 444; rapport, XXXIX, 784.
Commissaire pour un nouveau travail de M. Crépin sur la flore fossile des psammites du Condroz, XXXIX, 779; rapport, XL, 55.

Commissaire pour un travail de M. Gilkinet sur des plantes fossiles de l'étage du poudingue de Burnot, XL, 4; rapport, XL, 70.

Commissaire pour un travail de M. Mourlon sur l'étage devonien des psammites du Condroz dans le bassin de Theux, XL, 271; rapport, XL, 675.

Commissaire pour un travail de M. Dubois sur le chlorure de sulfuryle, XLI, 715; rapport, XLII, 14.

Note bibliographique sur son ouvrage sur les fossiles paléozoïques de la Nouvelle-Galles du Sud, XLI, 919.

Délégué avec la Commission administrative pour la remise d'une médaille à Mme veuve d'Omalius, XLI, 1085; XLII, 662, 909.

Commissaire pour un travail de MM. Spring et Levy sur les acides tétra- et trithioniques, XLI, 1153; rapport, XLII, 13.

Commissaire pour un mémoire de M. Stas sur le rapport proportionnel entre l'argent, les chlorures et les bromures, XLII, 240; lecture de son rapport, XLII, 461.

Commissaire pour un mémoire de M. Renard sur le coticule, XLII, 240; rapport, XLII, 462.

Commissaire pour un travail de M. Mourlon sur les dépôts des sables verts des environs d'Anvers, XLII, 241; rapport, XLII, 668.

Commissaire pour un travail du même sur l'étage devonien des psammites du Condroz dans la vallée de la Meuse, XLII, 461; rapport, XLII, 829.

Commissaire pour le mémoire de concours de 1876 sur l'acide urique et ses dérivés, XLII, 255; rapport, XLII, 940.

Donne lecture d'une lettre de M. E. Grimaux, auteur du mémoire qui a été présenté à ce concours, au sujet de la continuation de ses recherches sur l'acide urique, XLVI, 318, 499.

Observations sur la proposition de décerner un prix spécial à M. Maximilien Marie, XLIII, 200.

Membre des Académies de Philadelphie et de Saint-Louis (États-Unis), XLIII, 714.

La carpholite reconnue dans le terrain ardennais, XLV, 15.

Délégué de l'Académie à l'inauguration de la statue de Volta, XLV, 362.

Sur une nouvelle espèce de crustacés dans le terrain houiller de la Belgique, XLV, 409.

Commissaire pour une note de M. Renard sur la diabase de Challes près de Stavelot, XLVI, 4.

Note bibliographique de M. Dupont, sur la 1re partie de sa Faune du calcaire carbonifère de la Belgique, XLVI, 582.

Rapport sur un travail de M. Renard sur les caractères distinctifs de la dolomite et de la calcite, XLVII, 493.

Commissaire pour un travail de MM. de la Vallée Poussin et Renard sur la diorite quartzifère du champ de Saint-Véron, XLVIII, 3; rapport, XLVIII, 105.

Rapport verbal sur une note de M. Jorissen, concernant l'emploi du chlorure de zinc comme réactif de certains alcaloïdes, XLVIII, 342.

Commissaire pour un mémoire de M. Van den Broeck sur l'altération des dépôts superficiels par l'infiltration des eaux météoriques, XLIX, 147; rapport, XLIX, 615.

Délégué à la 9e session de l'Association française pour l'avancement des sciences, L, 3.

Commissaire pour un travail de M. Renard sur l'épidote de Quenast, L, 3; rapport, L, 80.

Rapport sur une note de M. Jorissen concernant l'huile de fusel, L, 82.

Don d'ouvrages, XXV, 70; XXVI, 3; XXX, 419; XXXI, 475; XXXIII, 490; XXXIV, 400; XXXVI, 415; XXXIX, 360; XLI, 919; XLII, 460; XLIV, 454; XLVI, 582; XLVIII, 339.

De Koninck (Lucien fils). — 1re notice sur les minéraux belges : Sur une variété de pyrophyllite, XXVI, 379, 469; rapports de MM. Stas et d'Omalius, XXVI, 433, 434.

2e notice sur les minéraux belges : (la bornite), XXXII, 155, 290; rapports de MM. Melsens et Donny, XXXII, 247, 250.

3e notice sur les minéraux belges : Sur une roche grenatifère et quelques minéraux cuprifères de Salm-Château, (avec M. Paul Davreux), XXXIII, 92, 324; rapports de MM. Donny et Dewalque, XXXIII, 311, 312.

4e et 5e notices sur les minéraux belges (La kaolinite et l'apatite cristallisée), XLIV, 317, 655, 733, 740; rapports de MM. Malaise, Mourlon, Melsens et Cornet, XLIV, 689, 690, 691.

6e notice (La Davreuxite), XLVI, 4, 240; rapport de M. Malaise, XLVI, 189.

7e et 8e notices; recherches sur la carpholite et la rhodocrosite, XLVII, 564, 568; rapports de MM. Malaise et Cornet, XLVII, 491.

Sur la bryonicine, substance azotée nouvelle, extraite des racines de Bryonia dioïca (avec P. Marquart), XXIX, 64, 217; rapports de MM. Stas et Melsens, XXIX, 165, 166; rectification avec M. Marquart à leur notice sur la bryonicine, XXXII, 236; rapports de MM. Melsens et Donny, XXXIII, 5, 6.

Recherches sur la constitution de l'acide phlorétique et sur l'acide sulfohydrocinnamique, XXX, 3, 105; rapports de MM. Stas et Melsens, XXX, 85, 86.

De l'action du perchlorure de phosphore sur la nitronaphtaline, XXXIII, 3, 123; rapports de MM. Melsens et Donny, XXXIII, 104.

Don d'ouvrages, XXX, 419; XLVII, 179.

De la Barre Duparcq (Éd.). — Don d'ouvrage, XLI, 355.

Delaborde (le vicomte Henri). — Élu associé de la Classe des beaux-arts, XXXVII, 152; remercîments, XXXVII, 237.

De la Borde (le comte Léon). — Sa mort, XXVII, 311.

Don d'ouvrages, XL, 893; XLII, 796.

De la Fontaine (G.). — Sa mort, XXXI, 75.

De la Nux (P.-A.). — Présente un travail sur la météorologie et l'agriculture, XXI, 263; lecture des rapports de MM. Spring et Dupont, XXI, 311.

Delarge. — Présente une note sur le téléphone appliqué dans le voisinage des lignes télégraphiques ordinaires, XLVI, 319; XLVII, 34; rapports de MM. Maus, Melsens et Montigny, XLVII, 16, 21.

Lettre de M. le Ministre des Travaux publics relative à ces expériences, XLVII, 178.

De la Rive (Aug.). — Sa mort, XXXVI, 602; XXXVII, 2.

De la Sagra (Ramon). — Sa mort, XXXII, 78.

Delaunay (Ch.). — Don d'ouvrage, XXXII, 156.

De la Vallée Poussin (Charles). — Dépôt de ses observations udométriques faites aux Vennes (Liége), en 1870, XXXI, 32.

Médaille d'or décernée par la Classe des sciences en 1874 pour son mémoire fait avec M. A. Renard sur les roches plutoniennes de la Belgique et de l'Ardenne française, XXXVIII, 784, 846; présente la seconde partie de ce travail, XL, 447; rapports de MM. Dewalque, de Koninck et Malaise, XLI, 407, 430, 431; remercîments pour sa médaille, XXXIX, 3.

Membre de la Commission pour la nouvelle carte géologique de la Belgique, XLI, 1150.

Sur un fragment de roche tourmalinifère du poudingue de Bousalle, XLIII, 232, 359; rapports de MM. Dupont, Malaise et Briart, XLIII, 333, 335.

Sur la diorite quartzifère du champ de Saint-Véron (avec M. Renard), XLVIII, 128; rapports de MM. Malaise, Briart et de Koninck, XLVIII, 104, 105. — Voir *Renard*.

Delay. — Présente une notice sur un appareil automatique pour chauffer l'eau des générateurs de machines, XLVI, 177; lecture des rapports de MM. Valerius et Maus, XLVI, 328.

Delboeuf (J.). — Présente un mémoire intitulé : *Détermination rationnelle des nombres de la gamme chromatique*, XXI, 339 ; rapport de MM. Gloesener et Plateau, XXI, 313.
Présente un mémoire intitulé : *Recherches sur la mesure des sensations de lumière et de fatigue*, XXXIII, 359; rapports de MM. J. Plateau et Schwann, XXXIV, 250, 262.
Présente un mémoire sur la théorie générale de la sensibilité, XXXIX, 445; rapports de MM. Éd. Van Beneden, Schwann et Folie, XXXIX, 786, 802, 803.
Présente avec M. Spring un travail sur le daltonisme, XLIV, 455; XLV, 16; rapports de MM. Schwann, Gluge et J. Plateau, XLV, 5.
Élu correspondant de la Classe des sciences, XLIV, 885 ; remerciments, XLV, 2.
Rapport sur une communication de M. le Ministre des Travaux publics relative au daltonisme, XLV, 364.
Don d'ouvrages, XLVIII, 443, 725 ; XLIX, 129, 147 ; L, 2.
Delcroix (D.). — Membre du jury chargé de juger la 4e période du concours quinquennal de littérature flamande, XXIX, 33. Lauréat de la 6e période du concours triennal de littérature dramatique flamande, XXXVII, 773 ; idem pour la 7e période, XLIII, 611, 700.
Delehaye (G.). — Délivre à l'Académie la bibliothèque léguée par M. Ducpétiaux, 4, 180.
Delepierre (O.).— Don d'ouvrage, XLI, 866.
Delisle (Léopold). — Élu associé de la Classe des lettres, XXXIX, 767 ; remerciments, XXXIX, 952.
Don d'ouvrages, XL, 147; XLI, 1150, 1328; L, 272.
Delmotte (A.). — Présente un travail sur la théorie de la trajectoire, XLVIII, 341 ; rapports de MM. Brialmont et De Tilly, XLVIII, 459, 460.
Delmotte (H.). — Lauréat de la 6e période du concours triennal de littérature dramatique française, XLII, 626; XLIII, 700; membre du jury chargé de juger la 8e période du même concours, XLVIII, 107.
De Locht. — Présente un travail intitulé : *Le Pantéléphone*, XLVIII, 341 ; avis de MM. Melsens, Montigny et Spring, L, 3
De Man (Gustave). — Membre du comité directeur de la Caisse centrale des artistes en remplacement de M. De Busscher, XXI, 67.
Membre de la Commission pour l'histoire de l'art, XXI, 256.
Promesse d'une notice sur M. Roelandt, XXII, 547; lecture, XXIII, 41.
Commissaire pour le programme de concours de la société des architectes de Lille, XXIX, 756.
Commissaire pour le mémoire de concours de 1870 sur l'influence italienne sur l'architecture aux Pays-Bas, XXIX, 756; rapport, XXX, 155.
Commissaire pour une lettre de M. Schadde sur les grands concours d'architecture, XXXI, 455; rapport, XXXII, 26.
Commissaire pour le mémoire de concours de 1871 sur l'influence italienne sur l'architecture aux Pays-Bas, XXXI, 576; lecture de son rapport, XXXII, 124.
Remarques sur la question de l'emplacement d'un palais des beaux-arts à Bruxelles, XXXI, 580.
Membre de la Commission chargée de préparer le plan d'un édifice pour les expositions triennales des beaux-arts, XXXII, 366.
Chargé de l'examen d'un projet d'itinéraire pour les voyages d'études de M. Dieltjens, lauréat du grand concours d'architecture de 1871, XXXIV, 126 ; rapport XXXIV, 208.
Membre de la Commission des finances de la Classe des beaux-arts pour 1872, XXXIV, 548; pour 1875, XXXVIII, 710; pour 1876, XLI, 386; pour 1877, XLII, 919; pour 1878, XLIV, 844; pour 1879, XLVI, 933; pour 1881, L, 323.
Membre de la Commission chargée de l'examen des modifications à apporter

au règlement des grands concours de musique, XXXV, 182.
Membre de la Commission chargée de l'examen des questions relatives aux voyages des lauréats des grands concours, XXXV, 440.
Commissaire pour le mémoire de concours de 1873 sur l'influence italienne sur l'architecture aux Pays-Bas, XXXV, 932; rapport, XXXVI, 251.
Rapport sur les projets d'architectures soumis au concours d'art appliqué de la Classe des beaux-arts de 1873, XXXVI, 272.
Commissaire pour le mémoire de concours de 1874 sur l'histoire de la sculpture aux Pays-Bas pendant le XVIIe et le XVIIIe siècle, XXXVII, 883; rapport, XXXVIII, 386.
Commissaire pour le mémoire sur le même sujet présenté au concours de 1875, XXXIX, 972; rapport, XL, 238.
Membre de la Commission pour les œuvres d'art à reproduire par les lauréats des grands concours, XL, 228.
Membre de la Commission chargée de l'examen du projet-copie de M. Dieltjens, XL, 406; rapport, XL, 620.
Commissaire pour le 13e rapport semestriel de M. Dieltjens, XLI, 718.
Appréciation des 12e et 13e rapports semestriel de M. Dieltjens, XLII, 402; réclamation de M. Balat au sujet de ce rapport, XLII, 639.
Commissaire pour le 14e rapport de M. Dieltjens, XLIV, 843; appréciation, XLV, 136.
Commissaire pour le 1er rapport semestriel de M. De Coster, XLII, 401, 639.
Promesse d'une notice sur M. Payen, XLIII, 703.
Commissaire pour les 1er et 2d rapports de M. Raquez, L, 136, 322; lecture de son appréciation du premier de ces rapports, L, 324.
DEMANNEZ (J.). — Portrait de M. Navez, XXIX, 753.
Lauréat pour la gravure du concours d'art appliqué de la Classe des beaux-arts en 1874, XXXVIII, 380, 400.
Élu correspondant de la Classe des beaux-arts, XLV, 58; remerciments, XLV, 134.
Commissaire pour les 5e et 6e rapports semestriels de M. Lauwers, XLVI, 287; XLVII, 216; appréciations, XLVI, 549; XLVII, 300, 475.
Commissaire pour l'envoi-copie du même, XLIX, 133; lecture de son rapport, XLIX, 255.
Commissaire pour le second envoi réglementaire de M. Lauwers, L, 282; appréciation, L, 323.
DEMARTEAU (J.-E.). — Don d'ouvrage, XLIX, 57.
Note bibliographique de M. Pinchart sur sa brochure concernant Gilles Demarteau, XLIX, 57.
DE MOL (G.). — Mention honorable au grand concours de composition musicale de 1869, XXVIII, 260, 302.
Lauréat du grand concours de composition musicale de 1871, XXXII, 122, 138
Demande par M. le Ministre, d'instructions de voyage, XXXII, 360; XXXIII, 481; XXXIV, 206, 220.
Envoi de différentes compositions musicales, XXXVI, 243, 250.
DE MONGE. — Membre du jury chargé de juger la 4e période du concours quinquennal de littérature française (1863-1867), XXV, 43.
DEMOULIN. — Don d'ouvrage, XLV, 299.
DENZA. — Étoiles filantes périodiques de novembre 1866, observées à Montcalieri et à Mondovi, XXII, 463; mêmes observations du 9 au 12 août 1867, XXIV, 297; mêmes observations en novembre 1867, XXIV, 513.
Sur les météores observés à Montcalieri en avril et en mai 1869 et sur des aurores boréales, XXVII, 632.
Sur l'aurore boréale observée en Piémont le 3 janvier 1870, XXIX, 336.
DÉPARTEMENT DES BREVETS DES ÉTATS-UNIS. — Don d'ouvrage, XXVII, 190.
DE PAUW (J.-B.). — Mention honorable au grand concours de composition musicale de 1875, XLII, 414, 439; second prix au même grand concours de 1877, XLIV, 248, 299; second prix,

en partage, au grand concours de 1879, XLVIII, 298, 323.

De Pauw (Napoléon). — Communique le résultat de ses recherches en Allemagne pour la Commission de publication des anciens monuments de la littérature flamande, XLIX, 128.

Dépôt de la Guerre. — Présente un travail sur la triangulation de la Belgique, XL, 268; analyse et rapports par MM. Liagre, Quetelet et Folie, XLI, 397, 401, 404.

Lecture des rapports de MM. Dewalque, Briart et Cornet sur sa lettre relative aux pierres de la carte géologique de Dumont, XLI, 225.

Don d'ouvrages, XLI, 394, 911; XLII, 2, 457; XLIV, 314; XLV, 726; XLVI, 317; XLVIII, 2, 94; XLIX, 262, 307; L, 2, 153, 254, 294, 332.

De Potter (Frans). — Médaille d'or décernée par la Classe des lettres, en 1869, pour son mémoire sur une description statistique d'une commune des Flandres, XXVII, 458, 593.

Hebberechts - Godshuis, gewoonlijk Schreiboom genaamd, XXX, 73, 237; rapports de MM. Snellaert, Conscience et De Decker, XXX, 187, 191, 192.

Présente deux notices intitulées : 1° *Geslachtboom der Artevelden in de XIVe eeuw;* 2° *Hoe en waar overleed Philip Van Artevelde?* XXXII, 184; lecture des rapports de MM. De Smet, Snellaert et Conscience, XXXII, 296.

Rectification à sa notice *Hoe en waar overleed Philip Van Artevelde?* XXXIII, 228; lecture des rapports de MM. De Smet, Snellaert et Conscience, XXXIII, 334.

Geslachtboom der Artevelden in de XIVe eeuw, XXXIII, 430; rapports de MM. De Smet, Snellaert et Conscience, XXXIV, 63, 64, 66.

De Rederijkerskamer « Maria ter eere » te Gent, XXXIII, 228, 532; rapports de MM. Snellaert et Conscience, XXXIII, 519, 524.

Lauréat du concours de Stassart pour sa notice sur Van Dyck, XXXV, 568, 621.

Médaille d'or décernée par la Classe des lettres, en 1879, pour son mémoire sur Jacqueline de Bavière, XLVII, 642, 725; rapports de MM. Wauters, Poullet et le baron Kervyn, XLVII, 630, 640, 642.

Présente un travail sur l'église Saint-Michel de Gand, XLIX, 269, 412, 594; rapports de MM. De Busscher, Siret et Pauli, XLIX, 690, 692.

Médaille d'or, en partage, décernée par la Classe des lettres en 1880, à son mémoire sur l'histoire des classes rurales en Belgique, XLIX, 494, 590; rapports de MM. De Laveleye, Wauters et Poullet, XLIX, 460, 470, 486.

Don d'ouvrages, XLII, 399; XLIII, 303. — Voir *Broeckaert*.

De Prins (A.). — Don d'ouvrage et note bibliographique de M. Poullet sur son livre relatif à Longfellow, XLIII, 304.

De Ram (P.-F.-X.). — M. Julien Leclercq est chargé de l'exécution de son buste, XXIV, 85, 196.

De Rudder (Isidore). — Lauréat du concours d'art appliqué (sculpture), de la Classe des beaux-arts pour 1880, L, 151; envoie une reproduction photographique de sa statue, L, 247.

De Ryckholt (le baron). — Découverte à Woncq d'un dépôt d'argile semblable à l'argile de Boom, XXIX, 130.

Deschamps (A.). — Don d'ouvrages, XXXIX, 952; XLIV, 611; XLV, 300; XLVI, 505.

Deschamps de Pas (L.). — Don d'ouvrage, XLV, 300.

Desmaze (Ch.). — Élu associé de la Classe des lettres, XXXVII, 774; remerciments, XXXVII, 843.

Note bibliographique de M. Thonissen sur son livre : *Les communes et la royauté*, XLIII, 36.

Don d'ouvrages, XXXIX, 149; XLI, 354; XLIII, 34, 36.

De Smet (J.-J.). — Commissaire pour les deux mémoires de concours de 1866 sur l'influence des colonies

saxonnes en Flandre, XXI, 167; rapport, XXI, 432.

Commissaire pour le mémoire de concours de 1866 sur Leibnitz, XXI, 167; rapport, XXI, 438.

Louis, comte de Réthel et de Nevers, fils aîné de Robert de Béthune, accusé de parricide, XXII, 145.

Commissaire pour un mémoire de M. Grünhagen sur les colonies wallonnes de la Silésie, XXII, 342; rapport, XXII, 542.

Le chevalier Bladelin, surnommé Leestemakere, et la ville de Middelbourg en Flandre, XXII, 424.

Commissaire pour une notice de M. Varenbergh, intitulée : *Les voisinages*, XXV, 226; rapport, XXV, 321.

L'ancienne abbaye du Nouveau-Bois, à Gand, XXIX, 500, 548.

Commissaire pour une notice de M. Varenbergh sur Guillaume De Deken, XXXI, 37; rapport, XXXI, 76.

Commissaire pour le mémoire de concours de 1871 sur les pagi de la Belgique au moyen âge, XXXI, 37; rapport, XXXI, 384.

Présente un mémoire sur les Quatre-Métiers et les îles occidentales de la Zélande, XXXI, 182; lecture des rapports de MM. Snellaert, De Decker et Gachard, XXXII, 80.

Commissaire pour une notice de M. De Potter sur les d'Artevelde, XXXII, 184; lecture de son rapport, XXXII, 296.

Commissaire pour la rectification présentée par M. De Potter à son travail : *Hoe en waar overleed Philip Van Artevelde?* XXXIII, 228; lecture de son rapport, XXXIII, 334.

Commissaire pour la notice du même sur la généalogie des d'Artevelde au XIVe siècle, XXXIII, 430.

Commissaire pour la notice de M. Vuylsteke, intitulée : *Aanteekeningen op de twee opstellen van den heer Frans De Potter : Geslachtsboom der Artevelden en Hoe en waar overleed Philip Van Artevelde?* XXXIII, 430.

Rapport sur le mémoire de M. De Potter concernant la famille des d'Artevelde, XXXIV, 63.

Présente un mémoire sur Jean de Hainaut, sire de Beaumont, XXXIII, 54; lecture des rapports de MM. Kervyn de Lettenhove, Chalon et Wauters, XXXIII, 252.

Commissaire pour une notice de M. Varenbergh sur les relations extérieures de la Flandre au moyen âge, XXXIII, 129; rapport, XXXIII, 241.

Commissaire pour les mémoires de concours de 1872 concernant le règne de Marie-Thérèse aux Pays-Bas, XXXIII, 130; rapport, XXXIII, 335, 457.

Commissaire pour le mémoire de M. Varenbergh sur les relations politiques entre la Zélande et la Flandre, XXXV, 51; rapport verbal, XXXV, 795.

Commissaire pour le mémoire de concours de 1873 sur l'histoire politique de la Flandre depuis 1305 jusqu'à l'avènement de la Maison de Bourgogne, XXXV, 101; rapport, XXXV, 543.

Disparition de la ville de Rommerswale en Zélande, XXXV, 796.

Notice sur les premières années de don Juan d'Autriche, fils de Charles-Quint, XXXVIII, 369, 510; lecture des rapports de MM. Juste et Gachard, XXXVIII, 509, 510.

Don d'ouvrages, XXVII, 195; XXVIII, 348.

Sa mort, XLIII, 300.

Discours prononcé à ses funérailles par M. le baron Kervyn, XLIII, 301.

DESPLANQUE. — Présente un travail sur un projet d'assassinat de Philippe le Bon par les Anglais, XXI, 569; rapports de MM. le baron Kervyn, Gachard et Th. Juste, XXII, 115, 117, 118.

Remercîments pour l'impression de son mémoire et résolution des commissaires au sujet des notes du manuscrit, XXII, 230.

Envoi du prospectus de son ouvrage sur les chartes du nord de la France, XXVI, 320.

Desrumeaux (Remi, dit Florimond, en religion). — Orages observés à Louvain du 24 mars au 12 juin 1866, XXII, 106; orages observés à Louvain depuis la fin de juin jusqu'au commencement de septembre 1866, XXII, 213.

Lettre à M. Ad. Quetelet sur les étoiles filantes périodiques du mois de novembre 1866, observées à Louvain, et orages en septembre, XXII, 475.

Communique ses observations sur l'aurore boréale du 24 septembre 1870, XXX, 179.

Communique ses observations météorologiques à Tournai pendant le 1er semestre 1873, XXXVI, 114.

Dessel (C. van). — Demande le dépôt dans les archives, d'une notice sur une collection de monnaies romaines trouvées à Elewyt, XXIX, 35.

Dethier (Émile). — Mention honorable au grand concours de composition musicale de 1877, XLIV, 249, 299.

De Vaux (Ad.). — Réclamation de priorité en faveur de M. l'ingénieur en chef de la 1re division des mines au sujet de l'annonce de la découverte d'un calcaire à Mons par MM. Cornet et Briart, XXI, 262.

Don d'ouvrage, XXI, 3.

Annonce de sa mort et discours prononcé à ses funérailles par M. Maus, XXI, 306.

Devaux (Jules) — Remercie au nom du Roi, pour le toast qui a été porté à Sa Majesté lors du banquet d'installation des Académies en mai 1877, XLIII, 703; mêmes remerciments pour le toast lors du banquet d'installation en décembre 1877, XLIV, 887; XLV, 2, 41, 56.

Annonce la mort de son père, XLIX, 126; remercie pour les condoléances de l'Académie, XLIX, 219.

Devaux (Paul). — Commissaire pour trois mémoires de concours de 1867 concernant l'assistance ouvrière, XXIII, 191; rapport, XXIII, 548.

Commissaire pour un mémoire de M. Félix Nève relatif à la politique romaine en Orient, XXIII, 483.

Commissaire pour un mémoire de de M. Loise sur l'histoire de la poésie, XXIII, 711.

Commissaire pour le mémoire de concours de 1868 sur les systèmes électoraux, XXV, 141; rapport, XXV, 543.

Directeur de la Classe des lettres pour 1870, XXVII, 20; s'excuse de ne pouvoir accepter ces fonctions, XXVII, 195.

Membre de la Commission pour le programme de concours de la Classe des lettres de 1876, XXXVII, 846.

Lecture de la première partie de son travail sur les guerres médiques, XXXVIII, 510; rapports de MM. Wagener et Roulez, XXXIX, 335, 342.

Don d'ouvrages, XXXI, 375; XXXVIII, 666.

Sa mort, XLIX, 126; discours à ses funérailles, par M Faider, XLIX, 126; promesse d'une notice par M. Juste, XLIX, 126.

De Vigne (Paul). — Second prix du grand concours de sculpture de 1869, XXVIII, 302.

Chargé d'exécuter le buste de M. Moke, XXVIII, 571.

Devos (Isidore). — Mention honorable au grand concours de composition musicale de 1873, XXXVI, 243, 285.

Lauréat du grand concours de composition musicale de 1875, XLII, 414, 439.

Liste de souscription de la société *La Fraternité* de Gand pour un monument à élever à sa mémoire, XLII, 795.

Dewalque (Fr.). — Don d'ouvrage, XLII, 3.

Dewalque (G.). — Son opinion sur les faits géologiques émis par M. Malaise dans son travail sur les silex ouvrés de Spiennes, XXI, 11.

Rapport sur le travail de MM. Cornet et Briart sur la Meule de Bracquegnies, XXI, 75.

Commissaire pour le premier travail des mêmes sur le terrain crétacé du Hainaut, XXI, 194; rapport, XXI, 265.

Envoi de ses observations des phénomènes périodiques observés à Liége

en 1866, XXI, 309; en 1867, XXIII, 430; en 1870, XXIX, 662; en 1871, XXXI, 475; en 1873, XXXV, 642; XXXVI, 3; en 1875, XXXIX, 778.

Rapport sur un travail de M. Malaise relatif aux corps organisés, trouvés dans le terrain ardennais de Dumont, XXI, 534.

Membre de la Commission de la Biographie nationale pour la période de 1866-1872, XXII, 3; idem de 1872-1878, XXXIV, 142; idem de 1878-1884, XLVI, 6.

Commissaire pour une notice de MM. Cornet et Briart sur le calcaire grossier de Mons, XXII, 183; rapport, XXII, 262.

Commissaire pour la 3e partie du mémoire de MM. Cornet et Briart sur les fossiles du calcaire grossier de Mons, XLIII, 232; lecture de son rapport, XLIII, 335.

Rapport sur un travail des mêmes sur l'existence dans l'Entre-Sambre-et-Meuse d'un dépôt contemporain du système du tufeau de Maestricht, XXII, 265.

Communication d'une lettre de M. Cornet sur le terrain crétacé du Hainaut, XXII, 551.

Tremblement de terre ressenti à Liége le 3 janvier 1867, XXIII, 52.

Commissaire pour une note de M. Gonthier sur le terrain crétacé de Namur, XXIII, 219; rapport, XXIII, 372.

Observations thermométriques faites pendant l'éclipse de soleil du 5 mars 1867, XXIII, 414.

Commissaire pour une note de M. Van Horen sur une découverte de roches glaciaires, XXV, 72; rapport, XXV, 611.

Commissaire pour un travail de MM. Gosselet et Malaise sur le terrain silurien de l'Ardenne, XXV, 180; rapport, XXV, 413.

Commissaire pour l'aérolithe de Sielce, XXV, 282.

Dépôt dans les archives de la première partie de son travail sur le terrain tertiaire, texte explicatif de la carte de Dumont, XXVI, 249; remis en possession de ce travail, XLVI, 318.

Rapport sur une lettre de M. Gosselet relative au terrain du système ahrien, XXVI, 261.

Commissaire pour un mémoire de MM. Cornet et Briart sur la division de l'étage de la craie blanche du Hainaut en quatre assises, XXVI, 379; rapport, XXVI, 437.

Commissaire pour une notice de MM. Cornet et Briart sur les dépôts qui recouvrent le calcaire carbonifère à Soignies, XXVI, 430; rapport, XXVII, 8.

Directeur de la Classe des sciences pour 1870, XXVII, 5.

Billet cacheté déposé le 6 février 1869, XXVII, 128.

Orages à Liége pendant le premier semestre de 1869, XXVII, 252; du 1er avril au 1er juin 1869, XXVII, 643; du 1er juin au 1er septembre 1869, XXVIII, 398, 406; du 1er janvier au 1er novembre 1870, XXX, 314; en 1871, XXXII, 368.

Commissaire pour un travail de M. Malherbe sur l'origine de la houille dans la province de Liége, XXVII, 363.

Rapport sur le travail de M. Malherbe concernant la présence de chlorures alcalins dans les eaux et les roches du bassin houiller de Liége, XXVIII, 26.

Rapport verbal sur deux notes de M. Fua relatives à un nouveau procédé pour prévenir les explosions dans les mines, XXVII, 364.

Remarque au sujet de la note de M. E. Quetelet sur un bolide observé à Bruxelles le 31 mai 1869, XXVII, 631.

Découverte d'un bloc de cuivre natif à Vielsalm, XXVII, 682.

Commissaire pour le mémoire de concours de 1869 sur les groupes des terrains gedinnien et coblentzien du groupe silurien du Brabant, XXVIII, 139; rapport, XXVIII, 599.

Communication verbale sur le terrain carbonifère de la Belgique, XXVIII, 249.

Président de l'Académie pour 1870, XXVIII, 587.

Commissaire pour une note de M. Boccardo sur la chute d'une substance jaunâtre à Gênes en 1870, XXIX, 158; rapport verbal, XXIX, 346.

Commissaire pour une note de M. Moreau sur le grès landenien, XXIX, 158.

Commissaire pour une note de MM. Cornet et Briart sur les puits naturels du terrain houiller, XXIX, 159; rapport, XXIX, 343.

Commissaire pour une note de MM. Horion et Gosselet relative aux travaux géologiques de MM Cornet et Briart sur la Meule de Bracquegnies, XXIX, 447; rapport, XXIX, 667.

Commissaire pour une notice de M. Mourlon sur la géologie du Maroc, XXIX, 663.

Commissaire pour une notice de M. Van Horen sur l'existence de puits naturels dans la craie sénonienne du Brabant, XXIX, 663; rapport, XXX, 6.

Commissaire pour un travail de M. Malherbe sur la rencontre accidentelle du chlorure ammonique dans le bassin houiller de Liége, XXX, 4.

Discours sur la marche des sciences minérales en Belgique, XXX, 439, 457.

Chevalier de l'ordre de Léopold, XXX, 455.

Commissaire pour une note de M. Havrez sur la mesure chromatique de l'effet des doses d'alun, de tartre et des sels d'étain sur la teinture des laines, XXXI, 32; XXXII, 3.

Sur les dents de poisson du dépôt de transport de la Meuse et de ses affluents, XXXII, 50.

Sur quelques fossiles des ardoises coblenciennes de l'Ardenne, XXXII, 52.

Commissaire pour une notice de M. Malherbe sur le caractère paléontologique de certaines couches du bassin houiller de Liége, XXXII, 236; rapport, XXXII, 368.

Rapport sur une notice de MM. Cornet et Briart sur la position stratigraphique des lits coquilliers dans le terrain houiller du Hainaut, XXXIII, 6.

Discours aux funérailles de M. Spring, XXXIII, 93.

Rapport sur un mémoire de M. Havrez sur l'absorption des sels métalliques par la laine mordancée, XXXIII, 173.

Rapport verbal sur la nouvelle rédaction du mémoire couronné de M. Malaise sur le terrain silurien du centre de la Belgique, XXXIII, 300.

Rapport sur la 3e note de MM Lucien de Koninck (et Davreux) sur les minéraux belges, XXXIII, 310.

Ouverture d'un billet cacheté, daté du 4 février 1859, XXXIII, 388.

Sur l'époque à laquelle *Tetrao lagopus*, L., a disparu de la Belgique, XXXIV, 21.

Commissaire pour une note rectificative de M. Schuermans concernant l'époque des tumuli en Belgique, XXXIV, 447; demande son remplacement, XXXIV, 559.

Sur la présence du blé dans une caverne à ossements de la province de Namur, XXXIV, 22.

Un spongiaire nouveau du système eifelien, XXXIV, 23.

Commissaire pour le mémoire de concours de 1872 sur les roches plutoniennes de la Belgique et de l'Ardenne française, XXXIV, 141; rapport, XXXIV, 593.

Membre de la Commission permanente des paratonnerres, XXXIV, 401; donne sa démission, XLIII, 715.

Communication verbale sur la nature des terrains anciens, XXXIV, 424.

Billet cacheté déposé le 4 janvier 1873, XXXV, 3.

Lecture de son rapport sur le projet de M. Dupont de publier une histoire naturelle générale de la Belgique, XXXV, 189.

Commissaire pour un mémoire de MM. de Saporta et Marion sur l'état de la végétation à l'époque des marnes heersiennes de Gelinden, XXXV, 460; rapport, XXXV, 463.

Commissaire pour le mémoire de concours de 1873 sur les relations

de la chaleur avec le développement des végétaux phanérogames, XXXV, 644; rapport, XXXVI, 668.

Commissaire pour le mémoire de concours de 1873 sur le système houiller du bassin de Liége, XXXV, 645; rapport, XXXVI, 696.

Sur la corrélation des formes cambriennes de la Belgique et du pays de Galles, XXXVII, 596, 801.

Annonce la fondation de la Société géologique de Belgique. XXXVIII, 3.

Commissaire pour le mémoire de concours de 1874 sur les roches plutoniennes de la Belgique et de l'Ardenne française, XXXVIII, 296; rapport, XXXVIII, 756.

Commissaire pour la 2de partie du mémoire couronné de MM. de la Vallée Poussin et Renard sur les roches plutoniennes, XL, 447; rapport, XLI, 407.

Demande que l'Académie adhère au principe de fédération des sociétés scientifiques de Belgique, XXXVIII, 403.

Commissaire pour une note de M. Malherbe sur les chlorures alcalins de la formation houillère, XXXVIII, 558; rapport, XXXIX, 11.

Commissaire pour un travail de M. Mourlon sur l'étage devonien des psammites du Condroz, en Condroz, XXXIX, 250; rapport, XXXIX, 469.

Commissaire pour un travail de M. Gilkinet sur les fossiles de l'étage des psammites du Condroz, XXXIX, 250; rapport, XXXIX, 363.

Commissaire pour un nouveau travail de M. Crépin sur la flore fossile des psammites du Condroz, XXXIX, 779; rapport, XL, 53.

Propose de publier une nouvelle édition de la carte géologique de la Belgique par Dumont, XXXIX, 949; commissaire pour l'examen de cette proposition, XXXIX, 950.

Commissaire pour un travail de M. Gilkinet sur des fossiles de l'étage du poudingue de Burnot, XL, 4; rapport, XL, 71.

Relation de coups de foudre à Liége en 1875 et à Grimonster en 1869, XL, 13.

Note bibliographique sur sa traduction d'un travail de M. Sterry Hunt : *Histoire des noms cambrien et silurien en géologie*, XL, 51.

Commissaire pour les mémoires de concours de 1875 sur le bassin houiller de la province de Liége, XXXIX, 780; XL, 53; rapport, XL, 900.

Rapport sur la publication d'une nouvelle carte géologique de la Belgique, XL, 59, 274, 448.

Commissaire pour la lettre de M. le Ministre de la Guerre sur ce sujet, XL, 898.

Commissaire pour un travail de M. Mourlon sur l'étage devonien des psammites du Condroz dans le bassin de Theux, XL, 271; rapport, XL, 673.

Commissaire pour une note de M. Hennequin sur un nouveau tirage de la carte géologique de la Belgique de Dumont, XLI, 2; lecture de son rapport, XLI, 225.

Commissaire pour les inscriptions des médailles de MM. de Macar et Malherbe, XLI, 3, 226; rapport, XLI, 227.

Commissaire pour l'évaluation des frais de publication de leurs mémoires, XLI, 222; lecture de son rapport, XLI, 458.

A propos de la carte géologique détaillée de la Belgique, XLI. 15.

Communication relative aux manuscrits de Dumont, XLI, 1071.

Membre de la Commission pour la nouvelle carte géologique de la Belgique, XLI, 1150.

Sur les manuscrits d'André Dumont et les commentaires de M. Éd. Dupont, XLII, 97; proposition relative à la publication de ces manuscrits, XLII, 183; décision, XLII, 241; demande relative à l'exécution de la nouvelle carte géologique de la Belgique, XLIII, 231.

Commissaire pour un mémoire de MM. le comte G. de Saporta et Marion intitulé : *Révision de la flore heersienne de Gelinden*, XLIII, 429, 729.

Commissaire pour une note de M. La-

minne sur une météorite tombée à Tongres, le 24 juillet 1878, XLVI, 319.

Dons d'ouvrages, XXVI, 248; XXVIII, 123; XXXVII, 799; XXXVIII, 799; XXXIX, 3; XL, 51; XLII, 3, 828; XLIII, 318; don d'une carte géologique de la Belgique, XLIX, 3.

DEWEZ-CHAUDOIR. — Don d'ouvrage, XLI, 681.

Note bibliographique de M. Le Roy sur un exemplaire de l'Histoire générale de la Belgique de Dewez, annoté par l'auteur, XLI, 685.

DE WILDE (P.). — Action de l'hydrogène sur l'acétylène et l'éthylène sous l'influence du noir de platine, 1re note, XXI, 31; 2e note, XXXVII, 73.

Présente diverses notes de chimie, XXXVI, 451.

Contributions à la théorie du blanchiment, XXXVII, 62.

Sur la préparation de l'acétylène, XXXVII, 71.

Préliminaire sur l'action de l'effluve électrique sur quelques gaz et mélanges gazeux, XXXVII, 77.

Rapports de MM Stas, de Koninck et Melsens sur ces notes, XXXVII, 10, 12, 13, 14.

DE WITTE (le baron J.). — Promesse d'une notice sur Éd. Gerhard, XXIV, 84

Commissaire pour un travail de M. Rodenbach sur l'étalon prototype universel des mesures de longueur, XXVIII, 571; rapport, XXIX, 543.

Commissaire pour une note de M. Schuermans sur la découverte d'objets étrusques en Belgique, XXXIII, 430; rapport, XXXIII, 518.

Commissaire pour une note du même sur des inscriptions trouvées en Belgique, XXXIII, 513; lecture de son rapport, XXXIV, 180, 354.

Commissaire pour une note du même intitulée : *Découverte d'ambre en Belgique*, XXXIV, 55; rapport, XXXIV, 177.

Commissaire pour les notes suivantes de M. Schuermans; 1° Inscriptions trouvées en Belgique; 2° la déesse Viradethis; 3° note rectificative présentée à la Classe des lettres, XXXIV, 334, 431; rapport, XXXIV, 530.

Commissaire pour un travail de M. Van Bastelaer sur les vernis, etc., des poteries romaines, XLI, 1076; rapport, XLII, 192; XLIV, 241.

Notice biographique sur M. Roulez, XLVI, 910.

Commissaire pour une note de M. Galesloot sur la découverte d'une tombe romaine à Lovenjoul et un mot sur les vestiges d'une villa de cette époque à Laeken, XLVII, 443; rapport, XLVII, 854.

Dons d'ouvrages, XXI, 429; XXV, 319, 505; XXVII, 312, 429; XXIX, 499; XXX, 135; XXXI, 375; XXXIV, 333; XXXVI, 376, 635; XXXVII, 600; XXXIX, 662; XLI, 1075, 1327; XLIII, 612; XLIV, 816; XLVII, 212, 237, 830; XLVIII, 692; XLIX, 222, 680.

D'HANE DE STEENHUYSE. — Don d'ouvrages, XLI, 866; XLII, 399; XLVII, 109; XLVIII, 72. — Voir *Du Fief*.

DIELTJENS (Ernest). — Lauréat du grand concours d'architecture de 1871, XXXII, 127, 139.

Requête demandant que la pension de voyage des lauréats soit augmentée, XXXIII, 482.

Projet d'itinéraire pour ses voyages, XXXIV, 126, 207.

Soumet un projet-copie réglementaire, XL, 214, 243; rapport de la commission chargée de l'examen, XL, 406, 620.

Envoi de son 12e rapport semestriel, XL, 226; de son 13e rapport, XLI, 718; examen de ces rapports par MM. De Man et Balat, XLII, 402; réclamation de M. Balat, XLII, 639; copie de son 14e rapport, XLIV, 843; rapports des mêmes, XLV, 136; XLVI, 550.

DIELTJENS (Eugène). — Second prix, en partage, du grand concours d'architecture de 1879, XLVIII, 260, 323.

DIETZ (Éd.). — Don d'ouvrage, XXX, 419.

DILLENS (Julien). — Lauréat pour la peinture du concours d'art appliqué de la Classe des beaux-arts de 1874, XXXVIII, 389, 400.
Lauréat du même concours en 1875, XL, 241, 243, 266.
Lauréat du grand concours de sculpture en 1877, XLIV, 258, 299; pension de voyage, XLV, 135; 1er rapport semestriel, XLVI, 287; appréciation de MM. J. Geefs et Fraikin, XLVI, 934; 2e rapport, XLVII, 216; appréciation par les mêmes, XLVII, 731, 911; 3e rapport, XLVIII, 573; appréciation par les mêmes, XLIX, 133, 254; 4e et 5e rapports, XLIX, 593; appréciation des 4e et 5e rapports, L, 67, 135, 146, 283, 322.

DINANT (Ville de). — Circulaire relative à un monument à élever à Wiertz, XXXIII, 159

DIRECTION DES TÉLÉGRAPHES BELGES. — Rapport sur le coup de foudre qui a frappé la tourelle de la station de Malines, le 17 juillet 1872, XXXIV, 147.

DIRKS (Joseph). — Mention honorable au grand concours de gravure de 1874, XXXVIII, 389, 400.

DOCQ. — Présente un mémoire sur l'appareil auditif, XXIV, 278; rapports de MM. Plateau et Schwann, XXV, 79, 80.

DOGNÉE (E.). — Don d'ouvrage, XXVIII, 287.

DONDERS (F.-C.). — Élu associé de la Classe des sciences, XXVIII, 664; remercîments, XXIX, 2.

DOHRN (Ant.). — Communication verbale de M. P.-J. Van Beneden sur son projet d'établir au bord de la mer à Naples une Station pour l'étude de la vie des animaux dans les aquariums, XXX, 185; demande que l'Académie prenne part aux travaux de sa Station zoologique, XLVII, 306; lecture du rapport sur cette demande, XLVII, 744.

DÖLLINGER (VON). — Élu associé de la Classe des lettres, XXI, 450.

DONALDSON (Th.). — Don, au nom de l'*Art Union*, de Londres, de deux gravures publiées par cette institution, XL, 227.
Don d'ouvrages, XXXI, 22, 49; XL, 227; XLI, 1339.
Lettre à M. Ad. Quetelet sur trois de ses ouvrages, XXXI, 49.

DONNY (F.). — Élu membre de la Classe des sciences, XXII, 553, 611; approbation royale de son élection, XXIII, 2; remercîments, XXIII, 2.
Commissaire pour un travail de M. J. Plateau sur la transformation spontanée d'un cylindre liquide en sphères isolées, XXIII, 687; rapport, XXIV, 5.
Commissaire pour un mémoire de M. Paul Havrez sur les lois de la filtration, XXV, 180.
Sur la recherche de l'arsenic, XXV, 192.
Commissaire pour un travail de M. Blacs sur la murrayine, XXVI, 3.
Commissaire pour une note de M. Radzizewsky sur l'acide phénil-acétique, XXVI, 135.
Interprète des sentiments de l'Académie aux funérailles de M. Coemans. XXXI, 30.
Commissaire pour une note de M. Havrez sur la mesure chromatique de l'effet des doses d'alun, de tartre et des sels d'étain sur la teinture des laines, XXXI, 32; XXXII, 3.
Commissaire pour un travail de M. Tommasi sur l'action du magnésium sur les composés minéraux et organiques, XXXI, 55; rapport verbal, XXXI, 205.
Annonce que la note de M. Tommasi sur l'action de l'iodure plombique sur quelques acétates métalliques a déjà été publiée, XXXIII, 104.
Commissaire pour une note de M. Swarts sur les falsifications de la chicorée par la tourbe, XXXI, 111; rapport, XXXI, 200.
Commissaire pour une 2e notice de M. Lucien de Koninck sur les minéraux belges, XXXII, 155; rapport, XXXII, 250.
Commissaire pour la rectification de MM. Lucien de Koninck et Marquart

à leur notice sur la Bryonicine, XXXII, 236; rapport, XXXIII, 6.
Commissaire pour une notice de M. Swarts sur les dérivés par addition de l'acide itaconique et de ses isomères, XXXII, 335; rapport, XXXIII, 11.
Commissaire pour une note de M. Lucien de Koninck (et M. Marquart) sur l'action du perchlorure de phosphore sur la nitronaphtaline, XXXIII, 3.
Commissaire pour une 3e note de MM. Lucien de Koninck (et Davreux) sur les minéraux belges, XXXIII, 92.
Rapport sur le mémoire de M. Havrez concernant l'absorption des sels métalliques par la laine mordancée; XXXIII, 173.
Membre du jury pour le 1er concours du prix Guinard, XXXIII, 511.
Commissaire pour une note de M. Dubois sur les camphres, XXXIV, 4; rapport verbal, XXXIV, 146.
Commissaire pour deux notes de M. Melsens sur le chlorure de sulfuryle et l'anhydride sulfureux, XXXIV, 244; lecture de son rapport, XXXIV, 448.
Commissaire pour une note de M. Henry sur les dérivés glycériques, allyliques et propargyliques, XXXV, 332; rapport, XXXV, 461.
Commissaire pour une notice historique de M. Melsens sur Van Helmont, XXXVI, 115.
Commissaire pour la nouvelle rédaction de ce travail, XXXVIII, 293; lecture de son rapport, XXXVIII, 407.
Commissaire pour une deuxième note historique sur Van Helmont par M. Melsens, XLI, 225; lecture de son rapport, XLI, 451.
Commissaire pour une notice de M. Henry sur les dérivés dyallyliques, XXXVI, 603.
Commissaire pour une note de M. W. Spring sur l'acide hyposulfureux et l'acide trithionique, XXXVI, 603.
Commissaire pour une nouvelle note de M. Dubois sur les camphres, XXXVII, 160; rapport, XXXVII, 271.
Commissaire pour une note de M. Rottier sur la conservation du bois, XXXVIII, 406; rapport, XXXVIII, 560.
Commissaire pour une note de M. Petermann sur les gisements de phosphates en Belgique, XXXVIII, 652; rapport, XXXIX, 13.
Commissaire pour la seconde note de M. Petermann sur les gisements de phosphates en Belgique, XLV, 3.
Commissaire pour une note de M. E. Simon sur l'acide humique naturel, XXXVIII, 652; rapport, XXXIX, 91.
Rapport sur la note de M. Petermann sur la présence du cuivre dans le genièvre, les vinasses et les fumiers, XXXIX, 84ter.
Commissaire pour un travail de M. W. Spring sur les acides du chlore, XXXIX, 444; rapport, XXXIX, 784.
Réserves au sujet de la motion de M. Alvin sur les dangers d'incendie qu'offre le laboratoire de chimie de l'École industrielle de Bruxelles, XL, 666.
Commissaire pour un travail de M. Bruylants sur les résines, XLI, 224; rapport, XLI, 451.
Commissaire pour un travail de MM. Spring et Levy sur les acides tétra-trithioniques, XLI, 1153
Commissaire pour un travail de M. Bruylants sur les résines, XLII, 4; rapport, XLII, 252.
Commissaire pour un mémoire de M. Stas sur le rapport proportionnel entre l'argent, les chlorures et les bromures, XLII, 240; lecture de son rapport, XLII, 461.
Commissaire pour un travail de MM. Spring et Arisqueta sur les actions du chlore sur le peroxyde d'argent, XLII, 240; rapport, XLII, 480.
Commissaire pour le mémoire de concours de 1876 sur l'acide urique, XLII, 254; rapport, XLII, 951.
Commissaire pour un travail de M. Chevron concernant l'action de l'acide azotique sur l'éthylène et du peroxyde d'azote sur l'acétylène, XLIII, 4; rapport, XLIII, 80.

Commissaire pour un travail de M. Van Monckhoven sur la reproduction photographique des spectres ultra-violets des gaz, XLIII, 4; rapport, XLIII, 80.

Commissaire pour une note de M. De Heen sur l'ébullition des solutions salines, XLIII, 63.

Membre de la Commission des paratonnerres, XLIII, 715.

Commissaire pour un mémoire de concours de 1877 sur les substances albuminoïdes, XLIV, 119; rapport, XLIV, 675.

Commissaire pour un travail de M. Motteu sur l'histoire du sucre (saccharose), XLIV, 318; rapport, XLIV, 319.

Commissaire pour le travail de M. De Heen sur la fluidité des liquides, XLV, 71; rapport, XLV, 743.

Note sur la liquéfaction des gaz, XLV, 85.

Commissaire pour un travail de M. Theunis sur le dosage des matières tannantes, XLVI, 585.

Commissaire pour un travail du même sur la méthode d'analyse pour le dosage d'un mélange, XLVI, 585.

Commissaire pour un travail de M. Monier sur une opale hydrophane, XLVI, 585.

Rapport sur un travail de M. De Heen concernant la dilatabilité des solutions salines, XLVIII, 16.

Commissaire pour un travail de M. Jorissen sur des réactions nouvelles permettant de caractériser de très-faibles quantités de morphine, XLVIII, 340; rapport, XLVIII, 458.

Sur un moyen propre à distinguer le beurre artificiel du beurre naturel, XLVIII, 461.

Commissaire pour un travail de M. Fiévez sur les raies spectrales de l'hydrogène et de l'azote, XLIX, 4; rapport, XLIX, 90.

Commissaire pour un travail de M. Spée sur la raie dite de l'Hélium, XLIX, 148; rapport, XLIX, 312.

Rapport sur une note de M. Jorissen concernant l'huile de fusel, L, 82.

D'Ourches (le marquis). — Prix créés pour découvrir les signes de la mort réelle, XXVI, 378.

Dove (G.-H.). — Élu associé de la Classe des sciences, XXXIV, 652.

Dons d'ouvrages, XXXIX, 248; XL, 667.

Sa mort, XLVII, 486.

Drake (Fr.). — Élu associé de la Classe des beaux-arts, XXI, 67; remercîments, XXI, 186.

Drèze (P.). — Présente un travail sur un nouveau système de cartes géographiques, XXIV, 3; rapports de MM. Catalan et E. Quetelet, XXIV, 283.

Drival (Van). — Dons d'ouvrages, XXIX, 386.

Droogenbroeck (J. Van). — Lauréat du concours des cantates flamandes en 1873, pour son poëme intitulé : *Torquato Tasso's Dood*, XXXVI, 104, 243, 292; traduction, XXXVI, 285.

Lauréat du concours des cantates flamandes en 1879, pour son poëme intitulé : *Camoëns*, XLVIII, 260, 323, 330; traduction, XLVIII, 324.

Du Belt (pseudonyme). — Voir *Beltjens*.

Dubois (Alphonse). — Observations touchant la faune de la Belgique, XXXVI, 344.

Remarques sur la variabilité de certaines espèces du genre calliste, XXXVII, 802; XXXVIII, 124; rapports de MM. de Selys Longchamps et P.-J. Van Beneden, XXXVIII, 19, 22.

Sur un Spizaëte nouveau, XXXVIII, 4, 129.

Remarques morphologiques sur les espèces du sous-genre Xanthoura, XXXVIII, 406, 488; rapport verbal de M. de Selys Longchamps, XXXVIII, 407.

Sur un Coccyzus tué en Belgique, XXXIX, 4, 40; rapports de MM. de Selys Longchamps et F. Plateau, XXXIX, 14.

Sur quelques oiseaux nouveaux, XL, 447, 797; rapport de M. de Selys Longchamps, XL, 684.

Oiseaux nouveaux et remarques sur la faune de Belgique, XLVII, 823, 827;

rapport verbal du même, XLVII, 755.

DUBOIS (Éd.). — Sur l'acide phénique monochloré, XXIII, 53, 266; rapports de MM Kekulé et Stas, XXIII, 221.

Présente deux notices : 1° Sur un nouveau mode de formation du sulfate diéthylique; 2° Transformation de l'acide citrique en acide tricarballylique, XXXII, 3, 70, 74; rapports de MM. de Koninck et Donny, XXXII, 42, 43.

Recherches sur les camphres, XXXIV, 4, 170; rapports verbaux de MM. de Koninck et Donny, XXXIV, 146; nouvelle note sur les camphres, XXXVII, 160, 281; rapports de MM Donny et Melsens, XXXVII, 271, 275.

Sur le chlorure de sulfuryle, XLI, 755; XLII, 126; rapports de MM Stas, de Koninck et Melsens, XLII, 13, 14.

Deux billets cachetés déposés dans la séance du 6 juillet 1878, XLVI, 2.

DU BUS (le vicomte B.). — Directeur de la Classe des sciences pour 1867, XXI, 3.

Commissaire pour un mémoire de M. P.-J. Van Beneden sur les polypes du littoral belge, XXI, 75; lecture de son rapport, XXI, 206.

Membre de la Commission spéciale des finances de la Classe des sciences pour 1867, XXIII, 4; pour 1869, XXVI, 431; pour 1870, XXVIII, 528; pour 1871, XXX, 375.

Président de l'Académie pour 1867, XXIII, 22, 50.

Membre du jury chargé de juger la 4e période du concours quinquennal des sciences naturelles (1862 à 1866), XXIII, 50.

Sur quelques mammifères du crag d'Anvers, discours prononcé à la séance publique de la Classe des sciences de 1867, XXIV, 562.

Sur différents ziphiides du crag d'Anvers, XXV, 621.

Sur une découverte paléontologique faite à Boom, XXVI, 20.

Commissaire pour un mémoire de M P.-J. Van Beneden, intitulé : *Une balénoptère capturée dans l'Escaut en 1869*, XXX, 283; extraits de son rapport, XXX, 375.

Commissaire pour un mémoire de M. Éd. Van Beneden sur un dauphin nouveau de la baie de Rio de Janeiro, XXXV, 459; lecture de son rapport, XXXVI, 299.

Sa mort, XXXVIII, 290.

DUCPÉTIAUX (Éd.). — Commissaire pour les deux mémoires de concours de 1866 sur l'assistance ouvrière, XXI, 168; rapport, XXI, 440.

Sur la mortalité des enfants, XXII, 119.

Commissaire pour les trois mémoires de concours de 1867 sur l'assistance ouvrière, XXIII, 191; rapport, XXIII, 526.

La question ouvrière, XXIII, 623.

Sa mort, XXVI, 196.

Discours prononcé à ses funérailles, par M. Kervyn de Lettenhove, XXVI, 196.

DUCPÉTIAUX (Madame). — Arrêté royal autorisant l'acceptation du legs de la bibliothèque de son mari, L, 122; mise de ce legs à la disposition de l'Académie par M. Delehaye, L, 180.

DUFIEF. — Voir *d'Hane de Steenhuyse*.

DUFRESNE. — Proposition d'étendre l'action de la Croix Rouge aux œuvres d'art en temps de guerre, XLVIII, 430; rapports de MM. Fétis, Balat, Fraikin et Slingenayer, XLVIII, 577, 722.

DU MON. — Don d'ouvrage, XLIX, 271.

Note bibliographique de M. Nolet de Brauwere van Steeland sur son volume de poésies, XLIX, 276.

DU MONCEL (le comte Th.). — Lettre relative à la note de MM. Navez père et fils sur la théorie du téléphone, XLV, 608; rapport de MM. Melsens, Brialmont et Van der Mensbrugghe, XLV, 577; avis favorable à l'impression de sa seconde lettre, XLVI, 14; impression, XLVI, 72; dépôt aux archives de sa troisième lettre, XLVI, 318.

Lettre relative à la cinquième note de M. Melsens sur les paratonnerres, XLVI, 381; appendice à cette note par M. Melsens, XLVI, 582.

DUMONT (André). — Son monument élevé à Liége. XXII, 2.

DU MORTIER (B.-C.). — Commissaire pour le mémoire de M. Crépin, intitulé : *Prodrome d'une monographie générale des roses*, XXXIII, 493; rapport, XXXIV, 244.

Interpellation au sujet de la répartition des locaux entre les deux Académies dans leur nouveau palais, XLIII, 649.

Don d'ouvrage, XL, 270.

Sa mort, XLVI, 174; discours à ses funérailles par M. Crépin, XLVI, 178; lecture de sa notice par le même, XLVI, 966.

Souscription pour son monument, XLVI, 315, 502.

DU MOULIN (le Dr). — Don d'ouvrage, XLIV, 455.

DUPIN (le baron Ch.). — Sa mort, XXXV, 100.

DUPONT (le chanoine). — Don d'ouvrages, XXXIX, 952, 969.

Notice bibliographique de M. Thonissen sur ces ouvrages, XXXIX, 969.

DUPONT (A.-H.-H.). — Don d'ouvrage, L, 273.

Note bibliographique de M. Thonissen sur son livre : *Le Dante aux Pays-Bas*, L, 275.

DUPONT (Éd.). — Étude sur le terrain quaternaire des vallées de la Meuse et de la Lesse dans la province de Namur, XXI, 75, 366; rapports de MM. d'Omalius et P.-J. Van Beneden, XXI, 203, 205.

Présente un travail sur les résultats des fouilles scientifiques exécutées dans les cavernes des bords de la Lesse, XXI, 263; rapports de MM. d'Omalius et P.-J. Van Beneden, XXI, 532, 534.

Présente un travail sur trois cavernes de la province de Namur, explorées pendant les mois de mars et d'avril 1866, XXI, 526.

Note sur trois cavernes de la province de Namur, explorées en avril et mai 1866, XXII, 55; rapport de M. d'Omalius, XXII, 6.

Études sur les fouilles scientifiques exécutées pendant l'hiver de 1865-1866 dans les cavernes des bords de la Lesse, XXII, 31.

Présente un travail sur l'ethnographie de l'homme de l'âge du Renne dans les cavernes de la vallée de la Lesse, XXII, 107; rapports de MM. d'Omalius, P.-J. Van Beneden et Spring, XXII, 185, 187.

Élu correspondant de la Classe des sciences, XXII, 553, 612; remerciments, XXIII, 2.

Élu membre de la Classe des sciences, XXVIII, 664; remerciments, XXIX, 2; approbation royale de son élection, XXIX, 2.

Étude de cinq cavernes explorées dans la vallée de la Lesse et le ravin de Falmignoul, XXIII, 53, 224; rapports de MM. d'Omalius, P.-J. Van Beneden et Spring, XXXIII, 220.

Communication par M. le Ministre de l'Intérieur de son rapport général sur les fouilles des cavernes des environs de Dinant, XXIII, 219.

Étude sur une caverne située sur la Meuse, dans la commune de Bouvignes, XXIII, 367, 465; rapports de MM. d'Omalius et P.-J. Van Beneden, XXIII, 433, 434.

Présente une étude sur les cavernes du bois de Foy à Montaigle, XXIII, 687.

Étude sur les cavernes du bois de Foy à Montaigle, XXV, 499.

Découverte d'objets gravés et sculptés dans le trou Magrite, à Pont-à-Lesse, XXIV, 129.

Sur l'emploi probable de l'oligiste trouvé dans la couche de l'âge du Renne dans la caverne de Chaleux, XXIV, 483.

Sur la succession des temps quaternaires, d'après les modifications observées dans la taille du silex, XXV, 38.

Découverte d'une caverne à Goyet, XXVII, 193.

Bâtons de commandement découverts dans la caverne de Goyet, XXVII, 274.

Observations sur la constitution du

calcaire carbonifère de la Belgique, XXXI, 147.

Sur une nouvelle exploration des cavernes d'Engis, XXXIII, 504.

Commissaire pour un mémoire de M. Gosselet sur les calcaires devoniens de l'Entre-Sambre-et-Meuse, XXXIV, 447; lecture de son rapport, XXXV, 20.

Commissaire pour la note rectificative de M. Schuermans sur l'époque de l'érection des tumuli en Belgique, XXXIV, 447, 559; rapport sur une note rectificative de M. Schuermans concernant la note de M. Dewalque sur l'époque à laquelle *Tetrao lagopus* a disparu de la Belgique, XXXV, 94, 193.

Lecture des rapports de MM. Stas et Dewalque sur son projet de publier une histoire naturelle générale de la Belgique, XXXV, 189.

Note sur le terrain devonien, XXXVII, 196.

Commissaire pour une note de M. A. Dubois sur un Spizaëte nouveau, XXXVIII, 4.

Promesse d'une notice sur M. d'Omalius, XXXIX, 54.

Commissaire pour un travail de M. Mourlon sur l'étage devonien des psammites du Condroz, XXXIX, 250; rapport, XXXIX, 477.

Sur le calcaire carbonifère entre Tournai et les environs de Namur, XXXIX, 264.

Commissaire pour un nouveau travail de M. Crépin sur la flore fossile des psammites du Condroz, XXXIX, 779; rapport, XL, 56.

Commissaire pour la proposition de publier une nouvelle édition de la carte géologique de la Belgique par Dumont, XXXIX, 950; rapports sur la publication d'une nouvelle édition de la carte géologique de la Belgique, XL, 59, 291, 448, 668.

Commissaire pour un travail de M. Mourlon sur l'étage devonien des psammites du Condroz dans le bassin de Theux, XL, 271; rapport, XL, 676.

Commissaire pour un travail anonyme sur les dépôts littoraux de l'assise paniselienne dans les environs de Bruxelles, XL, 447; rapport, XL, 678.

Note sur les manuscrits d'André Dumont, XLI, 458.

Proposition relative à la publication des manuscrits de Dumont, XLII, 183; décision sur cette proposition, XLII, 241.

Membre de la Commission pour la nouvelle carte géologique de la Belgique, XLI, 1150.

Commissaire pour le programme du concours de Stassart pour une notice sur un Belge célèbre, XLII, 4, 495.

Commissaire pour les travaux de M. Mourlon : 1° sur les dépôts des sables verts des environs d'Anvers, XLII, 241; rapport, XLII, 669; 2° sur l'étage devonien des psammites du Condroz dans le bassin de la vallée de la Meuse, XLII, 461; rapport, XLII, 831.

Découverte de nombreux vestiges de l'âge de la pierre polie, XLII, 489.

Commissaire pour un travail du docteur Lambert sur le système dentaire des races humaines, XLIII, 64; rapport, XLIII, 469.

Commissaire pour un travail de MM. de la Vallée Poussin et Renard sur un fragment de roche tourmalinifère du poudingue de Bousalle, XLIII, 232; rapport, XLIII, 333.

Commissaire pour un travail de M. Mourlon sur le classement stratigraphique des phoques fossiles recueillis dans les terrains d'Anvers, XLIII, 325; rapport, XLIII, 474.

Commissaire pour un travail de M. Renard sur les phthanites du calcaire carbonifère de la Belgique, XLVI, 177; rapport, XLVI, 323.

Commissaire pour une lettre de M. Brachet sur l'homme fossile en Belgique, XLVI, 319; rapport verbal, XLVI, 588.

Sur la découverte d'ossements d'iguanodon, de poissons et de végétaux dans la fosse Sainte-Barbe du charbonnage de Bernissart (Péruwelz), XLVI, 387.

Note bibliographique sur la 1re partie

de la Faune du calcaire carbonifère de la Belgique, par M. L.-G. De Koninck, XLVI, 582.

Sur les alluvions torrentielles qui se déposent de nos jours sur les plateaux de l'Entre-Sambre-et-Meuse et du Condroz, XLVI, 643.

Commissaire pour une demande de M. le Ministre de l'Intérieur relative à la Station zoologique de Naples, XLVII, 306; lecture de son rapport, XLVII, 744.

Commissaire pour le programme des recherches que M. Fœttinger se propose de faire à la Station zoologique de Naples, XLIX, 82; lecture de son rapport. XLIX, 148.

Commissaire pour un mémoire de M. Van den Broeck sur les phénomènes d'altération des dépôts superficiels par l'infiltration des eaux météoriques, XLIX, 147; rapport, XLIX, 618.

Billet cacheté déposé le 9 octobre 1880, L, 3.

Don d'ouvrages, XXXII, 3; XXXIV, 139; XXXIX, 247; XLI, 1152; XLIX, 146; L, 153.

Dupont (J.). — Membre du jury chargé de juger le grand concours de composition musicale de 1877, XLIII, 751.

Duprez (Fr.). — Sur la température de janvier 1866 à Gand, XXI, 130.

Commissaire pour un travail de M. Perrey sur les tremblements de terre en 1864, XXI, 194; rapport, XXI, 264; en 1865, XXIII, 219; rapport, XXIII, 373; en 1866 et en 1867, XXV, 611; rapport, XXVI, 251; en 1868, XXIX, 63; rapport, XXIX, 338; en 1870, XXXVI, 299; rapport, XXXVI, 603; en 1871, XXXVII, 802; rapport, XXXVIII, 297; en 1872, XL, 52; rapport, XL, 452.

Commissaire pour une notice de M. Zenger sur une nouvelle machine d'induction, XXI, 195.

Commissaire pour un travail de M. de La Nux sur la météorologie et l'agriculture, XXI, 263.

Commissaire pour un mémoire de M. F. Plateau sur la vision des poissons et des amphibies, XXI, 309.

Commissaire pour un mémoire de M. E. Quetelet sur la température de l'air à Bruxelles, XXII, 2; lecture de son rapport, XXII, 109.

Commissaire pour une notice de M. Wouwermans sur le climat de la Belgique, XXII, 3.

Commissaire pour une notice de M. Brachet sur une lampe électrique, XXII, 3.

Commissaire pour un travail de M. H. Valerius sur un analyseur acoustique, XXII, 107.

Commissaire pour un travail de M. Montigny sur des mésures altitudes barométriques de la tour de la cathédrale d'Anvers, XXII, 260; rapport, XXIII, 74.

Commissaire pour un travail de M. F. Plateau sur la transformation spontanée d'un cylindre liquide en lames minces, XXIII, 687; rapport, XXIV, 4.

Observations des étoiles filantes à Gand du 9 au 12 août 1887, XXIV, 289.

Commissaire pour un mémoire de M. Montigny relatif au pouvoir dispersif de l'air, XXIV, 436.

Commissaire pour une notice de M. A. Lecomte relative à des observations sur la grêle, XXV, 284; rapport, XXV, 404.

Commissaire pour un mémoire de M. Brück sur les étoiles filantes, XXV, 405; lecture de son rapport, XXVI, 250.

Commissaire pour la 8e série du mémoire de M. J. Plateau sur les figures d'équilibre, XXVI, 3; lecture de son rapport, XXVI, 136; commissaire pour les 9e, 10e et 11e séries du même travail, XXVI, 249; lecture de son rapport, XXVI, 380.

Discussion des observations d'électricité atmosphérique recueillies à Gand et comparaison entre ces observations et celles faites en d'autres lieux, 1re parie, XXVI, 144; 2e partie, XXXI, 212; lecture de son rapport, XXVI, 239, 380.

Membre du jury chargé de juger la 4e période du concours quinquennal des sciences mathématiques et physiques (1864 à 1868), XXVI, 430; idem pour la 6e période, XLVII, 2.

Commissaire pour une note de M. D. Leclercq sur les orages observés à Liége en 1868, XXVII, 4; rapport, XXVII, 249.

Commissaire pour un mémoire de M. Van der Mensbrugghe sur la tension superficielle des liquides, XXVII, 615.

Commissaire pour une note de M. Stanislas Meunier sur la pierre météorique tombée à Saint-Denis-Westrem, le 5 juin 1855, XXIX, 63; rapport, XXIX, 161.

Commissaire pour une note de M. Van der Mensbrugghe sur la viscosité superficielle des lames de solution de saponine, XXIX, 159.

Rapport verbal sur une note de MM. Wallée et Brachet sur la lumière électrique, XXIX, 450.

Envoi du résumé de ses observations météorologiques faites à Gand en 1869, XXX, 180; en 1870, XXXI, 198; XXXII, 3; en 1872, XXXIV, 446; XXXV, 90, 459; en 1873, XXXVIII, 2; en 1874, XL, 51.

Commissaire pour une notice de M. Van der Mensbrugghe intitulée : *Sur un principe de statique moléculaire avancé par M. Lüdge*, XXX, 180.

Commissaire pour une note de M. Daussin sur un appareil télégraphique nouveau, XXX, 3.

Commissaire pour une note de M. Van der Mensbrugghe sur un fait remarquable qu'on observe au contact de certains liquides de tensions superficielles très-différentes, XXXIII, 92.

Présente son rapport sur la physique pour le Livre commémoratif du Jubilé séculaire de l'Académie, XXXIII, 226.

Commissaire pour un mémoire de M. Brachet sur un nouveau réfracteur binoculaire destiné aux observations sidérales, XXXIII, 300; rapport verbal, XXXIII, 375.

Commissaire pour une note de M. D. Leclercq sur les aurores polaires, XXXIV, 140.

Commissaire pour une note de M. Tarry, sur la prédiction et le mouvement des tempêtes, XXXIV, 243.

Communique ses observations sur les orages à Gand en 1872, XXXIV, 400; idem du 15 octobre 1872 au 10 octobre 1873, XXXVI, 298.

Commissaire pour une note de M. Terby sur les taches de la planète Mars, XXXIV, 447; rapport, XXXV, 20.

Membre de la Commission pour les paratonnerres, XXXV, 5.

Commissaire pour un mémoire de M. Van der Mensbrugghe sur la tension superficielle des liquides, XXXV, 188.

Commissaire pour un travail de M. Van der Mensbrugghe sur l'influence de l'électricité statique sur la tension superficielle d'un liquide, XXXVII, 802.

Commissaire pour un travail de M. Daussin sur un moteur électro-magnétique, XXXVIII, 293; lecture de son rapport, XXXIX, 84bis.

Commissaire pour un supplément au mémoire de M. E. Quetelet sur la température de l'air à Bruxelles, XXXIX, 56; lecture de son rapport, XXXIX, 257.

Commissaire pour une note de M. Van der Mensbrugghe sur la théorie capillaire de Gauss, XXXIX, 250; rapport, XXXIX, 367.

Commissaire pour deux mémoires de M. Van der Mensbrugghe : 1° Sur la surface de contact d'un solide et d'un liquide, XL, 52; rapport, XL, 272; 2° Le problème de deux liquides superposés dans un tube capillaire, XL, 447; rapport, XL, 674.

Commissaire pour un travail de M. D. Leclercq sur les orages à Liége en 1874 et en 1875, XL, 271.

Commissaire pour un travail de M. W. Spring sur l'électricité statique, XLI, 734; rapport, XLI, 950.

Commissaire pour une note de M. Savez sur l'inertie de la matière, XLI, 735; rapport XLI, 1155.
Commissaire pour un travail de M. W. Spring sur l'écoulement du mercure par les tubes capillaires, XLII, 4; rapport, XLII, 250.
Commissaire pour un travail de M. J. Plateau intitulé : *Bibliographie des principaux phénomènes subjectifs de la vision*, XLII, 828; XLIII, 63, 324, 460; lecture de ses rapports, XLIII, 8, 236, 480, 715.
Commissaire pour une lettre de M. Brachet sur des lames de verre rendues fluorescentes, XLIII, 330; rapport, XLIII, 479.
Commissaire pour un travail de M. Brachet sur un compteur électrique, XLIV, 4; lecture de son rapport, XLIV, 318.
Commissaire pour un travail de M. Baraquin sur des innovations industrielles, XLIV, 517; rapport, XLV, 14.
Commissaire pour un travail de M. Plön sur le mouvement vertical de l'aérostat, XLIV, 655.
Commissaire pour un travail de M. E. Quetelet sur les mouvements de l'aiguille aimantée, XLV, 71; rapport, XLV, 155.
Commissaire pour un travail de M. Van der Mensbrugghe sur l'énergie potentielle des surfaces liquides, XLV, 363.
Don d'ouvrage, XXXII, 3.
Dupuis (Charles). — Don d'ouvrage, L, 153.
Dupuis (Louis). — Second prix du grand concours de sculpture de 1869, XXVIII, 302; second prix du grand concours de sculpture de 1872, XXXIV, 238.
Dupuis (Sylvain). — Mention honorable au grand concours de composition musicale de 1877, XLIV, 249, 299.
Second prix, en partage, au même grand concours de 1879, XLVIII, 298, 323.
Durand. — Présente avec M. Spring un travail sur la constitution des composés oxygénés de l'azote, XLV, 728; XLVI, 59; rapport verbal de MM. Stas et Melsens, XLVI, 13.
Dutront (O.). — Don d'ouvrage, XLV, 554
Duverger (Arthur). — L'Inquisition en Belgique, XLVII, 863; rapports de MM. Gachard, le baron Kervyn et Wauters, XLVII, 832, 841.
Duwaerts (Désiré). — Mention honorable au grand concours de sculpture de 1877, XLIV, 258, 299.
Duyse (Fl. Van). — Second prix du grand concours de composition musicale de 1873, XXXVI, 243, 285.

E.

Eberstein (von). — Don d'ouvrage, XLVIII, 547.
Ename (A. Van). — Buste de M. de Saint-Genois, XXV, 705; XXXIII, 428.
Egger (Émile). — Élu associé de la Classe des lettres, XXVII, 595; remerciments, XXVII, 714.
Don d'ouvrages, XXVIII, 458; XXXIII, 513; XXXV, 101; XXXIX, 149; XLI, 1076.
Eichhoff (G.). — Élu associé de la Classe des lettres, XXXI, 452; remerciments, XXXI, 571.
Don d'ouvrages, XXXI, 37; XXXII, 355; XXXIII, 513.
Sa mort, XXXIX, 951.
Eichthal (Gustave d'). — Don d'ouvrage, XL, 147.
Elewyck (le chevalier X. Van). — Don d'ouvrages, XL, 227; XLV, 718.
Note bibliographique de M. Gevaert sur son ouvrage relatif aux anciens clavecinistes flamands, XLV, 718.

ÉLIE DE BEAUMONT (J.-B.-Léonce). — Sa mort, XXXVIII, 402.
Liste de souscription pour son monument, XXXIX, 55, 358.
Don de la photographie représentant ce monument, XLV, 562.
ELLIS (Henri). — Sa mort, XXVII, 163.
ELLERO. — Don d'ouvrage, XXXVIII, 368.
ELLERY. — Don d'ouvrage, XLIX, 2.
ENGEL. — Don d'ouvrage, XLII, 460.
ERICSSON. — Don d'ouvrage, XLIV, 316.
ERMENGEM (VAN). — Billet cacheté déposé le 7 août 1880, L, 75. — Voir *Keersmaecker*.
ERNST. — Don d'ouvrages, XLV, 47; XLIX, 129.
ERRERA (Léo). — Billet cacheté déposé le 2 février 1878, XLV, 71; idem déposé le 6 mai 1879, XLVII, 487.
ERTBORN (le baron O. VAN). — Note sur les orages à Aartselaer les 22, 26 et 29 juillet 1873, XXXVI, 145.
Observations de la planète Vénus en 1876, XLII, 828; XLIII, 20; rapport de M. Houzeau, XLIII, 5.
Résultats de son observation du passage de Mercure, le 6 mai 1878, XLVI, 2.
Présente un travail sur la planète Mars, XLVII, 227; rapports de MM. Houzeau et Liagre, XLVII, 325.
ESCARY. — Présente une note sur la fonction $P(\frac{a}{7})$ de Lamé, XLIII, 461; lecture des rapports de MM. Folie, Catalan et De Tilly, XLIV, 127.
ESTOURGIES (L.). — Calcul de l'éclipse de soleil du 10 octobre et de l'occultation de Vénus du 14 octobre 1874, XXXVIII, 558; XXXIX, 120; rapports verbaux de MM. E. Quetelet et Liagre, XXXIX, 84bis.
Lettre sur un projet de congrès universel d'astronomie, XXXIX, 444.
EVANS. — Don d'ouvrage, XLII, 627.
EVERARD. — Exposition de ses tableaux au profit de la Caisse centrale des artistes, XXXVII, 148, 325; XL, 387, 720.

F.

FAIDER (Amédée). — Médaille d'or à son mémoire de concours sur l'histoire du droit de chasse, XLI, 1077, 1132; rapports de MM. Nypels, Thonissen et Wauters, XLI, 877, 888, 889; ses remercîments, XLI, 1327.
Don d'ouvrage, XLIII, 748.
FAIDER (Ch.). — Président de l'Académie pour 1866, XXI, 33; pour 1876, XLI, 2, 136, 140, 171.
Membre de la Commission organisatrice du cinquantième anniversaire de l'Académie depuis son rétablissement en 1816, XXI, 36.
Communique les dispositions prises pour la célébration de cet anniversaire, XXI, 237, 297.
Discours prononcé aux funérailles de M. le chanoine David, XXI, 292.
Léopold Ier et la royauté belge, discours, XXI, 457.
Membre de la Commission spéciale des finances de la Classe des lettres pour 1867, XXIII, 25; pour 1868, XXIV, 545; pour 1869, XXVI, 496; pour 1870, XXVIII, 572; pour 1871, XXX, 397; pour 1872, XXXII, 336; pour 1873, XXXIV, 530; pour 1875, XXXVIII, 671; pour 1876, XLI, 355; pour 1877, XLII, 911; pour 1878, XLIV, 818; pour 1879, XLVI, 913; pour 1880, XLVIII, 693; pour 1881, L, 319.
Membre du jury chargé de juger la 4e période du concours quinquennal de littérature française (1863-1867), XXV, 43.
Commissaire pour les mémoires de concours de 1872 sur les rapports du capital et du travail, XXXIII, 472; rapport, XXXIII, 472.
Commissaire pour les mémoires de

concours de 1874 sur le même sujet, XXXVII, 205.
Commissaire pour le mémoire du concours de Stassart sur les principes constitutionnels communs à nos diverses provinces à l'époque de l'invasion française en 1794, XXXV, 402; rapport, XXXV, 569.
Commissaire pour le mémoire du concours de Stassart sur les principes constitutionnels communs à nos diverses provinces à l'époque de l'invasion française en 1794, XXXVII, 205; rapport, XXXVII, 466, 666.
Membre de la Commission administrative pour 1874-1875, XXXVII, 602; pour 1877-1878, XLIV, 818; pour 1878-1879, XLV, 648; pour 1879-1880, XLVII, 574; pour 1880-1881, XLIX, 494.
Commissaire pour une notice de M. Vanderkindere sur l'origine des magistrats communaux, XXXVII, 845; rapport, XXXVIII, 139.
Membre de la Commission pour le programme de concours de la Classe des lettres de 1876, XXXVII, 846; idem de 1878, XLI, 1330.
Commissaire pour une notice de M. Heuschling sur la statistique internationale, XXXVIII, 599; rapport verbal, XXXVIII, 614.
Directeur de la Classe des lettres pour 1876, XXXIX, 45.
Montesquieu et la Constitution belge, XXXIX, 732.
Rapport sur le legs Teirlinck, XXXIX, 409, 954.
Membre du jury chargé de juger la 5e période du concours quinquennal des sciences morales et politiques, XLI, 137.
Commissaire pour une lettre de Mme veuve Bergmann sur la fondation d'un prix décennal de littérature flamande, XLI, 137, 356; rapport, XLI, 358.
Les discours politiques de Léopold Ier, XLI, 1088.
Paroles adressées à Mme d'Omalius lors de la remise de la médaille votée à son mari, XLII, 662, 909.
Commissaire pour un mémoire de M. De Cross sur la puissance des père et mère, etc., XLII, 793; lecture de son rapport, XLIII, 35.
Sur le IXe congrès international de statistique à Budapest, XLII, 793.
Commissaire pour les mémoires de concours de 1877 sur la conservation du caractère national belge à travers les dominations étrangères, XLIII, 203; rapport, XLIII, 377, 627.
Commissaire pour un mémoire de M. De Cross sur la procédure civile au XVIIe siècle, XLIV, 402; lecture de son rapport, XLIV, 818.
Note bibliographique sur le livre de M. Paul Agost (L. Van Keymeulen) : *Le Monde Diable, d'Espronceda*, XLV, 524.
Commissaire pour le mémoire de concours de 1878 sur la mission de l'État, XLV, 409; rapport, XLV, 543.
Membre du jury pour le prix du Roi (concours d'histoire nationale), XLVI, 286.
Appelle l'attention de l'Académie sur la préface du *Recueil des ordonnances de la principauté de Liége* (1re série), par M. S. Bormans, XLVI, 772.
Note bibliographique sur l'ouvrage de M. Laurent : *Cours élémentaire de droit civil*, XLVI, 773.
Commissaire pour la fondation De Keyn, XLIX, 221; rapport, XLIX, 503.
Discours à l'inauguration de la statue de M. Ad. Quetelet, XLIX, 519.
Commissaire pour un mémoire de M. Kurth sur la loi de Beaumont en Belgique, L, 183; lecture de son rapport, L, 277.
Commissaire pour la rédaction du programme des prix Castiau, L, 276; rapport, L, 318.
Commissaire pour une inscription commémorative destinée à la Bibliothèque royale, L, 317.
Don d'ouvrages, XXI, 291; XXVI, 387; XXXIII, 53; XXXIV, 476, 528; XL, 35; XLII, 397, 794; XLVI, 772; XLVII, 212, 571.

FALISSE. — Don d'ouvrage, XLIV, 448.

Fallon (la baronne Félicien). — Don d'ouvrage, XLI, 734.

Falsan. — Don d'ouvrage, XLI, 1152.

Faraday. — Sa mort, XXIV, 276.

Farr (W.). — Élu associé de la Classe des lettres, XXIII, 484; remercîments pour son élection, XXIII, 710.

Faye (H.). — Élu associé de la Classe des sciences, XLVI, 943; ses remercîments, XLVII, 2.

Fayen. — Don d'ouvrage, XXXVIII, 134.

Fays (J.). — Lettre sur le tremblement de terre ressenti à Theux, le 3 janvier 1867, XXIII, 51.

Fédération des secrétaires communaux de Belgique. — Demande que l'Académie soit juge d'un concours pour un traité sur les droits et les devoirs des secrétaires communaux, XXXIX, 400.

Fédération des sociétés scientifiques de Belgique. — Circulaire relative à sa session de 1876, XLI, 394.

Ferstel (le chevalier von). — Élu associé de la Classe des beaux-arts, XXXVII, 471; remercîments, XXXVII, 775.

Fétis (Ch.). — Médaille d'or décernée par la Classe des lettres en 1868, pour son mémoire sur Jean Lemaire de Belges, XXV, 536, 584; rapports de MM. Mathieu, Chalon et Grandgagnage, XXV, 505, 536.

Fétis (Éd.). — Lecture d'une notice sur le triptyque de Quentin Metsys de l'église Saint-Pierre de Louvain, XXI, 298.

Remercîments pour les témoignages de condoléances qui lui ont été exprimés lors du décès de sa mère, XXII, 96.

Communique l'exposé général de l'administration de la Caisse centrale des artistes pendant l'année 1866, XXIII, 196; 1867, XXV, 159; 1868, XXVII, 236; 1869, XXIX, 149; 1870, XXXII, 115; 1871, XXXIV, 209, 552; 1872, XXXVI, 436; 1873, XXXVIII, 711; 1874, XXXIX, 238; 1876, XLIII, 223; 1877, XLV, 136; 1878, XLVII, 217, 731; 1879, XLIX, 134.

Réélu membre du Comité directeur de la Caisse, XLV, 136.

Remercîments pour la lettre qui lui a été adressée au sujet de l'accident survenu à son père, XXIII, 653.

Commissaire pour deux mémoires du concours de 1867 sur Quentin Metsys, XXIII, 717; rapport, XXIV, 228.

Commissaire pour deux mémoires de concours de 1868 sur Quentin Metsys, XXV, 706; rapport, XXVI, 215.

Membre du jury chargé de juger la 4e période du concours quinquennal de littérature française (1863-1867), XXV, 43.

Commissaire pour une notice sur J.-B. de Champaigne, par M. Galesloot, XXV, 61; rapport, XXV, 158.

Lecture des 2e, 3e et 4e parties de son travail sur l'art dans l'État et dans la société, XXVI, 126, 206, 422; 5e, 6e et 7e parties, XXVII, 118, 237, 742; 8e et 9e parties, XXIX, 149, 325, 756; 10e partie, XXX, 269.

Promesse d'une notice sur H. Leys, XXVIII, 286; XXXII, 192.

Commissaire pour le mémoire de concours de 1870 concernant l'influence italienne sur l'architecture aux Pays-Bas, XXIX, 756; rapport, XXX, 155.

Lecture d'un aperçu sur la vie de Leys, XXXI, 50.

Directeur de la Classe des beaux-arts pour 1879 en remplacement de son père, décédé, XXXI, 460.

Commissaire pour le mémoire de concours de 1871 concernant l'influence italienne sur l'architecture aux Pays-Bas, XXXI, 576.

Remarques sur l'emplacement d'un Palais des beaux-arts à Bruxelles, XXXI, 580.

Membre de la Commission chargée de préparer le plan d'un édifice pour les expositions triennales des beaux-arts, XXXII, 366.

Lecture du rapport de la Commission pour un projet de local destiné aux expositions triennales des beaux-arts, XXXIII, 337.

Membre de la Commission pour le concours d'art appliqué de 1871,

XXXII, 194; résultat des délibérations de cette Commission, XXXII, 321.
Nouveaux documents pour la tradition iconographique des neuf preux, XXXII, 201.
Lecture de son rapport sur les travaux de la Classe des beaux-arts, depuis sa création en 1845, pour le Livre commémoratif du Jubilé séculaire de l'Académie, XXXIII, 83, 162, 337, 482.
Membre de la Commission pour l'examen des questions concernant les voyages des lauréats des concours de Rome, XXXIII, 482.
Promet de faire l'historique des faits déjà posés par la Commission pour l'histoire de l'art en Belgique, XXXIV, 128.
Motion au sujet de la réception faite en Russie à M. Quetelet, XXXIV, 219.
De la part de la nature dans les œuvres d'art, discours, XXXIV, 225.
Rapport sur les deux sujets d'art appliqué du concours de 1872, XXXIV, 352.
Lecture d'un chapitre de son travail intitulé : *Description des gravures des incunables de la Bibliothèque royale de Bruxelles*, XXXIV, 557.
Membre de la Commission chargée de l'examen de la question des échanges des œuvres d'art des musées de l'État, XXXV, 181.
Membre de la Commission chargée de l'examen des modifications à apporter au règlement des grands concours de composition musicale, XXXV, 182.
Lauréat de la 5e période du concours quinquennal de littérature française, XXXV, 448, 622.
Commissaire pour le mémoire de concours de 1873 sur l'influence italienne sur l'architecture aux Pays-Bas, XXXV, 932.
S'associe à la motion de M. Gallait concernant les tableaux de Rubens de la cathédrale d'Anvers, XXXVII, 327, 472.
S'associe à la motion de M. Siret proposant d'exposer publiquement à Bruxelles, les œuvres de Fréderic Van de Kerkhove, de Bruges, XXXVIII, 394.
Remarques au sujet de la proposition d'une exposition des peintures de Frédéric Van de Kerckhove, XXXIX, 348.
Promesse d'une notice sur M. Baron, XXXVIII, 534.
Adjoint à la section de gravure pour le jugement du concours d'art appliqué de 1875, XL, 216.
Membre de la Commission pour les œuvres d'art à reproduire par les lauréats des grands concours, XL, 228.
Commissaire pour une lettre de M. Baner, relative au mémoire de M. Pinchart sur la tapisserie de haute lisse aux Pays-Bas, XL, 244; rapport verbal, XL, 408.
Membre du jury chargé de juger la 6e période du concours triennal de littérature dramatique française, XLI, 387.
Lecture d'une notice sur les dernières acquisitions du Musée royal de peinture de Bruxelles, XLI, 1341.
Proposition relative à l'ornementation des salles de l'Académie, XLIII, 707.
Commissaire pour le mémoire de concours de 1877 sur l'histoire de la bibliographie et de la typographie musicales aux Pays-Bas, XLIII, 753; rapport, XLIV, 275.
Un nouveau peintre du XVIIe siècle (Michel Ange Immenraet), XLVI, 153.
Commissaire pour une note de M. Goovaerts sur Michel Ange Immenraet et sa famille, XLVI, 291; rapport, XLVI, 829.
Commissaire pour un mémoire de M. Mailly sur les origines du Conservatoire royal de musique de Bruxelles, XLVI, 551.
Membre du jury chargé de juger la 7e période du concours triennal de littérature dramatique en langue française, XLVII, 407.
Membre du jury chargé de juger le concours de cantates de 1879, XLVII, 727.

Adjoint à la section de musique pour l'examen de la proposition de publier une collection des œuvres des anciens musiciens belges, XLVII, 911.

Membre de la Commission de publication des œuvres des anciens musiciens belges, XLVIII, 573; secrétaire de cette Commission, XLIX, 56.

Annonce que le Gouvernement ouvrira en 1880 une exposition rétrospective d'œuvres d'art depuis 1830, XLVII, 912.

Commissaire pour une proposition de M. Dufresne relative à l'extension de l'œuvre de la Croix-Rouge aux objets d'art au temps de guerre, XLVIII, 430, 577; rapport, XLVIII, 722.

Notice sur l'*Adoration des Mages* de F. Floris et J. Franken. Non-existence du peintre Frutet, XLIX, 75.

Réponse à la réclamation de M. Michiels sur ce sujet, XLIX, 594, 597.

Commissaire pour une lettre de M. de Linas relative à trois pièces d'orfévrerie du XIIIe siècle, L, 322.

Don d'ouvrages, XXXIV, 207; XXXVIII, 710; XLIII, 222.

Fétis F.-J. — Exécution, lors du cinquantième anniversaire de l'Académie, le 7 mai 1866, d'une fantaisie symphonique et d'un *Domine salvum fac regem*, de sa composition, XXI, 505.

Remercîments pour les témoignages de condoléance qui lui ont été exprimés lors du décès de sa femme, XXII, 96.

Membre de la Commission spéciale des finances de la Classe des beaux-arts pour 1867, XXIII, 41; pour 1868, XXIV, 548; pour 1869, XXVII, 117; pour 1871, XXX, 416.

Directeur de la Classe des beaux-arts pour 1868, XXIII, 41; pour 1872, XXXI, 25.

Discours prononcé à la séance publique de la Classe des beaux-arts en 1867, XXIV, 265.

Note sur un rapport trimestriel de M. Huberti concernant ses études musicales en Allemagne, XXIV, 418.

Appréciation d'un nouveau rapport trimestriel de M. Huberti, XXVI, 214.

Président de l'Académie pour 1868, XXV, 2.

Instructions de voyage pour MM. Waelput et Van Gheluwe, XXV, 388.

Les instruments de musique à l'Exposition universelle de 1867, XXV, 587.

Conseils aux lauréats des grands concours de composition musicale, discours, XXVI, 240.

Note sur son histoire générale de la musique, XXVII, 235.

Membre du jury pour le concours des cantates de 1869, XXVII, 316.

Instructions de voyage par M. Vanden Eeden, XXIX, 38.

Promet une notice sur M. de Bériot, XXIX, 641.

Présentation de cette notice, XXX, 416.

Discours prononcé aux funérailles de M. de Bériot, XXIX, 642.

Élu directeur pour 1872, XXXI, 23.

Don d'ouvrages, XXV, 586; XXVI, 505; XXVII, 235; XXVIII, 514.

Sa mort, XXXI, 183.

Discours prononcé à ses funérailles par M. Gallait, XXXI, 185.

Son buste, XXXIV, 214.

Feys (Ed.). — Note de M. de Borchgrave sur son ouvrage sur Oudenburg, publié avec M. Van de Casteele, XXXVII, 465.

Note de M. Le Roy sur la suite du même ouvrage, XLV, 525. — Voir *Van de Casteele (D.)*.

Don d'ouvrages, XXXVII, 465; XXXIX, 400; XLI, 1328; XLV, 519.

Fierville. — Don d'ouvrage, XLVIII, 692.

Fievet (Edm.). — Don d'ouvrage, L, 282.

Fiévez. — Recherches sur l'intensité relative des raies spectrales de l'hydrogène et de l'azote, en rapport avec la constitution des nébuleuses, XLIX, 407; rapports de MM. Houzeau, Donny et Stas, XLIX, 88, 90.

Lettre de M. W. Huggins au sujet de ce travail, XLIX, 266.

Recherches sur le spectre du magnésium en rapport avec la constitution

du soleil, L, 91 ; rapports de MM. Houzeau et Stas, L, 78, 79.

Filon. — Don d'ouvrage, XXXIV, 432; note de M. Gachard sur son livre intitulé : *L'ambassade de Choiseul à Vienne en 1757 et 1758,* d'après des documents inédits, XXXIV, 432.

Filopanti. — Rapport verbal de M. Stas sur son projet d'une nouvelle nomenclature chimique, XXXI, 55.

Firket (Ad.). — Études sur les gîtes métallifères de la mine de Landenne, et sur la faille silurienne du Champ d'oiseaux, XLV, 363, 618; rapports de MM. Briart, Malaise et Cornet, XLV, 566, 571.

Don d'ouvrage, XLIX, 3.

Fischer de Waldheim (Alexandre). — Célébration de son 50e anniversaire de doctorat, XL, 2, 446.

Fitz. — Sur quelques dérivés de l'acide paroxybenzoïque, XXI, 263, 325; rapport de M. Stas, XXI, 311. — Voir *Ladenburg.*

Don d'ouvrage, XLVII, 237.

Flach. — Don d'ouvrage, XLVII, 237.

Note bibliographique de M. Thonissen sur sa brochure sur la table de bronze d'Aljustrel, XLVII, 238.

Flammarion (C.). — Décision relative à sa note sur la loi du mouvement de rotation des planètes, XXIX, 450.

Réponse aux critiques imaginées par M. Terby sur la carte de Mars publiée dans son ouvrage : *Les terres du ciel*, XLIII, 258; rapport verbal de M. Houzeau, XLIII, 236. — Voir *Terby.*

Don d'ouvrage, XLIX, 84.

Florimond. — Voir *Desrumeaux.*

Flower (W.-H.). — Lettre à M. P.-J. Van Beneden sur le bassin et le fémur d'une balénoptère, XXI, 131.

Foettinger (Alex.). — Sur la structure de l'épiderme des cyclostomes, XL, 271; XLI, 599; rapports de MM. Van Bambeke et Schwann, XLI, 6, 12.

Communique le programme des études qu'il se propose de faire à la Station zoologique de Naples, XLIX, 82; avis de MM. P.-J. Van Beneden, Morren et F. Plateau XLIX, 148; communication de son rapport, L, 294; lecture de l'appréciation des mêmes, L, 333.

Sur la découverte de l'hémoglobine dans le système aquifère d'un échinoderme, XLIX, 402; rapport de MM. Van Bambeke et Éd. Van Beneden, XLIX, 312.

Don d'ouvrage, XLI, 1152.

Folie (F.). — Présente une théorie nouvelle du mouvement d'un corps libre, XXII, 452; restitution par l'Académie de ce manuscrit, XXIII, 52; présente de nouveau ce travail, XXIII, 687.

Théorie nouvelle du mouvement d'un corps solide, 3e partie, XXIV, 3, 325; rapports de MM. Brasseur et Steichen, XXIV, 284, 286.

Sur la théorie de la roue Poncelet, XXVI, 379, 453; rapports de MM. Liagre et Catalan, XXVI, 431, 432.

Théorème sur les coniques, XXVII, 385.

Billets cachetés déposés le 5 juin 1869, XXVII, 614.

Note sur quelques théorèmes généraux de géométrie supérieure, XXVII, 615; XXVIII, 87; rapport de M. Catalan, XXVIII, 24.

Dépôt de deux billets cachetés, le 10 juillet 1869, XXVIII, 2.

Présente un mémoire intitulé : *Fondements d'une géométrie supérieure cartésienne,* XXVIII, 319.

Présente la 2e partie de ce mémoire, XXIX, 64; suppléments, XXXI, 3, 32, 54, 199; lecture des rapports de MM. Gilbert et Catalan, XXXII, 156, 251.

Élu correspondant de la Classe des sciences, XXVIII, 664; remerciments, XXIX, 2.

Élu membre, XXXVIII, 847; remerciments, XXXIX, 2; approbation royale de son élection, XXXIX, 2.

Commissaire pour la 1re partie du mémoire de M. De Tilly, intitulé : *Études sur le frottement,* XXIX, 63; rapport, XXIX, 168.

Commissaire pour une note de M. Carnoy sur un triangle inscrit et circonscrit à une section conique, XXIX, 159; lecture de son rapport, XXIX, 346.

Commissaire pour une note de M. De Tilly sur les surfaces à courbure moyenne constante, XXIX, 447; rapport, XXX, 15.

Présente un travail sur l'extension des théorèmes de Pascal et de Brianchon, XXX, 374.

Commissaire pour une note de M. De Tilly sur le roulement des rouleaux et des roues sur un plan d'appui. XXXII, 155; rapport, XXXII, 277.

Sur le calcul de la densité moyenne de la terre, d'après les observations d'Airy, XXXIII, 171, 389; rapports de MM. Liagre et Gilbert, XXXIII, 369, 371.

Commissaire pour une note de M. Belpaire sur le second principe de la thermodynamique, XXXIV, 243; rapport, XXXIV, 448.

Rapport sur le mémoire de concours de 1872 concernant la température de l'espace, XXXIV, 586.

Commissaire pour le mémoire de concours de 1873 sur l'intégration des équations aux dérivées partielles des deux premiers ordres, XXXV, 644; rapport, XXXVI, 653.

Sur quelques théorèmes de géométrie supérieure, XXXVI, 620.

Du commencement et de la fin du monde, d'après la théorie mécanique de la chaleur, XXXVI, 797.

Commissaire pour une note de M. Saltel sur la détermination, par le calcul, de l'ordre d'un lieu géométrique, XXXVII, 160, 802; XXXVIII, 406; rapport, XXXVII, 273; XXXVIII, 13.

Rectification à son rapport sur le mémoire de M. Saltel concernant la détermination, sans calcul, de l'ordre d'un lieu géométrique, XXXIX, 15.

Revendication de priorité en faveur de M. Louis Pérard, XXXVII, 198.

Commissaire pour un travail de M. Simons, intitulé: *Réflexions sur le problème de Malfatti*, XXXVII, 339; lecture de son rapport, XXXVII, 803.

Commissaire pour un travail de M. Boussinesq sur les massifs pulvérulents, XXXVII, 802; rapport, XXXIX, 71.

Commissaire pour le supplément à ce travail, XLI, 735; rapport, XLII, 243.

Extension des théorèmes analogues à celui de Pascal à des courbes tracées sur une surface quelconque, XXXVII, 811.

Quelques nouveaux théorèmes sur les cubiques gauches, XXXVIII, 65.

Commissaire pour une nouvelle rédaction du mémoire couronné de M. Mansion sur l'intégration des équations, XXXVIII, 292; rapport verbal, XXXIX, 8.

Commissaire pour les notes de M. Simons sur un théorème de Fermat et la solution de deux questions de permutation, XXXVIII, 293; rapport verbal, XXXVIII, 409.

Commissaire pour le mémoire de concours de 1874 en réponse aux questions concernant la température de l'espace et la chaleur spécifique absolue des corps; XXXVIII, 293; lecture de son rapport, XXXVIII, 718.

Commissaire pour une note de M. W. Spring sur la dilatation, la chaleur spécifique des alliages fusibles, etc., XXXVIII, 405; rapport, XXXIX, 465.

Commissaire pour une note de M. Mansion sur les équations différentielles linéaires, XXXVIII, 405; rapport, XXXVIII, 565.

Quelques nouveaux théorèmes sur les courbes gauches du quatrième ordre, XXXVIII, 565.

Note sur sa traduction de l'ouvrage de M. Clausius, intitulé: *Sur un nouveau principe de mécanique relatif aux mouvements stationnaires et sur le cours du calcul des probabilités de A. Meyer*, XXXVIII, 556.

Billet cacheté déposé le 6 février 1875, XXXIX, 56.

Commissaire pour deux mémoires de M. Saltel sur la géométrie supérieure et les surfaces à points singuliers, XXXIX, 250, 360; lecture de son rapport, XXXIX, 486.

Commissaire pour un travail de M. Houzeau, intitulé: *Fragments sur le calcul numérique*, XXXIX, 360; XL, 4, 271; XLI, 397; lecture de ses

rapports, XXXIX, 446; XL, 62, 452; XLI, 932.
Commissaire pour un mémoire de M. Delbœuf sur la théorie générale de la sensibilité, XXXIX, 445; rapport, XXXIX, 803.
Commissaire pour une note de M. P. Havrez sur les transcendantes, XXXIX, 780; lecture de son rapport, XL, 5.
Commissaire pour deux notes de M. Saltel sur les surfaces à points multiples, XL, 4; rapport verbal, XL, 5.
Rapport sur un instrument astronomique de M. Journeaux-Duhamel, XL, 61.
Commissaire pour un travail du Dépôt de la guerre sur la triangulation de la Belgique, XL, 268; rapport, XLI, 404.
Commissaire pour un travail de M. De Tilly sur la théorie mécanique de la chaleur, XL, 668, 899.
Commissaire pour les tables de logarithmes de MM. Namur et Mansion, XL, 668; rapport XLI, 928.
Commissaire pour un travail de M. P. De Heen sur la fusion et la dilatation des métaux, XL, 668; XLI, 735; rapport, XLI, 956.
Sur la transformation des coordonnées et sur les signes des angles et des distances en géométrie analytique, XLI, 86.
Commissaire pour une lettre de M. l'abbé Spée sur la structure des taches solaires, XLI, 224; rapport verbal, XLI, 246.
Note bibliographique sur l'ouvrage de M. Clausius concernant la théorie mécanique de la chaleur, XLI, 396.
Rapport verbal sur deux notes de M. Saltel concernant les lieux géométriques et le théorème de Desargues, XLI, 457.
Commissaire pour des notes d'algèbre et d'analyse de M. Catalan, XLI, 734, 920; rapports, XLI, 934, 1156.
Commissaire pour la suite des notes d'algèbre et d'analyse de M. Catalan, XLII, 665; rapport, XLII, 836.
Commissaire pour une note de M. Saltel concernant la loi de décomposition, etc., XLI, 734.
Commissaire pour un travail de M. W. Spring sur l'électricité statique, XLI, 734; rapport, XLI, 950.
Lettre qui lui a été adressée par M. Spring sur le même sujet, XLI, 912.
Commissaire pour un travail de M. W. Spring sur l'écoulement du mercure, etc., XLII, 4; rapport, XLII, 243.
Promesse d'une notice sur M. Gloesener, XLII, 238.
Commissaire pour une notice de M. Le Paige sur la transformation des coordonnées, XLII, 241; rapport verbal, XLII, 253.
Rapport sur une note de M. Saltel sur la détermination de l'ordre d'un lieu géométrique, XLII, 253.
Commissaire pour trois notes du même : 1° La loi de décomposition, XLII, 241; rapport, XLII, 486; 2° La théorie des caractéristiques, XLII, 461; rapport, XLII, 486; 3° Les surfaces et les courbes gauches, XLII, 829; rapport verbal, XLIII, 7, 63, 248.
Commissaire pour une note de M. Mansion sur les équations différentielles homogènes et l'équation de Clairaut, XLIII, 461; rapport, XLII, 69; remarques sur ce rapport, XLIII, 335, 506.
Commissaire pour une note de M. De Heen sur la dilatation des métaux, XLII, 461.
Commissaire pour une note de M. Pérard sur le développement du magnétisme induit par la terre dans le fer laminé nerveux, XLII, 665; rapport, XLII, 842.
Commissaire pour une demande de subside par M. Namur, XLII, 826.
Étoiles filantes du mois d'août 1876, à Liége, XLII, 533.
Commissaire pour un travail de M. J. Plateau sur des exemples curieux de discontinuité en analyse, XLIII, 4; lecture de son rapport, XLIII, 64.
Commissaire pour un travail de M. Ghysens sur les sous-normales polaires et les rayons de courbure

des lignes planes, XLIII, 4; rapport, **XLIII**, 466.
Commissaire pour un travail de **M.** l'abbé **Spée** sur les perturbations **de l'aiguille** aimantée et les taches solaires, **XLIII, 63; rapport, XLIII, 252.**
Commissaire pour un travail de **M.** Catalan sur les intégrales eulériennes, **XLIII, 232;** lecture de son **rapport, XLIII, 330**
Commissaire pour un travail de **M** Le Paige sur les fractions continues **périodiques, XLIII, 233;** rapport, **XLIII, 329.**
Commissaire pour un travail de **M.** Lagrange concernant l'influence de la **forme** des corps sur **leur attraction, XLIII, 325;** rapport. **XLIII,** 472.
Commissaire pour un travail de **M. Mansion sur une** équation différentielle de **Jacobi, XLIII,** 460; rapport, **XLIV**, 126.
Commissaire pour un travail de **M. Saltel** sur la théorie des deux **caractéristiques** de **M.** Chasles, **XLIII,** 460.
Observations sur la lettre de **M. Chasles relative** à une communication **de M.** Saltel sur la théorie des deux **caractéristiques, XLIV,** 660.
Commissaire pour une note de **M. Boset** sur les foyers des coniques. **XLIII,** 461; rapport, **XLIII,** 715
Note bibliographique sur son **Précis de géométrie élémentaire, XLIII,** 63.
Son avis sur la proposition de décerner **un** prix **spécial à M. Maximilien Marie, XLIII.** 200.
Sur l'Évolution, ou **nouvelle** proposition **fondamentale** dans la théorie des **coniques** et des **surfaces** du second **degré, XLIII, 590;** rectification et **suite à sa note** sur l'évolution, **XLIV, 481, 482.**
Commissaire pour un travail de **M. Ghysens sur les** sous-normales **polaires** et la courbure des surfaces, **XLIV, 4; lecture de son** rapport, **XLIV. 127.**
Commissaire pour deux travaux de **M. Le Paige sur** : *a.* la géométrie suprieure, **XLIV,** 119; rapport, **XLIV, 127;** *b.* l'invariant **quadratique simultané de deux** formes binaires, **XLIV, 317;** rapport, **XLIV,** 319.
Commissaire pour un travail de **M.** Catalan sur la théorie des **moindres** carrés, **XLIV, 317; rapport, XLV,** 156.
Commissaire pour une note de **M. Boset sur** les courbes et les surfaces focales, **XLIV,** 45.
Commissaire pour la 1re partie d'un mémoire de **M. Lagrange** sur l'origine et l'établissement des mouvements **astronomiques, XLIV, 317;** rapport, **XLV,** 153.
Commissaire pour une note de **M. Sautreaux-Félix** sur deux théorèmes de **géométrie** de l'espace, **XLIV, 850;** rapport, **XLV,** 15, 370; addition à ce rapport, **XLVI,** 14
Commissaire pour une note de **M.** Escary concernant la fraction $P(\frac{n}{i})$ de Lamé, **XLIII,** rapport **XLIV,** 127.
Rapport sur une note de **M** Le **Paige** sur l'extension des théories de l'involution et de l'homographie, **XLIV, 460.**
Extension de la notion du rapport **anharmonique.** Définition de ce rapport pour le n^e ordre en général. Son utilité dans l'étude des courbes et surfaces supérieures, **XLIV, 469.**
Deuxième note sur l'extension de la notion du rapport anharmonique, **XLV,** 88.
Billet cacheté déposé le 13 octobre 1877, **XLIV,** 316.
Commissaire pour un travail de **M Le Paige** sur quelques applications de la **théorie** des formes algébriques à la géométrie, **XLV,** 71; rapport, **XLV,** 158; **XLVI,** 14
Commissaire pour un travail de **M.** Adan sur les attractions locales, **corrections** des éléments de l'ellipsoïde osculateur **XLV, 147.**
Commissaire pour un travail de **M. Saltel** sur quelques **questions énumérées** dans sa thèse de doctorat, **XLV, 147.**
Commissaire pour un travail de **M.** Adan intitulé : *Comparaison*

entre les coordonnées réelles et les coordonnées théoriques de la terre. Division ellipsoïdale, XLV. 363.

Commissaire pour un travail de M. Saltel sur la classification arguésienne des courbes algébriques gauches, etc., XLV, 364.

Commissaire pour un mémoire de M. Adan sur l'ellipsoïde unique, XLV, 363.

Commissaire pour un travail de M. Saltel sur une particularité qui se présente fréquemment dans la méthode de correspondance analytique (suite), XLV, 563.

Commissaire pour la 2e partie du mémoire de M. Lagrange sur l'origine et l'établissement des mouvements astronomiques, XLV, 727; rapport, XLVII, 12, 14.

Principe de la théorie des faisceaux XLVI, 4, 193.

Rapport sur un travail de M. Le Paige sur les points multiples des involutions supérieures, XLVI. 191.

Rapport sur un travail du même sur certains covariants d'un système cubo-biquadratique, XLVI, 596.

Commissaire pour le mémoire de concours de 1876 sur l'involution du second ordre, XLVI, 177; rapport, XLVI, 856,

Commissaire pour un travail de M. Van Rysselberghe sur un régulateur parfaitement isochrone, XLVI, 319; rapport, XLVI, 878.

Commissaire pour un travail de M. Mansion sur la démonstration d'un théorème relatif à un déterminant remarquable, XLVI, 585.

Commissaire pour un travail du même sur l'élimination, XLVI, 585; XLVII, 227, 488; XLVIII, 3, 94; rapport, XLVII, 450.

Restitution de priorité en faveur de M. Catalan, XLVI, 379.

Membre du jury chargé de juger la 6e période du concours quinquennal des sciences mathématiques et physiques. XLVII, 2; remplacé par M. Mailly, XLVII, 178.

Note à l'appui de la présentation de son ouvrage sur la théorie des faisceaux, XLVII, 179.

Commissaire pour la théorie *à postériori* de l'élimination entre deux équations algébriques par M. Mansion, XLVIII, 94; rapport, XLVIII, 452.

Commissaire pour une note de M. Saltel sur les paramètres, XLVIII, 3; rapports, XLIX, 149, 158, 463, 469, 171.

Commissaire pour le mémoire de concours de 1879 sur la torsion, XLVIII, 96; rapport, XLVIII, 594.

Commissaire pour une note de M. Van Rysselberghe sur un régulateur; XLVIII, 340; rapport, XLVIII, 587.

Commissaire pour un travail de M. Catalan sur les fonctions X_n de Legendre, XLVIII, 341, lecture de son rapport, XLVIII. 600.

Théorèmes relatifs aux surfaces d'ordre supérieur, XLVIII, 41.

Rapport sur une note de M. Le Paige concernant certains combinants des formes algébriques binaires, XLVIII, 460.

Note sur la traduction allemande du Calcul des probabilités de M. Meyer. XLVIII, 442, 444

Présente avec M. Le Paige un mémoire sur les courbes du 3e ordre, XLIX, 3; lecture du rapport de MM. De Tilly et Catalan, XLIX, 310.

Rapport sur une note de M. Le Paige concernant certains co-variants des formes algébriques binaires, XLIX, 91.

Commissaire pour nouvelle demande de subside par M. Namur, XLIX, 82; lecture de son rapport, XLIX, 148.

Commissaire pour le mémoire de concours de 1880 sur les équations de quelques surfaces algébriques à courbure moyenne nulle, L, 78; rapport, L, 355.

Commissaire pour un mémoire de M. Catalan sur une suite de polynômes entiers, etc., L, 255; lecture de son rapport, L, 333.

Avis sur une note de M. Le Paige concernant la représentation géométri-

que d'une forme biquadratique, L, 82.
Don d'ouvrages, XXX, 3; XXXI, 199, XXXVIII, 556; XLIII, 63; XLVI, 317; XLVII, 179, 180; L, 75.

FONSNY. — Don d'ouvrage, L, 75.

FONSON. — Billet cacheté déposé le 7 août 1870, L, 75.

FORCHHAMMER (J.-G.). — Sa mort, XXI, 74.

FORSTER (Fr.). — Sa mort, XXXIV, 434.

FORSTER (L.). — Sa mort, XXXV, 439.

FRAIKIN (C.-A.). — Membre de la Commission spéciale des finances de la Classe des beaux-arts pour 1867, XXIII, 41; pour 1868, XXIV, 548; pour 1869, XXVII, 117; pour 1870, pour 1871, XXX, 416; pour 1872, XXXII, 361; pour 1873, XXXIV, 548; pour 1875, XXXVIII, 710; pour 1876, XLI, 387; pour 1877, XLII, 919; pour 1878, XLIV, 844; pour 1879, XLVI, 933; pour 1881, L, 323.
Directeur de la Classe des beaux-arts pour 1870, XXVII, 117.
Commissaire pour le buste de M. de Nieuport, XXX, 154.
Rapport sur le buste de M. de Nieuport, XXXVII, 776.
Discours prononcé à la séance publique de la Classe des beaux-arts de 1870, XXX, 172.
Membre du Comité mixte des objets d'art près la Commission royale des monuments, XXXII, 128.
Membre de la Commission chargée de préparer le plan d'un édifice pour les expositions triennales des beaux-arts, XXXII, 366.
Membre de la Commission chargée de l'examen des modifications à apporter au règlement des grands concours de composition musicale, XXXV, 182.
Membre de la Commission chargée de l'examen des questions relatives au séjour à Rome des lauréats des grands concours, XXXV, 440.
Membre de la Commission pour le costume officiel des académiciens, XXXIX, 972.
Délégué au 4e centenaire de Michel-Ange, XL, 228; compte rendu de cette mission, XL, 244.
Membre de la Commission pour les œuvres d'art à reproduire par les lauréats des grands concours, XL, 228; rapport, XLI, 899.
Membre du Comité pour le monument Quetelet, XL, 666, 814, 895.
Devis pour l'exécution du monument Quetelet, XLIII, 648.
Commissaire pour les rapports semestriels de M. Cuypers, XLI, 386; XLII, 412; XLIV, 675; XLVII, 216; appréciations de ces rapports, XLI, 1136, 1338; XLIII, 40; XLIV, 259, 444; XLV, 57; XLVIII, 88.
Son avis sur les œuvres à reproduire par les lauréats des grands concours de sculpture, XLII, 225.
Délégué au Congrès artistique et littéraire d'Anvers en 1877, XLIV, 249.
Commissaire pour les rapports semestriels de M. De Hens, XLVI, 287; XLVII, 216; XLVIII, 574; appréciations, XLVI, 934; XLVII, 731; XLIX, 133; L, 67, 283.
Commissaire pour le buste de M. Roelandt par M. Ch. Geefs, XLVIII, 87; rapport, XLVIII, 251.
Commissaire pour une proposition de M. Dufresne relative à l'extension de l'action de la Croix-Rouge aux œuvres d'art en temps de guerre, XLVIII, 430, 577; rapport, XLVIII, 722.
Délégué à la fête politique et religieuse du Cinquantenaire belge, XLIX, 594.
Commissaire pour l'Anatomie pittoresque de M. Joseph Geefs, L, 247.

FRAIPONT (Julien). — Sur les acinétiens de la côte d'Ostende, 1re partie, XLIV, 455, 770; rapports de MM. P.-J. Van Beneden, F. Plateau et Van Bambeke, XLIV, 602, 693, 694; 2e partie, XLIV, 850; XLV, 247; rapport de M. P.-J. Van Beneden, XLV, 14; 3e partie, XLV, 71, 287; rapports des mêmes, XLV, 163, 167; 4e partie, XLV, 147, 475; rapport des mêmes, XLV, 377, 379.
Recherches sur l'appareil excréteur des Trématodes et des Cestoïdes, XLIX, 397; L, 106, 265; avis de

MM. Éd. Van Beneden et Van Bambeke, XLIX, 312; L, 81, 260.

Franck (Ad.). — Élu associé de la Classe des lettres, XXXV, 622; remerciments, XXXV, 794.

Don d'ouvrages, XLVII, 212; XLIX, 270.

Franck (J.). — Membre de la Commission des finances de la Classe des beaux-arts pour 1872, XXXII, 361; pour 1873, XXXIV, 548; pour 1875, XXXVIII, 710; pour 1876, XLI, 387; pour 1877, XLII, 919; pour 1878, XLIV, 844; pour 1881, L, 323.

Membre de la Commission pour l'examen des questions concernant les voyages des lauréats des concours dits de Rome, XXXIII, 482.

Membre de la Commission chargée de l'examen des questions relatives au séjour à Rome des lauréats des grands concours, XXXV, 440.

Rapport sur le buste de M. de Nieuport, XXXVII, 776.

Membre de la Commission pour les œuvres d'art à reproduire par les lauréats des grands concours, XL, 228.

Commissaire pour le premier rapport semestriel de M. Lauwers, XLII, 401; appréciation, XLII, 412; commissaire pour le second, XLIII, 221; son appréciation, XLIII, 307; commissaire pour les suivants, XLIV, 249; XLVII, 216; XLVIII, 572; appréciations, XLIV, 263; XLVII, 300, 475; XLIX, 58, 689.

Membre du Comité pour le monument Quetelet, XLIII, 648

Membre du Comité directeur de la Caisse centrale des artistes, XLV, 136.

Lecture de son rapport sur le mémoire du concours de 1878 relatif à l'École de gravure sous Rubens, XLVI, 289, 297

Commissaire pour le buste de M. Roelandt, par M. Ch. Geefs, XLVIII, 87; lecture de son appréciation, XLVIII, 261.

Commissaire pour l'envoi-copie de M. Lauwers, XLIX, 133; lecture de son rapport, XLIX, 255.

Délégué à la fête politique et religieuse du Cinquantenaire belge, XLIX, 594.

Exprime le désir de se voir remplacé par cause de maladie pour l'examen des dessins de M. Lauwers, L, 282.

Don de gravures, XXVI, 422; XLIII, 752; L, 146.

François (Alph.). — Élu associé de la Classe des beaux-arts, XXXVII, 132; remerciments, XXXVII, 237.

Francotte (Henri). — Médaille d'or décernée, en partage, par la Classe des lettres en 1879, pour son mémoire sur la propagande des encyclopédistes français à Liége, XLVII, 629, 724; rapports de MM. Le Roy, Piot et Wauters, XLVII, 575, 596, 599.

Francotte (P.). — Présente une note sur l'appareil excréteur des turbellariés rhabdocœles et dendrocœles, L, 295.

Fredericx (Gustave). — Membre du jury chargé de juger la 7e période du concours triennal de littérature dramatique en langue française, XLVII, 407.

Fredericq (Léon). — Sur les muscles striés de l'hydrophile, XLI, 225, 583; rapports de MM. Éd. Van Beneden et Schwann, 452, 457.

Sur la préparation des pièces anatomiques sèches, XLI, 1153, 1319; rapport de M. F. Plateau, XLI, 1156.

Recherches sur la coagulation du sang, 1re partie, XLIII, 714; XLIV, 56; rapports de MM. Melsens et Schwann, XLIV, 12, 16.

Sur la digestion des albuminoïdes chez quelques invertébrés, XLVI, 3, 213; rapport de M. Schwann, XLVI, 185.

Sur l'organisation et la physiologie du poulpe, XLVI, 319, 710; rapports de M. Van Beneden, XLVI, 588, 596.

Physiologie des muscles et du sang du homard (avec M. Vandevelde), XLVII, 777; rapports de MM. Schwann et P.-J. Van Beneden, XLVII, 746, 748.

Sur le sang du homard, XLVII, 409; rapports de MM. F. Plateau et Schwann, XLVII, 309, 310.

Théorie de l'innervation respiratoire, XLVII, 413; rapports de MM. Van Bambeke et F. Plateau, XLVII, 341, 347.
Élu correspondant de la Classe des sciences, XLVIII, 881; ses remerciements, XLIX, 2.
Dosage des substances albuminoïdes du serum sanguin par circumpolarisation, L, 25.
Don d'ouvrages, XLIV, 455; XLVII, 830.
Fredericq (Paul). — Don d'ouvrage, XLVII, 830.
Note bibliographique de M. de Laveleye sur sa brochure : *L'Université calviniste de Gand et renouvellement, en 1578, du traité d'alliance, etc., entre la Flandre et le Brabant*, XLVII, 831.
Frenay. — Don d'ouvrage, XLV, 47; note bibliographique de M. Potvin sur ses poésies : Aux champs et dans l'atelier, XLV, 47.
Fries (Elias). — Élu associé de la Classe des sciences, XXXII, 410; remerciments, XXXIII, 92.
Don d'ouvrage, XLI, 395.
Sa mort, XLV, 146.
Frith (W.-Powel). Élu associé de la Classe des beaux-arts, XXXVII, 152; remerciments, XXXVII, 237.
Fritsch (Ch.). — Envoi de ses observations des phénomènes périodiques à Vienne et à Salzbourg en 1866, XXIII, 367; en 1867, XXIV, 433; en 1868, XXVIII, 318; en 1869, XXIX, 336; en 1870, XXXI, 54; en 1872 et en 1873, XXXVII, 159.
Fua. — Rapport verbal de M. Dewalque sur ses deux notes relatives à un nouveau procédé destiné à prévenir les explosions dans les mines, XXVII, 364.
Fuerison. — Membre du jury chargé de juger la 4e période du concours quinquennal de littérature française (1863-1867), XXV, 53; membre du jury chargé de juger la 5e période du concours triennal de littérature française, XXIX, 34; idem pour la 6e période, XLI, 137.

G.

Gachard (L.-P.). — Membre de la Commission pour la formation du programme de concours de la Classe des lettres, XXI, 36.
Membre de la Commission organisatrice du cinquantième anniversaire de l'Académie depuis son rétablissement en 1816, XXI, 36.
Commissaire pour le mémoire de concours de 1866 sur les relations de la Belgique avec le comté de Bourgogne, XXI, 167; rapport, XXI, 433.
Lecture de son rapport sur le mémoire de M. Félix Vander Taelen, relatif aux Pays-Bas anciens, XXI, 294.
Commissaire pour un travail de M. Desplanque sur un projet d'assassinat de Philippe le Bon par les Anglais, XXI, 569; rapport, XXII, 117.
Membre de la Commission de la Biographie nationale pour la période de 1866-1872 XXII, 70; pour la période de 1872-1878, XXXIV, 177; pour la période de 1878-1884, XLVI, 128.
Observations sur l'authenticité de lettres de Charles-Quint à Rabelais communiquées à l'Académie par M. Ad. Quetelet, XXII, 343, 478, 544.
Commissaire pour les deux mémoires du concours d'histoire nationale de Stassart sur les relations de droit public entre les provinces belges et l'Empire d'Allemagne, XXIII, 24; rapport, XXIII, 573.
Membre de la Commission spéciale des finances de la Classe des lettres pour 1866, XXIII, 25; pour 1868, XXIV, 548; pour 1869, XXVI, 496; pour 1870, XXVIII, 572; pour 1871, XXX, 397; pour 1872, XXXII, 356; pour 1873, XXXIV, 530; pour 1875, XXXVIII, 671; pour 1876, XLI,

355; pour 1877, XLII. 911; pour 1879, XLVI, 913; pour 1880, XLVIII, 693; pour 1881, L, 319.
Commissaire pour un travail de M. le baron Kervyn sur des lettres inédites de Marie-Thérèse, XXIV. 80; rapport, XXIV, 204.
Commissaire pour un travail de M Bernhauer, sur l'histoire de Venise, XXV, 227.
Études historiques sur don Juan d'Autriche, XXVI, 321, 340, 389; XXVII, 21, 537.
Commissaire pour le mémoire de concours de Stassart sur les rapports de droit public entre les provinces belges et l'Empire d'Allemagne, XXVII, 20; rapport, XXVII, 469;
Jeanne la Folle et les documents concernant cette princesse publiés récemment, XXVII, 200, 485, 716.
Les bibliothèques de Gênes; relation sur Philippe IV et la Cour de Madrid faite en 1622 par l'ambassadeur génois Giulio dalla Torre, XXVII, 719.
Jeanne la Folle et la publication de M. Bergenroth, XXVIII, 358.
Notice sur Jeanne la Folle et saint François de Borja, XXIX, 290,
Les derniers moments de Jeanne la Folle, XXIX, 389.
Jeanne la Folle et Charles-Quint, 1re partie, XXIX, 710; 2e partie, XXXIII, 56.
Communication verbale sur un épisode inédit de la Révolution de 1830, XXX, 73.
Commissaire pour le mémoire de M. De Smet sur les Quatre Métiers et les îles occidentales de la Zélande, XXXI, 182; lecture de son rapport XXXII, 80.
Voyage de Paul Ier en Belgique en 1782, XXXIII, 131.
Note sur l'ouvrage de M. Filon : *L'ambassade de Choiseul à Vienne en 1757 et 1758, d'après des documents inédits*, XXXIV, 432.
Note sur l'ouvrage de M. le comte de Vitzthum : Maurice, comte de Saxe, etc., XXXIV, 56.
Commissaire pour un mémoire de M. le baron Guillaume sur les bandes d'ordonnance des Pays-Bas, XXXV, 401; lecture de son rapport, XXXV, 570.
Sur l'incendie du Palais royal de Bruxelles (3 février 1731), XXXV, 109.
Le cardinal Bentivoglio et sa nonciature à Bruxelles, XXXVII, 467, XXXVIII, 154.
Membre de la Commission pour présenter une question pour le troisième concours d'histoire des prix de Stassart, XXXVII, 846.
Commissaire pour une notice de M De Smet sur don Juan d'Autriche, XXXVIII, 369; lecture de son rapport. XXXVIII, 509.
Commissaire pour un travail de M. Génard sur Corneille Duplicius Scepperus, XL, 350; rapport, XL, 588.
Le conseil d'État belge et la Conférence anglo-batave (1706-1713), XLI, 144, 362, 695.
Commissaire pour un mémoire de M. le baron Guillaume sur l'histoire de l'infanterie wallonne sous la domination de la maison d'Espagne (1500-1700), XLI, 355; lecture de son rapport, XLI, 684.
Membre de la Commission pour le programme de concours de la Classe des lettres de 1878, XLI, 1330.
Commissaire pour un mémoire de M. Paillard intitulé : *Les Pays-Bas du 1er janvier au 1er septembre 1566*, XLII, 910; rapport, XLIII, 207.
Lecture d'un travail sur les missions diplomatiques de Rubens à Londres, en 1629, XLIII, 37, 220, 304.
Commissaire pour un travail de M. Paillard sur Pierre Brully, XLIV, 402; lecture de son rapport, XLIV, 818; XLV, 53.
Le voyage de Pierre le Grand dans les Pays-Bas autrichiens, en 1717, XLVI, 510.
Rapport sur un travail de M. Duverger concernant l'Inquisition dans les Pays-Bas, XLVII, 832.
Don d'ouvrages, XXI, 35, XXII, 230, XXXVI, 571; XXXVII, 460; XXXIX,

334; XL, 578; XLIII, 747; XLIV, 611; XLVII, 237; XLVIII, 71; L, 123.

Gailhabaud (Jules). — Élu associé de la Classe des beaux-arts, XXV, 62; remerciments, XXV, 260.

Galesloot (L.). — Notice biographique sur le peintre J.-B. de Champaigne, XXV, 61, 164; rapport de M. Fétis, XXV, 158.

Déplacement du mausolée et du cercueil de l'archiduc François d'Autriche, en 1775, XXV, 226, 357; rapports de MM. Chalon et Juste, XXV, 320.

Sur quelques antiquités romaines et autres des environs de Bruxelles, XXVIII, 348, 506; rapports de MM. Wauters et Roulez, XXVIII, 459, 460.

Note sur les fouilles d'Elewyt : un anneau antique trouvé à Becquevoort, XXIX, 590, 749; rapports de MM. Wauters et Juste, XXIX, 708, 709.

Annonce la présentation d'un mémoire sur différentes antiquités des environs de Bruxelles, XXX, 396.

Les De Kempeneer, peintres bruxellois (1510-1575), XXXV, 361, 921; lecture des rapports de MM. Wauters et De Decker, XXXV, 795.

Fouilles et découverte d'antiquités romaines à Assche. Détails inédits sur le trésor de Mespelaer, XXXVIII, 671; XXXIX, 217; rapports de MM. Wauters et de Borchgrave, XXXIX, 151, 152.

Sur des antiquités de l'époque romaine découvertes à Assche, XL, 350, 594; rapports de MM. Wauters et Piot, XL, 579, 585.

Sur des fouilles effectuées à Laeken près des restes d'une villa romaine, XLIV, 640, 833; rapports de MM. Wagener, Piot et Wauters, XLIV, 819, 823, 824.

Tombe de l'époque romaine, découverte à Lovenjoul. Vestiges d'une villa romaine à Laeken, XLVII, 808; rapport de MM. le baron de Witte et Wagener, XLVII, 854.

Note supplémentaire concernant la tombe de l'époque romaine découverte à Lovenjoul, XLIX, 686; avis de M. Wagener, XLIX, 685.

Galimard. — Don d'ouvrage, XXXIX, 425.

Gallait (L.). — Directeur de la Classe des beaux-arts pour 1871, XXIX, 39; pour 1880, XLVII, 71.

Président de l'Académie pour 1871, XXX, 418; XXXI, 17; pour 1880, XLIX, 2, 25, 56.

Discours aux funérailles de M. Fr.-J. Fétis, XXXI, 185.

Remarques sur la question de l'emplacement d'un palais des beaux-arts à Bruxelles, XXXI, 578, 579.

Discours prononcé à la séance publique de la Classe des beaux-arts de 1871, XXXII, 128, 130.

Communication au sujet d'un édifice pour les expositions triennales des beaux-arts, XXXII, 326, 365.

Membre de la Commission chargée de préparer le plan de cet édifice, XXXII, 366.

Communication au sujet de sa conversation avec le Roi, le 1er janvier 1873, au sujet de cet édifice, XXXIII, 81.

Membre de la Commission pour les concours d'art appliqué de 1871, XXXII, 194; résultat des délibérations de cette Commission, XXXII, 321.

Membre du comité-directeur de la Caisse centrale des artistes, XXXIII, 161, réélu, XLV, 136.

Communication au sujet d'un édifice pour les expositions triennales des beaux-arts, XXXIII, 290.

Proposition d'ouvrir au profit de la Caisse centrale des artistes une exposition d'œuvres d'artistes de la Classe lors du jubilé séculaire de l'Académie, XXXIII, 161.

Membre de la Commission pour l'examen des questions concernant les voyages des lauréats des concours dits de Rome, XXXIII, 482.

Résultat financier de l'exposition de plusieurs de ses tableaux au profit de la Caisse des artistes, XXXIV, 436.

Membre de la Commission chargée d'examiner la réponse de M. le Ministre de l'Intérieur au sujet des échanges

des œuvres d'art du Musée de l'État, XXXV, 181.
Membre de la Commission chargée de l'examen des modifications à apporter au règlement des grands concours de composition musicale, XXXV, 182.
Membre de la Commission chargée de l'examen des questions relatives au séjour à Rome des lauréats des grands concours, XXXV, 440.
Motion relative aux tableaux de Rubens, de la Cathédrale d'Anvers, XXXVII, 326, 471.
Participe à la manifestation faite à Anvers à la mémoire de G. Wappers, XXXIX, 347.
Expose des tableaux au profit de la Caisse centrale des artistes, XXXIX, 431; résultats de cette exposition, XXXIX, 770, 973.
Membre de la Commission pour le costume officiel des académiciens, XXXIX, 972.
Membre de la Commission pour les œuvres d'art à reproduire par les lauréats des grands concours, XL, 228.
Lecture d'une note sur la propriété artistique, XLII, 642.
Résultats financiers de l'exposition de ses portraits du Roi et de la Reine au profit de la Caisse centrale des artistes, XLII, 920.
Commissaire pour le mémoire de concours sur le séjour de Rubens et de Van Dyck en Italie, XLIII, 753.
Discours à l'inauguration de la statue d'Ad. Quetelet, XLIX, 507.
Délégué à la fête politique et religieuse du Cinquantenaire belge, XLIX, 594.
Commissaire pour l'Anatomie pittoresque de M. J Geefs, L, 247.
Sur le projet d'un Panthéon national, L, 327.

GANTRELLE (J.).— Don d'ouvrages, XLI, 681, XLIX, 274
Note bibliographique de M. Le Roy sur ses différents ouvrages de philosophie, XLI, 687.
Note bibliographique de M. Wagener sur son livre : *Les histoires de Tacite*, XLIX, 275.

GARCIN DE TASSY. — Don d'ouvrages, XL, 579, XLI, 139.

GARRIGOU (F.). — Demande relative aux sources thermales et aux eaux minérales de la Belgique, XLII, 457.
Don d'ouvrage, XLII, 460.

GASCO (Fr.). — Don d'ouvrage, XLVI, 3.
Note bibliographique de M. P.-J. Van Beneden sur son ouvrage relatif à la baleine du golfe de Tarente, XLVI, 4.

GATTA. — Don d'ouvrage, XL, 667.

GAUSSOIN. — Don d'ouvrage, XXIII, 218.

GEEFS (Ch.). — Lecture du rapport collectif de MM. Fraikin, Franck, Leclercq et Robert sur son modèle du buste du commandeur de Nieuport, XXXVII, 776.

GEEFS (Eug.). – Lauréat du grand concours d'architecture de 1879, XLVIII, 260, 323.
Premier rapport semestriel, L, 149.

GEEFS (George).—Lauréat pour la sculpture du concours d'art appliqué de la Classe des beaux-arts de 1877, XLIV, 298.
Mention honorable au grand concours de sculpture de 1877, XLIV, 258, 298.
Buste de M. Roelandt, XLVIII, 87; avis de MM. Fraikin, Franck et Leclercq, XLVIII, 261; remise de ce buste, L, 246.

GEEFS (Guillaume). — Membre de la Commission spéciale des finances de la Classe des beaux-arts pour 1867, XXIII, 41; pour 1868, XXIV, 548; pour 1869, XXVII, 117; pour 1871, XXX, 416; pour 1872, XXXII, 361; pour 1873, XXXIV, 548; pour 1875, XXXVIII, 740; pour 1876, XLI, 387; pour 1877, XLII, 919; pour 1878, XLIV, 844; pour 1879, XLVI, 933; pour 1881, L, 323.
Commissaire pour le buste de M. de Ram, XXV, 60; lecture de son rapport, XXVI, 238.
Commissaire pour le buste de M. le baron de Saint-Genois, XXV, 706; lecture de son rapport, XXVI, 126.
Commissaire pour le buste de M. de Nieuport, XXX, 154.

Membre de la Commission chargée de préparer le plan d'un édifice pour les expositions triennales des beaux-arts, XXXII, 366.
Membre de la Commission pour l'examen des questions concernant le voyage des lauréats des grands concours dits prix de Rome, XXXIII, 482.
Membre du Comité par le monument Quetelet, XL, 666, 814, 895.
Élu membre du comité directeur de la Caisse centrale des artistes, XLV, 136.

GEEFS (Joseph). — Membre de la Commission chargée de l'examen des questions relatives au séjour à Rome des lauréats des grands concours, XXXV, 440.
Commissaire pour la lettre de l'Académie des beaux-arts de Saint-Petersbourg relative à la création d'une classe d'élèves médailleurs, XXXVI, 243; rapport, XXXVI, 433.
Commissaire pour le mémoire de concours de 1874 sur l'histoire de la sculpture aux Pays-Bas pendant les XVIIe et XVIIIe siècles, XXXVII, 883.
Commissaire pour le mémoire en réponse au même sujet remis au concours de 1875, XXXIX, 972; rapport, XL, 238.
Membre de la Commission pour les œuvres d'art à reproduire par les lauréats des grands concours, XL, 228; rapport, XLI, 899, XLII, 225.
Commissaire pour les rapports semestriels de M. Cuypers, XLI, 386; XLII, 442; XLIV, 645; XLVII, 216; appréciations. XLI, 1136, 1338; XLIII, 40; XLIV, 259, 444; XLV, 57; XLVIII, 88.
Commissaire pour les rapports semestriels de M. Dillens, XLVI, 287; XLVII, 246, XLVIII, 573; appréciations, XLVI, 934; XLVII, 731; XLIX, 133; L, 67, 283.
Commissaire pour le buste de Leys par M. Pécher, XLIX, 592; rapport, XLIX, 689.
Présente un travail intitulé : *Anatomie pittoresque*, L, 247.

GEEL (VAN). — Orages à Gerpinnes du 1er janvier au 1er juin 1869, XXVII, 644; du 1er juin au 1er octobre 1869, XXVIII, 318, 340; du 1er janvier au 1er septembre 1870, XXX, 308; en 1872, XXXV, 3.

GÉNARD (P.). — Membre du jury chargé de juger la 4e période du concours quinquennal de littérature flamande, XXIX, 33.
Don d'ouvrages, XL, 893; XLIV, 249, 444; XLVII, 442.
Corneille Duplicius Scepperus, XL, 350, 602; rapports de MM. Gachard, le baron Kervyn et Wauters, XL, 588, 592, 593.

GENOCCHI (A.). — Lettre sur diverses questions mathématiques, XXXVI, 3, 181; rapport de M. De Tilly, XXXVI, 124.
Sur quelques développements de la fonction log Γ(x), XXXVI, 116, 546; rapport du même, XXXVI, 454.
Adresse deux lettres sur le même sujet (réclamation de priorité), XXXVII, 160; rapport de M. Ern. Quetelet, XXXVII, 351.

GEOGRAPHICAL DEPARTMENT OF INDIA OFFICE, A LONDRES. — Don d'ouvrage, XXXI, 474.

GERARD (A.). — Présente une notice sur un système d'horloge électrique, XXV, 403.
Présente une note sur un compteur à secondes, etc., XLVI, 319; XLVII, 47; rapport de M. Maus, XLVII, 21.
Présente une note sur quatre appareils enregistreurs, XLVI, 4; rapport de MM. Melsens, Montigny et Valerius, XLVI, 323.
Présente une note sur quelques faits se reliant aux recherches sur la divisibilité de la lumière électrique, XLVI, 855; rapport verbal de M. Melsens, XLVII, 15.
Présente une note sur un microphone porte-voix avec membrane, XLVI, 855; rapport de M. Montigny, XLVII, 181.
Présente une note sur la plume électrique, un microphone et un téléphone, XLVIII, 443; lecture des rap

ports de MM. Melsens, Montigny et Spring, XLVIII, 600.
Présente deux notes sur un moteur et une lampe électriques, L, 255; rapports de MM. Montigny et Valerius, L, 298, 299.
GERBEHAYE. — Rentre en possession de son travail concernant l'attraction de l'acier aimanté sur le fer, XLV, 3.
GERHARD (Édouard). — Sa mort, XXIII. 745.
GERLACHE (le baron E.-C. DE). — Membre de la Commission spéciale des finances de la Classe des lettres pour 1867, XXIII, 25; pour 1868, XXIV, 545; pour 1869, XXVI, 496; pour 1870, XXVIII, 572; pour 1871, XXX, 397.
Sa mort, XXXI, 74.
GERVAIS (H.). — Don d'ouvrage, XLII. 3.
GERVAIS (Paul). — Don d'ouvrages, XXV. 586; XLII, 3.
Sa mort, XLVII. 226.
GESLAIN. — Don d'ouvrage, XLI, 1329.
GEVAERT (F.-Aug.). — Invité par M. le Ministre de l'Intérieur à se mettre en rapport avec l'Académie pour les préparatifs de la séance publique de la Classe des beaux arts en 1871, XXXII, 123.
Élu membre de la Classe des beaux-arts, XXXIII, 82; remercîments, XXXIII, 159; approbation royale de son élection, XXXIII, 158.
Membre de la section permanente du jury du grand concours de composition musicale pour 1872, XXXIII, 482; pour 1873, XXXV, 330; pour 1875, XXXIX, 346.
Membre de la Commission pour l'examen des questions concernant les voyages des lauréats des concours de Rome. XXXIII. 482.
Lecture du rapport de la section permanente du jury des grands concours de composition musicale sur les modifications à apporter au règlement de ces concours, XXXV, 181.
Membre de la Commission chargée d'examiner ce rapport, XXXV, 182; communique les résolutions de cette Commission, XXXV, 331.
Accepte de prononcer le discours académique aux funérailles de M. Bosselet, XXXV, 438.
Membre de la Commission chargée de l'examen des questions relatives au séjour à Rome des lauréats des grands concours, XXXV, 440.
Fait connaître la réponse à adresser à M. le Ministre de l'Intérieur au sujet des voyages de M. Demol, lauréat du grand concours de composition musicale de 1871, XXXV, 624.
Commissaire pour les partitions soumises au concours d'art appliqué de la Classe des beaux-arts de 1873, XXXVI, 107; rapport, XXXVI, 589.
Commissaire pour un travail de M. Brixhe sur la nomenclature des notes de musique, XXXVI, 244; rapport verbal, XXXVI, 433.
Rapport sur les instructions de voyage pour M. Servais, XXXVIII, 370.
Commissaire pour le 1er rapport trimestriel de M. Servais sur ses études musicales à l'étranger, XXXIX, 238.
Directeur de la Classe des beaux-arts pour 1876, XXXIX, 50.
Remarques au sujet du programme des conditions à remplir par les concurrents pour les concours des cantates, XXXIX, 973; son opinion sur ce sujet, XL. 40.
Discours sur l'enseignement public de l'art musical, à l'époque moderne, XLII, 418.
Délégué à l'inauguration du monument Van de Weyer à Louvain, XLII, 440, 629.
Note bibliographique sur divers ouvrages de musique indienne offerts par le rajah Sourindro Mohun Tagore, XLIII, 224.
Proposition relative au règlement organique des grands concours de composition musicale, XLIII, 308.
Membre du jury pour le concours des cantates de 1877, XLIII, 440.
Commissaire pour le mémoire de concours de 1877 sur l'histoire de la bibliographie et de la typographie musicales aux Pays-Bas, XLIII, 753; rapport, XLIV, 275.
Note bibliographique sur l'ouvrage de

M. Van Elewyck sur les anciens clavecinistes flamands, XLV, 718.

Commissaire pour un mémoire de M. Mailly sur les origines du Conservatoire royal de musique de Bruxelles, XLVI, 551.

Commissaire pour une requête du *Willems-Fonds* relative au règlement des grands concours de composition musicale, XLVI, 828.

Président de la Commission de publication des œuvres des anciens musiciens du pays, XLIX, 56.

Don d'ouvrages, XXXIX, 334; XLII, 920; XLIII, 752; XLVI, 288; L, 323.

GHAYE. — Présente l'état de la végétation à Waremme le 21 octobre 1867, XXIV, 435; en 1871, XXXI, 199.

Sa mort, XXXIII, 492.

Notice biographique par M. de Selys Longchamps, XXXIII, 492.

GHELDOLF. — Membre du jury chargé de juger la 4e période du concours quinquennal d'histoire nationale, XXI, 166.

GHELUWE (Léon VAN). — Second prix en partage du grand concours de composition musicale de 1867, XXIV, 212, 269.

GHYSENS (Émile). — Sur les sous-normales polaires et les rayons de courbure des lignes planes, XLIII, 4, 544; rapport de MM. Catalan, De Tilly et Folie, XLIII, 461, 466.

Sur les sous-normales polaires et la courbure des surfaces, XLIV, 4, 220; lecture des rapports de MM. Catalan, De Tilly et Folie, XLIV, 127.

Sur la détermination des volumes et des aires, XLIV, 317, 532; rapports de MM. Catalan et De Tilly, XLIV, 456, 457.

Sur quelques formules de géométrie et leur application aux courbes algébriques, XLV, 3, 231; rapports de MM. Catalan, De Tilly et Folie, XLV, 154, 155.

GILBERT (Ph.). — Élu associé de la Classe des sciences, XXIV, 560; remerciments, XXV, 2.

Présente un mémoire sur la théorie des lignes tracées sur une surface quelconque, XXV, 2, 72; rapports de MM. Catalan et Brasseur, XXV, 180, 184.

Commissaire pour une note de M. Mansion sur le calcul des probabilités, XXV, 72; lecture de son rapport, XXV, 186.

Commissaire pour un travail de M. De Tilly sur la cinématique, XXV, 284.

Sur quelques propriétés des trajectoires, XXV, 288.

Commissaire pour une note de M. Mansion sur le problème des partis, XXV, 403; rapport, XXV, 619.

Commissaire pour une notice de M. Catalan sur une transformation géométrique, et la surface des ondes, XXVI, 379; rapport, XXVII, 129.

Commissaire pour une notice de M. Graindorge sur la sommation de quelques séries, etc., XXVI, 379.

Réponse aux réclamations de M. d'Aoust concernant son mémoire sur la théorie générale des lignes tracées sur une surface quelconque, XXVI, 480.

Dépose dans les archives des papiers manuscrits de M. Pagani, XXVII, 128.

Commissaire pour un travail de M. Steichen sur quelques questions élémentaires de mécanique physique, XXVII, 128; lecture de son rapport, XXVII, 615.

Présente un travail sur les surfaces apsidiales, XXVII, 363.

Commissaire pour une note de M. Folie sur quelques théorèmes généraux de géométrie supérieure, XXVII, 615.

Billet cacheté déposé le 10 juillet 1869, XXVIII, 2.

Sur quelques propriétés des surfaces apsidiales ou conjuguées, XXVIII, 31; rapports de MM. Catalan et Steichen, XXVIII, 21, 24.

Commissaire pour un mémoire de M. Neuberg sur les coordonnées tétraédriques, XXVIII, 438; rapport, XXVIII, 529.

Présente un mémoire sur les déter-

minants fonctionnels, XXVIII, 319; rapports de MM. Steichen, Liagre et Catalan, XXVIII, 528, 529,

Commissaire pour une note de M. Graindorge sur la sommation de quelques séries, etc., XXVIII, 319.

Commissaire pour une note de M. Mansion sur les équations linéaires à coefficients constants, etc., XXVIII, 319.

Commissaire pour un mémoire de M. Folie intitulé : *Fondement d'une géométrie supérieure cartésienne*, XXVIII, 319; XXIX, 64; XXXI, 3, 32, 54, 499; lecture de son rapport, XXXII, 156, 251.

Rapport verbal sur une note de M. Méhay concernant le calcul infinitésimal, XXIX, 75.

Commissaire pour une note de M. Folie sur les théorèmes de Pascal et de Brianchon, XXX, 374.

Commissaire pour un travail de M. Saltel sur certains systèmes de courbes géométriques, XXX, 419; XXVII, 4.

Commissaire pour un mémoire de M. Saltel concernant certains systèmes de courbes géométriques, XXXII, 4.

Rapport sur deux mémoires de M. Saltel concernant : le premier, l'application de la transformation désarguésienne à la génération des courbes et des surfaces géométriques, le second, l'étude de certains systèmes de courbes géométriques, XXXII, 335.

Commissaire pour un mémoire de M. Saltel sur certains systèmes de courbes géométriques, XXXIII, 93; rapport, XXXIII, 374.

Commissaire pour le mémoire de concours de 1872, sur l'intégration des équations aux dérivées partielles des deux premiers ordres, XXXII, 40; rapport, XXXII, 372.

Commissaire pour un mémoire de M. Catalan concernant ses recherches sur quelques produits indéfinis, XXXII, 154.

Commissaire pour une notice de M. Orloff sur les équations différentielles réciproques, XXXII, 335; rapport, XXXIII, 105.

Sur l'emploi des imaginaires dans la recherche des différentielles d'ordre quelconque, XXXIII, 108.

Commissaire pour une note de M. Folie sur le calcul de la densité de la terre, XXXIII, 171; rapport, XXXIII, 371.

Présente un mémoire sur l'existence de la dérivée dans les fractions continues, XXXIII, 171; rapports de MM. Catalan et Steichen, XXXIII, 360, 368.

Commissaire pour un mémoire de M. Mansion sur les solutions singulières des équations différentielles du premier ordre, XXXIII, 300; rapport, XXXIV, 142.

Commissaire pour un mémoire de M. Botesu sur la propriété de la série harmonique, XXXIII, 493.

Sur une objection présentée par M. Catalan, XXXIII, 498.

Commissaire pour un travail de M. De Tilly sur les logarithmes, XXXIV, 4; rapport, XXXV, 5.

Commissaire pour la deuxième partie de la note de M Catalan relative à une formule de M. Botesu, XXXIV, 244; rapport verbal, XXXIV, 401.

Commissaire pour un mémoire de M. Saltel sur le principe de pluralité et sur l'étude de certains systèmes de courbes géométriques, XXXIV, 244.

Commissaire pour une note de M. Saltel sur la courbe du quatrième ordre, XXXIV, 447.

Rapport sur une note de M. De Tilly concernant la formule qui donne, en série convergente, la somme des logarithmes hyperboliques des $x - 1$ premiers nombres entiers, XXXV, 5.

Présente un travail sur le développement de la fonction $\Gamma(\mu)$, XXXV, 352; rapports de MM. Catalan, Liagre et De Tilly, XXXVI, 4,12.

Rectification au sujet de son mémoire sur l'existence de la dérivée dans les fonctions continues, XXXV, 709.

Commissaire pour une note de M. Genocchi sur quelques développe-

ments de la fonction log. Γ (x), XXXVI, 146.
Commissaire pour une note de M. Mansion sur les transformations arguésiennes de M. Saltel, XXXVI, 299.
Observations sur deux notes de M. Genocchi sur le développement de la fonction log. Γ (x), XXXVI, 541.
Don d'ouvrages, XXVIII, 527; XXXIII, 170; XXXIV, 3.

GILKINET (Alfred). — Recherches morphologiques sur les pyrénomycètes. I. Sordariées. XXXVII, 270, 426; rapports de MM. Morren et Éd. Van Beneden, XXVII, 344, 346.
Médaille d'or décernée par la Classe des sciences en 1874 pour son mémoire sur le polymorphisme des champignons, XXXVIII, 747, 846; rapports de MM. Morren, Bellynck et Éd. Van Beneden, XXXVIII, 719, 725, 735.
Remercie pour sa médaille, XXXIX, 3, 249; inscription pour cette médaille, XXXIX, 55.
Sur les plantes fossiles de l'étage des psammites du Condroz, XXXIX, 250, 384; rapports de MM. Dewalque et de Koninck, XXXIX, 363, 364.
Sur quelques plantes fossiles de l'étage du poudingue de Burnot, XL, 4, 139; rapports de MM. de Koninck, Dewalque et Bellynck, XL, 70, 71, 73.
Élu correspondant de la Classe des sciences, XL, 1098; remercîments, XLI, 3.
Élu membre, L, 449.
Commissaire pour le mémoire du concours de 1877, intitulé: *Prodrome d'une monographie des Laminariacées*, XLIV, 420; rapport, XLIV, 681.
Commissaire pour les mémoires de concours de 1878 sur la cryptogamie végétale de la Belgique, XLVI, 178; rapport, XLVI, 865.
Commissaire pour la révision des Hédéracées américaines de M. André, par M. Élie Marchal, XLVI, 856; rapport, XLVII, 28.
Du développement du règne végétal dans les temps géologiques, XLVIII, 814.

GIOVANNI (V. di). — Note bibliographique de M. Le Roy sur ses ouvrages philosophiques, XL, 148.
Note du même sur ses *Prelezioni di filosofia*, XLIII, 378.
Note bibliographique du même sur le tome II de la nouvelle édition de ses *Principii di filosofia prima*, XLV, 526.
Élu associé de la Classe des lettres, XLV, 717; remercîments, XLV, 818.
Note bibliographique de M. Le Roy sur son discours sur le P. Giuseppe Romano, XLVII, 239.
Note bibliographique sur des ouvrages offerts au nom de M. Buroni, XLVII, 855.
Note bibliographique de M. Le Roy sur sa philologie et littérature siciliennes, XLVIII, 170.
Note du même sur son ouvrage sur Severino Boezio, L, 273.
Don d'ouvrages, XL, 36; XLIII, 375; XLIV, 241; XLV, 300, 519; XLVI, 426; XLVII, 237; XLVIII, 168; XLIX, 222, 270; L, 273.

GIRON (P.-C.) — Rapport de M. Nerenburger sur son mémoire relatif aux intersections calculées, XXII, 194; rectification du même à propos d'une assertion mentionnée dans son rapport sur ce mémoire, XXII, 552.

GLASER (Ch.). — Sur la transformation de l'aniline en azobenzide, XXI, 75, 218; rapport de M. Stas, XXI, 197.
Recherches sur quelques dérivés de l'acide cinnamique (1re partie), XXII, 260, 502; rapport de M. Stas, XXII, 454; (2e partie) XXIII, 687; XXIV, 48; rapports de MM. Kekulé et Stas, XXIV, 14, 17.
Sur quelques transformations de l'acide formobenzoïque (avec M. Radziszewsky), XXIV, 3, 158; rapports de MM. Kekulé et Stas, XXIV, 109. — Voir *Radziszewsky*.

GLOESENER (M.). — Commissaire pour une notice de M. Zenger sur une nouvelle machine d'induction, XXI, 195.

Rapport sur un travail de M. Delbœuf sur la gamme chromatique, XXI, 313.
Commissaire pour une notice de M. Brachet sur la lampe électrique, XXII, 3; rapport, XXII, 110.
Billet cacheté, déposé le 1er décembre 1866; XXII, 453.
Commissaire pour une note de M. Gérard sur un système d'horloge électrique, XXV, 403.
Commissaire pour la 8e série du travail de M. Plateau sur les figures d'équilibre, XXVI, 3; lecture de son rapport, XXVI, 136.
Commissaire pour un travail de M. Melsens sur le coup de foudre de la gare d'Anvers du 10 juillet 1865, XXVI, 250; lecture de son rapport, XXVII, 491.
Commissaire pour la nouvelle rédaction de ce mémoire, XXXIX, 445; lecture de son rapport, XXXIX, 780.
Commissaire pour un mémoire de M. Steichen sur quelques questions de mécanique physique, XXVII, 128; lecture de son rapport, XXVII, 615.
Sur une nouvelle méthode d'enregistrement automatique au moyen de l'électricité, de la déclinaison et de l'inclinaison magnétiques et de leurs variations diurnes, XXVIII, 209.
Commissaire pour une note de M. Pérard sur une modification de la machine électrique de Nairne, XXVIII, 399; rapport, XXVIII, 540.
Commissaire pour le mémoire de concours de 1870 sur les procédés suivis pour déterminer les éléments du magnétisme terrestre, XXIX, 663, XXX, 84; rapport, XXX, 421.
Commissaire pour une note de M. Daussin sur un appareil télégraphique nouveau, XXXI, 3.
Sur une nouvelle boussole magnétique ou plutôt électro-magnétique, son importance dans les observations magnétiques et surtout dans celles faites sur mer, XXXIII, 321.
Sur un paratonnerre foudroyé à Wetteren, le 23 mai 1872, XXXIII, 502
Commissaire pour une note de M. Belpaire sur le second principe de la thermodynamique, XXXIV, 243; rapport, XXXIV, 452.
Membre de la Commission pour les paratonnerres, XXXIV, 401.
Sur un nouveau procédé pour soustraire les boussoles marines à l'influence du fer et de l'acier qui entrent dans la construction et le chargement des navires, XXXV, 357, 520.
Commissaire pour une notice de M. Van Rysselberghe sur un appareil enregistreur universel, XXXV, 643; rapport, XXXVI, 117.
Sur le météorographe enregistreur de M. Van Rysselberghe, XXXVI, 489.
Lecture de son rapport sur une requête de M. Van Rysselberghe, XXXVII, 25.
Observations relatives au météorographe universel de M. Van Rysselberghe, XL, 21.
Commissaire pour une note de M. Daussin sur un moteur électro-magnétique, XXXVIII, 293; lecture de son rapport, XXXIX, 84 bis.
Commissaire pour une note de M. W. Spring, sur la dilatation, la chaleur spécifique des alliages fusibles, XXXVIII, 405; rapport, XXXIX, 446
Lauréat de la 5e période du concours quinquennal des sciences mathématiques et physiques, XXXVIII, 650, 847.
Directeur de la Classe des sciences pour 1876, XXXIX, 5.
Annonce la présentation d'une note sur certains effets produits par la foudre à Liége, le 18 juin 1875, XL, 22.
Commissaire pour un travail de M. De Heen sur la fusion et la dilatation des métaux, XL, 668; XLI, 735; rapport, XLI, 952.
Don d'ouvrage, XXXVII, 339.
Sa mort, XLII, 238.
Sa notice promise par M. Folie, XLII, 238.
Gluge T. — Commissaire pour un travail de M. F. Plateau sur la force musculaire des insectes, XXII, 183.
Commissaire pour un travail de M. Van Bambeke sur le Pélobate brun, XXIII, 367; rapport, XXIII, 439.
Commissaire pour un travail de

M. Husson relatif à l'action des silicates alcalins sur l'économie animale, XXIV, 3; rapport, XXIV, 106.

Rapport sur un travail de M. Masius sur le centre ano-spinal, XXIV, 279.

Commissaire pour un travail de M. Grandry sur la structure du cylindre de l'axe, XXV, 72; rapport, XXV, 288.

Commissaire pour un travail de M. Masius sur les sphincters de l'anus et de la vessie, XXV, 284; rapport, XXV, 408.

Commissaire pour un travail de MM. Éd. Van Beneden et Bessels sur le blastoderme des crustacés, XXV, 403; rapport, XXV, 427.

Commissaire pour un travail des mêmes sur le blastoderme des amphipodes, XXV, 611; rapport, XXVI, 256.

Commissaire pour le mémoire de concours de 1868 relatif à la composition anatomique de l'œuf, XXVI, 135; rapport, XXVI, 507.

Commissaire pour une notice de M. Robin sur la matière cornée des vertébrés, XXVI, 380.

Lecture de son rapport sur une note de M. Robin concernant la cause du manque d'énergie chez l'habitant des pays chauds, XXVII, 11.

Commissaire pour un travail de M. Éd. Van Beneden sur l'embryogénie des crustacés, XXVII, 363.

Commissaire pour un mémoire de MM. Masius et Vanlair sur la régénération anatomique et fonctionnelle de la moelle épinière, XXVIII, 3.

Commissaire pour une notice de M. Éd. Van Beneden sur une nouvelle espèce de grégarine, XXVIII, 319; rapport, XXVIII, 400.

Commissaire pour une note de M. Robin sur les modifications de la voix sous l'influence des climats excessivement chauds, XXVIII, 319; lecture de son rapport, XXVIII, 694.

Commissaire pour un travail de M. Éd. Van Beneden sur le développement de l'œuf et de l'embryon des sacculines, XXVIII, 527.

Commissaire pour une note de M. Robin sur les moyens de prévoir la grandeur comparée des mâles et des femelles dans la série des animaux, XXVIII, 528

Rapport verbal sur deux notes de M. Robin, relatives, l'une, au moyen de prévoir la grandeur comparée des mâles et des femelles dans la série animale, et l'autre, aux effets de la foudre sur les animaux, XXIX, 14.

Membre de la Commission spéciale des finances de la Classe des sciences pour 1870, XXVIII, 528; pour 1871, XXX, 375; pour 1873, XXXIV, 447; pour 1875, XXXVIII, 653; pour 1876, XLI, 225; pour 1877, XLII, 829; pour 1878, XLIV, 666; pour 1879, XLVI, 856; pour 1880, XLVIII, 587; pour 1881, L, 297.

Commissaire pour la 4e partie des recherches de M. Éd. Van Beneden sur l'embryogénie des crustacés, XXXIX, 4.

Une remarque sur l'admission d'une force vitale en physiologie, XXX, 25

Commissaire pour un mémoire de M. F. Plateau intitulé : *Recherches physico-chimiques sur les articulés aquatiques*, XXX, 180; rapport, XXX, 283.

Commissaire pour la 2e partie des recherches physico-chimiques de M. F. Plateau sur les articulés aquatiques, XXXIV, 140.

Directeur de la Classe des sciences pour 1873, XXXIII, 3.

Commissaire pour un mémoire de M. P.-J. Van Beneden sur les chauves-souris de Belgique et leurs parasites, XXXIII, 171; lecture de son rapport, XXXIII, 300.

Commissaire pour une note de M. Éd. Robin sur les moyens de rendre la vieillesse plus saine, XXXIII, 171; en propose le dépôt aux archives, XXXIII, 312.

Commissaire pour une note de M. Éd. Robin sur la cause des pouvoirs laxatifs, etc., XXXIV, 140; rapport verbal, XXXIV, 270.

Commissaire pour une note de

M Guinsbourg sur la mortalité des enfants nouveau-nés, XXXIV, 244; rapport, XXXIV, 402.
Discours aux funérailles de M. C. Wesmael, XXXIV, 398.
Commissaire pour une note de M. Robin sur l'apprivoisement des animaux sauvages, XXXIV, 401; rapport verbal, XXXIV, 454.
Rapport verbal sur diverses notes de M. Robin, XXXV, 133.
Commissaire pour un mémoire de M. Nuel sur l'innervation du cœur par le nerf vague, XXXVI, 116; rapport, XXXVI, 301.
Commissaire pour une note du même sur les phénomènes électriques du cœur, XXXVI, 116.
Rapport verbal sur une note de M. Robin relative à ses travaux de réforme dans les sciences médicales et naturelles, XXXVI, 454.
L'enseignement de la biologie dans les écoles, discours, XXXVI, 761.
Commissaire pour un travail de M. F. Plateau concernant ses recherches sur les phénomènes de la digestion chez les insectes, XXXVII, 270; rapport, XXXVII, 485.
Commissaire pour un travail de M. F. Putzeys sur les centres des nerfs vaso-moteurs, XXXVII, 270.
Commissaire pour un travail du même sur la question de l'abiogénèse, XXXVII, 339.
Sur la transformation de la contraction musculaire tonique en contraction rhythmique, XXXVII, 830.
Commissaire pour un mémoire de M. Van Bambeke sur l'embryogénie des poissons osseux, XXXVIII, 558; rapport, XXXIX, 84.
Commissaire pour un travail de M. Chandelon sur le tube digestif des tuniciers, XXXIX, 250; rapport, XXXIX, 786.
Commissaire pour un travail de M. Lebouc q sur le cartilage embryonnaire chez les mammifères, XLIV, 318; rapport, XLIV, 459.
Commissaire pour un travail de MM. Putzeys et Romiée sur l'action physiologique de la gelsémine, XLIV, 455.
Commissaire pour un travail de MM. Delbœuf et Spring sur le daltonisme, XLIV, 455.
Don d'ouvrages, XXI, 263; XXVII, 614; XXX, 283; XLII, 827.
GOBLET D'ALVIELLA (le comte). — Don d'ouvrages, XLVIII, 72.
GODEFROY DE MENILGLAISE (le marquis de). — Élu associé de la Classe des lettres, XLI, 1078, 1134; remerciments, XLI, 1327.
Présente un manuscrit concernant la donation de l'Angleterre et de l'Irlande à Maximilien d'Autriche, XLIII, 303; lecture du rapport de M. Kervyn, XLIII, 376.
Don d'ouvrage, XLI, 139.
Sa mort, XLV, 298.
GOEBEL. — Don d'ouvrage, XLVII, 772.
GONTHIER (Edm.). — Note sur deux lambeaux du terrain crétacé dans la province de Namur, XXIII, 219, 403; rapports de MM. d'Omalius et Dewalque, XXIII, 371, 372.
GONZENBACH (VON). — Don d'ouvrages, XLIX, 409.
Note bibliographique de M. Rivier sur ces ouvrages, XLIX, 409.
GOOVAERTS (Alph.). — Médaille d'or décernée, en 1877, par la Classe des beaux-arts pour son mémoire sur l'histoire de la bibliographie et de la typographie musicales aux Pays-Bas, XLIV, 280, 297; rapports de MM. le chevalier de Burbure, Gevaert et Fétis, XLIV, 272, 275.
Michel-Ange Immenraet et sa famille XLVI, 291, 830; rapport de M. Fétis, XLVI, 829.
GOSSELET (Jules). — Présente avec M. Malaise un travail sur le terrain silurien de l'Ardenne, XXV, 180; rapports de MM. d'Omalius et Dewalque, XXV, 411, 413,
Observations sur le terrain silurien de l'Ardenne, XXVI, 61.
Lettre sur le terrain ahrien de Dumont, XXVI, 289; rapports de MM. d'Omalius et Dewalque, XXVI, 260, 261.
Observations avec M. Horion sur les

travaux géologiques de MM. Cornet et Briart sur la Meule de Bracquegnies, XXIX, 447, 689; rapports de MM. d'Omalius, de Koninck et Dewalque, XXIX, 664, 666, 667.

Carte géologique de la bande méridionale des calcaires devoniens de l'Entre-Sambre-et-Meuse, XXXIV, 446; XXXVII, 81; rapport de MM. Dupont et d'Omalius, XXXV, 20.

Sur le calcaire eifelien, XLI, 920, 1310; rapport de M. Malaise, XLI, 1156.

Élu associé de la Classe des sciences, XLII, 1087; remerciments, XLIII, 2.

Sur le calcaire devonien supérieur dans le N.-E. de l'arrondissement d'Avesnes, XLIV, 398.

Don d'ouvrages, XXVI, 249; XLIV, 315; XLVII, 227; XLVIII, 3, 725; L, 74. — Voir *Horion*. — *Malaise*.

GOUBET (P.-J.). — Présente un travail sur la quadrature du cercle, XXXVI, 115; lettre relative à ce travail, XXXVIII, 43.

GOULD. — Don d'ouvrage, XLIX, 84.

GOUNOD (Ch.). — Élu associé de la Classe des beaux-arts, XXXIII, 83; remerciments, XXXIII, 159.

GOUVERNEMENT BRESILIEN (le). — Don d'ouvrage, XXXV, 642.

GOUVERNEMENT DES PAYS-BAS (le). — Don d'ouvrages, XXI, 2; XXII, 548; XXV, 178; XXIX, 2,446; XXX, 2; XL, 666; L, 123.

GOUVERNEMENT DU CHILI (le). — Don d'ouvrages, XXII, 70.

GOUVERNEMENT FRANÇAIS (le). — Don d'ouvrages, XXI, 166; XXVI, 120; XXIX, 34.

GOUVERNEUR DE LA PROVINCE D'ANVERS (le). — Don d'ouvrage, XXV, 586.

GOUVERNEUR DE LA PROVINCE DU BRABANT (le). — Don d'ouvrages, XXXVIII, 4, 557.

GOZZADINI. — Don d'ouvrage, XLVII, 442.

GRAINDORGE (J.). — Présente une notice sur la sommation de quelques séries et sur quelques intégrales définies nouvelles, XXVI, 379; XXVIII, 349; renvoi de ce travail à l'auteur, XXVIII, 399.

Don d'ouvrages, XXXVII, 799; XXXVIII, 557; XLIV, 118.

GRANDGAGNAGE (Ch.). — Don d'ouvrage, XLIII, 34.

GRANDGAGNAGE (J.). — Commissaire pour le mémoire de concours de 1867 sur Chastellain, XXIII, 189; rapport, XXIII, 489.

Membre du jury chargé de juger la 4e période du concours quinquennal de littérature française, XXV, 43.

Commissaire pour le mémoire de concours de 1868 sur Jean Lemaire de Belges, XXV, 141; rapport, XXV, 536.

Membre du Comité de présentation aux places vacantes dans la Classe des lettres en 1868, XXV, 142.

Commissaire pour une notice de M. Varenbergh sur Poilvache et Bouvignes, XXV, 691.

Notice sur Aduatuca, XXXVI, 638; XXXVII, 117.

Membre de la Commission pour le programme de concours de 1876, de la Classe des lettres, XXXVII, 846.

Sa mort, XLIII, 300.

GRANDRY. — Recherches sur la structure intime du cylindre de l'axe et des cellules nerveuses, XXV, 72, 304; rapports de MM. Schwann et Gluge, XXV, 284, 288.

Billet cacheté, déposé le 12 octobre 1867, XXVI, 278.

GRANVILLE (A.-B.). — Sa mort, XXXIII, 298.

GREARD. — Don d'ouvrage, XXXIX, 44.

GREG (R.-P.). — Lettre sur les orbites des étoiles filantes, XXIII, 92.

GRÉGOIR (Éd.). — Don d'ouvrage, XLVII, 171, 298.

GREINDL (le baron G.). — Billet cacheté déposé le 15 décembre 1876, XLII, 922.

Remercie pour la souscription académique à l'OEuvre de civilisation de l'Afrique centrale, XLIV, 2.

GRIFFÉ. — Présente une note sur une méthode propre à déterminer la distance de la terre au soleil, XXX, 375;

lecture des rapports de MM. Liagre et Ern. Quetelet, XXXI, 4.

GRIMAUX (Ed.). — Médaille d'or pour son mémoire de concours de 1876 sur l'acide urique, XLII, 951, 1087; ses remercîments, XLIII, 2; rapports de MM. de Koninck, Stas et Donny, XLII, 940, 950, 951.

Lettre à M. de Koninck sur la continuation de ses recherches sur l'acide urique, XLVI, 318, 499.

GROEN VAN PRINSTERER (G.). — Sa mort, XLI, 1326.

GROSSO. — Don d'ouvrage, XLIII, 613.

GROTE (George). — Sa mort, XXXII, 20.

GROTE (veuve G.). — Don d'ouvrage, XXXIV, 176.

GRÜNHAGEN (J.). — Présente un mémoire sur les colonies wallonnes en Silésie, XXII, 342; rapports de MM. le baron Kervyn, De Smet et Borgnet, XXII, 540, 542, 544.

Remercîments pour l'impression de son mémoire, XXIII, 23.

GRUYER. — Don d'ouvrages, XXI, 34.

Sa mort, XXII, 342.

Legs fait à l'Académie, XXII, 346.

GUÉRANGER. — Don d'ouvrage, XLVI, 425.

GUFFENS (G.). — Élu membre de la Classe des beaux-arts, XLI, 171; remercîments, XLI, 386; approbation royale de son élection, XLI, 717.

Commissaire pour les rapports semestriels de M. De Jans, XLVIII, 573; appréciations, XLVIII, 722; L, 67, 247.

Don de gravures, XLVI, 548; L, 66.

GUILLAUME (E.). — Élu associé de la Classe des beaux-arts, XLI, 172; remercîments, XLI, 386.

GUILLAUME (le baron G.). — Membre du jury chargé de juger la 4e période du concours quinquennal d'histoire nationale, XXI, 166; idem, pour la 5e période, XLI, 137.

Membre de la Commission de la Biographie nationale pour la période de 1866-1872, XXII, 70; pour la période de 1872-1878, XXXIV, 177.

Élu membre de la Classe des lettres, XXIII, 484; remercîments, XXIII, 710; approbation royale de son élection, XXIII, 740.

Notice sur quatre régiments wallons au service du roi des Deux-Siciles, XXVIII, 461.

Le dernier héros du moyen âge en Belgique : Philippe de Clèves, XXIX, 261.

Présente un mémoire sur les bandes d'ordonnance aux Pays Bas, XXXV, 401; lecture des rapports de MM Gachard, Juste et Wauters, XXXV, 570.

Commissaire pour les mémoires de concours de 1873 sur le règne de Charles le Téméraire, XXXV, 402; rapport, XXXV, 552.

Directeur de la Classe des lettres pour 1875, XXXVII, 117.

Note au sujet de la démission de M. Van Hasselt, comme membre de la Commission de la Biographie nationale, XXXVIII, 671.

Commissaire pour les mémoires du concours de Stassart sur Plantin, XXXIX, 150; rapport, XXXIX, 335, 674.

Discours sur le mouvement intellectuel dans l'armée, XXXIX, 683.

Membre de la Commission pour le costume officiel des académiciens, XXXIX, 953.

Commissaire pour la fondation du prix Teirlinck, XXXIX, 400; rapport, XXXIX, 954.

Présente un mémoire sur l'histoire de l'infanterie wallonne sous la domination de la maison d'Espagne (1500-1700), XLI, 355; lecture des rapports de MM. Gachard, Wauters et le baron Kervyn, XLI, 684.

Élu membre de la Commission administrative pour 1876-1877, XLI, 356, 1078; pour 1877-1878, XLIII, 634.

Membre de la Commission pour le choix d'une question du concours de Stassart pour une notice sur un Belge célèbre, XLI, 1330; XLII, 4, 495.

Don d'ouvrages, XXI, 291; XXIX, 705; XXXVIII, 597; XL, 35; XLII, 910; XLIII, 34.

Sa mort, XLIV, 644, 815.

Discours à ses funérailles par M. Wauters, XLIV, 827.

Guilliaume (Jules). — Traduction française de la cantate couronnée *Torquato Tasso's Dood*, de M. Van Droogenbroeck, XXXVI, 287.

Traduction française de la cantate couronnée *De Meermin*, de M Sabbe, XLII, 448.

Traduction française de la cantate couronnée *De Klokke Roeland*, de M. Sabbe, XLIV, 306.

Traduction française de la cantate couronnée *Camoëns*, de M. Van Droogenbroeck, XLVIII, 324.

Guinsbourg (Ch.). — Présente une note sur la mortalité des enfants nouveau-nés, XXXIV, 243; rapports de MM. Gluge et Ad. Quetelet, XXXIV, 402, 404.

Guizot (F.-P.-G.). — Sa mort, XXXVIII, 506.

Gunning. — Don d'ouvrage, XXXIX, 444.

Guyot (P.). — Dépôt aux archives de sa note sur le dosage des fluorures solubles, XXX, 91.

Présente une notice sur le sélénium, XXX, 283; dépôt de ce travail aux archives, XXX, 377.

H.

Haes (Louis-A.). — Second prix, en partage, du grand concours de composition musicale de 1867, XXIV, 242, 269.

Haidinger (le chevalier G. von). — Lettre sur les étoiles filantes et les aérolithes, XXIII, 84.

Détails sur sa collection de météorites, XXIV, 276.

Sa mort, XXXI, 110.

Haisnes (de). — Don d'ouvrage, XLIII, 613.

Hanicq (Mme veuve). — Obtient un subside de la Caisse centrale des artistes, XLI, 720.

Hannover (Ad.). — Note sur les rapports de la menstruation en Danemark et sur l'époque en général de la première menstruation chez les différents peuples, XXVIII, 151.

Hansen (P.-A.). — Sa mort, XXXVII, 482.

Hanssens (Ch.-L.). — Membre du jury pour le concours des cantates de 1869, XXVII, 316.

Sa mort, XXXI, 454.

Discours prononcé à ses funérailles par M. le chevalier de Burbure, XXXI, 456.

Hansteen (Ch.). — Lettre à M. Ad Quetelet sur une perturbation magnétique à Christiania, le 21 février 1866, XXI, 280.

Sa mort, XXXV, 458; XXXVI, 2.

Hardouin. — Don d'ouvrage, XXXVII, 135.

Harlez (de). — Don d'ouvrages, XLV, 818; XLVI, 261, 910; L, 36.

Note bibliographique de M. Willems sur son livre : *Avesta*, etc., XLV, 821.

Note du même sur son manuel de la langue de l'*Avesta*, XLVI, 912.

Note du même sur son livre relatif aux langues orientales, L, 41.

Hasselt (A. van). — Présentation du tome II de Cléomades, XXII, 115.

Membre du jury chargé de juger la 4e période du concours quinquennal de littérature flamande, XXIX, 33.

Don d'ouvrages, XXIII, 39, 716; XXIV, 212, 223; XXV, 61, 387; XXVI, 125, 205; XXVII, 235, 316; XXVIII, 458, XXIX, 437; XXXI, 184; XXXIV, 126; 214; XXXV, 86.

Sa mort, XXXVIII, 708; remercîments de sa femme pour les condoléances académiques, XXXIX, 47. — Voir *Guillaume (le baron G.)*.

Haus (J.-J.). — Commissaire pour deux mémoires de concours de 1866 sur l'assistance de l'ouvrier, XXI, 168; rapport, XXI, 448.

Commissaire pour un mémoire de concours de 1867 sur l'histoire du

droit pénal dans l'ancien duché de Brabant jusqu'à Charles-Quint, XXIII, 190; rapport, XXIII, 511.

Commissaire pour un mémoire de concours de 1869 sur l'histoire du droit pénal dans l'ancien duché de Brabant depuis Charles-Quint, XXVII, 164; rapport, XXVII 446.

Commissaire pour un mémoire de M. Klipffel sur le régime municipal des cités romaines de l'empire germanique, XXII, 342; rapport, XXIII, 319.

Directeur de la Classe des lettres pour 1871, XXIX, 351.

Commissaire pour le mémoire de concours de 1870 sur Septime Sévère, XXIX, 132; rapport, XXIX, 542.

La Pratique criminelle de Damhouder et les ordonnances de Philippe II, discours, XXXI, 415; XXXII, 81, 297.

Note sur le tome Ier de l'ouvrage intitulé : Droit civil international, par M. Laurent, XLIX, 272; sur le tom. II, L, 124.

Don d'ouvrages, XXII, 540; XXVII, 429.

HAUTCOEUR (l'abbé). — Don d'ouvrages, XXXVII, 604; XXXVIII, 134; XXXIX, 148.

Note de M. Wauters sur le tome Ier de son Cartulaire de l'abbaye de Flines, XXXVII, 601.

HAVREZ (Paul). — Présente un mémoire sur les lois de la filtration, XXV, 180.

Présente une note sur la mesure chromatique des doses d'alun, de tartre et des sels d'étain sur la teinture des laines, XXXI, 32; XXXII, 3.

Rapport de MM. Donny, Melsens et Dewalque sur son mémoire concernant l'absorption des sels métalliques par la laine mordancée, XXXIII, 173.

Présente une note sur les transcendantes, XXXIX, 780; lecture des rapports de MM. Catalan et Folie, XL, 5.

HÉBERT (A.). — Élu associé de la Classe des beaux-arts, XXXI, 23; remercîments, XXXI, 48.

Des remercîments lui sont votés pour ses procédés à l'égard des artistes belges à Rome, XXXV, 337.

HEER (Oswald). — Élu associé de la Classe des sciences, XXVIII, 664; remercîments, XXIX, 2.

HEIS. — Lettre à M. Ad. Quetelet sur les étoiles filantes périodiques de novembre 1866 observées à Munster, XXII, 462.

HELBIG (J.). — Don d'ouvrage, XXXV, 230.

HELMHOLTZ (H.). — Élu associé de la Classe des sciences, XXXVI, 829; remercîments, XXXVII, 269.

HENNEBICQ (André). — Obtient la pension de voyage comme lauréat du grand concours de peinture de 1865, XXII, 96.

HENNEQUIN. — Note sur un nouveau tirage de la carte géologique de la Belgique de Dumont, XLI, 2; lecture des rapports de MM. Dewalque, Briart et Cornet, XLI, 225.

Membre de la Commission pour la nouvelle carte géologique de la Belgique, XLI, 1150.

Don d'ouvrages, XL, 270; XLII, 239.

HENRARD (P.). — Médaille d'or pour son mémoire de concours de 1873 sur Charles le Téméraire, XXXV, 562, 620; rapports de MM. Juste, Guillaume et le baron Kervyn, XXXV, 548, 552, 561.

Élu correspondant de la Classe des lettres, XLVII, 726; ses remercîments, XLVII, 828.

Mathieu de Morgues et la maison Plantin, XLIX, 542.

Don d'ouvrages, XLIX, 271; L, 182.

HENRY (Jh.). — Lettre au sujet des échanges de publications académiques avec l'Institut Smithsonian, de Washington, XXXV, 3.

HENRY (Louis). — Remercîments pour son élection de correspondant de la Classe des sciences, XXI, 2.

Faits pour servir à l'histoire du chrome, XXI, 75, 230; rapport de M. Stas, XXI, 201.

Recherches sur les sulfocyanures des radicaux alcooliques : I. Action des hydracides halogénés, XXV, 639, rapports de MM. de Koninck et Stas, XXV, 620. II. Sur le trisulfo-

cyanure glycérique; sur le sulfocyanure benzylique; sur divers composés isopropyliques sulfurés; action de l'iodure de cyanogène sur l'éthyle sulfure de mercure, XXVII, 4, 150; rapports des mêmes, XXVII, 142, 143.

Recherches sur l'isomérie dans la série salicylique : I. Dérivés chlorés de l'aldéhyde salicylique. Action du pentachlorure de phosphore. XXVII, 292; rapports de MM. Stas et de Koninck, XXVII, 250. II. Action du pentabromure de phosphore sur divers composés salicyliques, XXVII, 685; rapports de MM. Stas et de Koninck, XXVII, 626. III. Sur le nitrile salicylique et ses dérivés. XXVIII, 3, 211; rapports des mêmes, XXVIII, 148.

Recherches sur les nitriles, action du pentasulfure de phosphore sur les amides, XXVIII, 3, 226; rapports des mêmes, XXVIII, 146, 147.

Sur la cire de la paille, XXVIII, 442.

Recherches sur les dérivés éthérés des alcools et des acides polyatomiques. I. Sur le chlorure d'éthyl-glycollyle, XXVII, 691; rapports de MM. Stas et de Koninck, XXVII, 627. II. Sur divers composés éthérés phénoliques; sur le nitrile anisique, etc., XXVIII, 399, 552; rapport de M. Stas, XXVIII, 402. III. Sur les dérivés éthérés du phénol phénylique, XXVIII, 562. IV. Sur la monocyanhydrine méthylénique, etc., XXXV, 211. V. Sur le chloro-acétate de méthylène, XXXV, 717. VI. Sur la lactide et la distillation sèche de l'acide lactique, XXXVII, 409. VII. Sur le chloral et les éthers éthyliques chlorés en général, XXXVII, 489. VIII. Sur les dérivés glycériques : *A*. Dérivés allyliques. 1° Sur les composés d'addition des dérivés allyliques avec l'acide hypochloreux, XXXVII, 337. 2° Sur les produits d'addition des composés allyliques avec l'acide hypobromeux, XXXVII, 521; rapport de M. Stas, XXXVII, 341, 343. 3° Sur les acides chloro-bromopropioniques, XXXVII, 401. *B*. Dérivés diallyliques. 1° Sur le diallylényle ou dipropargyle, XXXVI, 41; lecture du rapport de M. Stas, XXXVI, 19. 2° Sur l'octobromure de dipropargyle et le tétrabromure de diallyle bibromé XXXVI, 602; XXXVII, 36; rapports de MM. Stas, de Koninck et Donny, XXXVII, 6, 7. 3° Sur la dichlorhydrine diallylique, XXXVII, 460, 274; rapports de MM. Stas et de Koninck, XXXVII, 341, 343. *C*. Dérivés propargyliques. 1° Sur l'alcool propargylique et ses éthers, XXXV, 729. 2° Sur le radical propargyle, le mono-, le tri- et le pentabromure propargyliques, XXXVII, 402.

Remarques sur la volatilité des composés cyanogénés, XXXV, 531.

Sur l'anhydride hypo- azotique, XXXVIII, 442.

Lecture du rapport de MM. Stas, de Koninck et Donny, tendant à appeler la haute bienveillance de M. le Ministre de l'Intérieur sur les travaux de M. L. Henry concernant les dérivés glycériques, allytiques et propargytiques, XXXV, 461.

Sur la production des hydrocarbures acétyléniques, XXXVII, 512.

Sur la production des hydrocarbures acétyléniques et la classification des hydrocarbures tétra-atomiques en général, XXXVIII, 442.

Communique une note sur des traces d'aurore boréale à Louvain les 9 et 10 avril 1872, XXXIII, 359.

Don d'ouvrages, XXIII, 218; XXVI, 248; XXIX, 662; XXX, 178; XXXI, 54; XXXII, 39; XXXIII, 2, 359; XXXIV, 2, 139, 243; XXXV, 3; XLIV, 455; XLVI, 582; XLVII, 2.

HEREMANS (J.). — Membre du jury chargé de juger la 5e période du concours quinquennal de littérature flamande, XXIX, 33.

Élu correspondant de la Classe des lettres, XXXI, 452; remerciments, XXXI, 571.

Élu membre, XLI, 1078, 1133; remerciments, XLI, 1327; approbation royale de son élection, XLI, 1327.

Membre de la Commission pour la publication des anciens monuments

de la littérature flamande, XXXIV, 334.
Overblijfsels van den instrumental in het Nederlandsch, XXXVIII, 369, 691.
Note sur le tome 1er des œuvres de Zuster Hadewijck qu'il publie avec le Dr Ledeganck, XXXIX, 402.
Commissaire pour le mémoire de concours de 1876 sur l'histoire des institutions charitables en Belgique, XLI, 360; rapport, XLI, 877.
Membre de la Commission pour le programme de concours de 1878 de la Classe des lettres, XLI. 1330.
Commissaire pour un travail de M. Piot sur les Beers de Flandre, XLI, 1337; XLII, 399.
Commissaire pour un mémoire de concours de 1877 sur Jacqueline de Bavière, XLIII, 204; rapport, XLIII, 377, 633.
Membre du jury pour le concours des cantates de 1877, XLIII, 440; idem de 1879, XLVII, 727.
Commissaire pour un travail de M. Loise sur la littérature allemande sous l'influence de la guerre de Trente ans, XLIV, 402.
Élu membre de la Commission de la Biographie nationale en remplacement de M. le baron Guillaume, décédé XLIV, 818.
Réélu membre de la même Commission pour la période de 1878-1884, XLVI, 128.
Commissaire pour la fondation De Keyn, XLIX, 221; rapport, XLIX, 503.
Délégué au Congrès littéraire de 1880, XLIX. 279.
Délégué à la fête politique et religieuse du Cinquantenaire belge, XLIX, 684.
Traduction flamande de l'inscription pour le monument Quetelet, L, 319.
Don d'ouvrages, XXXVIII, 133, 666; XXXIX, 401; XL, 579; XLVIII, 71, 72.
HERMANN (J.). — Don d'ouvrages, XXXVIII, 292, XLII, 828.
HERON-ROYER. — Don d'ouvrage, L, 254.
HERSCHEL (John). — Sa mort, XXXI, 474; XXXII, 2.
HEUSCHLING (X.). — Présente une notice sur la statistique internationale, XXXVIII, 509; rapports verbaux de MM. Faider et De Decker, XXXVIII, 614.
Lettre relative à la distinction accordée à M. Rouillet pour son travail sur la densité de la population de l'Europe, XLI, 355.
Don d'ouvrages, XXIV, 545; XXXVIII, 507; XLIX, 26.
HEUVELMANS. — Don d'ouvrage. L, 272.
HIEL (Emmanuel). — *De Wind*, cantate couronnée au grand concours de composition musicale de 1865, XXIII, 247.
Traduction flamande de la cantate de M. Lagye: *La dernière nuit de Faust*, XXVIII, 310.
Traduction flamande de la cantate couronnée de M. Cl. Michaëls: *Le songe de Christophe Colomb*, XXXII, 147.
HILLER (Ferd.). — Élu associé de la Classe des beaux-arts, XLI, 172; ses remercîments, XLI, 386.
HIRN (G.-A.). — Élu associé de la Classe des sciences, XXXIV, 652; remercîments, XXXV, 2.
Don d'ouvrages, XXXVI, 2; XL, 51, 270; XLI, 224; XLIII, 714; XLV, 363; XLIX, 84.
HITTORF (J.-J.). — Don d'ouvrages, XXII, 181.
Sa mort, XXIII, 419.
HITZIG. — Élu associé de la Classe des beaux-arts, XLIX, 58; ses remercîments, XLIX. 133.
Don d'ouvrage, XLIX, 133.
HOCK. — Don d'ouvrage, XXXVIII, 666.
HOEFLER (le chevalier Constantin de). — Don d'ouvrage, XLI, 1328.
Lettre sur son ouvrage sur la révolte des communes de Castille et la conduite d'Adrien d'Utrecht, sous Charles-Quint, XLI, 1328.
HOFFMEYER (N.). — Annonce la création d'un Institut météorologique à Copenhague, XXXIII, 490.
HOFMANN. — Présente un mémoire des-

criptif de deux nouveaux dispositifs de chambre claire, XLV, 563; rapport verbal de MM. Maus et Montigny, XLV, 745.

HOLLEBEKE (VAN). — Don d'ouvrage, XXXVIII, 613.

HOLTZENDORFF (le baron VON). — Élu associé, XXXI, 452; remercîments, XXXI, 571.

HONINCK. — Don d'un ouvrage de M. Defacqz, XXXVI, 635.

HOOKER (J.-D.). — Élu associé de la Classe des sciences, XXXIV, 652; remercîments, XXXV, 2.

HOOREMAN (Ch.). — Phénomènes atmosphériques remarquables observés à l'Observatoire royal de Bruxelles, au commencement de 1866, avec M. Ernest Quetelet, XXI, 283.

Note sur les orages du 10 juillet 1874, XXXVIII, 354.

Perturbation magnétique du 9 octobre 1874, XXXVIII, 422.

Note sur le halo avec parasélènes du 23 mars 1875, XXXIX, 369.

HOORWEG. — Présente une note sur l'éclairage électrique, XLVI, 855; rapport verbal de M. Melsens, XLVII, 15.

HOREN (F. VAN). — Sur quelques points de la géologie des environs de Tirlemont, XXV, 72, 645; rapports de MM. Dewalque et d'Omalius, XXV, 611, 615.

Sur l'existence de puits naturels dans la craie sénonienne du Brabant, XXIX, 663; XXX, 37; rapports de MM. d'Omalius et Dewalque, XXX, 4, 6, 7.

HORION. — Observations avec M. Gosselet au sujet des travaux géologiques de MM. Cornet et Briart, sur la Meule de Bracquegnies, XXIX, 447, 689; rapports de MM. d'Omalius, de Koninck et Dewalque, XXIX, 664, 666, 667.

HORSCHGEN. — Présente un travail manuscrit sur les mathématiques, XXVIII, 399.

HOUDOY. — Don d'ouvrage, XLIX, 593.

HOUZÉ (A.). — Billet cacheté, déposé dans la séance du 7 juillet 1877, XLIV, 2.

HOUZEAU (J.). — Présente une nouvelle rédaction de quelques parties de son mémoire sur les petits mouvements des étoiles, XXVIII, 318; lecture des rapports de MM. Liagre et Ern. Quetelet, XXVIII, 694.

D'un moyen de mesurer directement la distance des centres du soleil et de Vénus pendant les passages de cette planète, XXXII, 158.

Note additionnelle sur la mesure des distances de Vénus au soleil, de centre à centre, pendant les passages de la planète, XXXIII, 493.

Du calcul rapide des phases lunaires à l'usage des personnes qui s'occupent d'études historiques, XXXIII, 197.

Présente une notice pour l'Annuaire sur Ph. Vander Maelen, XXXIV, 400.

Billet cacheté, déposé dans la séance du 9 novembre 1872, XXXIV, 401.

Sur la tendance qu'affectent les grands arcs des orbites cométaires à se diriger dans un sens donné, XXXVI, 315.

Présente le résumé de quelques observations astronomiques et météorologiques faites dans la zone surtempérée et entre les tropiques, XXXVIII, 405; lecture des rapports de MM. Liagre et Ern. Quetelet, XXXVIII, 558.

Fragments sur le calcul numérique, XXXIX, 360, 487; XL, 4, 74, 271, 455; XLI, 397, 961; rapports de MM. Folie, Catalan et Liagre, XXXIX, 446; XL, 62, 67, 70, 452; XLI, 932.

Présente un travail intitulé : *Uranométrie générale*, XLI, 911; rapports de MM. Liagre, Quetelet et Montigny, XLII, 5, 11.

Ses remercîments à la Classe des sciences pour l'accueil qui lui est fait à son retour en Europe, XLI, 910.

Commissaire pour un travail de M. Mailly sur l'histoire des sciences et des lettres en Belgique pendant la seconde moitié du XVIIIe siècle, XLII, 240, 460; rapports, XLII, 475, 675.

Étoiles filantes du mois d'août 1875,

XLII, 532; d'août 1877, XLIV, 363; du 27 novembre 1880, L, 307.
Bolide du 22 septembre 1876, XLII, 534.
Commissaire pour un mémoire de M. le baron Van Ertborn, intitulé : *Observations physiques de Vénus, en 1876*, XLII, 828; rapport, XLIII, 5.
Élu directeur pour 1878, XLIII, 5.
Apparence anormale sur le disque de Saturne, XLIII, 8.
Commissaire pour un travail de M. l'abbé Spée sur les perturbations de l'aiguille aimantée et les taches solaires, XLIII, 63; rapport, XLIII, 248.
Rapport verbal sur un différend entre MM. Terby et Flammarion au sujet de la publication par celui-ci d'une carte de Mars dans ses *Terres du ciel*, XLIII, 64. 236, 325, 480.
Commissaire pour un travail de M. Lancaster sur la périodicité des hivers doux et des étés chauds, XLIII, 325; rapport, XLIII, 478.
Commissaire pour un travail de M. Van Rysselberghe sur les marées extraordinaires à Ostende, en janvier 1877, XLIII, 325; lecture de son rapport, XLIII, 480.
Membre du Comité pour le monument Quetelet, XLIII, 649; discours à l'inauguration de ce monument, XLIX, 514.
Membre de la Commission pour les paratonnerres, XLIII, 715.
Commissaire pour un mémoire de M. Lagrange sur les mouvements astronomiques, XLIV, 317; XLV, 727; rapport, XLVII, 15.
Commissaire pour une note de M. Terby sur la planète Mars, XLIV, 655; rapport, XLV, 13.
Commissaire pour une note de M. de Boë sur un photomètre stellaire, XLIV, 850; rapport, XLV, 15.
Président de l'Académie pour 1878, XLV, 2.
Commissaire pour un mémoire de M. E. Quetelet sur les mouvements de l'aiguille aimantée, XLV, 71; rapport, XLV, 155.
Commissaire pour un mémoire de M. Van Rysselberghe sur les oscillations du littoral belge, XLV, 147; rapport, XLV, 390.
Commissaire pour un mémoire de M. Adan sur les attractions locales, etc., XLV, 147.
Commissaire pour un mémoire du même sur la comparaison entre les coordonnées réelles et les coordonnées théoriques d'un lieu de la terre, XLV, 363.
Rapport sur trois mémoires de géodésie de M. E. Adan, XLVI, 6.
Remarque au sujet de la motion de M. Mailly concernant l'article 11 du règlement de la Classe des sciences, XLV, 565.
Commissaire pour un travail de M. Niesten sur les couleurs des étoiles doubles, XLVI, 855; rapport, XLVII, 25.
Sur certains phénomènes énigmatiques de l'astronomie, discours, XLVI, 951.
Commissaire pour une note de M. Cruls sur le système stellaire, 40 o^2 Eridani, XLVII, 181; rapport, XLVII, 229.
Commissaire pour un travail de M. Spée sur les spectres des étoiles, XLVII, 227; rapport, XLVII, 318.
Commissaire pour un travail de M. le baron O. Van Ertborn sur la planète Mars, XLVII, 227; rapport, XLVII, 325.
Commissaire pour un travail de M Van Rysselberghe sur un régulateur isochrone, XLVIII, 340; rapport, XLVIII, 589.
Commissaire pour un travail de M. Niesten sur la tache rouge de Jupiter, XLVIII, 443; rapport, XLVIII, 590.
Commissaire pour la 12e notice de M. Terby sur la planète Mars, XLVIII, 443; rapport, XLVIII, 592.
Commissaire pour un travail de M. Terby sur la planète Mars à propos des observations de M. Schiaparelli, XLVIII, 587; rapport, XLVIII, 725.

Lauréat de la 6e période du concours quinquennal des sciences mathématiques et physiques, XLVIII, 442, 586, 881.

Commissaire pour une note de M. Fievez sur les raies spectrales de l'hydrogène et de l'azote, XLIX, 4; rapport, XLIX, 88.

Commissaire pour une 13e notice de M. Terby sur la planète Mars, la tache rouge de Jupiter et les taches de Vénus, XLIX, 84; rapport, XLIX, 173.

Commissaire pour une note de M. Spée sur la raie dite de l'Hélium, XLIX, 148; rapport, XLIX, 311.

Commissaire pour une note de M. Jenkins, intitulé : *Connexion between meteorological phenomena*, etc., XLIX, 148; rapport, XLIX, 266.

Rapport sur une note de M. Fievez concernant le spectre du magnesium en rapport avec la constitution du soleil, L, 78.

Commissaire pour les notices de M. Mailly sur Caels et de Beunie, L, 454; lecture de son rapport, L, 259.

Élu membre de la Commission spéciale des finances pour 1881, L, 297.

Don d'ouvrages, XXXIV, 242; XXXVI, 298; XLIX, 147; L, 332.

HUBERTI (Gustave). — Exécution de son ouverture, intitulée : *La nuit*, XXII, 247.

Demande d'instruction de voyage, par le Ministre de l'Intérieur, XXI, 296.

Envoi de son rapport trimestriel sur ses études musicales en Allemagne, XXIV, 211; rapports trimestriels sur ses voyages, XXVI, 214, 422; appréciation par M. F.-J. Fétis, XXVI, 214; envoi de son 3e rapport trimestriel, XXVIII, 127.

HUET. — Don d'ouvrage, XXXIX, 348.

HUGGINS (W.). — Lettre au sujet de la note de M. Fievez sur les raies spectrales de l'hydrogène et de l'azote, etc., XLIX, 266.

HUSSON (Émile). — De l'action des silicates alcalins sur l'économie animale, XXIV, 3, 133; rapports de MM. Schwann, Gluge et Melsens, XXIV, 103, 106, 107.

HUSSON (H.). — Envoi de ses observations des phénomènes périodiques observés à Dolhain-Limbourg en 1865, XXI, 75; en 1866, XXII, 549.

HUXLEY (Th.-H.). — Élu associé de la Classe des sciences, XXXVIII, 847; remercîments, XXXIX, 2.

HYMANS (Henri). — Médaille d'or à son mémoire de concours de 1878 sur l'École de gravure sous Rubens, XLVI, 300, 311; ses remercîments, XLVI, 548; rapports de MM. Siret, Franck et Alvin, XLVI, 292, 297, 298; don d'ouvrage, XLVIII, 573.

HYMANS (Louis). — Élu correspondant de la Classe des lettres, XLIX, 591; ses remercîments, XLIX, 680.

Don d'ouvrages, XLIX, 681.

I.

IBANEZ (le général). — Don d'ouvrage, XLII, 459.

INDICATEUR DE L'ARCHÉOLOGUE ET DU COLLECTIONNEUR. — Demande d'échange de publications, XXXIV, 241.

INGRES (J.). — Sa mort, XXIII, 192.

INSTITUT AMÉRICAIN DES ARCHITECTES. — Demande d'échange de publications, XXXIV, 221.

INSTITUT CANADIEN A TORONTO. — Demande d'échange de publications, XLIV, 2.

INSTITUT CARTOGRAPHIQUE MILITAIRE A BRUXELLES. — Voir *Adan (E.)*.

INSTITUT DES BEAUX-ARTS A CARACAS. — Annonce sa fondation, XLIV, 444.

INSTITUT DES INGÉNIEURS CIVILS A LONDRES. — Don d'ouvrages, XXVII, 596.

INSTITUTION DES INGÉNIEURS MÉCANI-

CIENS DE LONDRES. — Demande de renseignements relatifs à des recherches de mécanique pratique, XLVII, 307; avis de M. Maus, XLVII, 498; remerciments de l'institution, XLVII, 743.

INSTITUT IMPÉRIAL DES MINES DE SAINT-PÉTERSBOURG. — Annonce la célébration de son 100e anniversaire de fondation, XXXVI, 298; remerciments pour les félicitations de l'Académie, XXXVII, 269.

INSTITUT IMPÉRIAL ET ROYAL GÉOLOGIQUE DE VIENNE. — Annonce la célébration de son 25e anniversaire de fondation, XXXIX, 2.

INSTITUT ROYAL GÉOLOGIQUE DE HONGRIE, A PESTH. — Demande d'échange de publications, XXXIII, 358.

J.

JACOBI (H. de). — Élu associé de la Classe des sciences, XXIV, 560, remerciments, XXV, 178.

Don d'ouvrage, XXXIV, 243.

Sa mort, XXXVII, 338.

JACOBS (A.). — Décision à l'égard de sa requête au Roi relative au jugement du concours d'art appliqué de la Classe des beaux-arts en 1878, XLVI, 547.

JACQUES (Léon). — Don d'ouvrage, XXXVIII, 434.

JACQUET-BAULNY. — Don d'ouvrage, XLIX, 409.

JAHN (Albert). — Don d'ouvrage, XXXIX, 952.

Note bibliographique de M. Rivier sur cet ouvrage, XXXIX, 958.

JAMBOIS. — Don d'ouvrages, XLVII, 830; XLVIII, 365; XLIX, 26, 409.

JAMES (H.). — Envoi d'un ouvrage de M. le capitaine Clarke, XXIII, 366; XXVI, 248.

JED. — Don d'ouvrage, XLVIII, 72.

JEHOTTE (L.). — Remise du buste de M. Dewez, XXVIII, 571.

Don d'ouvrage, XLVI, 504.

JENKINS — Présente deux notes intitulées : *Terrestrial magnetism* et *The plague*, XLVII, 227.

Présente un travail intitulé : *On the connexion between meteorological phenomena*, etc., XLIX, 148; rapport de M. Houzeau, XLIX, 266.

JIMENEZ DE LA ESPADA. — Don d'ouvrages, XLVIII, 692.

JOCHAMS. — Membre de la Commission pour la nouvelle carte géologique de la Belgique, XLI, 1159.

JONCKBLOET. — Élu associé de la Classe des lettres, XXXVII, 774; remerciments, XXXVII, 843.

JORIS (François). — Mention honorable au grand concours de sculpture de 1877, XLIV, 258, 299.

JORISSEN. — Emploi du chlorure de zinc comme réactif de certains alcaloïdes, etc., XLVIII, 389; lecture des rapports de MM. de Koninck et Melsens, XLVIII, 342.

Réactions nouvelles permettant de caractériser de très faibles quantités de morphine, XLVIII, 526; rapports de MM. Donny et Melsens, XLVIII, 458, 459.

Billet cacheté, déposé dans la séance du 3 juillet 1880, L, 3.

Présence de l'huile de fusel dans l'alcool commercial, les eaux-de-vie, etc. L, 108; rapports de MM. de Koninck et Donny, L, 82.

JOUFFROY (Fr.). — Élu associé de la Classe des beaux-arts, XXI, 67; remerciments, XXI, 186.

JOURNAL AMÉRICAIN D'OTOLOGIE. — Demande d'échange de publications, XLVII, 226.

JOURNEAUX-DUHAMEL. — Présente une note sur un nouvel instrument astronomique, XXXIX, 445; rapports de MM. Quetelet, Liagre et Folie, XL, 60, 61.

Jousset de Bellesme. — Don d'ouvrage, XLVII, 308.

Jouvenel (Ad.). — Sa mort, XXIV, 222.

Julin (Ch). — Note avec M. Éd. Van Beneden intitulée : *Recherches sur la structure de l'ovaire, l'ovulation, la fécondation et les premières phases du développement chez les chéiroptères*, XLIX, 628.

Juste (Th.). — Lecture de son rapport sur le mémoire de M. Félix Van der Taelen relatif aux Pays-Bas anciens XXI, 294.

Élu membre de la Classe des lettres, XXI, 450; approbation royale de son élection, XXI, 568; ses remercîments, XXI, 569.

Commissaire pour un travail de M. Desplanque relatif à un projet d'assassinat de Philippe le Bon par les Anglais, XXI, 569; rapport, XXII, 118.

Commissaire pour deux mémoires du concours d'histoire nationale de Stassart sur les rapports de droit public entre les anciennes provinces belges et l'empire d'Allemagne, XXIII, 24; rapport, XXIII, 598.

Commissaire pour le mémoire du concours de Stassart sur les rapports de droit public entre les provinces belges et l'empire d'Allemagne, XXVII, 20; rapport, XXVII, 479.

Commissaire pour un travail de M Van Rossum sur l'authenticité des lettres de Charles-Quint à Rabelais, XXIII, 417; rapport, XXIV, 83, 203;

Commissaire pour un travail de M. le baron Kervyn sur des lettres inédites de Marie-Thérèse, XXIV, 80; rapport XXIV, 204.

Charles de Lannoy, vice-roi de Naples, et Charles Quint, XXIV, 374.

Élu membre de la Commission de la biographie nationale en remplacement de M. le baron de Saint-Genois, décédé, XXIV, 487; réélu pour la période de 1872-1878, XXXIV, 177; idem pour 1878-1884, XLVI, 128.

Les tombeaux des ducs de Bourgogne, XXV, 44.

Commissaire pour une notice de M. Galesloot sur le déplacement du mausolée et du cercueil de l'archiduc François d'Autriche, XXV, 226.

Commissaire pour un mémoire de M. Bernhauer sur l'histoire de Venise, XXV, 227.

Commissaire pour le mémoire de concours de 1869 sur les tendances politiques et sociales des hérésies, XXVII, 164; rapport, XXVII, 460.

Les États-Unis d'Amérique en 1783; le comte de Hoogendorp et le Stadhouder Guillaume V, XXVII, 165.

Communication verbale au sujet de la réfutation d'une calomnie concernant M. de Stassart lors de son séjour à La Haye comme préfet, XXVIII, 572.

L'empereur Joseph II et l'archiduchesse Christine d'Autriche, XXIX, 133.

Lecture d'une notice biographique sur M. Ducpétiaux, XXIX, 500; XXX, 73.

Commissaire pour une note de M. Galesloot sur des fouilles entreprises à Elewyt, XXIX, 500; rapport, XXIX, 709.

Commissaire pour un mémoire de M. le baron Guillaume sur les bandes d'ordonnance aux Pays-Bas, XXXV, 101; lecture de son rapport, XXXV, 570.

Commissaire pour les mémoires de concours de 1873, sur le règne de Charles le Téméraire, XXXV, 102; rapport, XXXV, 578.

Les œuvres complètes de François de Poulhon, XXXVII, 140

Le coup d'État du 18 juin 1789, XXXVII, 294, 847.

Membre de la Commission chargée de présenter une question pour le troisième concours d'histoire nationale du prix de Stassart, XXXVII, 846.

Présente une notice sur M. Van de Weyer, XXXVIII, 132; XLII, 397.

Commissaire pour une notice de M De Smet sur Don Juan d'Autriche, XXXVIII, 369; lecture de son rapport, XXXVIII, 509.

Commissaire pour le mémoire de concours de 1875, sur Jacqueline de Bavière, XXXIX, 150; rapport, XXXIX, 404, 666

Lauréat de la 6e période du concours quinquennal d'histoire nationale pour l'ensemble de ses œuvres, XLI, 1071, 1133.
Membre de la Commission pour le programme de concours de la Classe des lettres de 1878, XLI, 1339.
Délégue à l'inauguration du monument Van de Weyer, XLII, 410, 629.
Commissaire pour un mémoire de M. Paillard sur les Pays-Bas, du 1er janvier au 1er septembre 1566, XLII, 910; rapport, XLIII, 215.
Commissaire pour un travail du même sur Pierre Brully, XLIV, 402; lecture de son rapport, XLIV, 818; XLV, 53.
Commissaire pour le mémoire de concours de 1878, sur l'histoire de la réunion aux Pays-Bas des provinces de Gueldre, etc., XLV, 100, remplacé par M. Piot, XLV, 299.
Commissaire pour un travail de M. Paillard intitulé : *Voyage dans les Pays-Bas et maladie d'Éléonore d'Autriche*, XLVI, 261; rapport, XLVI 509.
Commissaire pour un travail de M. le baron Kervyn sur les collections d'autographes de M. de Stassart, XLVII, 829; lecture de son rapport, XLVIII, 73.
Promesse d'une notice sur Paul Devaux, XLIX, 127.
Commissaire pour un mémoire de M. Paillard sur le procès d'Hugonet et d'Humbercourt, XLIX, 681; rapport, L, 44.
Don d'ouvrages, XXII, 115, 540; XXIII, 711; XXIV, 79; XXV, 319; XXVII, 19, 716; XXVIII, 125, 348, 458; XXIX, 386, 499, 703; XXX, 396; XXXI, 75, 181; XXXII, 355; XXXIV, 55; XXXV, 100; XXXVI, 206, 376, 635; XXXVII, 290; XL, 350; XLIII, 612; XLV, 46; XLVI, 503; XLIX, 270, 680; L, 35, 312.

K.

Kaulbach (W. von). — Sa mort, XXXVII, 470.
Keersmaecker. — Billet cacheté, déposé dans la séance du 7 août 1880, L, 75. — Voir *Ermengem (Van)*.
Kekulé. — Commissaire pour une note de M. Swarts sur les dérivés bromés du camphre, XXI, 495; rapport, XXI, 277.
Commissaire pour une note du même sur l'acide itaconique, XXI, 309; rapport, XXI, 527.
Commissaire pour un travail de M. Montigny sur la corrélation entre le pouvoir réfringent et le pouvoir calorifique de diverses substances, XXII, 407; rapport, XXIII, 53.
Commissaire pour un travail de M. Ed. Dubois sur l'acide phénique, XXIII, 53; rapport, XXIII, 224.
Notes sur les dérivés sulfurés et sur les sulfacides du phénol, XXIII, 232; XXIV, 118.
Commissaire pour une notice de M. Swarts sur l'acide itaconique, XXIII, 431; rapport, XXIV, 8.
Commissaire pour un travail de M. Glaser sur l'acide cinnamique, XXIII, 687; rapport, XXIV, 14.
Commissaire pour un travail de M. Körner sur l'acide anisique, XXIV, 3; rapport, XXIV, 107.
Commissaire pour un travail de M. Bonday sur l'acide homotartrique, XXIV, 3; rapport, XXIV, 112.
Commissaire pour un travail de MM. Glaser et Radziszewsky sur quelques transformations de l'acide formobenzoïque, XXIV, 3; rapport, XXIV, 409.
Rapport sur un travail de M. Körner relatif à la détermination du lieu chi-

mique dans la série aromatique, XXIV, 111.
Don d'ouvrage, XXII, 432.

KELETI (Ch.). — Don d'ouvrage, XLII, 794.

KELLER (J.). — Élu associé de la Classe des beaux-arts, XXIX, 38; remercîments, XXIX, 147.
Sa mort, XXXV, 931.

KERVYN DE LETTENHOVE (le baron). — Notes sur quelques manuscrits des bibliothèques d'Angleterre, 2e partie, XXI, 37; 3e partie, XXI, 169.
Commissaire pour les deux mémoires de concours de 1866 sur l'influence des colonies saxonnes en Flandre, XXI, 167; rapport, XXI, 430.
Commissaire pour un mémoire de concours de 1866 sur les relations de la Belgique avec le comté de Bourgogne, XXI, 167.
Commissaire pour un travail de M. J. Bormans sur Cléomades, XXI, 429; lecture de son rapport, XXII, 73; commissaire pour le complément de ce travail, XXII, 231.
Commissaire pour un travail de M. Desplanque sur un projet d'assassinat de Philippe le Bon par les Anglais, XXI, 569; rapport, XXII, 115.
Annonce la publication de lettres de Philippe de Commines, XXI, 569; présente le tome II de ces lettres, XXV, 43.
Élu membre de la Commission de la Biographie nationale pour la période de 1866-1872, XXII, 70; pour la période de 1872-1878, XXXIV, 177.
Commissaire pour un mémoire de M. Grünhagen sur les colonies wallonnes de la Silésie, XXII, 542.
Directeur de la Classe des lettres pour 1868, XXIII, 25.
Commissaire pour un mémoire de concours de 1867 sur Chastellain, XXIII, 189; rapport, XXIII, 185.
Présente le tome II des chroniques de Froissart, XXII, 483.
Présente un mémoire sur des lettres inédites de Marie-Thérèse, XXIV, 80; rapports de MM. Juste et Gachard, XXIV, 204.
Commissaire pour l'inscription de la statue de Baudouin de Constantinople, XXIV, 373; XXV, 26; lecture de son rapport, XXIV, 488.
Un chapitre inédit de Froissart : Entrée du duc et de la duchesse de Bourgogne à Gand, après la paix de Tournai, XXV, 55.
Présente le tome IV des œuvres de Froissart, XXV, 565; le tome V, XXVI, 120; le tome VI, XXVI, 387; le tome VII, XXVII, 195; le tome VIII, XXVIII, 250; le tome XIV, XXXIII, 53.
Discours sur l'éloquence politique, XXV, 560.
Les enseignements d'Édouard III, XXV, 694.
Discours prononcé aux funérailles de M. Ducpetiaux, XXVI, 196.
Commissaire pour les mémoires de concours de 1869 sur la description statistique d'une commune des Flandres, XXVII, 164; rapport, XXVII, 448.
Une page de l'histoire d'Angleterre : Les dernières années d'Édouard III, XXVII, 539.
Sur les relations de l'Angleterre et de la Flandre au XIVe siècle, XXVIII, 367.
Lettre du duc d'Alençon à Élisabeth, XXVIII, 572.
Commissaire pour le mémoire de concours de 1870 sur les colonies belges de la Hongrie et de la Transylvanie aux XIIe et XIIIe siècles, XXIX, 132; rapport, XXIX, 514.
Lecture d'une notice intitulée : *Les interpolations des manuscrits de Froissart*, XXX, 192.
La souveraineté héréditaire du prince d'Orange dans les provinces de Hollande, de Zélande et d'Utrecht (1580), XXXII, 356.
Commissaire pour un mémoire de M. De Smet sur Jean de Hainaut, sire de Beaumont, XXXIII, 54; lecture de son rapport, XXXIII, 232.
Commissaire pour une notice de M. Varenbergh sur les relations extérieures de la Flandre au moyen âge, XXXIII, 129; rapport, XXXIII, 242.

Commissaire pour les mémoires de concours de 1872 sur le règne de Marie-Thérèse aux Pays-Bas, XXXIII, 130; rapport, XXXIII, 335, 452.

Une lettre de Symier au duc d'Anjou, XXXIII, 142.

Marie Stuart, d'après les documents conservés au château d'Hatfield, XXXIV, 80.

Richard II est-il mort à Pomfret? XXXIV, 335.

Déclaration de la reine Élisabeth contre le prince d'Orange et ses adhérents (1575), XXXIV, 535.

Commissaire pour un mémoire de M. Varenbergh sur les rapports politiques de la Flandre et de la Zélande au moyen âge, XXXV, 51; remplacé par M. Steur, XXXV, 361.

Lettre d'un ambassadeur milanais relative à Philippe de Commines, XXXV, 72.

Communication verbale au sujet de quelques travaux relatifs aux Assises de Jérusalem, XXXV, 75.

Commissaire pour le mémoire de concours de 1873, sur l'histoire politique de la Flandre depuis 1305 jusqu'à l'avènement de la maison de Bourgogne, XXXV, 101; rapport, XXXV, 547.

Commissaire pour les mémoires de concours de 1873 sur le règne de Charles le Téméraire, XXXV, 102; rapport, XXXV, 561.

Élisabeth et Henri IV, XXXV, 103.

Une lettre des juges de Frise au roi de France Philippe le Hardi, XXXVI, 101.

Commissaire pour une notice de M. S. Bormans : *Doon de Mayence,* etc., XXXVII, 203.

Discours aux funérailles de M. A. Quetelet, XXXVII, 261.

Deux lettres inédites de Jacques de Molay, XXXVIII, 226.

Commissaire pour le travail de M. Scheler intitulé : *Fragments uniques d'un roman du XIIIe siècle sur la reine Sébile,* XXXIX, 44; lecture de son rapport, XXXIX, 403.

Commissaire pour un travail de M. Génard sur Corneille Duplicius Scepperus, XL, 350; rapport, XL, 592.

Commissaire pour une lettre de Mme veuve Bergmann relative à la fondation d'un prix décennal de littérature flamande, XLI, 137, 356; rapport, XLI, 358.

Commissaire pour un mémoire de M. le baron Guillaume sur l'histoire de l'infanterie wallonne sous la domination de la maison d'Espagne (1500-1700), XLI, 355; lecture de son rapport, XLI, 684.

Communication relative aux dangers d'incendie qu'offre le laboratoire de chimie de l'École industrielle de Bruxelles, pour la Bibliothèque royale, XLI, 682.

Commissaire pour un projet d'une Bibliographie belge par M. Vander Haeghen, XLII, 396; rapport, XLII, 629.

Communication relative à la publication des chroniques de Froissart, XLII, 409.

Réponse à une notice de M. Potvin sur le véritable auteur de *Li ars d'amour,* XLIII, 220.

Discours aux funérailles de M. De Smet, XLIII, 301.

Commissaire pour un document manuscrit donné par M. de Godefroy de Ménilglaise concernant la donation de l'Angleterre et de l'Irlande à Maximilien d'Autriche, XLIII, 303; lecture de son rapport, XLIII, 376.

Note bibliographique sur un ouvrage de M. Caffiaux sur la charte de la Halle Basse de Valenciennes, XLIV, 827.

Commissaire pour un travail de M. Potvin intitulé : *Quel est l'auteur de Li ars d'amour,* etc.? XLVII, 213; rapport, XLVII, 444.

Commissaire pour le mémoire de concours de 1879, sur Jacqueline de Bavière, XLVII, 214; rapport, XLVII, 642.

Présente un travail sur les collections d'autographes de M. de Stassart,

XLVII, 829; rapports de MM. Juste et Piot, XLVIII, 73.
Rapport sur un travail de M. Duverger concernant l'Inquisition en Belgique, XLVII, 841.
Note bibliographique sur le tome III des archives de Milan. XLVIII, 549.
Membre de la Commission chargée d'examiner s'il y a lieu de publier les œuvres des écrivains belges qui ont écrit en latin, XLIX, 684.
Don d'ouvrages, XXI, 166; XXIV, 197, 373; XXVII, 195; XXVIII, 250; XXIX, 34, 499; XXX, 135, 334; XXXII, 21, 355; XXXIII, 53; XXXIV, 333, 431; XXXV, 230; XXXVI, 84; XXXVII, 600; XXXVIII, 133; XXXIX, 148; XL, 35, 350; XLIII, 747; XLIV, 240, 611, 816.

Kervyn de Volkaersbeke (le baron). — Don d'ouvrage, XXV, 141.

Keymeulen (Louis Van). — Note bibliographique de M. Faider sur son livre le *Monde Diable*. XLV, 524. — Voir *Agost (Paul)*.

Kickx (J.). — Don d'ouvrages, XXII, 183, XXIII, 367.

Kickx (J.-J.). — Hommage d'un ouvrage posthume de son père, XXII, 183.
Présente une notice sur l'organe reproducteur du *Psilotum triquetrum*, Sw., XXVIII, 527; XXIX, 17; rapports de MM. Spring et Coemans, XXIX, 5, 9.
Membre du jury chargé de juger la 6e période du concours quinquennal des sciences naturelles, XLIII, 62.

Kirchhoff. — Élu associé de la Classe des sciences, XXVI, 554; remerciments, XXVII, 127.

Klimazewski. — Don d'ouvrage, XLVIII, 586.

Klipffel. — Présente un mémoire sur le régime municipal dans les cités wallones de l'Empire germanique depuis le Xe siècle, XXII, 230, 342; rapports de MM. Wauters, Haus et Thonissen. XXIII, 300, 319, 339.

Kobell (Fr. van). — Don d'un fragment de météorite et d'un ouvrage. XXXIII, 491.

Koehne (le baron B. de). — Don d'ouvrages, XXIII, 23; XXIX, 35; XXXII, 26, 79; XXXIII, 81; XL, 406.

Koenigsberger (Léo). — Adresse un projet de Répertoire pour les mathématiques pures et appliquées, XLI, 731.

Kölliker (Albert). — Élu associé de la Classe des sciences, XLIV, 885; ses remerciments, XLV, 2, 70.

Körner (W.). — Notice sur la synthèse de l'acide anisique, de l'acide méthyloxybenzoïque, d'un krésol nouveau et sur l'acide parasodobenzoïque, XXIV, 3, 152; rapports de MM. Melsens et Kekulé, XXIV, 107.
Sur la détermination du lieu chimique dans la série aromatique. XXIV, 166; rapports de MM. Kekulé et Stas, XXIV, 111.

Kuntziger (J.). — Médaille d'or, en partage, à son mémoire sur la propagande des encyclopédistes français à Liége, XLVII, 629, 725; rapports de MM. Le Roy, Piot et Wauters, XLVII, 578, 596, 599.

Kurth (God.). — Présente un travail sur la loi de Beaumont en Belgique, L, 183; lecture des rapports de MM. Faider, Thonissen et Nypels, L, 277.

L.

Laboulaye (Ed.). — Élu associé de la Classe des lettres, XXIII, 484; remerciments, XXIII, 710.

Labrouste (Th.). — Élu associé de la Classe des beaux-arts, XXV, 62; remercîments, XXV, 158.

Lacordaire (Théodore). — Commissaire pour un mémoire de M. P.-J. Van Beneden sur un Placoziphius, XXII, 107.
Membre du jury chargé de juger la 4e période (1862-1866) du concours

quinquennal des sciences naturelles, XXIII, 50; rapport au nom du jury, XXIV, 578.
Commissaire pour un mémoire de M. Van Bambeke sur des squelettes de cétacés, XXV, 403; rapport, XXVI, 5.
Commissaire pour une notice de M. Preudhomme de Borre sur des débris de chéloniens, XXVII, 248; rapport, XXVII, 366.
Commissaire pour les 2e et 3e parties du travail de M. F. Plateau sur les crustacés d'eau douce en Belgique, XXVII, 363; rapport, XXVIII, 14.
Commissaire pour une notice de M. Preudhomme de Borre sur une nouvelle espèce de Caïman, XXVII, 363; rapport, XXVII, 625.
Commissaire pour une notice de M. Éd. Van Beneden sur le développement du Mysis, XXVIII, 2; rapport, XXVIII, 145.
Commissaire pour une note de M. Preudhomme de Borre sur une nouvelle espèce du genre Varan, XXIX, 4; rapport, XXIX, 74.
Commissaire pour un mémoire de M. P.-J. Van Beneden sur les poissons des côtes de Belgique et leurs parasites, XXIX, 63; lecture de son rapport, XXIX, 159.
Commissaire pour une note de M. Preudhomme de Borre sur un *Byrsax gibbifer*, Wesmael, de Java, XXIX, 64; rapport, XXIX, 337.
Don d'ouvrages, XXI, 3; XXVI, 506; XXVIII, 399.
Sa mort, XXX, 82.

La Cour (Paul). — Don d'ouvrage, XXXIX, 779.

Ladenburg. — Synthèse de l'acide anisique et de l'un de ses homologues, XXI, 75, 224; rapport de M. Stas, XXI, 499.
Sur quelques dérivés de l'acide paraoxybenzoïque, XXI, 263, 325; rapport de M. Stas, XXI, 311. — Voir *Fitz.*

Laforêt (N.-J.). — Membre du jury chargé de juger la 3e période du concours quinquennal des sciences morales et politiques, XXI, 366.
Élu correspondant de la Classe des lettres, XXVII, 595; remercîments, XXVII, 714.
Élu membre, XXXI, 452; remercîments, XXXI, 571.
Une Théodicée au IVe siècle : Tite de Bostra, notice, XXX, 334.
Don d'ouvrages, XXVIII, 458; XXIX, 35; XXXI, 571; XXXIII, 53.
Sa mort, XXXIII, 127.
Discours à ses funérailles par M. Thonissen, XXXIII, 229.

Lagrange (C.). — Présente un travail intitulé : *De l'influence de la forme des corps sur leur attraction*, XLIII, 325; XLIV, 23; rapport de M. Folie, XLIII, 472; rapports de MM. Van der Mensbrugghe, Catalan et De Tilly, XLIV, 5, 10, 11.
Présente un travail intitulé : *De l'origine et de l'établissement des mouvements astronomiques*, XLIV, 317; XLV, 727; rapports de MM. Van der Mensbrugghe, Folie et Houzeau sur la 1re partie, XLV, 148, 153, 154; sur la 2e partie, XLVII, 4, 12, 14, 15.
Présente un mémoire concernant l'influence de la forme des masses, etc., Billet cacheté, déposé dans la séance du 2 février; 1878, XLV, 71, XLVII, 743; rapports de MM. Van der Mensbrugghe, De Tilly et Folie, XLVIII, 453, 457.
Don d'ouvrage, XLIV, 315.

Lagye (G.). — Lauréat du concours des cantates en 1869, pour son poëme intitulé : *La dernière nuit de Faust*, exécution de sa cantate, XXVIII, 287, 301, 303.

Lamarle (E.). — Commissaire pour une nouvelle théorie des parallèles par M. de Senessart, XXI, 3.
Lecture de son rapport sur la 7e série des recherches de M. J. Plateau sur l'équilibre des liquides, XXI, 4.
Commissaire pour un travail de M. Van der Mensbrugghe intitulé : *Discussion et réalisation expérimentale d'une surface particulière à courbure moyenne nulle*, XXI, 263; rapport, XXI, 530.
Commissaire pour un travail de

M. Adan sur les limites de précision des observations immédiates, XXII, 107.
Commissaire pour un mémoire de concours de 1866, sur les méthodes géométriques, XXII, 108; rapport, XXII, 549.
Commissaire pour un travail de M. Van der Mensbrugghe sur la tension des lames liquides, XXII, 185; rapport, XXII, 272.
Commissaire pour un travail de M. Adan sur une loi générale de la probabilité des erreurs, XXII, 452.
Commissaire pour un travail de M. Catalan sur les nombres de Bernoulli et d'Euler, XXIII, 367
Billet cacheté, déposé dans la séance du 2 avril 1870, XXIX, 335.
Note sur une nouvelle démonstration du postulatum d'Euclide, XXIX, 335.
Billet cacheté, déposé dans la séance du 4 février 1871, XXXI, 31.
Billet cacheté, déposé dans la séance du 3 juin 1871, XXXI, 475.
Sur la géométrie sans postulat et sur la théorie des parallèles, XXXI, 567.
Billet cacheté, déposé dans la séance du 5 août 1871, XXXII, 39.
Sa mort, XXXIX, 358.
Discours à ses funérailles par M. Liagre, XXXIX, 360.
Sa notice nécrologique promise par M. De Tilly, XXXIX, 358.
Ouverture, à la demande de M. De Tilly, de ses cinq billets cachetés déposés dans les archives, XLVI, 855.
Lambert (Ern.). — Morphologie du système dentaire des races humaines, XLIII, 64, 559; rapports de MM P.-J. Van Beneden, Schwann et Dupont, XLIII, 467, 468, 469.
Présente un travail sur la morphologie du système dentaire des singes, XLIV, 317; lecture des rapports de MM. P.-J. Van Beneden et F. Plateau, XLIV, 456; présente une note sur le même sujet, XLVI, 177; lecture du rapport de MM. Van Beneden et F. Plateau, XLVI, 588.
Lambert (G.). — Sur la découverte d'un gisement de phosphate de chaux au-dessous de la ville de Louvain, XXIX, 4, 254; rapports de MM. de Koninck et d'Omalius, XXIX, 163, 165.
Laminne. — Présente une note sur une météorite tombée à Tongres, XLVI, 319.
Lamont (von). — Sa mort, XLVIII, 338.
Lamy (J.). — Demande de renseignements sur le magnétisme, XXVI, 3.
Lamy (Th.) — Don d'ouvrages, XLVI, 126.
Note bibliographique de M. Poullet sur divers de ses ouvrages, XLVI, 126.
Élu correspondant de la Classe des lettres, XLVII, 726; remerciments, XLVII, 828.
Les manuscrits syriaques du Musée britannique, XLVIII, 423.
Commissaire pour une note de M. Capelle sur l'introduction du christianisme dans les Gaules, L, 185; rapport, L, 277.
Lancaster (Albert). — Sur le tremblement de terre ressenti le 22 octobre 1873 dans la Prusse rhénane et en Belgique, XXXVI, 469.
Sur la sécheresse des mois de février, mars et avril 1875, XXXIX, 826.
Sur la périodicité des hivers doux et des étés chauds, XLIII, 325, 509; rapports de MM E. Quetelet, Houzeau et Montigny, XLIII, 475, 478, 479.
Don d'ouvrages, L, 332.
Landseer (Edwin). — Sa mort, XXXVI, 432.
Landuyt (Van). — Mention honorable au grand concours de peinture de 1880, L, 146.
Lange (S. De). — Lauréat du concours musical de la Classe des beaux-arts en 1873, XXXVI, 589, 830.
Lanszweert. — Envoi de ses observations des phénomènes périodiques observés à Ostende, en 1865, XXI, 74; en 1866, XXIII, 50; en 1867, XXV, 71; en 1868, XXVII, 190; en 1869, XXIX, 63; en 1870, XXXI, 54; en 1871, XXXIII, 171; en 1872, XXXV, 91; en 1873, XXXVII, 3.

LAPORTE (E.). — Don d'ouvrage, XXXVII, 799.

LARREY (le baron). — Don d'ouvrage, XXIX, 158.

LASAULX (A. VON). — Don d'ouvrage, XXXVIII, 292; XL, 52, 667; L, 75.

LAUBERPIN (DE). — Don d'ouvrage, XLVII, 108.

LAURENT (F.). — Lauréat de la 5e période du concours quinquennal des sciences morales et politiques pour ses principes de droit civil, XLI, 1073, 1133.

Élu correspondant de la Classe des lettres, XLV, 718; remerciments, XLV, 818.

Don d'ouvrages, XLVI, 772; XLIX, 270; L, 123.

Note bibliographique de M. Faider sur son Cours élémentaire de droit civil, XLVI, 773.

Note bibliographique de M. Haus sur le tome Ier de son Droit civil international, XLIX, 272; idem sur le tome II, L, 124.

LAUSSEDAT (le Dr). — Don d'ouvrage, XXXIX, 401.

LAUWERS (François). — Premier prix du grand concours de gravure de 1874, XXXVIII, 389, 400.

Envoi de ses rapports semestriels, XLII, 401; XLIII, 221; XLIV, 249; XLV, 135, 719; XLVI, 287; XLVII, 216; XLVIII, 572; appréciations de MM. Franck, Leclercq et Pinchart, XLII, 412; XLIII, 307, 440; XLIV, 263; XLV, 828; XLVI, 549, 827; XLVII, 300, 475; XLIX, 58, 689.

1er envoi-copie, XLIX, 133; rapports de MM. Demannez, Franck et Leclercq, XLIX, 255; 2e envoi-copie, L, 149; rapports de MM. Demannez et Pinchart, L, 323.

LAVAUX (Eug.). — Don d'ouvrage, XLI, 398.

LAVELEYE (Émile DE). — Élu correspondant de la Classe des lettres, XXIII, 484; remerciments, XXIII, 710.

Élu membre, XXXIII, 430; remerciments, XXXIII, 512; approbation royale de son élection, XXXIII, 512.

Commissaire pour les mémoires de concours de 1869 relatifs à une description statistique d'une commune des Flandres, XXVII, 464; rapport, XXVII, 456.

Communique sa notice sur M. Moke, XXVIII, 458.

Commissaire pour les mémoires de concours de 1872 sur les rapports du capital et du travail, XXXIII, 130; rapport, XXXIII, 477.

Membre du jury pour le premier concours du prix Guinard, XXXIII, 511.

Commissaire pour les mémoires de concours de 1874 sur le capital et le travail, XXXVII, 205; rapport, XXXVII, 466, 651.

Commissaire pour une notice de M. Vanderkindere sur l'origine des magistrats communaux, XXXVII, 845; rapport, XXXVIII, 139.

Directeur de la Classe des lettres pour 1878, XLIII, 34, 201.

Du respect de la propriété privée sur mer en temps de guerre, XLIII, 666.

Membre du jury pour un concours ouvert par la Société belge d'économie politique, XLV, 42.

Rapport de M. M.-N.-J. Leclercq sur sa proposition relative aux correspondants et aux associés, XLV, 53.

La démocratie et l'économie politique, discours, XLV, 639.

Membre du jury pour le prix du Roi (histoire nationale), XLVI, 286.

Note bibliographique sur deux brochures de M. Paul Fredericq, XLII, 831.

Commissaire pour les mémoires de concours de 1880 sur l'histoire des classes rurales en Belgique, XLIX, 131; rapport, XLIX, 460.

Délégué au Congrès littéraire de 1880, XLIX, 279.

Commissaire pour les prix Castiau, L, 276; rapport, L, 318.

Don d'ouvrages, XXXVI, 635; XLVI, 910; XLVII, 830.

LE BLANT (Éd.). — Don d'ouvrages, XXXVII, 600; XXXIX, 662; XLI, 1075; XLIII, 612.

LEBOUCQ (H.). — Sur les nerfs des

larves de batraciens, XLI, 4, 561; rapports de MM. Éd. Van Beneden, Schwann et Van Bambeke, XLI, 446, 449.

Sur le cartilage embryonnaire chez les mammifères, XLIV, 318, 561; rapports de MM. Éd. Van Beneden, Schwann et Gluge, XLIV, 457, 459.

Don d'ouvrage, XLIII, 3.

Le Brun. — Un aperçu sur les variétés dans les plantes, XXIV, 278.

Le Brun (Louis). — Mention honorable au grand concours de peinture de 1867, XXIV, 269.

Le Boulengé (Paul). — Présente un travail intitulé: *Études de balistique expérimentale*, XXIII, 368; rapports de MM. Liagre, Nerenburger et Melsens, XXIII, 688, 694, 695.

Billet cacheté, déposé dans la séance du 9 janvier 1869, XXVII, 4.

Billet cacheté, déposé dans la séance du 6 juillet 1872, XXXIV, 35.

Leclerq (D.). — Envoi de ses observations des phénomènes périodiques observés à Liége, en 1865, XXI, 3; en 1866, XXIII, 2; en 1867, XXV, 71; en 1868, XXVII, 4; en 1869, XXIX, 3; en 1870, XXXI, 2; en 1871, XXXIII, 2; en 1872, XXXV, 90; en 1873, XXXVII, 3; en 1874, XXXIX, 4; en 1875, XLI, 4.

Orages observés à Liége et dans la province, en 1868, XXVII, 4, 257; rapports de MM. Duprez et Ern. Quetelet, XXVII, 249; en 1869, XXVIII, 399, 407; du 1er septembre 1869 au 3 septembre 1870, XXX, 180, 312; en 1872, XXXIV, 242; en 1874 et en 1875, XL, 274; XLI, 4.

Renseignements sur l'aurore boréale du 4 février 1872, XXXIII, 299, 313.

Sur les aurores polaires, XXXIV, 140, 323; rapports de MM. E. Quetelet et Duprez, XXXIV, 267, 269.

Leclercq (Julien) — Élu membre de la Classe des beaux-arts, XXI, 67; remerciments, XXI, 185; approbation royale de son élection, XXI, 255.

Chargé de l'exécution du buste de M. de Ram, XXIV, 85, 196.

Commissaire pour un mémoire de concours de 1868 sur l'histoire de la gravure des médailles en Belgique, XXV, 706; rapport, XXVI, 236.

Commissaire pour une lettre de l'Académie royale des beaux-arts de Saint-Pétersbourg relative à la création d'une classe d'élèves médailleurs, XXXVI, 243; rapport, XXXVI, 433.

Rapport sur les projets d'architecture soumis au concours d'art appliqué de la Classe des beaux-arts, en 1873, XXXVI, 272.

Rapport sur le modèle du buste de M. de Nieuport par M. Tinant, XXXVII, 776.

Promesse d'une notice sur M. Jouvenel, XXXVIII, 534.

Membre de la Commission pour les œuvres d'art à reproduire par les lauréats des grands concours, XL, 228.

Commissaire pour l'examen des rapports semestriels de M. Lauwers, XLII, 491; XLIII, 221; XLIV, 249; XLVI, 587; XLVII, 246; XLVIII, 572; appréciations, XLII, 412; XLIII, 307; XLIV, 263; XLVI, 549; XLIX, 58.

Commissaire pour le modèle du buste de M. Roelandt par M. G. Geefs, XLVIII, 87; son avis, XLVIII, 261.

Commissaire pour le premier envoi-copie de M. Lauwers, XLIX, 133; lecture de son rapport, XLIX, 255.

Leclercq (M.-N.-J.). — Membre de la Commission pour la formation du programme de concours de la Classe des lettres de 1866, XXI, 36.

Membre du Comité de présentation aux places vacantes dans la Classe des lettres en 1866, XXI, 168; en 1868, XXV, 142.

Membre de la Commission spéciale des finances de la Classe des lettres pour 1867, XXIII, 25; pour 1868, XXIV, 545; pour 1869, XXVI, 496; pour 1870, XXVIII, 572; pour 1871, XXX, 397.

Membre de la Commission administrative pour l'année 1867-1868, XXIII, 711; pour 1868-1869, XXV, 692; pour 1869-1870, XXVII, 430; pour 1870-1871, XXXI, 411.

Commissaire pour le mémoire de con-

cours de 1868 sur les systèmes électoraux, XXV, 141 ; rapport, XXV, 537.
Commissaire pour le mémoire de concours de Stassart sur les principes constitutionnels communs à nos diverses provinces à l'époque de l'invasion française, en 1794, XXXV, 102; rapport, XXXV, 569.
Membre de la Commission pour le programme de concours de la Classe des lettres, en 1878, XLI, 1330.
Commissaire pour le mémoire de M. De Cross sur la puissance des père, mère, etc., XLII, 793; lecture de son rapport, XLIII, 35.
Commissaire pour un mémoire du même sur la procédure civile au XVIIe siècle, XLIV, 402; lecture de son rapport, XLIV, 818.
Élu directeur pour 1879, XLV, 52.
Rapport sur une proposition de M. de Laveleye relative aux correspondants et aux associés, XLV, 53.
Président de l'Académie pour 1879, XLVII, 178, 211, 216.
La vie et l'œuvre du Congrès national de 1830, discours, XLVII, 652.
LECOMTE (l'abbé A.). — Observations sur la grêle, XXV, 283, 449; rapports de MM. Duprez et Quetelet, XXV, 404, 405; réclamation relative au rapport de M. Quetelet, XXVII, 4, 192; rectification par M. Quetelet à la note insérée, page 451 du tome XXV des *Bulletins*, XXVII, 192.
LE COY DE LA MARCHE. — Adresse un questionnaire concernant Saint-Martin de Tours, XLVII, 409.
LEDEGANCK (K.). — Présente une notice sur la chute automnale des feuilles, XXVI, 379.
LEEMANS (C.). — Don d'ouvrages, XXXVI, 207; XLII, 627.
LEFEBVRE (Ch.). — Mention honorable au grand concours de peinture de 1878, XLVI, 286, 313.
LEFÈVRE (Th.). — Don d'ouvrages, XLVII, 308, 743; L, 36.
LEHARDELAY (Ch.). — Résultats de ses observations de la planète Saturne, XLI, 734, 1315; rapport de MM. E. Quetelet et Liagre, XLI, 1153.
LEINS. — Don d'ouvrage, XXXIV, 216, XXXIX, 769.
LEJEUNE (Phocas). — Présente un travail sur la résistance à la chaleur des graines de luzerne maculée, XXIII, 431.
LEMAIRE. — Adresse deux lettres sur la trisection de l'angle, L, 155; avis de M. Catalan, L, 260.
LEMONNIER (Camille). — Don d'ouvrage, XLV, 819.
LENGER (Léon). — Présente une note sur la quadrature du cercle, XXV, 403.
LENORMAND (Sébastien). — Sa mort, XXVII, 429.
LENORMANT (Ch.). — Don d'ouvrage, par son fils, XLVII, 212.
LENORMANT (F.). — Élu associé de la Classe des lettres, XXXI, 452; remerciments, XXXI, 571.
Présente un mémoire intitulé : *La légende de Sémiramis*. XXXIII, 54; rapports de MM. Roulez, Thonissen et Nève, XXXIII, 233, 239, 240.
Don d'ouvrages, XXXIII, 53, 429 ; XXXIV, 55, 476; XXXVII, 202, 466; XXXIX, 662; XLI, 1328; XLII, 185; XLIII, 612; XLIV, 816; XLV, 299, 647; XLVII, 212, 572, 830; XLVIII, 692; XLIX, 222, 680.
LE PAIGE (C.). — Note sur l'équation $xy'' + ky' - y = 0$, XLI, 2, 1011 ; rapports de MM. Catalan et De Tilly, XLI, 935, 939.
Sur les nombres de Bernoulli, XLI, 734, 1017; rapports de MM. Catalan et De Tilly, XLI, 935, 939.
Sur la transformation des coordonnées, XLII, 241, 384; rapport verbal de M. Folie, XLII, 253.
Billet cacheté, déposé dans la séance du 6 janvier 1877, XLIII, 4.
Billet cacheté, déposé dans la séance du 15 mai 1877, XLIII, 460.
Sur la théorie des fractions continues périodiques, XLIII, 233, 337; rapport de MM. Catalan, De Tilly et Folie, XLIII, 325, 329.
Sur la géométrie supérieure, XLIV, 119, 231; rapport de MM. Folie et Catalan, XLIV, 127, 128.

Sur l'invariant quadratique simultané de deux formes binaires, XLIV, 317, 365; rapport des mêmes, XLIV, 319, 322.
Sur les théories de l'involution et de l'homographie, XLIV, 546; rapport des mêmes, XLIV, 460, 462.
Billet cacheté, déposé dans la séance du 13 octobre 1877, XLIV, 317.
Sur quelques applications de la théorie des formes algébriques à la géométrie, XLV, 71; addition, XLVI, 14; rapports de MM. Folie et Catalan, XLVI, 158, 166.
Sur les points multiples des involutions supérieures, XLVI, 247; rapport de MM. Folie et Liagre, XLVI, 191.
Sur certains co-variants d'un système cubo-biquadratique, XLVI, 765; rapports de MM. Folie et Catalan, XLVI, 596.
Billet cacheté, déposé dans la séance du 1er février 1879, XLVII, 179.
Sur quelques théorèmes relatifs aux surfaces d'ordre supérieur, XLVIII, 41.
Sur certaines combinaisons de formes algébriques binaires, XLVIII, 530; rapport de MM Folie et Catalan, XLVIII, 460, 461.
Présente avec M. Folie un mémoire sur les courbes du 3e ordre, XLIX, 3; lecture des rapports de MM. De Tilly et Catalan, XLIX, 310.
Sur certains co-variants des formes algébriques binaires, XLIX, 113; rapport de MM. Folie et Catalan, XLIX, 92.
Sur la représentation géométrique des co-variants d'une forme biquadratique, L, 115; rapport de M. Folie, L, 82.
Don d'ouvrages, XLII, 239, 838; XLV, 147; XLIX, 147. — Voir *Folie*.
LEPSIUS (Richard). — Élu associé de la Classe des lettres, XXXIX, 767; remercîments, XXXIX, 952.
LE ROY (Alph.). — Membre du jury chargé de juger la 4e période du concours quinquennal d'histoire nationale (1860-1865), XXI, 166.
Élu correspondant de la Classe des lettres, XXIX, 638; remercîments, XXIX, 704.
Élu membre, XXXV, 622; remercîments, XXXV, 793; approbation royale de son élection, XXXV, 793.
Membre de la Commission chargée de la publication d'une collection des œuvres des grands écrivains du pays, XXX, 136.
Lecture d'extraits de son rapport sur la 5e période du concours quinquennale d'histoire nationale, XXXI, 450.
Commissaire pour une note de M. Verstraete sur l'origine de la parole écrite et l'antiquité relative des premiers systèmes d'écriture, XXXIV, 528; rapport, XXXV, 52.
Le pouvoir des mots, discours, XXXV, 597.
Élu membre de la Commission de la Biographie nationale en remplacement de M. le baron Kervyn, démissionnaire, XXXVI, 84; réélu pour la période de 1878-1884, XLVI, 128.
Commissaire pour le mémoire de concours de 1874 sur la philosophie de saint Anselme de Cantorbéry, XXXVII, 204; rapport, XXXVII, 630.
Membre de la Commission pour le programme de concours de la Classe des lettres, en 1876, XXXVII, 846.
Notes bibliographiques sur l'ouvrage de M. Léon Jacques et sur différentes publications de M. le marquis de Queux de Saint Hilaire, XXXVIII, 666.
Commissaire pour les mémoires du concours de Stassart sur Plantin, XXXIX, 150; rapport, XXXIX, 335, 666.
Promesse d'une note sur Ad. Borgnet, XXXIX, 335; lecture de cette notice XL, 618.
Note bibliographique sur deux ouvrages de métaphysique de M. le chanoine Dupont, XXXIX, 969.
Note bibliographique sur les œuvres philosophiques de M. V. di Giovanni, XL, 148.
Membre du jury chargé de juger la 6e période du concours quinquennal d'histoire nationale, XLI, 137, 680.

Membre du jury chargé de juger la 5e période du concours quinquennal des sciences morales et politiques, XLI, 680.
Note bibliographique sur un monument littéraire élevé à la mémoire de Boccace, par M. Papanti, XLI, 140.
Note bibliographique sur un exemplaire annoté par M. Dewez de son Histoire générale de la Belgique et donné à l'Académie par M. Dewez-Chaudoir, XLI, 685.
Note bibliographique sur des ouvrages de philosophie de M. Gantrelle, XLI, 687.
Note bibliographique sur des ouvrages d'archéologie de M. G. de Spuches, prince de Galati, XLI, 1331.
Commissaire pour le mémoire de concours de 1876 sur l'histoire du droit de chasse en Belgique, XLI, 360; remplacé par M. Nypels, XLI, 683.
Membre de la Commission pour le programme de concours de la Classe des lettres en 1878, XLI, 1330.
Commissaire pour le programme du concours de Stassart pour une notice sur un Belge célèbre, XLII, 4, 495.
Note bibliographique sur un ouvrage historique de MM. Vander Haeghen et Stecher, XLII, 635.
Note bibliographique sur un volume de M. L. d'Andrimont, XLII, 915.
Lecture de sa notice sur Van Meenen, XLII, 917.
Note bibliographique sur l'ouvrage de M. di Giovanni, intitulé : *Prelezioni di filosofia*, XLIII, 378.
Note bibliographique sur les *Novelle di Goro di Stagio Dati*, de M. le chevalier Papanti, XLV, 52.
Notes bibliographiques sur les deux derniers volumes de l'histoire d'Oudenbourg de MM. Feys et Vande Casteele et sur des ouvrages philosophiques de MM. di Giovanni et Malagola, XLV, 525, 526.
Note bibliographique sur des ouvrages de MM. Defrecheux et G. de Spuches, XLV, 819.
Rapport sur un travail de M. Rivier sur Claude Chansonnette, XLV, 544
Une apologie d'Aristote, XLV, 323.
Membre du jury pour le prix du Roi (histoire nationale), XLVI, 286.
Commissaire pour un travail de M. Potvin, intitulé : *Quel est l'auteur de Li ars d'amour*, etc.? XLVII, 213, rapport, XLVII, 453.
Commissaire pour les mémoires de concours de 1879 sur la propagande des encyclopédistes français dans la province de Liége, etc., XLVII, 214; rapport, XLVII, 575.
Notes bibliographiques sur des ouvrages de MM. di Giovanni et Buroni, XLVII, 239, 855.
Le mécanisme et la liberté, XLVII, 698.
Notes bibliographiques sur des ouvrages de philologie de MM. Bozzo et di Giovanni, XLVIII, 469.
Note bibliographique sur le livre : *Le siècle des Artevelde*, par M. Vanderkindere, XLVIII, 366.
Note bibliographique sur les éléments d'esthétique de M. De Coster, XLIX, 681.
Membre de la Commission chargée d'examiner s'il y a lieu de publier les œuvres des anciens écrivains belges qui ont écrit en latin, XLIX, 684.
Note bibliographique sur la philosophie du droit et sur saint Thomas d'Aquin, par M. Lilla, L, 39, 273.
Note bibliographique sur l'ouvrage : *Severino Boezio*, par M. di Giovanni, L, 273.
Commissaire pour une inscription destinée à la Bibliothèque royale, L, 317.
Inscription pour le monument Quetelet, L, 319.
Don d'ouvrages, XXVIII, 458; XXXIV, 55; XXXVI, 84; XLV, 299.
LEUCKAERT (Rud.). — Sur le développement des nématodes, XXI, 208.
LEVA (DE). — Don d'ouvrage, XL, 36.
LE VERRIER (Ulysse). — Demande de renseignements sur la météorologie de la Belgique pour le Bulletin international de l'Observatoire de Paris, XXIV, 277.

Élu associé de la Classe des sciences, XXXVIII, 847; remercîments, XXXIX, 2.

Sa mort, XLIV, 314.

LÉVY. — Sur les acides tétra- et trithioniques, XLI, 1153; XLII, 103; rapports de MM. Stas, de Koninck et Melsens, XLII, 11. 13. — Voir *Spring* (*W.*).

LEYS (le baron H.). — Sa mort, XXVIII, 286.

Discours prononcé à ses funérailles par M. De Keyser, XXVIII, 288.

LEYS (Mme veuve). — Remercîments pour la part prise par l'Académie aux funérailles de son mari, XXIX, 324.

LIAGRE (J.-B.-J.). — Commissaire pour la séance anniversaire du 7 mai 1866 du jubilé de cinquante ans de l'Académie, XXI, 298.

Commissaire pour un travail de M. Adan sur les limites de précision des observations immédiates, XXII, 107; rapport, XXII, 454.

Commissaire pour un mémoire de concours de 1866 sur les méthodes géométriques, XXII, 108.

Commissaire pour un travail de M. Adan relatif à une loi générale de la probabilité des erreurs d'observations immédiates, XXII, 452. rapport, XXIII, 76.

Membre de la Commission spéciale des finances de la Classe des sciences pour 1867, XXIII, 4; pour 1869, XXVI, 431; pour 1870, XXVIII, 528; pour 1871, XXX, 375; pour 1873, XXXIV, 447.

Commissaire pour un travail de M. Catalan sur les nombres de Bernoulli et d'Euler, XXIII, 568; rapport, XXIII, 432.

Commissaire pour un mémoire de M. Le Boulengé intitulé : *Études de balistique expérimentale*, XXIII, 368; rapport, XXIII, 688

Commissaire pour un travail de M. Folie sur le mouvement d'un corps libre, XXIV, 3; rapport, XXIV, 286.

Commissaire pour un travail de M. Speelmans sur l'isoscélisme, XXIV, 102.

Commissaire pour deux notes de M. Adan sur l'erreur moyenne d'un ensemble d'observations, XXIV, 436, 499.

Commissaire pour un travail de M. Van der Elst relatif aux progrès des sciences, XXV, 72; lecture de son rapport, XXV, 186.

Commissaire pour un mémoire de M. Brück sur les étoiles filantes, XXV, 403; lecture de son rapport, XXVI, 250.

Commissaire pour les études de mécanique abstraite par M. De Tilly, XXVI, 435; rapport, XXVII, 615.

Commissaire pour un travail de M. Melsens sur le passage des projectiles à travers les milieux résistants, XXVI 250.

Commissaire pour une note de M. Stevart sur la variation de hauteur du son lorsque le corps sonore se meut, XXVI, 250.

Commissaire pour un mémoire de M Mayevski sur les pressions des gaz de la poudre dans l'âme des bouches à feu, XXVI, 250; rapport, XXVI, 381.

Commissaire pour une note de M. Folie sur la théorie de la roue Poncelet, XXVI, 379; rapport, XXVI, 431.

Membre du jury chargé de juger la 4e période du concours quinquennal des sciences mathématiques et physiques, XXVI, 430; la 5e période, XXXVII, 2; la 6e période, XLVII, 2; rapport au nom du jury qui a jugé cette période, XLVIII, 835.

Lecture d'une notice biographique sur J.-B. Brasseur, XXVI, 552.

Promesse d'une notice biographique sur M. Nerenburger, XXVII, 246.

Commissaire pour un mémoire de M. Navez sur un nouveau système de chronométrie électro-balistique, XXVII, 248.

Commissaire pour une note de M. Folie sur quelques théorèmes généraux de géométrie supérieure, XXVII, 615.

Commissaire pour un mémoire de M. Neuberg sur les coordonnées tétraédriques, XXVIII, 138.
Commissaire pour un mémoire de M. Houzeau sur les petits mouvements des étoiles, XXXVIII, 319; lecture de son rapport, XXVIII, 694.
Commissaire pour un mémoire de M. Gilbert sur les déterminants fonctionnels, XXVIII, 319.
Commissaire pour une note de M. Carnoy sur un triangle inscrit et circonscrit à une section conique, XXIX. 159; lecture de son rapport, XXIX, 346.
Commissaire pour une note de M De Tilly sur les surfaces à courbure moyenne constante XXIX, 447; rapport, XXX, 23.
Commissaire pour une note de M. Plucker sur le stéréographe de poche, XXX, 4, 283; rapports, XXX, 88, 377.
Lecture de son rapport sur une notice de M Perreul sur une nouvelle force motrice, XXX, 180.
Commissaire pour une note de M. Griffé sur la détermination de la distance de la terre au soleil, XXX, 375; lecture de son rapport, XXXI, 4.
Commissaire pour un mémoire de M. Crets sur l'uniformité de méthode dans le traitement de tous les nombres, XXXI, 199; rapport verbal, XXXI, 477.
Commissaire, pour une note de M. Terby sur les taches de la planète Mars, XXXII, 3; rapport, XXXII, 40.
Commissaire pour le mémoire de concours de 1871, sur l'intégration des équations aux dérivées partielles des deux premiers ordres, XXXII, 40; rapport, XXXII, 371.
Commissaire pour un mémoire de M. Catalan intitulé : *Recherches sur quelques produits indéfinis*, XXXII, 154; rapport, XXXIII, 4.
Commissaire pour une note de M. Verstraete sur la manière dont nous acquérons par la vue la connaissance des corps, XXXII, 155; lecture de son rapport, XXXII, 250.
Commissaire pour une note de M. Folie sur le calcul de la densité de la terre, XXXIII, 171; rapport XXXIII, 369.
Commissaire pour un mémoire de M. Mailly intitulé : *Tableau de l'astronomie dans l'hémisphère austral et dans l'Inde,* XXXIII, 171.
Commissaire pour une note de M. Meerens sur la notation musicale et le diapason, XXXIII, 171; rapport, XXXIII, 303.
Commissaire pour une note de M. Mansion sur les solutions singulières des équations différentielles de premier ordre, XXXIV, 3.
Commissaire pour un mémoire de M. De Tilly sur les logarithmes, XXXIV, 4.
Commissaire pour un mémoire de M. Mahmoud bey sur le système métrique actuel de l'Égypte comparé au système français, XXXIV, 401; rapport, XXXV, 19.
Commissaire pour un mémoire de M. Terby intitulé : *Aerographische Fragmente*, etc., XXXV, 188.
Commissaire pour une note de M. Gilbert sur le développement de la fonction $\Gamma(\mu)$, XXXV, 352.
Commissaire pour une notice de M. Van Rysselberghe sur un appareil enregistreur universel, XXXV, 643; rapport, XXXVI, 122.
Lecture de son rapport sur une requête adressée au Ministre de l'Intérieur par M. Van Rysselberghe au sujet de son appareil enregistreur, XXXVII, 15.
Commissaire pour une note de M. Terby sur la configuration des taches de la planète Mars à la fin du XVIIIe siècle, XXXVI, 3; rapport, XXXVI, 116.
Commissaire pour une note du même sur l'aspect des planètes Mars et Jupiter en 1873, XXXVI, 116; rapport, XXXVI, 452.
Commissaire pour un mémoire de M. De Heen sur les nébuleuses, XXXVI, 451; rapport, XXXVI, 606.

Commissaire pour une note de M. Siacci sur la similitude des trajectoires des projectiles oblongs, XXXVI, 602.

Discours aux funérailles de M. A. Quetelet, XXXVII, 264.

Élu membre de la Commission de la Biographie nationale en remplacement de M Quetelet décédé, XXXVII, 338; réélu pour la période de 1878-1884, XLVI, 6.

Commissaire pour un mémoire de M. Rodenbach sur la métrologie, XXXVII, 484; rapport, XXXVIII, 5.

Commissaire pour une note de M. De Tilly sur la similitude mécanique, etc., XXXVII, 484; rapport, XXXVII, 810.

Commissaire pour un mémoire de M. Catalan sur la théorie des courbes et des surfaces, XXXVII 484; rapport, XXXVII, 803.

Élu secrétaire perpétuel, XXXVII, 787; approbation royale de son élection, XXXVIII, 678, 798, 843, 882; complimenté à ce sujet par la Classe des lettres, XXXVII, 842.

Commissaire pour un mémoire de M. Terby intitulé : *Aréographie*, XXXVII, 802.

Commissaire pour une notice de M. Wouvermans sur la détermination de la parallaxe du soleil, XXXVII, 802.

Commissaire pour un mémoire de M. Terby intitulé : *Un mot à propos d'une notice du comte de Rosse sur les observations de Jupiter faites en 1873*, XXXVIII, 293.

Commissaire pour un mémoire de M. Houzeau sur quelques observations astronomiques et météorologiques, etc., XXXVIII, 405; lecture de son rapport, XXXVIII, 558.

Commissaire pour une note de M. Terby sur l'aspect de la planète Jupiter pendant son opposition en 1874, XXXVIII, 406; rapport XXXVIII, 560.

Commissaire pour une note de M. Estourgies sur les calculs de l'éclipse de soleil du 10 octobre et l'occultation de Vénus du 14 octobre 1874, XXXVIII, 558; rapport verbal, XXXIX, 84 bis.

Commissaire pour une note de M. Vivier sur la constitution physique des comètes, XXXVIII, 652; rapport verbal, XXXIX, 14.

Commissaire pour les Fragments sur le calcul numérique par M. Houzeau, XXXIX, 360; XL, 4, 271; XLI, 397; lecture de ses rapports, XXXIX, 446; XL, 70, 452; XLI, 932.

Discours aux funérailles de M. Lamarle, XXXIX, 360.

Commissaire pour une note de M. Journeaux-Duhamel sur un nouvel instrument astronomique, XXXIX, 445; rapport, XL, 60.

Commissaire pour une lettre de M. Liais sur la détermination de la parallaxe solaire, XXXIX, 779.

Délégué du Gouvernement au Congrès des sciences géographiques de Paris, en 1876, XL, 50, 146, 213.

Commissaire pour un travail du Dépôt de la Guerre sur la triangulation de la Belgique, XL, 268; analyse de ce travail, XLI, 397.

Commissaire pour deux notices de M. Terby sur la planète Mars et l'ombre du deuxième satellite de Jupiter, XL, 271; rapport, XL, 454.

Observations sur le météorographe universel de M. Van Rysselberghe en réponse à une note de M. Gloesener, XL, 317.

Commissaire pour les tables de logarithmes de MM. Namur et Mansion, XL, 668; rapport, XLI, 934.

Commissaire pour une demande de subside de M. Namur pour continuer ses tables, XLII, 826.

Idem pour une nouvelle demande, XLIX, 82; lecture de son rapport, XLIX, 148.

Commissaire pour une lettre de M. l'abbé Spée sur la structure des taches solaires, XLI, 224; rapport verbal, XLI, 246.

Commissaire pour des notes d'algèbre et d'analyse de M. Catalan, XLI, 734, 920; rapports, XLI, 932, 1156.

Commissaire pour les observations de M. Lehardelay sur la planète Saturne, XLI, 734; rapport, XLI, 1153.
Paroles prononcées lors du retour d'Amérique de M. Houzeau, XLI, 910.
Commissaire pour l'Uranométrie générale de M. Houzeau, XLI, 911; rapport, XLII, 5.
Délégué à l'inauguration du monument Van de Weyer, XLII, 410, 629.
Commissaire pour un travail de M. Catalan sur les intégrales eulériennes, XLIII, 232; lecture de son rapport, XLIII, 330.
Commissaire pour une note de M. Terby sur la planète Mars, XLIII, 232; rapport, XLIII, 331.
Commissaire pour une note du même sur la carte de Mars publiée par M Flammarion dans ses Terres du ciel, XLIII, 325; lecture de son rapport, XLIII, 480.
Commissaire pour un travail de M. Van Rysselberghe sur les marées extraordinaires à Ostende en janvier 1877, XLIII, 325; lecture de son rapport, XLIII, 480.
Commissaire pour une notice de M. Saltel sur la théorie des deux caractéristiques de M. Chasles, XLIII, 460.
Note sur la Caisse des veuves des officiers de l'armée belge, XLIII, 253.
Délégué du Gouvernement pour passer l'acte de donation de Mme veuve Bergmann, XLIII, 373.
Membre de la Commission pour l'installation de l'Académie dans son nouveau local, XLIII, 649.
Communication relative à la première expédition dans l'Afrique centrale, XLIV, 238.
Commissaire pour un travail de M. Catalan sur la théorie des moindres carrés, XLIV, 317.
Commissaire pour un travail de M. Terby sur la planète Mars, XLIV, 655.
Commissaire pour un travail de M. E. Quetelet sur les mouvements de l'aiguille aimantée, XLV, 71; rapport, XLV, 155.
Commissaire pour un travail de M. Van Rysselberghe sur les oscillations du littoral belge, XLV, 147; rapport, XLV, 388.
Commissaire pour un travail de M. Adan sur les attractions locales, XLV, 147.
Commissaire pour un travail du même sur l'ellipsoïde unique, XLV, 363, 563.
Commissaire pour un travail de M. Folie sur la théorie des faisceaux, XLVI, 4.
Commissaire pour un travail de M. Niesten sur les couleurs des étoiles doubles, XLVI, 855; rapport, XLVII, 27.
Délégué auprès du groupe de l'Enseignement à l'Exposition nationale de 1880, XLVII, 742, 828, 914.
Commissaire pour un travail de M. Van Weddingen sur les aérostats, XLVII, 181, 489; rapport, XLVII, 228, 755.
Commissaire pour un travail sur la planète Mars, par M. le baron O. Van Ertborn, XLVII, 227; rapport, XLVII, 325.
Commissaire pour un travail de M. Catalan sur les fonctions X_n de Legendre, XLVIII, 341; lecture de son rapport, XLVIII, 600.
Commissaire pour un travail de M. Niesten sur la tache rouge de Jupiter, XLVIII, 443; rapport, XLVIII, 592.
Commissaire pour la 12e notice de M. Terby sur la planète Mars, XLVIII, 443; rapport, XLVIII, 594.
Commissaire pour une nouvelle notice du même sur Mars, à propos des observations de M. Schiaparelli, XLVIII, 587; rapport, XLVIII, 726.
Commissaire pour une note de M. Terby sur Mars, la tache de Jupiter et celles de Vénus, XLIX, 84; rapport, XLIX, 174.
Discours à l'inauguration du monument Quetelet, XLIX, 510.
Note bibliographique sur des ouvrages littéraires de M. Amorim, L, 38.
Commissaire pour deux notes de

M. Mailly sur Caels et De Beunie, L, 154; lecture de son rapport, L, 259.
Don d'ouvrages, XLVII, 829; XLVIII, 2.
LIAIS (Emm.). — Lettre à M. Ad. Quetelet sur la réfraction de la lumière depuis le zénith jusqu'au-dessous de l'horizon, XXII, 214.
Lettre sur la détermination de la parallaxe solaire, XXXIX, 779.
Note sur la parallaxe du soleil, XL, 5.
LIEBIG (le baron Juste VON). — Sa mort, XXXV, 458.
LIÉNARD (Valère). — Recherches sur la structure de l'appareil digestif des Mygales et des Néphiles, XLVI, 3, 698; rapport de M. Félix Plateau, XLVI, 586.
Recherches sur la structure du système nerveux des Arthropodes, constitution de l'anneau œsophagien, 1re partie, XLIX, 176; rapports de MM. F. Plateau et Éd. Van Beneden, XLIX, 171, 173.
LILLA (Vincenzo). — Don d'ouvrages, L, 36, 273.
Notes bibliographiques de M. Le Roy sur ses livres sur la philosophie du droit et sur saint Thomas d'Aquin, L, 39, 273.
LIMNANDER (le baron A.-M.) — Élu membre de la Classe des beaux-arts, XXXIII, 82; remerciments, XXXIII, 262; approbation royale de son élection, XXXIII, 158.
Donne sa démission de membre pour prendre rang parmi les associés, XLVII, 171, 477.
Membre de la section permanente du jury des grands concours de composition musicale en 1877, XLIII, 752; ne peut accepter ces fonctions, XLIII, 752.
Don d'ouvrage, XXXVIII, 710.
LINAS (DE). — Don d'ouvrage, L, 322.
Adresse une lettre relative à trois pièces d'orfévrerie belge du XIIIe siècle, L, 322.
LINDER. — Décision au sujet de son travail sur l'origine des aurores boréales, XXXIV, 4.
LISCH (G.). — Lettre à M. Spring sur la période post-diluviale et sur le renne dans le Mecklembourg, XXI, 136.
LJUNBERG. — Don d'ouvrage, XXV, 226.
LOBO DE BULHOES. — Don d'ouvrage, XLVIII, 71.
LOISE (Ferd.). — Présente la 3e partie de son Histoire de la poésie (le théâtre en Espagne), XXIII, 711; rapports de MM. De Decker et Polain, XXIV, 207, 373.
Élu correspondant de la Classe des lettres, XXXV, 622; remerciments, XXXV, 794.
Lecture d'un travail sur la littérature allemande au XVIIIe siècle, sous l'influence de la guerre de Trente ans, XXXVII, 143; XLI, 694, 897; ce travail est soumis à l'examen de commissaires, XLII, 402.
Chevalier de l'ordre de Lépold, XXXIX, 768.
Don d'ouvrages, XXXV, 361; XLIV, 405; XLV, 518; L, 123.
LOKEREN (VAN). — Don d'ouvrage, XXXIII, 228.
LONGÉ (DE). — Membre du jury chargé de juger la 5e période du concours quinquennal des sciences morales et politiques, XLI, 137.
LONGPÉRIER (Adrien DE). — Don d'ouvrage, XXIX, 499.
LOO (Félix VAN). — Don d'ouvrages, XLI, 396; XLII, 460.
LOOMANS. — Membre du jury chargé de juger la 5e période du concours quinquennal des sciences morales et politiques, XLI, 137.
Don d'ouvrage, XXXIII, 170.
LOUBAT. — Don d'ouvrage, XLVII, 829.
LUBAWSKY (Alexandre DE). — Présente un travail sur la statistique du droit civil, XLIV, 402; XLV, 518; lecture du rapport de M. Thonissen, XLV, 649.
LÜBKE (W.). — Élu associé de la Classe des beaux-arts, XXXV, 80; remerciments, XXXV, 481.
LUESEMANS (DE). — Don d'ouvrages XLII, 397, 628; XLVI, 505; L, 124.
LYELL (Charles). — Sa mort, XXXIX, 246.
LYMAN. — Don d'ouvrage, XXXIII, 492.

M.

MAAS (Le R. P.). — Sur un paratonnerre foudroyé à Wetteren le 23 mai 1872, XXXIII, 502.

MACAR (Julien DE). — Médaille d'argent décernée par la Classe des sciences en 1875 pour son mémoire sur la description du bassin houiller de la province de Liége, XL, 1096; rapports de MM. Dewalque, Briart et Cornet; XL, 900, 949, 971; inscription pour sa médaille, XLI, 3, 226; rapport des mêmes sur cette inscription, XLI, 227, 228, 229; sollicite la publication de son mémoire, XLI, 222; lecture des rapports des mêmes, XLI, 458.

Don d'ouvrage, XLI, 912.

MAC LÉOD (Jules). — Recherches sur l'appareil venimeux des myriapodes chilipodes, XLV, 563, 781; rapports de MM. F. Plateau et Éd. Van Beneden, XLV, 731, 733.

Sur la structure de la glande de Harder du canard domestique, XLVII, 797; rapports de MM. F. Plateau et Éd. Van Beneden, XLVII, 749, 751.

Contributions à l'étude du rôle des insectes dans la pollinisation des fleurs hétérostyles, XLIX, 614; L, 27; rapports de MM. Morren et Candèze, L, 4, 8.

Structure de l'appareil venimeux des aranéides, L, 110; rapports de MM. Van Bambeke et F. Plateau, L, 82.

Don d'ouvrage, XLIV, 455.

MADOU (J.-B.). — Sa mort, XLIII, 433.

Discours prononcé à ses funérailles par M. Alvin, XLIII, 435.

MAHMOUD BEY. — Présente un mémoire sur le système métrique actuel de l'Égypte comparé au système français, XXXIV, 404; rapports de MM. Liagre et Ad. Quetelet, XXXV, 19.

MAHARAJAH DE TRAVANCORE (LE). — Don d'ouvrage, XXXIX, 246.

MAILLY (Alphonse). — Membre du jury chargé de juger le grand concours de composition musicale de 1877, XLIII, 751; idem; pour le concours de 1879, XLVIII, 260.

MAILLY (Éd.). — Élu correspondant de la Classe des sciences, XXIV, 560; remerciments, XXV, 2.

Élu membre, XLII, 1087; remerciments, XLIII, 2; approbation royale de son élection, XLIII, 2.

Commissaire pour les notes de M. Perrey sur les tremblements de terre de 1869, XXXII, 155; rapport, XXXII, 236; idem de 1870, XXXIV, 243; rapport, XXXV, 95; idem de 1870, XXXVI, 299; rapport, XXXVI, 604; idem de 1871, XXXVII, 802, rapport, XXXVIII, 298.

Présente un mémoire intitulé : *Tableau de l'astronomie dans l'hémisphère austral et dans l'Inde*, XXXIII, 171; rapport de M. Ern. Quetelet, XXXII, 301.

Présente son rapport sur l'astronomie pour le Livre commémoratif du Jubilé séculaire de l'Académie, XXXIII, 226.

Commissaire pour un mémoire de M. De Heen sur les nébuleuses, XXXVI, 451.

Discours prononcé aux funérailles de M. Ad. Quetelet, XXXVII, 251.

Commissaire pour un mémoire de M. Rodenbach sur la métrologie, XXXVII, 485.

Commissaire pour un mémoire de M. Terby intitulé : *Aréographie*, XXXVII, 802.

Rapport sur le mémoire de M. Terby concernant l'aspect physique de la planète Mars, XXXVIII, 12.

Notice sur Ad. Quetelet, XXXVIII, 816.

Commissaire pour le supplément du mémoire de M. E. Quetelet sur la température de l'air, XXXIX, 56; lecture de son rapport, XXXIX, 257.

Présente une notice sur R. Van Rees, XLII, 240.

Présente un travail sur l'histoire des sciences et des lettres en Belgique, etc., XLII, 240, 460; rapports de MM. Houzeau et Quetelet, XLII, 475, 477, 675, 676.
Délégué à l'inauguration du monument Van de Weyer, XLII, 410, 629.
Commissaire pour un travail de M. Terby sur la planète Mars, XLIII, 232; rapport, XLIII, 331.
Commissaire pour une note du même sur la carte de Mars publiée par M. Flammarion dans ses Terres du ciel, XLIII, 325; lecture de son rapport, XLIII, 480.
Commissaire pour un travail de M. Van Rysselberghe sur les marées extraordinaires observées à Ostende en janvier 1877, XLIII, 325; lecture de son rapport, XLIII, 480.
Commissaire pour un travail du même sur les oscillations du littoral belge, XLV, 147; rapport, XLV, 380.
Notice relative à l'article 2 du règlement de la Classe des sciences, XLV, 563.
Proposition relative à la révision des statuts et règlements de l'Académie, XLV, 657.
Discours aux funérailles de M. E. Quetelet, XLVI, 320; promesse d'une notice sur le même, XLVI, 316; XLVIII, 340.
Présente un travail sur les origines de Conservatoire royal de Bruxelles, XLVI, 551; rapports de MM. Gevaert, de Burbure et Samuel, XLVI, 934; note analytique sur ce mémoire, XLVI, 551.
Commissaire pour un travail de M. Niesten sur les couleurs des étoiles doubles, XLVI, 855; rapport, XLVII, 27.
Membre du jury chargé de juger la 6e période du concours quinquennal des sciences mathématiques et physiques, XLVII, 178.
Présente un mémoire sur le naturaliste Michel Adanson, XLVIII, 3; analyse de ce mémoire, XLVIII, 19; lecture des rapports de MM. P.-J. Van Beneden et Morren, XLVIII, 103.
Communication relative à une partition autographe de Berton, XLIX, 225.
Délégué à la fête politique et religieuse du Cinquantenaire belge, XLIX, 614.
Présente pour les *Mémoires* deux notices sur Caels et De Beunie, membres de l'ancienne Académie, L, 154; lecture des rapports de MM. Houzeau et Liagre, L, 259; analyse de ces notices, L, 177.
Don d'ouvrages, XXV, 70; XXXIV, 243; XXXIX, 248; XLI, 224; XLIII, 232; XLVII, 476; XLIX, 3.

MALAGOLA C.. — Don d'ouvrages, XLIII, 612; XLV, 519.
Note bibliographique de M. Le Roy sur son livre *Lettere inedite*, etc., XLV, 526.

MALAISE (C.). — Remerciments pour son élection de correspondant de la Classe des sciences, XXI, 2.
Élu membre, XXXVI, 829; remercîments, XXXVII, 2; approbation royale de son élection, XXXVII, 2.
Sur les silex ouvrés de Spiennes, XXI, 154; rapports de MM. de Koninck et P.-J. Van Beneden, XXI, 4, 6.
Envoi de ses observations des phénomènes périodiques observés à Gembloux les 21 mars et 21 avril 1866, XXI, 309; en 1866, XXII, 452; en 1867, XXIII, 430; XXV, 610; en 1868, XXVI, 3, 379; en 1869, XXVII, 614; XXVIII, 398; en 1870, XXIX, 336; XXX, 84, 283; en 1871, XXXI, 199; XXXII, 235; en 1872, XXXIII, 299, 490; XXXIV, 400; en 1873, XXXV, 351, 459.
Sur les corps organisés trouvés dans le terrain ardennais de Dumont, XXI, 566; rapports de MM. de Koninck et Dewalque, XXI, 534.
Orages observés à Gembloux en 1867, XXIV, 304; en 1868, XXVI, 134, 249, 281; XXVII, 4; en 1869, XXVII, 637; XXVIII, 309, 406; en 1870, XXX, 282, 311; en 1871, XXXII, 39; en 1872, XXXIV, 400.
Sur les rhizomes verticaux du Phragmites communis trinius, XXIV, 484.

Commissaire pour une notice de MM. Cornet et Briart sur les silex ouvrés de Spiennes, XXV, 2; rapport, XXV, 76.

Présente avec M. Gosselet un travail sur le terrain silurien de l'Ardenne, XXV, 180; rapports de MM. d'Omalius et Dewalque, XXV, 411, 413.

Observations sur le terrain silurien de l'Ardenne, XXVI, 61.

Sur les roches usées avec cannelures de la vallée de la grande Geete, XXVII, 682.

Médaille d'or décernée par la Classe des sciences en 1869 pour son mémoire sur le terrain silurien du Brabant, XXVIII, 604, 663; rapports de MM. d'Omalius, de Koninck et Dewalque, XXXVIII, 588, 595, 599; inscription pour sa médaille de concours, XXIX, 3; rapport verbal des mêmes commissaires sur la nouvelle rédaction de son mémoire couronné sur le terrain silurien du centre de la Belgique, XXXIII, 300.

Billet cacheté déposé dans la séance du 3 juin 1871, XXXI, 475; restitué le 5 mai 1874, XXXVII, 484; contenu de ce billet, XXXVII, 800.

Bolide aperçu à Floreffe, XXXII, 154.

Promesse d'une notice sur l'abbé Coemans, XXXII, 155.

Sur quelques roches porphyriques de la Belgique, XXXVIII, 70.

Commissaire pour le mémoire de concours de 1874, sur les roches plutoniennes de la Belgique et de l'Ardenne française, XXXVIII, 296; rapport, XXXVIII, 775.

Commissaire pour la seconde partie de ce mémoire, XL, 447; rapport, XLI, 431.

Sur la découverte du Dictyonema sociale, Salt., de la faune primordiale, dans le massif de Rocroy, XXXVIII, 464.

Commissaire pour les notes de M. Perrey sur les tremblements de terre en 1872, XL, 52; rapport, XL, 448.

Commissaire pour un travail de M. Mourlon sur les dépôts devoniens, XL, 668; rapport, XLI, 240.

Commissaire pour une note de M. Gosselet sur le calcaire eifelien, XLI, 920; rapport, XLI, 1156.

Membre de la Commission pour la nouvelle carte géologique de la Belgique, XLI, 1150.

Commissaire pour un mémoire de M. Renard sur le coticule, XLII, 240; rapport, XLII, 473.

Commissaire pour un travail de M. J. Chalon sur la cellule végétale, XLII, 241, 458

Commissaire pour un travail de M. Mourlon sur l'étage devonien des psammites du Condroz dans la vallée de la Meuse, XLII, 461; rapport, XLII, 835.

Commissaire pour un travail de M. Petermann sur les graines originaires des hautes latitudes, XLII, 829; rapport, XLIII, 73.

Commissaire pour un travail de MM. de la Vallée Poussin et Renard sur un fragment de roche tourmalinifère du poudingue de Bousalle, XLIII, 232; rapport, XLIII, 335.

Billet cacheté déposé dans la séance du 15 mai 1877, XLIII, 460.

Commissaire pour un mémoire de MM. le comte de Saporta et Marion intitulé : *Révision de la flore heersienne de Gelinden*, XLIII, 460; rapport, XLIII, 720.

Commissaire pour une notice de M. Lucien de Koninck sur la kaolinite de Quenast et du terrain houiller, XLIV, 317; rapport, XLIV, 689.

Commissaire pour la 6e note de M. Lucien de Koninck sur les minéraux belges (la Davreuxite), XLVI, 4; rapports sur ces 6e et 7e notes, XLVI, 189, 190.

Communique un extrait d'une lettre de M. Pisani sur l'apatite cristallisée, XLIV, 709.

Commissaire pour un travail de M. Firket sur les gîtes métallifères de la mine de Landenne, XLV, 363.

Commissaire pour un travail de M. Renard sur les phthanites du terrain carbonifère de la Belgique, XLVI, 177; rapport, XLVI, 327.

Commissaire pour une note du même sur la diabase de Challes, XLVI, 4; rapport, XLVI, 186.
Découverte de brachiopodes du genre Lingula dans le cambrien du massif de Stavelot, XLVI, 58.
Délégué au Congrès international de géologie de Paris en 1878, XLVI, 175.
Sur une espèce minérale nouvelle pour la Belgique : l'arsénopyrite ou mispickel, XLVI, 881; demande le dépôt aux archives d'une note relative à cette communication, XLVI, 883; sur l'arsénopyrite ou mispickel et sur l'eau arsénicale de Court-Saint Étienne, XLVII, 29.
Rapport sur une note de M. Lucien de Koninck : Les minéraux belges, XLVII, 491.
Rapport sur les caractères distinctifs de la dolomite et de la calcite par M. Renard, XLVII, 492.
Commissaire pour un travail de MM. de la Vallée Poussin et Renard sur la diorite quartzifère du champ de Saint-Véron, XLVIII, 3; rapport, XLVIII, 104.
Note bibliographique sur sa description des gîtes fossilifères devoniens et d'affleurement du terrain crétacé, XLIX, 309.
Don d'ouvrages, XXV, 610; XXVI, 249; XXXII, 335; XXXIII, 170; XXXVI, 2, 450; XXXVII, 269; XXXVIII, 3, 556; XXXIX, 247; XLIII, 232; XLVII, 742; XLIX, 308. — Voir *Cloquet*.
MALHERBE (R.). — Présente un mémoire sur l'origine de la houille dans la province de Liége, XXVII, 363.
De la présence de chlorures alcalins dans les eaux et les roches du bassin houiller de Liége, XXVIII, 402; rapports de MM. d'Omalius, Dewalque et de Koninck, XXVIII, 25, 26, 27.
Présente un travail sur la rencontre accidentelle du chlorure ammonique dans le bassin houiller de Liége, XXX, 4.
Sur le caractère paléontologique de certaines couches du bassin houiller de Liége, XXXII, 236, 375; rapports de MM. Dewalque et d'Omalius, XXXIII, 368, 370.
Présente une note sur les chlorures alcalins de la formation houillère, XXXVIII, 558; XXXIX, 46; rapports de MM. de Koninck et Dewalque, XXXIX, 9, 11.
Médaille d'argent décernée par la Classe des sciences en 1875, pour son mémoire sur la description du bassin houiller de Liége, XL, 1097; rapports de MM. Dewalque, Briart et Cornet, XL, 900, 949, 971.
Inscription pour sa médaille, XLI, 3, 226; rapports des mêmes, XLI, 227, 228, 229.
Sollicite la publication de son travail, XLI, 222; lecture du rapport des mêmes, XLI, 458.
MALOU. — Don d'ouvrage, XLI, 2.
MANILIUS. — Présente une notice sur la conception infinitésimale de Poisson, XXVI, 430; rapport de M. Catalan, XXVII, 9.
Demande que l'Académie examine sa note imprimée intitulée : *Démonstration de la conception infinitésimale de Poisson*, XXVII, 127.
MANNHEIM. — Don d'ouvrages, XXXVII, 799; XLIX, 3.
MANSION (P.). — Présente une note sur le calcul des probabilités, XXV, 72, lecture des rapports de MM. Catalan et Gilbert, XXV, 116.
Présente une note sur le problème des partis, XXV, 403; rapports de MM. Catalan et Gilbert, XXV, 619.
Présente une note sur les équations linéaires à coefficients constants, etc ; XXVIII, 319; renvoi de cette note à l'auteur, XXVIII, 399.
Rapports de MM. Catalan, Steichen et Gilbert sur un mémoire concernant la méthode de Brisson pour l'intégration des équations linéaires, XXIX, 68, 71.
Présente un mémoire intitulé : *Remarques sur les solutions singulières de l'equation* $Ay'^2 + By' + C = 0$, XXXIII, 300.
Sur les solutions singulières des équations différentielles de premier ordre,

XXXIV, 3, 149; rapports de MM. Gilbert et Liagre, XXXIV, 142, 145.
Présente ses tables de logarithmes, avec M. Namur, XL, 668; rapports de MM. Catalan, Folie et Liagre, XLI, 921, 928, 931.
Présente une note sur les équations différentielles homogènes, XLII, 461; XLIII, 169; rapports de MM. Catalan, Folie et De Tilly, XLIII, 65, 69, 71, 335, 506.
Sur les équations différentielles de Jacobi, XLIII, 460; XLIV, 195, 212; rapports de MM. Catalan, Folie et De Tilly, XLIV, 120, 126, 127.
Sur les transformations arguésiennes de M. Saltel, XXXVI, 299, 625; rapport de M. Catalan, XXXVI, 605.
Médaille d'or décernée par la Classe des sciences en 1873, pour son mémoire sur les intégrations des équations, XXXVI, 657, 828; rapports de MM. Catalan, De Tilly et Folie; XXXVI, 644, 653, 657.
Présente une nouvelle rédaction de ce mémoire, XXXVIII, 292; rapports verbaux de MM. Catalan, De Tilly et Folie, XXXIX, 8.
Note sur la propriété caractéristique des équations différentielles linéaires XXXVIII, 405 578; rapports de MM. Catalan et Folie, XXXVIII, 562, 565.
Sur une équation différentielle de Jacobi, XLIV, 192, 212; rapports de MM. Catalan, Folie et De Tilly, XLIV, 120, 126, 127.
Démonstration d'un théorème relatif à un déterminant remarquable, XLVI, 585, 892; rapport de M. Catalan, XLVI, 879.
Sur l'élimination, XLVI, 585, 899; rapport du même, XLVI, 880.
Présente deux nouvelles notes sur l'élimination, XLVII, 227, 488, 532; rapports de MM. Catalan, Folie et De Tilly, XLVII, 490.
Sur l'élimination, 3e et 4e notes, XLVIII, 463, 473.
Théorie à postériori de l'élimination entre deux équations algébriques, XLVIII, 491; rapports de MM. Catalan, Folie et De Tilly, XLVIII, 445, 449, 450, 452.
Don d'ouvrages, XXXVIII, 292; XLIII, 460.
MARANGONI. — Don d'ouvrage, XLVI, 176.
MARCHAL (Edm.). — Bolide observé à Bruxelles le 11 juin 1867, XXIV, 18.
Météore aperçu à Bruxelles dans la soirée du 26 septembre 1867, XXIV, 312.
Remercîments de l'Académie pour la gestion du secrétariat pendant l'intérim, XXXVII, 842.
Médaille d'or décernée par la Classe des beaux-arts en 1875, pour son mémoire sur la sculpture aux Pays-Bas pendant les XVIIe et XVIIIe siècles, XL, 239, 264; rapports de M Siret, De Man et J. Geefs, XL, 232, 238, 264; ses remercîments, XL, 243.
Secrétaire du jury pour le concours des cantates de 1877, XLIII, 308, 441; idem pour 1879, XLVII, 727.
Don d'ouvrage, XLIV, 258.
MARCHAL (Élie). — Révisions des Héderacées américaines, XLVI, 856; XLVII, 70, 514; rapports de MM. Crépin, Morren et Gilkinet, XLVII, 27, 28, 495.
Avis de M. Crépin sur sa rectification synonymique relative à cette note, XLVII, 514.
Don d'ouvrage, XLVI, 317.
MARCHAND (Eug.). — Don d'ouvrage, XXXIX, 779.
MARCHANT (G.). — Lauréat du grand concours de sculpture de 1869, XXVIII, 302; pension de voyage, XXIX, 37.
MARIE (Max.). — Lettres relatives à la question de concours de la Classe des sciences en 1874, sur la théorie des fonctions d'une variable imaginaire, XXXIX, 247.
Don d'ouvrages, XXXIX, 3, 247.
MARIETTE BEY. — Élu associé de la Classe des beaux-arts, XXIX, 38.
Don d'ouvrage, XXXIV, 210.
MARION (A.-J.). — Présente avec M. de Saporta un mémoire sur l'état de la

végétation à l'époque des marnes heersiennes de Gelinden, XXXV, 460; rapport de MM. Dewalque et d'Omalius, XXXV, 463, 468; remerciments pour l'impression de ce mémoire, XXXVIII, 291.

Présente avec le même un mémoire intitulé : *Révision de la flore heersienne de Gelinden*, XLIII, 460; rapports de MM. Malaise et Crépin, XLIII, 720, 730; remerciments pour l'impression de ce mémoire, XLIV, 3.

Don d'ouvrages, XXXVIII, 3; XLI, 1152; XLIX, 147. — Voir *Saporta* (le marquis de).

MARQUART (P.). — Voir *De Koninck (Lucien)*.

MARTIN DE MOUSSY. — Don d'ouvrage, XXIX, 663.

MARTINET (Achille). — Sa mort, XLV, 57.

MARTIUS (F. VON). — Sa mort, XXVII, 2.

MASSÉ (Victor). — Élu associé de la Classe des beaux-arts, XLIII, 41; remerciments, XLIII, 222.

MASIUS (J.-B.-V.). — Du centre anospinal, XXIV, 312; rapports de MM. Gluge, Poelman et Schwann, XXIV, 279, 281, 282.

Recherches expérimentales sur l'innervation des sphincters de l'anus et de la vessie, XXV, 284, 491; rapports de MM. Gluge, Schwann et Poelman, XXV, 408, 409, 410.

Présente un mémoire sur la régénération anatomique et fonctionnelle de la moelle épinière, XXVIII, 2; rapports de MM. Schwann et Gluge, XXVIII, 302, 324.

Communication par M. Schwann des conclusions de ce travail, XXVIII, 122.

Membre du jury chargé de juger la 6e période du concours quinquennal des sciences naturelles, XLIII, 62.

Élu correspondant de la Classe des sciences, L, 449.

MASQUELIN (H.). — Sur le maxillaire inférieur de l'homme, XLIV, 456, 1589; XLV, 71, 430; rapports de MM. Éd. Van Beneden et Van Bambeke, XLIV, 459; XLV, 371, 376.

Premières phases du développement du placenta chez le lapin avec M. Swaen, XLVIII, 45; rapports de MM. Éd. Van Beneden et Schwann, XLVIII, 17, 18. — Voir *Swaen*.

MATHIEU. — Présente avec M. Brachet une note sur un scopéloscope, XLIX, 263; avis de M. Melsens, XLIX, 312.

MATHIEU (Ad.). — Membre de la Commission pour le programme de concours de la Classe des lettres, XXI, 36.

Les Vieux, poésie, XXI, 64, 491.

Communication d'une lettre de Charles-Quint, XXII, 545.

A S. A. R. le comte de Flandre, poésie, XXIII, 600.

Commissaire pour le projet d'inscription de la statue de Baudouin de Constantinople, XXIV, 373; XXV, 226; lecture de son rapport, XXIV, 488.

Membre de la Commission pour la publication des œuvres des grands écrivains en remplacement de M. de Saint-Genois décédé, XXIV, 487.

Commissaire pour le mémoire de concours de 1868 sur Jean Lemaire de Belges, XXV, 141; rapport, XXV, 501.

Les Vieilles, poésie, XXVI, 410.

Membre du jury pour le concours des cantates de 1869, XXVII, 346.

Lecture d'une poésie : *Gloire, Amour, Charité*, XXIX, 436, 632.

Don d'ouvrages, XXIII, 711; XXVII, 463; XXIX, 34, 386; XXX, 135, 487, 334.

Sa mort, XLII, 184.

Discours à ses funérailles par M. Wauters, XLII, 186.

MATHIEU (Émile). — Second prix du grand concours de composition musicale de 1869, XXVIII, 260, 302; exécution de sa cantate : *La dernière nuit de Faust*, XXX, 145, 177.

Second prix du grand concours de composition musicale de 1871, XXXII, 122, 138; exécution de sa cantate : *Le songe de Christophe Colomb*, XXXIV, 238.

MATIVA. — Don d'ouvrage, XLVII, 3.

MATTEUCCI (Charles). — Sa mort, XXVI, 2.

MATTEUCCI (Félix). — Don d'ouvrage, XLII, 239.

MAURY (Matthew). — Don d'ouvrage, XXXIII, 299.
Sa mort, XXXV, 186.

MAUS. — Discours prononcé aux funérailles de M. Ad. Devaux, XXI, 306.
Remplace M. Melsens comme membre du jury chargé de juger la 4e période du concours quinquennal des sciences mathématiques et physiques, XXVII, 2; membre du jury pour la 5e période, XXXVII, 2.
Commissaire pour une notice de M. Rottier sur la conservation du bois, XXVII, 129.
Membre du jury pour le premier concours du prix Guinard, XXXIII, 511.
Membre de la Commission pour les paratonnerres, XXXIV, 401.
Commissaire pour un travail de M. Boussinesq sur les massifs pulvérulents, XXXVII, 802; rapport, XXXIX, 71.
Commissaire pour le supplément de ce travail, XLI, 735; rapport, XLII, 243.
Membre de la Commission spéciale des finances de la Classe des sciences pour 1875, XXXVIII, 653; pour 1876, XLI, 225; pour 1877, XLII, 829; pour 1878, XLIV, 666; pour 1879, XLVI, 856; pour 1880, XLVIII, 587; pour 1881, L, 297.
Membre de la Commission pour le costume officiel des académiciens, XXXIX, 780.
Directeur de la Classe des sciences pour 1878, XLI, 5.
Discours sur les travaux des membres de la Classe des sciences pendant l'année 1876, XLII, 993.
Membre de la Commission pour l'installation de l'Académie dans son nouveau local, XLIII, 715.
Discours sur l'utilité pratique des sciences mathématiques, physiques et naturelles, XLIV, 868.
Commissaire pour un travail de M. Hoffmann sur la chambre claire, XLV, 563; rapport, XLV, 745.
Commissaire pour un travail de M. Ziembinski sur des appareils avertisseurs d'incendie, XLVI, 4
Commissaire pour une note de M. Delaey sur un appareil de générateurs de machines à vapeur, XLVI, 177.
Commissaire pour une notice de M. Delarge relative au téléphone, XLVI, 319; rapport, XLVII, 16.
Rapport sur un compteur à secondes pour les moteurs par M. Gérard, XLVII, 21.
Commissaire pour une demande de l'Institution des ingénieurs-mécaniciens de Londres relative à des expériences de mécanique pratique, XLVII, 307; rapport, XLVII, 489.
Donne connaissance de la décision de la Commission pour les paratonnerres à l'égard du système Melsens, XLVII, 440.

MAYER (J.-R.). — Élu associé de la Classe des sciences, XXXVIII, 847; remerciments, XXXIX, 2.

MAYEVSKI (le général). — Présente un mémoire sur les pressions des gaz de la poudre dans l'âme des bouches à feu, XXVI, 250; rapports de MM. Liagre, Brialmont et Melsens, XXVI, 381, 382, 383.

MEDICI (Ulderigo). — Don d'ouvrages, XLIII, 704.

MEERENS (Ch.). — Présente un travail intitulé : *Le diapason et la notation musicale simplifiée*, XXXI, 456; rapports de MM. Soubre, de Burbure et Bosselet, XXXII, 194; rapports de MM. Liagre et De Tilly sur la même note, XXXIII, 303, 307.
Don d'ouvrage, XLIII, 222.

MÉHAY. — Rapports verbaux de MM. Catalan et Gilbert sur sa note concernant le calcul infinitésimal, XXIX, 75.
Présente un travail sur la chaleur universelle, XXIX, 447; rapport verbal de M. Melsens, XXIX, 668.

MEISSONIER (J.-L.-E.) — Élu associé de la Classe des beaux-arts, XXVII, 117.

MELLERY (X.). — Mention honorable au grand concours de peinture de 1867, XXIV, 269.

Lauréat du grand concours de peinture de 1870, XXX, 154, 177; pension de voyage, XXXI, 22.
Lauréat de la Classe des beaux-arts en 1873 pour son carton : *Les travaux de la metallurgie*, XXXIV, 221, 237; envoie une reproduction photographique de ce carton, XXXV, 439.

Melsens (L.). — Commissaire pour une note de M. Glaser sur l'aniline, XXI, 75.
Commissaire pour un travail de M. Ladenburg sur l'acide anisique, XXI, 75.
Commissaire pour un travail de M. Henry sur l'histoire du chrome, XXI, 75.
Commissaire pour une note de M. Swarts sur les dérivés bromés du camphre, XXI, 195.
Commissaire pour un travail de MM. Ladenburg et Fitz sur l'acide paraoxybenzoïque, XXI, 263.
Communications sur la levûre de bière, XXI, 567; XXII, 113; XXIV, 17; XXV, 9; XXX, 28; XXXI, 37.
Note sur l'action mutuelle des éléments des sels solubles comparés aux phénomènes que ces corps produisent dans l'économie animale, XXII, 13.
Commissaire pour un travail de M. Glaser sur l'acide cinnamique, XXII, 260.
Commissaire pour un travail de M. Le Boulengé intitulé : *Etudes de balistique expérimentale*, XXIII, 368; rapport, XXIII, 695.
Commissaire pour un travail de M. Körner sur l'acide anisique, XXIV, 3; rapport, XXIV, 107.
Commissaire pour un travail de M. Husson sur l'action des silicates alcalins sur l'économie animale, XXIV, 3; rapport, XXIV, 107.
Commissaire pour une note de M. Swarts sur les substances saturées, XXV, 72.
Commissaire pour l'aérolithe de Sielce, XXV, 282.
Présente un mémoire sur le coup de foudre de la gare d'Anvers du 10 juillet 1865, XXVI, 250; lecture des rapports de MM. Gloesener, Ern. Quetelet et Montigny, XXVII, 491; nouvelle rédaction, XXXIX, 445; lecture des rapports des mêmes, XXXIX, 780.
Présente un travail sur le passage des projectiles à travers les milieux résistants, XXVI, 250; communication à ce sujet, XXVI, 452.
Commissaire pour une note de M. Stévart sur la variation de hauteur du son lorsque le corps sonore se meut, XXVI, 250.
Commissaire pour un mémoire de M. Mayevski sur les pressions des gaz de la poudre dans l'âme des bouches à feu, XXVI, 250.
Membre du jury chargé de juger la 4e période du concours quinquennal des sciences mathématiques et physiques, XXVI, 430; remplacé par M. Maus, XXVII, 2.
Commissaire pour une notice de M. Rottier sur la conservation du bois, XXVII, 129.
Commissaire pour un travail de M. Navez sur un nouveau système de chronométrie électro-balistique, XXVII, 278.
Commissaire pour une note de M. Robin sur la prévision de la couleur des composés minéraux, XXVII, 363; lecture de son rapport, XXVII, 627.
Communication verbale sur les résultats du tir de projectiles de la plupart des métaux, XXVIII, 30.
Commissaire pour une notice de MM. Lucien de Koninck et Marquart sur la Bryonicine, XXIX, 64.
Commissaire pour la rectification de MM. Lucien de Koninck et Marquart à leur notice sur la Bryonicine, XXXII, 236; rapport, XXXIII, 5.
Commissaire pour un travail de M. Méhay sur la chaleur universelle, XXIX, 447; rapport verbal, XXIX, 668.
Sur les forces élastiques des gaz liquéfiables, XXIX, 702.
Commissaire pour une note de M. Lucien de Koninck sur les acides

phlorétique et sulfo-hydrocinnamique, XXX, 3.
Communication sur le vaccin, XXX, 28.
Commissaire pour une note de M. Guyot sur le sélénium, XXX, 283.
Sur le passage de l'iodate de potassium par l'économie animale, XXXI, 57, 138.
Sur les explosions des chaudières à vapeur, XXXI, 123.
Lecture d'une note historique sur Van Helmont, XXXI, 238.
Présente une notice historique sur Van Helmont, XXXVI, 115; nouvelle rédaction, XXXVIII, 292; lecture des rapports de MM. Stas, de Koninck et Donny, XXXVIII. 407.
Présente une deuxième note historique sur Van Helmont, XLI, 225; lecture des rapports de MM. Stas, de Koninck et Donny, XLI, 151.
Communication verbale sur la conservation de la viande à l'air libre, XXXI, 238.
Commissaire pour une notice de M. Lucien de Koninck sur les minéraux belges : *La bornite*, XXXII, 155; rapport, XXXII, 247.
Commissaire pour une notice de M. Swarts sur les dérivés par addition de l'acide itaconique et des isomères, XXXII, 335; rapport, XXXIII, 13.
Lecture de son billet cacheté déposé le 26 novembre 1871, XXXII, 351.
Commissaire pour une note de MM. Lucien de Koninck et Marquart intitulée : *De l'action du perchlorure de phosphore sur la nitronaphtaline*, XXXIII, 3; rapport, XXXIII, 104.
Commissaire pour une 3e notice de MM. Lucien de Koninck et Davreux sur les minéraux belges, XXXIII, 92
Rapport sur un mémoire de M. Havrez concernant l'absorption des sels métalliques par la laine mordancée, XXXIII, 173.
Présente une note sur la température de l'espace, XXXIII, 339.
Commissaire pour le mémoire de concours de 1872 sur la température de l'espace, XXXIV, 141; rapport, XXXIV, 561.
Lecture d'une partie de son travail sur l'anhydride sulfureux et le chlorure de sulfuryle, XXXIV, 148.
Présente une note sur la préparation du chlorure de sulfuryle et le point d'ébullition et la tension de vapeur de l'anhydride sulfureux à 100° C., XXXIV, 244; lecture des rapports de MM. Stas, de Koninck et Donny, XXXIV, 448.
Membre de la Commission pour les paratonnerres, XXXIV, 401.
Communication verbale sur la liquéfaction des gaz absorbés par le charbon, XXXV, 224.
Sur les boissons alcooliques portées à des températures très-basses et sur le refroidissement et la congélation des vins ordinaires ou mousseux, XXXV, 224, 468, 685.
Commissaire pour une note de M. Bischopinck sur les acétonitriles chlorés, XXXV, 352.
Commissaire pour une note de M. Swarts sur les acides pyrocitriques, XXXV, 643.
Commissaire pour une note de M. W. Spring sur les composés oxygénés du soufre, XXXV, 643.
Sur la congélation des liquides alcooliques, XXXVI, 148.
Commissaire pour diverses notes de chimie de M. De Wilde, XXXVI, 451.
Commissaire pour une note de M. Dubois sur les camphres, XXXVII, 160.
Sur l'importance des gisements de phosphate de chaux des environs de Ciply (Hainaut), XXXVIII, 23; rectification à cette notice, XXXVIII, 442.
Sur la conservation du virus vaccin, XXXVIII, 53.
Sur les charbons décolorants, leur production artificielle et la revivification des noirs employés dans l'industrie, XXXVIII, 58.
Commissaire pour le mémoire de concours de 1874 sur la température de l'espace et sur la chaleur spécifique absolue des corps simples et des corps composés, XXXVIII, 295; lec-

ture de son rapport, XXXVIII, 718.
Notes sur les paratonnerres, XXXVIII, 320. 423.
Quatrième note sur les paratonnerres, XXXIX, 831.
Cinquième note sur les paratonnerres, XLVI, 43; lettre de M. Du Moncel relative à cette note, XLVI, 381; appendice à cette note par M. Melsens, XLVI, 382.
Résolution de la Commission pour les paratonnerres au sujet de son système, XLVII, 440.
Commissaire pour une note de M. Rottier sur la conservation des bois au moyen de sels de cuivre, XXXVIII, 406; rapport XXXVIII, 562.
Commissaire pour une note de M. Petermann sur les gisements de phosphates en Belgique, XXXVIII, 652; rapport, XXXIX, 12.
Commissaire pour une note de M. E. Simon sur l'acide humique naturel, XXXVIII, 652; rapport, XXXIX, 85.
Rapport sur une note de M. Petermann sur la présence du cuivre dans le genièvre, les vinasses et les fumiers, XXXIX, 84.
Réserves au sujet de la motion de M. Alvin sur les dangers du laboratoire de chimie de l'École industrielle de Bruelles, XL, 666.
Commissaire pour un travail de M. Bruylants sur les résines, XLI, 224; XLII, 4; rapports, XLI, 451; XLII, 252.
Commissaire pour un travail de M. Dubois sur le chlorure de sulfuryle, XLI, 735; rapport, XLII, 14.
Rapport sur un travail de MM. Spring et Lévy sur les acides tétra- et trithioniques, XLII, 13.
Commissaire pour une note de M. Pérard sur le développement du magnétisme induit par la terre dans le fer laminé nerveux, XLII, 665; rapport, XLII, 844.
Commissaire pour un travail de M. Petermann sur les graines originaires des hautes latitudes, XLII, 829; rapport, XLIII, 73.
Commissaire pour un travail de M. Chevron concernant l'action de l'acide azotique sur l'éthylène et du peroxyde d'azote sur l'acétylène, XLIII, 4; rapport, XLIII, 80.
Commissaire pour une lettre de M. Brachet sur des lames de verre rendues fluorescentes, XLIII, 233; remplacé par M. Duprez, XLIII, 330.
Lauréat de l'Institut (Prix Monthyon), XLIII, 458.
De l'application du rhé-électromètre aux paratonnerres des télégraphes, XLIII, 481.
Commissaire pour un travail de M. Fredericq sur la coagulation du sang, XLIII, 714; rapport, XLIV, 12.
Commissaire pour le mémoire de concours de 1877 concernant les substances albuminoïdes, XLIV, 119; rapport, XLIV, 667.
Commissaire pour un travail de M. Baraquin sur des innovations industrielles, XLIV, 317.
Commissaire pour une note de M. Brachet sur un vernis fluorescent applicable sur verre, XLIV, 317; lecture de son rapport, XLIV, 456.
Commissaire pour une note de M. Lucien de Koninck sur la Kaolinite de Quenast et du terrain houiller, XLIV, 317; rapport, XLIV, 691.
Commissaire pour un travail de M. Motteu sur l'histoire du sucre (saccharose), XLIV, 318; rapport, XLIV, 319.
Commissaire pour une note de M. Plön sur le mouvement vertical de l'aérostat, XLIV, 655.
Note sur son ouvrage concernant le paratonnerre de l'hôtel de ville de Bruxelles, XLIV, 655, 662, 817, 844.
Lauréat du second concours du prix Guinard pour ses travaux sur l'iodure de potassium, XLV, 361.
Rapports sur différentes notes de MM. Navez, père et fils, et Du Moncel, sur la théorie du téléphone, XLV, 79, 390, 577; rapport sur les seconde et troisième lettres de M. Du Moncel, avec réponse de M. Navez sur la question de la théorie du téléphone, XLVI, 14.

Lecture d'une note à l'appui de la présentation de l'ouvrage de M. Hirn sur la musique et l'acoustique, XLV, 363.
Commissaire pour un travail de MM Spring et Durand sur la constitution des composés oxygénés de l'azote, XLV, 728; rapport, XLVI, 13.
Commissaire pour un travail de M. L Fredericq sur la digestion des albuminoïdes chez quelques invertébrés, XLVI, 3.
Commissaire pour une notice de M. Ziembinski sur des appareils avertisseurs d'incendie, XLVI, 4.
Commissaire pour une note de M. Gérard sur quatre appareils enregistreurs, XLVI, 4; rapport, XLVI, 323.
Commissaire pour une notice de M. Delarge sur le téléphone, XLVI, 319.
Commissaire pour une lettre de M. Laminne sur une météorite tombée à Tongres le 24 juillet 1878, XLVI, 319.
Commissaire pour un travail de M. Theunis : 1° Sur le dosage des matières tannantes, et 2° sur une méthode d'analyse pour le dosage d'un mélange, XLVI, 585.
Commissaire pour une notice de M. Monier sur une opale hydrophane, XLVI, 585.
Commissaire pour une notice de M. Hoorweg sur l'éclairage électrique, XLVI, 855.
Commissaire pour une notice de M. Gérard sur quelques faits se reliant aux recherches sur la division de la lumière électrique, XLVI, 855.
Demande l'ouverture d'un billet cacheté déposé en 1858 par M. de Changy, XLVI, 584.
Rapport sur un travail de M. Delarge sur le téléphone, XLVII, 21.
Rapport sur un travail de M. Chevron sur les superphosphates, XLVII, 29.
Commissaire pour un travail de M. Boeckl sur un procédé nouveau pour prendre l'empreinte des cachets et des médailles, XLVII, 306; lecture de son rapport, XLVII, 744.
Commissaire pour un travail de M. Bruylants intitulé : *Méthode de préparation des acides iodhydrique et bromohydrique*, XLVII, 489; rapport, XLVII, 745.
Commissaire pour une note de M. Brachet sur un microscope dioptrique, XLVII, 744.
Sur les mines de houille dans lesquelles on constate la présence du grisou, XLVII, 502.
Commissaire pour une note de M. Brachet sur la lumière du gaz et sur un microscope, XLVIII, 3, 95, 340; rapport, XLVIII, 17, 103, 342.
Commissaire pour une note du même sur un dermatoscope, XLVIII, 587.
Commissaire pour une notice de M. Jorissen sur l'emploi du chlorure de zinc comme réactif, etc., XLVIII, 195; lecture de son rapport, XLVIII, 342.
Commissaire pour une notice du même sur les réactions nouvelles, etc., XLVIII, 340; rapport, XLVIII, 459.
Commissaire pour un travail de M. De Locht sur son pantéléphone, XLVIII, 341; rapport, L, 3.
Commissaire pour une notice de M. Gérard sur une plume électrique, un microphone et un téléphone, XLVIII, 443; lecture de son rapport, XLVIII, 600.
Rapport verbal sur un travail de M. Petermann concernant les grains du Lychnis Githago, XLVIII, 403.
Commissaire pour une note de MM. Mathieu et Brachet sur un scopélescope, XLIX, 263; avis, XLIX, 312.
Officier de l'ordre de Léopold, XLIX, 613.
Commissaire pour le mémoire de concours de 1880, sur les propriétés physiques et chimiques des corps simples et composés, L, 78; rapport, L, 371.
Rapport sur une note de M. Chevron sur la présence de l'acide phospho-

rique dans l'urine des vaches, L, 81.
Don d'ouvrages, XXXIII, 92; XXXIV, 139; XLIV, 655, 817, 844.

Menabrea (Le comte L.). — Élu associé de la Classe des sciences, XXXVIII, 847; remerciments, XXXIX, 2.
Don d'ouvrage, XXXIX, 360.

Menant. — Don d'ouvrage, XLV, 299.

Mercadente (S.). — Sa mort, XXXI, 21.

Merchie. — Don d'ouvrage, XLI, 1152.

Meugy. — Don d'ouvrages, XLII, 460; XLVI, 854.

Meunier (Stanilas). — Sur la pierre météorique tombée à Saint-Denis-Westrem, près de Gand, le 7 juin 1855, XXIX, 63, 240; rapport de M. Duprez, XXIX, 161.
Don d'ouvrage, XXXVIII, 555.

Meynne (Fr.). — Membre du jury chargé de juger le grand concours de composition musicale de 1877, XLIV, 110; idem pour 1879, XLVIII, 260.

Michaels (Clément). — Lauréat du concours des cantates françaises en 1867 pour son poëme : *Jeanne d'Arc*, XXIV, 268.
Lauréat du même concours en 1871, pour son poëme : *Le Songe de Colomb*, XXXII, 138.
Lauréat du même concours en 1877, pour son poëme : *Samson et Dalila*, XLIV, 109, 293.

Michel. — Envoi de ses observations des phénomènes périodiques observés à Ostende en 1865, XXI, 3; en 1866, XXIII, 59; en 1867, XXV, 71; en 1868, XXVII, 127; en 1869, XXIX, 63; en 1870, XXXI, 2; jusqu'en 1873, XXXVI, 114; remerciments de la Classe des sciences pour ses observations, XXXVI, 114.

Michiels (Alfred). — Réclamation de priorité pour la découverte des noms des peintres Francken et De Vriendt sur le tableau *L'Adoration des Mages*, acquis par le Musée, XLIX, 280, 594; réponse de M. Fétis, XLIX, 597.

Mill (J. Stuart). — Élu associé de la Classe des lettres, XXIX, 638; remerciments, XXIX, 704.
Sa mort, XXXV, 541.

Miller (W.-H.). — Don d'ouvrages, XXXIII, 491.

Miller Hauenfels. — Don d'ouvrage, L, 255.

Ministre de la Guerre. — Lettre au sujet d'une nouvelle édition de la carte géologique de la Belgique de Dumont, XL, 898.
Don d'ouvrages, XXII, 69; XXIV, 435; XXV, 178; XXVIII, 125, 526; XXIX, 662; XXX, 2; XXXII, 2; XXXIV, 523; XXXVI, 297, XLI, 911; XLVI, 854; L, 74, 153, 254, 332.

Ministre de la Justice. — Don d'ouvrages, XXV, 318; XXVI, 320; XXVII, 49; XXVIII, 347, 571; XXIX, 34, 498; XXXI, 181; XXXII, 21, 183; XXXIII, 429; XXXIV, 431; XXXV, 51, 794; XXXVI, 83, 376, 571; XXXVII, 289, 600; XXXVIII, 368, 655; XXXIX, 662; XL, 35, 340; XLII, 792; XLIII, 611; XLV, 518, 647; XLVI, 593, 772; XLVII, 108, 236; XLVIII, 168, 365; XLIX, 408; L, 272.

Ministre de l'Instruction publique a Bruxelles. — Don d'ouvrages, XLVIII, 547; XLIX, 680; L, 312.

Ministre de l'Instruction publique de France. — Don d'ouvrages, XLIV, 344.

Ministre de l'Intérieur. — Demande relative à la publication en langue flamande de la Biographie nationale, XXXIV, 54.
Annonce qu'un crédit extraordinaire annuel sera dorénavant accordé pour les impressions, XXXIX, 442.
Don d'un exemplaire des médailles de l'inauguration de la statue de Léopold Ier à Anvers, de la visite de la Famille royale à Anvers, lors de la démolition de la citadelle Sud et du mariage de la princesse Louise avec le duc Philippe de Saxe, XL, 892.
Soumet un projet d'arrêté relatif aux copies des œuvres d'art par les lauréats des grands concours dits de Rome, XL, 405.
Demande l'avis de l'Académie sur les changements à apporter aux concours triennaux de littérature dramatique en langue française et en langue fla-

mande, XL, 577; rapport, XL, 813.
Demande l'avis de la Classe des beaux-arts sur le programme du concours des cantates, XL, 891.
Lettre relative au projet d'un établissement belge à Rome pour les lauréats des grands concours, XLII, 637.
Don d'un exemplaire de la médaille frappée à Bayreuth à l'occasion de la représentation des œuvres de R. Wagner, XLIII, 440.
Demande l'avis de l'Académie sur une inscription destinée à la façade du Conservatoire royal de Bruxelles, XLIII, 33, 39.
Commande le buste de Mercator pour les salles académiques, XLIII, 230, 397; don de ce buste, XLVI, 854.
Don d'un exemplaire de la médaille commémorative du 50e anniversaire du Conservatoire de Liége, XLIV, 249.
Demande que la Classe des beaux-arts s'occupe d'un programme d'études à suivre par les lauréats des grands concours de gravure, XLIV, 444.
Discours lors de l'installation des Académies dans leur Palais, XLIV, 869; toast aux deux Académies lors du banquet d'installation, XLIV, 887.
Consulte l'Académie à propos des réclamations qui lui ont été adressées par les lauréats des grands concours du Gouvernement, XLVI, 138; réponse de la Classe des beaux-arts, XLVI, 267.
Demande la liste des objets d'art à copier par les lauréats des grands concours dans leurs voyages à l'étranger, XLVI, 266, 933.
Demande l'avis de la Classe des beaux-arts sur une lettre de l'Académie d'Anvers relative au lauréat Cuypers, XLVI, 266.
Demande l'avis de l'Académie au sujet de la Station zoologique de M. Dohrn, à Naples, XLVII, 306; lecture du rapport de la Commission, XLVII, 744.
Demande l'avis de l'Académie sur un procédé inventé par M. Roeckl pour prendre l'empreinte des cachets et des médailles, XLVII, 306; lecture du rapport de MM. Stas et Melsens, XLVII, 744.
Demande que l'Académie lui soumette des propositions pour la publication d'une collection des œuvres des anciens musiciens belges, XLVII, 910.
Demande relative à l'état des travaux de la Commission pour la publication des anciens monuments de la littérature flamande, XLVIII, 168.
Envoie des documents sur les fondations littéraires à l'étranger, XLIX, 268.
Consulte l'Académie sur l'adoption de la gravure à l'eau-forte pour les portraits de l'*Annuaire*, L, 66.
Don d'ouvrages, XXI, 2, 34, 74, 238, 296, 526, 559; XXII, 106, 157, 260, 452, 539; XXIII, 50, 188, 299, 366, 417, 482, 652, 686, 715; XXIV, 102, 197, 372; XXV, 70, 139, 178, 225, 318; XXVI, 134, 247, 319, 387, 421; XXVII, 127, 163, 184, 194, 235, 246, 312, 316, 362, 420, 596, 715, 741; XXVIII, 125, 138, 260, 287, 317, 347, 526, 583; XXIX, 2, 34, 38, 62, 131, 148, 158, 324, 385, 437, 498, 662, 705; XXX, 72, 82, 134, 144, 178, 186, 326, 415, 419; XXXI, 2, 30, 110, 198, 375, 570; XXXII, 20, 78, 124, 153, 320, 354, 360, 367; XXXIII, 53, 81, 159, 227, 298, 333, 420, 490, 511, 584; XXXIV, 2, 55, 138, 176, 220, 241, 332, 399, 431, 434, 559; XXXV, 51, 90, 187, 229, 350, 359, 439, 542, 624, 642, 794; XXXVI, 2, 83, 104, 115, 243, 375, 432, 450, 571, 588; XXXVII, 116, 158, 269, 289, 459, 482, 599, 798, 844; XXXVIII, 2, 282, 291, 368, 403, 507, 554, 613, 713; XXXIX, 3, 44, 55, 246, 333, 346, 400, 442, 662, 952; XL, 2, 50, 147, 268, 349, 578; XLI, 2, 138, 171, 222, 354, 394, 681, 866, 1073, 1135, 1150, 1326, 1339; XLII, 2, 185, 397, 457, 626, 663, 918; XLIII, 2, 201, 230, 302, 307, 318, 374, 439, 458, 611, 714, 747; XLIV, 2, 104, 118, 240, 258, 314, 400, 444, 454, 816; XLV, 70, 107, 146, 358, 362, 518, 553, 647, 726, 817; XLVI, 125, 174, 250, 287, 316, 503, 582, 771, 828, 854, 969; XLVII, 108, 212, 226, 236, 297, 442, 486, 571, 728,

742, 829; XLVIII, 2, 70, 168, 260, 338, 364, 442, 546, 691, 721; XLIX, 2, 23, 57, 82, 128, 146, 221, 260, 306, 407, 593, 614, 679, 688; L, 2, 34, 65, 74, 123, 136, 150, 152, 181, 236, 254, 311.

MINISTRE DES AFFAIRES ÉTRANGÈRES. — Don d'ouvrage, L, 153.

MINISTRE DES FINANCES. — Don d'ouvrage, XXXIV, 332.

MINISTRE DES TRAVAUX PUBLICS. — Don d'ouvrages, XXV, 178; XLVII, 307.

Annonce que le Gouvernement a adopté la proposition de l'Académie pour un Palais des beaux-arts, XXXIV, 435.

Communique les plans de cet édifice, XXXV, 624.

Toast au banquet d'installation des deux Académies, XLIV, 891.

Consulte l'Académie sur la question du daltonisme, XLV, 2; rapports de MM. Schwann, Éd. Van Beneden, Delbœuf et Spring, XLV, 74, 302.

Lettre relative aux expériences de M. Delarge sur le téléphone, XLVII, 178.

Don d'ouvrage, XLVII, 307.

MITTERMAIER. — Sa mort, XXIV, 371.

MOELLER. — Don d'ouvrage, XLVII, 488.

MOKE. — Son buste, XXXI, 36.

MOLÉON (J.-G.-V. DE). — Sa mort, XXVII, 311.

MOMMSEN (Th.). — Élu associé de la Classe des lettres, XXI, 450.

MONCKHOVEN (VAN). — Sur la reproduction photographique des spectres ultra-violets des gaz, XLIII, 4, 187; rapports de MM. Donny, Van der Mensbrugghe et Montigny, XLIII, 80, 82, 83.

MONE (F.-J.). — Sa mort, XXXI, 180.

MONIER (Em.). — Présente une note sur une opale hydrophane et silice hydratée transparente, XLVI, 585; rapport de M. Stas, XLVI, 944.

MONNIER. — Don d'ouvrage, XLIII, 748.

MONT (Pol. DE). — Lauréat de la 6e période du concours quinquennal de littérature flamande, L, 181, 449.

MONTALEMBERT (le comte Ch. DE). — Sa mort, XXIX, 388.

MONTET (DE). — Don d'ouvrage, XLIX, 26.

MONTEVERDE. — Élu associé de la Classe des beaux-arts, XXXVII, 152; remerciments, XXXVII, 237.

MONTIGNY (Ch.). — Billet cacheté déposé dans la séance du 3 mars 1866, XXI, 194.

Présente un travail sur la corrélation entre le pouvoir réfringent et le pouvoir calorifique de diverses substances, XXII, 107.

Présente un travail sur des mesures d'altitudes barométriques, XXII, 260.

Bolide observé à Anvers le 17 novembre 1866, XXII, 478.

Mesures d'altitudes barométriques prises à la tour de la cathédrale d'Anvers par des vents de directions et d'altitudes différentes, XXIII, 125; XXXIV, 357; XXXV, 646; rapports de MM. Duprez et Quetelet, XXIII, 74.

Sur le pouvoir dispersif de l'air, XXIV, 436, 523; rapport de M. J. Plateau, XXIV, 508.

Élu membre de la Classe des sciences, XXIV, 560; remerciments, XXV, 2; approbation royale de son élection, XXV, 70.

Commissaire pour un mémoire de M. P. Havrez sur les lois de la filtration, XXV, 180.

Commissaire pour une note de M. Gérard sur un système d'horloge électrique, XXV, 463.

Sur la scintillation des étoiles, XXV, 631.

Commissaire pour les 9e, 10e et 11e séries du mémoire de M. Plateau sur les figures d'équilibre, XXVI, 249; lecture de son rapport, XXVI, 380.

Commissaire pour un travail de M. Melsens sur le coup de foudre de la gare d'Anvers du 10 juillet 1865, XXVI, 250; lecture de son rapport, XXVII, 191; commissaire pour la nouvelle rédaction de ce mémoire, XXXIX, 445; lecture de son rapport, XXXIX, 780.

Commissaire pour une note de M. Stévart sur la variation de hau-

teur du son lorsque le corps sonore se meut, XXVI, 250.
Commissaire pour un mémoire de M. Van der Mensbrugghe sur la tension superficielle des liquides, XXVII, 615; idem pour le second mémoire du même, XXXV, 188.
Sur des phénomènes de coloration des bords du disque solaire près de l'horizon, XXVIII, 425.
Sur la séparation des trajectoires décrites dans l'atmosphère par des rayons de même origine sidérale, mais de réfrangibilité différente, et sur les effets de cette séparation à l'égard de la scintillation. XXIX, 80.
Sur la scintillation et sur son intensité pendant l'aurore boréale observée à Bruxelles le 5 avril 1870, XXIX, 455.
Commissaire pour le mémoire de concours de 1870 concernant les procédés suivis pour déterminer les éléments du magnétisme terrestre, XXIX, 663; XXX, 84; rapport, XXX, 436.
Commissaire pour une note de M. Daussin sur un appareil télégraphique nouveau, XXXI, 3.
Commissaire pour une note de M. Terby sur les taches de la planète Mars, XXXI, 55; rapport, XXXI, 111.
Commissaire pour une note du même sur les taches de la planète Mars, XXXII, 3; rapport, XXXII, 41.
Sur la production successive d'éclairs identiques, aux mêmes lieux de l'atmosphère pendant l'orage du 2 juillet 1871, XXXII. 54.
Commissaire pour un mémoire de M. Mailly intitulé : *Tableau de l'astronomie dans l'hémisphère austral et dans l'Inde*, XXXIII, 171.
Commissaire pour une note de M. Melsens sur la température de l'espace, XXXIII, 359.
Commissaire pour une note de M. Terby sur l'aspect de la planète Jupiter pendant l'opposition de 1872, XXXIV, 140.
Commissaire pour le mémoire de concours de 1872 sur la température de l'espace, XXXIV, 141; rapport, XXXIV, 591.
Commissaire pour une note de M. Tarry sur la prédiction et le mouvement des tempêtes, XXXIV, 243.
Commissaire pour une note de M. Brachet sur un nouveau réfracteur binoculaire, XXXIV, 244; rapport verbal, XXXIV, 404.
Membre de la Commission pour les paratonnerres. XXXIV, 491.
Commissaire pour une note de M. Brachet sur un monoculaire astronomique, XXXV, 91; rapport verbal, XXXV, 354.
Commissaire pour le mémoire de concours de 1873 sur les relations de la chaleur avec le développement des végétaux phanérogames, XXXV, 644; rapport. XXXVI, 630.
Commissaire pour une note de M. Nouille sur un oiseau mécanique, XXXVI, 116; rapport verbal, XXXVI, 365.
Commissaire pour une note de M. Verstraete sur le phénomène de la vue, XXXVI, 116; lecture de son rapport, XXXVI. 365.
La direction absolue du vent est souvent oblique à l'horizon, XXXVI, 475.
Membre du jury chargé de juger la 5e période du concours quinquennal des sciences mathématiques et physiques. XXXVII, 2.
La fréquence des variations de couleur des étoiles dans la scintillation est généralement en rapport avec la constitution de leur lumière d'après l'analyse spectrale, XXXVII, 165.
Commissaire pour un mémoire de M. Rodenbach sur la métrologie, XXXVII, 484.
Proposition d'élever un monument à M. Ad. Quetelet, XXXVII, 779; membre du Comité pour ce monument, XL, 666, 814, 895.
Commissaire pour un mémoire de M. Daussin sur un moteur électromagnétique. XXXVIII, 293; rapport verbal, XXXIX, 84 bis.
Commissaire pour le mémoire de con-

cours de 1874 sur la température de l'espace et sur la chaleur spécifique absolue des corps simples et des corps composés, XXXVIII, 295; lecture de son rapport, XXXVIII, 718.

Sur la fréquence de la scintillation des étoiles dans ses rapports avec la constitution de leur lumière, d'après l'analyse spectrale, XXXVIII, 300.

Commissaire pour une note de M. W. Spring sur la dilatation et la chaleur spécifique des alliages fusibles, XXXVIII, 405; rapport, XXXIX, 456.

Membre de la Commission spéciale des finances de la Classe des sciences pour 1875, XXXVIII, 653; pour 1876, XLI, 225; pour 1877, XLII, 829; pour 1878, XLIV, 164; pour 1879, XLVI, 856; pour 1880, XLVIII, 587; pour 1881, L, 297.

Commissaire pour le supplément du mémoire de M. E. Quetelet sur la température de l'air à Bruxelles, XXXIX, 56; lecture de son rapport, XXXIX, 257.

Chevalier de l'ordre de Léopold, XXXIX, 768.

Membre de la Commission pour le costume officiel des académiciens, XXXIX, 780.

Sur la différence des pressions que l'air exerce sur les baromètres selon qu'il est en repos ou en mouvement et sur l'estimation des hauteurs dans les ascensions aérostatiques, d'après les mesures barométriques, XXXIX, 814.

Commissaire pour les notes de M. Perrey sur les tremblements de terre en 1872, XL, 52; rapport, XL, 449.

Commissaire pour une note de M. Codron sur un aérostat à voiles et pour une note de M. Wattier sur l'étude de la nature, XL, 52, 53; rapports verbaux, XL, 274.

Commissaire pour un travail de M. D. Leclercq sur des orages qui ont éclaté à Liége en 1874 et en 1875, XL, 271.

Commissaire pour un travail de M. De Heen sur la fusion et la dilatation des métaux, XL, 668; XLI, 735; rapport, XLI, 953.

Commissaire pour un travail de M. W. Spring sur l'électricité statique, XLI, 734; rapport, XLI, 939.

Commissaire pour une note de M. Savez sur l'inertie de la matière, XLI, 735; rapport, XLI, 1155.

Sur la loi de diminution des pressions des couches d'air, etc., XLI, 757.

Commissaire pour l'Uranométrie générale de M. Houzeau, XLI, 911; rapport, XLII, 11.

Commissaire pour un travail de M. W. Spring sur l'écoulement du mercure par des tubes capillaires, XLII, 4; rapport, XLII, 247.

Commissaire pour une note de M. Brachet sur un régulateur électrique, XLII, 4; rapport, XLII, 487.

Recherches sur les variations de la scintillation des étoiles selon l'état de l'atmosphère, 1re partie, XLII, 255, 2e partie, XLVI, 598.

Commissaire pour une note de M. De Heen sur la dilatation des métaux, XLII, 561.

Commissaire pour une note de M. Pérard sur le développement du magnétisme induit par la terre dans le fer laminé nerveux, XLII, 665; rapport, XLII, 840.

Commissaire pour une lettre de M. Deitz sur les aérostats, XLII, 829; rapport verbal, XLIII, 8.

Commissaire pour un travail de M. Van Monckhoven sur la reproduction photographique des spectres ultra-violets des gaz, XLIII, 4; rapport, XLIII, 83.

Commissaire pour une note de M. Brachet sur des lames de verre rendues fluorescentes, XLIII, 233; rapport, XLIII, 479.

Commissaire pour une notice de M. Lancaster sur la périodicité des hivers doux et des étés chauds, XLIII, 325; rapport, XLIII, 479.

Commissaire pour une note de M. Brachet concernant : *a*) un compteur électrique, XLIV, 4; lecture de son rapport, XLIV, 318; *b*) un vernis

fluorescent applicable sur verre, XLIV, 317; lecture de son rapport, XLIV, 456.

Commissaire pour une note de M. Plön sur le mouvement vertical de l'aérostat, XLIV, 686.

Variations d'intensité de la scintillation et changements de couleurs qui caractérisent ce phénomène, XLIV, 694.

Commissaire pour une note de M. De Heen sur la fluidité des liquides, XLV, 71; rapport XLV, 738.

Commissaire pour une notice de M. Van der Mensbrugghe sur l'énergie potentielle des surfaces liquides, XLV, 363.

Commissaire pour une note de M. Hofmann sur la chambre claire, XLV, 563.

Commissaire pour une note de M. Brachet sur des lames de verre rendues fluorescentes par le collodion quininé, XLV, 563; rapport, XLV, 743.

Recherches sur les changements de couleurs qui caractérisent la scintillation des étoiles, etc., XLV, 391.

Rapport sur les innovations industrielles de M. Baraquin, XLV, 14.

Commissaire pour une note de M. Ziembinski sur des appareils enregistreurs d'incendie, XLVI, 4.

Commissaire pour une note de M. Gérard sur quatre appareils enregistreurs, XLVI, 4.

Commissaire pour une notice de M. Delarge sur le téléphone, XLVI, 319; rapport, XLVII, 21.

Commissaire pour une notice de M. Hoorweg sur l'éclairage électrique, XLVI, 855.

Commissaire pour une notice de M. Gérard sur quelques faits se reliant aux recherches sur la divisibilité de la lumière électrique, XLVI, 855.

Commissaire pour une note de M. Gérard sur un microphone porte-voix, XLVI, 855; rapport, XLVII, 181.

De l'influence des aurores boréales sur la scintillation des étoiles, particulièrement pendant les soirées du 5 avril 1870 et du 1er juin 1878, XLVI, 47.

Disposition expérimentale appliquée à l'étude des étoiles colorées, XLVI, 328.

Commissaire pour un travail de M. Van Weddingen sur les aérostats, XLVII, 181, 489; rapports, XLVII, 228, 755.

Commissaire pour une notice de M. Spée sur les spectres des étoiles, XLVII, 227; rapport, XLVII, 320.

Commissaire pour une note de M. Brachet sur un casse-grain en verre argenté, XLVII, 307; lecture de son rapport, XLVII, 490.

La prédominance de la couleur bleue dans les observations de scintillation aux approches et sous l'influence de la pluie, XLVII, 755.

Scintillation de l'étoile principale de γ d'Andromède dans ses rapports avec la couleur de cette étoile, XLVIII, 22.

Sur des arcs-en-ciel surnuméraires XLVIII, 343.

Commissaire pour un travail de M. De Locht sur son pantéléphone, XLVIII, 341; rapport, L, 3.

Commissaire pour une note de M. Gérard sur une plume électrique, etc., XLVIII, 443.

Commissaire pour une note de M. Spée sur la raie dite de l'hélium, XLIX, 148; rapport, XLIX, 312.

Éclairage des mines au moyen de sulfures phosphorescents, XLIX, 320.

Délégué à la fête politique et religieuse du Cinquantenaire belge, XLIX, 614.

Sur la différence des appréciations de la grandeur apparente des images microscopiques par divers observateurs, XLIX, 670.

Commissaire pour une note de M. Brachet sur un nouveau dermatoscope, L, 75; rapport, L, 158.

Commissaire pour deux notes de M. Gérard sur un moteur et une lampe électriques, L, 255; rapport, L, 298.

Commissaire pour une note de M. Van

Weddingen sur le téléphone et le photophone, L, 295.
De l'influence des liquides sur les timbres sonores qui les contiennent ou qui sont immergés dans ces liquides, L. 158.
Sur l'application du diapason à l'étude de la propagation du son et des mouvements vibratoires dans les liquides, L, 300.
Don d'ouvrages, XXI, 263; XXIII, 431; XXXII, 154; XXXVII, 339.

MOREAU (Camille). — Sur la structure de la corde dorsale de l'amphioxus, XXXVIII, 653; XXXIX, 312; rapports de MM Éd. Van Beneden et Schwann, XXXIX, 251, 257.

MOREAU (J.). — Sur le grès landenien, XXIX, 158, 490; rapports de MM, d'Omalius et Dewalque, XXIX, 448, 449.

MOREAU DE JONNÈS (A.). — Sa mort, XXX, 2.

MOREL (Jules). — Demande que l'Académie se fasse représenter au 200e anniversaire à Leide de la découverte des infusoires par Leeuwenhoeck, XL, 268; compte rendu de cet anniversaire par M. P.-J. Van Beneden, XL, 271.

MORREN (Éd.). — Commissaire pour un travail de M. A. Wesmael sur les caractères du genre Populus, XXIV, 436; rapport, XXIV, 506.
Commissaire pour un travail de M. Ledeganck sur la chute automnale des feuilles, XXVI, 389.
Sur la contagion de la panachure (*variegatio*), XXVIII, 434.
Membre de Commission de la Biographie nationale, en remplacement de M. Coemans, décédé, XXXI, 476.
Réélu pour la période de 1872-1878, XXXIV, 142; pour la période de 1878-1884. XLVI, 61.
Élu membre de la Classe des sciences, XXXII, 410; remerciments, XXXIII, 2; approbation royale de son élection, XXXIII, 2, 91.
Présente son rapport sur la botanique pour le Livre commémoratif du jubilé séculaire de l'Académie, XXXIII, 226.
Commissaire pour un mémoire de M. Crépin intitulé : *Prodrome d'une monographie générale des roses*, XXXIII, 493; rapport, XXXIV, 245.
Introduction à l'étude de la nutrition des plantes, XXXIV, 136.
Commissaire pour le mémoire de concours de 1873 sur les relations de la chaleur avec le développement des végétaux phanérogames, XXXV, 644; rapport, XXXVI, 658.
Annonce l'achèvement du *Prodromus systematis naturalis regni vegetabilis*, publié par M. de Candolle, XXXVI, 451.
Les relations entre la chaleur et la végétation, spécialement au point de vue de l'intervention dynamique de la chaleur dans la physiologie des plantes, 1re note, XXXVI, 742; 2e note, XXXVII, 424
Note sur son ouvrage : *La Clusia*, XXXVII, 159.
Commissaire pour un travail de M. Gilkinet sur les pyrénomycètes, XXXVII, 270; rapport, XXXVII, 334.
Commissaire pour le mémoire de concours de 1874 sur le polymorphisme des champignons, XXXVIII, 296; rapport, XXXVIII, 653, 719.
Commissaire pour les diagnoses de cucurbitacées nouvelles, par M. Cogniaux, XXXIX, 445; rapport, XXXIX, 805.
Commissaire pour la nouvelle rédaction du mémoire de M. Cogniaux sur les cucurbitacées nouvelles, XL, 52; XLII, 240; rapports, XL, 273; XLII, 482.
Chevalier de l'ordre de Léopold, XXXIX, 768.
Sur les procédés insecticides des Pinguicula, XXXIX, 870.
La structure et les procédés insecticides du Drosera rotundifolia, L., XL, 6; du Drosera binata, Labill, XL, 525.
La théorie des plantes carnivores, XL, 1040.
Commissaire pour un travail de M. J. Chalon sur la cellule végétale, XLII, 241, 458.

Sur le rôle des ferments dans la nutrition des plantes, XLII, 489, 676, 1019.

Commissaire pour un travail de M Petermann sur les graines originaires des hautes latitudes, XLII, 829; rapport, XLIII, 72.

Délégué au Congrès international des botanistes à Amsterdam, en 1877, XLIII, 318.

Commissaire pour le mémoire de concours de 1877, intitulé : *Prodrome d'une monographie des Laminariacées*, XLIV, 120; rapport, XLIV. 675.

Commissaire pour un travail de M Petermann sur les gisements de phosphates en Belgique (2e note), XLV, 3; rapport, XLV, 75.

Commissaire pour les deux mémoires de concours de 1878 sur la cryptogamie végétale de la Belgique, XLVI, 178; rapport, XLVI, 874.

Commissaire pour un travail de M Élie Marchal intitulé : *Revision des Herédacées américaines*, XLVI, 856; rapport, XLVII, 28.

Commissaire pour la demande de M. le Ministre de l'Intérieur relative à la Station zoologique de Naples, XLVII, 306; lecture d'un rapport collectif, XLVII, 741.

Commissaire pour un mémoire de M. Mailly sur le naturaliste Michel Adanson, XLVIII, 3; lecture de son rapport, XLVIII, 103.

Rapport verbal sur une note de M. Petermann concernant les graines du Lychnis Githago, XLVIII, 103.

Note sur un volume concernant les orchidées, par M. Treub, XLVIII, 341.

Commissaire pour le programme des recherches que M Fœttinger se propose de faire à la Station zoologique de Naples, XLIX, 82; lecture de son rapport, XLIX, 148.

Commissaire pour le rapport de M. Fœttinger sur le résultat de ses études à la Station zoologique de Naples, L, 294; lecture de son rapport, L. 333.

Commissaire pour une note de M. Cogniaux sur les cucurbitacées austro-américaines de M. Ed. André, XLIX. 84; rapport, XLIX, 176.

Commissaire pour une note de M. Mac Leod sur le rôle des insectes dans la pollinisation des fleurs hétérostyles, XLIX, 614; rapport, L, 4.

Délégué à la fête politique et religieuse du Cinquantenaire belge, XLIX, 614.

Don d'ouvrages. XXV, 610; XXVI, 379; XXVII, 3; XXVIII, 318; XXIX, 335; XXXI. 3; XXXII, 154; XXXIII. 92; XXXIV. 446. 559; XXXV. 91; XXXVII. 159, 339; XXXVIII, 651; XL, 51, 447; XLII, 3; XLIV. 454; XLV, 3; XLVII. 308; XLVIII, 586; XLIX, 147.

MOTTE. — Présente un travail sur la navigation maritime à vapeur, XLVII, 227.

MOTTEU. — Sur l'histoire du sucre (saccharose), XLIV, 318. 386; rapports de MM. Stas, Donny et Melsens. XLIV, 318, 319.

MOURLON (M.). — Esquisse géologique sur le Maroc, XXIX, 663; XXX, 42; rapports de MM. d'Omalius et Dewalque, XXX, 14, 15.

Sur l'étage devonien des psammites du Condroz en Condroz. XXXIX, 250, 602; rapports de MM. Dewalque, de Koninck et Dupont. XXXIX 469. 476, 477.

Sur l'étage devonien des psammites du Condroz dans le bassin de Theux, XL, 271, 761; rapports de MM. Dewalque, de Koninck et Dupont, XL, 673, 675, 676.

Sur les dépôts devoniens rapportés par Dumont à l'étage quartzo schisteux inférieur de son système eifelien, XL, 663; XLI, 323; rapports de MM. Briart, Cornet et Malaise, XLI, 230, 232, 240.

Sur les dépôts des sables verts des environs d'Anvers, XLII, 241, 760; rapports de MM. P.-J. Van Beneden, de Koninck et Dupont, XLII, 665, 669.

Sur l'étage devonien des psammites du Condroz dans la vallée de la Meuse. XLII, 461, 845; rapports de MM de Koninck. Dupont et Malaise, XLII, 829, 831, 835.

Élu correspondant de la Classe des sciences, XLII, 1087; remerciments. XLIII, 2.

Classement stratigraphique des phoques fossiles recueillis dans les terrains d'Anvers, XLIII, 325, 603; rapports de MM. P.-J. Van Beneden et Dupont, XLIII, 473, 474.
Commissaire pour les notices de M. Lucien de Koninck sur la kaolinite et l'apatite cristallisée, XLIV, 317, 655; rapport, XLIV, 691.
Sur le gisement du cachalot nain, XLV, 178.
Don d'ouvrages, XXXIX, 778; XLIX, 614.

Moynier. — Note bibliographique de M. Rivier sur son Manuel des lois de la guerre, L, 315.
Don d'ouvrage, L, 315.

Mueller (le baron F. von). — Don d'ouvrages, XLI, 1150; XLVI, 317; XLIX, 2, 82.

Muller (P.). — Don d'ouvrage, XLVIII, 94.

Murchison (R.-I.). — Sa mort, XXXII, 234, 334.

Musée de Moscou. — Don d'ouvrage, XXII, 548

N.

Naert (J.-J.). — Lauréat du grand concours d'architecture de 1866, XXII, 247; pension de voyage, XXIII, 192.

Namèche. — Membre du jury chargé de juger la 4e période du concours quinquennal d'histoire nationale, XXI, 166.

Namur (A.). — Présente avec M. Mansion ses Tables de logarithmes, XL, 668; rapports de MM. Catalan, Folie et Liagre, XLI, 921, 928, 931; sollicite un subside pour continuer ses travaux, XLII, 825; nouvelle demande, XLIX, 82; lecture des rapports de MM. Catalan, Folie et Liagre, XLIX, 148.
Don d'ouvrage, XLIII, 460.

Napp (Rich.). — Don d'ouvrage, XLIII, 319.

Navez (F.-J.). — Sa mort, XXVIII, 513.
Discours prononcé à ses funérailles par M. De Keyser, XXVIII, 514.

Navez (père et fils). — Sur un nouveau système de chronométrie électro-balistique, XXVII, 248, 386; rapports de MM Brialmont, Liagre et Melsens, XXVII, 367, 375
Application de la bobine Ruhmkorff au téléphone, XLV, 96; lecture des rapports de MM. Melsens, Brialmont et Van der Mensbrugghe, XLV, 79.
Note sur un nouveau système de téléphonie, XLV, 223, et sur la théorie du téléphone, XLV, 390, 416; lettre de M. du Moncel relative à ce dernier travail avec réponse de MM. Navez, XLV, 608, 612; lecture des rapports des mêmes, XLV, 577; réponse à une seconde lettre de M. du Moncel, XLVI, 14, 76.

Neefs (Emm.). — Sur un document inédit relatif à l'histoire de la lèpre dans les Pays-Bas, XXXVI, 429.
Sur l'œuvre de P.-P. Rubens à Malines, XLI, 1136, 1340; XLII, 200; rapports de MM. Stappaerts, Siret et Portaels, XLII, 197, 200.
Don d'ouvrage, XLI, 898

Nelson (Ch.). — Lettre au sujet des artistes belges relativement aux travaux de l'Institut des architectes de Londres, XXI, 65.

Nerenburger (Ad.). — Membre de la Commission organisatrice du cinquantième anniversaire de l'Académie depuis son rétablissement en 1816, XXI, 164.
Rapport sur un mémoire de M. Girou relatif aux intersections calculées, XXII, 194; rectification relative à une assertion mentionnée dans ce rapport, XXII, 552.
Réflexions sur l'enseignement des sciences en Belgique, discours, XXII, 563.
Membre de la Commission spéciale des finances de la Classe des sciences pour 1867, XXIII, 4; pour 1869, XXVI, 431.

Commissaire pour un travail de M. Le Boulengé intitulé : *Études de balistique expérimentale*, XXIII, 368 ; rapport, XXIII, 604.

Commissaire pour un travail de M. Van der Elst relatif aux progrès des sciences, XXV, 72 ; lecture de son rapport, XXV, 186.

Commissaire pour une note de M. Melsens sur le passage des projectiles à travers les milieux résistants, XXVI 250.

Don d'ouvrage, XXIII, 431.

Sa mort, XXVII, 246.

NEUBERG (J.). — Présente un mémoire sur les coordonnées tétraédriques, XXVIII, 138 ; rapports de MM. Gilbert, Liagre et Catalan, XXVIII, 528, 539.

NEUMAYER. — Annonce la fondation de l'Observatoire de marine de Hambourg, XXXIX, 246.

Sur la tempête du 12 mars 1876, XLI, 1158.

NÈVE (Félix). — Présente un mémoire sur la politique romaine en Orient sous le règne d'Auguste, XXIII, 483.

Élu membre de la Classe des lettres, XXV, 583 ; remercîments, XXV, 691, approbation royale de son élection, XXV, 690.

Commissaire pour le mémoire de concours de 1869 sur les tendances politiques et sociales des hérésies, XXVII, 164 ; rapport, XXVII, 460.

Commissaire pour un travail de M. Rodenbach sur le prototype universel des mesures de longueur, XXVIII, 571 ; rapport, XXIX, 547.

Commissaire pour les mémoires de concours de 1870 sur Septime Sévère, XXIX, 132 ; rapport, XXIX, 537.

Chevalier de l'ordre de Léopold, XXX, 455.

Commissaire pour un mémoire de M. Fr. Lenormant sur la légende de Sémiramis, XXXIII, 54 ; rapport, XXXIII, 240.

Commissaire pour les mémoires de concours de 1872 sur Septime Sévère, XXXIII, 129 ; rapport, XXXIII, 449.

Commissaire pour une notice de M. Schuermans sur des inscriptions trouvées en Belgique, XXXIII, 513 ; lecture de son rapport, XXXIV, 180, 334.

Commissaire pour une note de M. le capitaine Verstraete sur l'origine de la parole écrite et sur l'antiquité relative des premiers systèmes d'écriture, XXXIV, 528 ; rapport, XXXV, 69.

Le conseiller Jérôme Busleiden, écrivain latin et protecteur des lettres (1470-1517), XXXVI, 377.

Commissaire pour les mémoires de concours de 1874 sur Septime Sévère, XXXVII, 204 ; rapport, XXXVII, 617.

Commissaire pour la nouvelle rédaction du mémoire couronné de M. de Ceuleneer sur Septime Sévère, XLII, 628 ; lecture de son rapport, XLII, 911, XLVII, 832.

Commissaire pour le mémoire de concours de 1874 sur la philosophie de saint Anselme de Cantorbéry, XXXVII, 204.

Membre de la Commission pour le programme de concours de 1876 de la Classe des lettres, XXXVII, 846.

Commissaire pour une notice de M. Ph. Van der Haeghen sur les écoles et l'alphabet des Tamouls, XXXVIII, 509 ; rapport, XXXVIII, 614.

Rapport sur un mémoire de M. Rivier sur Claude Chansonnette, etc., XLV, 544.

Commissaire pour un mémoire de M. Bayern sur l'archéologie du Caucase, XLIX, 497 ; avis, XLIX, 685.

Commissaire pour une note de M. Van den Gheyn sur la huitième classe des verbes sanscrits, XLIX, 681 ; rapport, L, 43.

Membre de la Commission chargée d'examiner s'il y a lieu de publier les œuvres des anciens auteurs belges qui ont écrit en latin, XLIX, 684.

Don d'ouvrages, XXI, 569 ; XXXVII, 202 ; XLI, 682 ; XLII, 627 ; XLIX, 408.

NEWTON. — Étoiles filantes du 10 août et du mois de novembre 1865 obser-

vées à New-Haven, aux États-Unis, XXI, 12; de novembre 1868, XXVI, 444; du 27 novembre 1872, XXXV, 21.

NEYT (A.-L.). — Orage observé à Gand le 4 septembre 1867, XXIV, 305.

Cartes photographiées de la lune, XXVIII, 28.

NICHOLSON. — Don d'ouvrage, XLI, 1152.

NIESTEN (L.). — Recherches sur les couleurs des étoiles doubles, XLVI, 855, XLVII, 50; rapports de MM. Houzeau, Mailly et Liagre, XLVII, 25, 27.

Sur la tache rouge observée sur la planète Jupiter pendant les oppositions de 1878 et de 1879, XLVIII, 604; rapports de MM. Houzeau et Liagre, XLVIII, 590, 592.

NILSSON (Sven). — Élu associé de la Classe des sciences, XXXVIII, 847; remercîments, XXXIX, 2.

Sa mort, XLI, 730.

NIVOIT. — Don d'ouvrage, XLVI, 854.

NIZET (Mlle). — Don d'ouvrage, XLVI, 505.

NOLET DE BRAUWERE VAN STEELAND (J.). — Du pan-germanisme et de ses influences sur la littérature flamande, XXV, 246.

Membre du jury chargé de juger le concours des cantates de 1879, XXVII, 316.

Membre du jury chargé de juger la 4e période du concours quinquennal de littérature flamande, XXIX, 33.

Le particularisme linguistique flamand de la Flandre occidentale, XXXVII, 146, 206; réponse aux remarques de M. Willems sur cette communication, XXXVII, 667.

Note bibliographique sur un ouvrage de M. Wap concernant Bilderdijck, XL, 37.

Les traducteurs de Dante Alighieri aux Pays-Bas, XLVII, 244.

Don d'ouvrages, XXVI, 320; XXVII, 436; XXXI, 75; XXXII, 295; XXXVI, 376, 571; XXXVII, 692; XXXVIII, 613, 656; XL, 36; XLIII, 303; XLIV, 401; XLVII, 442; XLIX, 120, 270; L, 33, 182, 312.

NOTHOMB (le baron). — Don d'ouvrage, XLI, 1075.

NOUILLE (P.). — Présente une note sur un oiseau mécanique, XXXVI, 416; rapport verbal de M. Montigny, XXXVI, 545.

NOVARE (bibliothèque de la ville de). — Don d'ouvrage, XLVIII, 547.

NUEL (J.-P.). — Présente un mémoire sur l'innervation du cœur par le nerf vague, XXXVI, 115; rapports de MM. Schwann et Gluge, XXXVI, 300, 301.

Sur les phénomènes électriques du cœur (effets électro-moteurs), XXXVI, 116, 365; rapports des mêmes, XXXVI, 302, 304.

Présente un travail sur l'histologie du limaçon de l'oreille, XLII, 665; rapports de MM. Van Bambeke, Schwann et Éd. Van Beneden, XLIII, 236, 246, 247; analyse de ce travail, XLIII, 295.

NYPELS (S.-J.-G.). — Élu correspondant de la Classe des lettres, XXVII, 595; remercîments, XXVII, 714.

Élu membre, XXXIII, 434; remercîments, XXXIII, 512; approbation royale de son élection, XXXIII, 512.

Commissaire pour le mémoire du concours de Stassart sur les principes constitutionnels de nos anciennes provinces, XXXVII, 255; rapport, XXXVII, 465, 656.

Membre de la Commission pour le programme de concours de 1876 de la Classe des lettres, XXXVII, 846.

Commissaire pour le mémoire de concours de 1876 sur l'histoire du droit de chasse en Belgique, XLI, 360, 633; rapport, XLI, 877.

Note sur les dernières publications de M. Carrara, XLII, 631.

Commissaire pour le mémoire de concours de 1878 sur la mission de l'État, XLV, 109; lecture de son rapport, XLV, 543.

Élu directeur pour 1880, XLVII, 110.

Commissaire pour un mémoire de M. Kurth sur la loi de Beaumont en Belgique, L, 183; lecture de son rapport, L, 277.

La loi pénale belge, discours, XLIX, 823.
Délégué à la fête politique et religieuse du Cinquantenaire belge, XLIX, 684.
Don d'ouvrages, XXVIII, 425; XXIX, 261. 499; XXX. 396; XXXIII, 335; XXXVI, 571; XL, 578; XLIII, 375; XLV, 518; XLVII, 108, 830; XLVIII, 365; XLIX, 680.
NYST (Henri). — Directeur pour 1869, XXV. 3.
Commissaire pour un mémoire de MM. Cornet et Briart sur la division de la craie blanche du Hainaut en quatre assises, XXVI, 379; rapport verbal. XXVI, 439
Commissaire pour une notice de MM. Cornet et Briart sur les dépôts qui recouvrent le calcaire carbonifère à Soignies, XXVI, 430.
Commissaire pour un mémoire de MM. Cornet et Briart sur les fossiles du calcaire grossier de Mons, XXVII, 363; rapport, XXVII, 621; commissaire pour la 2e partie de ce mémoire, XXXV, 91; rapport, XXXV. 489; commissaire pour la 3e partie de ce mémoire, XLIII, 232; rapport, XLIII, 335.
Discours sur les animaux inférieurs fossiles de la province d'Anvers, XXVIII, 606.
Chevalier de l'ordre de Léopold, XXX, 455.
Commissaire pour un mémoire de M. de Koninck sur les animaux fossiles du terrain carbonifère de la Belgique, XXXI, 499; lecture de son rapport, XXXI, 477.
Membre de la Commission des finances de la Classe des sciences pour 1873, XXXIV, 447; pour 1875, XXXVIII, 653; pour 1876, XLI, 225; pour 1877, XLII, 829; pour 1878, XLIV, 666; pour 1879, XLVI, 856; pour 1880, XLVIII, 587.
Commissaire pour un travail anonyme sur les dépôts littoraux de l'assise paniselienne dans les environs de Bruxelles, XL, 447; rapport, XL, 680.
Membre du jury chargé de juger la 6e période du concours quinquennal des sciences naturelles, XLIII, 62
Commissaire pour un travail de M. Cotteau sur les Échinides du calcaire grossier de Mons, XLV, 363; rapport, XLV, 574.
Don d'ouvrage, XXXVI, 2.
Sa mort, XLIX, 306.
Promesse d'une notice biographique par M. Éd. Dupont, XLIX, 306.

O.

OBSERVATOIRE DE MARINE A HAMBOURG. — Annonce de sa fondation, XXXIX, 246.
OBSERVATOIRE IMPÉRIAL DE VIENNE — Don d'ouvrages, XXXIX, 3.
OLIVECRONA (D'). — Élu associé de la Classe des lettres, XLIX, 591; ses remerciments, XLIX, 680.
Don d'ouvrages, L, 35, 312.
Note bibliographique de M. Thonissen sur son ouvrage sur la donation par dernière volonté, L, 312.
OMALIUS (J. D'). — Commissaire pour un travail de M. Dupont sur le terrain quaternaire des vallées de la Meuse et de la Lesse, XXI, 75; rapport, XXI, 203.
Rapport sur un travail de MM. Cornet et Briart relatif à la Meule de Bracquegnies, XXI, 79.
Commissaire pour le premier travail de MM. Cornet et Briart sur le terrain crétacé du Hainaut, XXI, 494; rapport, XXI, 274.
Commissaire pour un travail de M. Dupont sur les fouilles des cavernes des bords de la Lesse, XXI, 263; rapport, XXI, 532.
Commissaire pour un travail du même sur l'exploration de trois nouvelles

cavernes de la province de Namur en avril et en mai 1866, XXI, 526; rapport, XXII, 6.

Délégué par l'Académie à l'inauguration de la statue d'André Dumont à Liége, XXII, 2; compte rendu de cette solennité, XXII, 108.

Commissaire pour un travail de M. Dupont sur l'ethnographie de l'homme de l'âge du Renne dans les cavernes de la vallée de la Lesse, XXII, 107; rapport, XXII, 185.

Commissaire pour un travail de MM. Cornet et Briart sur le calcaire grossier de Mons, XXII, 183; idem pour la 2e partie, XXVII, 363; idem pour la 3e partie, XXXV, 91; rapport, XXXV, 192.

Rapport sur un travail des mêmes sur l'existence dans l'Entre-Sambre-et-Meuse d'un dépôt contemporain du système du tufeau de Maestricht, XXII, 268.

Discours prononcé à la séance publique de 1866 de la Classe des sciences sur la non opposition des croyances religieuses avec les résultats donnés par le progrès des sciences naturelles, XXII, 565.

Membre du jury chargé de juger la 4e période du concours quinquennal des sciences naturelles, XXIII, 50.

Commissaire pour une notice de M. Dupont sur l'exploration de cinq cavernes de la vallée de la Lesse, XXIII, 53; rapport, XXIII, 220.

Commissaire pour un travail du même sur l'exploration des cavernes des environs de Dinant, XXIII, 219.

Commissaire pour un travail de M. Gonthier sur le terrain crétacé de Namur, XXIII, 219; rapport, XXIII, 371.

Commissaire pour une notice de M. Dupont sur une caverne située à Bouvignes, XXIII, 368; rapport, XXIII, 433.

Commissaire pour un travail du même auteur sur les cavernes du bois de Foy, à Montaigle, XXIII, 687; rapport, XXIV, 5.

Commissaire pour une notice de MM. Cornet et Briart sur l'âge des silex ouvrés de Spiennes, XXV, 2; rapport XXV, 73.

Commissaire pour une note de M. Van Horen sur une découverte de roches glaciaires, XXV, 72; rapport, XXV, 615.

Commissaire pour un travail de MM. Gosselet et Malaise sur le terrain silurien de l'Ardenne, XXV, 180; rapport, XXV, 411.

Rapport sur une lettre de M. Gosselet sur le terrain rhénane ahrien, XXVI, 260.

Commissaire pour un mémoire de MM. Cornet et Briart sur la division de la craie blanche du Hainaut en quatre assises, XXVI, 379; rapport, XXVI, 434.

Commissaire pour une note de M. Lucien de Köninck sur une variété de pyrophyllite, XXVI, 379.

Commissaire pour une notice de MM. Cornet et Briart sur les dépôts qui recouvrent le calcaire carbonifère à Soignies, XXVI, 430; rapport, XXVII, 7.

Commissaire pour un travail de M. Malherbe sur l'origine de la houille dans la province de Liége, XXVII, 365; rapport, XXVIII, 25.

Commissaire pour le mémoire de concours de 1869 sur les groupes gedinnien et coblentzien du terrain silurien du Brabant, XXVIII, 139; rapport, XXVIII, 588.

Commissaire pour une note de M. Lambert sur la découverte d'un gisement de phosphate de chaux au-dessous de Louvain, XXIX, 4.

Commissaire pour une note de M. Boccardo sur une chute de substance jaunâtre à Gênes, XXIX, 158; rapport verbal, XXIX, 346.

Commissaire pour une note de M. Moreau sur le grès landenien, XXIX, 158; rapport, XXIX, 444.

Commissaire pour une note de MM. Cornet et Briart sur les puits naturels du terrain houiller, XXIX, 159; rapport, XXIX, 340.

Communication verbale sur les théo-

ries physiologiques nouvelles, XXIX, 384.
Commissaire pour une note de MM Horion et Gosselet sur les travaux géologiques de MM. Cornet et Briart concernant la Meule de Bracquegnies, XXIX, 447; rapport, XXIX, 654.
Commissaire pour une notice de M. Mourlon sur la géologie du Maroc, XXIX, 663; rapport, XXX, 14.
Commissaire pour une notice de M. Van Horen sur l'existence de puits naturels dans la craie sénonienne du Brabant, XXIX, 663; rapport XXX, 4; supplément à ce rapport, XXX, 7.
Notes sur les forces vitales, XXIX, 680; XXX, 92.
Sur les forces naturelles, XXXI, 205; XXXII, 44; discours sur les forces naturelles, XXXII, 379.
Commissaire pour le modèle du buste de M. de Nieuport, XXX, 83, 154.
Directeur de la Classe des sciences pour 1872, XXXI, 3.
Sur les qualités de nos calcaires anciens employés comme pierre de construction XXXI, 63.
Commissaire pour un mémoire de M. de Koninck sur les animaux fossiles du terrain carbonifère de Belgique, XXXI, 139; lecture de son rapport, XXXI, 477.
Sur la formation des limons, XXXI, 484.
Commissaire pour une notice de M. Malherbe sur le caractère paléontologique de certaines couches du bassin houiller de Liége, XXXII, 236.
Président de l'Académie pour 1872, XXXIII, 91, 128, 158.
Rapport verbal sur la nouvelle rédaction du mémoire couronné de M. Malaise sur le terrain silurien du centre de la Belgique, XXXIII, 300.
Commissaire pour le mémoire de concours de 1872 sur les roches plutoniennes de la Belgique et de l'Ardenne française, XXXIV, 141; rapport, XXXIV, 604.
Commissaire pour un travail de M. Gosselet sur les calcaires devoniens de l'Entre-Sambre-et-Meuse, XXXIV, 447; lecture de son rapport, XXXV, 20.
Discours à la séance publique de la Classe des sciences en 1872, XXXIV, 607.
Commissaire pour un mémoire de MM de Saporta et Marion sur l'état de la végétation à l'époque des marnes heersiennes de Gelinden, XXXV, 460.
Commissaire pour le mémoire de concours de 1873 sur le système houiller du bassin de Liége, XXXV, 645; rapport, XXXVI, 720.
Sur le transformisme, XXXVI, 769.
Note sur le terrain devonien, XXXVII, 491.
Remercie ses confrères pour les sentiments exprimés au sujet de son état de santé, XXXVIII, 650.
Don d'ouvrages, XXVI, 135; XXVIII, 587; XXXV, 351.
Sa mort, XXXIX, 54.
Discours à ses funérailles par M. Brialmont, XXXIX, 56.
La Société géologique de Belgique ouvre une souscription pour un monument à sa mémoire, XL, 2.
OMALIUS (veuve J. D'). — Remise de la médaille votée par l'Académie à son mari, XLII, 662, 909.
OOMS (C.). — Second prix du grand concours de peinture de 1870, XXX, 154, 177.
OPPERT (Jules). — Élu associé de la Classe des lettres, XXXVII, 774; remerciments, XXXVII, 843.
Don d'ouvrages, XXXIX, 331; XLIII, 303; XLV, 299; XLVII, 830.
ORLOFF (T.). — Sur les équations différentielles réciproques, XXXII, 335; XXXIII, 113; rapports de MM. Gilbert et Catalan, XXXIII, 105, 106.
ORSONI. — Don d'ouvrage, XLIV, 249.
ORTS. — Membre du jury chargé de juger la 3e période du concours quinquennal des sciences morales et politiques de 1860-1865, XXI, 166; idem pour la 5e période, XLI, 137.
OVARY. — Don d'ouvrage, XLIII, 375.
OWEN (R.). — Don d'ouvrages, XXII, 107; XXXIII, 170; XXXIX, 248.

P.

Pablos y Sancho. — Don d'ouvrage, XLIX, 308.

Pagani. — Travaux manuscrits donnés au nom de sa famille par M. Gilbert, XXVII, 128.

Paillard (Ch.). — Note de M. Wauters sur son ouvrage : Considérations sur les causes générales des troubles des Pays-Bas au XVIe siècle, XXXVII, 461 ; note du même sur le tome II de cet ouvrage, XXXIX, 952, 967 ; sur la suite de cet ouvrage, XLII, 398, 916.

Présente un mémoire sur l'état des Pays-Bas du 1er janvier au 1er septembre 1566, XLII, 910 ; rapports de MM. Wauters, Gachard et Juste, XLIII, 205, 207, 215.

Présente un travail sur Pierre Brully, successeur de Calvin comme pasteur de l'église française de Strasbourg (1544-1545), XLIV, 402 ; lecture des rapports de MM. Gachard, Juste et Wauters, XLIV, 848 ; XLV, 13.

Présente un mémoire sur le voyage dans les Pays-Bas et la maladie d'Éléonore d'Autriche, XLVI, 261 ; rapports de MM. Wauters, Poullet et Juste, XLVI, 506, 508, 509.

Présente un mémoire sur le procès du chancelier Hugonet et du seigneur d'Humbercourt, XLIX, 681 ; rapports de MM. Wauters et Juste, L, 42, 44.

Don d'ouvrages, XXXVII, 461 ; XXXIX, 952 ; XLII, 398, 910.

Palinck (Ch.). — Mention honorable au grand concours de sculpture de 1869, XXVIII, 302.

Papanti. — Don d'ouvrages, XLI, 139 ; XLII, 627 ; XLIII, 613 ; XLV, 47, 299.

Note bibliographique de M. Le Roy sur son monument littéraire élevé à la mémoire de Boccace, XLI, 140 ; note du même sur ses *Novelle di Goro di Stagio Dati*, XLV, 52.

Pardon (G.). — Second prix du grand concours de composition musicale de 1869, XXVIII, 260, 302 ; exécution de sa cantate intitulée : *La dernière nuit de Faust*, XXX, 145, 172.

Paris (Paulin). — Don d'ouvrage, XLIII, 375.

Parlatore (Ph.). — Élu associé de la Classe des sciences, XXXII, 410 ; remerciments, XXXIII, 2.

Don d'ouvrage, XXXIII, 491.

Sa mort, XLIV, 313.

Partoes (F.). — Membre de la Commission spéciale des finances de la Classe des beaux-arts pour 1867, XXIII, 41 ; pour 1868, XXIV, 548 ; pour 1869, XXVII, 117 ; pour 1871, XXX, 416 ; pour 1872, XXXII, 361.

Sa mort, XXXVII, 147 ; XXXVIII, 389 ; discours à ses funérailles par M. Alvin, XXXVII, 149.

Pasteur. — Élu associé de la Classe des sciences, XLVIII, 881 ; remerciments, XLIX, 2.

Pauli (Ad.). — Élu membre de la Classe des beaux-arts, XXXIX, 50 ; remerciments, XXXIX, 238 ; approbation royale de son élection, XXXIX, 238.

Membre de la Commission pour l'examen du projet-copie de M. Dieltjens, XL, 406 ; rapport, XL, 620.

Membre de la Commission chargée de tout ce qui concerne les grands concours artistiques du Gouvernement, XLIV, 140.

Commissaire pour un travail de M. De Potter sur l'église Saint-Michel de Gand, XLIX, 594 ; rapport, XLIX, 692.

Commissaire pour les rapports de M. Raquez, L, 136, 322 ; son appréciation, L, 324.

Payen (Aug.). — Commissaire pour le mémoire de concours de 1867 sur les méthodes d'enseignement du dessin, XXIII, 716.

Commissaire pour le programme de concours de la Société des architectes de Lille, XXIX, 756.

Commissaire pour une lettre de M. Schadde sur les grands concours d'architecture, XXXI, 455; rapport verbal, XXXII, 26.
Remarques sur la question de l'emplacement d'un Palais des beaux-arts à Bruxelles, XXXI, 578.
Membre de la Commission chargée de préparer le plan d'un édifice pour les expositions triennales des beaux-arts, XXXII, 366.
Chargé de l'examen d'un projet d'itinéraire pour le voyage de M. Dieltjens, lauréat du grand concours d'architecture de 1872, XXXIV, 126; rapport, XXXIV, 208.
Membre de la Commission chargée de l'examen des questions relatives au séjour à Rome des lauréats des grands concours, XXXV, 440.
Commissaire pour le mémoire de concours de 1873 sur l'influence italienne sur l'architecture aux Pays-Bas, XXXV, 932; rapport, XXXVI, 254.
Rapport sur les projets d'architecture soumis au concours d'art appliqué de la Classe des beaux-arts en 1873, XXXVI, 272.
Membre de la Commission pour l'examen du projet copie de M Dieltjens, XL, 406; rapport, XL, 620.
Membre du comité pour le monument Quetelet, XL, 666, 814, 895.
Sa mort, XLIII, 702.
Discours à ses funérailles par M. Alvin, XLIII, 704.
Pécher (Jules). — Buste de Leys, XLIX, 592; avis de M. J. Geefs, XLIX, 689.
Pedro II d'Alcantara (empereur du Brésil). — Élu associé de la Classe des sciences, XLII, 1087; remercîments, XLIII, 230.
Peigné Delacourt. — Don d'ouvrage, XLIV, 422.
Peltier (fils). — Lettre à M. Ad. Quetelet sur les paratonnerres, XXI, 132.
Pérard (L.). — Sur une modification de la machine électrique de Nairne, XXVIII, 399, 567; rapport de M. Gloesener, XXVIII, 549.
Médaille d'or décernée en 1870 par la Classe des sciences pour son mémoire sur le magnétisme, XXX, 437, 456; rapports de MM. Gloesener, E. Quetelet et Montigny, XXX, 421, 431, 436; inscription pour sa médaille, XXXI, 31.
Orages à Liége, en 1871, XXXII, 39.
Communique ses observations météorologiques à Liége en 1871, XXXIII, 2; en 1873, XXXVII, 159.
Redemande un billet cacheté, déposé dans la séance du 4 juin 1864, XXXV, 458.
Réclamation de priorité, XXXVII, 198.
Sur le développement du magnétisme induit par la terre dans le fer laminé nerveux, XLII, 655, 894; rapports de MM. Montigny, Folie et Melsens, XLII, 840, 842, 844.
Pereire. — Affecte une somme de 100,000 francs à des prix concernant le paupérisme, l'instruction publique, le crédit et les impôts, XLIX, 129.
Perreul. — Lecture du rapport de M. Liagre sur sa notice sur une nouvelle force motrice, XXXI, 180.
Perrey (Alexis) — Présente ses observations des tremblements de terre en 1864, XXI, 194; rapports de MM. Duprez et Ad. Quetelet, XXI, 264, 265; en 1865, XXIII, 219; rapports des mêmes, XXIII, 373; en 1866 et en 1867, XXV, 611; rapports des mêmes, XXVI, 251; en 1868, XXIX, 63; rapports des mêmes, XXIX, 338, 339; en 1869, XXXII, 155; rapports de MM Mailly et Ad. Quetelet, XXXII, 236, 241; en 1870, XXXIV, 243; rapports de MM. Mailly, Ad. et Ern. Quetelet, XXXV, 95; en 1870, XXXVI, 299; rapports de MM. Duprez, E. Quetelet et Mailly, XXXVI, 603, 604; en 1871, XXXVII, 802; rapports des mêmes, XXXVIII, 297, 298; en 1872, XL, 52; rapports de MM Malaise, Montigny et Duprez, XL, 448, 449, 451.
Don d'ouvrage, XXXVIII, 713.
Pertz (Georges). — Sa mort, XLII, 625.

Petermann (A.). — Sur les gisements de phosphates en Belgique et particulièrement sur celui de Ciply, XXXVIII, 652; XXXIX, 25; rapports de MM. Melsens, Donny et Briart, XXXIX, 12, 13.
Seconde note sur les gisements de phosphates en Belgique, XLV, 3; rapports de MM. Morren, Stas et Donny, XLV, 75, 77.
Sur la présence du cuivre dans le genièvre, les vinasses et le fumier, XXXIX, 121; rapports verbaux de MM. de Koninck, Donny et Melsens, XXXIX, 84ter.
Sur les graines originaires des hautes latitudes, XLII, 829; rapports de MM. Morren, Malaise et Melsens, XLIII, 72, 73.
Note sur le Lychnis Githago, XLVIII, 158; rapport verbal de MM. Melsens et Morren, XLVIII, 103.
Don d'ouvrages, XXXVIII, 292; XXXIX, 778; XLI, 395; XLIII, 324; XLIV, 455; XLV, 727; XLVII, 3; XLVIII, 443; XLIX, 308.

Petit (Jules). — Présentation, en son nom, par M. le baron Kervyn du tome Ier de *Li ars d'amour*, XXIII, 23.

Pety de Thosée (Ch.). — Don d'ouvrages, XXXIX, 149, 401; XL, 147.

Phillips (G.). — Sa mort, XXXIV, 527.

Picard (Ad.). — Don d'ouvrage, XLV, 828.

Pickering. — Appel aux astronomes pour l'observation des étoiles voisines du pôle Nord, XLVII, 487.

Piloty (Charles de). — Élu associé de la Classe des beaux-arts, XXXIX, 50; remerciments, XXXIX, 346.

Pinchart (Alex.). — Médaille d'or décernée par la Classe des beaux-arts en 1868 pour son mémoire sur l'histoire de la gravure des médailles en Belgique, XXVI, 237, 245; rapports de MM. Balat, Chalon et J. Leclercq, XXVI, 233, 235, 236.
Demande de renseignements par M. Baner concernant son mémoire couronné sur la tapisserie de haute lisse aux Pays-Bas, XL, 244; rapport verbal de M. Fétis, XL, 408.
Élu correspondant de la Classe des beaux-arts, XLIII, 41; remerciments, XLIII, 222.
Commissaire pour l'examen des rapports semestriels de M. Lauwers, XLIV, 249; XLVI, 287; XLVII, 246; XLVIII, 572; lecture de ses appréciations, XLIV, 263; XLV, 719; XLVI, 549; XLVII, 300; XLIX, 58, 689.
Sur l'histoire de la tapisserie de haute lisse à Arras, XLIV, 250.
Un dernier mot sur les deux planches représentant les grandes armoiries de Bourgogne, XLVI, 268.
Note bibliographique sur deux brochures de MM. Schuermans et Van de Casteele, XLVII, 298.
Commissaire pour le mémoire de concours de 1879 sur le régime de la profession de peintre avant Rubens, XLVII, 912; rapport, XLVIII, 261, 278.
Note bibliographique sur une brochure sur Gilles Demarteau, XLIX, 57.
Commissaire pour le 5e rapport semestriel de M. Dillens, L, 146; appréciation, L, 283.
Commissaire pour le 2e envoi-copie de M. Lauwers, L, 149; lecture de son rapport, L, 322.
Commissaire pour une lettre de M. de Linas, L, 323.
Note bibliographique avec M. Siret sur un livre de M. Bertolotti, L, 136.
Don d'ouvrage, XXI, 66.

Piot (Ch.). — Médaille d'or décernée par la Classe des lettres en 1871 pour son mémoire sur les Pagi de la Belgique au moyen âge, XXXI, 390, 451; rapports de MM. Wauters, De Smet et J. Bormans, XXXI, 376, 384; inscription pour sa médaille, XXXI, 571.
Élu correspondant de la Classe des lettres, XXXIX, 768; remerciments, XXXIX, 952.
Élu membre, XLVII, 726; remerciments, XLVII, 828; approbation royale de son élection, XLVII, 828.
Fragment d'un poëme flamand inédit imité de Li Roumans de Berte aux grans piés, XXXIX, 952; XL, 155.
Commissaire pour un travail de M. Ga-

lesloot sur des antiquités romaines découvertes à Assche, XL, 359; rapport, XL, 585.
La diplomatie concernant les affaires maritimes des Pays-Bas au XVIe siècle, XL, 404, 618, 817.
Correspondance de Grétry avec Vitzthumb, XL, 408.
Particularités inédites concernant les œuvres musicales de Gossec et de Philidor, XL, 624.
La méthode de chanter aux Opéras de Paris et de Bruxelles pendant le XVIIIe siècle, XLI, 173.
Note sur un ouvrage de M. Cellier sur les institutions politiques de Valenciennes, XLI, 692.
Communication sur les Beers de Flandre, XLI, 897, 1337; XLII, 399.
Les objets d'art importés de Belgique en Allemagne en 1794, XLII, 404, 642.
Les origines de l'opéra dans les Pays-Bas espagnols, XLIII, 42.
Les tableaux enlevés à la Belgique en 1785, XLIII, 757.
Commissaire pour deux notices de MM. Galesloot et Crick sur des fouilles à Laeken et à Assche, XLIV, 610; rapport, XLIV, 823.
Commissaire pour le mémoire de concours de 1878 sur la réunion aux Pays-Bas de la Gueldre, etc., XLV, 299; rapport, XLV, 544, 825.
Les tableaux des colléges des Jésuites supprimés en Belgique, XLVI, 139.
Projet du comte de Cobenzl d'ériger à Rome une académie belge des beaux-arts, XLVI, 555.
Linguet aux Pays-Bas autrichiens, XLVI, 787.
Commissaire pour les mémoires de concours de 1879 sur la propagande des encyclopédistes français dans la province de Liége, XLVII, 214; rapport, XLVII, 596.
Commissaire pour des notes de M. le baron Kervyn sur les collections d'autographes de M. de Stassart, XLVII, 829; lecture de son rapport, XLVIII, 73.
Jean-François Gillot, compositeur de musique au XVIIIe siècle, XLVIII, 288.
Commissaire pour un travail de M. Brabant sur Régnier au long Col, XLVIII, 366; rapport, XLVIII, 549.
Jean-Henri Maubert de Gouvest, à Bruxelles, XLVIII, 693.
Compositions musicales de l'empereur Charles VI, souverain de Belgique et de Marie-Antoinette de Bavière, XLIX, 59.
La musique attachée à la maison du comte de Salm, évêque de Tournai, XLIX, 693.
Commissaire pour le mémoire de concours de 1880 sur les institutions charitables en Belgique, XLIX, 130; rapport, XLIX, 428, 449.
Commissaire pour un travail de M. De Potter sur l'église St-Michel de Gand, XLIX, 269; rapport, XLIX, 412.
Note bibliographique sur un ouvrage de M. de Reumont, XLIX, 270.
Commissaire pour une note de M. Capelle sur l'introduction du christianisme dans les Gaules, L, 183; rapport, L, 280.
François-Antoine Chévrier en Belgique, L, 217.
PIRALA. — Don d'ouvrage, XXXIII, 502.
PIRMEZ (O.). — Don d'ouvrage, L, 66.
PISANI (F.). — Sur la découverte de l'apatite cristallisée à Salm-Château, XLIV, 709.
PLANCHON. — Don d'ouvrage, XLI, 918.
PLANTÉ. — Don d'ouvrage, XLVII, 308.
PLATEAU (Félix). — Présente un mémoire sur la vision des poissons et des amphibies, XXI, 309; rapport de M. Poelman, XXII, 3.
Présente un mémoire sur la force musculaire des insectes, XXII, 183, 283; rapport de M. Poelman, XXII, 261.
Observations sur l'argyronète aquatique, XXIII, 3, 96; rapports de MM. Poelman et Candèze, XXIII, 71, 73.
Présente un travail sur la transformation spontanée d'un cylindre liquide en sphères isolées, XXIII, 687; XXIV

24; rapport de M. Duprez, XXIV, 4.
Présente la 1re partie d'un mémoire sur les crustacés d'eau douce de Belgique, XXIV, 278; rapports de MM. P.-J. Van Beneden, de Selys Longchamps et Candèze, XXIV, 437, 439, 440; présente les 2e et 3e parties de ce travail, XXVII, 363; rapports de MM. Van Beneden, de Selys Longchamps et Lacordaire, XXVIII, 3, 12, 14.
Matériaux pour la faune belge: Crustacés isopodes terrestres, XXIX, 4, 112; rapports de MM. P.-J. Van Beneden, de Selys Longchamps et Candèze, XXIX, 71, 72.
Présente un mémoire intitulé : *Recherches physico-chimiques sur les articulés aquatiques*, XXX, 180; rapports de MM. Gluge, Poelman et Schwann, XXX, 283. 284; présente la 2e partie de ses recherches physico-chimiques sur les articulés aquatiques, XXXIV, 140, 274; rapports de MM. Schwann, Gluge et de Selys Longchamps, XXXIV, 263, 267.
Élu correspondant de la Classe des sciences, XXXII, 410; remercîments. XXXIII, 2.
Élu membre, XXXVIII, 847; remercîments, XXXIX, 2; approbation royale de son élection, XXXIX, 2.
Matériaux pour la faune belge: Myriapodes, XXXIII, 299, 409; rapports de MM. P.-J. Van Beneden, de Selys Longchamps et Candèze, XXXIII, 372, 373.
Un parasite des chéiroptères de Belgique (*Nycteribia Frauenfeldii*, Kol.). XXXVI, 332.
Recherches sur les phénomènes de la digestion chez les insectes, XXXVII, 270; rapports de MM. Gluge et Schwann, XXXVII, 485, 488.
Note additionnelle à son mémoire sur les phénomènes de la digestion chez les insectes (publié en 1874), XLIV, 710.
Promesse d'une notice sur M. Poelman, XXXVIII. 290.
Sur un procédé pour donner ou pour rendre leur couleur rouge aux muscles conservés dans l'alcool, XXXVIII, 476.
Commissaire pour une note de M. A. Dubois sur un coccyzus tué en Belgique, XXXIX, 4; rapport verbal, XXXIX, 14.
Présente un travail sur l'appareil digestif chez les myriapodes de Belgique. XL, 271; lecture des rapports de MM. Éd. Van Beneden et Schwann, XLI, 5.
Assiste aux fêtes du 200e anniversaire à Leide de la découverte des infusoires par Leeuwenhoeck, XL, 271.
Note sur la digestion chez la Blatte américaine, XLI, 920, 1206; lecture des rapports de MM. Éd. Van Beneden et Schwann, XLI, 1155.
Commissaire pour un travail de M. Fredericq sur la préparation des pièces anatomiques sèches, XLI, 1153; rapport. XLI, 1156.
Phénomènes de la digestion chez les Phalangides, XLII, 719.
Les voyages des naturalistes belges, XLII, 1050.
Membre du jury chargé de juger la 6e période du concours quinquennal des sciences naturelles. XLIII. 62.
Structure de l'appareil digestif et phénomènes de la digestion chez les aranéides dipneumones, XLIV, 129, 323, 477.
Commissaire pour un travail de M. Fraipont sur les acinétiniens de la côte d'Ostende. XLIV, 455, 850; rapport, XLIV, 693.
Commissaire pour les 3e et 4e parties de ce travail, XLV, 71, 147; rapport, XLV, 379.
Commissaire pour un travail de MM. Delbœuf et Spring sur le daltonisme, XLIV, 455.
Commissaire pour un travail de M. E. Lambert sur la morphologie du système dentaire des singes, XLIV, 317; lecture de son rapport, XLIV, 456.
Commissaire pour un travail de M. Mac Leod sur l'appareil venimeux des myriapodes chilipodes, XLV, 563; rapport, XLV, 731.
Commissaire pour un travail de M. L.

Fredericq sur la digestion des albuminoïdes chez quelques invertébrés, XLVI, 3.

Commissaire pour un travail de M. Liénard sur la structure de l'appareil digestif des mygales et des néphiles, XLVI, 3; rapport, XLVI, 586.

Commissaire pour un travail de M. Ern. Lambert sur la morphologie du système dentaire des singes, XLVI, 177.

Commissaire pour un travail de M. Léon Fredericq sur le poulpe, XLVI, 319.

Communication préliminaire sur les mouvements et l'innervation de l'organe central de la circulation chez les animaux articulés, XLVI, 203.

Commissaire pour une demande de M. le Ministre de l'Intérieur relative à la Station zoologique de Naples, XLVII, 306; lecture d'un rapport collectif, XLVII, 744.

Commissaire pour un travail de M. L. Fredericq sur le sang du homard, XLVII, 480; rapport, XLVII, 310.

Commissaire pour un travail du même sur l'innervation respiratoire, XLVII, 480; rapport, XLVII, 347.

Commissaire pour un travail de M. Mac Leod sur la structure de la glande de Harder du canard domestique, XLVII, 489; rapport, XLVII, 749.

Commissaire pour le programme des études que se propose de faire M. Fœttinger à la Station zoologique de Naples, XLIX, 82; lecture de son rapport, XLIX, 148.

Commissaire pour le rapport de M. Fœttinger sur le résultat de ses études à la Station zoologique de Naples, L, 294; rapport, L, 333.

Commissaire pour une note de M. Liénard sur le système nerveux des arthropodes, XLIX, 84; rapport, XLIX, 171.

Commissaire pour un mémoire de M. Bertkau sur les arachnides recueillis au Brésil et à La Plata par M. Éd. Van Beneden, XLIX, 84; rapport, XLIX, 263.

Délégué à la fête politique et religieuse du Cinquantenaire belge, XLIX, 614.

Délégué à la 9e session de l'Association française pour l'avancement des sciences, en 1880, L, 3.

Rapport sur une note de M. Mac Leod concernant l'appareil venimeux des aranéides, L, 82.

Rapport sur un travail de M. Remouchamps sur la glande gastrique du Nandou d'Amérique, L, 82.

Commissaire pour une note de M. Francotte sur les turbellariés rhabdocœles et dendrocœles, L, 295

Don d'ouvrages, XLI, 734; L, 254, 332.

PLATEAU (J.). — Rapport sur un travail de M. Delbœuf sur la gamme chromatique, XXI, 324.

Commissaire pour un travail de M. Montigny sur la corrélation entre le pouvoir réfringent et le pouvoir calorifique de diverses substances, XXII, 107; rapport, XXIII, 68.

Commissaire pour un travail de M. Valerius sur un analyseur acoustique, XXII, 107; rapport, XXII, 203.

Commissaire pour un travail de M. Van der Mensbrugghe sur la tension des lames liquides, XXII, 483; XXIII, 219; rapport, XXII, 270; XXIII, 440.

Rapport sur deux mémoires de M. Bède sur la capillarité, XXIII, 4, 440.

Commissaire pour un mémoire de M. Docq sur l'appareil auditif, XXIV, 278; rapport, XXV, 79

Commissaire pour un travail de M. Montigny sur le pouvoir dispersif de l'air, XXIV, 436; rapport, XXIV, 508.

Présente la 8e série de ses recherches sur les figures d'équilibre d'une masse liquide sans pesanteur, XXVI, 3; lecture des rapports de MM. Duprez, Ern. Quetelet et Gloesener,

XXVI, 136; présente les 9e, 10e et 11e séries du même travail, XXVI, 249; lecture des rapports de MM. Duprez, Ern. Quetelet et Montigny, XXVI, 380.

Commissaire pour un mémoire de M. Van der Mensbrugghe sur la tension superficielle des liquides, XXVII, 615; rapport, XXVIII, 17.

Lauréat de la 4e période du concours quinquennal des sciences naturelles, XXVIII, 526, 663.

Commissaire pour une note de M. Van der Mensbrugghe sur la viscosité superficielle des lames de solution de saponine, XXIX, 159; rapport, XXIX, 345.

Commissaire pour un travail de M. Méhay sur la chaleur universelle, XXIX, 447.

Rapport verbal sur une notice de MM. Wallée et Brachet sur la lumière électrique, XXIX, 450.

Commissaire pour une notice de M. Van der Mensbrugghe sur un principe de statique moléculaire avancé par M. Lüdge, XXX, 180; rapport, XXX, 286.

Une expérience relative à la vapeur vésiculaire, XXXII, 251.

Commissaire pour une note de M. Van der Mensbrugghe sur un fait remarquable qu'on observe au contact de certains liquides de tensions superficielles très-différentes, XXXIII, 92; rapport, XXXIII, 172.

Commissaire pour une note de M. Melsens sur la température de l'espace, XXXIII, 359.

Commissaire pour un mémoire de M. Delbœuf sur des recherches sur la mesure des sensations de lumière et de fatigue, XXXIII, 359; rapport, XXXIV, 250.

Sur la mesure des sensations physiques, et sur la loi qui lie l'intensité de ces sensations à l'intensité de la cause excitante, XXXIII, 376.

Un mot au sujet du mémoire de M. Delbœuf sur la mesure des sensations, XXXIV, 141.

Réponse aux objections de M. Marangoni contre le principe de la viscosité superficielle des liquides, XXXIV, 404.

Commissaire pour un mémoire de M. Van der Mensbrugghe sur la tension superficielle des liquides, XXXV, 188; rapport, XXXV, 460.

Commissaire pour une note de M. Verstraete sur le phénomène de la vue, XXXVI, 116; lecture de son rapport, XXXVI, 305.

Commissaire pour un travail de M. Van der Mensbrugghe sur l'influence de l'électricité statique sur la tension superficielle d'un liquide, XXXVII, 802; rapport, XXXVIII, 17.

Sur une récréation arithmétique, (2e note), XXXVIII, 469.

Sur les couleurs accidentelles ou subjectives, XXXIX, 100, XLII, 535, 684.

Commissaire pour une note de M. Van der Mensbrugghe sur la théorie capillaire de Gauss, XXXIX, 250; rapport, XXXIX, 366.

Commissaire pour deux mémoires du même : 1o sur la surface de contact d'un solide et d'un liquide, XL, 52; rapport, XL, 272; 2o sur le problème des liquides superposés dans un tube capillaire, XL, 447; rapport, XL, 669.

Présente un travail intitulé : *Bibliographie analytique des principaux phénomènes subjectifs de la vision*, XLII, 828; XLIII, 63, 324, 460; lecture des rapports de MM. E. Quetelet et Duprez, XLIII 8, 236, 480, 715; présente un 2e supplément à sa *Bibliographie des principaux phénomènes subjectifs de la vision*, L, 255.

Une application des images accidentelles, XLIX, 316.

Exemples curieux de discontinuité en analyse, XLIII, 4, 84, 255; lecture des rapports de MM. Catalan, Folie et De Tilly, XXIII, 64.

Commissaire pour un travail de M. De Heen sur la fluidité de liquides, XLV, 71; remplacé par M. Valerius, XLV, 363.

Commissaire pour un travail de M. Van der Mensbrugghe sur l'énergie potentielle des surfaces li-

quides, XLV, 363; rapport, XLV, 574.
Loi de persistance des impressions dans l'œil, XLVI, 334.
Un petit paradoxe. XLVII, 346.
Un mot sur l'irradiation, XLVIII, 37.
Sur la viscosité superficielle des liquides. XLVIII, 106.
Don d'ouvrages, XXXIV, 242; XXXVII, 2.

PLÖN (Ch.). — Présente un travail sur le mouvement vertical de l'aérostat, XLIV, 655; remis en possession de son travail, XLV, 71.

PLUCKER (J.-F.). — Présente une note sur le stéréographe de poche, XXX, 4; rapports de MM. Liagre et Candèze, XXX, 88, 91; présente une nouvelle note sur le même sujet, XXX, 283, 388; rapport des mêmes, 377.

POELMAN. — Commissaire pour un mémoire de M. F. Plateau sur la vision des poissons et des amphibies, XXI, 309; rapport, XXII, 3.
Commissaire pour un mémoire de M. P.-J. Van Beneden sur un Placoziphius, XXII, 107; lecture de son rapport, XXII, 184.
Commissaire pour un travail de M. F. Plateau sur la force musculaire des insectes, XXII, 183; rapport, XXII, 261.
Commissaire pour un travail du même sur l'argyronète aquatique, XXIII, 3; rapport, XXIII, 74.
Commissaire pour un travail de M. Terby sur les fils d'araignée, XXIII, 53.
Commissaire pour un travail de M. P.-J. Van Beneden sur les squalodons. XXIII, 219.
Commissaire pour un travail de M. Van Bambeke sur le Pélobate brun, XXIII, 367; rapport, XXIII, 436.
Rapport sur un travail de M. Masius sur le centre ano-spinal, XXIV, 281.
Commissaire pour un travail de M. Masius sur l'innervation des sphincters de l'anus et de la vessie, XXV, 284; rapport, XXV, 410.
Commissaire pour un travail de M. Van Bambeke sur des squelettes de cétacés, XXV, 403; rapport, XXVI, 6.
Commissaire pour un travail de MM. Éd Van Beneden et Bessels sur le blastoderme des crustacés, XXV, 403; rapport, XXV, 428.
Commissaire pour un travail des mêmes sur le blastoderme des amphipodes, XXV, 611; rapport, XXVI, 258.
Commissaire pour le mémoire de concours de 1868 sur la composition anatomique de l'œuf, XXVI, 135.
Commissaire pour une notice de M. Preudhomme de Borre sur des débris de chéloniens, XXVII, 248; rapport, XXVII, 365.
Commissaire pour un travail de M. Éd. Van Beneden sur l'embryogénie des crustacés, XXVII, 363.
Commissaire pour une notice de M. Preudhomme de Borre sur une nouvelle espèce de Caïman, XXVII, 363.
Commissaire pour un travail de M. Éd Van Beneden sur le développement de l'œuf et de l'embryon des sacculines, XXVIII, 527.
Commissaire pour la 4e partie des recherches de M. Éd. Van Beneden sur l'embryogénie des crustacés, XXIX, 41.
Commissaire pour un mémoire de M. P.-J. Van Beneden sur les poissons des côtes de Belgique et leurs parasites. XXIX, 63; lecture de son rapport. XXIX, 159.
Du travail fonctionnel chez l'homme, XXIX, 469.
Commissaire pour une notice de M. Van Bambeke sur les trous vitellins que présentent les œufs fécondés des amphibiens. XXIX, 663; rapport, XXX, 9.
Commissaire pour une notice de M. Éd. Van Beneden sur le genre macrostomum, XXX, 3; rapport, XXX, 86.
Commissaire pour un mémoire de M. F. Plateau intitulé : *Recherches*

physico-chimiques sur les articulés aquatiques, XXX, 180.
Sa mort, XXXVIII, 290.
Promesse de sa notice par M. Félix Plateau, XXXVIII, 290.

Polain (M.-L.). — Élu membre de la Commission de la Biographie nationale pour la période de 1866-1872, XXII, 70.
Commissaire pour un travail de M. Van Rossum sur l'authenticité de lettres de Charles-Quint à Rabelais, XXIII, 417; rapport, XXIV, 83, 202.
Commissaire pour un mémoire de M. Loise sur l'histoire de la poésie : Littérature espagnole, XXIII, 711; rapport, XXIV, 209, 373.
Commissaire pour un travail de M. Chalon sur les seigneurs de Florennes, XXV, 226; lecture de son rapport, XXV, 319.
Commissaire pour une notice de M. Varenbergh sur Poilvache et Bouvignes, XXV, 691.
Commissaire pour le mémoire de concours de 1871 sur l'histoire du droit criminel de l'ancien pays de Liége, XXXI, 38; rapport, XXXI, 408.
Communique son rapport sur les travaux de la Commission de publication des œuvres des grands écrivains du pays pour le Livre commémoratif du jubilé séculaire de l'Académie, XXXIII, 260.
Don d'ouvrage, XXII, 70.
Sa mort, XXXIII, 332.

Polain (fils). — Remercie pour les sentiments de condoléance exprimés par l'Académie lors du décès de son père, XXXIII, 428.

Portaels (J.). — Élu membre de la Commission de la Biographie nationale pour la période de 1866-1872, XXII, 97; réélu pour la période de 1872-1878, XXXIV, 207.
Commissaire pour les deux mémoires de concours de 1867 sur Quentin Metzys, XXXIII, 717; rapport, XXIV, 224.
Commissaire pour les mémoires de concours de 1868 sur le meme sujet, XXV, 706; rapport, XXVI, 215.
Remarques sur la question de l'emplacement d'un Palais des beaux-arts à Bruxelles, XXXI, 577.
Membre de la Commission chargée de préparer le plan d'un édifice pour les expositions triennales des beaux-arts, XXXII, 366.
Membre de la Commission pour l'examen des questions concernant le voyage des lauréats des concours de Rome, XXXIII, 482.
Propose une exposition de tableaux d'anciens maîtres au profit de la Caisse centrale des artistes, XXXIV, 437.
Communique une lettre des lauréats des grands concours sur leurs conditions de séjour à Rome, XXXV, 337.
Membre de la Commission chargée de l'examen des questions relatives au séjour des lauréats des grands concours à Rome, XXXV, 440.
Appelle l'attention de la Classe des beaux-arts sur la position précaire des pensionnaires du Gouvernement à Rome, XXXVI, 593.
Expose des tableaux au profit de la Caisse centrale des artistes, XXXIX, 431, 770, 973.
Avis sur les copies réglementaires des lauréats des grands concours, XLI, 1138.
Commissaire pour une note de M. Em. Neefs sur l'œuvre de Rubens, à Malines, XLI, 1136; rapport XLI, 1340, XLII, 200.
Motion relative aux règlements des grands œuvres de peinture, etc., XLII, 798.
Élu directeur de la Classe des beaux-arts pour 1878, XLIII, 41.
Délégué au Congrès artistique et littéraire d'Anvers en 1877, XLIV, 249.
Propose que le Gouvernement fasse une Exposition nationale rétrospective depuis 1830 à l'occasion du Cinquantenaire de 1880, XLV, 830; XLVI, 267.
Annonce par M. Fétis de la réalisation de sa proposition faite en 1878, d'une exposition rétrospective en 1880 XLVII, 912.

Se charge de prendre des informations au sujet des réclamations adressées à M. le Ministre de l'Intérieur par les concurrents pour les prix de Rome, XLVI, 138.

Discours prononcé à la séance publique de la Classe des beaux-arts en 1878, XLVI, 304.

Commissaire pour le mémoire de concours de 1879 sur le régime de la profession de peintre avant Rubens, XLVII, 912; rapport, XLVIII, 261, 272.

Postula. — Présente un travail sur les vibrations des cordes, XLVII, 181; rapports de MM. Montigny et Liagre, XLVII, 228.

Poswick. - Don d'ouvrages, XXXVII, 507; XLV, 108.

Potvin (Ch.). — Lauréat de la 4e période du concours quinquennal de littérature française, XXV, 584.

Lauréat de la 5e période du concours triennal de littérature dramatique en langue française, XXXVI, 375; XXXVII, 773.

Membre du jury chargé de juger la 7e période du concours triennal de littérature dramatique en langue française, XLVII, 107.

Élu correspondant de la Classe des lettres, XXXIX, 768; remerciments, XXXIX, 952.

Les bardes du désespoir, poésie, XLII, 911.

Lecture d'une notice sur le véritable auteur de *Li ars d'amour*, XLIII, 219.

Quel est l'auteur de *Li ars d'amour*, etc., XLVII, 455; rapports de MM. le baron Kervyn, Bormans et Le Roy, XLVII, 444, 446, 453.

Note bibliographique sur un ouvrage de M. Brassart concernant la famille des Wavrin, XLIII, 383.

Réclamation en faveur du poëte Pierre Gringore, XLIII, 430.

Journée d'avril, poésie, XLIII, 682.

Note bibliographique sur des ouvrages de M. Brassart, le *Pas du perron Fée* et l'*Histoire du château de Douai*, XLIV, 403.

Don d'une collection de documents ayant appartenu à A. Wiertz, XLV, 42, 107.

Note bibliographique sur des poésies de M. Frenay, XLV, 47.

Notice sur Siger de Brabant, XLV, 55, 330.

Le dix-huitième siècle, poésie, XLVI, 129.

Note sur quelques traductions d'œuvres littéraires belges, XLV, 300.

Se charge d'une seconde notice sur les traductions d'œuvres belges, XLVI, 262

Deuxième note sur les traductions de livres belges, L, 184; lecture des rapports de MM. Wauters, Poullet et Scheler, L, 184.

Note sur le livre de Mlle Nizet : *Chants de la Roumanie*, XLVI, 505.

Nuit en mer, poésie, XLVI, 775.

Membre du jury pour le concours des cantates de 1879, XLVII, 727.

Le beau, poésie, XLVIII, 561.

Commissaire pour la fondation De Keyn, XLIX, 221; rapport, XLIX, 503.

Note bibliographique sur un roman de Mlle Van de Wiele, XLIX, 276.

Lauréat du concours de poésie du Cinquantenaire belge, L, 150, 180, 449.

Promesse d'une notice sur M. Van Bemmel, L, 180.

Inscription pour le monument Quetelet, L, 319.

Commissaire pour une note de M. Capelle sur l'introduction du christianisme dans les Gaules, L, 183; rapport, L, 279.

Don d ouvrages, XLII, 399; XLIII, 34, 704; XLIV, 240, 402; XLV, 108, 300, 818; XLVI, 261, 940; XLVII, 830; XLVIII, 547; XLIX, 26, 222, 680; L, 182.

Poullet (Edm.). — Médaille d'or décernée par la Classe des lettres en 1867 pour son mémoire sur l'histoire du droit pénal dans l'ancien duché de Brabant jusqu'à Charles-Quint, XXIII, 526, 650; rapports de MM. Thonissen, Defacqz et Haus, XXIII, 494, 503, 511; inscription pour sa médaille, XXIII, 711.

Médaille d'or décernée par la Classe des lettres en 1869 pour son mémoire sur l'histoire du droit pénal dans l'ancien duché de Brabant depuis Charles-Quint, XXVII. 448, 592; rapports de MM. Thonissen, Defacqz et Haus, XXVII, 431, 441, 446; inscription pour sa médaille, XXVII, 715.
Quelques mots à propos de la juridiction disciplinaire des corporations communales au XVe siècle en Belgique, XXIX, 261, 410; rapport de M. Thonissen, XXIX, 387.
Médaille d'or décernée par la Classe des lettres en 1871 pour son mémoire sur l'histoire du droit criminel de l'ancien pays de Liége, XXXI, 411, 451; rapports de MM. Thonissen, Polain et Borgnet, XXXI, 390, 408, 409; inscription pour sa médaille, XXXI, 572.
Élu correspondant de la Classe des lettres, XXXIII, 431; remercîments, XXXIII, 512.
Élu membre, XLV, 718; remercîments, XLV, 818; arrêté royal approuvant son élection, XLV, 817.
Les gouverneurs de province dans les anciens Pays-Bas catholiques, XXXV, 362, 810
Prix décerné par la Classe des lettres en 1874 (Concours de Stassart) pour son mémoire sur les principes constitutionnels de nos anciennes provinces, XXXVII, 667. 772; rapports de MM. Nypels, Thonissen et Faider, XXXVII, 656, 664, 666.
Note sur un ouvrage de M. Poswick, XXXVIII, 507.
Chevalier de l'ordre de Léopold, XXXIX, 768.
Membre du jury chargé de juger la 6e période du concours quinquennal d'histoire nationale, XLI, 137.
Commissaire pour le mémoire de concours de 1877, sur Jacqueline de Bavière, XLIII, 204; rapport, XLIII, 377, 630.
Commissaire pour les mémoires de concours de 1879, sur Jacqueline de Bavière, XLVII, 214; rapport. XLVII, 640.
Note bibliographique sur une brochure de M. de Prins sur la littérature américaine, XLIII, 304.
Commissaire pour le mémoire de concours de 1878, sur la réunion aux Pays-Bas de la Gueldre, etc., XLV. 109; rapport, XLV, 544, 826.
Note bibliographique sur des ouvrages de M. Lamy, XLVI, 126.
Commissaire pour un travail de M. Paillard : *Voyage dans les Pays-Bas et maladie d'Éléonore*, XLVI, 261; rapport, XLVI, 508.
Commissaire pour un travail de M. Brabant sur Régnier au long Col, XLVIII, 366; rapport, XLVIII, 558.
Note bibliographique sur le tome II de la correspondance de Granvelle, XLIX, 27.
Commissaire pour les mémoires de concours de 1880, sur l'histoire des classes rurales de Belgique, XLIX, 131; rapport, XLIX, 486.
Commissaire pour la 2e note de M. Potvin sur les traductions de livres belges, L, 124; lecture de son rapport, L, 184.
Commissaire pour une note de M. Capelle sur l'introduction du christianisme dans les Gaules, L, 183; rapport, L, 279.
Don d'ouvrages, XLI, 682; XLII, 792; XLV, 290; XLVIII, 168; XLIX, 26.
PRAET (J. VAN). — Lauréat de la 5e période du concours quinquennal d'histoire nationale, XXXI, 375, 452.
Don d'ouvrages, XXIII, 416; XXXVII, 460.
PRÉSIDENT ANNUEL DE L'ACADÉMIE. — Nommé ex-officio fellow de la Société royale microscopique de Londres, XLVIII, 71.
PREUDHOMME DE BORRE (A.). — Sur des débris de chéloniens faisant partie des collections du Musée royal d'histoire naturelle de Bruxelles et provenant des terrains tertiaires des environs de cette ville, XXVII, 248, 420; rapports de MM. Poelman et Lacordaire, XXVII, 365, 366.
Sur une nouvelle espèce américaine du genre Caïman (alligator), XXVII,

363; XXVIII, 109; rapports de MM. P.-J. Van Beneden, Lacordaire et Poelman, XXVII, 624, 625, 626.
Description d'un jeune individu de la Dermatemys Mawii, espèce américaine de la famille des Élotides, XXVIII, 116.
Description d'une nouvelle espèce africaine du genre Varan (Varanus), XXIX, 4, 122; rapports de MM. Lacordaire et P.-J. Van Beneden, XXIX, 74, 75.
Sur le Byrsax (Boletophagus) gibbifer, Wesmael, et sur la place qu'il doit occuper dans la classification de la tribu des Bolitophagides, XXIX, 65, 379; rapport de M. Lacordaire, XXIX, 337.
Don d'ouvrages, XLVII, 743.
PRINGSHEIM (Nathaniel). — Élu associé de la Classe des sciences, XXXVIII, 847; remercîments, XXXIX, 2.
Don d'ouvrage, XXXIX, 3.
PRINS (A. DE). — Don d'ouvrage, XLIII, 304.
PUTZEYS (F.). — Sur les centres des nerfs vaso-moteurs, XXXVII, 270, 450; rapports de MM. Schwann et Gluge, XXXVII, 340, 341.
Présente une note sur la question de l'abiogenèse, XXXVII, 339; demande à rentrer en possession de ce travail, XXXVII, 482.
Billet cacheté déposé avec M. Swaen, dans la séance du 15 décembre 1875, XL, 898.
Contenu de ce billet cacheté relatif au sulfate de guanidine, XLI, 732.
De l'action physiologique du sulfate de guanidine, XLI, 813; rapports de MM. Schwann et Éd. Van Beneden, XLI, 735, 739.
Billet cacheté déposé dans la séance du 1er juillet 1876, XLII, 2.
Note sur de nouveaux agents anesthésiques, XLII, 240, 574; rapports de MM. Schwann et Éd. Van Beneden, XLII, 480, 481.
Billet cacheté déposé avec M. Swaen, dans la séance du 5 avril 1876, XLII, 239.
Présente avec M. Romiée un travail sur l'action physiologique de la gelsémine, XLIV, 455; rapports de MM. Schwann et Éd. Van Beneden, XLV, 7, 13.
Présente avec M. Swaen un travail sur la physiologie du nerf vague de la grenouille, XLV, 364, 755; rapports de MM. Schwann et Van Bambeke, XLV, 728, 731. — Voir *Romiée*. — *Swaen*.
PUTZEYS (J.). — Membre du jury chargé de juger la 5e période du concours quinquennal des sciences naturelles, XXXIII, 91; idem pour la 6e période, XLIII, 62.
Discours aux funérailles de M. Ad. Quetelet, XXXVII, 258.

Q.

QUAEDVLIEG (L.). — Présente ses observations du règne animal à Visé en 1871, XXXII, 235; en 1872, XXXV, 91; en 1873, XXXVII, 270.
QUETELET (Ad.). — Membre de la Commission pour la célébration du cinquantième anniversaire académique depuis son rétablissement en 1816, XXI, 36.
Perturbations de la déclinaison magnétique observées dans les lignes télégraphiques de Belgique et de France et dans les Observatoires de Bruxelles et de Paris, le 21 février 1866, XXI, 216.
Perturbations magnétiques observées à Bruxelles le 21 et le 23 février 1866, XXI, 281.
Présente ses observations des phénomènes périodiques observés à Bruxelles en 1866, XXI, 262, 309; XXII, 455; en 1867, XXIII, 367, 430; XXIV, 435; en 1868, XXV, 402, 403; en 1869, XXVIII, 398; en 1870, XXIX, 336,

446; XXX, 283; XXXI, 2; en 1871, XXXI, 199; XXXII. 235; XXXIII, 2, 299, 359; en 1872, XXXIV, 400; en 1872-1875. XXXV, 351; XXXVI, 602; XXXVII, 3.

Présente les ouvrages suivants : *Sciences mathématiques et physiques chez les Belges au commencement du XIXe siècle*, XXI, 279; le tome II de sa *Physique sociale*, XXVIII, 149.

Communication relative aux séances du mois de mai 1866, XXI, 294.

Sur les travaux d'ensemble de l'Académie et sur ses relations avec les sociétés savantes étrangères pendant le premier demi-siècle de son rétablissement, XXI, 475.

Nommé grand-officier de l'ordre de Léopold, XXI, 505.

Commissaire pour un mémoire de M. Ern. Quetelet sur la température de l'air à Bruxelles, XXII, 2; lecture de son rapport, XXII, 109.

Élu membre de la Commission de la Biographie nationale pour la période de 1866-1872. XXII, 3; réélu pour la période de 1872 à 1878, XXXIV, 142.

Deux lettres de Charles-Quint à Rabelais, XXII, 204; réponses à M. Gachard sur l'authenticité de ces lettres. XXII, 345, 478, 544.

Commissaire pour un travail de M. Montigny sur des altitudes barométriques prises à la cathédrale d'Anvers, XXII. 260; rapport, XXIII, 74.

Sur le 17e volume des Annales de l'Observatoire royal, XXII, 277; sur le 18e volume, XXV. 187; sur le 19e volume, XXVIII, 149.

Publication des Annales météorologiques de l'Observatoire, XXIII, 695.

Éclipse de soleil du 8 octobre 1866, XXII, 289.

Lecture d'une notice biographique sur P.-J. Braemt, XXII, 547; idem sur A. Timmermans, XXIV, 561; idem sur J.-F.-W. Herschel, XXXI. 478; XXXII, 155, 390.

Observations des températures faites à l'Observatoire royal de Bruxelles de 1854 à 1863, XXIII, 374.

Commissaire pour un travail de M Speelmans sur l'isoscélisme, XXIV, 102.

Relation de la 6e session du Congrès international de statistique, tenue à Florence, XXIV. 408; relation de la 7e session, tenue à La Haye, XXVII. 376; relation de la 8e session, tenue à Saint-Pétersbourg, XXXIV, 343.

Sur le plan de la statistique internationale de l'Europe, XXVIII, 349.

État de l'atmosphère en novembre 1867, à Bruxelles, XXIV, 509.

Communication relative aux Nouvelles météorologiques publiées par la Société météorologique de France, XXV, 8.

Sur la loi statistique des tailles humaines, et sur la régularité que suit cette loi dans son développement à chaque âge, XXV, 142.

Sur l'ensemble des travaux entrepris par M. Zantedeschi depuis plus de quarante ans, sur les températures terrestres dans les environs de Venise et de Padoue, XXV, 189.

Sur l'âge et l'état civil des mariés en Belgique pendant le dernier quart de siècle (1841 à 1865), XXV, 227.

Commissaire pour un travail de M. l'abbé Lecomte relatif à des observations sur la grêle, XXV, 284; rapport, XXV, 405.

Rectification concernant la note qu'il a insérée dans ce travail de M. Lecomte, XXVII, 192

Appel fait aux observateurs pour les phénomènes météorologiques, XXV, 403, 611.

Progrès des travaux statistiques, XXV, 545.

Sur les phénomènes périodiques en général, XXVI, 136.

Communication relative aux phénomènes périodiques, XXVII, 362.

Sur la détermination de la différence de longitude entre les Observatoires de Leide et de Bruxelles, XXVI, 262.

Passage de Mercure sur le soleil observé à Bruxelles le 5 novembre 1868, XXVI, 384.

Sur l'homme et le développement de

ses facultés, à propos de son ouvrage intitulé : *Physique sociale*, XXVI, 496; XXVIII, 149.

Taille de l'homme en Italie, à l'exception des provinces vénitiennes, pour l'âge de 20 ans, XXVII, 196.

Commissaire pour un travail de M. Rodenbach sur l'étalon prototype universel des mesures de longueur, XXVIII, 571 ; rapport, XXIX, 46.

Communications verbales sur l'histoire de l'art, XXVIII, 584; XXXIV, 127; XXXV. 448.

Commissaire pour une note de M. Bernaerts sur la nature du soleil, XXIX, 4; rapport XXIX, 73.

Commissaire pour une note de M. Denza sur l'aurore boréale du 3 janvier 1870, XXIX. 336.

Sur la détermination de la déclinaison et de l'inclinaison magnétiques à Bruxelles en 1870, XXIX, 450.

Sur l'occultation de Saturne par la lune, le 19 avril 1870, XXIX, 454.

Des lois concernant le développement de l'homme, XXIX, 669.

Commissaire pour le modèle du buste de M. de Nieuport. XXX, 83, 154.

Loi de périodicité de l'espèce humaine, XXX, 358.

Sur l'éclipse de soleil du 22 décembre 1870 et l'éclipse de lune du 6 janvier 1871, XXXI, 8

Sur l'anthropométrie ou sur la mesure des différentes facultés de l'homme, XXXI, 38.

Commissaire pour une note de M. Terby sur les taches de la planète Mars, XXXI, 113.

Développement de la taille humaine; extension remarquable de cette loi, XXXI, 114.

Sur les publications de l'Observatoire royal de Bruxelles, XXXI, 483.

Remarques sur la question de l'emplacement d'un Palais des beaux-arts à Bruxelles, XXXI, 581.

Sur le développement des qualités physiques, morales et intellectuelles de l'homme, XXXII, 49.

Sur l'abaissement de température du mois de décembre 1871, XXXII, 373.

Présente son travail : *Le premier siècle de l'Académie*. pour le livre commémoratif du jubilé séculaire, XXXIII, 226. 260.

Sur les tables de mortalité, XXXIV, 5.

Commissaire pour une note de M. Guinsbourg sur la mortalité des enfants nouveau-nés, XXXIV, 244.

Température des puits artésiens, XXXIV, 270.

Commissaire pour un mémoire de Mahmoud bey sur le système métrique actuel de l'Égypte comparé au système français, XXXIV, 405; rapport, XXXV, 19.

L'unité de l'espèce humaine, XXXIV, 456. 623

De l'homme considéré dans le système social. ou comme unité, ou comme fragment de l'espèce humaine, XXXV, 198.

Sur le calcul des probabilités appliqué à la science de l'homme, XXXVI, 19.

Une lettre inédite de Grégoire de Saint-Vincent, XXXVI, 89.

Sur l'éclipse de lune du 4 novembre 1873, XXXVI, 468.

Sur la construction d'un atlas des orages pour la Belgique, XXII, 281.

Orages observés à Bruxelles du 7 février jusqu'à la fin de mai 1867; XXIII, 695; orages des mois de juin et juillet 1867, XXIV. 114; idem des mois d'août et septembre 1867, XXIV, 300; idem en 1868. XXVI, 275; idem du 21 août 1868 au 1er avril 1869, XXVII, 251; idem du 14 avril au 27 mai 1869, XXVII, 635; idem du 1er juin au 1er octobre 1869. XXVIII, 331; idem en 1869, XXVIII, 404; idem du 1er octobre 1869 au 1er novembre 1870, XXX, 290; idem en 1871, XXXII, 39.

Sur l'aurore boréale du 6 octobre 1869, XXVIII, 403; sur l'aurore boréale du 3 janvier 1870, XXIX, 16; sur les aurores boréales de janvier et de février 1870, XXIX 176; aurores boréales des 24 et 25 octobre 1870, XXX, 288; aurore boréale du 19 novembre 1870, XXX, 378; sur l'aurore boréale du 12 février 1871,

XXXI, 56; aurores boréales des 9 et 10 novembre 1871, XXXII, 373; sur l'aurore boréale du 4 février 1872, XXXIII, 131, 312; sur l'aurore boréale du 10 au 11 avril 1872, XXXIII, 375; sur l'aurore boréale du 7 au 8 juillet 1872, XXXIV, 146; des mois d'août et de septembre 1872, XXXIV, 270; du 7 janvier 1873, XXXV, 98.

Des lois mathématiques concernant les étoiles filantes, XXIII, 78.

Observation des étoiles filantes à Bruxelles les 7, 10 et 11 août 1866, XXII, 207; idem de novembre 1866, XXII, 455; idem d'août 1867, XXIV, 287; idem de novembre 1867, XXIV, 509; idem d'août 1868, XXVI, 271; idem de novembre 1868, XXVI, 439, 444; idem d'août 1869, XXVIII, 324; idem de novembre 1869, XXVIII, 527, 543; idem de novembre 1870, XXX, 370; idem de novembre 1871, XXXII, 344; idem d'août 1872, XXXIV, 270; idem de novembre 1872, XXXV, 98; XXXIV, 455; idem d'août et de novembre 1873, XXXVI, 305, 608

Sur un bolide observé en Belgique le 20 juin 1866, XXII, 7; sur l'heure de chute des aérolithes, XXIII, 225; sur l'origine des étoiles filantes et des aérolithes et sur l'heure des chutes observées, XXXIII, 443; sur le bolide du 11 juin 1867, XXIV, 18; sur un météore observé à Bruxelles dans la nuit du 7 au 8 octobre 1868, XXVI, 270; sur les chutes d'aérolithes en 1868, XXVI, 265; sur le bolide du 1er octobre 1869, XXVIII, 225; bolide du 21 juillet 1873, XXXVI, 145.

Commissaire pour les notes de M. Perrey sur les tremblements de terre observés en 1864, XXI, 494; rapport, XXI, 265; idem pour 1865, XXIII, 219; rapport, XXIII, 378; idem pour 1866-1867, XXV, 611; idem pour 1868, XXIX, 63; rapport, XXIX, 339; idem pour 1869, XXXII, 155; rapport, XXXII, 241; idem pour 1870, XXXIV, 243; rapport, XXXV, 97.

Don d'ouvrages, XXI, 2; XXIII, 3, 431; XXIV, 498; XXV, 2; XXVII, 3, 116; XXVIII, 2, 138; XXIX, 38; XXXI, 2, 110, 475; XXXIII, 3, 80; XXXIV, 242; XXXV, 3; XXXVI, 2, 115; XXXVII, 117

Sa mort, XXXVII, 245, 268, 288, 324; ses funérailles, XXXVII, 245; tribut de regrets de l'Académie à sa mémoire, XXXVII, 778; proposition par M. Montigny de lui élever un monument, XXXVII, 779; lettre de condoléance de l'Université de Kharkow, au sujet de sa mort, XXXVII, 482; son buste, XXXVII, 268.

QUETELET (Ernest). — Sur l'état de l'atmosphère à Bruxelles pendant l'année 1865, XXI, 82.

Phénomènes atmosphériques remarquables observés à l'Observatoire royal de Bruxelles au commencement de 1866, XXI, 283.

Sur la nouvelle étoile changeante de la Couronne boréale, XXI, 535.

Présente un mémoire sur la température de l'air à Bruxelles, d'après trente années d'observations (1833-1862), XXII, 2; lecture des rapports de MM. Duprez et Ad. Quetelet, XXII, 109.

Commissaire pour une notice de M. Wouwermans sur le climat de la Belgique, XXII, 3.

Éclipse de soleil du 8 octobre 1866, XXII, 280.

Étoiles filantes périodiques de novembre 1866 à Bruxelles, XXII, 455.

Les Perséides en 1874, XXVIII, 410.

Les Perséides en 1875, XL, 319.

Commissaire pour un travail de M. Dreze sur un nouveau système de cartes géographiques, XXIV, 3.

Commissaire pour un mémoire de M. De Tilly sur la cinématique, XXV, 284.

Commissaire pour un mémoire de M. Brück sur les étoiles filantes, XXV, 403; lecture de son rapport, XXVI, 250.

Commissaire pour la 8e série des recherches de M. Plateau sur les figures d'équilibre, XXVI, 3; lecture de son rapport, XXVI, 136.

Commissaire pour les 9e, 10e et 11e sé-

ries du travail précité de M. Plateau, XXVI, 249; lecture de son rapport, XXVI, 380.

Commissaire pour les études de mécanique abstraite de M. De Tilly, XXVI, 135; rapport, XXVII, 618.

Commissaire pour un travail de M. Melsens sur le coup de foudre du 10 juillet 1865 de la gare d'Anvers, XXVI, 250; lecture de son rapport, XXVII, 191; commissaire pour la nouvelle rédaction de ce mémoire, XXXIX, 445; lecture de son rapport, XXXIX, 780.

Membre du jury chargé de juger la 4e période du concours quinquennal des sciences mathématiques et physiques, XXVI, 430; idem pour la 5e période, XXXVII, 2.

Commissaire pour une note de M. D. Leclercq sur les orages observés à Liége en 1868, XXVII, 4.

Sur les aurores boréales du 25 avril et du 13 mai 1869, XXVII, 628.

Sur les aurores boréales de septembre à décembre 1870, XXXI, 7.

Sur l'aurore boréale du 4 février 1872, XXXIII, 177.

Sur l'aurore boréale du 4 février 1874, XXXVII, 160.

Sur le bolide observé à Bruxelles le lundi 31 mai 1869, XXVII, 631.

Sur les cartes de la lune photographiées par M. Neyt, XXVIII, 28.

Commissaire pour un mémoire de M. Houzeau sur les petits mouvements des étoiles, XXVIII, 319; lecture de son rapport, XXVIII, 694.

Commissaire pour une note de M. de Boë sur la détermination de la latitude de la cathédrale d'Anvers, XXIX, 336; rapport, XXIX, 449.

Communique l'état de la végétation à Bruxelles le 21 avril 1870, XXIX, 446, le 21 mars 1874, XXXVII, 829.

Commissaire pour le mémoire de concours de 1870 sur les procédés suivis pour déterminer les éléments du magnétisme terrestre, XXIX, 669; XXX, 84; rapport, XXX, 431.

Commissaire pour une notice de M. Griffé sur la détermination de la distance de la terre au soleil, XXX, 375; lecture de son rapport, XXXI, 4.

Commissaire pour un mémoire de M. Mailly intitulé : *Tableau de l'astronomie dans l'hémisphère austral et dans l'Inde*, XXXIII, 171; rapport, XXXIII, 301.

Commissaire pour une note de M. Melsens sur la température de l'espace, XXXIII, 359.

Sur l'éclipse de lune du 22 mai 1872, XXXIII, 497.

Commissaire pour une note de M. Terby sur l'aspect de la planète Jupiter pendant l'opposition de 1872, XXXIV, 140; rapport, XXXIV, 269.

Commissaire pour une note de M. Leclercq sur les aurores polaires, XXXIV, 140; rapport, XXXIV, 267.

Commissaire pour le mémoire de concours de 1872 sur la température de l'espace, XXXIV, 141.

Commissaire pour une note de M. Tarry sur la prédiction et le mouvement des tempêtes, XXXIV, 243.

Commissaire pour les notes de M. Perrey sur les tremblements de terre en 1870, XXXIV, 243; idem pour la suite de la même année, XXXVI, 299; rapport, XXXVI, 604; idem pour 1871, XXXVII, 802; rapport, XXXVIII, 298.

Commissaire pour une note de M. Terby sur les taches de la planète Mars, XXXIV, 447; rapport, XXXV, 21.

Commissaire pour un mémoire du même intitulé: *Aerographische Fragmente*, etc., XXXV, 188; rapport, XXXV, 352.

Sur l'éclipse de soleil du 26 mai 1873, XXXV, 645.

Commissaire pour une note de M. Terby sur la configuration des taches de la planète Mars à la fin du XVIIIe siècle, XXXVI, 3.

Commissaire pour une note du même sur l'aspect des planètes Mars et Jupiter en 1873, XXXVI, 116.

Détermination de la déclinaison et de l'inclinaison magnétiques à Bruxelles, en 1873, XXXVI, 142.
Sur le Congrès international de météorologie de Vienne, en 1873, XXXVI, 306.
Commissaire pour un mémoire de M. De Heen sur les nébuleuses, XXXVI, 451.
Annonce la mort de son père et remercie pour les témoignages qui lui sont exprimés à ce sujet, XXXVII, 268, 288, 324, 325.
Commissaire pour deux lettres de M. Genocchi sur le développement de la fonction log Γ (*x*), XXXVII, 270; rapport, XXXVII, 351.
Sur les observations météorologiques simultanées sur l'hémisphère terrestre boréal, XXXVII, 352.
Commissaire pour un mémoire de M. Terby, intitulé : *Aérographie*, XXXVII, 802; rapport, XXXVIII, 7.
Commissaire pour une note de M. Wouwermans sur la parallaxe du soleil, XXXVII, 802.
Commissaire pour une note du même intitulée : *Un mot à propos d'une notice du comte de Rosse sur les observations de Jupiter faites en 1873*, XXXVIII, 293.
La comète de Coggia observée à Bruxelles en juillet 1874, XXXVIII, 349.
Commissaire pour un mémoire de M. Houzeau sur quelques observations astronomiques et météorologiques, XXXVIII, 405; lecture de son rapport, XXXVIII, 558.
Commissaire pour une note de M. Terby sur l'aspect de Jupiter pendant son opposition en 1874, XXXVIII, 406; rapport, XXXVIII, 559.
Sur les perturbations magnétiques qui ont accompagné l'aurore boréale du 3 octobre 1874, XXXVIII, 421.
Commissaire pour une note de M. Estourgies intitulée : *Calculs de l'éclipse de soleil du 10 octobre 1874 et de l'occultation de Vénus par la Lune le 11 octobre 1874*, XXXVIII, 558; rapport verbal, XXXIX, 84 bis
Observation de ces deux phénomènes à l'Observatoire royal de Bruxelles, XXXVIII, 566, 567.
Commissaire pour une note de M. Vivier sur la constitution physique des comètes, XXXVIII, 652; rapport verbal, XXXIX, 14.
Présente un supplément à son mémoire sur la température de l'air à Bruxelles, XXXIX, 56; lecture des rapports de MM. Duprez, Montigny et Mailly, XXXIX, 257.
Quelques nombres caractéristiques relatifs à la température de Bruxelles, XXXIX, 92.
Sur la température de l'hiver de 1874 à 1875, XXXIX, 368.
Commissaire pour une note de M. Journeaux-Duhamel sur un nouvel instrument astronomique, XXXIX, 445; rapport, XL, 60.
Commissaire pour une lettre de M. Liais sur la détermination de la parallaxe solaire, XXXIX, 779.
La direction de l'aiguille aimantée à Bruxelles en 1875, XL, 20.
Commissaire pour une note de M. Wattier sur l'étude de la nature, XL, 23; rapport verbal, XL, 274.
Commissaire pour un travail du Dépôt de la Guerre sur la triangulation de la Belgique, XL, 268; rapport, XLI, 40.
Commissaire pour deux notes de M. Terby sur la planète Mars et l'ombre du deuxième satellite de Jupiter, XL, 271 ; rapport, XL, 453.
Commissaire pour un travail de M. D. Leclercq sur des orages qui ont éclaté à Liége en 1874 et en 1875, XL, 271.
L'éclipse de soleil du 29 septembre 1875, XL, 322.
La période de froid du mois de décembre 1875, XL, 758.
Commissaire pour un travail de M. Lehardelay sur la planète Saturne, XLI, 734; rapport, XLI, 1153.
Sur la tempête du 12 mars 1876, XLI, 739, 1158.

Commissaire pour l'Uranométrie générale de M. Houzeau, XLI, 911; rapport. XLII, 11.

Commissaire pour un travail de M. Mailly sur l'histoire des sciences et des lettres en Belgique pendant la seconde moitié du XVIIIe siècle, XLII, 240, 460; rapports, XLII, 477, 676.

Commissaire pour un travail de M. J Plateau intulé : *Bibliographie analytique des principaux phénomènes subjectifs de la vision*. XLII, 828 ; XLIII, 63, 324, 460; lecture de ses rapports, XLIII, 8, 236, 480, 715.

Commissaire pour un travail de M. l'abbé Spée sur les perturbations de l'aiguille aimantée et les taches solaires, XLIII, 63; rapport, XLIII, 251

Commissaire pour une note de M. Terby sur la planète Mars, XLIII, 232; rapport, XLIII. 331.

Commissaire pour une note de M. Lancaster sur la périodicité des hivers doux et des étés chauds, XLIII, 325; rapport, XLIII, 475.

Commissaire pour une note de M. Terby sur la planète Mars, XLIV, 655

Recherches sur les mouvements de l'aiguille aimantée, XLV, 71; résumé de ce travail, XLV, 80 ; rapport de MM. Liagre, Houzeau et Duprez, XLV, 155

Don d'ouvrages, XXI, 263; XXXVI, 450; XXXVII, 159; XXXVIII, 555; XXXIX, 3; XLI, 395.

Sa mort, XLVI; 316; discours à ses funérailles par M Mailly, XLVI, 320.

Promesse d'une notice par le même, XLVI, 316.

Queux de Saint-Hilaire (le marquis). — Don d'ouvrage, XXXVIII, 666.

Quoidbach (Th.) — Médaille d'or décerné par la Classe des lettres en 1877 pour son mémoire sur la conservation du caractère national belge, XLIII, 628. 700; rapports de MM. De Decker, Thonissen et Faider, XLIII, 614, 61, 627; XLV, 108; inscription pour sa médaille, XLIII, 748.

R.

Raab. — Don de gravures, XL, 893.

Radoux (Th.). — Élu correspondant de la Classe des beaux-arts, XXXVII, 152; remerciments, XXXVII, 237.

Élu membre, XLVII, 477; remerciments, XLVII, 728; approbation royale de son élection, XLVII, 728.

Membre du jury pour le concours des cantates de 1877, XLIII, 440.

Membre du jury chargé de juger le grand concours de composition musicale de la même année, XLIII, 751; idem de la section permanente de ce jury pour la même année, XLIII, 752.

Membre du jury pour le grand concours de composition musicale de 1879, XLVIII, 87, 260.

Commissaire pour le 3e rapport trimestrielle de M. Tinel, XLVII, 911; lecture de son rapport, XLVIII, 88.

Promesse d'une notice sur Daussoigne-Méhul, L, 66.

Radziszewsky. — Sur quelques transformations de l'acide formobenzoïque, XXIV, 3, 158; rapports de MM Kekulé et Stas, XXIV, 109.

Note sur quelques dérivés de l'acide phényl-acétique (α toluique) 1re partie, XXVI, 135, 293; rapports de MM. Stas et Donny, XXVI, 260, 261; 2e partie, XXVII, 363, 698; rapports de MM. Stas et de Koninck, XXVII, 620. — Voir *Glaser*.

Raemdonck (J. Van). — Don d'ouvrages, XXVIII, 122; XLI, 2; XLII, 186; L, 424.

Ragona (D.). — Observations météorologiques horaires faites à Modène pendant le solstice d'été de l'année 1867, XXIV, 306.

Rahlenbeek (Ch.). — Don d'un manuscrit de concours concernant les relations des Belges avec l'Angleterre avant Charles-Quint, XLVII, 443.

Ramon de la Sagra. — Voir *De la Sagra*.

Ramsay (A.-C). — Élu associé de la Classe des sciences, XXXIV, 652; remercîments, XXXV, 2.

Don d'ouvrage, XLI, 4, 223.

Raquez (Oscar). — Prix accordé à son projet de Fontaine monumentale, du concours d'art appliqué de la Classe des beaux-arts en 1879, XLVIII, 209, 322.

1er et 2e rapports sur ses voyages à l'étranger, L, 136, 322; appréciation du premier par MM. Balat, De Man et Pauli, L, 324.

Rau (Ch.-H.). — Sa mort, XXIX, 385.

Rau (Edmond). — Invite l'Académie à ses expériences sur la division de l'arc voltaïque, XLIX, 83.

Raüs (N.). — Billet cacheté déposé dans la séance du 5 avril 1879, XLVII, 307.

Présente un travail intitulé : *Géométrie élémentaire de l'ellipse*, XLVIII, 95.

Rauwenhoff. — Annonce l'ouverture d'un congrès de botanistes à Amsterdam en 1877, XLIII, 318.

Ravaisson (F.). — Don d'ouvrage, XXXIII, 585.

Record of geological literature, at London. — Demande l'échange de publications, XXXIX, 442.

Rees (R. Van). — Sa mort, XL, 267.

Regnault (V.). — Élu associé de la Classe des sciences, XXVI, 554; remercîments, XXVII, 2.

Sa mort, XLV, 146.

Reinemund. — Présente une note sur l'équation de l'épicycloïde, XXXIX, 4; rapports de MM. Catalan et De Tilly, XXXIX, 73, 75.

Sur les polygones réguliers et les séries trigonométriques, XL, 447, 801; rapports de MM. De Tilly et Catalan, XL, 671, 673; suite du même travail, XLIII, 232, 356; rapport des mêmes, XLIII, 332.

Remouchamps. — Sur la glande gastrique du Nandou d'Amérique, L, 114; rapport de MM. Van Bambeke et F. Plateau, L, 82.

Renard (A.). — Billet cacheté déposé dans la séance du 2 août 1873, XXXVI, 114.

Billet cacheté déposé dans la séance du 28 mars 1874, XXXVII, 338.

Médaille d'or décerné par la Classe des sciences, en 1874, pour son mémoire, fait avec M de la Vallée Poussin, sur les roches plutoniennes, XXXVIII, 784, 846; rapports de MM. de Koninck, Dewalque et Malaise, XXXVIII, 748, 750, 775; remercîments pour sa médaille, XXXIX, 3; présente la seconde partie de ce travail, XL, 447; rapports de MM. Dewalque, de Koninck et Malaise, XLI, 407, 430, 431

Billet cacheté déposé dans la séance du 5 février 1876, XLI, 224.

Présente un mémoire sur le Coticule, XLII, 240; rapports de MM. de Koninck et Malaise, XLII, 462, 473.

Présente avec M. de la Vallée Poussin un travail sur un fragment de roche tourmalinifère du Poudingue de Boussalle, XLIII, 232, 359; rapports de MM. Dupont, Malaise et Briart, XLIII, 333, 335.

La diabase de Challes, près de Stavelot, XLVI, 4, 228; rapports de MM. Malaise et de Koninck, XLVI, 186, 188.

Recherches sur les phthanites du calcaire carbonifère de la Belgique, XLVI, 177, 471; rapports de MM. Dupont, Briart et Malaise, XLVI, 323, 327.

Billet cacheté déposé dans la séance du 9 novembre 1878, XLVI, 584.

Caractères distinctifs de la dolomite et de la calcite dans les roches calcaires et dolomitiques du calcaire carbonifère de la Belgique, XLVII, 541; rapports de MM. Malaise et de Koninck, XLVII, 492, 493.

Sur la diorite quartzifère du champ

de Saint-Véron (avec M. de la Vallée Poussin), XLVIII, 128; rapport de MM. Malaise, Briart et de Koninck, XLVIII, 104, 105.

Sur la composition chimique de l'épidote de Quenast, L, 170; rapport de MM. de Koninck et Stas, L, 80. — Voir *de la Vallée Poussin*.

RENARD (le général B.). — Membre du jury chargé de juger la 6e période du concours quinquennal d'histoire nationale, XLI, 137.

REUMONT (Alfred DE). — Annonce la publication de son travail sur Rome, XXI, 291.

Envoi d'une notice biographique sur M. Bock, XXXII, 192, 320.

Note bibliographique de M. Piot sur son livre : *Le séjour de Gustave III à Aix-la-Chapelle de 1780 à 1791*, XLIX, 273.

Don d'ouvrages, XXV, 140; XXXII, 79, 296; XXXVII, 844; XLVII, 109; XLIX, 270.

RÉUNION DES NATURALISTES ALLEMANDS. — Annonce de sa 41e session à Francfort s/M. en 1866, XXII, 2.

REVISTA SCIENTIFICO-INDUSTRIALE, A FLORENCE. — Demande l'échange de publications, XXXIV, 139.

REVUE DES COURS SCIENTIFIQUES ET LITTÉRAIRES, A PARIS. — Demande l'échange de publications, XXIV, 435.

REVUE DES QUESTIONS HISTORIQUES, A PARIS. — Demande l'échange de publications, XXIX, 705.

REVUE DES SCIENCES MÉDICALES EN FRANCE ET A L'ÉTRANGER, A PARIS. — Demande l'échange de publications, XXXIV, 241.

REVUE NOUVELLE DE L'ARCHITECTURE ET DES TRAVAUX PUBLICS, A PARIS. — Demande de renseignements biographiques concernant les architectes qui font partie de l'Académie, XLIV, 259.

RIBAUCOUR (Alfred). — Billet cacheté déposé dans la séance du 2 août 1879, XLVIII, 94.

Médaille d'or décernée par la Classe des sciences en 1880, pour son mémoire sur les Élassoïdes, L, 358, 448; rapports de MM. Catalan, Folie et De Tilly, L, 333, 353, 355.

RICCI (F.). — Élu associé de la Classe des beaux-arts, XXIX, 38.

Sa mort, XLV, 57.

RICHARDSON (E.). — Don d'ouvrage, XLIV, 405.

RIEDMATTEN (DE). — Don d'ouvrage, XLVII, 442.

RIGOUTS-VERBERT. — Envoi de ses observations des phénomènes périodiques observés à Anvers le 21 mars et le 21 avril 1866, XXI, 309.

Sa mort, XXIV, 2.

RIVIER (Alph.). — Élu associé de la Classe des lettres, XXXV, 622; remercîments, XXXV, 793.

Note sur la découverte de tables romaines à Ossuna, XXXVII, 144.

Le *Compendium Institutionum* de Nicolas de Bruxelles, XXXVIII, 619.

Étienne Van der Straeten, professeur à Dôle, et conseiller de Brabant, XXXIX, 208.

Note bibliographique sur l'histoire des Burgundions de M. Albert Jahn, XXXIX, 958.

Jean de Drosay, l'un des réformateurs de la science du droit au XVIe siècle, XL, 618, 868.

Lectures sur la science du droit dans la première partie du moyen âge, etc., XLI, 1337; XLII, 195.

Commissaire pour un mémoire de M. De Cross sur la puissance des père, mère, etc., XLII, 793; lecture de son rapport, XLIII, 35.

Commissaire pour un travail de M. De Cross sur la procédure civile au XVIIe siècle, XLIV, 402; lecture de son rapport, XLIV, 818.

Note bibliographique sur un ouvrage de M. Vulliemin sur la Confédération suisse, XLIII, 217.

Claude Chansonnette, jurisconsulte messin, etc., XLV, 110; lecture des rapports de MM. Nève, Wauters et Le Roy, XLV, 544.

Note bibliographique sur trois ouvrages de M. Von Gonzenbach, XLIX, 409.

Note bibliographique sur le Manuel

des lois de la guerre par M. Moynier, L, 315.
Don d'ouvrages, XXXVI, 571; XXXVII, 290; XXXVIII, 507; XXXIX, 334; XL, 579, 815; XLIV, 817; XLVI, 126, 910.

ROBERT (A.). — Élu membre de la Classe des beaux-arts, XXIX, 438; remercîments, XXIX, 641; approbation royale de son élection, XXIX, 641.
Membre de la Commission pour l'examen des questions concernant le voyage des lauréats des grands concours à Rome, XXXIII, 482.
Commissaire pour l'examen de la lettre de l'Académie royale des beaux-arts de St.-Pétersbourg relative à la création d'une classe d'élèves médailleurs, XXXVI, 243; rapport, XXXVI, 433.
Rapport sur le modèle du buste de M. de Nieuport, XXXVII, 776.
Expose des tableaux au profit de la Caisse centrale des artistes, XXXIX, 431, 770, 973.
Membre de la Commission pour le costume officiel des académiciens, XXXIX, 972.
Motion relative à la propriété artistique, XLII, 225, 404, 642, 797, 919.
Membre du comité directeur de la Caisse centrale des artistes, XLV, 136.
Commissaire pour les rapports semestriels de M. De Jans, XLVIII, 573; appréciations, XLVIII, 722; L, 67, 247.

ROBERT (C.). — Don d'ouvrage, L, 313.

ROBIN (Éd.). — Présente une notice sur la matière cornée des vertébrés, XXVI, 380.
Lecture du rapport de M. Gluge sur sa note concernant la cause du manque d'énergie chez l'habitant des pays chauds, XXVII, 11.
Présente une notice sur la prévision de la couleur des composés minéraux, XXVII, 363; lecture des rapports de MM. Stas et Melsens, XXVII, 627.
Présente une note sur les modifications de la voix sous l'influence des climats excessivement chauds, XXVIII, 319; lecture du rapport de M. Gluge, XXVIII, 694.
Présente une note sur les moyens de prévoir la grandeur comparée des mâles et des femelles dans la série des animaux, XXVIII, 528.
Rapport verbal de M. Gluge sur cette note et sur sa note concernant les effets de la foudre sur les animaux, XXIX, 14.
Envoi de documents manuscrits et imprimés sur ses travaux, XXX, 2.
Présente une note sur les moyens de rendre la vieillesse plus saine, XXXIII, 171; rapport verbal de M. Gluge, XXXIII, 312.
Présente une note sur la cause des pouvoirs laxatifs qu'exercent les corps gras pris en quantité un peu forte, XXXIV, 140; rapport de M. Gluge, XXXIV, 270.
Présente une note sur l'apprivoisement des animaux sauvages, XXXIV, 491; rapport verbal du même, XXXIV, 454.
Présente un travail sur la cause des pouvoirs exercés par les médicaments, XXXV, 4; rapport verbal du même, XXXV, 19.
Présente une note sur le mode d'action des acides et sur l'explication de la petite taille et de la lenteur des mouvements chez les édentés, XXXV, 459.
Présente une note sur divers sujets physiologiques, XXXVI, 299; rapport verbal de M. Gluge, XXXVI, 454.
Don d'ouvrages, XXX, 2; XLVIII, 339.

RODENBACH (C.). — Présente un travail sur l'étalon prototype universel des mesures de longueur, XXVIII, 571; XXIX, 559; rapports de MM. de Witte, Ad. Quetelet et Nève, XXIX, 543, 546, 547; renvoi de ce mémoire à la Classe des sciences, XXXVII, 484, 602; rapports de MM. Liagre, Montigny et Mailly, XXXVIII, 5, 7; redemande ce travail, XL, 270.

RODIGAS (Émile). — Envoi de ses observations des phénomènes périodiques observés à Gendbrugge-lez-Gand en 1865, XXI, 494; en 1866, XXIII, 430; en 1867, XXV, 71.

ROECKL. — Procédé pour prendre l'empreinte des cachets et des médailles, XLVII, 306; lecture des rapports de

MM. Stas et Melsens, XLVII, 744.

Roersch (L.). — Membre de la Commission de publication des anciens monuments de la littérature flamande, XLVIII, 548; remercîments, XLVIII, 693.

Roffiaen. — Don d'ouvrage, XLIII, 704.

Roi des Belges (S. M. le). — Institue un prix annuel de 25,000 francs en faveur des œuvres de l'intelligence, XXXIX, 2, 43, 46; adresse de remercîments votée par l'Académie au sujet de cette fondation, XXXIX, 54, 148, 238; remercîments pour le toast au banquet académique du 15 mai 1877, XLIII, 703; remercîments pour le toast au banquet d'installation, XLIV, 887; adresse de félicitations de l'Académie au sujet du 25e anniversaire de son mariage, XLVI, 286, 315, 502.

Rolin-Jaequemyns (G.). — Élu correspondant de la Classe des lettres, XXXVII, 774; remercîments, XXXVII, 843.

Élu membre, XLV, 717; approbation royale de son élection, XLV, 817.

Lecture de la première partie d'un travail sur l'idée de la codification dans le droit national et dans le droit international, son passé et son avenir, XXXIX, 344.

Sur le rôle et la mission des nations neutres ou secondaires dans le développement du droit international, XXXIX, 751.

Commissaire pour le mémoire de concours de 1878 sur la mission de l'État, XLV, 109; lecture de son rapport, XLV, 543.

Note bibliographique sur le volume de M. Verhaeghe-De Naeyer : *Florence. Étude politique*, L, 313.

Don d'ouvrages, XXXVII, 460; XLIII, 303; XLV, 519.

Romiée (H.). — Présente avec M. F. Putzeys un travail sur l'action physiologique de la gelsémine, XLIV, 455; rapports de MM. Schwann et Éd. Van Beneden, XLV, 7, 13. — Voir *Putzeys*.

Ronday. — Notice préliminaire sur l'acide homotartrique, XXIV, 3, 494; rapport de M. Kekulé, XXIV, 112.

Note sur quelques sels de l'acide itamalique, XXIV, 186; rapport de M. Stas, XXIV, 113.

Rongé (J.-B.) — Don d'ouvrages, XXIV, 212, 223; XXVII, 235, 316.

Rooses (Max). — Lauréat du concours de Stassart pour sa notice sur Plantin, XLI, 1078, 1132; lecture des rapports de MM. Scheler, Wagener et Thonissen, XLI, 891, 895, 896; remercîments pour son prix, XLI 1327.

Rossi (M.-S. de). — Demande le *Bulletin* en échange du *Bolletino del vulcanismo italiano*, XXXVII, 482.

Rossini (G.). — Sa mort, XXVI, 504.

Rossum (Van). — Présente un travail sur les lettres de Charles-Quint à Rabelais, XXIII, 417.

Rostafinski. — Médaille d'or décernée par la Classe des sciences en 1877 pour son mémoire intitulé : *Prodrome d'une monographie des Laminariacées*, XLIV, 883; rapports de MM. Morren, Crépin et Gilkinet, XLIV, 675, 680, 681, 850.

Roth (Chr.). — Soumet deux photographies d'une statue anatomique, XXIV, 490; prospectus de son atlas anatomique, XXVI, 422.

Rottier. — Sur la conservation des bois au moyen des sels de cuivre, XXVII, 129; XXXVIII, 406, 595; rapports de MM. Donny et Melsens, XXXVIII, 560, 562.

Rouillet (Antony). — Lettre relative à la distinction accordée par l'Académie des sciences morales et politiques de Paris à son travail sur la densité de la population en Europe, XLI, 355.

Don d'ouvrages, XLI, 681; XLII, 628; L, 272.

Roulez. — Élu directeur de la Classe des lettres pour 1867, XXI, 35.

Membre de la Commission pour la formation du programme de concours de la Classe des lettres, XXI, 36.

Sur l'ordre chronologique de certains événements du règne du Ménapien Carause en Bretagne, XXIII, 341.

Commissaire pour un travail de M. F. Nève sur la politique romaine en Orient, XXIII, 483.
Promesse d'une notice sur M. Baguet, XXV, 440; présente cette notice, XXVII, 414.
Commissaire pour un travail de M. Schwickert sur l'Électre de Sophocle, XXV, 691; rapport verbal, XXVI, 121.
Sur la question de savoir si Trajan, lors de son avènement à l'empire, était gouverneur de la Germanie inférieure ou de la Germanie supérieure, XXVI, 198.
Commissaire pour une notice de M. Galesloot sur des antiquités romaines trouvées dans les environs de Bruxelles, XXVIII, 348; rapport, XXVIII, 460.
Commissaire pour les mémoires de concours de 1870 sur Septime Sévère, XXIX, 132; rapport, XXIX, 514.
Commissaire pour les mémoires de concours de 1872 sur Septime Sévère, XXXIII, 129; rapport, XXXIII, 431.
Commissaire pour les mémoires de concours de 1874 sur Septime Sévère, XXXVII, 204; rapport, XXXVII, 603.
Commissaire pour la nouvelle rédaction du mémoire couronné de M. De Ceuleneer sur Septime Sévère, XLII, 628; lecture de son rapport, XLII, 914.
Sur une inscription latine relative à un attentat contre la vie de l'empereur Septime Sévère et de la famille impériale, XXX, 136.
Commissaire pour un mémoire de M. F. Lenormant sur la légende de Sémiramis, XXXIII, 54; rapport, XXXIII, 233.
Commissaire pour une notice de M. Schuermans sur la découverte d'objets étrusques en Belgique, XXXIII, 430; rapport, XXXIII, 513.
Réponse à un article de M. Schuermans inséré dans le *Bulletin* des Commissions royales d'art et d'archéologie, XXXVI, 227.
Sur la carrière administrative et militaire d'un légat propréteur de la Germanie inférieure, XXXVII, 867.
Rapport sur le mémoire de M. P. Devaux sur les guerres médiques, XXXIX, 342.
Présente un mémoire intitulé : *Les légats propréteurs et les procurateurs des provinces de Belgique et de la Germanie inférieure*, XXXIX, 403; lecture des rapports de MM. Wagener et Willems, XXXIX, 953.
Commissaire pour un travail de M. Van Bastelaer sur les vernis, etc., des poteries romaines, XLI, 1076; rapport, XLII, 192; XLIV, 244.
Commissaire pour une inscription destinée au Conservatoire royal de Bruxelles, XLIII, 33, 39.
Note relative à l'urne du Musée du Louvre qui porte l'inscription : *Genio Turnacesir*, XLIV, 824.
Commissaire pour une note de M De Ceuleneer sur une inscription d'un proconsul de la Narbonnaise, XLV, 299.
Inscription pour la médaille de M. Poullet, XXIII, 711; idem de M. Van Cleemputte, XXIV, 548; idem de M. Éd. Van Beneden, XXVII, 190; idem de M. Poullet, XXVII, 745; idem de M. Malaise, XXIX, 3; idem de MM. Pérard, Piot et Poullet, XXXI, 31, 571, 572; idem pour la médaille du jubilé séculaire de l'Académie, XXXII, 182; idem de M. Varenbergh, XXXV, 794; XXXVI, 84; idem de MM. Blomme et Schoy, XXXVI, 588; idem de MM. Mansion, De Ceuleneer, Van Weddingen et Dauby, XXXVII, 158, 845; idem de M. Gilkinet, XXXIX, 55; idem de MM. De Macar et Malherbe, XLI, 3, 226; idem de M. Quoidbach, XLIII, 748.
Don d'ouvrages, XXI, 166; XXII, 230; XXV, 691; XXXIV, 528; XXXVI, 206.
Sa mort, XLV, 517.
Royer (L.). — Sa mort, XXVI, 124.
Ruelens (Ch.). — Don d'ouvrages, XXI, 66; XXXIV, 215.
Rysselberghe (F. Van). — Sur un appareil enregistreur universel, XXXV, 643; XXXVI, 346; rapports

de MM. Gloesener et Liagre, XXXVI, 417, 422.

Lecture des rapports de MM. Liagre et Gloesener sur sa requête ministérielle relative à son météorographe universel, XXXVII, 15; remercie l'Académie à ce sujet, XXXVII, 338.

Expose pratiquement les résultats donnés par son météorographe, XXXIX, 487.

Présente un travail sur les marées extraordinaires à Ostende en janvier 1877, XLIII, 325; lecture des rapports de MM. Mailly, Liagre et Houzeau, XLIII, 480.

Présente un travail sur les oscillations du littoral belge, XLV, 147, 390; rapports de MM. Mailly, Liagre et Houzeau, XLV, 380, 388, 390.

Description d'un régulateur parabolique, parfaitement isochrone, XLVI, 319, 883; rapport de M. Folie, XLVI, 878.

Description d'un régulateur elliptique isochrone, XLVIII, 340; XLIX, 9; rapports de MM. Folie et Houzeau, XLVIII, 587, 589.

Billet cacheté, déposé dans la séance du 8 novembre 1879, XLVIII, 440.

Don d'ouvrage, XL, 270.

RYSSELBERGHE (Octave VAN). — Second prix du grand concours d'architecture de 1875, XL, 214, 266.

Second prix (en partage) du grand concours de composition musicale de 1879, XLVIII, 260, 323.

S.

SABBE (Jules). — Lauréat du concours des cantates en 1875 pour sa cantate intitulée : *De Meermin*, XLII, 414, 439.

Idem en 1877 pour sa cantate intitulée: *de Klokke Roeland*, XLIV, 110, 229, 300.

Don d'ouvrage, XLIV, 444.

SAINTE-CLAIRE DEVILLE (H.). — Élu associé de la Classe des sciences, XXXVI, 830; remerciments, XXXVII, 2.

Don d'ouvrage, XLVI, 176.

SAINT-GENOIS (le baron J. DE). — Membre du jury chargé de juger la 4e période du concours quinquennal d'histoire nationale, XXI, 166.

Membre du comité de présentation aux places vacantes dans la Classe des lettres en 1866, XXI, 168.

Commissaire pour la séance anniversaire du cinquantenaire de l'Académie du 7 mai 1866, XXI, 298.

Élu membre de la Commission de la Biographie nationale pour la période de 1866-1872, XXII, 70.

Promesse d'une notice sur Warnkoenig, XXII, 230; lecture de cette notice, XXIV, 210.

Présente la première partie, lettre *A*, de la Biographie nationale, XXI, 238; présente le complément de ce volume, XXIII, 23.

Commissaire pour le mémoire de concours de 1872 sur Chastellain, XXIII, 189; rapport, XXIII, 493.

Sa mort, XXIV, 371.

Legs fait à l'Académie, XXIV, 372, 488; résolutions prises par la Commission administrative au sujet de ce legs, XXIV, 488.

SALMSON (Jules). — Don d'ouvrage, XLIX, 26.

SALTEL (L.). — Présente une thèse sur certains systèmes de courbes géométriques, XXX, 419; XXXII, 3.

Rapports de MM. Gilbert et Catalan sur ses deux mémoires concernant, le premier : l'application de la transformation désarguésienne à la génération des courbes et des surfaces géométriques, le second : l'étude de certains systèmes de courbes géométriques, XXXII, 334, 335.

Extrait d'une lettre à M. Catalan, XXXII, 352.

Présente une nouvelle rédaction de

ses **études** sur certains systèmes de courbes géométriques, XXXIII, 92; rapports de MM. Gilbert et Catalan, XXXIII, 374.

Sur quelques questions de géométrie, XXXIV, 51.

Communique une note sur la courbe du quatrième ordre affectée de trois points doubles, XXXIV, 139 447.

Présente un mémoire sur le principe de pluralité et sur l'étude de certains systèmes de courbes géométriques, XXXIV, 244.

Rapports de MM Gilbert et Catalan sur ces trois communications, XXXV, 12, 19.

Théorèmes concernant les courbes du quatrième ordre à trois points doubles, dont deux sont les points circulaires, et la surface d'élasticité, XXXV, 46

Sur la sphère osculatrice et sur les surfaces à points multiples, XXXV, 352, 539; rapports de MM. Catalan et Steichen, XXXV, 461.

Présente un travail sur la détermination sans calcul de l'ordre d'un lieu géométrique, XXXVII, 160, 802; XXXVIII, 406; rapports de MM. Folie et Catalan, XXXVII, 273; XXXVIII, 13, 18; rectification au rapport de M. Folie sur ce travail, XXXIX, 15.

Présente deux mémoires sur la géométrie supérieure et les surfaces à points singuliers, XXXIX, 250, 360; rapports verbaux de MM Folie et Catalan, XXXIX, 486.

Sur les surfaces à points multiples, XL, 4, 22, 27; rapports verbaux des mêmes, XL, 5.

Rapport verbal de MM Folie et Catalan sur ses notes concernant les lieux géométriques et le théorème de Desargues, XLI, 457; impression de ce travail, XLI, 594, 595.

Sur la loi de décomposition et la détermination d'un lieu géométrique défini par des conditions algébriques, XLI, 734; XLII, 241, 300, 586; rapports de MM. Folie et Catalan, XLII, 253, 254, 484.

Sur la formule indiquant le nombre des coniques d'un système (μ, ν) satisfaisant à une 5e condition, XLII, 461, 617; rapports de MM. Catalan et Folie, XLII, 486.

Sur les surfaces et les courbes gauches, XLII, 828; rapport verbal de MM. Folie et Catalan, XLIII, 7, 63, 248.

Billet cacheté déposé dans la séance du 2 décembre 1876, XLII, 827.

Théorèmes sur les arguésiennes, XLIII, 248, 265.

Présente un travail sur la théorie des deux caractéristiques de M. Chasles, XLIII, 461; lettre de M. Chasles sur ce travail, XLIV, 656; observations de MM. Folie et Catalan, XLIV, 660, 661; réponse de M. Chasles, XLIV, 662, 849.

Sur les développements que comporte l'application de la méthode de correspondance analytique, XLV, 102; rapport de M. Catalan, XLV, 79.

Présente un travail sur une particularité qui se produit fréquemment dans l'application de la méthode de correspondance analytique (suite), XLV, 563.

Sur quelques questions énoncées dans sa thèse de doctorat, XLV, 147.

Sur la classification arguésienne des courbes gauches algébriques, XLV, 364; XLVI, 90; rapport de M. Folie, XLVI, 11

Sur une nouvelle singularité qu'offre la première des lignes multiples, XLVI, 943

Sur un paradoxe mathématique et sur un caractère de décomposition dû à la présence des lignes multiples, XLVII, 184; avis de MM. Folie, De Tilly et Catalan, XLVII, 181.

Sur les singularités ordinaires d'un lieu défini par k équations algébriques contenant $k-1$ paramètres arbitraires, XLVIII, 3, 632; rapports des mêmes, XLVIII, 457; XLIX, 149, 151, 155, 158, 163, 169.

Don d'ouvrage, XL, 52. — Voir *Chasles (M.)*.

SAMUEL (Adolphe). — Élu membre de la Classe des beaux-arts, XXXVII,

452; remerciments, XXXVII, 237; approbation royale de son élection, XXXVII, 237.
Membre de la Section permanente du jury des grands concours de composition musicale de 1875, XXXIX, 346.
Son avis sur les changements à apporter au programme du concours pour les cantates, XL, 40.
Appréciation du dernier rapport trimestriel de M. Servais, lauréat du grand concours de composition musicale de 1873, XLI, 1340.
Membre de la Section permanente du jury des grands concours de composition musicale de 1877, XLIII, 752.
Commissaire pour un mémoire de M. Mailly sur les origines du Conservatoire royal de musique de Bruxelles, XLVI, 551; rapport, XLVI, 934.
Membre du jury pour le concours des cantates de 1879, XLVII, 727; idem pour le grand concours de composition musicale de la même année, XLVIII, 87, 260.
Trésorier de la Commission pour la publication des œuvres des anciens musiciens belges, XLIX, 56.
SANG (Éd.). — Don d'ouvrage, XLIV, 316.
SAPORTA (le comte, puis marquis G. DE). — Présente avec M. Marion un mémoire sur l'état de la végétation à l'époque des marnes heersiennes de Gelinden, XXXV, 459; rapports de MM. Dewalque et d'Omalius, XXXV, 463, 468; remerciments pour l'impression de leur mémoire, XXXVIII, 291.
Présente avec le même un travail intitulé : *Révision de la flore heersienne de Gelinden*, XLIII, 460; rapports de MM. Malaise et Crépin, XLIII, 720, 730; remerciments pour l'impression de leur mémoire, XLIV, 3.
Élu associé de la Classe des sciences, XLIV, 885; remerciments, XLV, 2, 70.
Don d'ouvrages, XXXVIII, 3; XLI, 1152; XLV, 727; XLVII, 2. — Voir *Marion*.
SARIPOLOS (Nicolas). — Note bibliographique de M. Thonissen sur divers de ses ouvrages, XLIV, 404.
Élu associé de la Classe des lettres, XLV, 717; remerciments, XLV, 818.
Essai politique et moral sur Thucydide, XLVIII, 175.
Don d'ouvrages, XLIV, 402; XLVIII, 168.
SAUTREAUX (Félix). — Présente une note concernant deux théorèmes de géométrie de l'espace, XLIV, 850; XLV, 426; rapport de M. Folie, XLV, 370; addition à ce rapport, XLVI, 14.
SAVEZ (Ch.). — Présente une note sur l'inertie de la matière, XLI, 735; rapports de MM. Steichen, Montigny et Duprez, XLI, 1153, 1155.
SAVI (P.). — Élu associé de la Classe des sciences, XXVI, 554; remerciments, XXVII, 127.
Sa mort, XXXI, 198.
SCACCHI. — Don d'ouvrage, XLIX, 83.
Note de M. Stas sur la découverte par ce savant d'un corps simple nouveau dans la lave du Vésuve, XLIX, 93.
SCARPELLINI (Mme C.). — Étoiles filantes du 10 août 1866 observées au Capitole à Rome, XXII, 209; de novembre 1866, XXII, 468; du 10 août 1867, XXIV, 295; du mois d'août 1868, XXVI, 274.
SCHAAR (M.). — Rapport sur une note de M. Dauge, sur la rotation du soleil, XXI, 80.
Rapport sur une note de M. Catalan, sur un problème de géométrie, XXII, 3.
Commissaire pour le mémoire de concours de 1866 sur les méthodes en géométrie, XXII, 108.
Sa mort, XXIII, 430.
SCHADDE (J.). — Lettre concernant les grands concours d'architecture, XXXI, 455; rapports de MM. Balat, Payen et De Man, XXXII, 26, 107.
Élu membre de la Classe des beaux-arts, XLV, 58; remerciments, XLV, 134; approbation royale de son élection, XLV, 135.
Commissaire pour une communication

de M. Dieltjens relative au règlement des grands concours, XLV, 829.

Schakewitz (Jos.). — Mention honorable au grand concours de peinture de 1876, XLII, 411. 440.

Schaub. — Don d'ouvrage, XXI, 2.

Scheler (Alph.). — Don d'ouvrage, XLVI, 910; XLIX, 26.

Scheler (Aug.). — Présentation en son nom, par M. le baron Kervyn, du tome III de Baudouin et Jean de Condé, XXIII, 189.

Élu associé de la Classe des lettres, XXV, 583; remercîments, XXV, 691.

Présentation, par M. le baron Kervyn, de ses Dits de Watriquet de Couvin, XXVI, 320.

Présentation, par le même, du tome III de ses Poésies de Froissart, XXXIII, 53.

Membre de la Commission chargée de la publication d'une collection des œuvres des grands écrivains du pays, XXX, 136.

Commissaire pour une note de M. S. Bormans sur Doon de Mayence, XXXVII, 203; rapport, XXXVII, 291.

Fragments uniques d'un roman du XIIIe siècle sur la reine Sébile, XXXIX, 44, 404; lecture des rapports de MM. J. Bormans et le baron Kervyn, XXXIX, 403.

Commissaire pour les notices du concours de Stassart sur Plantin, XXXIX, 150; XLI, 361; rapport, XXXIX, 335, 674; XLI, 891.

Commissaire pour un projet de bibliographie belge par M. Vander Haeghen, XLII, 396; rapport, XLII, 630.

Commissaire pour un travail de M. Loise sur la littérature allemande sous l'influence de la guerre de Trente ans, XLIV, 402.

Note bibliographique sur un ouvrage de M. Chavée, XLV, 529.

Commissaire pour la 2e note de M. Potvin sur les traductions des livres belges, L, 124; lecture de son rapport, L, 184.

Don d'ouvrages, XXV, 691; XXVII, 312; XXIX, 131, 386; XXXI, 37, 75; XXXIII, 53; XXXIV, 528; XXXVII, 460; XXXVIII, 163, 613, 666; XL, 147; XLI, 866, 1076; XLIII, 612; XLIV, 401; XLVI, 910; XLVII, 572; XLIX, 408.

Schenzl (G.). — Annonce sa nomination de directeur de l'Institut météorologique de Budapest, XXX, 282.

Schlaginweit (H. von). — Don d'ouvrages, XL, 667; XLIII, 3; XLIV, 118; XLVII, 179.

Schleicher. — Nouvelles communications sur la cellule cartilagineuse vivante, XLVII, 811; rapports de MM. Van Bambeke et Schwann, XLVII, 751, 755.

Don d'ouvrage, XLVII, 179.

Schnaase (Ch.). — Élu associé de la Classe des beaux-arts, XXI, 67; remercîments, XXII, 435.

Don d'ouvrage, XXXIII, 584.

Sa mort, XLVIII, 722.

Schiaparelli. — Élu associé de la Classe des sciences, XLVIII, 881; remercîments, XLIX, 2.

Schnetz (J.-V.). — Sa mort, XXX, 356.

Schodt (De). — Don d'ouvrage, XLVII, 572.

Schoorman (E.). — Don d'ouvrage, XXVI, 496.

Schoy (Auguste). — Médaille d'or décerné par la Classe des beaux-arts en 1873 pour son mémoire sur l'influence italienne sur l'architecture aux Pays-Bas, XXXVI, 271, 284; rapports de MM. De Man, Balat, Payen et Siret, XXXVI, 251, 254, 255; inscription pour sa médaille, XXXVI, 588.

Don d'ouvrage, XLVII, 298.

Schuermans (H.). — Sur la découverte d'objets étrusques en Belgique, XXXIII, 429, 528; rapports de MM. Roulez, Wagener et le baron de Witte, XXXIII, 513, 515, 518.

Inscriptions trouvées en Belgique, XXXIII, 513; lecture des rapports de MM. le baron de Witte, Wagener et Nève, XXXIV, 180, 334.

Présente une notice sur les découvertes d'ambre en Belgique, XXXIV, 55, 200; rapports de MM. le baron de

Witte et Chalon, XXXIV, 177, 180.

Présente un travail sur la déesse Viradethis et sur des inscriptions trouvées en Belgique, XXXIV, 333; rapports de MM. le baron de Witte, Wagener et Wauters, XXXIV, 530, 532, 535.

Adresse une note rectificative à la Classe des lettres sur les tumuli, XXXIV, 431; lecture des rapports de MM. le baron de Witte, Wagener et Wauters, XXXIV, 530; renvoi de cette note à la Classe des sciences, XXXIV, 447; rapports de MM. Dupont, P.-J. Van Beneden et de Selys Longchamps, XXXV, 193, 194, 195.

Rectification à la note de M. Dewalque sur l'époque à laquelle Tetrao lagopus a disparu de la Belgique, XXXV, 94, 225.

Don d'ouvrage, XLVII, 298.

SCHWANN (Th.). — Commissaire pour un travail de M. Félix Plateau sur la force musculaire des insectes, XXII, 183.

Membre du jury chargé de juger la 4e période du concours quinquennal des sciences naturelles, XXIII, 50.

Commissaire pour un travail de M. Husson sur l'action des silicates alcalins sur l'économie animale, XXIV, 3; rapport, XXIV, 103.

Commissaire pour un mémoire de M. Docq, sur l'appareil auditif, XXIV, 278; rapport, XXV, 84.

Rapport sur un travail de M. Masius, relatif au centre ano-spinal, XXIV, 282.

Commissaire pour un travail de M. Éd. Van Beneden sur le genre Dactycotyle et l'œuf des Trématodes, XXIV, 436; rapport, XXV, 4.

Commissaire pour un travail de M. Grandry sur la structure du cylindre de l'axe, XXV, 72; rapport, XXV, 284.

Commissaire pour un travail de M. Masius sur les sphincters de l'anus et de la vessie, XXV, 284; rapport, XXV, 409.

Commissaire pour un mémoire de MM. Éd. Van Beneden et Bessels sur le blastoderme des amphipodes, XXV, 611; rapport, XXVI, 252.

Commissaire pour le mémoire de concours de 1868 sur la composition anatomique de l'œuf, XXVI, 135; rapport, XXVI, 517.

Commissaire pour un travail de M. Éd. Van Beneden, sur l'embryogénie des crustacés, XXVII, 363.

Commissaire pour un travail de MM. Masius et Vanlair sur la régénération anatomique et fonctionnelle de la moelle épinière, XXVIII, 3; en communique les conclusions, XXVIII, 122; rapport, XXVIII, 320.

Rapport sur une notice de M. Éd. Van Beneden sur le développement de l'Asellus aquaticus, XXVIII, 15.

Commissaire pour une notice du même sur une nouvelle espèce de Grégarine, XXVIII, 319; rapport, XXVIII, 401.

Commissaire pour un travail du même sur le développement de l'œuf et de l'embryon des sacculines, XXVIII, 327; rapport, XXIX, 65.

Commissaire pour une note de M. Éd. Van Beneden sur le développement des genres Anchorella, Lerneopoda, Brachiella et Hessia, XXIX, 4; rapport, XXIX, 160.

Commissaire pour une notice de M. Van Bambeke sur les trous vitellins que présentent les œufs fécondés des amphibiens, XXIX, 663; rapport XXX, 13.

Réponse à M. d'Omalius relative à sa communication sur la force vitale, XXIX, 683.

Commissaire pour la première partie du mémoire du M. F. Plateau intitulé: *Recherches physico-chimiques sur les articulés aquatiques*, XXX, 180; rapport, XXX, 284.

Commissaire pour la 2e partie de ce travail, XXXIV, 140; rapport, XXXIV, 263.

Communication verbale sur un instrument de physiologie, XXXII, 4.

Commissaire pour un mémoire de M. Delbœuf sur la mesure des sensations de lumière et de fatigue, XXXIII, 359; rapport XXXIV, 262.

Commissaire pour un mémoire de M. Nuel sur l'innervation du cœur par le nerf vague, XXXVI, 116; rapport, XXXVI, 300.
Commissaire pour une note du même sur les phénomènes électriques du cœur, XXXVI, 116; rapport, XXXVI, 302.
Lecture d'une notice sur A. Spring, XXXVI, 796.
Commissaire pour un travail de M. F. Plateau intitulé : *Recherches sur les phénomènes de la digestion chez les insectes*, XXXVII, 270.
Commissaire pour un travail de M. Putzeys sur les centres vasomoteurs, XXXVII, 270; rapport, XXXVII, 340.
Commissaire pour un travail du même sur l'abiogenèse, XXXVII, 339.
Commissaire pour un travail de M. Van Bambeke sur l'embryogénie des poissons osseux, XXXVIII, 558; rapport, XXXIX, 84.
Commissaire pour une note de M. Camille Moreau sur la structure de la corde dorsale de l'amphioxus, XXXVIII, 653; rapport, XXXIX, 257.
Commissaire pour un mémoire de M. Delbœuf sur la théorie générale de la sensibilité, XXXIX, 445; rapport, XXXIX, 802.
Commissaire pour un travail de M. F. Plateau sur l'appareil digestif chez les myriapodes de Belgique, XL, 271; lecture de son rapport, XLI, 5.
Commissaire pour un travail de M. Fœttinger sur l'épiderme des cyclostomes, XL, 271; rapport, XLI, 12.
Commissaire pour un travail de M. Leboucq sur les larves des nerfs des batraciens, XLI, 4; rapport, XLI, 449.
Commissaire pour une note de M. Fredericq sur les muscles striés de l'hydrophile, XLI, 225; rapport, XLI, 457.
Rapport sur un travail de MM. Putzeys et Swaen sur le sulfate de guanidine, XLI, 735.
Commissaire pour une note de M. F. Plateau sur la digestion chez la Blatte américaine, XLI, 920; lecture de son rapport, XLI, 1156.
Commissaire pour un travail de M. Swaen sur la cornée des grenouilles, XLI, 1153; rapport, XLII, 21.
Commissaire pour une note de M. Putzeys sur de nouveaux agents anesthésiques, XLII, 240; rapport, XLII, 481.
Commissaire pour un travail de M. Nuel sur l'histologie du limaçon, XLII, 665; rapport, XLIII, 246.
Commissaire pour un travail de M. Chandelon sur l'influence du courant sanguin sur le contenu en glycogène des muscles, XLII, 665; rapport, XLII, 836.
Commissaire pour un travail de M. Lambert intitulé : *Morphologie du système dentaire des races humaines*, XLIII, 64; rapport, XLIII, 468.
Commissaire pour un travail de M. Léon Fredericq sur la coagulation du sang, XLIII, 714; rapport, XLIV, 16.
Commissaire pour un travail de M. Leboucq sur le cartilage embryonnaire chez les mammifères, XLIV, 318; rapport, XLIV, 459.
Commissaire pour un travail de MM. Putzeys et Romiée sur l'action physiologique de la gelsémine, XLIV, 455; rapport, XLV, 7.
Commissaire pour un travail de MM. Delbœuf et Spring sur le daltonisme, XLIV, 455; rapport, XLV, 5.
Commissaire pour un travail de MM. Putzeys et Swaen sur la physiologie du nerf vague de la grenouille, XLV, 364; rapport, XLV, 728.
Commissaire pour un travail de M. Fredericq sur la digestion des albuminoïdes chez quelques invertébrés, XLVI, 3; rapport, XLVI, 185.
Commissaire pour un travail de M. L. Fredericq sur le sang du homard, XLVII, 180; rapport, XLVII, 309.
Commissaire pour un travail de

MM. L. Fredericq et Vandevelde sur les muscles et les nerfs du homard, XLVII, 307; rapport, XLVII, 746.
Commissaire pour un travail de M. Schleicher sur la cellule cartilagineuse vivante, XLVII, 489; rapport, XLVII, 755.
Nommé membre de la Société royale de Londres, XLVII, 742.
Commissaire pour un travail de MM. Swaen et Masquelin sur le développement du placenta chez le lapin, XLVIII, 3; rapport, XLVIII, 18.
Nommé associé de l'Académie des sciences de Paris, XLVIII, 93.
Don d'ouvrage, XL, 3.
SCHWICKERT (Jacques). — Présente un travail sur l'Électre de Sophocle, XXV, 691; rapport verbal de M. Roulez, XXVI, 121
SECCHI (le P.). — Élu associé de la Classe des sciences, XXXVIII, 847; remerciments, XXXIX, 2.
Don d'ouvrage, XXXIX, 248.
Sa mort, XLV, 146.
SELLIER (le chevalier DE). — Présente un travail intitulé: *Esquisses biographiques*, renvoyées à la Commission de la Biographie nationale, XXIV, 197.
SELLON (la comtesse Valentine DE). — Don d'ouvrage, XLIV, 240.
SELYS LONGCHAMPS (le baron Edm. DE). — Commissaire pour un mémoire de M. P.-J. Van Beneden sur les polypes du littoral belge, XXI, 75; lecture de son rapport, XXI, 206.
Envoi de ses observations des phénomènes périodiques des plantes et des animaux à Waremme et à Liége en 1865 et en 1866, XXII, 452; en 1866 et en 1867, XXIII, 367, 430; le 21 octobre 1867, XXIV, 437; en 1868, XXV, 402; en 1868 et 1869, XXVII, 614; XXVIII, 398; en 1870, XXIX, 447; XXX, 283; en 1871, XXXI, 199; en 1871, XXXII, 235; en 1872, XXXIII, 299, 359; en 1873, XXXVI, 450.
Commissaire pour un mémoire de M. P.-J. Van Beneden sur un Placoziphius, XXII, 407.
Commissaire pour une communication de M. Cloquet à M. Malaise sur les silex taillés, XXII, 408.
Sur la pêche fluviale en Belgique, XXII, 579.
Membre du jury chargé de juger la 4e période du concours quinquennal des sciences naturelles, XXIII, 50.
Tremblement de terre ressenti à Viel-Salm le 3 janvier 1867, XXIII, 52.
Commissaire pour un travail de M. P.-J. Van Beneden sur les squalodons, XXIII, 219.
Commissaire pour un travail de M. F. Plateau sur les crustacés d'eau douce de Belgique, XXIV, 278; rapport, XXIV, 439.
Commissaire pour les 2e et 3e parties du travail de M. Félix Plateau sur les crustacés d'eau douce de Belgique, XXVII, 363; rapport, XXVIII, 12.
Secondes additions au synopsis des caloptérygines, XXVII, 645; troisièmes additions, XXXV, 469; appendice aux troisièmes additions au synopsis des caloptérygines, XXXVI, 610; quatrièmes additions au synopsis des caloptérygines, XLVII, 349.
Secondes additions au synopsis des Gomphines, XXVIII, 168; troisièmes additions, XXXV, 732; appendice aux troisièmes additions et liste des Gomphines, décrites dans le synopsis et ses trois additions, XXXVI, 492; quatrièmes additions, XLVI, 408, 658.
Synopsis des cordulines, première partie, XXXI, 238; deuxième partie, XXXI, 519; additions au synopsis des cordulines, XXXVII, 16; secondes additions, XLV, 803.
Synopsis des agrionines (agrion), XLI, 247, 496, 1233; XLII, 490, 952; XLIII, 97.
Sur la présence de la neige dans diverses localités du Luxembourg le 19 juin 1869, XXVIII, 29.
Commissaire pour une note de M. F. Plateau sur les crustacés isopodes terrestres de Belgique, XXIX, 4; rapport, XXIX, 72.
Commissaire pour un mémoire de M. P.-J. Van Beneden sur les pois-

sons des côtes de Belgique et leurs parasites, XXIX, 63; lecture de son rapport, XXIX, 159.
Commissaire pour un mémoire de M. P.-J. Van Beneden, intitulé : *Une balénoptère capturée dans l'Escaut en 1869*, XXX, 283.
Le Guêpier en Belgique, XXXI, 565.
Communication au sujet de la mort de M. A. Spring, XXXIII, 101.
Commissaire pour un mémoire de M. P.-J. Van Beneden sur les chauves-souris de la Belgique et leurs parasites, XXXIII, 171; lecture de son rapport, XXXIII, 300.
Commissaire pour un travail de M. F. Plateau sur les myriapodes de Belgique, XXXIII, 300; rapport, XXXIII, 373.
Annonce la mort de M. Michel Gaye, XXXIII, 492.
Commissaire pour la 2e partie des recherches physico-chimiques de M. F. Plateau sur les articulés aquatiques, XXXIV, 140.
Commissaire pour une note rectificative de M. Schuermans sur l'époque de l'érection des tumuli en Belgique, XXXIV, 559; rapport sur la rectification de M. Schuermans à la note de M. Dewalque sur l'époque à laquelle Tetrao lagopus a disparu de la Belgique, XXXV, 94, 195.
Annonce que M. Schuermans a satisfait aux observations des commissaires sur cette rectification, XXXV, 189.
Commissaire pour le mémoire de concours de 1873, sur le mode de reproduction des anguilles, XXXV, 645; lecture de son rapport. XXXVI, 696.
Sur la reproduction des anguilles, XXXVI, 757.
Commissaire pour une note de M. Ed. Dubois sur la variabilité de certaines espèces du genre Calliste, XXXVII, 802; rapport, XXXVIII, 19.
Commissaire pour une note du même sur un Spizaëte nouveau, XXXVIII, 4.
Commissaire pour une note du même sur les espèces du sous-genre Xanthoura, XXXVIII, 406; rapport verbal, XXXVIII, 407.
Commissaire pour une note du même sur un Coccyzus tué en Belgique, XXXIX, 4; rapport verbal, XXXIX, 14.
Commissaire pour une note du même sur quelques oiseaux nouveaux, XL, 447; rapport, XL, 684.
Élu directeur pour 1879, XLV, 3.
Rapport verbal sur deux notes de M. Dubois concernant des oiseaux nouveaux et la faune de la Belgique, XLVII, 755.
La classification des oiseaux depuis Linné, discours, XLVIII, 729.
Commissaire pour un mémoire de M. Bertkau sur les arachnides recueillis au Brésil et à La Plata par M. Éd. Van Beneden, XLIX, 84; rapport, XLIX, 265.
Don d'ouvrage, XL, 667.
SENESSART (Alph. DE). — Présente un travail sur une théorie nouvelle des parallèles, XXI, 3.
SERRURE (Ch.-P.). — Sa mort, XXXIII, 332.
SERVAAS VAN ROOYEN. — Don d'ouvrage, XLIII, 202.
SERVAIS (Franz). — Lauréat du grand concours de composition musicale de 1873, XXXVI, 242, 285; envoi de ses rapports trimestriels, XXXIX, 238; XLI, 898; appréciation de son dernier rapport, XLI, 1340.
Envoie deux partitions manuscrites, XLII, 196.
SIACCI (Fr.). — Présente une note sur la similitude des trajectoires des projectiles oblongs, XXXVI, 602; lecture des rapports de MM. De Tilly et Liagre, XXXVII, 160.
SIBERDT (Eug.). — Second prix du grand concours de peinture de 1873, XXXVI, 286.
SICURO (D.). — Don d'ouvrage, XXXVI, 2.
SIEBOLD (VON). — Élu associé de la Classe des sciences, XLVI, 943, 947; remercîments, XLVII, 2.
SIENNICKI. — Don d'ouvrage, XLIX, 128.

SIMAR (Julien). — Second prix du grand concours de composition musicale de 1877, XLIV, 248, 299.

SIMON (E.). — Présente une note sur la composition de l'acide humique, XXXVIII, 652; XXXIX, 125; rapports de MM. Melsens, de Koninck et Donny, XXXIX, 85, 91.

SIMONIS (Eug.). — Commissaire pour le buste de M. de Ram, XXV, 60; lecture de son rapport, XXVI, 283.

Membre de la Commission pour l'examen des questions concernant le voyage des lauréats des grands concours à Rome, XXXIII, 482.

SIMONS. — Quelques réflexions sur le problème de Malfatti, XXXVII, 339; XXXVIII, 88; lecture des rapports de MM. Catalan et Folie, XXXVII, 303.

Présente deux notes : 1° Démonstration d'un théorème de Fermat, et 2° solution de deux questions de permutations, XXXVIII, 293; rapports verbaux de MM. Catalan et Folie, XXXVIII, 409.

SINKEL. — Don d'ouvrage, XXXVIII, 3.

SIRET (Adolphe). Élu membre de la Classe des beaux-arts, XXI, 67; remerciments, XXI, 185; approbation royale de son élection, XXI, 255.

Hommage des tables des Bulletins pour les tomes I à XX (1857 à 1865) de la 2e série, XXI, 256, 297; XXIV, 223.

Commissaire pour la séance anniversaire du cinquantième anniversaire de l'Académie en 1866, XXI, 298.

Élu membre de la Commission de la Biographie nationale pour la période de 1866-1872, XXII, 97; réélu pour la période de 1872-1878, XXXIV, 207; idem de 1878-1884, XLVI, 139.

La note à payer pour le livre intitulé: *Pompa triumphalis introïtus Ferdinandi*, etc., publié par la ville d'Anvers, en 1642, XXII, 160.

Commissaire pour les deux mémoires de concours de 1867 sur Quentin Metzys, XXIII, 717.

Commissaire pour les mémoires de concours de 1868 sur Quentin Metzys, XXV, 706; rapport, XXVI, 215.

Commissaire pour une notice de M. Galesloot sur J.-B. de Champaigne, XXV, 61.

Présente une notice sur M. Demanet, XXV, 61.

Lecture d'une notice sur E. Busschmann, XXVIII, 128.

Chevalier de l'ordre de Léopold, XXX, 455.

Don de cent francs à la Caisse centrale des artistes, XXXIII, 160.

Commissaire pour les notices du concours de Stassart sur Van Dyck, XXXIV, 548; rapport, XXXV, 562.

Commissaire pour le mémoire de concours de 1873 concernant l'influence italienne sur l'architecture aux Pays-Bas, XXXV, 932; rapport, XXXVI, 255.

Commissaire pour le mémoire de concours de 1874 sur l'histoire de la sculpture aux Pays-Bas pendant les XVIIe et XVIIIe siècles, XXXVII, 883; rapport, XXXVIII, 371, 386.

Commissaire pour le mémoire de concours de 1875 sur l'histoire de la sculpture aux Pays-Bas pendant les XVIIe et XVIIIe siècles, XXXIX, 972; rapport, XL, 232, 238, 264.

Communication verbale au sujet de Frédéric Van de Kerkhove de Bruges, XXXVIII, 391; notice sur le même, XXXVIII, 536.

Membre du jury chargé de juger la 6e période du concours triennal de littérature dramatique française, XLI, 137.

Nouveau don à la Caisse centrale des artistes, XLI, 387.

Commissaire pour un travail de M. Em. Neeffs sur l'œuvre de P.-P. Rubens à Malines, XLI, 1136, 1340; rapport, XLII, 200.

Commissaire pour le mémoire de concours de 1877 sur le séjour de Rubens et de Van Dyck en Italie, XLIII, 753; rapport, XLIV, 270.

Commissaire pour un mémoire de concours de 1878 sur l'histoire de l'école de gravure sous Rubens, XLV, 828; rapport, XLVI, 289, 292.

Commissaire pour une note de M. Goo-

vaerts sur Michel-Ange Immenraet et sa famille XLVI, 291.
Commissaire pour une requête de l'administration générale du Willems-Fonds relative au règlement pour les grands concours de composition musicale, XLVI, 828.
Propose d'ouvrir en 1880 un concours pour une histoire des arts en Belgique depuis 1830, XLVI, 549.
Commissaire pour un mémoire de M. De Potter sur l'église Saint-Michel de Gand, XLIX, 594; rapport, XLIX, 692.
Note bibliographique, avec M. Pinchart, sur un volume de M. Bertolotti, L, 136.
Don d'ouvrages, XXXIII, 160; XLII, 796.

SLINGENEYER (E.). — Élu membre de la Classe des beaux-arts, XXIX, 438; remercîments, XXIX, 641; approbation royale de son élection, XXIX, 641.
Membre de la Commission des finances de la Classe des beaux-arts pour 1872, XXXII, 361; pour 1873, XXXIV, 548; pour 1875, XXXVIII, 710; pour 1876, XLI, 387; pour 1877, XLII, 919; pour 1878, XLIV, 844; pour 1879, XLVI, 933; pour 1881, L, 323.
Membre de la Commission chargée d'examiner la réponse de M. le Ministre de l'Intérieur au sujet des échanges des œuvres d'art des Musées de l'État, XXXV, 181.
Motion relative aux études des lauréats des grands concours dits prix de Rome, XXXVIII, 284.
Participe à la manifestation à Anvers à la mémoire de M. Wappers, XXXIX, 347.
Délégué au 4e centenaire de Michel-Ange à Florence, XL, 228.
Demande relative à l'établissement à fonder à Rome pour les lauréats des grands concours, XLII, 225, 637, 797.
Délégué au Congrès artistique et littéraire d'Anvers en 1877, XLIV, 271.
Rapport sur le mémoire de concours de 1877 sur le séjour de Rubens et de Van Dyck en Italie, XLIV, 271.
Commissaire pour l'examen d'une proposition de M. Dufresne, XLVIII, 430, 577; rapport, XLVIII, 722.
Commissaire pour les rapports semestriels de M. Jans, XLVIII, 573; appréciations, XLVIII, 722; L, 67, 247.

SMITHSONIAN INSTITUTION, A WASHINGTON. — Annonce la mort de son secrétaire, M. Henry, et son remplacement par M. Spencer Baird, XLVI, 2, 174.

SNELLAERT (F.-A.). — Commissaire pour les deux mémoires de concours de 1866 sur l'influence des colonies saxonnes en Flandre, XXI, 167; rapport, XXI, 432.
Commissaire pour le mémoire de concours de 1866 sur Leibnitz, XXI, 167; rapport, XXI, 439.
Promesse d'une notice sur le chanoine David, XXI, 294; lecture de cette notice, XXII, 343.
Commissaire pour une notice de M. Varenbergh *sur les voisinages*, XXV, 226; rapport, XXV, 322.
Membre du jury pour le concours des cantates de 1867, XXVII, 316.
Membre du jury chargé de juger la 4e période du concours quinquennal de littérature flamande, XXIX, 33.
Commissaire pour une notice de M. De Potter intitulée : *Hebberechts Godshuis*, etc., XXX, 73; rapport, XXX, 187.
Commissaire pour un mémoire de M. De Smet sur les Quatre-Métiers et les îles occidentales de la Zélande, XXXI, 182; lecture de son rapport, XXXII, 80.
Chargé de la publication du *Spieghel der Wijsheit*, XXXII, 183.
Promesse d'une notice sur MM. Blommaert et A. Bogaers, XXXII, 355.
Commissaire pour une notice de M. De Potter sur les d'Artevelde, XXXII, 184; lecture de son rapport, XXXII, 296.
Commissaire pour une notice de M. De Potter intitulée : *De Rederijkerskamer « Maria ter eere » te Gent*, XXXIII, 228; rapport, XXXIII, 519.
Commissaire pour la rectification de

M. De Potter à son travail : *Hoe en waar overleed Philip Van Artevelde?* XXXIII, 228; lecture de son rapport, XXXIII, 334.

Commissaire pour une note de M. De Potter sur la généalogie des d'Artevelde au XIVe siècle, XXXIII, 430.

Commissaire pour une notice de M. Vuylsteke intitulée : *Aanteekeningen op de twee opstellen van den heer Frans De Potter : Geslachtboom der Artevelden en Hoe en waar overleed Philip Van Artevelde?* XXXIII, 430; rapport, XXXIV, 63.

Présente son rapport sur les travaux de la Commission pour la publication des anciens monuments de la littérature flamande pour le Livre commémoratif du Jubilé séculaire de l'Académie, XXXIII, 260.

Don d'ouvrage, XXI, 291.

Sa mort, XXXIV, 53; discours à ses funérailles par M. Conscience, XXXIV, 57.

SOCIÉTÉ ADRIATIQUE DES SCIENCES NATURELLES, A TRIESTE. — Demande l'échange de publications, XLI, 730.

SOCIÉTÉ ALLEMANDE DES NATURALISTES, A YEDDO. — Demande l'échange de publications, XXXVI, 298.

SOCIÉTÉ ASTRONOMIQUE, A LEIPZIG. — Annonce que sa réunion annuelle aura lieu à Stuttgart, en 1871, XXXII, 2.

SOCIÉTÉ BATAVE DE PHYSIQUE EXPÉRIMENTALE, A ROTTERDAM. — Don de la médaille en bronze de son 100e anniversaire, XXVIII, 317.

SOCIÉTÉ BELGE D'ÉCONOMIE POLITIQUE. — M. Ém. de Laveleye est désigné pour faire partie du jury chargé de juger le concours ouvert à l'occasion du 50e anniversaire de l'indépendance nationale sur les effets de la liberté commerciale en Belgique, XLV, 42.

SOCIÉTÉ CRYPTOGAMOLOGIQUE, A MILAN. — Demande l'échange de publications, XLVI, 176.

SOCIÉTÉ D'ART ET D'ANTIQUITÉS DE LA HAUTE SOUABE, A ULM. — Demande l'échange de publications, XXVIII, 287.

SOCIÉTÉ D'ÉMULATION DU DOUBS, A BESANÇON. — Demande l'échange de publications, XXV, 318.

SOCIÉTÉ DE GÉOGRAPHIE, A BRUXELLES. — Annonce sa fondation, XLII, 826.

SOCIÉTÉ DE GÉOGRAPHIE, A LISBONNE. — Annonce sa fondation, XLI, 912.

SOCIÉTÉ DE GÉOGRAPHIE, A LYON. — Demande l'échange de publications, XXXVIII, 3.

SOCIÉTÉ D'HISTOIRE NATURELLE DE LA VIRGINIE DE L'OUEST A WHEELING (É.-U.). — Demande l'échange de publications, XLIX, 309.

SOCIÉTÉ DE L'HISTOIRE DE FRANCE, A PARIS. — Don d'ouvrages, XXXII, 183.

SOCIÉTÉ DE MICROSCOPIE, A BRUXELLES. — Annonce sa fondation, XXXVIII, 713.

SOCIÉTÉ DE PHYSIOLOGIE, A BERLIN. — Demande l'échange de publications, XLIX, 308.

SOCIÉTÉ DES ANCIENS TEXTES FRANÇAIS, A PARIS. — Envoie le programme des travaux qu'elle se propose de publier, XXXIX, 333.

SOCIÉTÉ DES ANTIQUAIRES RHÉNANS, A BONN. — Annonce l'ouverture d'un congrès international d'histoire et d'archéologie à Bonn, en 1868, XXVI, 198.

SOCIÉTÉ DES ARCHITECTES DE FRANCE, A PARIS. — Annonce d'une conférence internationale à Paris, en 1867, XXII, 546.

SOCIÉTÉ DES ARCHITECTES DU DÉPARTEMENT DU NORD, A LILLE. — Demande l'échange de publications, XXVII, 597; demande l'avis de l'Académie sur son programme de concours, XXIX, 755; rapports de MM. Balat, De Man et Payen, XXX, 145.

SOCIÉTÉ DES SCIENCES ET DES ARTS, A BATAVIA. — Annonce son 100e anniversaire de fondation, XLV, 70; don de la médaille et du livre commémoratif de ce jubilé, XLVII, 179.

SOCIÉTÉ DES SCIENCES NATURELLES DE CHERBOURG. — Célébration de son

25e anniversaire, XLII, 458; remercie pour les félicitations de l'Académie, XLIII, 62.

SOCIÉTÉ DES SCIENCES NATURELLES DE PADOUE. — Demande l'échange de publications, XLVII, 226.

SOCIÉTÉ DES SCIENCES NATURELLES DE PISE. — Demande l'échange de publications, XL, 269.

SOCIÉTÉ DES SCIENCES NATURELLES DE STRASBOURG. — A transféré son siége à Nancy, XXXVII, 483.

SOCIÉTÉ DES SCIENCES NATURELLES DE WIESBADE. — Annonce la célébration de son 50e anniversaire, XLVIII, 586.

SOCIÉTÉ DES VOYAGES D'ÉTUDES AUTOUR DU MONDE. — Don d'ouvrage, XLII, 2.

SOCIÉTÉ DE ZOOLOGIE DE ROTTERDAM. — Demande l'échange de publications, XL, 269.

SOCIÉTÉ ENTOMOLOGIQUE DE FLORENCE. — Demande l'échange de publications, XXX, 374; XXXVII, 338.

SOCIÉTÉ FRANÇAISE D'ARCHÉOLOGIE, A PARIS. — Annonce que la 47e session annuelle du congrès archéologique de France aura lieu à Arras, en 1880, XLIX, 269.

SOCIÉTÉ FRANÇAISE DE TEMPÉRANCE, A PARIS. — Annonce l'ouverture, en 1878, d'un congrès pour l'étude des questions relatives à l'alcoolisme, XLVI, 175.

SOCIÉTÉ GÉOLOGIQUE DE BELGIQUE A LIÉGE. — Annonce sa fondation et demande l'échange de publications, XXXVIII, 3; ouvre une souscription pour élever un monument à M. d'Omalius, XL, 2; M. P.-J. Van Beneden nommé membre du Comité pour l'exécution de ce monument, XL, 2.

SOCIÉTÉ GÉOLOGIQUE DE FRANCE, A PARIS. — Annonce sa réunion extraordinaire à Genève en 1875, XL, 50; à Châlons-sur-Saône, en 1876, XLII, 4.

SOCIÉTÉ GÉOLOGIQUE DE LONDRES. — Décerne la médaille Wollaston à M. L.-G. de Koninck, XXXIX, 54.

SOCIÉTÉ GÉOLOGIQUE DU NORD, A LILLE. — Demande l'échange de publications, XLI, 223.

SOCIÉTÉ IMPÉRIALE DES NATURALISTES, A MOSCOU. — Annonce la célébration du 50e anniversaire de doctorat de son président, XL, 2; remercie l'Académie pour sa lettre de félicitations, XL, 446.

SOCIÉTÉ IMPÉRIALE ET ROYALE DE ZOOLOGIE ET DE BOTANIQUE, A VIENNE. — Annonce la célébration de son 25e anniversaire, XLI, 730; don d'un ouvrage publié à ce sujet, XLII, 458; adresse une liste de souscription pour le monument von Sieboldt, XLIII, 318.

SOCIÉTÉ ITALIENNE DES SCIENCES (DITE DES XL), A MODÈNE. — Annonce qu'elle a transféré son siége à Rome, XLI, 395.

SOCIÉTÉ ITALIENNE DES SCIENCES NATURELLES, A MILAN. — Annonce sa réunion extraordinaire à Vienne en 1868, XXVII, 2.

SOCIÉTÉ LINNÉENNE, A BORDEAUX. — Offre la collection complète de ses travaux, XXXIV, 2.

SOCIÉTÉ LINNÉENNE DE NORMANDIE, A CAEN. — Liste de souscription pour le monument Élie de Beaumont, XXXIX, 55, 358.

SOCIÉTÉ LITTÉRAIRE ET PHILOSOPHIQUE, A LIVERPOOL. — Demande l'échange de publications, XXXVI, 376.

SOCIÉTÉ LITTÉRAIRE LE PARNASSE, A ATHÈNES. — Demande l'échange de publications, XL, 350.

SOCIÉTÉ MALACOLOGIQUE DE BELGIQUE. — Don d'ouvrages et demande l'échange de publications, XXIV, 2; demande que l'Académie adhère au principe d'une fédération des sociétés scientifiques de Belgique, XXXVIII, 403.

SOCIÉTÉ MATHÉMATIQUE DE BOHÊME, A PRAGUE. — Demande l'échange de publications, XXXVII, 798.

SOCIÉTÉ MATHÉMATIQUE DE FRANCE, A PARIS. — Demande l'échange de publications, XXXV, 188.

SOCIÉTÉ NÉERLANDAISE POUR LE PROGRÈS DE L'INDUSTRIE, A HARLEM. — Annonce la fondation d'un musée d'art appliqué à l'industrie, XLI, 718.

Société philanthropique de symphonie et d'harmonie : la Fraternité, a Gand. — Liste de souscription pour un monument à M. Isidore De Vos, XLII, 795.

Société philosophique de Glasgow. — Demande l'échange de publications, XXI, 308.

Société photographique de Toulouse. — Demande l'échange de publications, XL, 446.

Société royale de médecine publique de Belgique, a Bruxelles. — Annonce sa fondation et demande l'échange de publications, XLIV, 315, 849; envoie les documents pour l'assemblée de 1880, XLIX, 146.

Société royale de microscopie de Londres. — Confère au président annuel de l'Académie le titre d'ex officio fellow, XLVIII, 71.

Société scientifique de la République Argentine, a Buenos-Ayres. — Demande l'échange de publications, XLVIII, 339

Société zoologique de France, a Paris. — Demande l'échange de publications, XLII, 826.

Soenens (le chevalier). — Envoi de cartes et de catalogues pour son exposition de tableaux, XL, 446.

Soromenho (Aug.). — Don d'un fragment de poëme manuscrit flamand du XIIIe siècle, XXVII, 313.

Soubre (E.). — Élu membre de la Classe des beaux-arts, XXXI, 23; remercîments, XXXI, 48; approbation royale de son élection, XXXI, 48.

Commissaire pour un mémoire de M. Meerens sur le diapason et la notation musicale simplifiée, XXXI, 456; rapport, XXXII, 194.

Sa mort, XXXII, 126.

Soubre (Léon). — Mention honorable au grand concours de composition musicale de 1877, XLIV, 249, 299.

Souillart. — Présente un mémoire sur les mouvements relatifs de tous les astres du système solaire, XLVII, 488; rapports de MM. Catalan, De Tilly et Van der Mensbrugghe, XLVIII, 96, 103.

Soupart. — Discours prononcé lors de l'installation des Académies dans leur nouveau local, XLIV, 865; réponse au toast porté aux deux Académies par M. le Ministre de l'Intérieur au banquet d'installation, XLIV, 890.

Sourindro Mohun Tagore. — Voir *Tagore*.

South (James). — Annonce de sa mort, XXIV, 434.

Souza Holstein (le marquis). — Don d'ouvrage, XXVII, 184.

Spée (l'abbé). — Sur la structure des taches solaires, XLI, 224, 345; rapport de MM. Folie et Liagre, XLI, 246.

Sur les perturbations de l'aiguille aimantée et les taches solaires, XLIII, 63, 274; rapports de MM. Houzeau, Quetelet et Folie, XLIII, 248, 251, 252.

Sur les raies des spectres des étoiles, XLVII, 227; rapport de MM. Houzeau et Montigny, XLVII, 318, 320

Sur la raie dite de l'Hélium, XLIX, 379; rapports de MM. Houzeau, Donny et Montigny, XLIX, 311, 312.

Speelman. — Sur la division des angles et sur l'inscriptibilité des polygones, XXIV, 102; XXV, 665; rapports de MM. Catalan, Liagre et Ern. Quetelet, XXV, 85, 187, 618.

Spring (Ant.). — Sur une tête de castor trouvée à Donck (Limbourg), XXI, 139

Commissaire pour une description de la flore fossile du terrain crétacé du Hainaut, par M. Eug. Coemans, XXI, 194; rapport, XXI, 276.

Commissaire pour un travail de M. de la Nux sur la météorologie et l'agriculture, XXI, 263; lecture de son rapport, XXI, 311.

Commissaire pour un travail de M. Dupont sur l'ethnographie de l'homme de l'âge du renne dans les cavernes de la vallée de la Lesse, XXII, 107; rapport, XXII, 187.

Directeur de la Classe des sciences pour 1868, XXIII, 3.

Membre du jury chargé de juger la

4e période du concours quinquennal des sciences naturelles, XXIII, 50.
Tremblement de terre ressenti à Stavelot le 3 janvier 1867, XXIII, 52.
Commissaire pour un travail de M. Dupont intitulé : *Étude de cinq cavernes explorées dans la vallée de la Lesse et le ravin de Falmignoul*, XXIII, 53.
Commissaire pour un travail du même sur l'exploration d'une caverne située à Bouvignes, XXIII, 568.
Commissaire pour un travail de M. Lejeune sur la chaleur des graines de luzerne, XXIII, 431.
Commissaire pour un mémoire de M. J. Chalon sur les tiges ligneuses, XXIV, 278 ; rapport, XXIV, 503.
Commissaire pour un travail de M. Le Brun sur les variétés dans les plantes, XXIV, 278.
Commissaire pour un travail de M. Éd Van Beneden sur le genre Dactycotyle et l'œuf des trématodes, XXIV, 436; rapport, XXV, 8.
Discours aux funérailles de M. Brasseur, XXV, 606
Sur la périodicité physiologique, discours. XXVI, 531.
Commissaire pour une note de M. J.-J. Kickx sur l'organe reproducteur du Psilotum triquetrum, XXVIII, 527; rapport, XXIX, 5.
Don d'ouvrages, XXI, 263; XXIV, 2; XXVI, 379; XXIX, 335; XXX, 3, 199; XXXIII, 2.
Sa mort, XXXIII, 90; communication de M. de Selys Longchamps à ce sujet, XXXIII, 101; discours à ses funérailles par M. Dewalque, XXXIII, 93; sa notice promise par M. Schwann, XXXVI, 796.
SPRING (Walthère). — Quelques faits pour servir à l'étude de la constitution des composés oxygénés du soufre, XXXV, 643; XXXVI, 72; rapports de MM. Stas et Melsens, XXXVI, 17, 18.
Note sur la constitution de l'acide hyposulfureux, XXXVI, 196; rapports verbaux de MM Stas et de Koninck, XXXVI, 142.
Nouvelles synthèses de l'acide hyposulfureux et de l'acide tri-thionique, XXXVI, 603; XXXVII, 45; rapports de MM. Stas et Donny, XXXVII, 7, 10.
Sur la constitution des acides polythioniques, XXXVIII, 4, 108.
Sur deux nouveaux chlorures d'acides organiques, XXXVIII, 293, 494.
Sur l'action du pentachlorure de phosphore sur les hyposulfites inorganiques, XXXVIII, 293, 503.
Rapports de MM. Stas et de Koninck sur ces trois notices, XXXVIII, 22, 23, 407, 408, 409.
Lettre à M. Stas sur la chaleur spécifique des corps, XXXVIII, 293.
Présente une note sur la dilatation, la chaleur spécifique des alliages fusibles et leurs rapports avec la loi de Neumann, XXXVIII, 405; XXXIX, 548; rapports de MM. Gloesener, Montigny et Folie, XXXIX, 446, 456, 465.
Billet cacheté déposé dans la séance du 7 novembre 1874, XXXVIII, 555.
Sur les acides du chlore, XXXIX, 444, 882; rapports de MM. Stas, de Koninck et Donny, XXXIX, 781, 784.
Billet cacheté déposé dans la séance du 4 mars 1876, XLI, 396.
Billet cacheté déposé dans la séance du 9 mai 1876, XLI, 912.
Sur le développement de l'électricité statique, XLI, 734, 1024; rapports de MM. Montigny, Duprez et Folie, XLI, 939, 950.
Lettre à M. Folie sur un de ses billets cachetés, XLI, 912; contenu de ce billet déposé dans la séance du 4 mars 1876, XLI, 914.
Sur les acides tétra- et trithioniques avec M. Lévy, XLI, 1153; XLII, 103; rapports de MM. Stas, de Koninck et Melsens, XLII, 11, 13.
Phénomènes de l'écoulement du mercure par les tubes capillaires, XLII, 4, 333; rapports de MM. Folie, Montigny et Duprez, XLII, 243, 247, 250.
Sur l'action du chlore sur le peroxyde d'argent, avec M. Arisqueta, XLII, 240, 565; rapports de MM. Stas et Donny, XLII, 479, 486.
Présente avec M. Delbœuf un travail sur le daltonisme, XLIV, 455.

Rapport de MM. Schwann, Gluge et J. Plateau sur un travail avec M. Delbœuf, intitulé : *Recherches expérimentales sur le daltonisme*, XLV, 5; impression, XLV, 16.
Élu correspondant de la Classe des sciences, XLIV, 885; remerciments, XLV, 2.
Sur la non-existence de l'acide pentathionique, XLV, 579; rapport de M. Stas, XLV, 578.
Note préliminaire sur la propriété que possèdent les fragments des corps solides de se souder par l'action de la pression, XLV, 746.
De la propriété que possèdent les corps solides de se souder par l'action de la pression, XLIX, 323.
Sur la constitution des composés oxygénés de l'azote, avec M. Durand, XLV, 728; XLVI, 59; rapport verbal de MM. Stas et Melsens, XLVI, 13.
Nouveaux sels basiques de mercure et cas d'isomérie du sulfure de mercure, XLVII, 515; rapport verbal de M. Stas, XLVII, 491.
Rapport sur un travail de M. De Heen sur la dilatabilité des solutions salines, XLVIII, 4.
Commissaire pour un travail de M. De Locht sur son pantéléphone, XLVIII, 341; rapport, L, 3.
Commissaire pour une note de M. Gérard sur une plume électrique, etc., XLVIII, 443; lecture de son rapport, XLVIII, 600.
Commissaire pour le mémoire de concours de 1880 sur les relations entre les propriétés physiques et les propriétés chimiques des corps simples et des corps composés, L, 78; rapport, L, 358. — Voir *Arisqueta*. — *Delbœuf*. — *Durand*. — *Levy*

SPUCHES (G. prince de Galati). — Don d'ouvrages, XLI, 1328; XLV, 818.
Note bibliographique de M. Le Roy sur ses poésies, XLI, 1331.
Note bibliographique du même sur ses *Carmina*, XLV, 820.

STAAFF. — Don d'ouvrage, XXXV, 361.

STANG (Rud.). — Élu associé de la Classe des beaux-arts, XXXVII, 152; remerciments, XXXVII, 237.
Don d'ouvrage, XXXVII, 337.

STAPPAERTS (Félix). — Élu correspondant de la Classe des beaux-arts, XXV, 62; remerciments, XXV, 157.
Élu membre, XLI, 171; approbation royale de son élection, XLI, 717; remerciments, XLI, 386.
Commissaire pour un travail de M. Neefs sur l'œuvre de Rubens à Malines, XLI, 1136, 1340; rapport, XLII, 197.
Promesse d'une notice sur M. Madou, XLIII, 703; présente cette notice, XLVI, 933.
Élu membre de la Commission de la Biographie nationale pour la période de 1878-1884, XLVI, 130.
Délégué à la fête politique et religieuse du Cinquantenaire belge, XLIX, 594.

STAS (J.-S.). — Commissaire pour une note de M. Glaser sur la transformation de l'aniline, XXI, 75; rapport, XXI, 197.
Commissaire pour un travail de M. Ladenburg sur la synthèse de l'acide anisique, XXI, 75; rapport, XXI, 199.
Commissaire pour un travail de M. Henry sur l'histoire du chrome, XXI, 75; rapport, XXI, 201.
Commissaire pour un travail de MM. Ladenburg et Fritz sur l'acide paraoxybenzoïque, XXI, 263; rapport, XXI, 311.
Commissaire pour une note de M. Swarts sur l'acide itaconique, XXI, 309.
Commissaire pour un travail de M. Glaser sur l'acide cinnamique, XXII, 260; XXIII, 687; rapports, XXII, 454; XXIII, 687.
Commissaire pour une notice de M. Dubois sur l'acide phénique, XXIII, 53.
Commissaire pour une notice de M. Swarts sur l'acide itaconique, XXIII, 431.
Membre de la Commission adminis-

trative pour l'année 1867-1868, XXIII, 432; pour 1868-1869, XXV, 404; pour 1869-1870, XXVII, 364; pour 1872-1873, XXXIII, 360; pour 1873-1874, XXXV, 468; pour 1874-1875, XXXVII, 484; pour 1875-1876, XXXIX, 445; pour 1876-1877, XLI, 936; pour 1877-1878, XLIII, 461, pour 1878-1879, XLV, 566; pour 1879-1880, XLVII, 489; pour 1880-1881, XLIX, 310.

Commissaire pour un travail de MM. Gläser et Radziszewsky sur quelques transformations de l'acide formobenzoïque, XXIV, 3; rapport, XXIV, 109.

Rapport sur une note de M. Ronday sur l'acide itamalique, XXIV, 113.

Commissaire pour un travail de M. Van der Elst sur les progrès des sciences, XXV, 72; lecture de son rapport, XXV, 186.

Commissaire pour une note de M. Swarts sur les substances saturées, XXV, 72; rapport, XXV, 184.

Rapport sur une note de M. Henry concernant les radicaux organiques, XXV, 620.

Commissaire pour un travail de M Blas sur la Murrayine, XXVI, 3; rapport verbal, XXVI, 262.

Commissaire pour une note de M. Radzizewsky sur quelques dérivés de l'acide phényl-acétique, XXVI, 135; XXVII, 363; rapports, XXVI, 259; XXVII, 620.

Commissaire pour une note de M. Lucien de Koninck sur une variété de pyrophyllade, XXVI, 379; rapport, XXVI, 433.

Commissaire pour une notice de M. Henry sur les sulfocyanures des radicaux alcooliques, XXVII, 4; rapport, XXVII, 142.

Rapport sur la note de M. Henry relative aux dérivés chlorés de l'aldéhyde salicilique, XXVII, 250.

Commissaire pour une note de M. Robin sur la prévision de la couleur des composés minéraux, etc., XXVII, 363; lecture de son rapport, XXVII, 627

Rapport sur la note de M. Henry relative à l'isomérie (2e partie, XXVII, 626

Rapport sur la note du même sur les dérivés éthérés des acides et des alcools polyatomiques, XXVII, 627.

Commissaire pour une note du même sur le nitrile salicylique et ses dérivés, XXVIII, 3; rapport, XXVIII, 148.

Commissaire pour une note du même sur les nitriles, XXVIII, 3; rapport, XXVIII, 146.

Commissaire pour une note du même sur les dérivés éthérés des acides et des alcools polyatomiques, XXVIII, 399; rapport, XXVIII, 402.

Élu directeur pour 1871, XXIX, 4; idem pour 1880, XLVII, 3.

Commissaire pour une notice de MM. Lucien de Koninck et Marquart sur la Bryonicine, XXIX, 64; rapport, XXIX, 165.

Commissaire pour une note de M. Cantillon sur un projet de radeau de sauvetage, XXIX, 336.

Commissaire pour une note de M. Lucien de Koninck sur les acides phlorétique et sulfohydrocinnamique, XXX, 3; rapport, XXX, 85.

Commissaire pour une note de M. Havrez sur la mesure chromatique de l'effet des doses d'alun, de tartre et des sels d'étain sur la teinture des laines, XXXI, 32.

Commissaire pour une note de M. Tommasi sur l'action du magnésium sur les composés minéraux et organiques, XXXI, 55; rapport verbal, XXXI, 205.

Rapport verbal sur le mémoire de M. Filopanti sur une nouvelle nomenclature chimique, XXXI, 55.

Commissaire pour des notes de M Dubois sur la formation du sulfate diéthylique et la transformation de l'acide citrique en acide tricarballylique, XXXII, 3.

Commissaire pour un mémoire de M. Havrez sur la teinture des laines, XXXII, 3.

Commissaire pour une note de

M. Melsens sur le chlorure de sulfuryle et l'anhydride sulfureux, XXXIV, 244; lecture de son rapport, XX IV, 448.
Lecture de son rapport sur le projet de M. Dupont de publier une histoire naturelle générale de la Belgique, XXXV, 189.
Commissaire pour un travail de M. Henry sur les dérivés glycériques, allyliques et propargyliques, XXXV, 352; rapport, XXXV, 461.
Commissaire pour une note de M. Swarts sur quelques propriétés des acides pyrocitriques, XXXV, 643; rapport, XXXVI, 18.
Commissaire pour une notice de M. W. Spring sur les composés oxygénés du soufre, XXXV, 643; rapport, XXXVI, 17.
Lecture de son rapport sur une note de M. Henry relative à un nouvel hydrocarbure acétylénique isomère de la benzine, XXXVI, 19.
Commissaire pour une notice historique de M. Melsens sur Van Helmont, XXXVI, 115; XXXVIII, 293; lecture de son rapport, XXXVIII, 407.
Commissaire pour la 2e note historique de M Melsens sur Van Helmont, XLI, 225; lecture de son rapport, XLI, 451.
Rapport verbal sur une note de M. W. Spring concernant l'acide hyposulfureux, XXXVI, 142.
Commissaire pour différentes notes de chimie de M De Wilde, XXXVI, 451; rapports, XXXVII, 10, 12, 13, 14.
Commissaire pour une note de M. Henry sur les dérivés dyallyliques, XXXVI, 602; rapport, XXXVII, 6.
Commissaire pour une note de M. W. Spring sur l'acide hyposulfureux et l'acide trithionique, XXXVI, 603; rapport, XXXVII, 7.
Commissaire pour deux notes de M. Henry sur les dérivés dyallyliques, XXXVII, 160, 170; rapports, XXXVII, 271, 341.
Commissaire pour trois notes de chimie de M. W. Spring, XXXVIII, 4, 293; rapports, XXXVIII, 22, 407, 408.
Donne lecture d'une lettre du même relative à la chaleur spécifique des corps, XXXVIII, 293.
Commissaire pour le mémoire de concours de 1874 sur la température de l'espace et la chaleur spécifique absolue des corps simples et des corps composés, XXXVIII, 295; lecture de son rapport, XXXVIII, 718.
Commissaire pour un travail de M. W. Spring sur les acides du chlore. XXXIX. 444; rapport, XXXIX, 781.
Ses réserves au sujet de la motion de M. Alvin sur les dangers du laboratoire de chimie de l'École industrielle de Bruxelles, XL, 666.
Commissaire pour un travail de M. Bruylants sur les résines, XLI, 224; rapport, XLI, 450.
Commissaire pour un travail de M. Dubois sur le chlorure de sulfuryle, XLI, 735; rapport, XLII, 13.
Commissaire pour un travail de MM. Spring et Levy sur les acides tétra- et trithioniques, XLI, 1153; rapport, XLII, 11.
Commissaire pour un travail de M. Bruylants sur les résines, XLII, 4; rapport, XLII, 250.
Commissaire pour le programme du concours de Stassart pour une notice sur un Belge célèbre, XLII, 4, 495.
Présente un mémoire sur le rapport proportionnel entre l'argent, les chlorures et les bromures, XLII, 240; lecture des rapports de MM. de Koninck et Donny, XLII, 461.
Commissaire pour un travail de MM. Spring et Arisqueta sur l'action du chlore sur le peroxyde d'argent, XLII, 240; rapport, XLII, 479.
Commissaire pour trois notes de M. Toyo sur l'iode pur, XLII, 241; rapport verbal. XLII, 487.
Commissaire pour un travail de M. Van Bastelaer sur les vernis, etc., des poteries romaines, XLII, 241, 458.
Commissaire pour le mémoire de concours de 1876 sur l'acide citrique, XLII, 254; rapport, XLII, 950.
Commissaire pour une note de M. De

Heen sur la dilatation des métaux, XLII, 461.
Commissaire pour un travail de M. Chevron sur l'action de l'acide azotique sur l'éthylène et du peroxyde d'azote sur l'acétylène, XLIII, 4; rapport, XLIII, 79.
Commissaire pour une note de M. P. De Heen sur l'ébullition des solutions salines, XLIII, 63.
Son opinion sur une proposition de décerner un prix spécial à M. M. Marie, XLIII. 200.
Commissaire pour le mémoire de concours de 1877 sur les substances albuminoïdes, XLIV, 119; rapport, XLIV, 674.
Commissaire pour un travail de M. Motteu sur l'histoire du sucre (saccharose), XLIV. 318; rapport, XLIV, 318.
Commissaire pour un travail de M. Petermann sur les gisements de phosphates en Belgique, 2e note, XLV, 3; rapport, XLV, 77.
Commissaire pour un travail de MM. Spring et Durand sur la constitution des composés oxygénés de l'azote, XLV, 728; rapport, XLVI, 13.
Rapport sur le travail de M. Spring sur la non-existence de l'acide pentathionique, XLV, 578.
Commissaire pour une note de M. Monier sur une opale hydrophane, XLVI. 587; rapport, XLVI, 944.
Motion à l'occasion de sa nomination de membre de la Société royale de Londres, XLVII, 742.
Rapport sur les superphosphates, par M. Chevron. XLVII. 28.
Rapport sur un nouveau procédé pour prendre l'empreinte des cachets et des médailles, par M. Roeckl, XLVII, 744.
Rapport sur une nouvelle méthode de préparation des acides iodhydrique et bromhydrique, par M. Bruylants, XLVII, 745.
Rapport sur quelques nouveaux sels du mercure, par M. W. Spring, XLVII, 491.
Commissaire pour une note de M. Fievez sur les raies spectrales de l'hydrogène et de l'azote. XLIX, 4; rapport, XLIX, 90.
Note sur la découverte, par M. Scacchi, d'un corps nouveau dans la lave du Vésuve. XLIX, 93.
Motion au sujet de sa nomination de correspondant de l'Académie des sciences de Paris, L, 1; remercîments, L, 73.
Commandeur de l'ordre de Léopold, L, 254.
Commissaire pour une note de M. Renard sur l'épidote de Quenast, L, 3; rapport. L, 80.
Commissaire pour le mémoire de concours de 1880 sur les relations entre les propriétés physiques et les propriétés chimiques des corps simples et des corps composés. L, 78; rapport, L, 369
La science et l'imagination, discours, L, 375.
Don d'ouvrages, XLVI, 176; XLVIII. 442.
STECHER J. — Membre du jury chargé de juger la 4e période du concours quinquennal de littérature française, XXV, 73.
Membre du jury chargé de juger la 4e période du concours triennal de littérature dramatique en langue française, XXIX, 34.
Élu correspondant, XLI, 1078. 1134; remercîments, XLI, 1327.
Membre de la Commission pour le programme de concours de la Classe des lettres pour 1878, XLI, 1330.
Note bibliographique sur son ouvrage avec M. Vander Haeghen relatif à la Pacification de Gand, XLII, 635.
Membre de la Commission pour la publication des œuvres des grands écrivains du pays, XLII. 793.
La sottie française et la sotternie flamande, XLIII, 388.
Réponse à la réclamation de M Potvin au sujet du poète Pierre Gringore, XLIII, 431.
Commissaire pour un travail de M Loise sur la littérature allemande

sous l'influence de la guerre de Trente ans, XLIV, 402.
Lecture de sa notice sur M. Grandgagnage, XLIV, 403.
Édouard III dans nos deux littératures, XLV, 681.
Membre de la Commission chargée d'examiner s'il y a lieu de publier les œuvres des anciens écrivains belges qui ont écrit en latin, XLIX, 684.
Discours aux funérailles de M. Van Bemmel, L. 179.
Don d'ouvrage, XLII. 627.

Steenstrup (J.). — Élu associé de la Classe des sciences, XXXIV. 652; remercîments, XXXV, 2

Steichen (M.). — Commissaire pour une théorie nouvelle du mouvement d'un corps libre, par M. Folie, XXII, 452; XXIII, 687.
Commissaire pour une note de M. Catalan sur une transformation géométrique. XXVI, 379.
Élu membre de la Classe des sciences. XXVI, 554; remercîments, XXVII, 2; approbation royale de son élection. XXVII, 2.
Présente un mémoire sur quelques questions élémentaires de mécanique physique, XXVII, 128; lecture des rapports de MM. Gilbert, Catalan et Gloesener, XXVII, 615.
Commissaire pour un travail de M. Gilbert sur les surfaces apsidiales, XXVII, 363.
Commissaire pour un mémoire du même sur les déterminants fonctionnels, XXVIII, 319; rapport, XXVIII, 328.
Commissaire pour une note de M. Graindorge sur la sommation de quelques séries, etc., XXVIII, 319.
Commissaire pour une note de M. Mansion sur les équations linéaires à coefficients constants, etc., XXVIII, 319.
Commissaire pour la première partie du mémoire de M. De Tilly, intitulé : *Études sur le frottement,* XXIX, 103; rapport, XXIX, 166.
Commissaire pour une note du même sur le roulement des rouleaux et des roues sur un plan d'appui, XXXII, 155; rapport, XXXII, 242.
Commissaire pour un mémoire de M. Gilbert sur l'existence de la dérivée dans les fonctions continues, XXXIII, 171.
Commissaire pour une note de M. Saltel sur la sphère osculatrice et sur les surfaces à points multiples, XXXV, 352.
Commissaire pour le mémoire de concours de 1874 sur la théorie des fonctions d'une variable imaginaire, XXXVIII, 295.
Commissaire pour une note de M. Savez sur l'inertie de la matière. XLI, 735; rapport, XLI, 1153.
Commissaire pour le mémoire sur la question remise au concours de 1876 sur la théorie des fonctions d'une variable imaginaire, XLII, 254; rapport, XLII, 939.
Membre du jury chargé de juger la 6e période du concours quinquennal des sciences mathématiques et physiques. XLVII, 2.

Stephani (Ludolphe). — Élu associé de la Classe des lettres, XXIII, 484; remercîments, XXIII, 710.

Steur (Ch.). — Lecture d'une notice sur les ruines de Pompéi, XXVI, 123.
Lecture d'une notice sur les origines celtiques, XXVIII, 126, 258.
Notice sur les antiquités gréco-scythiques de la Tauride, XXVIII, 260.
Commissaire pour une notice de M. Varenbergh : *Un voyage au XIIIe siècle,* XXXIII, 228, 430; rapport, XXXIII, 334; XXXIV, 67.
Commissaire pour le mémoire de concours de 1873 sur l'histoire politique de la Flandre depuis 1305 jusqu'à l'avènement de la maison de Bourgogne, XXXV, 101; rapport, XXXV, 547.
Commissaire pour un mémoire de M. Varenbergh, sur les relations politiques de la Flandre et de la Zélande au moyen âge, XXXV, 361; rapport verbal, XXXV, 795.
Don d'ouvrages, XXXIII, 429; XXXVI, 84. 206; XXXVIII, 368; XLI, 1075.

Steurs. — Don d'ouvrages, XLII, 628; XLVIII, 72.

Stévart. — Présente une note sur la variation de hauteur du son qui se produit lorsque le corps sonore se meut, XXVI, 250

Storck (Ad.). — Don d'ouvrage, XLIII, 304.

Stroobant. — Propose d'ouvrir une exposition de tableaux au profit de la Caisse centrale des artistes, XXXIV, 437.

Struve (Otto). — Élu associé de la Classe des sciences, XXXVIII, 847; remercîments, XXXIX, 2.

Swaen (A.). — Billet cacheté déposé dans la séance du 15 décembre 1875, XL, 898.

Des éléments cellulaires et des canaux plasmatiques dans la cornée de la grenouille, XLI, 1152; XLII, 144; rapports de MM. Van Bambeke, Schwann et Éd. Van Beneden, XLII, 14, 21.

Billet cacheté déposé, avec M. Putzeys, dans la séance du 5 août 1876, XLII, 239.

Billet cacheté déposé dans la séance du 15 décembre 1875, sur le sulfate de guanidine, XLI, 731; de l'action physiologique du sulfate de guanidine, XLI, 813; rapports de MM. Schwann et Éd. Van Beneden, XLI, 735, 739.

Contribution à la physiologie du nerf vague de la grenouille, avec M. Putzeys, XLV, 364, 755; rapports de MM. Schwann et Van Bambeke, XLV, 728, 751.

Première phase du développement du placenta chez le lapin, avec M. Masquelin, XLVIII, 45; rapports de MM. Éd. Van Beneden et Schwann, XLVIII, 17, 18. — Voir *Masquelin*. — *Putzeys, F.*

Swarts (Th.). — Sur les dérivés bromés du camphre, XXI, 495, 285; rapport de M. Kekulé, XXI, 277.

Sur les dérivés par addition de l'acide itaconique et de ses isomères, XXI, 309, 538; rapport de M. Kekulé, XXI, 527; 2e partie, XXIII, 431; XXIV, 25; rapports de MM. Kekulé et Stas, XXIV, 8, 17.

Sur les transformations des substances saturées en corps non saturés, XXV, 72, 193; rapports de MM. Stas et Melsens, XXV, 184, 186.

Sur les falsifications de la chicorée par la tourbe, XXXI, 111, 360; rapports de MM. Donny et de Koninck, XXXI, 200, 203.

Sur les dérivés par addition de l'acide itaconique et de ses isomères, XXXII, 335; XXXIII, 31; rapports de MM. de Koninck, Donny et Melsens, XXXIII, 8, 11, 13.

Sur quelques propriétés des acides pyrocitriques, XXXV, 643; XXXVI, 64; rapports de MM. Stas et Melsens, XXXVI, 18.

Sybel (H. von). — Élu associé de la Classe des lettres, XXVII, 595; remercîments, XXVII, 714.

Szuch. — Présente, avec M. Donny, une note sur la recherche de l'arsenic, XXV, 192.

T.

Tagore (le rajah Sourindro Mohun). — Élu associé de la Classe des beaux-arts, XLIII, 41; remercîments, XLIII, 441.

Note bibliographique de M. Gevaert sur ses ouvrages, XLIII, 224.

Don d'ouvrages, XLII, 920; XLIV, 110; XLV, 719.

Tallois (le Dr). — Don d'ouvrage, XXIII, 366.

Discours aux funérailles de M. Ad. Quetelet, XXXVII, 262.

Tarry. — Présente une note sur la prédiction et le mouvement des tempêtes, XXXIV, 243; dépôt de cette note aux archives, XXXIV, 454.

TAYLOR (John). — Sa mort, XXVII, 246.

TEIRLINCK. — Legs d'une somme de 5,000 francs pour la fondation d'un prix perpétuel, XXXIX, 400.

Arrêté royal relatif à ce legs, XXXIX, 400.

TENERANI (P.). — Sa mort, XXIX, 37.

TENNYSON (Alfred). — Élu associé de la Classe des lettres, XXXIX, 767; remerciements, XXXIX, 952.

TERBY (F.). — Sur le procédé qu'emploient les araignées pour relier par un fil des points éloignés et sur l'explication probable des fils de la Vierge, XXIII, 53, 274; rapports de MM. P.-J. Van Beneden et Poelman, XXIII, 223.

Présente l'indication des grands phénomènes météorologiques à Louvain en 1867, XXV, 283.

Lettres relatives à des observations astronomiques et météorologiques, XXIX, 447.

Aspect des taches de la planète Mars observées à Louvain de 1864 à 1867, XXXI, 55, 176; rapports de MM. Montigny et Ad. Quetelet, XXXI, 111, 113.

Aspect de la planète Mars en 1871, XXXII, 3, 57; rapports de MM. Liagre et Montigny, XXXII, 40, 41.

Aspect de la planète Jupiter pendant l'opposition de 1872, XXXIV, 140, 322; rapports de MM. E. Quetelet et Montigny, XXXIV, 269.

Sur une configuration singulière des taches de la planète Mars, XXXIV, 447; XXXV, 40; rapports de MM. Duprez et E. Quetelet, XXXV, 20.

Présente un mémoire intitulé : *Aerographische Fragment*, XXXV, 188; rapports de MM. E. Quetelet et Liagre, XXXV, 352.

Configuration des taches de la planète Mars à la fin du XVIIIe siècle, XXXVI, 3, 173; rapports de MM. Liagre et E. Quetelet, XXXVI, 116, 117.

Sur l'aspect des planètes Mars et Jupiter en 1873, XXXVI, 116, 531; rapports de MM. Liagre et E. Quetelet, XXXVI, 452, 454.

Passage d'un bolide, le 11 mai 1874, XXXVII, 799.

Présente un mémoire intitulé : *Aréographie*, XXXVII, 802; rapports de MM. E. Quetelet, Mailly et Liagre, XXXVIII, 7, 12, 13.

Présente une note intitulée : *Un mot à propos d'une notice du comte de Rosse sur les observations de Jupiter faites en 1873*, XXXVIII, 293; retire cette note, XXXVIII, 407.

La comète de Coggia, observée à Louvain du 5 au 15 juillet 1874, XXXVIII, 351.

Sur l'aspect de la planète Jupiter pendant son opposition en 1874, et sur le passage des satellites II et III et de leurs ombres pendant la soirée du 25 mars 1874, XXXVIII, 406, 591; rapports de MM. E. Quetelet et Liagre, XXXVIII, 559, 560.

Sur un phénomène auroral remarqué à Louvain le soir du 3 octobre 1874, et sur sa coïncidence avec des éclairs observés dans le nord, XXXVIII, 419.

Sur la planète Mars, et sur l'ombre du deuxième satellite de Jupiter, XL, 271, 549, 572; rapports de MM. Quetelet et Liagre, XL, 453, 454.

Sur l'opportunité d'une nouvelle carte de Mars, XLIII, 64, 159; rapport de M. Houzeau, XLIII, 64.

Adresse un dernier mot en réponse à M. Flammarion, XLIII, 325, 542; lecture des rapports de MM. Houzeau, Liagre et Mailly, XLIII, 480.

Notice sur la planète Mars, XLIII, 232, 348; rapports de MM. Quetelet, Mailly et Liagre, XLIII, 331.

Présente sa 10e note sur la planète Mars, XLIV, 655; XLV, 33; rapports de MM. Houzeau, Quetelet et Liagre, XLV, 13.

Étude sur la planète Mars, 12e notice, Tableau synonymique des dénominations données aux taches, XLVIII, 619; rapports de MM. Houzeau et Liagre, XLVIII, 592, 594.

Présente un mémoire à l'appui des observations de M. Schiaparelli sur la même planète, XLVIII, 587; rapports des mêmes, XLVIII, 725, 726.

Observations de la planète Mars, de

la tache rouge de Jupiter et des taches de la planète Mars, XLIX. 201; rapports de MM. Houzeau et Liagre, XLIX, 173, 174.

Aurore boréale du 6 octobre 1869, à Louvain, XXVIII, 399, 403; du 3 janvier 1870, XXIX, 63; du 24 septembre 1870, XXX, 179; du 12 février et du 9 avril 1871, XXXI, 54, 199; du 15 au 16 janvier 1874, XXXVII, 164.

Étoiles filantes à Louvain, du 4 au 13 août 1866, XXII, 211; de novembre 1866, XXII, 470; du 11 au 12 août 1867, XXIV, 290; de novembre 1867, XXIV, 510; d'août 1868, XXVI, 272; d'août 1869, XXVIII, 318, 326; de novembre 1869, XXVIII, 527, 543; d'août 1874, XXXVIII, 418.

Orages à Louvain, du 25 mars au 24 mai 1867, XXIII, 706; du 19 juillet au 13 septembre 1867, XXIV, 301; en octobre 1867, XXIV, 513; en 1868, XXVI, 134, 249, 279; du 1er janvier au 1er juin 1869, XXVII, 362, 638; du 1er juin au 1er octobre 1869, XXVIII, 138, 318, 332; du 1er octobre 1869 au 1er novembre 1870, XXX, 3, 83, 180, 292; en 1871, XXXII, 39; en 1872, XXXIV, 3, 242; en 1873, XXXVI, 114.

Don d'ouvrage, XXXIX, 779. — Voir *Flammarion*.

TERQUEM. — Don d'ouvrage, XLVII, 308.

TERRY (J.-H.). — Élu correspondant de la Classe des beaux-arts, XXXVII, 152; remercîments, XXXVII, 237.

THEUNIS (A.). — Présente une note sur le dosage des matières tannantes, XLVI, 2.

Présente une méthode d'analyse chimique, XLVI, 587; retire ces notes, XLVI, 855.

THIELENS (Armand). — Désigné pour recevoir en Belgique les souscriptions au monument Élie de Beaumont, XXXIX, 358.

THIERNESSE. — Don d'ouvrage, XLIX, 308

THIERRY (Amédée). — Élu associé de la Classe des lettres, XXIII, 484; remercîments pour son élection, XXIII, 710.

Don d'ouvrage, XXIV, 79; XXXIV, 710.

Sa mort, XXXV, 359.

THIERS (Ad.). — Sa mort, XLIV, 400; remercîments de Mme Thiers au sujet des condoléances académiques, XLIV, 815.

THIRY (V.). — Don d'ouvrages, XXXVIII, 666; XLII, 627.

THOMSON (W.). — Élu associé de la Classe des sciences, XLVI, 943; ses remercîments, XLVII, 2.

Don d'ouvrage, XLVII, 179.

THONISSEN (J.-J.). — Membre de la Commission pour la formation du programme de concours de la Classe des lettres, XXI, 36.

Commissaire pour le mémoire de concours de 1866 sur les relations de la Belgique avec le comté de Bourgogne, XXI, 167; rapport, XXI, 435.

Commissaire pour le mémoire de concours de 1866 sur Leibnitz, XXI, 167; rapport, XXI, 437.

Une controverse du XIIIe siècle sur la légitimité de la peine de mort, XXI, 239.

Dépôt d'une liste de souscription pour un monument à élever à P.-F.-X. de Ram, XXI, 290.

La peine de mort dans le Talmud, XXII, 349.

Études sur l'histoire du droit criminel : Un procès de magie sous le règne de Ramsès III, XXIII, 25.

Commissaire pour le mémoire de concours de 1867 sur l'histoire du droit pénal du Brabant jusqu'à Charles-Quint, XXIII, 190; rapport, XXIII, 494.

Commissaire pour le mémoire de concours de 1879 sur l'histoire du droit pénal dans l'ancien duché de Brabant depuis Charles-Quint, XXVII, 164; rapport, XXVII, 431.

Commissaire pour un mémoire de M. Klipffel sur le régime municipal dans les cités wallones de l'empire germanique, etc., XXII, 342; rapport, XXIII, 339.

Notice sur une bibliothèque belge de l'an 1105, XXIII, 603.
Commissaire pour le mémoire de concours de 1868 sur les systèmes électoraux, XXV, 141; rapport, XXV, 541.
Membre du comité de présentation aux places vacantes dans la Classe des lettres en 1868, XXV, 142.
Marat jurisconsulte, notice, XXV, 323.
Lecture d'une notice sur l'Inde, berceau du droit, XXV, 582.
Commissaire pour le mémoire de concours de 1869 sur les tendances politiques et sociales des hérésies, XXVII, 164; rapport, XXVII, 458.
Commissaire pour le mémoire de concours de 1870 sur les colonies belges en Hongrie et en Transylvanie aux XIIe et XIIIe siècles, XXIX, 132; rapport, XXIX, 501.
Commissaire pour une notice de M. Poullet sur la juridiction communale au XVe siècle en Belgique, XXIX, 261; rapport, XXIX, 387.
Le droit criminel de la Grèce légendaire, XXX, 193.
Commissaire pour le mémoire de concours de 1871 sur l'histoire du droit criminel de l'ancien pays de Liége, XXXI, 38; rapport, XXXI, 390.
Lecture de son rapport sur les travaux de la Classe des lettres depuis la fondation de l'Académie, pour le Livre du jubilé séculaire, XXXI, 77; XXXII, 105, 190, 319, 356.
Promesse d'une notice sur le baron de Gerlache, XXXII, 184; lecture de cette notice, XXXVI, 207, 377.
Un précurseur de Malthus, XXXI, 435.
Un autre précurseur de Malthus, XXXII, 184.
Commissaire pour un mémoire de M. Lenormant sur la légende de Sémiramis, XXXIII, 54; rapport, XXXIII, 239.
Directeur de la Classe des lettres pour 1873, XXXIII, 55.
Commissaire pour les mémoires de concours de 1872 sur les rapports du capital et du travail, XXXIII, 130; rapport, XXXIII, 474.
Discours aux funérailles de M. Laforêt, XXXIII, 229.
Membre du jury pour le premier concours du prix Guinard, XXXIII, 511.
Président de l'Académie pour 1873, XXXV, 2, 50, 79.
La littérature nationale de nos provinces sous le Gouvernement de Marguerite d'Autriche (1507-1530), XXXV, 572.
Commissaire pour le mémoire de concours de 1874 sur la philosophie de saint Anselme de Cantorbéry, XXXVII, 204; rapport, XXXVII, 620.
Commissaire pour les mémoires de concours de 1874 sur le capital et le travail, XXXVII, 205; rapports, XXXVII, 466, 647.
Commissaire pour le mémoire du concours de Stassart sur les principes constitutionnels de nos anciennes provinces, XXXVII, 205; rapport, XXXVII, 466, 664.
Un déterministe de 1787, XXXVII, 690.
Membre de la Commission pour le programme de concours de 1876, XXXVII, 846; idem de 1878, XLI, 1330.
Commissaire pour le mémoire de concours de 1875 sur la conservation du caractère national belge, XXXIX, 150; rapport, XXXIX, 403, 665.
Commissaire pour les mémoires de concours de 1877 sur la conservation du caractère national belge, XLIII, 203; rapport, XLIII, 377, 618.
Proposition au sujet du costume officiel des académiciens, XXXIX, 684; membre de la Commission pour ce costume, XXXIX, 953.
Membre du jury chargé de juger la 6e période du concours quinquennal d'histoire nationale, XLI, 137
Commissaire pour le mémoire de concours de 1876 sur l'histoire du droit de chasse en Belgique, XLI, 360, 683; rapport, XLI, 888.
Commissaire pour la notice du con-

cours de Stassart sur Plantin, XLI, 361; rapport, XLI, 896.

Note bibliographique sur un volume de M. Desmaze sur les communes et la royauté, XLIII, 36.

Notes bibliographiques sur des ouvrages de droit : 1° de M. Saripolos, XLIV, 404 ; 2° de M. Carrara, XLIV, 611.

Commissaire pour un travail de M. de Lubavsky sur la statistique du droit civil, XLIV, 402; rapport, XLV, 649.

Études sur l'histoire du droit criminel de la France, 1re partie, XLIV, 406; 2e partie, XLV, 110.

Membre du jury pour le prix du Roi (Histoire nationale), XLVI, 286.

Note bibliographique sur un ouvrage de M. Flach concernant la Table de bronze d'Aljustrel, XLVIII, 238.

Note bibliographique sur l'ouvrage de M. Dauby sur les grèves ouvrières, XLVII, 573.

Du sens réel du mot Romanus dans le texte de la loi salique, XLIX, 28.

Membre de la Commission chargée d'examiner s'il y a lieu de publier les œuvres des anciens écrivains belges qui ont écrit en latin, XLIX, 684.

Commissaire pour un mémoire de M. Kurth sur la loi de Beaumont en Belgique, L, 183; lecture de son rapport, L, 277.

Commissaire pour le programme des prix Castiau, L, 276; rapport, L, 318.

Notes biographiques : 1° sur l'ouvrage de M. Dupont *Le Dante aux Pays-Bas*, L, 275; 2° de M. d'Olivecrona sur la donation par dernière volonté, L, 312.

TIBERGHIEN. — Don d'ouvrages, XLVII, 237; XLVIII, 72; L, 36, 312.

TIELEMANS (F.). — Lauréat de la 3e période du concours quinquennal des sciences morales et politiques, XXII, 69, 247.

Élu correspondant de la Classe des lettres, XXXV, 622; remerciments, XXXV, 793.

Élu membre, XLV, 717 ; remerciments, XLV, 118; approbation royale de son élection, XLV, 818.

Membre du jury chargé de juger la 5e période du concours quinquennal des sciences morales et politiques, XLI, 137.

TILLY (J. DE). — Présente un mémoire sur la cinématique, XXV, 284; XXVI, 135; rapports de MM. Liagre, E. Quetelet et Catalan, XXVII, 615, 618, 620.

Présente un mémoire intitulé : *Etudes sur le frottement* (1re partie), XXIX, 63; rapports de MM. Steichen et Folie, XXIX, 166, 168.

Notes sur les surfaces à courbure moyenne constante, XXIX, 447; XXX, 28; rapports de MM. Folie et Liagre, XXX, 15, 23.

Élu correspondant de la Classe des sciences, XXX, 457; remerciments, XXXI, 2.

Élu membre, XLVI, 943; remerciments, XLVII, 2; approbation royale de son élection, XLVII, 178.

Sur le roulement des rouleaux et des roues sur un plan d'appui, XXXII, 155, 262; rapport de MM. Steichen et Folie, XXXII, 242, 244.

Commissaire pour une note de M. Meerens sur la notation musicale et le diapason simplifiés, XXXIII, 171; rapport, XXXIII, 307.

Présente son rapport sur les sciences mathématiques pour le Livre commémoratif du jubilé séculaire de l'Académie, XXXIII, 226.

Présente une note sur la formule qui sert à calculer la somme de logarithmes des $x+1$ premiers nombres naturels, XXXIV, 4; XXXV, 30; rapports de MM. Gilbert et Catalan, XXXV, 5, 11.

Sur quelques formules de balistique appliquée, XXXIV, 43.

Sur les axes instantanés glissants et les axes centraux dans un corps solide en mouvement, XXXV, 24.

Commissaire pour une note de M. Gilbert sur le développement de la fonction $\Gamma(\mu)$, XXXV, 352.

Commissaire pour une note de M. Genocchi sur quelques développements de la fonction log. Γx, XXXVI, 116; rapport, XXXVI, 454.

Commissaire pour deux lettres de M. Genocchi sur la fonction log $\Gamma(x)$, XXXVII, 460; remplacé par M. E. Quetelet, XXXVII, 270.

Commissaire pour le mémoire de concours de 1873 sur l'intégration des équations aux dérivées partielles des deux premiers ordres, XXXV, 644; rapport, XXXVI, 644.

Commissaire pour la nouvelle rédaction du mémoire de concours de M. Mansion sur l'intégration, XXXVIII, 292; rapport verbal, XXXIX, 8.

Commissaire pour une lettre de M. Genocchi à M. Ad. Quetelet sur diverses questions mathématiques, XXXVI, 3; rapport, XXXVI, 124.

Commissaire pour un travail de M. d'Andrada Mendoça sur le calcul de la vitesse initiale d'un projectile quelconque, XXXVI, 3; rapport, XXXVI, 140.

Sur la similitude mécanique dans le mouvement des corps solides en général, et en particulier dans le mouvement des projectiles lancés par les armes à feu rayées, XXXVI, 460.

Commissaire pour une note de M. Siacci sur la similitude des trajectoires des projectiles oblongs, XXXVI, 602; lecture de son rapport, XXXVII, 160.

Commissaire pour un mémoire de M. Catalan sur la théorie des courbes et des surfaces, XXXVII, 484; rapport, XXXVII, 804.

Sur la similitude mécanique en général et sur le mouvement d'un corps solide en révolution, XXXVII, 484, 815; rapport de MM. Liagre et Catalan, XXXVII, 840.

Commissaire pour un mémoire de M. Boussinesq sur l'équilibre des massifs pulvérulents, XXXVII, 802; rapport, XXXIX, 63.

Commissaire pour le supplément au mémoire de M. Boussinesq sur les massifs pulvérulents, XLI, 735; rapport, XLII, 242.

Sur la généralisation de la formule de Binet, XXXVIII, 67.

Commissaire pour le mémoire de concours de 1874 sur la théorie des fonctions d'une variable imaginaire, XXXVIII, 295; rapport, XXXVIII, 716.

Commissaire pour une note de M. Reinemund sur l'équation de l'épicycloïde, XXXIX, 4; rapport, XXXIX, 75.

Commissaire pour un travail du même sur les polygones réguliers, etc., XL, 447; rapport, XL, 671.

Commissaire pour un travail du même sur les polygones réguliers, XLIII, 232; rapport, XLIII, 332.

Promesse d'une notice sur M. Lamarle, XXXIX, 358.

Présente un travail sur la théorie mécanique de la chaleur, XL, 668, 899; retire ce travail, XLI, 4.

Commissaire pour des notes d'algèbre et d'analyse de M. Catalan, XLI, 734, 920; rapport, XLI, 934, 1156.

Commissaire pour la suite des notes d'algèbre et d'analyse du même, XLII, 665; lecture de son rapport, XLII, 836.

Commissaire pour deux notes de M. Le Paige : 1° sur l'équation $xy'' + ky' - y = 0$; 2° les nombres de Bernoulli, XLI, 734; rapports, XLI, 939.

Commissaire pour le mémoire de concours de 1876 sur la théorie des fonctions des variables imaginaires, XLII, 254; rapport, XLII, 936.

Commissaire pour une note de M. Mansion sur les équations différentielles homogènes, XLII, 461; rapport, XLIII, 71.

Commissaire pour un travail de M. J. Plateau sur des exemples curieux de discontinuité en analyse, XLIII, 4; lecture de son rapport, XLIII, 64.

Commissaire pour un travail de M. Ghysens sur les sous-normales polaires et les rayons de courbure des lignes planes, XLIII, 4; rapport, XLIII, 466.

Commissaire pour un travail de M. Catalan sur les intégrales eulériennes, XLIII, 232; lecture de son rapport, XLIII, 300.

Commissaire pour un travail de M. Le

Paige sur les fractions continues périodiques, XLIII, 233; rapport, XLIII, 329.

Commissaire pour un mémoire de M. Lagrange sur l'influence de la forme des corps sur leur attraction, XLIII, 325; rapport, XLIV, 11.

Commissaire pour une notice de M. Mansion sur une équation différentielle de Jacobi, XLIII, 460; rapport, XLIV, 127.

Commissaire pour un travail de M. Saltel sur la théorie des deux caractéristiques de M. Chasles, XLIII, 460.

Commissaire pour une notice de M. Boset sur les foyers des coniques, XLIII, 461; rapport, XLIII, 720.

Propose de décerner un prix spécial à M. M. Marie pour l'ensemble de ses travaux concernant les imaginaires, XLIII, 200.

Commissaire pour les travaux suivants de M. Ghysens : 1° sur les sous-normales polaires, XLIV, 4; lecture de son rapport, XLIV, 127; 2° sur la détermination des volumes et des aires, XLIV, 317; rapport, XLIV, 457.

Commissaire pour un mémoire de M. Catalan sur la théorie des moindres carrés, XLIV, 317.

Commissaire pour un travail de M. Boset sur les courbes et surfaces focales, XLIV, 456.

Lecture de son rapport sur la note de M. Escary concernant la fonction P $(\frac{n}{i})$ de Lamé, XLIV, 127.

Commissaire pour un travail de M. Saltel sur la classification arguésienne des courbes gauches algébriques, etc., XLV, 364.

Commissaire pour le mémoire de concours de 1878 sur l'involution du second ordre, XLVI, 177; rapport, XLVI, 860.

Commissaire pour une note de M. Cesàro sur une classe de polyèdres, XLVI, 319.

Commissaire pour un travail de M. Van Rysselberghe sur un régulateur rigoureusement isochrone, XLVI, 319.

Commissaire pour une notice de M. Mansion sur un théorème relatif à un déterminant remarquable, XLVI, 585.

Commissaire pour un travail du même sur l'élimination, XLVI, 585.

Commissaire pour un travail de M. Saltel sur une singularité qu'offre la première des lignes multiples, XLVI, 943.

Demande l'ouverture de cinq billets cachetés de M. Lamarle, XLVI, 855; restitue ces billets, XLVI, 943.

Commissaire pour la 2ᵉ partie du travail de M. Mansion sur l'élimination, XLVII, 227, 488; rapport, XLVII, 490.

Commissaire pour un mémoire de M. Souillart sur les mouvements relatifs de tous les astres du système solaire, XLVII, 488; rapport, XLVIII, 103.

Commissaire pour un mémoire de M. Lagrange sur l'influence de la forme des masses sur leur attraction, XLVII, 743; rapport, XLVIII, 457.

Commissaire pour la 3ᵉ partie du travail de M. Mansion sur l'élimination, XLVIII, 3.

Commissaire pour une note de M. Mansion sur sa théorie *à posteriori* de l'élimination entre deux équations algébriques, XLVIII, 94; rapport, XLVIII, 452.

Commissaire pour un travail de M. Saltel sur les paramètres, XLVIII, 3; rapport, XLVIII, 155, 158, 169, 171.

Commissaire pour un mémoire de concours de 1879 sur la torsion, XLVIII, 96; rapports, XLVIII, 460; XLIX, 155, 158, 169, 171.

Commissaire pour un travail de M. Catalan sur les fonctions X*n* de Legendre, XLVIII, 341; lecture de son rapport, XLVIII, 600.

Commissaire pour un travail de M. Delmotte sur la théorie de la trajectoire, XLVIII, 341.

Commissaire pour un travail de MM. Folie et Le Paige sur les courbes du 3ᵉ ordre, XLIX, 3; lecture de son rapport, XLIX, 310.

Commissaire pour le mémoire de con-

cours de 1880 sur les équations de quelques surfaces algébriques à courbure moyenne nulle. L, 78; rapport, L, 353.

Commissaire pour le mémoire de M. Catalan sur une suite de polynômes entiers, etc., L, 255; lecture de son rapport. L, 333.

Don d'ouvrages. XXXVII, 483; XXXIX, 360; XLII, 664; XLVII, 226.

TILMAN (Alfred). — Mention honorable au grand concours de composition musicale de 1871, XXXII. 122, 139; second prix du grand concours de 1875, XLII, 411, 439.

TINANT (Louis). — Chargé de l'exécution du buste de M. de Nieuport, XXIX, 334.

Don d'un médaillon représentant M. Van de Weyer, XXXVIII, 533.

TINEL (Éd.). — Lauréat du grand concours de composition musicale de 1877. XLIV, 248, 299; 1er rapport trimestriel, XLVI, 438; 2e rapport trimestriel, XLVI, 828; 3e rapport trimestriel, XLVII, 911; appréciation des deux premiers, XLVII, 172; du troisième, XLVIII, 88; envoi du 4e rapport, XLIX, 593.

TODARO. — Don d'ouvrages, XLV, 147; L, 295.

TOMMASI (Donato). — Présente une note concernant l'action du magnésium sur les composés minéraux et organiques, XXXI. 55; dépôt de cette note aux archives, XXXI. 205.

Présente une note concernant l'action de l'iodure plombique sur les acétates métalliques, XXXII, 39; dépôt aux archives, XXXIII, 404.

TOPINARD. — Don d'ouvrage, XLVIII, 445.

TORERO (le comte de). — Don d'ouvrage, XLVII, 237.

TOVO (F. et E.). — Présentent trois notes sur l'iode pur, un antielmintina, et un automatico-compasso, XLII, 241; rapport verbal de M. Stas, XLII, 487.

TRABAUD. — Don d'ouvrage, XLVII, 217, 297, 476.

TREUB. — Don d'ouvrage, XLVIII, 339.

Note bibliographique de M. Morren sur son ouvrage sur les orchidées, XLVIII, 341.

U.

UGARTE Y PAGÈS (Javier). — Don d'ouvrage, XLI. 354.

UNION DES CHARBONNAGES, ETC., DE LA PROVINCE DE LIÉGE. — Demande la publication, aux frais de l'État, des mémoires couronnés de MM. Malherbe et de Macar, XLI, 222.

UNION LITTÉRAIRE, A BRUXELLES. — Ouverture d'un congrès littéraire à Bruxelles, en 1880, XLVIII, 693.

UNIVERSITÉ CAROLINE DE LUND. — Annonce la célébration du 200e anniversaire de sa fondation, XXV, 403.

UNIVERSITÉ DE CHRISTIANIA. — Don de la médaille du jubilé millénaire du royaume de Norwège, XXXV, 642.

UNIVERSITÉ DE COPENHAGUE. — Annonce son 400e anniversaire de fondation, XLVI. 743.

Don des ouvrages et de la médaille de ce jubilé, XLVIII, 339.

UNIVERTITÉ DE DORPAT. — Annonce la fondation d'un observatoire annexé à cette université, XXXIX, 359.

UNIVERSITÉ DE KHARKOW. — Lettre de condoléance au sujet de la mort de M. Ad. Quetelet, XXXVII, 482.

UNIVERSITÉ DE LEYDE. — Annonce que les *Annales academici neerlandici* ont cessé de paraître, XLVI, 475.

UNIVERSITÉ DE PAVIE. — Statue à Volta, XLV, 262, 726.

UNIVERSITÉ D'UPSAL. — Annonce son 400e anniversaire de fondation, XLIII, 458.

Compte rendu par M. P.-J. Van Beneden de cette solennité. XLIV, 399.

Don de la médaille frappée à ce sujet, XLIV, 654.

V.

VALERIUS (H.). — Sur un analyseur acoustique, XXII, 107, 224; rapport de M. J. Plateau, XXII, 203.
Membre du jury chargé de juger la 4e période du concours quinquennal des sciences mathématiques et physiques, XXVI, 430; idem pour la 5e période, XXXVII, 2; lecture de son rapport, XXXVIII, 844.
Élu correspondant de la Classe des sciences, XXVIII, 664; remercîments, XXIX, 2.
Description d'un procédé pour mesurer l'avantage de la vision binoculaire sur la vision au moyen d'un seul œil, quant à l'éclat ou à la clarté de l'objet, XXXIV, 34.
Membre de la Commission pour les paratonnerres, XXXIV, 401.
Réclamation de priorité relative à un travail de M. Mercadier, XXXVI, 331.
Sur la température de combustion des combustibles ordinaires, brûlés à l'air libre, XXXVIII, 654.
Sur la théorie de l'emploi de l'air chaud dans les hauts-fourneaux, XXXIX, 370.
Sur la limite inférieure de la température de combustion des houilles, XLII, 676.
Sur un effet singulier du courant électrique, XLIV, 102.
Commissaire pour une note de M. Brachet sur des lames de verre rendues fluorescentes par le collodion quininé, XLV, 563; rapport, XLV, 744.
Rapport sur une note de M. De Heen concernant la fluidité des liquides, XLV, 734.
Commissaire pour une note de M. Gérard sur quatre appareils enregistreurs, XLVI, 4
Commissaire pour une note de M. Delacy sur un appareil enregistreur automatique, XLVI, 177; rapport verbal, XLVI, 328.
Commissaire pour une note de M. Brachet sur un microscope, XLVI, 319; rapport verbal, XLVI, 588.
Promet une note sur un procédé pour déterminer la distance de la vue distincte, XLVI, 333.
Variations du calorique spécifique de l'acide carbonique aux hautes températures, XLVIII, 601.
Commissaire pour des notes de M. Gérard sur une lampe et un moteur électriques, L, 255; rapport, L, 299.
Commissaire pour une note de M. Brachet sur un microscope dioptrique, L, 255; rapport, L, 297.
Commissaire pour une note de M. Van Weddingen sur le téléphone et le photophone, L, 295.
Don d'ouvrages, XLVI, 582; XLVII, 308.
VAN DE CASTEELE (D.). — Don d'ouvrages, XXXVII, 465; XXXIX, 401; XLI, 1328; XLV, 519; XLVII, 298; XLIX, 281.
Note bibliographique de M. de Borchgrave sur les deux premières livraisons de son histoire d'Oudenbourg publiée avec M. Feys, XXXVII, 465; note de M. Le Roy sur la suite de cet ouvrage, XLV, 525.
Note bibliographique de M. Pinchart sur sa brochure : *Lettre à M. S. sur l'ancienne verrerie liégeoise*, XLVII, 298. — Voir *Feys*.
VAN DE KERKHOVE (Les frères). — Annoncent l'ouverture d'une exposition permanente de tableaux, XLIV, 844.
VAN DEN BROECK (Ernest). — Présente un mémoire sur l'altération des dépôts superficiels par l'infiltration des eaux météoriques, XLIX, 147; rapport de MM. de Koninck, Cornet et Dupont, XLIX, 615, 617, 618.
Don d'ouvrages, XLII, 828; XLVI, 176.
VAN DEN BUSSCHE (Emmanuel). — Mention honorable pour son mémoire de concours de 1867 sur Quentin Metzys, XXIV, 268, 491; rapports de

MM. Portaels et Éd. Fétis, XXIV, 224, 228.

VAN DEN EEDEN (J.-B.). — Exécution de sa cantate: *De Wind*, second prix de 1865, paroles de M. Emmanuel Hiel, XXII, 247, 248.

Lauréat du grand concours de composition musicale de 1869, XXVIII, 259, 302.

Exécution de sa cantate couronnée : *La dernière nuit de Faust*, XXVIII, 303.

Rapport trimestriel sur ses voyages soumis à M. Fétis, XXIX, 38.

Envoi de deux partitions manuscrites, XXXVI, 103.

Membre du jury chargé de juger le grand concours de composition musicale de 1879, XLVIII, 260.

VAN DEN GHEYN (J.). — Sur la huitième classe des verbes sanscrits, XLIX, 681; L, 49; rapports de MM. Nève, Wagener et Willems, L, 45, 46, 47.

VAN DEN KERCKHOVE (A.). — Lauréat de la 4e période du concours triennal de littérature dramatique en langue flamande, XXV, 584.

VAN DEN KERCKHOVEN (Ch.). — Lauréat du grand concours de peinture de 1867, XXIV, 269.

VANDENPEEREBOOM (Alph.). — Note bibliographique de M. Wauters sur son ouvrage concernant la numismatique yproise, XLIV, 612.

Note bibliographique de M. Chalon sur le premier volume de son *Ypriana*, XLVI, 914.

Élu correspondant de la Classe des lettres, XLVII, 726; remercîments, XLVII, 828.

Don d'ouvrages, XLIV, 614; XLVI, 910; XLVII, 442; XLIX, 680.

VAN DER ELST (V.-J.). — Présente un travail sur les progrès des sciences, etc., XXV, 72; lecture des rapports de MM. Nerenburger, Liagre et Stas, XXV, 186.

VANDER HAEGHEN (F.). — Présente un projet de Bibliographie belge, XLII, 396; rapports de MM. le baron Kervyn, Wauters et Scheler, XLII, 629.

Note bibliographique de M. Le Roy sur son volume publié avec M. Stecher : *La Pacification de Gand*, XLII, 635.

Don d'ouvrage, XLII, 627.

VAN DER HAEGHEN (Ph.). — Présente une notice sur les écoles et l'alphabet des Tamouls, XXXVIII, 509; rapport de M. Nève, XXXVIII, 614.

VANDERKINDERE (Léon). — Sur l'origine des magistrats communaux et sur l'organisation de la Marke dans nos contrées au moyen âge, XXXVII, 845; XXXVIII, 236; rapports de MM. de Laveleye, Faider et Wauters, XXXVIII, 139, 140.

Note bibliographique de M. Le Roy sur son Siècle des Artevelde, XLVIII, 366.

Don d'ouvrage, XLVIII, 365.

VANDER MAELEN (Ph.). — Don d'ouvrage, XXV, 2.

Sa mort, XXVII, 614.

VAN DER MENSBRUGGHE (G.). — Discussion et réalisation expérimentale d'une surface particulière à courbure moyenne nulle, XXI, 263, 552; rapports de MM. Lamarle et Catalan, XXI, 530, 531.

Sur la tension des lames liquides, 1re partie, XXII, 183, 308; rapports de MM. J. Plateau et Lamarle, XXII, 270, 272; 2e partie, XXIII, 219, 448; rapports de MM. J. Plateau et Catalan, XXIII, 440, 441.

Billet cacheté déposé dans la séance du 1er août 1868, XXVI, 134.

Présente un mémoire sur la tension superficielle des liquides, XXVII, 615; rapports de MM. J. Plateau, Duprez et Montigny, XXVIII, 17, 21.

Présente un second mémoire sur la tension superficielle des liquides, XXXV, 188; rapports de MM. J. Plateau, Duprez et Montigny, XXXV, 460.

Billet cacheté déposé dans la séance du 5 février 1870, XXIX, 62.

Sur la viscosité superficielle des lames de solution de saponine, XXIX, 159, 368; rapports de MM. J. Plateau et Duprez, XXIX, 345, 346.

Sur un principe de statique moléculaire avancé par M. Lüdtge, XXX, 180, 322; rapports de MM. J. Plateau et Duprez, XXX, 286, 287.

Billet cacheté déposé dans la séance du 14 octobre 1871, XXXII, 154.

Sur un fait remarquable qu'on observe au contact de certains liquides de tensions superficielles très-différentes, XXXIII, 92, 223; rapports de MM. J. Plateau et Duprez, XXXIII, 172.

Présente un mémoire intitulé : *L'électricité statique exerce-t-elle une influence sur la tension superficielle d'un liquide?* XXXVII, 802; rapports de MM. J. Plateau et Duprez, XXXVIII, 17, 19.

Sur la théorie capillaire de Gauss et l'extension d'un liquide sur un autre, XXXIX, 250, 375; rapports de MM. J. Plateau et Duprez, XXXIX, 366, 367.

Sur les propriétés de la surface de contact d'un solide et d'un liquide, XL, 52, 341; rapport de MM. J. Plateau et Duprez, XL, 272.

Présente un travail sur le problème des liquides superposés dans un tube capillaire, XL, 447; rapport des mêmes, XL, 669, 671.

Élu correspondant de la Classe des sciences, XL, 1097; remercîments, XLI, 3.

Application de la thermo-dynamique à l'étude des variations d'énergie potentielle des surfaces liquides, XLI, 769; XLII, 21.

Billet cacheté déposé dans la séance du 9 mai 1876, XLI, 912.

Relation entre les perturbations météorologiques et les variations magnétiques, XLII, 755.

Commissaire pour un travail de M. Van Monckhoven sur la reproduction photographique des spectres ultra-violets des gaz, XLIII, 4; rapport, XLIII, 82.

Rapport sur un mémoire de M. Lagrange concernant l'influence de la forme des corps sur l'attraction qu'ils exercent, XLIV, 5.

Commissaire pour un travail de M. Lagrange concernant l'influence de la forme des masses sur leur attraction, etc., XLVII, 743; rapport, XLVIII, 453.

Commissaire pour un travail du même sur l'origine et l'établissement des mouvements astronomiques, XLIV, 317; rapport, XLV, 148.

Commissaire pour la 2e partie du travail de M. Lagrange sur l'origine et l'établissement des mouvements astronomiques, XLV, 728; rapport, XLVII, 4, 14.

Commissaire pour un travail de M. Brachet sur le pouvoir pénétrant des objectifs à immersion, XLIV, 655; rapport, XLV, 15.

Mouvements des bulles d'air dans les niveaux et des bulles vaporeuses dans les enclaves liquides des minéraux, XLIV, 356.

Billet cacheté déposé dans la séance du 5 janvier 1878, XLV, 3.

Rapports sur différentes notes de M. Navez relatives au téléphone, XLV, 79, 390, 577.

Rapport sur une seconde lettre de M. Du Moncel relative au téléphone, avec réponse de M. Navez, XLVI, 14.

Présente un mémoire intitulé : *Étude sur l'énergie potentielle des surfaces liquides*, XLV, 363; rapports de MM. J. Plateau, Montigny et Duprez, XLV, 574.

Sur une nouvelle application de l'énergie potentielle des surfaces liquides, XLVI, 635.

Nouvelles applications de l'énergie potentielle des surfaces liquides, XLVII, 326.

Commissaire pour un mémoire de M. P. Souillart sur les mouvements relatifs de tous les astres du système solaire, XLVII, 488; rapport, XLVIII, 103.

Commissaire pour une notice de M. De Heen sur la dilatabilité des solutions, etc., XLVII, 488; rapport, XLVIII, 14.

Commissaire pour le mémoire de concours de 1879 sur la torsion, XLVIII, 96; rapport, XLVIII, 599.

Sur quelques phénomènes curieux ob-

servés à la surface des liquides en mouvement, XLVIII, 346.

Sur l'application du second principe de la thermo-dynamique aux variations d'énergie potentielle des surfaces liquides, XLIX, 620.

Note sur son ouvrage : *Du rôle de la surface libre de l'eau dans l'économie de la nature,* L, 154.

Voyages et métamorphoses d'une gouttelette d'eau, L, 423.

Don d'ouvrages, XLI, 395; L, 154.

VANDERSCHUEREN (Ernest). — Billet cacheté déposé dans la séance du 2 mars 1878, XLV, 147; rentre en possession de ce billet, XLVI, 176.

VANDER TAELEN (Félix). — Lecture des rapports de MM. Borgnet, Gachard et Th. Juste sur son mémoire relatif aux Pays-Bas anciens, XXI, 294.

VANDE SANDE (F.). — Lauréat de la 5e période du concours triennal de littérature dramatique en langue flamande, XXXI, 375, 453.

VANDEVELD (H.). — Lauréat du concours d'art appliqué pour l'architecture de la Classe des beaux-arts en 1876, XLII, 415, 439; remercîments, XLII, 639; photographie de son projet de pont monumental, XLIII, 222.

VANDEVELDE. — Physiologie des muscles et des nerfs du homard (avec M. Fredericq), XLVII, 777; rapports de MM. Schwann et P.-J. Van Beneden, XLVII, 746, 748.

Présente un travail sur la respiration des grenouilles, XLIX, 148; rentre en possession de son manuscrit, XLIX, 309. — Voir *Fredericq (Léon).*

VAN DE WEYER (S.). — Allocution du directeur de la Classe des lettres au sujet de sa présence à la séance du 8 avril 1872; XXXIII, 331; ses remercîments pour ces paroles, XXXIII, 332.

Sa mort, XXXVII, 843, 882; motion de regrets exprimée par la Classe des beaux-arts, XXXVII, 882.

VAN DE WEYER (Mme). — Remercie l'Académie pour les sentiments de condoléance au sujet de la mort de son mari, XXXVIII, 132.

VAN DE WEYER (fils). — Promesse de rechercher les documents nécessaires pour les notices promises par son père sur Baron et Van Meenen, XXXVIII, 638.

VAN DE WIELE (Marguerite). — Don d'ouvrage, XLIX, 271.

Note bibliographique de M. Potvin, sur son Roman d'un chat, XLIX, 276.

VANLAIR. — Présente un mémoire sur la régénération anatomique et fonctionnelle de la moelle épinière, XXVIII, 2; communication des conclusions par M. Schwann, XXVIII, 122; rapports de MM. Schwann et Gluge, XXVIII, 320, 324.

VARENBERGH (Émile). — Les voisinages de Gand, XXV, 226, 364; rapports de MM. De Smet et Snellaert, XXV, 321, 322.

Présente une notice sur Poilvache et Bouvignes, XXV, 691; rapport verbal de M. Borgnet, XXVI, 121.

Épisodes des relations extérieures de la Flandre au moyen âge : 1re partie : Guillaume De Deken, le bourgeois négociateur (1317-1328), XXXI, 37, 88; rapports de MM. De Smet et de Borchgrave, XXXI, 76, 77; 2e partie : Rapports diplomatiques avec l'Angleterre sous Philippe le Hardi (1384-1404), XXXIII, 129, 243; rapports de MM. De Smet, le baron Kervyn et de Borchgrave, XXXIII, 241, 242.

Un voyage au XIIIe siècle, XXXIII, 228; XXXIV, 111; rapports de MM. Steur et de Borchgrave, XXXIII, 334; XXXIV, 67, 72.

Présente un mémoire sur les rapports politiques de la Flandre et de la Zélande au moyen âge, XXXV, 51; rapports verbaux de MM. De Smet, Borgnet et Steur, XXXV, 793.

Médaille d'argent décernée par la Classe des lettres en 1873, pour son mémoire sur Charles le Téméraire, XXXV, 562, 794; rapports de MM. Juste, le baron Guillaume et le baron Kervyn sur les mémoires présentés à ce concours, XXXV, 548, 552, 561.

Don d'ouvrages, XXXV, 361; XXXVII, 290; XXXIX, 334; XLV, 553.

Vène (A.). — Sa mort, XXXVIII, 403.

Verbrugge (Émile). — Second prix du grand concours de peinture de 1880, L, 146.

Verhaeghe-De Nayer (Léon). — Don d'ouvrage, L, 313.

Note bibliographique de M. Rolin-Jaequemyns sur son volume : *Florence,* étude historique, L, 313.

Véronèse. — Don d'ouvrage, XLIX, 3.

Versnayen (Ch.). — Lauréat du concours des cantates flamandes de 1867, XXIV, 268.

Verstraete (Alb.). — Présente une note sur la manière dont nous acquérons par la vue la connaissance des corps, XXXII, 155; lecture du rapport de M. Liagre, XXXII, 250.

Présente une note sur le phénomène de la vue, XXXVI, 116; lecture des rapports de MM. J. Plateau et Montigny, XXXVI, 305.

Verstraete (le cap^ne^ Émile). — Billet cacheté déposé dans la séance du 1er juillet 1872, XXXIII, 490.

Présente une note sur l'origine rationnelle de la parole écrite et sur l'antiquité relative des premiers systèmes d'écriture, XXXIV, 528; rapports de MM. Le Roy et F. Nève, XXXV, 52, 69.

Verswyvel (Michel). — Sa mort, XXV, 705.

Vertriest (P.). — Orages à Somergem du 1er janvier au 1er octobre 1870, XXX, 180, 302.

Idem au commencement de 1872, XXXIII, 490; idem en 1872, XXXV, 90, 459.

Dépôt du résumé de ses observations météorologiques à Somergem en novembre 1870, XXX, 419; en décembre 1870, XXXI, 324; en février et mars 1872, XXXIII, 359; avril à octobre 1872, XXXIV, 242, 446; en novembre et décembre 1872, et janvier à mars 1873, XXXV, 90, 459.

Aurore boréale observée à Somergem le 12 février 1871, XXXI, 54.

Vespignari (le comte V.). — Élu associé de la Classe des beaux-arts, XXXI, 23; remercîments, XXXI, 400.

Vial. — Décision au sujet de ses communications sur des procédés chimiques de gravure, XXXIV, 4.

Vicq de Cumptich (A. De). — Présente un essai sur la théorie de la lumière, L, 255.

Vieuxtemps (H.). — Promesse d'une notice sur M. Soubre, XXXII, 192.

Instruction de voyage pour M. Demol, XXXII, 361.

Membre de la Commission chargée de l'examen des modifications à apporter au règlement des grands concours de composition musicale, XXXV, 182.

Membre de la Section permanente du jury de ces concours pour 1873, XXXV, 440.

Commissaire pour les partitions du concours d'art appliqué de la Classe des beaux-arts de 1873, XXXVI, 107.

Commissaire pour un travail de M. Brixhe sur la nomenclature latine des notes de musique, XXXVI, 244.

Villa Maior (le vicomte). — Don de la carte géologique du Portugal, XLVI, 175.

Vincent (J.-B. et fils). — Envoi de leurs observations des phénomènes ornithologiques à Bruxelles en 1865, XXI, 75; en 1866, XXIII, 219; en 1867, XXV, 283; en 1868, XXVI, 249; en 1869, XXIX, 447; en 1870, XXXI, 54; en 1871, XXXIV, 139; en 1874, XXXIX, 443.

Vinchent. — Rapport sur le coup de foudre qui a frappé la tourelle de la station de Malines le 17 juillet 1872, XXXIV, 147.

Vinçotte (Thomas). — Second prix du grand concours de sculpture de 1872, XXXIV, 238.

Viollet le Duc (E.-E.). — Sa mort, XLVIII, 298.

Visschers. — Membre du jury chargé de juger la 3e période du concours quinquennal des sciences morales et politiques, XXI, 466.

Vitzthum d'Eckstaedt (le comte C.-F.). — Don d'ouvrage, XXXIV, 55.

Note bibliographique de M. Gachard sur son ouvrage : *Maurice, comte de Saxe,* XXXIV, 56.

VIVIER (J.). — Présente une note sur la constitution physique des comètes, XXXVIII, 652; rapport verbal de MM. E. Quetelet et Liagre, XXXIX, 14.

VOSMAER (C.). — Élu associé de la Classe des beaux-arts, XXXV, 80; remerciments, XXXV, 181.

VRANCK (F.). — Transmet des observations météorologiques faites en Mongolie, XXIX, 447.

VREEDE (G.). — Élu associé de la Classe des lettres, XXVII, 595; remerciments, XXVII, 714.

Don d'ouvrages, XXXIII, 429; XXXV, 794; XXXIX, 952; XL, 815; XLII, 627; XLIII, 614; XLVII, 442.

Sa mort, L, 34.

VULLIEMIN (Léon). — Don d'ouvrage, XLIII, 202.

Note bibliographique de M. Rivier sur son histoire de la confédération suisse, XLIII, 217.

VUYLSTEKE (J.). — Présente une notice intitulée : *Aanteekeningen op de twee opstellen van den heer Frans De Potter: Geslachtboom der Artevelden en Hoe en waar overleed Philip van Artevelde?* XXXIII, 430.

W.

WAELPUT (J.-B.). — Lauréat du grand concours de composition musicale de 1867, XXIV, 212, 269.

Exécution de sa cantate couronnée : *Het Woud*, XXIV, 270.

WAGENER (Aug.). — Élu correspondant de la Classe des lettres, XXXI, 452; remerciments, XXXI, 574.

Élu membre, XXXIX, 767; remerciments, XXXIX, 952; approbation royale de son élection, XL, 34.

Commissaire pour les mémoires de concours de 1872 sur Septime Sévère, XXXIII, 429; rapport, XXXIII, 448.

Commissaire pour les mémoires de concours de 1874 sur Septime Sévère, XXXVII, 204; rapport, XXXVII, 615.

Commissaire pour la nouvelle rédaction du mémoire couronné de M. De Ceuleneer sur Septime Sévère, XLII, 628; XLVII, 832; lecture de son rapport, XLII, 911; XLVII, 832.

Commissaire pour une notice de M. Schuermans sur la découverte d'objets étrusques en Belgique, XXXIII, 430; rapport, XXXIII, 515.

Commissaire pour une notice du même sur des inscriptions trouvées en Belgique, XXXIII, 513; lecture de son rapport, XXXIV, 180, 334.

Commissaire pour des notes du même sur la déesse Viradethis, les inscriptions trouvées en Belgique et une note rectificative sur les tumuli, XXXIV, 334, 431; rapports, XXXIV, 530, 532.

Communication au sujet des tableaux de Rubens qui ont péri dans l'incendie du Palais royal de Bruxelles (3 février 1731), XXXV, 148.

Rapport sur un mémoire de M. P. Devaux sur les guerres médiques, XXXIX, 335.

Commissaire pour un mémoire de M. Roulez sur les légats propréteurs et les procurateurs des provinces de Belgique, etc, XXXIX, 403; lecture de son rapport, XXXIX, 953.

Commissaire pour les notices du concours de Stassart sur Plantin, XLI, 361, rapport, XLI, 895.

Les opinions politiques de Plutarque comparées avec celles de Tacite, XLI, 1109.

Commissaire pour deux notices de MM. Galesloot et Crick sur des fouilles à Laeken et à Assche, XLIV, 610, rapport, XLIV, 819.

Commissaire pour une note de M De Ceuleneer sur une inscription d'un proconsul de la Narbonnaise, XLV, 299; rapport, XLV, 547.

Discours aux funérailles de M. Roulez, XLV, 534.

Commissaire pour les travaux suivants de M. De Ceuleneer : 1° Vases archaïques découverts à Girgenti, XLVII, 213; rapport, XLVII, 851; 2° Découverte d'un tombeau pélasgique en Attique, XLVII, 829; 3° sur le cours de l'Illissus, XLVII, 829; rapports, XLVIII, 73, 75.

Commissaire pour une note de M. Galesloot sur une tombe et une villa romaines, etc., XLVII, 443; rapport, XLVII, 854.

Commissaire pour une note de M. Galesloot sur la tombe romaine de Lovenjoul, XLIX, 270; rapport, XLIX, 685.

Membre du jury pour le concours des cantates de 1879, XLVII, 727.

Commissaire sur une notice de M. De Potter sur l'église Saint-Michel de Gand, XLIX, 269; rapport, XLIX, 412.

Commissaire pour un mémoire de M. Bayern sur l'archéologie du Caucase, XLIX, 407; rapport, XLIX, 685.

Commissaire pour une notice de M Van den Gheyn sur la huitième classe des verbes sanscrits, XLIX, 681; rapport, L, 46.

Note bibliographique sur le livre de M. Gantrelle sur Tacite, XLIX, 275.

Membre de la Commission chargée d'examiner s'il y a lieu de publier les œuvres des anciens auteurs belges qui ont écrit en latin, XLIX, 684.

Don d'ouvrages, XLII, 792 ; XLIV, 401; XLVII, 212.

Wallée. — Rapport verbal de M. Duprez sur sa note, avec M. Brachet, concernant la lumière électrique, XXIX, 450. — Voir *Brachet*.

Wap (le Dr). — Don d'ouvrages, XL, 36; XLI, 354.

Note bibliographique de M. Nolet de Brauwere sur son livre concernant Bilderdyk, XL, 37.

Wappers (le baron G.). — Sa mort, XXXVIII, 665, 709; XXXIX, 47

Hommage rendu à Anvers à sa mémoire, XXXIX, 346.

Warlomont. — Don d'ouvrages, XLIV, 119; XLIX, 130.

Warnkoenig. — Annonce de sa mort et notice biographique promise par M. le baron de St-Genois, XXII, 230.

Wartmann (Aug. H.) — Don d'ouvrage, L, 294.

Wattier. — Donne connaissance de quelques-unes de ses découvertes scientifiques, XXXVIII, 291.

Présente une théorie nouvelle pour l'étude de la nature, XL, 53; rapports verbaux de MM. Montigny et E. Quetelet, XL, 274.

Wauters (Alph.). — Membre du jury, chargé de juger la 4e période du concours quinquennal d'histoire nationale, XXI, 166; idem pour la 5e période, XLI, 137.

Commissaire pour un mémoire de M. Klipffel sur le régime municipal dans les cités wallones de l'empire germanique, etc., XXII, 342; rapport, XXIII, 300.

Commissaire pour un travail de M. Van Rossum sur les lettres de Charles-Quint à Rabelais, XXIII, 417; rapport, XXIV, 83, 199.

Le testament du peintre Thierry Bouts, XXIII, 717.

Quelques mots sur le Bruxellois Pierre de Kempeneer, connu sous le nom de Piedro Campana, XXIV, 549.

Commissaire pour un mémoire de M. Chalon sur les seigneurs de Florennes, XXV, 226; lecture de son rapport, XXV, 319.

Commissaire pour un travail de M. Bernhauer sur l'histoire de Venise, XXV, 227.

Élu membre de la Classe des lettres, XXV, 583; approbation royale de son élection, XXV, 690; remercîments, XXV, 691.

Le tabernacle de l'église de Léau, œuvre de Corneille de Vriendt, dit Floris, XXVI, 354.

Commissaire pour une note de M. Galesloot sur les antiquités romaines des environs de Bruxelles, XXVIII, 348; rapport, XXVIII, 459.

Commissaire pour une note du même sur des fouilles archéologiques entreprises à Elewyt, XXIX, 500; rapport, XXIX, 708.

Note à l'appui de la question des Pagi, présentée pour le concours de la Classe des lettres de 1871, XXVIII, 254.
Commissaire pour le mémoire de concours de 1871 sur les Pagi de la Belgique au moyen âge, XXXI, 37; rapport, XXXI, 376.
Ce que l'on appelait en Brabant les Trèves du comte (Treugæ comitis), et à ce propos de la Paix instituée par l'évêque de Liége, Henri Ier, XXXI, 77.
Commissaire pour un mémoire de M. De Smet sur Jean de Hainaut, sire de Beaumont, XXXIII, 54; lecture de son rapport, XXXIII, 232.
Commissaire pour les mémoires de concours de 1872 sur le règne de Marie-Thérèse aux Pays-Bas, XXXIII, 130; rapport, XXXIII, 335, 459.
Commissaire pour l'examen d'un document manuscrit donné par M. Cruts, XXXIII, 512.
Messire Henri Kerens, évêque de Ruremonde, à propos d'un document offert à l'Académie par M. Cruts, à l'occasion du jubilé séculaire XXXIV, 76.
Élu membre de la Commission de la Biographie nationale, en remplacement de M. Polain décédé, XXXIV, 177; idem pour la période de 1878-1884, XLVI, 128.
Un essai de système du libre-échange en Belgique au milieu du XVIIe siècle, XXXIV, 181.
Commissaire pour des notes de M. Schuermans sur la déesse Viradethis, des inscriptions trouvées en Belgique, et sa note rectificative sur les tumuli, XXXIV, 334, 431; rapports, XXXIV, 330, 535.
Note bibliographique sur le volume de sa Belgique ancienne et moderne concernant le canton de Jodoigne, XXXIV, 545.
Note bibliographique sur le volume de sa Belgique ancienne et moderne concernant la description de la ville de Tirlemont, XXXVII, 463.
Notes bibliographiques sur le tome IV de sa Table chronologique des chartes et diplômes, XXXVII, 463; sur le tome V de la même Table des chartes et diplômes, XLIII, 375.
Commissaire pour un mémoire de M. le baron Guillaume sur les bandes d'ordonnances des Pays-Bas, XXXV, 101; lecture de son rapport, XXXV, 570.
Commissaire pour une notice de M. Galesloot sur les De Kempeneer, peintres bruxellois, XXXV, 361; rapport verbal, XXXV, 795.
Un diplôme de l'époque carlovingienne concernant le village de Huysse en Flandre, et à ce propos, quelques considérations sur la transplantation des Saxons en Flandre, du temps de Charlemagne, XXVI, 91.
La légende des forestiers de Flandre, XXXVI, 208.
Note bibliographique sur un ouvrage de M. Paillard concernant les troubles des Pays-Bas au XVIe siècle, XXXVII, 461.
Notes bibliographiques sur les tomes II, III, et IV de l'ouvrage de M. Paillard sur les troubles religieux de Valenciennes, (1560-1567), XXXIX, 967; XLII, 398, 916.
Note bibliographique sur le tome V du cartulaire de l'abbaye de Flines par l'abbé Hautcœur, XXXVII, 601.
Les gildes communales au XIe siècle, XXXVII, 704.
Commissaire pour une notice de M. Van der Kindere sur l'origine des magistrats communaux, XXXVII, 845; rapport, XXXVIII, 140.
Membre de la Commission pour le programme de concours de la Classe des lettres de 1876, XXXVII, 846.
Henri III, duc de Brabant, 1re partie, XXXVIII, 672; 2e partie, XXXIX, 45, 153; suite: Les doctrines des hérétiques du XIIIe siècle; le duc Henri IV; les premières années de Jean Ier, XL, 351.
Commissaire pour le mémoire de concours de 1875 sur Jacqueline de Bavière, XXXIX, 150; rapport, XXXIX, 406, 666.
Commissaire pour le mémoire de con-

cours de 1877 sur Jacqueline de Bavière, XLIII, 204; rapport, XLIII, 377, 628.
Commissaire pour le mémoire de concours de 1879 sur Jacqueline de Bavière, XLVII, 214; rapport, XLVII, 630.
Rapport sur un travail de M. Galesloot sur la découverte d'antiquités à Assche, XXXIX, 451.
Commissaire pour un travail du même sur des antiquités romaines découvertes à Assche, XL, 350; rapport, XL, 579.
Commissaire pour un travail de M. Génard sur Corneille Duplicius Scepperus, XL, 350; rapport, XL, 593.
Élu directeur pour 1877, XLI, 140.
Commissaire pour un mémoire de M. le baron Guillaume sur l'histoire de l'infanterie wallonne sous la domination de la maison d'Espagne (1500-1800), XLI, 355; lecture de son rapport, XLI, 684.
Commissaire pour le mémoire de concours de 1876 sur les institutions charitables en Belgique, XLI, 360; rapport, XLI, 867.
Commissaire pour le mémoire de concours de 1880 sur les institutions charitables de la Belgique, XLIX, 130; rapport, XLIX, 427, 446, 455.
Commissaire pour le mémoire de concours de 1876 sur l'histoire du droit de chasse aux Pays-Bas, XLI, 683; rapport, XLI, 889.
Lecture d'un travail sur la féodalité, XLI, 361.
Membre de la Commission pour le programme de concours de la Classe des lettres de 1878, XLI, 1330.
Commissaire pour un travail de M. Piot sur les Beers de Flandre, XLI, 1337; XLII, 399.
Discours aux funérailles de M. Mathieu, XLII, 186.
Commissaire pour le projet de Bibliographie belge par M. Van der Haeghen, XLII, 396; rapport, XLII, 630.
Commissaire pour un mémoire de M. Paillard sur les Pays-Bas du 1er janvier au 1er septembre 1566, XLII, 910; rapport, XLIII, 205.
Les travaux historiques de jadis et ceux d'aujourd'hui, discours, XLIII, 652.
Officier de l'ordre de Léopold, XLIII, 666.
Membre de la Commission pour l'installation de l'Académie dans son nouveau local, XLIII, 748.
Commissaire pour un travail de M. Paillard sur Pierre Brully, XLIV, 402; lecture de son rapport, XLIV, 818; XLV, 58.
Commissaire pour une notice de MM Galesloot et Crick sur des fouilles à Laeken et à Assche, XLIV, 610; rapport, XLIV, 824.
Note bibliographique sur un ouvrage de M. Alph. Vandenpeereboom sur la numismatique yproise, XLIV, 612.
Promesse d'une notice sur le baron Guillaume, XLIV, 816.
Discours aux funérailles de M. le baron Guillaume, XLIV, 827.
Commissaire pour le mémoire de concours de 1878 sur la réunion aux Pays-Bas de la Gueldre, etc., XLV, 409; rapport, XLV, 544, 824.
Rapport sur un mémoire de M. Rivier concernant Claude Chansonnette, XLV, 544.
Note bibliographique sur son livre sur les libertés communales en Belgique, XLV, 519.
Obtient le prix du Roi pour son histoire des libertés communales en Belgique, XLVI, 286, 313.
Commissaire pour un travail de M. Paillard intitulé : *Voyage d'Éléonore*, etc , XLVI, 261 ; rapport, XLVI, 506.
Note bibliographique sur un ouvrage de M. Wynen, XLVI, 504.
Wissant, l'ancien Portus Iccius, XLVII, 111.
Commissaire pour les mémoires de concours de 1879 concernant la propagande des encyclopédistes français dans la principauté de Liége, à la fin du XVIIIe siècle, XLVII, 214; rapport, XLVII, 599.

Rapport sur un travail de M. Duverger sur l'Inquisition en Belgique, XLVII, 841.
Des efforts tentés au XVIIe siècle pour entraîner la Belgique dans le système prohibitionniste, XLVIII, 375.
Commissaire pour les mémoires de concours de 1880 sur l'histoire des classes rurales en Belgique, XLIX, 131; rapport, XLIX, 470.
Note bibliographique sur le cartulaire de la commune de Dinant, par M. S. Bormans, XLIX, 271.
Délégué : 1° au Congrès littéraire de 1880, XLIX, 279; 2° à la fête politique et religieuse du Cinquantenaire belge, XLIX, 684.
Commissaire pour un travail de M. Paillard sur Hugonet et Humbercourt, XLIX, 681; rapport, L, 42.
Commissaire pour la 2e note de M. Potvin sur les traductions des livres belges, L, 124; lecture de son rapport, L, 184.
Don d'ouvrages, XXIV, 545; XXVIII, 458; XXXIII, 128; XXXIV, 333, 528, 545; XXXVII, 463; XXXVIII, 613; XXXIX, 148, 404; XLII, 627; XLV, 518; XLVI, 261; XLVIII, 692; XLIX, 26.
WAUWERMANS. — Présente une notice sur le climat de la Belgique, XXII, 2.
Présente une note sur la détermination de la parallaxe du soleil, XXXVII, 802.
Don d'ouvrage, XLVI, 117.
WEBER (W.). — Élu associé de la Classe des sciences, XLIV, 885; remercîments, XLV, 2.
WEDDINGEN (A. VAN). — Présente un travail sur les aérostats, XLVII, 181, 489; rapports de MM. Montigny et Liagre, XLVII, 228, 755.
Adresse une lettre sur le téléphone et le photophone, L, 295.
WEDDINGEN (l'abbé A. VAN). — Médaille d'or décernée par la Classe des lettres en 1874 pour son mémoire sur saint Anselme de Cantorbéry, XXXVII, 647, 771; rapports de MM. Thonissen et Le Roy, XXXVII, 620, 630; remerciе pour sa médaille, XXXVIII, 133.
WEILER (J.). — Don d'ouvrage, XXXII 335.
WESMAEL (Alfred). — Présente un travail sur les caractères du genre Populus, XXIV, 436; rapports de MM. Coemans et Morren, XXIV, 504, 506.
Don d'ouvrage, XXVII, 247.
WESMAEL (C.). — Membre de la Commission spéciale des finances de la Classe des sciences pour 1867, XXIII, 4; pour 1869, XXVI, 431; pour 1870, XXVIII, 528; pour 1871, XXX, 375.
Ichneumologica documenta, XXIV, 441, 536.
Commissaire pour une notice de M. de Borre sur un Byrsax gibbifer, Wesmael, de Java, XXIX, 64.
Officier de l'ordre de Léopold, XXX, 455.
Sa mort, XXXIV, 498; discours à ses funérailles par M. Gluge, XXXIV, 398.
WESTRHEENE (Tobie VAN). — Élu associé de la Classe des beaux-arts, XXVII, 117; remercîments, XXVII, 184.
Sa mort, XXXIII, 491.
WEX (Gustave). — Lettre de l'Académie impériale des sciences de Vienne concernant son ouvrage sur l'abaissement du niveau des eaux, XXXIX, 444.
Communication par l'Académie impériale des sciences de Saint-Pétersbourg d'un exemplaire du rapport de sa commission sur ce travail, XLII, 663.
WEYR (Émile). — Remarque sur l'existence de l'évolution dans les courbes du 3e ordre et de la 4e classe, XLIX, 7.
Don d'ouvrage, XLVII, 487.
WHEATSTONE (Ch.). — Sa mort, XL, 446.
WIENER (Ch.). — Lauréat du concours d'art appliqué (gravure sur médailles) de la Classe des beaux-arts de 1875, XL, 240, 265; remercîments, XL, 243; idem en 1880, L, 148; remercîments, L, 151.
WILLEMS (le D^r). — Don d'ouvrage, L, 254.
WILLEMS (Florent). — Son domicile officiel, XLV, 57.

Élu membre de la Classe des beaux-arts, XLV, 58; remercîments, XLV, 134; approbation royale de son élection, XLV, 134.

Willems (Fr.). — Lauréat du concours des cantates flamandes en 1871, XXXII, 138.

Willems (P.). — Membre du jury chargé de juger la 4e période du concours quinquennal de littérature flamande, XXIX, 33.

Élu correspondant de la Classe des lettres, XXXIII, 431; remercîments, XXXIII, 512.

Élu membre, XLIII, 701; remercîments, XLIII, 747; approbation royale de son élection, XLIII, 746.

Membre de la Commission pour la publication des anciens monuments de la littérature flamande, XXXIV, 334.

Notes de critique et d'exégèse sur Horace, Satires I, 6, vv. 7-22, XXXV, 148, 293.

Quelques remarques à propos de la communication de M. Nolet de Brauwere sur le particularisme linguistique flamand de la Flandre occidentale, XXXVII, 467.

Commissaire pour un mémoire de M. Roulez sur les légats propréteurs et les procurateurs des provinces de Belgique, etc., XXXIX, 403; lecture de son rapport, XXXIX, 953.

La compétence du Sénat de la République romaine en matière d'affaires étrangères, XLIV, 613.

Commissaire pour une note de M. De Ceuleneer sur une inscription d'un proconsul de la Narbonnaise, XLV, 299; rapport, XLV, 544.

Notes bibliographiques sur des ouvrages de M. de Harlez, XLV, 821; XLVI, 912; L, 41.

La rédaction et la garde des sénatus-consulte pendant la république romaine, XLVI, 913.

Commissaire pour une notice de M. Vanden Gheyn sur la huitième classe des verbes sanscrits, XLIX, 681.

Commissaire pour une inscription destinée à la Bibliothèque royale, L, 317.

Don d'ouvrages, XXXVII, 465; XLV, 299.

Willems-Fonds, à Gand. — Demande l'échange de publications, XXVI, 320.

Adresse le programme de concours pour une histoire de la Pacification de Gand, XL, 350.

Lecture de l'avis émis par la Classe de beaux arts sur sa demande de révision du règlement du grand concours de composition musicale, XLVII, 172.

Woodward (H.). — Découverte d'une espèce de Décapode brachyure dans le terrain houiller des environs de Mons, XLV, 410. — Voir *de Koninck (L.-G.)*.

Wolowski. — Don d'ouvrages, XXIV, 197; XXXIII, 513.

Sa mort, XXXIII, 513.

Wynen. — Note bibliographique de M. Wauters sur ses XII conférences, XLVI, 504.

Don d'ouvrage, XLVI, 504.

Y.

Ymbert (Th.). — Don d'ouvrage, XLI, 681.

Young. — Confirme les résultats du travail de M. Fievez sur la visibilité des raies de l'hydrogène et de l'azote, L, 8.

Z

ZANTEDESCHI. — Note sur l'emploi de l'armature externe du câble sous-marin pendant qne l'armature interne, ou fil conducteur isolé, transmet la dépêche télégraphique, XXVIII, 343. — Voir *Quetelet* (*Ad.*).

ZENGER (Ch.-V.) — Présente une notice sur une nouvelle machine électrique d'induction, XXV, 495.

ZEUNER (Gustave). — Soumet un projet de répertoire pour les mathématiques pures et appliquées, XLI, 731.

ZIEMBINSKI. — Présente une note sur quelques appareils avertisseurs d'incendie, XLVI, 4.

ZIGNO (Achille DE). — Lettre relative à des découvertes d'ossements fossiles en Italie, XLI, 958.

FIN.

www.ingramcontent.com/pod-product-compliance
Lightning Source LLC
LaVergne TN
LVHW082353160826
845678LV00008B/1822